Darstellende und projective Geometrie

nach dem

gegenwärtigen Stande dieser Wissenschaft

mit besonderer Rücksicht

auf die Bedürfnisse höherer Lehranstalten und das Selbstudium

von

DR. GUSTAV AD. V. PESCHKA

k. k. Regierungsrath, ordentl öffentl. Hochschul-Professor, Mitglied der k. k. Staats- und Diploms-Prüfungs-Commission an der k. k. technischen Hochschule in Brünn etc.

Vierter Band.

Mit einem Atlas von 30 Tafeln.

WIEN.

Druck und Verlag von Carl Gerolds Sohn.

1885.

Darstellende und projective Geometrie

nach dem

gegenwärtigen Stande dieser Wissenschaft

mit besonderer Rücksicht

auf die Bedürfnisse höherer Lehranstalten und das Selbstudium

von

DR. GUSTAV AD. V. PESCHKA

k. k. Regierungsrath, ordentl. öffentl. Hochschul - Professor, Mitglied der k. k. Staats- und Diploms-Prüfungs-Commission an der k. k. technischen Hochschule in Brünn, emerit. o. ö. Professor der Mechanik und Maschinenlehre, des Maschinenwesens und des Maschinenbaues, Mitglied gelehrter, patriotischer und humanitärer Gesellschaften und Vereine, Besitzer der österr. großen goldenen Medaille für Wissenschaft und Kunst, des goldenen Verdienstkreuzes m. d. Krone, Ritter des h. Sachsen-Ernestinischen Hausordens zweiter Classe, des königl. Serb. St. Sava-Ordens, des Großh. Hessen'schen Verdienst-Ordens erster Classe, Philipp des Großmüthigen etc. etc. etc.

Vierter Band.

Mit einem Atlas von 30 Tafeln.

WIEN.

Druck und Verlag von Carl Gerolds Sohn.

1885.

Seiner

Kaiserlichen und Königlichen Hoheit

dem durchlauchtigsten

Kronprinzen Erzherzog Rudolph

in unwandelbarer Treue und Hingebung, in tiefster Ehrfurcht und Unterthänigkeit

dankbarst und treu ergebenst gewidmet

von dem

Verfasser.

Vorwort zum vierten Bande.

Mit dem vorliegenden vierten Bande beschließt der gefertigte Verfasser seine „Darstellende und projective Geometrie" und legt somit das Gesammtwerk vertrauungsvollst in die Hände seiner hochgeehrten Fachgenossen und der Freunde dieser Wissenschaft, welche, die mühevolle Arbeit und die Schwierigkeit der Schaffung eines derartigen Werkes ermessend, dem Verfasser und seinem redlichen Streben und Wollen gewiss auch nun, als am Schlusse des Werkes angelangt, die erbetene Gerechtigkeit in ihrem bewährten und bisher so überaus freundlichen Urtheile angedeihen lassen werden.

Dieser vierte Band umfasst die Theorien der höheren windschiefen Flächen, der Rotationsflächen, der Umhüllungs- und der Schraubenflächen im Vereine mit constructiv erläuternden Problemen, und enthält schließlich — in einem Anhange — die Construction der Schatten und der Beleuchtungsintensitäten.

Wie in den vorhergegangenen drei Bänden richtete der Verfasser auch hier sein Hauptaugenmerk darauf, sowohl jene Eigenschaften der vorbezeichneten krummen Flächen, welche für die verschiedenen Constructionen von einiger Bedeutung sind, als auch jene, welche an und für sich ein besonderes Interesse bieten, auf rein synthetischem Wege abzuleiten und die Anwendung der ersteren durch zweckentsprechende, resp. passend gewählte und constructiv durchgeführte Probleme zu zeigen.

Was zunächst die windschiefen Regelflächen betrifft, so wurden vor allem die allgemeinen Eigenschaften derselben entwickelt. Als besonderes Beispiel für projectivische Studien wurden hierauf folgend die windschiefen Regelflächen dritten Grades gewählt.

Die Regelflächen vierten Grades wurden in ihrer Allgemeinheit nicht näher untersucht. Das Beiseitelassen der diesbezüglichen Untersuchungen hat einerseits darin seine Begründung, dass ein strengeres Eingehen auf die besonderen Formen derselben — Kegelschnittsconoide, Wölbfläche, Cylindroid, Normalenflächen von Flächen zweiten Grades — dem Verfasser, vom constructiven Standpunkte aus, wichtiger erschien, und trägt dieses obbezeichnete Außerachtlassen andererseits in dem Umstande seine Rechtfertigung, dass dem Leser auf Grund des Studiums der letztgenannten Flächen bei der Untersuchung des allgemeinen Falles unmöglich irgend welche nennenswerte Schwierigkeiten erwachsen können.

Eine größere Aufmerksamkeit wurde den Normalenflächen im allgemeinen, und jenen der Flächen zweiten Grades längs ihrer ebenen Schnitte im besonderen, zugewendet. Die sorgfältigere Behandlung dieser Flächengattung wird gewiss gerechtfertigt erscheinen, wenn man berücksichtigt, dass gerade diese Regelflächen bisher keine ausgedehntere Beachtung gefunden haben.

Bezüglich der Rotationsflächen und der Umhüllungsflächen wurden jene Eigenschaften, welche der typischen Erzeugungsweise entspringen, abgeleitet und zur Durchführung verschiedener Probleme verwendet.

Liegt für den Meridian einer Rotationsfläche oder beziehungsweise für die Leitcurven und Umhüllten einer Umhüllungsfläche ein bestimmtes Erzeugungsgesetz vor, so gehört selbstverständlich die Entwickelung aller auf diesem Erzeugungsgesetze beruhenden Eigenschaften der Flächen nicht in die Theorie der Rotationsflächen, resp. der Umhüllungsflächen, sondern betrifft die genannten Flächen bloß individuell. Hierin ist die Erklärung für die scheinbar karge Behandlungsweise dieser Flächen oder beziehungsweise für die scheinbare Spärlichkeit der Capitel X und XII zu suchen.

Schließlich wurde auch der (transcendentalen) Schraubenlinie und der Schraubenflächen insoweit gedacht, als es die constructive Durchführung der diese Flächen betreffenden häufigst vorkommenden Probleme erfordert.

Es erübrigt nur noch, einige Bemerkungen über die in den „Anhang“ verwiesenen Schattenconstructionen hinzuzufügen.

Jede Schattenbestimmung besteht dem Wesen nach in nichts anderem, als in der Construction des Schnittes zweier oder mehrerer

Flächen, resp. in der Construction der Berührungscurven von gegebenen Flächen mit gewissen Developpablen und gehört somit das besagte Problem der „Schattenconstructionen“ in dieser Hinsicht offenbar dem Gebiete der „Darstellenden Geometrie“ an. Erst dann jedoch, wenn mit diesen Constructionen gewisse Nebenmomente optischer und physiologischer Natur in Verbindung gebracht werden, gelangt man zur „Schatten- und Beleuchtungstheorie“. Nachdem aber diese letztere streng genommen außer des Bereiches der darstellenden Geometrie fällt, hat sich der Verfasser darauf beschränkt, das rein geometrische Moment zu berücksichtigen, die diesbezüglich zu lösenden Probleme gleichzeitig aber so gestellt, dass sie eine weitergehende Anwendung früher bewiesener Eigenschaften gestatten und infolge dessen nebstbei auch eine lehrreiche cursorische Wiederholung des vorher verarbeiteten Stoffes bieten.

Bezüglich des Inhaltes und der Form des nunmehr abgeschlossenen Gesammtwerkes erlaubt sich der Verfasser noch einige kurz gefasste Bemerkungen anzuknüpfen.

Dass mit dem hier Gebotenen das große Gebiet der „Darstellenden und projectivischen Geometrie“ keineswegs erschöpft sei, ist wohl selbstverständlich und würde daher auch unerwähnt geblieben sein, wenn nicht noch die Einverleibung einer Zahl geometrisch-projectivischer Theorien, wie beispielsweise die der allgemeinen Flächen dritter und vierter Ordnung, die der Congruenzen und Complexe, die der Kummer'schen Strahlenflächen, die der Flächenkrümmung, wie sie, von Mannheim ausgebildet, nunmehr dem Gebiete der reinen darstellenden Geometrie angehört u. s. w. höchst wünschenswert gewesen wäre.

Nachdem aber jedem wissenschaftlichen Werke, so umfassend und so vollständig es auch immer angelegt sein mag, gewisse unüberschreitbare Grenzen gesteckt sind, nachdem weiters namentlich der darstellende Geometer dieser Zwangslage in erhöhtem Maße und aus mehrfachen Gründen dann Rechnung tragen muss, wenn er ein diesbezügliches Werk verfasst, welches sich selbstverständlich nicht nur darauf beschränken darf, bloße Theorien zu entwickeln, sondern auch, dem Wesen dieser Wissenschaft entsprechend, angewiesen ist, die zweckmäßige Verwendung und Verwertung dieser Theorien in concreten Fällen nachzuweisen und constructiv durchgeführt zum Ausdrucke zu bringen, so liegt es in der Natur dieses ausgedehnten mathematisch-constructiven Faches, dass nicht alles Interessante und Wünschenswerte gebracht werden könne, dass sich der Autor auf das Nothwendigste und mitunter auf die bloße Anregung beschränken müsse, und somit gezwungen wird, die Leser seines Werkes, welche weitergehende und eindringlichere Studien zu machen gedenken, resp. an dem Ausbau der Wissenschaft mitarbeiten und selbst forschen und schaffen wollen, auf die betreffenden neuesten Schöpfungen mächtiger Geister und ihre Originalarbeiten zu verweisen.

Indem ich somit noch die letzten Federzüge vollführe, um meine „Darstellende und projective Geometrie" zum Abschlusse zu bringen, folge ich nur freudig einer mir durch Thatsachen auferlegten Pflicht, wenn ich der allerorts rühmlichst bekannten, altbewährten Verlagsbuchhandlung der kais. Akademie der Wissenschaften in Wien, des Herrn Carl Gerold's Sohn und der hochachtbaren P. T. Herren Chefs derselben, sowie der Druckerei der genannten Firma für das jederzeit freundliche Entgegenkommen, für die aufgewandte Sorgfalt, für die Raschheit des Druckes und die treffliche Förderung und Herstellung des Gesammtwerkes den verbindlichsten Dank ausspreche. Weiters gereicht es mir zum wahren Vergnügen, mich an dieser Stelle dankend meines Schülers, Assistenten und jetzigen Docenten, Herrn Otto Rupp zu erinnern, welcher mir bei der Schaffung meines Werkes durch manche — meiner Ansicht nach — vorzügliche Idee, die, wenn auch vielleicht nur im gegenseitigen wissenschaftlichen Verkehr aufgetaucht und gesprochen war, so doch, wie ich bereits bei früherer Gelegenheit Veranlassung fand, es hervorzuheben, meine Arbeit mitunter nicht unwesentlich beschleunigen half, anerkennenswerte Dienste leistete, und ferner meines Schülers und nunmehrigen Assistenten, des Herrn Emil Neugebauer zu gedenken, welcher mich bei der Durchführung der „Schattenconstructionen" bereitwilligst unterstützte und mich dadurch in die angenehme Lage versetzte, ihm meinen Dank auch öffentlich zum Ausdrucke bringen zu können.

Ist es dem Verfasser gelungen, durch sein redlich Wollen, Streben und Mühen, durch seine vieljährige uneigennützige Arbeit der Wissenschaft, welche er zu vertreten die Ehre hat, in irgend einer Weise nützlich gewesen zu sein, ist es ihm ferner gelungen, das Interesse für diese Wissenschaft zu wecken und zu fördern und ihr so den wünschenswerten Eingang in weitere Kreise zu ermöglichen, und ist es ihm endlich gelungen, zu weiterem intensiven Forschen und Schaffen anzuregen, so hat er seinen angestrebten Lohn gefunden und das ihm bei der Verfassung seines Werkes vorgeschwebte Ziel erreicht.

Mit dem Wunsche und der innigen Bitte, dass auch der vierte Band des vorliegenden Werkes mit derselben überaus gütigen Nachsicht und derselben beglückenden Freundlichkeit, wie meine vorausgegangenen Arbeiten aufgenommen werden möge, übergebe ich hiemit das Gesammtwerk dem gerechten Richterspruche der Öffentlichkeit, indem mich gleichzeitig ein heiliges Dank- und Pflichtgefühl drängt, all den hochverehrten Gönnern und Freunden der Wissenschaft, die mich aus nah und ferne durch den höchst wohlwollenden Ausdruck ihrer Anerkennung ehrten, auf diesem Wege meinen tiefinnigsten und ergebensten Dank darzubringen.

Brünn, den 24. December 1884.

Prof. Dr. **Gust. Ad. V. Peschka.**

Inhalts-Verzeichnis.

Vierter Theil.

Windschiefe Flächen höherer Ordnung, Normalenflächen, Rotationsflächen, Umhüllungsflächen, Schraubenflächen, Schattenconstructionen.

Erster Abschnitt.

Windschiefe Flächen.

I. Capitel.

II. Capitel.

Regelflächen dritten Grades.

III. Capitel.

Allgemeine Eigenschaften der Conoide.

IV. Capitel.

Theorie der Normalenflächen.

XI. Capitel.

Dritter Abschnitt.

Umhüllungsflächen.

XII. Capitel.

Theorie der Umhüllungsflächen.

XIII. Capitel.

Die Ringfläche.

Vierter Abschnitt.

Die Schraubenlinie und die Schraubenflächen.

XIV. Capitel.

Die Schraubenlinie.

XV. Capitel.

Schraubenflächen im allgemeinen und Schraubenregelflächen.

XVI. Capitel.

Constructionen in Bezug auf die developpable Schraubenfläche.

XVII. Capitel.

Die windschiefe Schraubenfläche und das Schrauben-Conoid.

XVIII. Capitel.

Anhang.

Fünfter Abschnitt.

Schattenlehre.

XIX. Capitel.

Construction der Schatten.

Vierter Theil.

Windschiefe Flächen höherer Ordnung, Normalenflächen, Rotationsflächen, Umhüllungsflächen, Schraubenflächen, Schattenconstructionen.

Erster Abschnitt.

Windschiefe Flächen.

I. Capitel.

Windschiefe Flächen, welche sich in allen Punkten einer und derselben Erzeugenden berühren. Schmiegungshyperboloide und Schmiegungsparaboloide windschiefer Flächen. Das Normalenparaboloid längs einer Erzeugenden einer Regelfläche.

§. 1.

Die Entstehung der windschiefen Regelflächen im allgemeinen und der Regelflächen zweiten Grades insbesondere, sowie die Entwickelung der wichtigsten Eigenschaften der letzteren wurden bereits im zweiten und beziehungsweise dritten Bande des vorliegenden Werkes eingehend besprochen.

Bevor wir nun auf Regelflächen eines höheren als des zweiten Grades übergehen, dürfte es zweckmäßig sein, gewisse allgemeine Eigenschaften aller windschiefen Flächen ohne Rücksicht auf eine bestimmte gegebene Gradzahl abzuleiten. Wir beginnen diesfalls mit den Beziehungen, welche zwischen allgemeinen Regelflächen und ihren Tangentialebenen stattfinden.

Setzen wir voraus, zwei windschiefe Flächen F_1 und F_2 hätten einerseits eine geradlinige Erzeugende g (Taf. I, Fig. 1) gemein und würden überdies andererseits in drei Punkten dieser Erzeugenden, etwa in a, b und c beziehungsweise von je einer und derselben Ebene T_1, T_2 und T_3 berührt. Letztere Annahme sagt offenbar nichts anderes aus, als dass die besagten Flächen selbst in diesen drei Punkten eine Berührung eingehen.

Denken wir uns durch den Punkt a eine beliebige Ebene E_1 gelegt, so schneidet diese die vorliegenden zwei Regelflächen F_1 und

F_2 in irgend welchen Curven C_1 und C'_1 und die gemeinschaftliche Berührungsebene T_1 im Punkte a in einer Geraden t_1. Nachdem nun t_1 die Curve C_1 sowohl, als auch die Curve C'_1 in dem Punkte a berührt, muss dasselbe auch von den beiden Curven gelten, d. h. die letzteren haben außer a noch einen zweiten unendlich nahen Punkt α gemein.

Ebenso wird eine durch den Punkt b gelegte Ebene die beiden Flächen in zwei Curven C_2 und C'_2 schneiden, welche sich in b berühren und daher, ebenso wie im vorhergehenden Falle, zwei unendlich nahe Punkte b und β gemein haben. Endlich wird auch eine durch C gelegte Ebene die beiden Regelflächen F_1 und F_2 in zwei Curven C_3 und C'_3 schneiden, welche sich gleichfalls in C berühren, und somit wieder zwei benachbarte Punkte c und γ gemeinschaftlich haben müssen.

Die so erhaltenen Curven C_1, C_2 und C_3 können wir nun als Leitcurven für die eine Regelfläche und die Curven C'_1, C'_2 und C'_3 als Leitcurven für die zweite Regelfläche betrachten.

Denken wir uns weiters, dass die Erzeugende g die erste Regelfläche beschreibe, indem sie an den drei Leitlinien C_1, C_2 und C_3 continuierlich fortgleitet. Hierbei wird dieselbe zunächst in eine von g unendlich wenig verschiedene Lage g_1 gerathen, wird also die Leitcurven C_1, C_2 und C_3 beziehungsweise in den drei unendlich nahe an a, b und c liegenden Punkten α, β und γ treffen.

Nachdem aber die letztgenannten drei Punkte gleichzeitig auch den Leitcurven C'_1, C'_2 und C'_3 angehören, folgt, dass die Gerade g_1 gleichfalls eine Erzeugende der zweiten Regelfläche darstelle.

Es ist somit ersichtlich, dass zwei Regelflächen, welche sich in drei Punkten einer den beiden Flächen gemeinschaftlichen Erzeugenden g berühren, noch eine zweite, der ersteren unendlich nahe gelegene Erzeugende g_1 gemein haben müssen.

Aus diesem Ergebnisse lässt sich noch eine weitere wichtige Eigenschaft ableiten.

Ist nämlich x ein beliebiger Punkt der Erzeugenden g, durch welchen wir irgend eine beliebige Ebene E_x legen, welche die zweite Erzeugende g_1 in dem Punkte ξ und die beiden Regelflächen F_1 und F_2 in den Curven C_x und C'_x schneiden möge. Diese beiden Curven haben die unendlich nahen Punkte x und ξ gemeinschaftlich, berühren sich mithin in dem Punkte x.

Bezeichnen wir mit t_x die gemeinschaftliche Tangente der beiden Curven C_x und C'_x im Punkte x, so repräsentiert die durch die Erzeugende g und durch diese Tangente t_x gelegte Ebene T_x sowohl die

Berührebene der Regelfläche $(C_1 C_2 C_3)$, als auch die der Regelfläche $(C'_1 C'_2 C'_3)$ im Punkte x, woraus folgt, dass sich auch die beiden Regelflächen in dem nämlichen Punkte x berühren werden.

Nachdem aber der Punkt x ganz beliebig auf der Erzeugenden g gewählt wurde, so gilt offenbar das Gleiche überhaupt von allen Punkten der Erzeugenden g und es ergibt sich sonach der Satz:

1. „Berühren sich zwei windschiefe Flächen in drei Punkten einer gemeinschaftlichen Erzeugenden, so berühren sich dieselben in allen Punkten dieser Erzeugenden.“

§. 2.

Der eben angeführte Satz lässt verschiedene Specialisierungen zu.

Denkt man sich beispielsweise den Punkt c als unendlich fernen Punkt der Erzeugenden g und die durch denselben gelegte Ebene E_3, als die zugehörige unendlich ferne Ebene, so repräsentieren die Curven C_3 und C'_3 die beiden unendlich fernen Curven der Regelflächen und werden somit als die unendlich fernen Curven zweier Richtungskegel R und R' betrachtet werden können.

Jeder dieser Richtungskegel R und R' besitzt eine zu g parallele Erzeugende. Die Bedingung, dass sich die unendlich fernen Leitcurven C_3 und C'_3 im Punkte c berühren, d. h. dieselbe Tangente t_3 in diesem Punkte c besitzen, ist durch die äquivalente Bedingung, dass die Berührungsebenen der Richtungskegel R und R', längs jener Erzeugenden, welche zu g parallel sind, unter einander parallel seien, vertreten. An die Stelle des vorigen allgemeinen Satzes tritt sonach der folgende specialisierte Satz:

2. „Berühren sich zwei windschiefe Flächen in zwei Punkten einer gemeinschaftlichen Erzeugenden g und besitzen deren Richtungskegel längs den der Erzeugenden g entsprechenden Erzeugenden unter einander parallele Berührungsebenen, so berühren sich die beiden windschiefen Flächen in allen Punkten der gemeinschaftlichen Erzeugenden g.“

§. 3.

Besitzen die beiden windschiefen Flächen Richtebenen R und R', so reduciert sich die im letzten Satze, bezüglich der Berührungsebenen der Richtungskegel ausgesprochene Bedingung offenbar auf die, dass die Richtebenen R und R' beider Regelflächen zu einander parallel seien, oder was dasselbe ist, dass die beiden Regelflächen eine und dieselbe Richtebene besitzen. Unter dieser Voraussetzung folgt also aus dem vorhergehenden Satze der nachstehende:

3. „Berühren sich zwei Regelflächen, welche eine gemeinschaftliche Richtebene besitzen, in zwei Punkten einer gemeinsamen Erzeugenden, so berühren sich dieselben in allen Punkten dieser Erzeugenden.“

§. 4.

Andere interessante und wichtige Resultate folgen aus der Annahme, dass die eine der beiden sich längs einer Erzeugenden berührenden Flächen, oder wie man häufig zu sagen pflegt, dass die eine der beiden sich „anschmiegenden Regelflächen“ eine Regelfläche zweiten Grades ist.

Setzen wir voraus, es seien C_1, C_2 und C_3 (Taf. I, Fig. 2) drei beliebige auf irgend einer windschiefen Fläche liegende Curven und g sei irgend eine geradlinige Erzeugende der Fläche.

Construieren wir die Tangenten t_1, t_2 und t_3 der Curven C_1, C_2 und C_3 in den Punkten a_1, a_2 und a_3, in welchen sie von der Erzeugenden g getroffen werden, so erhält man drei sich kreuzende Geraden t_1, t_2 und t_3, welche man als Leitlinien eines windschiefen Hyperboloides betrachten kann.

Dieses Hyperboloid hat mit der Regelfläche einerseits die Erzeugende g gemein und andererseits berührt dasselbe die Regelfläche in den drei Punkten a_1, a_2 und a_3, da die Ebenen (g, t_1), (g, t_2) und (g, t_3) Tangentialebenen der windschiefen Fläche sowohl, als auch des Hyperboloides in den betreffenden drei Punkten a_1, a_2 und a_3 repräsentieren.

Als eine unmittelbare Folge des Satzes 1) ergibt sich aber, dass die gegebene Regelfläche und das Hyperboloid $(t_1 t_2 t_3)$ in allen Punkten der Erzeugenden g eine Berührung eingehen müssen.

§. 5.

Die eben entwickelte Eigenschaft kann sogleich dazu benützt werden, um an eine durch drei krumme Linien „als Leitcurven“ gegebene Regelfläche in irgend einem Punkte einer vorerst construierten Erzeugenden, die Berührungsebene zu ermitteln.

Seien nämlich C_1, C_2 und C_3 (Taf. I, Fig. 2) die gegebenen Leitcurven und hätte man in einem Punkte x der Erzeugenden g die Berührungsebene zu legen, so wird man die Tangenten t_1, t_2 und t_3 dieser Curven in den drei Punkten a_1, a_2 und a_3, wo selbe von den Erzeugenden g getroffen werden, als Leitgeraden für ein Hyperboloid annehmen. Die Tangentialebene dieses Hyperboloides wird, den vorausgeschickten Auseinandersetzungen zufolge, bereits die gesuchte Berührebene sein.

Um letztere zu finden, hat man die durch den Berührungspunkt x gehende Erzeugende t_x des zu $(t_1 t_2 t_3)$ gehörenden Systemes zu construieren.

Dies geschieht bekanntlich in der Weise, dass man zwei Gerade g_1 und g_2 sucht, deren jede die drei Geraden t_1, t_2 und t_3 beziehungsweise in je einem Punkte b_1, b_2, b_3 und c_1, c_2, c_3 trifft, und hierauf eine Gerade t_x ermittelt, welche durch den Punkt x geht und die beiden Geraden g_1 und g_2 in je einem Punkte y resp. z schneidet. Die durch t_x und g gelegte Ebene ist die gesuchte Berührungsebene.

Auch die umgekehrte Aufgabe lässt sich mit Leichtigkeit durchführen.

Vorausgesetzt, es sei eine beliebige durch g gehende Ebene T_x gegeben und man sollte deren Berührungspunkt x auffinden.

Besagte Ebene muss auf Grund der oben festgestellten Eigenschaft auch das Hyperboloid $(t_1 t_2 t_3)$ in dem nämlichen, nunmehr zu suchenden Punkte berühren. In diesem Falle muss aber die bezeichnete Ebene eine zum System t gehörende Erzeugende t_x, welche durch den Berührungspunkt x geht, enthalten.

Diese Erzeugende t_x und gleichzeitig mit ihr der Berührungspunkt x werden gefunden, wenn man, wie früher, die beiden Erzeugenden g_1 und g_2 des Hyperboloides construiert, deren Schnittpunkte y und z mit der gegebenen Ebene T_x aufsucht und durch eine Gerade t_x verbindet. Der Schnittpunkt von t_x und g ist der gesuchte Berührpunkt x.

§. 6.

Die vorher aufgestellte Beziehung zwischen einer beliebigen Regelfläche und einem windschiefen Hyperboloide führt zu einem merkwürdigen Satze, welcher von jeder willkürlich gewählten Erzeugenden einer jeden wie immer gearteten Regelfläche gilt.

Eine windschiefe Regelfläche ist, welches auch sonst ihre Natur sein mag, stets durch drei Leitcurven C_1, C_2 und C_3 (Taf. I, Fig. 2) darstellbar. Als die letztgenannten kann man drei ganz beliebige auf der Fläche liegende Curven annehmen.

Stellt nun g irgend eine Erzeugende dieser Regelfläche vor, so lässt sich immer ein Hyperboloid construieren, welches mit der Regelfläche diese Erzeugende g gemein hat und in allen Punkten der besagten Erzeugenden die nämlichen Tangentialebenen, wie die Fläche selbst, besitzt. Es genügt zu diesem Zwecke, die drei Curventangenten t_1, t_2 und t_3 als Leitgeraden für das Hyperboloid anzunehmen.

Früher wurde nachgewiesen (Satz 17, Band III), dass die Reihe der Punkte a_1, $a_2 \ldots a_n$ auf einer Erzeugenden eines windschiefen Hyperboloides zu dem Büschel der ihnen entsprechenden Tangentialebenen stets projectivisch sei. Beachtet man nun, dass, wenn g als diese Erzeugende angenommen wird, die Tangentialebenen des Hyperboloides in den Punkten a_1, a_2, a_3, $a_4 \ldots a_n$ gleichzeitig auch Tangentialebenen der Regelfläche in den nämlichen Punkten darstellen, so folgt ohne weiteres der wichtige Satz:

4. „Die Reihe der Punkte auf einer beliebigen Erzeugenden irgend einer windschiefen Fläche ist stets projectivisch zu dem Büschel der diesen Punkten entsprechenden Tangentialebenen der Fläche.“

Eine Ausnahme hievon bilden jene Erzeugenden einer Regelfläche, welche von den unmittelbar auf sie folgenden Erzeugenden der Fläche geschnitten werden.

Solche besondere Erzeugenden, welche man „Kanten“ oder „Torsallinien“ der Regelfläche nennt, werden wir an anderer Stelle einer näheren Betrachtung unterziehen.

§. 7.

Da in dem Vorhergehenden überall vorausgesetzt wurde, dass die Curven C_1, C_2 und C_3 stets drei ganz beliebige auf der Regelfläche liegende Curven seien, so ist einleuchtend, dass die drei Tangenten t_1, t_2 und t_3 in den Punkten a_1, a_2 und a_3, in welchen diese Curven die Erzeugende g schneiden, ihre Lage mit jener der drei Curven C_1, C_2, C_3 ändern.

Es kann nun die Frage aufgeworfen werden, ob sich hiebei auch das anschmiegende Hyperboloid ändert oder nicht.

Diese Frage kann vermittelst nachstehender Überlegung beantwortet werden.

Nehmen wir, so wie vorhergehend an, es seien C_1, C_2 und C_3 (Taf. I, Fig. 2) wieder drei beliebige auf irgend einer Regelfläche liegende Curven, g eine willkürlich gewählte Erzeugende der Regelfläche, welche diese Curven beziehungsweise in den Punkten a_1, a_2 und a_3 schneiden möge. Die Tangenten von C_1, C_2 und C_3 in den drei Punkten a_1, a_2 und a_3 seien in Übereinstimmung mit der früheren Bezeichnung t_1, t_2 und t_3.

Jede dieser Tangenten hat mit der betreffenden Curve C_1, C_2, C_3 noch einen zweiten, dem Punkte a_1, a_2 resp. a_3 unendlich nahe gelegenen Punkt α_1, α_2 resp. α_3 gemein.

Denken wir uns die windschiefe Fläche durch die Gerade g erzeugt, während sie längs den Curven C_1, C_2 und C_3 fortgleitet, so wird dieselbe aus der Lage g in eine benachbarte Lage γ gelangen und auch in dieser Lage die Leitcurven C_1, C_2 und C_3 in drei Punkten treffen, welche den Punkten a_1, a_2 und a_3 unendlich nahe liegen, also offenbar mit den Punkten α_1, α_2 und α_3 coincidieren müssen.

Wir ersehen hieraus, dass, weil diese Punkte auch den Tangenten t_1, t_2, t_3 angehören, die der Erzeugenden g unendlich nahe gelegene Erzeugende γ gleichfalls dem durch t_1, t_2 und t_3 „als Leitgeraden" bestimmten Hyperboloide „als Erzeugende" angehöre.

Auf Grund der gepflogenen Erörterungen kann demnach behauptet werden, dass ein einer Regelfläche längs einer Erzeugenden g sich anschmiegendes Hyperboloid mit dieser Fläche auch die unmittelbar auf g folgende Erzeugende γ gemein hat.

Wir wollen dies als äquivalente Bedingung auffassen und die umgekehrte Frage aufwerfen, ob ein Hyperboloid, welches beliebig durch eine Erzeugende g (Taf. I, Fig. 3) einer Regelfläche und durch die derselben unendlich nahe liegende Erzeugende γ gelegt wird, sich dieser Regelfläche längs der Erzeugenden g anschmiegt.

Der diesbezügliche Nachweis wird geliefert sein, wenn wir zu zeigen vermögen, dass das Hyperboloid und die gegebene Regelfläche in einem beliebigen Punkte x der Erzeugenden g dieselbe Berührebene besitzen.

Denken wir uns demnach durch einen solchen Punkt eine beliebige Ebene E gelegt, so wird diese die Regelfläche sowohl, als auch das Hyperboloid in einer Curve C resp. C' schneiden. Da die Erzeugenden g und γ beiden Flächen angehören, so werden diese von der Ebene E in zwei unendlich nahe an einander liegenden Punkten x und ξ geschnitten, welche den Curven C und C' gleichzeitig zukommen. Dieses Ergebnis sagt aber nichts anderes aus, als dass die Verbindungsgerade t_x der Punkte x und ξ sowohl die Curve C, als auch die Curve C' im Punkte x berühre, dass also die durch g und t_x gelegte Ebene T_x sowohl die Regelfläche, als auch das Hyperboloid in dem Punkte x berühren müsse.

Hieraus folgt aber, dass ein Hyperboloid, welches durch eine Erzeugende g einer Regelfläche und die unmittelbar darauf folgende Erzeugende γ gelegt wird, ein „Schmiegungshyperboloid" der

Fläche sei, das heißt, dass ein solches Hyperboloid die Regelfläche in allen Punkten der Erzeugenden g berühre.

Nachdem weiters eine Regelfläche zweiten Grades (Hyperboloid oder Paraboloid) durch die Angabe zweier Leitgeraden g und γ nicht bestimmt ist, so folgt, dass es eine unendlich große Anzahl von derartigen Flächen zweiten Grades gibt, welche sich einer Regelfläche längs einer gegebenen Erzeugenden anschmiegen.

Es genügt jedoch, eine beliebige dritte Leitgerade g' im Raume zu wählen, um unter diesen Regelflächen zweiten Grades ein beliebiges Individuum herauszugreifen.

Je nach der Wahl der Geraden g' kann man als Schmiegungsfläche zweiten Grades ein gewöhnliches Hyperboloid, ein hyperbolisches Paraboloid oder auch ein Rotationshyperboloid erhalten.

Nimmt man beispielsweise die Gerade g' in der unendlich fernen Ebene an, d. h. setzt man außer den Leitgeraden g und γ eine Richtebene voraus, so erhält man ein Schmiegungsparaboloid.

Es gibt hiernach ebenso viele Schmiegungsparaboloide längs der Erzeugenden g, als die unendlieh ferne Ebene Geraden enthält, also eine zweifach unendliche Mannigfaltigkeit.

Weiters wissen wir, dass ein Rotationshyperboloid durch zwei Erzeugende g und γ desselben Systemes und durch einen Punkt p vollkommen bestimmt ist. (Siehe Aufgabe 25, Band III.)

Es wird demnach so viele Rotations-Schmiegungs-Hyperboloide geben, als eine Gerade s im Raume Punkte (p) enthält, d. h. die Anzahl der Rotations-Schmiegungs-Hyperboloide längs der Erzeugenden g ist einfach unendlich.

§. 8.

1. Aufgabe. **Eine windschiefe Fläche ist durch zwei Curven als Leitlinien und durch eine Richtebene gegeben; es ist in einem Punkte der Fläche eine Berührungsebene zu legen.**

Die Richtebene wollen wir gleichzeitig als horizontale Projectionsebene annehmen, während wir die verticale Projectionsebene beliebig wählen. Die beiden Curven mögen sich unter dieser Voraussetzung in (C_1, C'_1) und (C_2, C'_2) (Taf. I, Fig. 4) darstellen.

Um einen Punkt auf der Fläche zu erhalten, muss zunächst eine Erzeugende derselben ermittelt werden. Letzteres wird einfach dadurch erzielt, dass man eine beliebige zur horizontalen Projectionsebene parallele Ebene e_v annimmt und deren Schnittpunkte (a_1, a'_1) und (a_2, a'_2) mit den gegebenen Curven (C_1, C'_1) und (C_2, C'_2) durch eine Gerade (g, g') verbindet.

Auf dieser Erzeugenden (g, g') wählen wir irgend einen Punkt (p, p'), in welchem die Berührebene der Regelfläche construiert werden soll.

Ziehen wir weiters die Tangenten (t_1, t'_1) und (t_2, t'_2) der Curven (C_1, C'_1) und (C_2, C'_2) in den Punkten (a_1, a'_1) und (a_2, a'_2) und betrachten wir diese als Leitgeraden, die horizontale Projectionsebene aber als Richtebene für ein hyperbolisches Paraboloid, so wird dieses Paraboloid die gegebene windschiefe Fläche, der Anordnung gemäß, in den Punkten (a_1, a'_1) und (a_2, a'_2) berühren, und da letztere nebstbei die nämliche Richtebene wie das Paraboloid besitzt, folgt (nach Satz 3), dass dasselbe die gegebene windschiefe Fläche in allen Punkten der Erzeugenden (g, g') berühren müsse.

Die gesuchte Berührungsebene der Regelfläche in dem Punkte (p, p') wird demgemäß gleichzeitig die Berührebene des Paraboloides in dem nämlichen Punkte (p, p') sein und kann daher als solche folgendermaßen bestimmt werden.

Der Schnittpunkt g_s von t_1 und t_2 ist die verticale Projection der vertical-projicierenden Erzeugenden g_s des Paraboloides. Die Gerade $p\,g_s$ stellt mithin die Verticalprojection der durch den Punkt (p, p') gehenden Erzeugenden (l, l') des zweiten Systemes dar.

Nachdem diese Erzeugende (l, l') des Systems l aber auch die in der horizontalen Projectionsebene liegende Erzeugende g_h schneiden muss, so ergibt sich dieselbe leicht vermittelst ihres Horizontal-Durchstoßpunktes (δ, δ').

Die beiden durch (p, p') gehenden Erzeugenden (g, g') und (l, l') bestimmen demnach die gesuchte Berührebene $T_v T_h$ des Paraboloides im Punkte (p, p'), also auch jene der ursprünglich gegebenen windschiefen Fläche.

In analoger Weise ist das folgende Problem zu lösen.

§. 9.

2. Aufgabe. **Eine windschiefe Fläche ist durch zwei Leitcurven und durch eine Richtebene gegeben; durch eine beliebige Erzeugende dieser Fläche wurde eine Ebene willkürlich gelegt; es ist der Berührungspunkt derselben zu ermitteln.**

Wir nehmen, wie im vorhergehenden Falle, die Richtebene wieder als horizontale Projectionsebene an und bestimmen eine Erzeugende

(g, g') (Taf. I, Fig. 4) der windschiefen Fläche vermittelst einer horizontalen Ebene e_v. Durch diese Erzeugende legen wir eine beliebige Ebene $T_v T_h$.

Soll der Berührungspunkt dieser Ebene bestimmt werden, so betrachten wir die Tangenten (t_1, t'_1) und (t_2, t'_2) der Curven (C_1, C'_1) und (C_2, C'_2) in deren Schnittpunkten (a_1, a'_1) und (a_2, a'_2) mit der Erzeugenden (g, g') als Leitgeraden eines Schmiegungsparaboloides, dessen Richtebene ebenfalls die horizontale Projectionsebene ist.

Suchen wir ferner die Schnittpunkte (δ, δ') und (s, s') der Ebene $T_v T_h$ mit der in der horizontalen Projectionsebene liegenden Erzeugenden g_h und mit der vertical-projicierenden Erzeugenden g_s des Paraboloides.

Die Verbindungsgerade (l, l') dieser beiden Punkte (δ, δ') und (s, s') repräsentiert bekanntlich die in der Ebene $T_v T_h$ liegende Erzeugende des zweiten Systemes. Der Schnittpunkt (p, p') derselben mit der Erzeugenden (g, g') wird demgemäß denjenigen Punkt darstellen, in welchem die Ebene $T_v T_h$ das Schmiegungsparaboloid und mithin auch die gegebene windschiefe Fläche berührt.

§. 10.

Die Betrachtung eines besonderen Schmiegungsparaboloides führt zu einer interessanten und wichtigen Eigenschaft der windschiefen Regelflächen.

Sei nämlich g (Taf. I, Fig. 5) eine beliebige Erzeugende irgend einer windschiefen Fläche.

Denken wir uns die Fläche durch drei Ebenen, E_1, E_2 und E_3, welche zur Erzeugenden g normal sind, in den Curven C_1, C_2 und C_3 geschnitten. Diese Curven gehen durch die drei Punkte a, b und c, in welchen die Erzeugende g von den obengenannten Ebenen E getroffen wird. Die sämmtlichen Tangenten t_a, t_b und t_c der Curven C_1, C_2 und C_3 in diesen drei Punkten sind sodann selbstverständlich zur Erzeugenden g senkrecht.

Die bezeichneten Tangenten können daher betrachtet werden als die Leitgeraden eines sich der windschiefen Fläche längs der Erzeugenden g anschmiegenden Paraboloides, dessen eine Richtebene zu dieser Erzeugenden g senkrecht steht. Es ist offenbar, dass sodann auch jede weitere Erzeugende des Schmiegungsparaboloides, welche zu dem Systeme t_a, t_b, t_c gehört, auf g senkrecht stehen müsse.

Drehen wir nun das Schmiegungsparaboloid um die Gerade g um einen rechten Winkel und untersuchen wir, welche Eigenschaften die Erzeugenden desselben nach dieser Drehung besitzen werden.

Betrachten wir zu diesem Zwecke eine beliebige Erzeugende, etwa t_a. Da die letztere normal zur Geraden g steht, so wird dieselbe bei ihrer Drehung um g auch in jeder beliebigen Drehungslage senkrecht zu g sein.

Beträgt aber der Drehungswinkel 90^0, so wird dieselbe in der gedrehten Lage N_a nicht nur senkrecht auf g, sondern auch senkrecht auf ihrer ursprünglichen Lage t_a und mithin auch senkrecht auf jener Ebene stehen, welche durch die Geraden g und t_a bestimmt ist.

Die letztgenannte Ebene (g, t_a) ist aber die Berührungsebene der Regelfläche im Punkte a; die Gerade N_a stellt somit die Normale der Regelfläche im Punkte a dar. Das Gleiche gilt von allen anderen Erzeugenden des Schmiegungsparaboloides.

Wird hiernach das letztere um die Erzeugende g, um einen rechten Winkel gedreht, so werden die sämmtlichen Erzeugenden des einen Systemes eine zur Regelfläche normale Lage annehmen. Berücksichtigt man weiters, dass das in Rede stehende Paraboloid ein gleichseitiges ist, weil alle Erzeugenden t_a, t_b, t_c... desselben eine gewisse Erzeugende g des anderen Systemes rechtwinklig schneiden (siehe Satz 99, Band III in der Theorie der Regelflächen zweiten Grades), so folgt unmittelbar der Satz:

5. „*Die Normalen einer jeden windschiefen Fläche längs einer beliebigen geradlinigen Erzeugenden bilden ein gleichseitig-hyperbolisches Paraboloid.*"

Wie aus nachstehender Betrachtung hervorgehen wird, kann man sich leicht die Überzeugung verschaffen, dass der Scheitel dieses Normalenparaboloides auf der Geraden g liegt.

§. 11.

Der Centralpunkt auf einer Erzeugenden einer Regelfläche. Distributionsparameter der Tangentialebenen. Verschiedene Eigenschaften.

Sei g (Taf. I, Fig. 6) eine Erzeugende irgend einer windschiefen Fläche und g_1 die unmittelbar auf dieselbe folgende Erzeugende der nämlichen Fläche.

Legen wir durch g eine Ebene P parallel zu g_1, so stellt diese offenbar die asymptotische Ebene der Erzeugenden g dar, da dieselbe die unendlich fernen Punkte der beiden Nachbarerzeugenden g und g_1, d. h. die Tangente der unendlich fernen Curve der

Regelfläche in dem der Erzeugenden g angehörenden Punkte enthält.

Die zu dieser asymptotischen Ebene P durch g senkrecht gelegte Ebene repräsentiert die „Centralebene“ der Erzeugenden g, während deren Berührungspunkt A den „Centralpunkt“ der Erzeugenden g darstellt.

Dieser Centralpunkt A ist, wie sich leicht nachweisen lässt, der Fußpunkt des kürzesten Abstandes der beiden Erzeugenden g und g_1.

Ist nämlich γ die orthogonale Projection der Erzeugenden g_1 auf die Ebene P, so treffen sich bekanntlich γ und g in dem Punkte A, durch welchen der kürzeste Abstand AB von g und g_1 geht.

Die Ebene, welche durch g senkrecht zu P geführt wird, muss diesen kürzesten Abstand enthalten. Da aber die Punkte A und B einander unendlich nahe sind, so repräsentiert AB (verlängert gedacht) eine in der genannten Centralebene liegende Tangente der Regelfläche; der Schnittpunkt A derselben mit g stellt mithin den Berührungspunkt der Centralebene, d. i. den Centralpunkt der Erzeugenden g dar. Hiernach erhalten wir den Satz:

6. „Der Centralpunkt einer Erzeugenden ist zugleich jener Punkt in derselben, welcher von der unmittelbar folgenden Erzeugenden den kleinsten Abstand besitzt.“

Um von vornherein einem allfallsigen Irrthume zu begegnen, sei bemerkt, dass die „Strictionslinie“ der Regelfläche, welche als Ort der Centralpunkte aller Erzeugenden definiert wurde, die kürzesten Abstände AB auf einander folgender Erzeugenden nicht als Elemente enthält.

§. 12.

Denken wir uns, um zu weiteren Resultaten zu gelangen, von einzelnen Punkten $b, b_1, b_2 \ldots b_n$ der Erzeugenden g_1 die Perpendikel ba, $b_1 a_1$, $b_2 a_2$, $b_3 a_3 \ldots$ auf die Erzeugende g gefällt, so stellen dieselben die Erzeugenden eines Paraboloides dar, als dessen Leitgeraden die beiden Erzeugenden g und g_1 der Regelfläche betrachtet werden können, während dessen Richtebene die zu der Geraden g senkrechte Ebene R ist. Die zweite Richtebene, d. i. jene, welche dem Systeme g entspricht, wird durch die Ebene P vertreten.

Dieses Paraboloid schmiegt sich der Regelfläche längs der Erzeugenden g an, da dasselbe auch die der letzteren unendlich nahe gelegene Erzeugende g_1 enthält.

Die Geraden Δ, δ, δ_1, δ_2, δ_3..., welche durch die Punkte A, a, a_1, a_2, a_3... der Erzeugenden g parallel zur Schnittgeraden beider Richtebenen P und R geführt werden, sind Durchmesser des Paraboloides.

Betrachten wir insbesondere die Gerade Δ, welche durch den Centralpunkt A der Erzeugenden g parallel zur Schnittgeraden der Richtebenen P und R gezogen wurde. Dieselbe ist zur Erzeugenden g sowohl, als auch zur Geraden des kürzesten Abstandes AB senkrecht, mithin auch senkrecht zu der durch diese beiden Geraden AB und g bestimmten Tangentialebene des Paraboloides im Punkte A.

Hieraus geht hervor, dass der Durchmesser Δ des Paraboloides zu der Tangentialebene in seinem Endpunkte A normal stehe, oder mit anderen Worten: dass derselbe die Achse des Paraboloides und der Punkt A den Scheitel des Paraboloides darstelle.

Ferner wissen wir bereits, dass das eben betrachtete Paraboloid bei einer rechtwinkligen Drehung um g in das Normalenparaboloid der Erzeugenden g übergeht. Nachdem aber hierbei der Scheitel A seine Lage nicht ändert, so folgt unmittelbar der Satz:

7. „*Der Centralpunkt einer Erzeugenden der windschiefen Fläche ist gleichzeitig der Scheitel des zu dieser Erzeugenden gehörenden Normalenparaboloides.*"

§. 13.

Betrachten wir einen beliebigen Punkt a der Erzeugenden g (Taf. I, Fig. 6). Die Tangentialebene der Regelfläche in besagtem Punkte ist identisch mit der Tangentialebene des Schmiegungsparaboloides und als solche durch die Gerade g und das Perpendikel ba bestimmt.

Bezeichnen wir den Winkel $ab\beta$, welchen diese Berührebene mit der Centralebene (g, AB) bildet, mit θ; ferner jenen Winkel, welchen die Erzeugenden g und g_1 (oder was dasselbe ist, die Geraden g und γ) einschließen, mit σ; den Abstand des Punktes a vom Centralpunkte A mit x und endlich die Länge des kürzesten Abstandes AB mit p, so ergibt sich aus dem rechtwinkligen Dreiecke $ab\beta$:

$$tg.ab\beta = tg\,\theta = \frac{a\beta}{b\beta} = \frac{Aa\,.\,tg.\beta Aa}{AB} = \frac{x\,.\,tg\,\sigma}{p};$$

$$tg\,\theta = \frac{x\,.\,tg\,\sigma}{p}.$$

Vorausgesetzt, dass sich g und g' unausgesetzt nähern, wird der constante Wert $\frac{p}{tg\,\sigma}$ in eine constante Grenze übergehen, die wir mit K bezeichnen, so dass dieser Grenzwert einfach durch $\frac{p}{\sigma}$ ausgedrückt werden kann. Letzteren pflegt man den „Distributionsparameter" oder kurz den „Parameter" der Erzeugenden g zu nennen.

Durch Substitution ergibt sich sonach:

$$tg\,\theta = \frac{x}{K}.$$

Der Wert des obbezeichneten Parameters ergibt sich immer als eine genau bestimmbare Strecke. Wird beispielsweise $\theta = 45^0$ gesetzt, so ist $tg\,\theta = 1$ und mithin

$$K = x.$$

Dieses Ergebnis in Worte gekleidet, erhalten wir den Satz:

8. *„Der Parameter einer Erzeugenden ist der Abstand jenes Punktes dieser Erzeugenden von ihrem Centralpunkte, in welchem die Berührebene mit der Centralebene den Winkel von 45⁰ einschließt."*

§. 14.

Gehen wir in der eingeleiteten Untersuchung weiter und betrachten wir zwei Punkte a und a_1 einer Erzeugenden g, so ist:

$$tg\,\theta\,.\,tg\,\theta' = \frac{x\,.\,x'}{K^2}.$$

Sollen die beiden Berührebenen auf einander senkrecht stehen, so muss bekanntlich

$$tg\,\theta\,.\,tg\,\theta' + 1 = 0$$

sein. Hieraus folgt aber direct, dass:

$$K^2 = -\,x\,.\,x',$$

d. h. das Product der Abstände solcher Paare von Punkten, deren Tangentialebenen auf einander senkrecht stehen, von dem Centralpunkte, ist constant und stets gleich dem Parameterquadrate der betreffenden Erzeugenden.

Das negative Vorzeichen des Productes drückt nichts anderes aus, als dass die Punkte a und a' zu verschiedenen Seiten des Centralpunktes liegen.

Diese Eigenschaft lässt sich durch nachstehenden Satz zum Ausdrucke bringen.

9. *„Ordnet man die durch eine Erzeugende einer Regelfläche gehenden Ebenen paarweise rechtwinklig einander zu, so dass sie eine*

rechtwinklige Ebenen-Involution bilden, so erzeugen die Paare der ihnen entsprechenden Berührungspunkte auf der Erzeugenden eine elliptische Punkt-Involution, deren Centralpunkt der Centralpunkt der Erzeugenden und deren Modul das Quadrat des Parameters der Erzeugenden ist."

Zu einem interessanten Resultate führt auch die Betrachtung der Haupttangenten einer windschiefen Fläche in den Punkten einer und derselben Erzeugenden.

Ist nämlich g_1 irgend eine beliebige Erzeugende, so repräsentiert dieselbe gleichzeitig auch die eine Haupttangente der Fläche in jedem ihrer Punkte a. Die zweite Haupttangente ist hingegen jene Gerade, welche mit der Fläche außer dem Punkte a noch zwei unmittelbar auf a folgende Punkte gemein hat, d. i. diejenige Gerade, welche die beiden der Erzeugenden g_1 unendlich nahe gelegenen Erzeugenden g_2 und g_3 der Fläche trifft.

Hiernach ist der geometrische Ort der Haupttangenten einer windschiefen Fläche in allen Punkten einer ihrer Erzeugenden g_1 ein windschiefes Hyperboloid, als dessen Leitgeraden die Erzeugende g_1 und die derselben entsprechenden Nachbarerzeugenden g_2 und g_3 angesehen werden können.

Dieses Hyperboloid wird das „Haupttangenten-Hyperboloid" der Erzeugenden g_1 genannt. Dasselbe geht mit der Fläche längs g_1 eine Berührung zweiter Ordnung ein, während alle anderen Schmiegungshyperboloide die Fläche längs g_1 bloß einfach berühren.

§. 15.

Kanten oder Torsallinien und Spitzen einer windschiefen Regelfläche.

Tritt der besondere Fall ein, dass sich irgendwo auf einer windschiefen Fläche zwei unmittelbar aufeinanderfolgende Erzeugenden schneiden, so wird ihre Vereinigung eine „Kante" oder „Torsallinie" der Regelfläche genannt, während man deren Schnittpunkt eine „Spitze" der Regelfläche zu nennen pflegt.

Stellt man sich vor, dass der Abstand AB (Taf. I, Fig. 6) der beiden Erzeugenden g und g_1 immer kleiner und kleiner werde, bis endlich „als Grenze" ein Schneiden von g und g_1 eintritt (man kann

g und γ als einen solchen Grenzfall betrachten), so folgt, weil in diesem Falle p, mithin $K = \frac{p}{\sigma} = 0$ wird, dass auch

$$tg\,\theta = \frac{x}{0} = \infty.$$

Dieses Ergebnis sagt offenbar nichts anderes aus, als dass die Tangentialebene in jedem Punkte der Torsallinie mit der Ebene P, d. i. mit der Ebene jener beiden zur Torsallinie vereinigten Erzeugenden g und γ zusammenfällt, oder mit anderen Worten, dass diese Ebene die Regelfläche längs der Torsallinie berühre.

Eine eigenthümliche Eigenschaft besitzt jedoch die Spitze A der Torsallinie. Für dieselbe ist nämlich $x = 0$, mithin

$$tg\,\theta = \frac{0}{0}.$$

Das hiemit gefundene Resultat in Worten wiedergegeben, sagt aus, dass die Ebene, welche die Regelfläche in einer Spitze berührt, vollkommen unbestimmt sei, oder dass jede durch die Torsallinie gehende Ebene die Regelfläche in der zugehörigen Spitze uneigentlich berühre.

Eine natürliche Folge dieses Umstandes ist daher auch, dass die Berührungscurven umschriebener Kegel durch sämmtliche Spitzen der Regelfläche gehen.

Zwischen der Anzahl der Torsallinien, dem Grade und dem Range einer Regelfläche besteht eine Beziehung, welche sich auf höchst einfache Weise feststellen lässt.

Bezeichnen wir, der Kürze halber, mit M den Grad, mit R den Rang und mit T die Anzahl der Torsallinien einer Regelfläche. Ferner mögen C_1 und C_2 die Schnitte der Regelfläche mit zwei beliebigen Ebenen E_1 und E_2 vorstellen. Besagte Curven werden, der obigen Voraussetzung gemäß, Curven M-ter Ordnung und R-ter Classe sein.

Die beiden Curven entsprechen sich punktweise eindeutig, sobald als correspondierende Punkte a_1 und a_2 solche vorausgesetzt werden, welche auf derselben Erzeugenden der Regelfläche liegen. Ebenso werden sich auch die beiden Curven C_1 und C_2 als Enveloppen ein-deutig entsprechen, wenn man als correspondierende Tangenten t_1 und t_2 solche betrachtet, welche die Curven stets in entsprechenden Punkten a_1 und a_2 berühren.

Weiters werden sich auch die Tangentialebenen T_1 und T_2 der Regelfläche, d. i. solche Ebenen, welche durch t_1 und $a_1 a_2$ resp.

t_2 und $a_1 a_2$ bestimmt sind, in entsprechenden Punkten a_1 und a_2 von C_1 und C_2 eindeutig entsprechen.

Diese Paare von Tangentialebenen umhüllen zwei Developpable D_1 und D_2, welche von den Ebenen E_1 und E_2 in den Curven C_1 resp. C_2 der R-ten Classe und mithin auch von einer beliebig angenommenen Ebene P in zwei Curven K_1 und K_2 der R-ten Classe geschnitten werden.

Auch die Tangenten dieser Curven K_1 und K_2 entsprechen sich ein-deutig, da sie die Schnittgeraden der Ebene P mit den einander entsprechenden Tangentialebenen T_1 und T_2 darstellen. Der geometrische Ort S, der Durchschnittspunkte entsprechender Tangenten dieser Curven K_1 und K_2 ist aber bekanntlich (Satz 109, Band II) eine Curve $2R$-ter Ordnung.

Berücksichtigen wir weiters, dass je zwei entsprechende Tangentialebenen T_1 und T_2 durch dieselbe Erzeugende der Regelfläche gehen, so ist einleuchtend, dass der vorgenannte Ort S mit dem Schnitte der Regelfläche und der Ebene P identisch sei.

Nachdem aber der besagte Schnitt von der M-ten Ordnung und nicht, wie vorher gefunden wurde, von der $2R$-ten Ordnung ist, so folgt, dass der Rest des Ortes S aus $2R-M$ Geraden bestehen müsse, dass also $2R-M$ Paare entsprechender Tangenten von K_1 und K_2 in je eine Gerade zusammenfallen, oder mit anderen Worten, dass es unter den Punkten der beiden Curven C_1 und C_2, welche auf einer und derselben Erzeugenden der Regelfläche liegen, $2R-M$ Paare von der Beschaffenheit gibt, dass die Tangentialebenen der Regelfläche in denselben die Ebene P in einer und derselben Geraden schneiden.

Zu diesen Punktepaaren gehören vor allem jene, welche auf den Curven C_1 und C_2 durch die T Torsallinien der Regelfläche bestimmt werden, sowie ferner jene Punkte, welche beiden Curven C_1 und C_2 gemeinschaftlich sind, d. h. jene M Punkte, in welchen die Regelfläche von der Schnittgeraden der beiden Curvenebenen E_1 und E_2 getroffen wird.

Hieraus ergibt sich die Beziehung:

$$T + M = 2R - M$$

oder

$$T = 2(R - M).$$

Die Anzahl der Torsallinien einer Regelfläche ist somit der doppelten Differenz zwischen „Rang“ und „Grad“ dieser Fläche gleich.

§. 16.

Als Abschluss dieser allgemeinen Entwickelungen wollen wir noch den Grad einer Regelfläche $(C_1 C_2 C_3)$, die von Geraden erzeugt wird, welche drei Raumcurven C_1, C_2 und C_3 (oder ebene Curven) m_1-ter, m_2-ter und m_3-ter Ordnung in je einem Punkte schneiden, festzustellen suchen.

Der zu suchende Grad, den wir mit M bezeichnen wollen, ist definiert als „Anzahl der Erzeugenden der Regelfläche, welche eine beliebige Gerade G_1 im Raume schneiden", also als die Anzahl jener Geraden, welche sowohl die drei Curven C_1, C_2 und C_3, als auch die Gerade G_1 in je einem Punkte treffen.

Es ist an und für sich einleuchtend, dass diese Geraden auch als die Erzeugenden jener Regelfläche $(C_1 C_2 C_3)$ aufgefasst werden können, welche die Curven C_1 und C_2 und die Gerade G_1 zu Leitlinien hat, d. i. als jene Erzeugenden der besagten Regelfläche, welche gleichzeitig auch die Curve C_3 treffen.

Bezeichnen wir den Grad der Regelfläche $(C_1 C_2 G_1)$ mit M', so ist (nach Satz 179, Band II):

$$M = M' \cdot m_3.$$

In gleicher Weise ergibt sich der Grad M' der Regelfläche $(C_1 C_2 G_1)$ als Anzahl der Erzeugenden, welche eine beliebige Gerade G_2 treffen, also als die Anzahl jener Geraden, welche gleichzeitig die beiden Curven C_1 und C_2 und die beiden Geraden G_1 und G_2 schneiden.

Offenbar können diese Geraden wieder als die, die Curve C_2 schneidenden Erzeugenden jener Regelfläche $(C_1 G_1 G_2)$, welche C_1, G_1 und G_2 zu Leitlinien hat, betrachtet werden.

Ist daher der Grad der Regelfläche $(C_1 G_1 G_2)$ gleich M'', so ist

$$M' = M'' \cdot m_2.$$

Ersetzt man in ähnlicher Weise auch noch die dritte Leitcurve C_3 durch eine Gerade G_3, so findet man, dass der Grad M'' der Regelfläche $(C_1 G_1 G_2)$ gleich ist der Anzahl jener Erzeugenden des Hyperboloides $(G_1 G_2 G_3)$, welche die Curve C_1 schneiden.

Diese Zahl M'' ist aber (mit Rücksicht auf Satz 179, Band II, und §. 19, Band III), gleich $2m$. Man erhält daher:

$$M = M' \cdot m_3 = M'' \cdot m_2 \cdot m_3 = 2 m_1 \cdot m_2 \cdot m_3.$$

Dies gilt jedoch nur insolange, als die drei Leitcurven C_1, C_2 und C_3 keine gemeinschaftlichen Punkte besitzen.

Setzen wir nun aber voraus, die Anzahl der gemeinschaftlichen Punkte von C_1 und C_2, C_2 und C_3, C_3 und C_4 seien beziehungsweise s_3, s_1 und s_2.

Betrachten wir einen der Punkte, etwa s_3, welche den Curven C_1 und C_2 gemeinschaftlich sind, als Scheitel eines Kegels, dessen Leitlinie durch die dritte Curve C_3 dargestellt wird, so ist klar, dass die Erzeugenden dieses Kegels, nachdem sie C_1, C_2 und C_3 schneiden, sämmtlich als uneigentliche Erzeugenden der Regelfläche $(C_1 C_2 C_3)$ aufzufassen sind. Dieser Kegel, welcher von der m_3-ten Ordnung ist, vermindert daher die vorgefundene Gradzahl der eigentlichen Regelfläche um m_3 Einheiten.

Der obigen Voraussetzung gemäß, erhalten wir aber s_3 solcher Kegel m_3-ter Ordnung, ferner s_2 Kegel m_2-ter Ordnung und s_1 Kegel m_1-ter Ordnung, so dass man als „Grad" der eigentlichen windschiefen Regelfläche $(C_1 C_2 C_3)$ die Zahl:

$$M = 2 m_1 m_2 m_3 - s_1 m_1 - s_2 m_2 - s_3 m_3$$

findet.[1])

II. Capitel.

Regelflächen dritten Grades.

§. 17.

Flächen dritter Ordnung nennen wir jene, welche von einer Geraden in drei Punkten geschnitten werden, oder was dasselbe ist, deren ebener Schnitt eine Curve dritter Ordnung ist.

Eine Curve dritter Ordnung kann nur einen einzigen Doppelpunkt besitzen, denn wäre diese Behauptung nicht begründet, kämen derselben also etwa zwei Doppelpunkte zu, so würde eine durch die letzteren gezogene Gerade mit der Curve bereits vier Punkte gemein haben, was mit der gegebenen Definition im Widerspruche steht.

Hieraus folgt aber, da bekanntlich die Doppelpunkte der ebenen Schnitte einer krummen Fläche jene Punkte sind, in welchen die schneidende Ebene die Doppelcurve der Fläche trifft, dass eine Fläche dritter Ordnung auch nur eine einzige Doppelgerade besitzen könne.

Hätte besagte Fläche eine Doppelcurve von höherer als der ersten Ordnung, so besäße auch der ebene Schnitt mehr als einen Doppelpunkt, was offenbar unmöglich ist. Hiernach folgt unmittelbar der Satz:

10. „Besitzt eine Fläche dritter Ordnung eine Doppellinie, so kann diese letztere nur eine Gerade sein.“

§. 18.

Nehmen wir an, dass eine Fläche dritter Ordnung in der That eine Doppelgerade besitze.

Legt man durch die vorerwähnte Doppelgerade eine Ebene, so wird diese die Fläche in einer Curve dritter Ordnung schneiden, von welcher die Doppelgerade selbst einen Bestandtheil zweiter Ordnung repräsentiert.

Der Rest des Schnittes kann daher nur eine Linie erster Ordnung sein, oder mit anderen Worten: jede durch die Doppelgerade geführte Ebene hat mit der Fläche, außer dieser Doppelgeraden, nur eine einfache Gerade gemein. Besagte Fläche enthält daher unendlich viele gerade Linien, welche die Doppelgerade schneiden und in verschiedenen Ebenen liegen. Die Fläche ist somit eine Regelfläche und es besteht daher der Satz:

11. „Besitzt eine Fläche dritter Ordnung eine Doppelgerade, so ist sie nothwendig eine Regelfläche.“

§. 19.

Es lässt sich jedoch auch umgekehrt zeigen, dass jede Regelfläche dritten Grades von der eben festgestellten Beschaffenheit sei, d. h. dass jede derselben eine Doppelgerade enthalten müsse.

Seien also g_1, g_2, g_3 und g_4 (Taf. I, Fig. 7) vier beliebige Erzeugenden einer Regelfläche dritten Grades. Selbstverständlich dürfen die bezeichneten Geraden keinem Hyperboloide angehören, da sonst jede Erzeugende des zweiten Systems dieses Hyperboloides auch der fraglichen Regelfläche angehören würde.

Es würde nämlich, wenn die Möglichkeit des Vorangeführten angenommen werden könnte, die jeweilige Erzeugende des zweiten Systems mit der Regelfläche mehr als drei Punkte (die vier Treffpunkte mit g_1, g_2, g_3, g_4) gemein haben, was, nach dem „Principe von der Erhaltung der Anzahl“ (§. 10, Band II) zur Folge hätte, dass die sämmtlichen Punkte derselben der Fläche angehören müssten.

Wie bereits bekannt, gibt es zwei Geraden h_1 und h_2 (reell oder imaginär), welche die vier Geraden g_1, g_2, g_3 und g_4 schneiden. Jede der beiden Geraden hat mit der Rgelfläche vier Punkte, d. i. beziehungsweise die Punkte a^1_1, a^1_2, a^1_3, a^1_4 und a^2_1, a^2_2, a^2_3, a^2_4 gemein, in welchen jede derselben die vier Erzeugenden g_1, g_2, g_3 und g_4 trifft. Daraus folgt aber ohne weiters, dass die beiden Geraden h_1 und h_2 ihrer ganzen Ausdehnung nach der Fläche angehören.

Denkt man sich nun durch eine der beiden Geraden h_1 und h_2, etwa durch h_1 und durch eine der vier Erzeugenden, allenfalls durch g_1 eine Ebene gelegt, so muss dieselbe die Regelfläche dritter Ordnung noch in einer Geraden g' schneiden.

Tritt der Fall ein, dass g' mit h_1 zusammenfällt, so ist h_1 offenbar eine Doppelgerade der Regelfläche und die oben aufgestellte Betrachtung wäre somit bereits bewiesen.

Gesetzt aber, g' falle mit h_1 nicht zusammen, sondern repräsentiere eine gewöhnliche Erzeugende der Regelfläche. Dies angenommen, bilden die drei Geraden h_1, g_1 und g' den vollständigen Schnitt jener Ebene mit der Regelfläche und es muss daher, da g_1 und g' zwei gewöhnliche Erzeugenden der Fläche darstellen, die Gerade h_1 der Ort der Schnittpunkte aller anderen Erzeugenden der Fläche mit der genannten Ebene sein. Ebenso findet man, dass auch die Gerade h_2 von allen Erzeugenden der Regelfläche geschnitten wird.

Es wurde ferner festgestellt, dass die Ebene, welche durch h_1 und g_1 gelegt wurde, mit der Fläche noch eine zweite Erzeugende g' gemein habe. Diese letztere kann nun offenbar die Gerade h_2 in keinem anderen als in jenem Punkte a^2_1 schneiden, welchen die Geraden h_2 und g_1 gemein haben. Der Punkt a^2_1 ist mithin ein Doppelpunkt der Fläche.

Das Gleiche gilt von jedem anderen Punkte der Geraden h_2; denn legen wir durch h_1 und eine beliebige andere Erzeugende, beispielsweise durch jene Erzeugende g_3, die h_2 in a^2_3 trifft, eine Ebene, so enthält diese gleichzeitig noch eine weitere Erzeugende g'_3, welche h_2 ebenfalls in a^2_3 treffen muss. Hieraus ist direct zu ersehen, dass wenn die Gerade h_1 einfach ist, die Gerade h_2 nothwendig eine Doppelgerade sein muss und umgekehrt. Es besteht mithin der Satz:

12. „Jede Regelfläche dritten Grades besitzt eine Doppelgerade und eine einfache Gerade, welche Geraden von sämmtlichen Erzeugenden der Fläche geschnitten werden."

Diese nothwendige Eigenschaft bildet das Fundament für alle folgenden Entwickelungen, hauptsächlich aber für jene, welche die projectivische Erzeugung der Fläche betreffen.

§. 20.

Betrachten wir diesbezüglich die beiden Geraden h_1 und h_2, welche wir von nun an, infolge ihrer Eigenschaft als beziehungsweise doppelte oder einfache Leitgerade der Fläche, mit D resp. S bezeichnen wollen, so erkennen wir sofort, dass die beiden Punktreihen $a_1\ldots$ und $a_2\ldots$, welche die Erzeugenden der Regelfläche auf denselben bestimmen, in ein-zwei-deutiger Verwandtschaft stehen.

Durch jeden Punkt a_1 der Doppelgeraden D gehen zwei Erzeugende der Regelfläche, welche die Leitgerade S in zwei verschiedenen Punkten a_2 und a'_2 schneiden, die beide dem Punkte a_1 auf D entsprechen.

Irgend einem Punkte a_2 von S hingegen entspricht bloß ein einziger Punkt a_1 auf D, indem durch einen Punkt von S auch nur eine einzige Erzeugende führt. Hiernach erhalten wir den Satz:

13. „Die Erzeugenden einer Regelfläche dritten Grades bestimmen auf der Doppelgeraden eine ein-deutige und auf der einfachen Leitgeraden eine mit der ersteren verwandte zwei-deutige Reihe.“

§. 21.

In gleicher Weise findet man, dass die Ebenenbüschel, welche die Geraden D und S als Achsen haben und die Erzeugenden der Regelfläche enthalten, ein-zwei-deutig sind.

Denkt man sich nämlich durch D und einen beliebigen Punkt a_2 von S eine Ebene e_2 gelegt und ebenso eine Ebene e_1 durch S und den dem Punkte a_2 auf D entsprechenden Punkt a_1 geführt, so schneiden sich diese beiden Ebenen in der Geraden $a_1 a_2$, d. i. in einer Erzeugenden der Regelfläche.

Die Ebenen e_1 und e_2 sind aber nichts anderes als entsprechende Ebenen in jenen Ebenenbüscheln, welche die beiden Punktreihen $a_1\ldots$ und $a_2\ldots$ beziehungsweise aus S und D projicieren.

Da obbezeichnete Reihen ein-zwei-deutig sind, so müssen es auch die beiden Ebenenbüschel sein. Selbstverständlich wird das Ebenenbüschel mit der Achse D zwei-deutig sein, während jenes mit der Achse S ein-deutig sein wird. Hiernach gilt der Satz:

14. „Die Ebenenbüschel, welche die Doppelgerade und die einfache Leitgerade zu Achsen haben und deren entsprechende Ebenen je eine Erzeugende der Fläche enthalten, sind ein-zwei-deutig verwandt und zwar ist jenes Ebenenbüschel das zwei-deutige, welches die Doppelgerade zur Achse hat.“

§. 22.

Nachdem festgestellt ist, dass die Erzeugenden einer Regelfläche dritten Grades auf den beiden Leitgeraden zwei „ein-zwei-deutige Punktreihen“ und mit den Leitgeraden zwei „ein-zwei-deutige Ebenenbüschel“ bestimmen, so liegt die Frage nahe, ob nicht überhaupt die Verbindungsgeraden entsprechender Punkte zweier ein-zwei-deutiger Punktreihen auf zwei beliebigen sich kreuzenden Trägern oder die Schnittgeraden entsprechender Ebenen zweier ein-zwei-deutiger Ebenenbüschel mit sich kreuzenden Achsen eine Regelfläche dritten Grades erzeugen.

Seien diesbezüglich D und S zwei beliebige sich kreuzende Geraden im Raume. Die erstere D sei die Achse eines zwei-deutigen Ebenenbüschels, die zweite S dagegen stelle die Achse eines mit diesem verwandten ein-deutigen Ebenenbüschels dar.

Suchen wir den Grad der Regelfläche, welche von den Schnittgeraden entsprechender Ebenen dieser beiden Büschel erzeugt wird, d. h. bestimmen wir die Anzahl der Erzeugenden, welche eine beliebige Gerade l im Raume schneiden.

Die beiden Ebenenbüschel D und S schneiden die Gerade l in zwei ein-zwei-deutigen Punktreihen, welche nach dem Chasles'schen Correspondenzsatze $2 + 1 = 3$ Doppelpunkte haben. Durch jeden dieser Punkte gehen zwei entsprechende Ebenen der beiden Büschel, also eine Erzeugende der Regelfläche; diese letztere ist daher vom dritten Grade. Wir gelangen demgemäß zu dem Satze:

15. „Die Schnittgeraden entsprechender Ebenen zweier ein-zwei-deutiger Ebenenbüschel mit zwei beliebigen sich nicht schneidenden Achsen erzeugen stets eine Regelfläche dritten Grades.

Die Achse des zwei-deutigen Büschels ist die Doppelgerade der Regelfläche, während die Achse des ein-deutigen die einfache Leitgerade ist.“

Die Untersuchung für den zweitangeführten Fall braucht nicht selbständig geführt zu werden; denn die Regelfläche, welche durch die Verbindungsgeraden entsprechender Punkte zweier ein-zwei-deutigen Reihen auf sich kreuzenden Trägern erzeugt wird, ist identisch mit derjenigen Regelfläche, die durch die Schnitte entsprechender Ebenen jener ein-zwei-deutigen Ebenenbüschel hervorgebracht wird, welche die Träger der beiden Reihen zu Achsen haben und deren jedes die Punktreihe aus dem anderen Träger projiciert. Besagte Fläche ist daher gleichfalls vom dritten Grade. Es gilt hiernach der Satz:

16. „Die Verbindungsgeraden entsprechender Punkte zweier ein-zwei-deutigen Punktreihen auf zwei sich nicht schneidenden Trägern im Raume ist stets eine Regelfläche dritten Grades.

Der Träger der ein-deutigen Reihe ist die doppelte und jener der zwei-deutigen Reihe die einfache Leitgerade dieser Regelfläche."

§. 23.

Im folgenden wollen wir, der Kürze halber, zwei geometrisch verwandte Grundgebilde erster Stufe (Punktreihe, Strahlenbüschel, Ebenenbüschel), wovon das eine ein-deutig, das andere zwei-deutig ist, beziehungsweise als (1, 2)-Punktcorrespondenz, (1, 2)-Strahlencorrespondenz und (1, 2)-Ebenencorrespondenz bezeichnen.

Bevor wir jedoch unsere Betrachtungen fortsetzen, mag an dieser Stelle noch ins Gedächtnis gerufen werden, dass zwei Grundgebilde erster Stufe, welche in einer (m, n)-Correspondenz stehen, durch

$$mn + m + n$$

Paare entsprechender Punkte vollständig bestimmt ist.

Hieraus folgt, dass zur Fixierung einer (1, 2)-Correspondenz: $1 . 2 + 2 + 1 = 5$ Paare entsprechender Elemente nöthig und hinreichend sind.

Ferner ist bekannt, dass ein m-deutiges Grundgebilde erster Stufe $2(m-1)$ Doppelpunkte besitzt; es kömmt sonach $2(m-1)$-mal vor, dass je zwei Punkte von m coincidieren.

Ein zwei-deutiges Grundgebilde, welches nichts anderes als eine quadratische, gewöhnliche Punkt-, Strahlen- oder Ebenen-Involution vorstellt, hat daher zwei Doppelpunkte.

§. 24.

Denken wir uns daher, so wie früher, vier beliebige Erzeugende g_1, g_2, g_3 und g_4 einer Regelfläche dritten Grades gegeben, so wissen wir, dass die beiden Geraden D und S, welche diese vier Erzeugenden schneiden, die beiden Leitgeraden dieser Regelfläche darstellen.

Hiedurch ist die letztere aber noch keineswegs bestimmt; denn einerseits steht uns die Wahl frei, die Gerade D oder S als Doppelgerade zu betrachten und andererseits ist, sobald man sich auch für eine der Geraden, etwa für D als Doppelgerade entschieden hat, die (1, 2)-Correspondenz auf D und S noch nicht vollständig fixiert, da zu derselben fünf Paare entsprechender Elemente gehören, während die vier Erzeugenden g bloß vier solcher Paare a^1_1, a^2_1; a^1_2, a^2_2; a^1_3, a^2_3; a^1_4, a^2_4 liefern.

Man kann hiernach ein beliebiges fünftes Paar entsprechender Punkte a^1_5, a^2_5 wählen, um die Fläche vollkommen bestimmt zu machen, oder was auf dasselbe hinausläuft, einen beliebigen Punkt P der Fläche annehmen. Durch diesen Punkt P muss nämlich eine Erzeugende g_5 der Regelfläche, d. i. eine Gerade gehen, welche sowohl D als auch S schneidet und somit ein Paar entsprechender Punkte a^1_5, a^2_5 der (1, 2)-Correspondenz liefert.

Wir gelangen hiernach zu dem Resultate, dass durch vier sich kreuzende, nicht auf einem Hyperboloide liegende Geraden, welche die Erzeugenden einer Regelfläche dritten Grades bilden, zwei Scharen der eben genannten Flächen gehen, je nachdem man die eine oder die andere jener beiden Geraden D und S, welche alle vier gegebenen Geraden schneiden, als Doppelgerade annimmt.

Aus jeder dieser Scharen wird eine einzige Fläche bestimmt, sobald die Bedingung hinzugefügt wird, dass dieselbe durch einen gegebenen Punkt zu führen sei.

§. 25.

Betrachten wir zwei Flächen, welche der nämlichen Schar angehören; dieselben müssen sich in einer Curve $3 \,.\, 3 = 9$-ter Ordnung schneiden.

Besagte Curve zerfällt folgendermaßen. Vor allem besitzen die beiden Flächen vier gemeinschaftliche Erzeugenden g_1, g_2 g_3 und g_4; ferner haben sie die einfache Leitgerade S gemeinsam. Diese Geraden repräsentieren zusammen einen Schnittbestandtheil fünfter Ordnung. Weiters besitzen beide Flächen auch die nämliche Doppelgerade D, welche im Schnitte als Ort der $2.2 = 4$-ten Ordnung zählt.

Aus dieser einfachen Betrachtung geht unmittelbar hervor, dass die beiden Flächen, außer den Leitgeraden D und S und den vier Erzeugenden $g_1 \ldots g_4$, keine weiteren Punkte mehr gemein haben.

Nehmen wir hingegen zwei Flächen verschiedener Scharen, d. i. eine Fläche mit der Doppelgeraden D und eine andere Fläche mit der Doppelgeraden S an, so zerfällt der Schnitt 9-ter Ordnung in nachstehender Weise.

Die beiden Flächen haben wieder vier Erzeugende g_1, g_2, g_3 und g_4 gemein, welche zusammen einen Ort der vierten Ordnung repräsentieren. Ferner fällt die Doppelgerade der einen Fläche mit der einfachen Leitgeraden der anderen zusammen und repräsentiert daher im Schnitte einen Ort zweiter Ordnung. Die beiden Leitgeraden zählen somit im Schnitte ebenfalls vierfach. Hieraus folgt aber, dass die beiden Flächen noch eine Linie erster Ordnung, d. i. eine Erzeugende gemein haben müssen.

Diese Betrachtungen zusammengefasst ergeben folgende Sätze:

17. *„Durch vier sich kreuzende Geraden, welche keinem Hyperboloide angehören, gehen zwei Scharen von Regelflächen dritter Ordnung, welche die beiden Transversalgeraden der gegebenen vier Geraden zu Leitgeraden haben. Die eine dieser Transversalen ist in der einen Schar die doppelte, in der anderen Schar dagegen die einfache Leitgerade. Zwei Flächen der einen Schar haben außer den genannten sechs Geraden keine weitere Linie gemein; zwei Flächen aber, welche verschiedenen Scharen angehören, haben außer den genannten sechs Geraden noch eine Erzeugende gemeinsam.*

Durch einen beliebigen Punkt im Raume geht nur eine Fläche einer jeden Schar; beide Scharen sind somit insbesondere Flächenbüschel.“

§. 26.

Nachdem jede Erzeugende der Regelfläche durch Angabe eines Punktes vollkommen bestimmt ist, sobald die beiden Leitgeraden bekannt sind, so gelten noch folgende Specialsätze:

18. *„Durch vier Punkte lassen sich unendlich viele Regelflächen dritter Ordnung legen, welche zwei gegebene Geraden als Leitgeraden besitzen.“*

19. *„Durch vier Gerade und einen Punkt gehen immer zwei Regelflächen dritten Grades.“*

20. *„Durch fünf Punkte gehen zwei Regelflächen dritten Grades, welche zwei gegebene Geraden als Leitgeraden besitzen.“*

Andere als die eben besprochenen Erzeugungsweisen der Regelflächen dritten Grades ergeben sich, sobald man die ebenen Schnitte derselben in Betracht zieht.

§. 27.

Irgend eine beliebige Ebene schneidet die Regelfläche dritter Ordnung in einer Curve dritter Ordnung, deren Doppelpunkt mit jenem Punkte zusammenfällt, in welchem die schneidende Ebene von der Doppelgeraden D getroffen wird. Der Punkt dagegen, in welchem die schneidende Ebene die einfache Leitgerade trifft, ist ein gewöhnlicher Punkt der Schnittcurve dritter Ordnung.

Nehmen wir daher als Leitcurven für eine windschiefe Fläche an:

a) Eine beliebige ebene Curve dritter Ordnung mit einem Doppelpunkte d;

b) eine Gerade D, welche durch diesen Doppelpunkt d geht, und

c) eine zweite Gerade S, welche durch einen beliebigen Punkt der Curve führt,

so wird offenbar jene Fläche, welche von den diese drei Leitlinien schneidenden Geraden gebildet wird, eine Regelfläche dritten Grades sein.

Von der Richtigkeit dieser Behauptung kann man sich auch leicht vermittelst der von Cremona herrührenden allgemeinen Methode überzeugen.

Sind nämlich C_1, C_2 und C_3 drei Leitlinien von den bezüglichen Ordnungen m_1, m_2 und m_3, und wird vorausgesetzt, dass m_1 und m_2, s_3 Punkte; m_2 und m_3, s_1 Punkte und endlich m_3 und m_1, s_2 Punkte gemein haben, so ist der Grad der durch diese Leitcurven erzeugten Regelfläche bekanntlich (§. 16) gleich:

$$M = 2m_1 m_2 m_3 - s_1 m_1 - s_2 m_2 - s_3 m_3.$$

Wenden wir diese Formel auf den vorliegenden Fall an, so ist $m_1 = 3$; $m_2 = 1$; $m_3 = 1$. Da die eine Leitgerade (C_2) durch den Doppelpunkt d der Leitcurve (C_1) dritter Ordnung geht, so ist $s_3 = 2$; da ferner die zweite Leitgerade (S oder C_3) mit der Curve einen Punkt gemein hat, so ist $s_2 = 1$ und, da sich die Leitgeraden nicht schneiden, ist $s_1 = 0$.

Diese Werte, in die obige Gleichung eingesetzt, ergeben für den Grad der Regelfläche:

$$M = 2 . 3 . 1 . 1 - 0 - 1 - 2 = 3.$$

Hieraus folgt somit die nachstehende Bestimmungsweise der Regelfläche:

21. „Eine Regelfläche dritten Grades ist vollkommen bestimmt, sobald als Leitlinien derselben eine ebene Curve dritter Ordnung mit einem Doppelpunkte, eine durch diesen Doppelpunkt gehende Leitgerade und eine zweite durch einen beliebigen Curvenpunkt gehende Leitgerade gegeben sind. Die erste der beiden Leitgeraden ist die Doppelgerade der Fläche."

§. 28.

Wird eine Regelfläche dritten Grades durch eine beliebige Ebene nach einer Curve C^3 der dritten Ordnung mit einem Doppelpunkte d geschnitten und ist S die einfache Leitgerade der Fläche, welche die genannte Curve C^3 in einem Punkte s trifft, so ist leicht einzusehen, dass die Erzeugenden der Regelfläche auf der Curve C^3 und auf der Leitgeraden S zwei projectivische (d. h. ein-deutig verwandte) Punktreihen erzeugen.

Denn durch jeden Punkt von S sowohl, als auch durch jeden Punkt von C^3 geht nur eine einzige Erzeugende; es entspricht somit einem Punkte der einen Reihe immer nur ein einziger Punkt der anderen Reihe und umgekehrt.

Eine besondere Eigenschaft zeigt hiebei der Punkt s, in welchem sich C^3 und S schneiden.

Da nämlich durch diesen Punkt eine Erzeugende führt, so repräsentiert derselbe, als ein Punkt von S und gleichzeitig als ein Punkt von C^3 aufgefasst, ein Paar entsprechender Punkte. Diese Eigenschaft führt direct zu der folgenden Erzeugungsweise für die Regelflächen dritten Grades:

22. „*Sind auf einer Curve dritter Ordnung mit einem Doppelpunkte und auf einer diese Curve in einem Punkte s schneidenden Geraden zwei projectivische Punktreihen derart gegeben, dass der Punkt s sich selbst entspricht, so erzeugen die Verbindungsgeraden entsprechender Punkte dieser Reihen eine Regelfläche dritten Grades, für welche der Träger der geraden Punktreihe die einfache Leitgerade repräsentiert.*"

§. 29.

Stellt C^3 wieder einen ebenen Schnitt einer Regelfläche dritten Grades, D die durch dessen Doppelpunkt d gehende Doppelgerade und S die durch irgend einen Punkt s der Schnittcurve führende einfache Leitgerade dar, so gehen, wie bekannt, durch jeden Punkt a von D zwei Erzeugenden g_a und g'_a, welche die Curve C^3 in zwei verschiedenen Punkten α und α' treffen. Nachdem jedoch die beiden Erzeugenden g_a und g'_a in einer und derselben durch S gehenden

Ebene liegen, so geht die Verbindungsgerade der Punkte α und α' nothwendig durch den Punkt s.

Jedem Punkte a der Geraden D entsprechen daher auf C^3 zwei Punkte α und α', deren Verbindungsgerade durch den festen Punkt s auf C^3 geht.

Die unendlich vielen Paare von Punkten α und α' bilden somit eine centrale involutorische Punktreihe, deren Centrum der Punkt s ist.

Durch den Doppelpunkt d von C^3 gehen ferner, da derselbe einen Punkt der Geraden D darstellt, ebenfalls zwei Erzeugende der Regelfläche, welche die Curve C^3 in eben demselben Punkte d treffen. Dem Punkte d, als Punkt der geraden Punktreihe D betrachtet, entsprechen somit in der vorgenannten centralen Involution auf C^3 zwei mit d zusammenfallende Punkte.

Durch einen Punkt α der Curve C^3 hingegen geht nur eine einzige Erzeugende der Regelfläche, nämlich die Gerade, welche sowohl D als auch S schneidet; es entspricht daher jedem Punkte α der Curve C^3 nur ein einziger Punkt a auf D, d. h. die Punktreihe auf D ist ein-deutig. Hieraus folgt die nachstehende für eine Regelfläche dritter Ordnung giltige Erzeugungsweise:

23. „Ist auf einer ebenen Curve dritter Ordnung eine centrale Punktinvolution gegeben, d. i. eine solche, für welche die Verbindungsgeraden conjugierter Punkte durch einen und denselben Curvenpunkt s gehen, und ist weiters auf einer durch den Doppelpunkt d der Curve gehenden Geraden D eine ein-deutige Punktreihe derart gegeben, dass dem Punkte d derselben in der vorgenannten Involution wieder der Punkt d entspricht, so erzeugen die Verbindungsgeraden entsprechender Punkte beider Reihen eine Regelfläche dritten Grades, deren Doppelgerade der Träger D ist und deren einfache Leitgerade durch den Centralpunkt der auf C^3 liegenden Involution geht.“

§. 30.

Bevor wir in unseren diesbezüglichen Untersuchungen weiter vorgehen, möge noch Folgendes ins Gedächtnis zurückgerufen werden.

Jede Ebene, welche durch eine Erzeugende einer windschiefen Fläche geht, stellt, wie wir bereits wissen, eine Berührungsebene der Fläche in einem Punkte dieser Erzeugenden dar.

Ist die Regelfläche von der n-ten Ordnung, so zerfällt der Schnitt derselben mit der genannten Berührungsebene in die Erzeugende des Berührungspunktes und in eine Curve $(n-1)$-ter Ordnung. Die letztere trifft die Erzeugende in $(n-1)$ Punkten, welche sämmtlich Doppelpunkte des Schnittes repräsentieren. Einer dieser Doppelpunkte ist offenbar der Berührungspunkt, welcher bei der Drehung der Berührebene um die Erzeugende diese letztere durchläuft; die übrigen $(n-2)$ sind wirkliche Doppelpunkte, welche die Schnittpunkte der Doppelcurve der Regelfläche mit der Erzeugenden darstellen und daher bei der Drehung der Berührebene um diese Erzeugende ihre Lage nicht ändern. Wir gelangen demnach zu dem Satze:

24. „Wird durch eine Erzeugende einer Regelfläche n-ten Grades eine beliebige Ebene gelegt, so schneidet diese die Fläche noch in einer Curve $(n-1)$-ter Ordnung, welche die Erzeugende außer in dem Berührungspunkte noch in jenen $(n-2)$ festen Punkten trifft, welche die betreffende Erzeugende mit der Doppelcurve der Fläche gemein hat.“

§. 31.

Wenden wir den vorstehenden Satz insbesondere auf die Regelfläche dritten Grades an und denken wir uns zu diesem Behufe durch eine Erzeugende einer Regelfläche dritten Grades eine beliebige Ebene gelegt, d. i. eine Ebene geführt, welche keine der Leitlinien enthält, so muss der Schnitt dieser Ebene mit der Fläche eine Curve dritter Ordnung sein, welche in die eben genannte Erzeugende und einen Kegelschnitt zerfällt.

Besagter Kegelschnitt ist, den gemachten Voraussetzungen zufolge, stets ein eigentlicher Kegelschnitt, zerfällt also nicht in zwei Geraden.

Wäre letzteres möglich, so müsste mindestens eine der beiden Geraden eine Erzeugende sein. Da aber die Erzeugende einen Punkt mit der einfachen Leitgeraden gemein hat, die schneidende Ebene hingegen bereits einen Punkt der letzteren enthält, so würde die einfache Leitgerade ebenfalls in der schneidenden Ebene liegen müssen, was gegen die Voraussetzung verstößt.

Nach dem vorher aufgestellten Satze trifft dieser Kegelschnitt die in seiner Ebene liegende Erzeugende in zwei Punkten, von welchen der eine den Berührungspunkt der Regelfläche mit dieser Ebene darstellt, der zweite aber gleichzeitig jener Punkt ist, in welchem die Erzeugende die Doppelgerade der Fläche schneidet.

Es ergibt sich mithin der Satz:

25. „Jede durch eine Erzeugende einer Regelfläche dritten Grades beliebig gelegte Ebene hat mit der Fläche außer dieser Erzeugenden noch einen Kegelschnitt gemein, welcher durch den Schnittpunkt der Erzeugenden mit der Doppelgeraden geht."

Mit der einfachen Leitgeraden hat der Kegelschnitt keinen Punkt gemein, da er sonst die in seiner Ebene liegende Erzeugende in drei Punkten treffen würde. Man kann daher auch den Satz in folgender Form aussprechen:

26. „*Auf einer Regelfläche dritten Grades liegen unendlich viele Kegelschnitte, deren jeder die Doppelgerade in einem Punkte, die einfache Leitgerade hingegen gar nicht trifft.*"

Hieraus ergibt sich weiters noch nachstehende Erzeugungsweise für eine Regelfläche dritten Grades:

27. „*Werden als Leitlinien einer windschiefen Fläche ein Kegelschnitt, eine denselben schneidende und eine denselben nicht schneidende Gerade angenommen, so ist diese Fläche vom dritten Grade.*"

Von der Richtigkeit des Gesagten überzeugt man sich auch direct durch die bereits mehrfach citierte Formel:

$$M = 2 m_1 m_2 m_3 - s_1 m_1 - s_2 m_2 - s_3 m_3.$$

Es ist diesfalls nämlich: $m_1 = 2$; $m_2 = m_3 = 1$ und $s_1 = s_2 = 0$; $s_3 = 1$, mithin:

$$M = 2 . 2 . 1 . 1 - 0 - 0 - 1 = 3.$$

§. 32.

Legen wir durch jede der zwei willkürlich gewählten Erzeugenden g_1 und g_2 einer Regelfläche dritten Grades eine beliebige Ebene P_1 resp. P_2, so werden diese Ebenen die Fläche beziehungsweise noch in zwei Kegelschnitten K_1 und K_2 schneiden, welche je einen Punkt mit der Doppelgeraden gemein haben.

Es lässt sich leicht nachweisen, dass die beiden Kegelschnitte auch einen gemeinsamen Punkt besitzen.

Die beiden Ebenen P_1 und P_2 schneiden sich nämlich in einer Geraden p, welche drei Punkte mit der Regelfläche gemein haben muss. Die Gerade p schneidet aber auch die beiden Erzeugenden g_1 und g_2 in je einem Punkte a_1 und a_2, sowie ferner die beiden Kegelschnitte K_1 und K_2 beziehungsweise in je zwei Punkten b_1, c_1 und b_2, c_2. Die Gerade p hätte sonach mit der Fläche sechs Punkte gemein, was offenbar unmöglich ist. Hiedurch wird man aber nothwendig zu der Folgerung berechtigt, dass die genannten sechs Punkte in gewisser Art paarweise zusammenfallen müssen und wird dies durch nachstehende Betrachtung bestätigt.

Die Ebene P_1 schneidet die Regelfläche in einer Erzeugenden g_1 und in einem Kegelschnitte K_1, welch letzterer den geometrischen Ort der Schnittpunkte von P_1 mit allen anderen Erzeugenden darstellt.

Ist daher g_2 eine Erzeugende, welche den Kegelschnitt K_1 in a_2 trifft, so muss der Schnitt einer durch diese Erzeugende gelegten Ebene mit der Ebene P_1 nothwendig durch den Punkt a_2 gehen, d. h. der Punkt a_2, in welchem die Schnittgerade p die Erzeugende g_2 begegnet, ist identisch mit einem der Punkte b_1 oder c_1, beispielsweise mit b_1, in welchem die Gerade p den Kegelschnitt K_1 trifft. In gleicher Weise ergibt sich, dass der Punkt a_1, in welchem die Gerade p die Erzeugende g_1 begegnet, identisch mit dem Punkte b_2 sei, in welchem p die Curve K_2 schneidet. Hieraus folgt unmittelbar, dass schließlich auch die beiden anderweitigen Punkte c_1 und c_2, in welchen p die beiden Kegelschnitte K_1 und K_2 trifft, zusammenfallen, oder was dasselbe ist, dass K_1 und K_2 einen Punkt gemein haben müssen.

Da die Ebenen P_1 und P_2 durch irgend zwei Erzeugende willkürlich gelegt wurden, so gilt das eben Bewiesene überhaupt für jedes beliebige auf einer Regelfläche dritten Grades liegende Paar von Kegelschnitten und es ergibt sich somit der Satz:

28. „Zwei beliebige auf einer Regelfläche dritten Grades liegende Kegelschnitte haben einen gemeinschaftlichen Punkt.“

Hieraus fließt (mit Rücksicht auf Satz 26) die folgende Erzeugungsart einer Regelfläche dritten Grades:

29. „Sind zwei Kegelschnitte und eine Gerade derart gegeben, dass jedes Paar dieser Linien einen Punkt gemein hat, so sind dieselben stets Leitlinien einer Regelfläche dritten Grades, deren Doppelgerade die genannte Leitgerade ist.“

Dieser Satz lässt sich wieder vermittelst der allgemeinen Gleichung:

$$M = 2\,m_1\,m_2\,m_3 - s_1\,m_1 - s_2\,m_2 - s_3\,m_3$$

verificieren. Es ist nämlich $m_1 = m_2 = 2$; $m_3 = 1$ und $s_1 = s_2 = s_3 = 1$; folglich

$$M = 2\,.\,2\,.\,2\,.\,1 - 2\,.\,1 - 2\,.\,1 - 1\,.\,1 = 3.$$

§. 33.

Eine Ebene, welche durch die Doppelgerade D einer Regelfläche dritten Grades ganz willkürlich gelegt wird, trifft die einfache Leitgerade S in einem einzigen Punkte a, und einen beliebigen auf der Fläche liegenden Kegelschnitt K außer in dem Punkte d, welchen der letztere mit der Doppelgeraden D gemein hat, gleichfalls nur in einem einzigen Punkte a'. Die Verbindungsgerade aa' dieser beiden Punkte ist sonach eine Erzeugende der Regelfläche.

Wird die obgenannte Ebene um die Doppelgerade gedreht, so erzeugen die Punkte a und a' beziehungsweise auf S und K zwei projectivische Punktreihen. Hiernach der Satz:

30. „Die Erzeugenden einer Regelfläche dritten Grades bestimmen auf der einfachen Leitgeraden und auf einem beliebigen Kegelschnitte der Fläche zwei projectivische Punktreihen.“

§. 34.

Die Umkehrung dieses Satzes liefert die Cremona'sche Erzeugungsart der Regelfläche:

31. „Sind auf einer Geraden und auf einem Kegelschnitte zwei projectivische Reihen gegeben, so erzeugen die Verbindungsgeraden entsprechender Punkte eine Regelfläche dritten Grades, deren einfache Leitgerade die obgenannte Gerade ist.“

Dass die Umkehrung des vorhergehenden Satzes zu dieser Erzeugungsweise führt, kann folgendermaßen leicht nachgewiesen werden.

Seien K der gegebene Kegelschnitt und S die gegebene Gerade; die letztere treffe die Ebene P des ersteren in einem Punkte s.

Nachdem auf S und K zwei projectivische Punktreihen vorausgesetzt werden, so nehmen wir zwei Paare entsprechender Punkte, beziehungsweise a und a'; b und b' auf S und K an und wählen überdies auf K auch jenen Punkt s', welcher dem Punkte s auf S entspricht.

Die drei Geraden ss', aa' und bb' sind sodann drei Erzeugende jener Regelfläche, welche durch die Verbindungsgeraden entsprechender Punkte der Reihen auf K und S erzeugt wird. Dass dieselbe vom dritten Grade sei, geht aus nachstehender Betrachtung hervor.

Die Erzeugende ss' liegt in der Ebene des Kegelschnittes K und wird daher den besagten Kegelschnitt, außer im Punkte s', noch in einem zweiten Punkte d treffen. Durch d führen wir jene Gerade D, welche die beiden Erzeugenden aa' und bb' schneidet.

D, S und K können nun (nach Satz 27) als Leitlinien einer Regelfläche dritten Grades betrachtet werden. Die Erzeugenden dieser Regelfläche bestimmen (nach Satz 30) auf S und K zwei projectivische Reihen.

Berücksichtigt man weiters, dass ss', aa', bb', der Construction gemäß, drei Erzeugende dieser Regelfläche dritten Grades sind, dass also s, s'; a, a'; b, b' drei Paare entsprechender Punkte der von ihren Erzeugenden auf S und K gebildeten Reihen darstellen, so folgt unmittelbar die Identität dieser Reihen mit den ursprünglich gegebenen und folglich auch die Identität der beiden Regelflächen.

§. 35.

Seien D wieder die Doppelgerade und S die einfache Leitgerade einer Regelfläche dritten Grades; sei ferner K ein beliebiger Kegelschnitt auf der Fläche selbst, welcher die Doppelgerade D in einem Punkte d treffe und sei endlich s der Schnittpunkt von S mit der Ebene des Kegelschnittes K.

Legt man durch die einfache Leitgerade S eine Ebene P, welche die Doppelgerade D in einem Punkte a und den Kegelschnitt K in zwei Punkten α und α', deren Verbindungsgerade α, α' selbstverständlich durch s gehen muss, trifft, so sind $a\alpha$ und $a\alpha'$ zwei Erzeugende der Regelfläche dritten Grades.

Dreht sich die Ebene P um S, so erzeugt der Punkt a auf E eine ein-deutige Punktreihe und das Punktepaar $\alpha\,\alpha'$ auf K eine zu dieser Reihe projectivische Involution, da beide zu dem Ebenenbüschel $S(P\ldots)$ perspectivisch sind.

Geht die Ebene P speciell durch den Punkt d, welcher D und K gemeinsam ist und schneidet dieselbe den Kegelschnitt K in dieser Lage außer in d noch in einem zweiten Punkte δ, so erkennt man sofort, dass dem Punkte d — als Punkt der Reihe D betrachtet — auf dem Kegelschnitte K die beiden Punkte d und δ entsprechen, d. h. dass der Punkt d sich einmal in beiden Punktreihen selbst entspricht.

Hieraus folgt nachstehende Erzeugungsweise der Regelfläche dritten Grades:

32. „Ist auf einer Geraden eine Punktreihe und auf einem Kegelschnitte, welcher mit der Geraden einen Punkt d gemein hat, eine zu dieser Punktreihe projectivische Involution derart gegeben, dass sich der Punkt d einmal in beiden selbst entspricht, so erzeugen die Verbindungsgeraden entsprechender Punkte eine Regelfläche dritten Grades, deren Doppelgerade die gegebene Gerade ist.“

§. 36.

Eine Regelfläche dritten Grades wird von einer beliebigen Geraden l in drei Punkten getroffen, durch deren jeden eine Erzeugende der Fläche geht. Durch jede dieser Erzeugenden kann eine Ebene gelegt werden, welche gleichzeitig auch die Gerade l enthält, oder mit anderen Worten: durch die Gerade l kann man drei Tangentialebenen der Fläche führen.

Das Gesagte gilt überhaupt von einer beliebigen Regelfläche n-ten Grades, woraus unmittelbar weiter folgt, dass eine Regelfläche n-ten Grades stets von der n-ten Ordnung und n-ten Classe zugleich ist.

Da nun, wie früher gezeigt wurde, jede Ebene, welche durch eine Erzeugende einer Regelfläche dritten Grades führt, mit dieser noch einen Kegelschnitt gemein hat, so folgt der Satz:

33. „Durch eine beliebig gegebene Gerade lassen sich stets drei Ebenen legen, welche eine Regelfläche dritten Grades in Kegelschnitten und je einer Erzeugenden schneiden.

§. 37.

Auf diese Erörterungen und Ergebnisse gestützt, kehren wir zu der fundamentalen Erzeugungsweise der Regelflächen dritter Ordnung durch zwei ein-zwei-deutige Punktreihen auf sich nicht schneidenden Trägern D und S zurück. Der Kürze halber wollen wir die Regelfläche dritter Ordnung mit R^3 bezeichnen.

Die Reihe auf D sei ein-deutig und die ihr projectivische Reihe auf S sei eine zwei-deutige, stelle also eine Involution dar. Jedem Punkte a der Reihe D entsprechen auf S zwei Punkte, welche conjugierte Punkte der Involution auf S repräsentieren. Nachdem nun jede Punktinvolution zwei (reelle oder imaginäre) Doppelpunkte, d. h. unendlich nahe (oder zusammenfallende) Paare von conjugierten Punkten besitzt, so wird es auch im vorliegenden Falle auf der Reihe D zwei gewisse Punkte v_1 und v_2 geben, welchen Doppelpunkte φ_1 und φ_2 der Involution auf S entsprechen.

Vorbezeichnete Punkte auf D werden die „Verzweigungspunkte" der ein-deutigen Reihe genannt.

Die Bedeutung derselben für die Regelfläche ist unschwer zu erkennen. Entspricht nämlich irgend einem Punkte a der Reihe D das conjugierte Punktepaar α, α' auf der Geraden S, so sind $a\alpha$ und $a\alpha'$ zwei Erzeugende der Regelfläche. Tritt an die Stelle des Punktes a insbesondere ein Verzweigungspunkt v_1, so fallen die ihm entsprechenden beiden Punkte α, α' in dem Doppelpunkte φ_1 der Involution zusammen; es liegen daher auch die Erzeugenden $a\alpha$ und $a\alpha'$ unendlich nahe aneinander, oder mit anderen Worten: dieselben sind in der Geraden $v_1\varphi_1$ vereinigt.

Diese unendlich nahen durch einen und denselben Punkt v_1 gehenden Erzeugenden repräsentieren daher in ihrer Vereinigung $v_1 \varphi_1$, auf Grund einer früher gegebenen Definition, eine „Torsallinie" der Regelfläche, deren „Spitze" der Punkt v_1 ist.

Das Gleiche gilt auch von jener Erzeugenden, welche den zweiten Verzweigungspunkt v_2 mit dem ihm entsprechenden Doppelpunkt φ_2 verbindet. Es folgt mithin der Satz:

34. „Eine Regelfläche dritten Grades besitzt stets zwei (reelle oder imaginäre) Torsallinien. Die letzteren sind jene Geraden, welche die Verzweigungspunkte der ein-deutigen Reihe auf der Doppelgeraden mit den ihnen entsprechenden Doppelpunkten der zwei-deutigen Reihe auf der einfachen Leitgeraden verbinden. Die Spitzen dieser Torsallinien sind die genannten Verzweigungspunkte. Die Torsalebenen sind jene, welche durch die letzteren und die einfache Leitgerade bestimmt werden."

§. 38.

Denken wir uns in einer der Torsalebenen, beispielsweise in jener, welche durch die Torsallinie $v_1 \varphi_1$ und durch die einfache Leitgerade S bestimmt ist, eine beliebige Gerade t geführt, so trifft diese die zur Torsallinie vereinigten beiden Erzeugenden der Regelfläche in zwei unendlich nahen Punkten, d. h. die Gerade t berührt die Regelfläche in demjenigen Punkte, in welchem sie die Torsallinie $v_1 \varphi_1$ schneidet.

Nachdem letzteres, wie bekannt, ganz allgemein von den Torsallinien einer windschiefen Fläche gilt, ergeben sich ohne weiters folgende Sätze:

35. „Die Ebenen, welche durch die einfache Leitgerade und durch jede der beiden Torsallinien gelegt werden, sind die Torsalebenen der Fläche und berühren die letztere in jedem Punkte der betreffenden Torsallinie."

36. „Sämmtliche Curven auf einer Regelfläche dritten Grades berühren die beiden Torsalebenen in jenen Punkten, in welchen sie die entsprechenden Torsallinien schneiden."

Aus den allgemeinen Eigenschaften der Torsallinien einer Regelfläche, beziehungsweise deren Spitzen (siehe §. 15) folgt ferner der Satz:

37. „Jede Gerade, sowie jede Ebene, welche durch eine Spitze der Regelfläche dritten Grades gelegt wird, berührt die letztere in dieser Spitze."

§. 39.

Der ebene Schnitt einer Regelfläche dritten Grades ist, wie bereits früher nachgewiesen wurde, bei allgemeiner Lage der schneidenden Ebene eine Curve dritter Ordnung mit einem Doppelpunkte.

Aus der Plücker'schen Formel:

$$n = m(m-1) - 2\delta - 3\varkappa,$$

wobei im vorliegenden Falle $m = 3$; $\delta = 1$; $\varkappa = 0$ ist, folgt: $n = 4$; d. h. die Schnittcurve ist eine Curve dritter Ordnung und vierter Classe. Es kann hiernach auch der Satz aufgestellt werden:

38*a*. *„Die ebenen Schnitte einer Regelfläche dritten Grades sind stets Curven dritter Ordnung und vierter Classe."*

Oder, da man unter dem „Rang" einer Fläche die Classe eines ebenen Schnittes derselben versteht:

38*b*. *„Jede Regelfläche dritten Grades ist vom vierten Range."*

§. 40.

Mit Zugrundelegung des vorhergehenden Satzes 38*a*) können somit an die ebene Schnittcurve der Regelfläche dritten Grades von einem Punkte außerhalb der Curve stets vier Tangenten gezogen werden.

Nimmt man jedoch einen Punkt p auf einer Curve dritter Ordnung und vierter Classe an, so fallen zwei von den vier Tangenten in diejenige Gerade zusammen, welche die Curve im Punkte p berührt; es bleiben mithin nur zwei Tangenten übrig, welche die Curve an anderer Stelle als im Punkte p berühren.

Zwei solche Tangenten, welche von einem Punkte p einer Curve dritter Ordnung und vierter Classe gezogen werden können, pflegt man „conjugierte Tangenten" der Curve und den Punkt p ihren „Tangentialpunkt" zu nennen.

Diesen conjugierten Tangenten kommen eine ganze Reihe merkwürdiger Eigenschaften zu, auf die jedoch hier nicht näher eingegangen werden kann.

An dieser Stelle wollen wir nur die Existenz dieser Tangenten in einer besonderen Lage auf einem beliebigen ebenen Schnitte einer R^3 hervorheben.

Denken wir uns zu diesem Behufe eine R^3 durch eine beliebige Ebene P geschnitten. Die Schnittcurve C^3_4 geht durch den Punkt s, welchen die schneidende Ebene mit der einfachen Leitgeraden gemein hat. Die beiden Torsalebenen der Regelfläche werden von der schneidenden Ebene P in zwei Geraden t_1 und t_2 geschnitten, welche (nach Satz 36) die Schnittcurve C^3_4 in jenen Punkten berühren, welche sich als die Schnittpunkte der Ebene P mit den beiden Torsallinien $v_1 \varphi_1$ und $v_2 \varphi_2$ ergeben.

Andererseits wissen wir aber auch, dass die Torsalebenen durch die einfache Leitgerade S gehen. Die Schnitte t_1 und t_2 derselben mit der Ebene P müssen daher durch jenen Punkt s führen, welchen die Ebene P mit der Leitgeraden s gemein hat und welcher, wie vorher gezeigt wurde, gleichzeitig auch der Schnittcurve angehört. Hieraus folgt, dass die Geraden t_1 und t_2 zwei conjugierte Tangenten der Schnittcurve C^3_4 repräsentieren und dass ihr Tangentialpunkt der Punkt s sei. Diesen Ergebnissen entspringen die Sätze:

39a. „Zieht man von dem Punkte s, in welchem die einfache Leitgerade einen ebenen Schnitt einer Regelfläche dritten Grades trifft, Tangenten an den letzteren, so gehören dieselben den Torsalebenen und ihre Berührungspunkte den Torsallinien der Regelfläche an.“

Oder:

39b. „Die Schnittgeraden einer beliebigen Ebene mit den beiden Torsalebenen einer Regelfläche dritten Grades sind conjugierte Tangenten der mit dieser Ebene resultierenden Schnittcurve dritter Ordnung und vierter Classe, und der Tangentialpunkt derselben ist jener Punkt, in welchem die schneidende Ebene von der einfachen Leitgeraden getroffen wird.“

§. 41.

Tangentialebenen, umschriebene Kegel etc. einer Regelfläche dritten Grades und deren Eigenschaften.

Es wurde bereits nachgewiesen, dass jede Ebene, welche durch eine Erzeugende einer Regelfläche gelegt wird, die letztere in einem Punkte dieser Erzeugenden berühre. Dieser Punkt ist in dem Falle, als von einer Regelfläche dritten Grades die Rede ist, wie wir aus Früherem (Satz 2, Band III) wissen, derjenige, in welchem die genannte Erzeugende von dem in der Tangentialebene liegenden Kegelschnitte getroffen wird.

Betrachten wir nun insbesondere einen Punkt a, welcher der Doppelgeraden D der Regelfläche F_3 angehört. Durch diesen Punkt a gehen bekanntlich zwei verschiedene Erzeugenden g und g' der Fläche. Legt man durch jede dieser Erzeugenden und durch die Doppelgerade D eine Ebene, so berühren diese offenbar die Regelfläche in dem Punkte a; denn jede dieser Ebenen enthält außer der betreffenden Erzeugenden g resp. g' noch eine zweite durch a gehende Gerade (die Doppelgerade) der Fläche, welche in jedem ihrer Punkte als ihre eigene Tangente betrachtet werden kann.

Hieraus ist direct zu entnehmen, dass die Regelfläche in jedem Punkte der Doppelgeraden D zwei verschiedene Berührungsebenen besitze.

Die Ebene, welche durch die beiden Erzeugenden g und g' geht, berührt aber selbstverständlich die Fläche im Punkte a nicht. Denn würde eine Berührung statthaben, so besäße die Fläche in jedem Punkte der Doppelgeraden drei verschiedene Berührungsebenen und es würde somit irgend eine Ebene die Regelfläche in einer Curve dritter Ordnung schneiden, welche in dem Punkte, in welchem sie von der Doppelgeraden D getroffen wird, drei verschiedene Tangenten, d. i. die Schnitte der vorgenannten Ebene mit den drei diesem Punkte entsprechenden Tangentialebenen hätte, oder mit anderen Worten, die Ebene würde die Regelfläche in einer Curve dritter Ordnung mit einem dreifachen Punkte schneiden, was offenbar ganz unmöglich ist. Es gilt daher der Satz:

40. „*Eine Regelfläche dritten Grades besitzt in jedem Punkte der Doppelgeraden zwei verschiedene Berührebenen, d. i. jene beiden Ebenen, welche die Doppelgerade mit jeder der beiden durch den genannten Punkt gehenden Erzeugenden der Fläche bestimmt.*“

§. 42.

Betrachten wir nun jene Ebene, welche durch zwei Erzeugende g und g' geführt wird, die sich in einem Punkte a der Doppelgeraden D schneiden.

Jede dieser Erzeugenden trifft die einfache Leitgerade der R^3 in einem Punkte α resp. α' so, dass die einfache Leitgerade S ihrer ganzen Ausdehnung nach in der Ebene der beiden Erzeugenden g und g' liegt. Besagte Ebene berührt die Regelfläche offenbar in zwei verschiedenen Punkten, deren jeder auf einer der beiden Erzeugenden g und g' sich vorfindet, und selbstverständlich kein anderer sein kann, als beziehungsweise einer der Punkte α oder α', in welchem die betreffende Erzeugende g resp. g' die Leitgerade S trifft, da die Ebene (g, g') außer der Erzeugenden g auch noch eine zweite durch den Punkt α dieser Erzeugenden gehende und auf der Fläche liegende Gerade (nämlich die Leitgerade S) enthält, welche als ihre eigene Tangente in jedem ihrer Punkte betrachtet werden kann; diese Ebene berührt sonach die Regelfläche in dem Punkte α.

In gleicher Weise findet man, dass die Ebene (g, g') die Regelfläche auch in dem Punkte α' berührt, in welchem die Leitgerade S von der zweiten Erzeugenden getroffen wird, dass dieselbe mithin eine Doppeltangentialebene der Regelfläche darstelle. Hiernach kann der Satz aufgestellt werden:

41. „Jede durch die einfache Leitgerade einer Regelfläche gehende Ebene ist eine Doppeltangentialebene der Regelfläche. Die Berührungspunkte derselben sind die Schnittpunkte der einfachen Leitgeraden mit den beiden in dieser Ebene liegenden Erzeugenden.“

§. 43.

Der einer windschiefen Fläche von einem Punkte außerhalb derselben, als Scheitel umschriebene Kegel, ist bekanntlich die Enveloppe aller jener Ebenen, welche durch diesen Punkt und durch die einzelnen Erzeugenden gelegt werden können.

Ist die Regelfläche von der dritten Ordnung, so ist dieser umschriebene Kegel von der vierten Ordnung. Denn ist p dessen Scheitel und l eine beliebige Gerade, so ist die Anzahl der diese Gerade schneidenden Tangenten der Regelfläche gleichzeitig die Anzahl der die Gerade l treffenden Kegelerzeugenden des umschriebenen Kegels. Diese Tangenten sind aber nebstbei auch die Tangenten des mit der Ebene (p, l) resultierenden Schnittes der Regelfläche, deren Anzahl (nach Satz 38 a) gleich vier ist.

Andererseits ist leicht einzusehen, dass der der Regelfläche aus einem Punkte p außerhalb der Fläche umschriebene Kegel von der dritten Classe ist, da sich diesfalls durch einen beliebigen Punkt m drei Berührungsebenen an den Kegel legen lassen, welche keine anderen als diejenigen drei Berührungsebenen der Regelfläche sind, die durch die Verbindungsgerade der beiden Punkte m und p gehen. Es ergibt sich mithin der Satz:

42. „Der einer Regelfläche von einem Punkte außerhalb der Fläche als Scheitel umschriebene Kegel ist von der vierten Ordnung und von der dritten Classe.“

Der vorstehende Satz ist, wie dies überhaupt bei jeder algebraischen Regelfläche der Fall, vollkommen reciprok zu dem Satze 38 a).

§. 44.

Wie aus den allgemeinen Eigenschaften der Torsallinien und der Spitzen einer Regelfläche klar hervorgeht, ist jede durch die

Torsallinie der Fläche gehende Ebene eine Berührungsebene der Regelfläche in der zugehörigen Spitze.

Es ergibt sich daher, da durch einen Punkt p stets eine Ebene gelegt werden kann, welche eine Torsallinie enthält, dass die Berührungscurve der Fläche mit dem ihr aus dem Punkte p umschriebenen Kegel durch die Spitzen der Torsallinien gehen müsse.

Ferner besitzt der einer Regelfläche dritten Grades aus einem Punkte p umschriebene Kegel eine Doppeltangentialebene, nämlich (Satz 41) jene, welche durch den Punkt p und durch die einfache Leitgerade S der Fläche bestimmt ist; es folgt daher der Satz:

43. „Der einer Regelfläche dritten Grades aus einem beliebigen Punkte im Raume umschriebene Kegel besitzt eine Doppeltangentenebene, nämlich jene, welche durch den Kegelscheitel und die einfache Leitgerade bestimmt ist; die Berührungscurve des Kegels geht durch die Spitzen der beiden Torsallinien.“

§. 45.

Setzen wir nunmehr insbesondere voraus, der Scheitel p des umschriebenen Kegels liege auf der Regelfläche selbst.

Diesfalls lässt sich leicht zeigen, dass besagter Kegel in ein Ebenenbüschel und einem Kegel zweiten Grades zerfällt.

Durch den Punkt p geht, da derselbe als auf der Fläche liegend vorausgesetzt wird, eine Erzeugende g. Weiters wird der Kegel von sämmtlichen durch den Punkt p gehenden Tangentialebenen der Regelfläche umhüllt.

Nun ist aber jede Ebene, welche durch die Erzeugende g geht, eine der besagten Tangentialebenen, daher das Ebenenbüschel durch g einen Bestandtheil erster Classe dieses Kegels bildet.

Nachdem aber der Kegel im allgemeinen (Satz 42) von der dritten Classe ist, so muss im vorliegenden Falle der Rest der Enveloppe aller durch p gehenden Tangentialebenen ein Kegel zweiter Classe (oder ein Kegel zweiten Grades) sein.

Von der Richtigkeit der aufgestellten Behauptung überzeugt man sich auch einfach durch folgende Betrachtung.

Durch irgend einen beliebigen Punkt a im Raume gehen immer drei Berührungsebenen T_1, T_2 und T_3 eines umschriebenen Kegels, nämlich jene Berührungsebenen der Regelfläche, welche durch die Verbindungsgerade des Punktes a mit dem Kegelscheitel p geführt werden können. Eine von diesen Ebenen, etwa T_1, ist diejenige, welche durch die Erzeugende g und durch die Gerade ap gelegt wird und daher dem Ebenenbüschel mit der Achse g angehört.

Hieraus ist unschwer zu ersehen, dass es durch jeden Punkt a im Raume bloß zwei Berührungsebenen T_2 und T_3 des aus dem Punkte p der Regelfläche umschriebenen Kegels gibt, welche nicht gleichzeitig dem Ebenenbüschel g angehören; diese Ebenenpaare T_2 und T_3 umhüllen daher einen Kegel zweiten Grades. Hieraus folgt der Satz:

44. „Der einer Regelfläche dritten Grades aus einem ihrer Punkte umschriebene Kegel zerfällt in das Ebenenbüschel, dessen Achse die durch diesen Punkt gehende Erzeugende ist, und in einen Kegel zweiten Grades.“

§. 46.

Da eine Gerade, welche in der Berührungsebene eines Kegels liegt, eine Tangente dieses Kegels darstellt, so ist einleuchtend, dass sämmtliche Erzeugenden der Regelfläche Tangenten eines jeden ihr umschriebenen Kegels sind.

In dem allgemeinen Falle, d. h. unter der Voraussetzung, dass der Kegelschnitt p nicht auf der Fläche liegt, haben wir gefunden, dass die Ebene, welche durch p und die Doppelgerade D der Fläche geht, eine einfache Berührungsebene des Kegels, also die Doppelgerade selbst eine einfache Tangente des Kegels darstellt, während die durch p und die einfache Leitgerade S gelegte Ebene eine Doppeltangentenebene, die Leitgerade S mithin eine Doppeltangente des umschriebenen Kegels repräsentiert.

Untersuchen wir nun auch das Verhalten der beiden Leitgeraden D und S der Regelfläche dritten Grades zu einem derselben aus irgend einem ihrer Punkte umschriebenen Kegel.

Sei p der auf der Fläche liegende Kegelscheitel; g die durch denselben gehende Erzeugende, welche die Doppelgerade D in a und die einfache Leitgerade S in α treffen möge.

Die durch p und D gelegte Ebene enthält zwei Punkte p und a der Erzeugenden g, also diese letztere selbst und gehört demnach dem Ebenenbüschel g an. Dieselbe berührt demnach den aus p umschriebenen Kegel zweiten Grades nicht, daher auch die Doppelgerade keine Tangente des Kegels sein kann.

Die Ebene, welche durch p und durch die einfache Leitgerade S gelegt wird, enthält ebenfalls die Erzeugende g; dieselbe ist mithin auch eine Ebene des Büschels g und als solche keine Berührungsebene des umschriebenen Kegels zweiten Grades. Die besagte Ebene enthält aber, wie jede durch s gehende Ebene, noch eine zweite Erzeugende g' der Regelfläche, welche die Gerade S in α' treffen möge; die bezeichnete Ebene berührt also die Regelfläche noch in einem zweiten Punkte α', welcher der Erzeugenden g nicht angehört.

Die obgenannte Ebene ist daher nebstbei auch eine Berührungsebene des Kegels zweiten Grades; die einfache Leitgerade S mithin eine einfache Tangente (mit dem Berührungspunkte α') desselben Kegels. Hiernach ergeben sich die Sätze:

45a. „Alle einer Regelfläche dritten Grades umschriebenen Kegel dritter Classe und vierter Ordnung haben die einfache Leitgerade zur Doppeltangente und berühren die Doppelgerade einfach";

und ebenso:

45b. „Alle einer Regelfläche dritten Grades umschriebenen Kegel zweiten Grades berühren die einfache Leitgerade einfach, die Doppelgerade hingegen gar nicht."

§. 47.

Die beiden vorstehenden Sätze, sowie die Eigenschaft, dass sämmtliche Erzeugenden der Regelfläche Tangenten jedes umschriebenen Kegels sind, geben Veranlassung zu folgenden zwei Entstehungsarten einer Regelfläche dritten Grades:

46a. „Berührt eine Gerade in jeder ihrer Lagen einen Kegel dritter Classe, vierter Ordnung, und schneidet sie nebstbei eine einfache und eine Doppeltangente dieses Kegels, so erzeugt dieselbe eine Regelfläche dritten Grades. Die einfache Tangente ist die Doppelgerade und die Doppeltangente die einfache Leitgerade dieser Fläche."

46b. „Berührt eine Gerade in jeder Lage einen Kegel zweiten Grades und schneidet sie nebstbei zwei Geraden, von welchen die eine eine Tangente des Kegels ist, so erzeugt sie eine Regelfläche dritten Grades. Die Tangente ist die einfache Leitgerade und die nicht berührende gegebene Gerade ist die Doppelgerade dieser Fläche."

§. 48.

Nehmen wir weiters auf einer Regelfläche dritten Grades zwei Punkte p und p', als Scheitel umschriebener Kegel zweiten Grades an. Die durch diese Punkte gehenden Flächenerzeugenden seien g und g'.

Die Ebene, welche durch p und g' geht, ist eine Berührungsebene des dem Punkte p entsprechenden Kegels, aber keine Berührungsebene des dem Punkte p' entsprechenden Kegels. Denn obwohl besagte Ebene diesen Punkt p' enthält und die Regelfläche berührt, gehört sie doch nur dem Ebenenbüschel g' an. Umgekehrt ist die Ebene, welche durch p' und g führt, eine Berührungsebene des Kegels p', nicht aber eine Berührebene des Kegels p. Diese beiden Ebenen sind also keine gemeinschaftlichen Berührungsebenen beider Kegel.

Denken wir uns aber die beiden Kegelscheitel p und p' durch eine Gerade verbunden, so hat diese mit der Regelfläche, außer den Punkten p und p', noch einen dritten Punkt x gemein. Legt man durch diese Verbindungsgerade pp' und durch die dem Punkte x entsprechende Erzeugende g_x eine Ebene, so berührt diese offenbar sowohl den dem Punkte p, als auch den dem Punkte p' entsprechenden Kegel zweiten Grades; dieselbe ist also eine gemeinschaftliche Tangentialebene beider Kegel. Es gilt folglich der Satz:

47. „Je zwei einer Regelfläche dritten Grades umschriebenen Kegel zweiten Grades haben eine gemeinschaftliche Berührungsebene.“

Hieraus ergibt sich (mit Berücksichtigung des Satzes 45*b*) nachstehende Erzeugungsweise der Regelfläche:

48. „Eine Gerade, welche in jeder Lage zwei Kegel zweiten Grades, die eine gemeinschaftliche Berührungsebene besitzen, berührt und nebstbei eine gemeinschaftliche Tangente dieser Kegel schneidet, erzeugt eine Regelfläche dritten Grades, deren einfache Leitgerade die genannte Tangente ist.“

§. 49.

Greifen wir auf die in §. 47, Satz 46*b*) angegebene Erzeugungsweise der Regelfläche dritten Grades zurück und sei K_2 ein der Regelfläche umschriebener Kegel zweiten Grades, D die Doppelgerade der Fläche und S jene einfache Leitgerade, welche, wie wir dort fanden, den Kegel K_2 berühren muss, so können beliebige Erzeugenden g der Regelfläche in der Weise construiert werden, dass man eine beliebige Tangentialebene des Kegels K_2 mit den Geraden D und S zum Schnitte bringt, und die sich dabei ergebenden bezüglichen Schnittpunkte a und α durch eine Gerade g verbindet.

Man erkennt sofort, dass die Tangentialebenen des Kegels auf D und S jene beiden ein-zwei-deutigen Reihen bestimmen, vermittelst deren die Regelfläche erzeugt wird.

Einem beliebigen Punkte a von D entsprechen auf S zwei verschiedene Punkte α und α', d. s. die Schnittpunkte von S mit jenen beiden Berührungsebenen T und T' des Kegels K_2, welche durch den Punkt a gelegt werden können.

Irgend einem Punkte α von S hingegen entspricht auf D nur ein einziger Punkt a, d. i. der Schnittpunkt von D mit der durch α gehenden (die Gerade S jedoch nicht enthaltenden) Tangentialebene.

Betrachten wir nun insbesondere jene beiden Punkte v_1 und v_2 auf D, welche sich als Schnittpunkte der Geraden D mit dem Kegel K_2 ergeben.

Die beiden Tangentialebenen T und T', welche von jedem dieser Punkte an die Kegelfläche gelegt werden können, fallen diesfalls insbesondere in je eine Ebene T^1_v und T^2_v zusammen; den bezüglichen Punkten v_1 und v_2 entsprechen mithin auf S zwei Paare zusammenfallender Punkte α und α', nämlich die Schnittpunkte φ_1 und φ_2 der Geraden S mit den beiden Ebenen T^1_v und T^2_v.

Dieses Ergebnis sagt uns, dass die Schnittpunkte v_1 und v_2 des umschriebenen Kegels K_2 mit der Doppelgeraden D die Verzweigungspunkte der ein-deutigen Reihe auf D, oder was dasselbe ist, die Spitzen der Torsallinien der Regelfläche darstellen.

Weiters gelangen wir zu dem Schlusse, dass die Tangentialebenen T^1_v und T^2_v des umschriebenen Kegels in diesen Punkten v_1 und v_2, beziehungsweise durch die Geraden $v_1\,\varphi_1$ und $v_2\,\varphi_2$, d. i. durch die Torsallinien der Fläche hindurchgehen. Hiernach ergibt sich der Satz:

49. „Alle einer Regelfläche dritten Grades umschriebenen Kegel zweiten Grades gehen durch die Spitzen der Torsallinien der Fläche, und werden in ihnen von Ebenen berührt, welche durch die Torsallinien gehen.“

§. 50.

Jede Erzeugende der Regelfläche liegt in einer einzigen Tangentialebene des umschriebenen Kegels K_2 und bestimmt auch mit der Doppelgeraden D eine einzige Ebene. Es sind sonach die Tangentialebenen des Kegels K_2 und die Ebenen des Büschels D eindeutig auf einander bezogen. Hiermit gelangen wir zu der nachstehenden Entstehungsart einer Regelfläche dritten Grades:

50. „Ist das Tangentenebenensystem eines Kegels zweiten Grades projectivisch (eindeutig) auf ein Ebenenbüschel bezogen, dessen Achse den Kegel nicht berührt, so schneiden sich sämmtliche Paare entsprechender Ebenen in Erzeugenden einer Regelfläche dritten Grades. Die Achse des Ebenenbüschels ist die Doppelgerade der Regelfläche.“

§. 51.

Sind K und K' zwei einer Regelfläche umschriebene Kegel zweiten Grades, so ist jede Erzeugende gleichzeitig eine Tangente beider Kegel.

Jede Erzeugende bestimmt daher auf jedem dieser Kegel eine einzige Berührebene, so dass die Tangentialebenen beider Kegel vermittelst der Erzeugenden der Regelfläche projectivisch aufeinander bezogen erscheinen.

Auf Grundlage des Satzes 47) besitzen aber die beiden Kegel K und K' eine gemeinschaftliche Berührebene, welche durch eine Erzeugende der Regelfläche geht. Diese Ebene ist somit in beiden Tangentialbüscheln sich selbst entsprechend. Hieraus entspringt folgende Erzeugungsweise der Regelfläche.

51. „Sind die Tangentialebenen zweier Kegel zweiten Grades, welche eine gemeinschaftliche Berührebene besitzen, derart projectivisch (ein-deutig) aufeinander bezogen, dass diese gemeinschaftliche Berührebene sich selbst entspricht, so erzeugen die Schnittgeraden entsprechender Tangentialebenen eine Regelfläche dritten Grades.“

§. 52.

Durch vorausgeschickte Untersuchungen wurde klar gelegt, dass jedem Punkte a der Doppelgeraden D einer R^3 zwei verschiedene Tangentialebenen entsprechen. Als solche wurden die beiden Ebenen festgestellt, welche durch die Doppelgerade selbst und die beiden durch diesen Punkt a gehenden Erzeugenden g und g' der Regelfläche bestimmt erscheinen.

Wird durch a eine beliebige Ebene gelegt, so schneidet diese die Regelfläche in einer Curve dritter Ordnung, welche in a einen Doppelpunkt besitzt, dessen Tangenten die Schnittgeraden dieser Ebene mit den vorgenannten Tangentialebenen (g, D) und (g', D) sind.

Betrachten wir nun statt des beliebigen Punktes a auf D, insbesondere einen jener Punkte v_1 oder v_2, beispielsweise v_1, welche Spitzen von Torsallinien repräsentieren.

Die beiden Erzeugenden g und g', welche durch den Punkt v_1 gehen, fallen in eine und dieselbe Gerade, die Torsallinie $v_1 \varphi_1$, zusammen. Es vereinigen sich daher auch die beiden Ebenen (g, D) und (g', D), welche die Regelfläche in dem Punkte v_1 berühren, in eine und dieselbe Ebene $(D, v_1 \varphi_1)$.

Legt man daher durch den Punkt v_1 eine beliebige Ebene, so schneidet diese die Regelfläche in einer Curve dritter Ordnung, welche in v_1 einen Doppelpunkt mit zwei zusammenfallenden

Tangenten [im Schnitte mit der Ebene $(D, v_1 \varphi_1)$], d. h. einen Rückkehrpunkt besitzt. Mithin besteht der Satz:

52. „*Jede Ebene, welche durch eine Spitze einer Regelfläche dritten Grades geht, schneidet die letztere in einer Curve dritter Ordnung, welche in diesem Punkte einen Rückkehrpunkt besitzt.*"

Beachten wir, dass nach der Plücker'schen Gleichung:

$$n = m(m-1) - 2\delta - 3\varkappa,$$

sobald $m = 3$; $\delta = 0$; $\varkappa = 1$ ist, auch n gleich 3 sein muss, d. h. dass eine Curve dritter Ordnung mit einem Rückkehrpunkte gleichzeitig auch von der dritten Classe, also kurz vom dritten Grade ist; es kann demnach der vorstehende Satz auch in folgender Fassung ausgesprochen werden:

53. „*Alle durch eine Spitze einer Regelfläche dritten Grades gehenden ebenen Curven sind Curven dritten Grades, deren Rückkehrpunkte mit jener Spitze zusammenfallen.*"

Reciprok zu diesem Satze ergibt sich somit unmittelbar der folgende:

54. „*Alle der Regelfläche aus Punkten einer Torsalebene umschriebenen Kegel sind Kegel dritten Grades, deren Inflexionsebenen mit der genannten Torsalebene zusammenfallen.*"

§. 53.

Eine Erzeugende der Regelfläche dritten Grades sei g. Dieselbe möge die Doppelgerade D in dem Punkte a treffen. Irgend eine durch diese Erzeugende gelegte Ebene e habe mit der Regelfläche noch einen Kegelschnitt K^2 gemein, welcher, wie bekannt, durch den Punkt a geht. Die Tangente dieses Kegelschnittes im Punkte a sei t.

Diese Tangente liegt in der durch die Doppelgerade D und die zweite durch a gehende Erzeugende g' bestimmten Ebene, da besagte Ebene eine Berührungsebene der Regelfläche im Punkte a ist. Eine zweite Berührungsebene im Punkte a wird durch die Ebene (g, D) dargestellt. Selbstverständlich muss die Tangente einer durch a gehenden Curve auf der Regelfläche in diesem Punkte a, in einer dieser beiden Ebenen (g, D) oder (g', D) liegen.

Dasselbe gilt von der Tangente t des Kegelschnittes K^2 im Punkte a. Letztere kann jedoch in der Ebene (g, D) nicht liegen; denn, da dieselbe in der Ebene e sich vorfindet, welche auch die Gerade g enthält, müsste t mit g zusammenfallen, der Kegelschnitt K^2 müsste also die Erzeugende g selbst berühren, was nicht stattfinden kann. Es folgt daher der Satz:

55. *„Die Kegelschnitte, welche eine Regelfläche dritten Grades mit den Ebenen eines Büschels, dessen Achse eine Erzeugende der Fläche ist, gemein hat, gehen durch jenen Punkt, in welchem diese Erzeugende die Doppelgerade trifft. Die sämmtlichen Kegelschnitte werden in dem bezeichneten Punkte von jener Ebene berührt, welche durch die Doppelgerade und die zweite von dem genannten Punkte ausgehende Erzeugende bestimmt ist.“*

§. 54.

Projiciert man ein derartiges System von Kegelschnitten aus einem beliebigen Punkt d der Doppelgeraden D, so kann man sich unschwer die Überzeugung verschaffen, dass die auf diese Weise entstehenden concentrischen Kegelflächen ein Kegelbüschel zweiten Grades repräsentieren, also vier Erzeugende gemein haben.

Da nämlich (mit Zugrundelegung des vorstehenden Satzes) eine gewisse durch D gehende Ebene alle oberwähnten Kegelschnitte in dem Punkte a, welchen dieselben mit der Doppelgeraden D gemein haben, berührt, so muss die besagte Ebene auch eine Berührungsebene aller jener Kegel, welche aus dem Punkte d den Kegelschnitten umschrieben werden, längs der gemeinsamen Erzeugenden D sein. Die Doppelgerade D repräsentiert somit zwei unendlich nahe gemeinschaftliche Erzeugenden all dieser Kegel.

Da ferner jeder Kegelschnitt auf der Regelfläche sämmtliche Erzeugenden derselben, also auch die beiden durch den Punkt d gehenden Erzeugenden g_d und g'_d schneidet, so stellen diese letzteren ebenfalls zwei gemeinschaftliche Erzeugenden all der obgenannten Kegel dar. Hieraus folgt der Satz:

56. *„Projiciert man sämmtliche Kegelschnitte einer Regelfläche, welche mit einer und derselben Erzeugenden in einerlei Ebenen liegen, von einem beliebigen Punkte der Doppelgeraden aus, so bilden die auf diese Weise entstehenden Kegelflächen ein Kegelbüschel zweiten Grades.“*

§. 55.

Es erübrigt ferner noch, zu untersuchen, was für ein Verhalten jene Kegelschnitte zeigen, welche die durch eine Torsallinie gelegten Ebenen mit der Regelfläche R^3 gemein haben.

Behufs Erreichung dieses Zweckes wird es bloß erforderlich sein, die bezüglich des Satzes 55) angestellten Betrachtungen zu specialisieren.

Die sämmtlichen Kegelschnitte müssen nämlich durch die Spitze der betreffenden Torsallinie gehen und die letztere in der Spitze berühren.

Das Gesagte ist unmittelbar einleuchtend, wenn man berücksichtigt, dass die beiden Tangentialebenen, welche eine Regelfläche R^3 in einem Punkte der Doppelgeraden besitzt, für die „Spitze" insbesondere mit jener Ebene zusammenfallen, welche durch die Doppelgerade und die zugehörige Torsallinie bestimmt ist. Es gilt somit der Satz:

57. *„Alle Ebenen, welche durch eine Torsallinie einer Regelfläche dritten Grades gelegt werden, schneiden diese letztere in Kegelschnitten, welche die Torsallinie sämmtlich in der zugehörigen Spitze berühren."*

§. 56.

Schnitte der Regelflächen dritten Grades mit Kegel- und Regelflächen zweiten Grades.

Die Schnittcurve einer Regelfläche dritten Grades mit einer Fläche zweiten Grades ist im allgemeinen eine Curve sechster Ordnung.

Mit dieser Schnittcurve wollen wir uns übrigens an dieser Stelle nicht eingehender beschäftigen, dagegen dürfte es aber gerechtfertigt erscheinen, diejenigen Fälle hervorzuheben und zu untersuchen, in welchen die besagte Schnittcurve in Linien niederer Ordnung zerfällt. Letzteres wird offenbar dann eintreten, wenn beide Flächen eine oder mehrere gerade Erzeugenden (oder auch Leitgeraden) gemein haben.

Betrachten wir zunächst einen Kegel, welcher die größtmöglichste Zahl von Erzeugenden (beziehungsweise Leitgeraden) mit der Regelfläche dritten Grades gemeinschaftlich besitzt.

Da sich alle Erzeugenden einer Kegelfläche im Scheitel derselben treffen, so haben wir diesfalls auf der Regelfläche nur einen Punkt derartig zu wählen, dass durch denselben die größtmöglichste Zahl von Geraden der Fläche geht. Ein solcher Punkt ist offenbar jeder Punkt p der Doppelgeraden, indem durch denselben drei Geraden (die Doppelgerade D selbst, und zwei Erzeugenden g und g') führen, während durch irgend einen anderen, nicht auf der Doppelgeraden liegenden Punkt der Fläche höchstens zwei solche Geraden geführt werden können.

Wählen wir daher als Scheitel des Kegels zweiten Grades einen beliebigen Punkt p der Doppelgeraden D, und lassen wir den Kegel durch die Doppelgerade D und durch die beiden dem Punkte p entsprechenden Erzeugenden g und g' gehen, so ist klar, dass die Doppelgerade D im Schnitte beider Flächen als doppelte, die Erzeugenden g und g' hingegen als einfache Geraden zählen werden. Diese drei Geraden repräsentieren somit im gegenseitigen Schnitte einen Bestandtheil vierter Ordnung, während der Rest durch eine Curve zweiter Ordnung vertreten sein muss.

Es ergibt sich demgemäß der Satz:

58. *„Ein Kegel zweiten Grades, dessen Scheitel auf der Doppelgeraden einer cubischen Regelfläche liegt und die Doppelgerade, sowie die beiden durch den Kegelscheitel gehenden Erzeugenden enthält, hat mit der Regelfläche noch einen Kegelschnitt gemein."*

§. 57.

Die Erzeugende der Regelfläche, welche in der Ebene dieses Kegelschnittes K liegt, kann leicht bestimmt werden.

Wir wissen nämlich, dass der Kegelschnitt K die Doppelgerade in einem Punkte, durch welchen die betreffende Erzeugende geht, schneidet. Es genügt daher, jenen Punkt, in welchem die einfache Leitgerade S von der Kegelschnittsebene getroffen wird, mit diesem Punkte in der Doppelgeraden zu verbinden, um die gewünschte Erzeugende zu erhalten.

Bisher haben wir dem Kegel die Bedingung auferlegt, durch die Doppelgerade D und durch zwei Erzeugende g und g' der Regelfläche zu gehen. Fügen wir nunmehr die weitere Bedingung hinzu, dass derselbe noch eine beliebige, durch den Punkt p gehende Gerade l enthalten solle.

Alle Kegel, welche durch die vier Geraden D, g, g' und l gehen, bilden ein Kegelbüschel. Jeder dieser Kegel schneidet die Regelfläche noch in einem Kegelschnitte, und es wird zu untersuchen sein, was für eine Fläche die Ebenen all dieser Kegelschnitte umhüllen.

Die beliebig durch p gezogene Gerade l schneidet die Regelfläche außer in dem doppelt zählenden Punkte p noch in einem weiteren Punkte x. Es ist einleuchtend, dass durch diesen Punkt die Schnittcurven der Regelfläche mit allen Kegeln des Büschels gehen werden, oder, dass alle vorgenannten Kegelschnitte, mithin auch deren Ebenen, durch den Punkt x führen. Besagte Ebenen umhüllen somit einen Kegel.

Da aber jede dieser Ebenen außer dem Kegelschnitte noch eine Erzeugende enthält, also eine Tangentialebene der

Regelfläche darstellt, so ist der gesuchte Kegel kein anderer, als der der Fläche von dem ihr angehörenden Punkte x aus umschriebene Kegel, also ein Kegel zweiten Grades. Es folgt mithin der Satz:

59. „*Wählt man als Scheitel eines Kegelbüschels zweiten Grades einen Punkt p auf der Doppelgeraden einer Regelfläche dritten Grades, und als Grundkanten des Büschels die Doppelgerade, die beiden durch p gehenden Erzeugenden der Regelfläche und eine beliebige, durch p gezogene Gerade l, so schneiden die sämmtlichen Kegel des Büschels die Regelfläche noch in Kegelschnitten, deren Ebenen jenen Kegel zweiten Grades umhüllen, welcher der Regelfläche aus dem Punkte, in welchem die Gerade l, außer in p, die Regelfläche noch trifft, umschrieben ist.*"

§. 58.

Nehmen wir wieder einen beliebigen Punkt p auf der Doppelgeraden der Regelfläche an, betrachten wir denselben als den Scheitel eines Kegels dritter Ordnung und vierter Classe, und setzen wir überdies fest, dass einerseits die Doppelerzeugende des Kegels mit der Doppelgeraden der Regelfläche, und dass andererseits zwei seiner Erzeugenden mit den beiden durch p gehenden Erzeugenden g und g' der Regelfläche zusammenfallen, so wird der Schnitt beider Flächen eine degenerierte Curve neunter Ordnung sein.

Die Doppelgerade D beider Flächen zählt im Schnitte vierfach, die beiden Erzeugenden g und g' einfach. Diese drei Geraden repräsentieren daher zusammen einen Ort der sechsten Ordnung; der Rest wird somit eine Curve dritter Ordnung sein, welche, wie die nachstehende einfache Betrachtung lehrt, doppelt gekrümmt sein und die Doppelgerade als zweipunktige Secante besitzen wird.

Da nämlich die Gerade D eine Doppelgerade der Regelfläche sowohl, als auch des Kegels p ist, so wird jede durch D gehende Ebene e sowohl die Regelfläche, als auch den Kegel beziehungsweise noch in den Erzeugenden g_e und G_e schneiden, während sich diese beiden Geraden g_e und G_e wieder in einem Punkte z der vorgenannten Curve dritter Ordnung treffen werden.

Die Kegelfläche dritter Ordnung hat aber längs der Doppelgeraden D zwei Tangentialebenen, oder mit anderen Worten: es gibt zwei Lagen der Ebene e, in welchen die zugehörigen Kegelerzeugenden G_e unendlich nahe an D, mithin auch die beiden auf diesen Erzeugenden liegenden Punkte z auf die Gerade D fallen. Es ergibt sich sonach der Satz:

60. „Ein Kegel dritter Ordnung, vierter Classe, dessen Doppelerzeugende mit der Doppelgeraden einer cubischen Regelfläche zusammenfällt, und welcher überdies zwei Erzeugenden dieser Regelfläche enthält, schneidet die Regelfläche noch in einer Raumcurve dritter Ordnung, welche die Doppelgerade der beiden Flächen zur zweipunktigen Secante hat.“

§. 59.

Damit diese Schnittcurve dritter Ordnung eine ebene Curve werde, ist es genügend, wenn die beiden vorgenannten auf D liegenden Punkte z der Schnittcurve zusammenfallen, also einen wirklichen Doppelpunkt darstellen.

Diese Bedingung setzt aber, den früheren Betrachtungen gemäß, voraus, dass die beiden Ebenen e, welche den Kegel längs der Doppelerzeugenden berühren, in eine und dieselbe Ebene zusammenfallen, dass also die besagte Doppelerzeugende insbesondere eine Rückkehrerzeugende des Kegels werde.

Hiernach ergibt sich der Satz:

61. „Fällt die Rückkehrerzeugende eines Kegels dritten Grades mit der Doppelgeraden einer cubischen Regelfläche zusammen, und enthält dieser Kegel zwei Erzeugenden der Regelfläche, so schneidet er die letztere noch in einer ebenen Curve dritten Grades.“

Dass die vorbezeichnete Schnittcurve vom dritten Grade ist, folgt daraus, dass der ebene Schnitt des vorgenannten Kegels einen Rückkehrpunkt besitzt.

§. 60.

Gleichzeitig möge hier noch in Erinnerung gebracht sein, dass der Schnitt zweier krummen Flächen immer „wirkliche Doppelpunkte“ haben wird, wenn die eine oder beide Flächen eine Doppelcurve besitzen.

Setzen wir nämlich voraus, dass eine Fläche m-ter Ordnung eine Doppelcurve h-ter Ordnung besitze, und dass die besagte Fläche von einer zweiten Fläche n-ter Ordnung geschnitten werde.

Die Schnittcurve beider Flächen wird selbstverständlich durch die $n.h$ Punkte gehen, in welchen die Doppelcurve die Fläche n-ter Ordnung trifft.

Berücksichtigen wir einerseits, dass die Tangente in einem beliebigen Punkte der Schnittcurve nichts anderes darstelle, als die Schnittgerade der Tangentialebenen beider Flächen in diesem Punkte, und andererseits, dass einer Fläche in jedem Punkte ihrer Doppelcurve zwei verschiedene Berührebenen entsprechen, so ist einleuchtend, dass die Schnittcurve der beiden Flächen in jedem gleichzeitig auch der Doppelcurve angehörenden Punkte zwei Tangenten besitzt, dass also jeder derartiger Punkt einen wirklichen Doppelpunkt der Schnittcurve repräsentiert.

Ist die Fläche m-ter Ordnung insbesondere eine Regelfläche dritten Grades, so wird dieselbe von einer beliebigen Fläche n-ter Ordnung in einer Curve der $3n$-ten Ordnung geschnitten, welche auf der Doppelgeraden n Doppelpunkte, d. i. n Schnittpunkte dieser Doppelgeraden mit der Fläche n-ter Ordnung, besitzt.

§. 61.

Auf einer Regelfläche dritten Grades liege eine Raumcurve dritter Ordnung, die wir kurz C^3 nennen wollen.

Durch die letztere kann man bekanntlich unendlich viele Regelflächen zweiten Grades legen. Eine dieser Regelflächen sei R^2. Dieselbe wird die cubische Regelfläche in einer Curve sechster Ordnung schneiden, welche jedoch aus zwei Raumcurven dritter Ordnung zusammengesetzt sein wird, da ein Theil der den beiden Regelflächen gemeinschaftlichen Linie eben die vorausgesetzte Curve C^3 ist.

Da aber, nach den vorhergehenden Betrachtungen, die Schnittcurve der beiden Regelflächen einerseits auf der Doppelgeraden zwei wirkliche Doppelpunkte besitzen muss, andererseits aber einer Raumcurve dritter Ordnung kein wirklicher Doppelpunkt zukömmt, so folgt nothwendigerweise, dass die beiden Raumcurven die Doppelgerade in den nämlichen zwei Punkten schneiden müssen. Demnach kann der Satz aufgestellt werden:

62. „Jede auf einer cubischen Regelfläche liegende Raumcurve dritter Ordnung schneidet die Doppelgerade der Fläche in zwei Punkten. Jede Fläche zweiten Grades, welche durch eine solche Raumcurve gelegt wird, schneidet die cubische Regelfläche noch in einer zweiten Raumcurve dritter Ordnung, welche die Doppelgerade in denselben zwei Punkten, wie die erste Raumcurve, trifft.“

§. 62.

Die beiden vorbezeichneten Raumcurven kann man als den Ort der Schnittpunkte aller Erzeugenden der cubischen Regelfläche mit der Fläche zweiten Grades betrachten.

Jede dieser Erzeugenden schneidet nämlich die Fläche zweiten Grades in zwei Punkten, von welchen je einer auf einer der beiden Raumcurven dritter Ordnung liegt.

Der Fall, dass eine Erzeugende der Regelfläche die eine der beiden Raumcurven in zwei Punkten, die andere hingegen in gar keinem Punkte schneiden würde, kann aus nachstehendem Grunde nicht eintreten.

Die Raumcurve hat nämlich, wie vorher nachgewiesen wurde, mit der Doppelgeraden nothwendig zwei Punkte gemein. Würde auch noch eine Erzeugende g der Regelfläche existieren, welche mit der Raumcurve ebenfalls zwei Punkte gemein hätte, so würde die durch diese Erzeugende und durch die Doppelgerade gelegte Ebene die Raumcurve dritter Ordnung in vier Punkten schneiden müssen, was ganz unmöglich ist.

Es lässt sich aber auch weiters zeigen, dass die Raumcurve dritter Ordnung mit der einfachen Leitgeraden der Regelfläche nur einen einzigen Punkt gemeinsam hat. Denn auf jeder durch die einfache Leitgerade gelegten Ebene müssen drei Punkte der Raumcurve liegen. Zwei von diesen Punkten sind aber jene, in welchen die in der vorbezeichneten Ebene liegenden Erzeugenden der Regelfläche die Raumcurve treffen. Der übrig bleibende dritte Punkt liegt dann auf der einfachen Leitgeraden. Es besteht mithin der Satz:

63. „Eine auf einer cubischen Regelfläche liegende Raumcurve dritter Ordnung wird sowohl von der einfachen Leitgeraden als auch von jeder Erzeugenden nur in einem einzigen Punkte getroffen.“

§. 63.

Aus den vorhergehenden Sätzen und Betrachtungen ergibt sich unmittelbar die nachstehende Entstehungsart einer cubischen Regelfläche:

64. Eine Gerade, welche in jeder Lage eine cubische Raumcurve, eine zweipunktige Secante und eine einpunktige Secante derselben schneidet, erzeugt eine cubische Regelfläche. Die zweipunktige Secante ist die Doppelgerade, die einpunktige Secante dagegen ist die einfache Leitgerade dieser Fläche.“

Vorstehende Entstehungsweise kann wieder direct durch die allgemeine Cremona'sche Gleichung verificiert werden.

Die Ordnungen der drei Leitcurven C^3, G_1 und G_2 sind $m_1 = 3$; $m_2 = m_3 = 1$; die Zahl der gemeinschaftlichen Punkte derselben: $s_1 = 0$; $s_2 = 1$; $s_2 = 2$; mithin ist:

$$M = 2 m_1 m_2 m_3 - s_1 m_1 - s_2 m_2 - s_3 m_3 = 2.3.1.1 - 0 - 1 - 2 = 3$$

Der vorliegende Fall ist principiell derselbe, wie der in Satz 21) besprochene.

§. 64.

Unter dem Doppelverhältnisse von vier Punkten (a, b, c, d) einer cubischen Raumcurve versteht man, wie bereits bekannt, das Doppelverhältnis der vier Ebenen, welche diese Punkte mit irgend einer zweipunktigen Secante der Curve verbinden.

Wie aus der Theorie der Raumcurven dritter Ordnung bekannt ist, ändert dieses Doppelverhältnis seinen Wert nicht, wenn auch die Lage der genannten Secante geändert wird. Es sind daher auch die Ebenenbüschel, welche die Punkte einer cubischen Raumcurve aus zwei zweipunktigen Secanten derselben projicieren, stets projectivisch.

Auf Grund dieser Eigenschaft kann man die Punkte einer Raumcurve dritter Ordnung projectivisch auf jene einer beliebigen geraden Punktreihe beziehen.

Ist also C^3 eine Raumcurve dritter Ordnung, D eine zweipunktige Secante derselben und S eine einpunktige Secante, d. h. eine Gerade, welche mit der Curve nur einen einzigen Punkt s gemein hat, so sind (nach Satz 64) diese drei Linien Bestimmungselemente einer cubischen Regelfläche.

Irgend eine beliebige Erzeugende g dieser Regelfläche wird erhalten, wenn man durch die zweipunktige Secante D eine beliebige Ebene e legt; diese letztere schneidet die Raumcurve C^3 in einem dritten Punkte a und die einpunktige Secante S in einem Punkte α. Die Verbindungsgerade $a\,\alpha$ ist sodann eine Erzeugende der Regelfläche.

Dreht sich die Ebene e um D, erzeugt dieselbe also ein Ebenenbüschel mit der Achse D, so durchläuft sowohl der Punkt a auf der Curve C^3, als auch der Punkt α auf der Geraden S eine zu diesem Büschel $D\,(e\ldots)$ perspectivische Punktreihe. Es sind demgemäß die Punktreihen a und α untereinander projectivisch.

Hierbei ist jedoch Nachstehendes zu beachten.

Der Voraussetzung entsprechend, hat die Gerade S mit der Raumcurve C^3 einen Punkt s gemein. Es ist einleuchtend, dass dieser Punkt in den beiden Reihen sich selbst entspricht, wenn man berücksichtigt, dass derselbe als Schnittpunkt der Curve C^3 und der Geraden S mit einer und derselben Ebene des Büschels D [der Ebene (D, s)] betrachtet werden kann. Es ergibt sich demgemäß der Satz:

65. *„Die Punktreihen, welche die Erzeugenden einer cubischen Regelfläche auf der einfachen Leitgeraden und auf irgend einer der Fläche angehörenden Raumcurve dritter Ordnung bestimmen, sind projectivisch; der Punkt, in welchem die cubische Raumcurve von der einfachen Leitgeraden getroffen wird, entspricht in beiden Reihen sich selbst.“*

Die Umkehrung dieses Satzes liefert die folgende Erzeugungsweise der Regelfläche:

66. *„Sind auf einer cubischen Raumcurve und auf einer einpunktigen Secante derselben, zwei projectivische Reihen derart gegeben, dass in beiden der gemeinschaftliche Punkt sich selbst entspricht, so erzeugen die Verbindungsgeraden entsprechender Punkte eine cubische Regelfläche mit jener Secante als einfacher Leitgeraden.“*

§. 65.

Die nachstehende Betrachtung wird einerseits die Zulässigkeit dieser Umkehrung nachweisen, andererseits aber auch zeigen, wie die Doppelgerade der Fläche gefunden werden kann.

Seien nämlich a und b zwei Punkte der Reihe auf der cubischen Raumcurve C^3, während α und β die ihnen entsprechenden Punkte auf der einpunktigen Secante S repräsentieren mögen.

Diese beiden Punktepaare bestimmen mit dem sich selbst entsprechenden Schnittpunkte s von C^3 und S die projectivische Beziehung beider Reihen vollkommen, so dass vermittelst derselben beliebige Paare entsprechender Punkte, also auch beliebige Erzeugenden der Regelfläche construiert werden können.

Zieht man die Geraden $a\alpha$ und $b\beta$, so werden diese Geraden zwei Erzeugenden der Regelfläche repräsentieren. Durch eine dieser Erzeugenden, etwa $a\alpha$, und durch die Raumcurve C^3 kann man eine Regelfläche zweiten Grades legen. Die Schar jener Erzeugenden, die auf dieser Fläche zu dem Systeme $a\alpha$ gehören, sind, ebenso wie diese letztere selbst, bekanntlich einpunktige Secanten der Raumcurve C^3. Die Erzeugenden des zweiten Systems, welche sämmtlich die Gerade $a\alpha$ schneiden, sind dagegen zweipunktige Secanten der Raumcurve C^3.

Die Gerade $b\beta$ hat mit der eben erwähnten Regelfläche zweiten Grades, außer dem Punkte b, noch einen zweiten Punkt c gemein. Durch diesen Punkt führen wir jene Erzeugende D der Regelfläche zweiten Grades, welche nicht zum Systeme $a\alpha$ gehört, welche also einerseits die Gerade $a\alpha$ schneidet und andererseits eine zweipunktige Secante der Raumcurve C^3 repräsentiert.

Die eben gefundene Gerade D hat somit die Eigenschaft, eine zweipunktige Secante der Raumcurve C^3 zu sein und die beiden Geraden $a\alpha$ und $b\beta$ zu schneiden.

Betrachten wir nun D, C^3 und S als Leitlinien einer Regelfläche dritten Grades, so wird (nach Satz 65) das Ebenenbüschel aus D die Curve C^3 und die Gerade S in zwei projectivischen Punktreihen treffen, deren entsprechende Punkte miteinander verbunden die Erzeugenden der cubischen Regelfläche darstellen.

Berücksichtigt man aber, dass in diesen beiden Reihen einerseits der Schnittpunkt s von C^3 und S sich selbst entspricht und andererseits, da die Gerade D von $a\alpha$ und $b\beta$ geschnitten wird, a und α; b und β ebenfalls entsprechende Punkte der Reihen sind, so folgt, dass diese beiden durch das Ebenenbüschel D auf C^3 und S erzeugten Reihen $abs\ldots$ und $\alpha\beta s\ldots$ identisch sind mit den beiden ursprünglich gegebenen Reihen $abs\ldots$ und $\alpha\beta s\ldots$, dass also auch die durch die letzteren erzeugte Regelfläche identisch sein müsse mit der durch D, C^3 und S erzeugten cubischen Regelfläche. Diese Betrachtung bietet somit gleichzeitig auch ein Hilfsmittel für die Construction der Doppelgeraden D einer Regelfläche.

§. 66.

Untersuchen wir nun jene Fälle, in welchen es möglich wird, Raumcurven dritter Ordnung auf einer cubischen Regelfläche vermittelst Regelflächen zweiten Grades zu erzeugen.

Da der Schnitt einer cubischen Regelfläche mit einer Regelfläche zweiten Grades von der sechsten Ordnung ist, so muss, wenn der eine Bestandtheil dieses Schnittes von der dritten Ordnung sein soll, auch der zweite Theil von der dritten Ordnung sein, also entweder

a) eine wirkliche Raumcurve dritter Ordnung darstellen, oder aber

b) aus einem Kegelschnitte und einer Geraden, oder

c) aus drei Geraden bestehen.

Wir wollen vor allem den letzten Fall discutieren. Legen wir zu diesem Behufe eine Regelfläche zweiten Grades durch drei Erzeugende g_1, g_2, g_3 der cubischen Regelfläche R^3.

Damit letzteres möglich sei, muss nothwendig die Bedingung, dass keine zwei von diesen drei Erzeugenden einen Punkt gemein haben, erfüllt werden. Denn würden beispielsweise g_1 und g_2 einen gemeinschaftlichen Punkt (der auch der Doppellinie D angehören würde) besitzen, so würden diese Geraden selbstverständlich verschiedenen Systemen der Regelfläche zweiten Grades angehören und es müsste infolge dessen auch die eine oder die andere von ihnen die dritte Gerade g_3 schneiden, was offenbar undenkbar ist, sobald g_1, g_2 und g_3 Erzeugende einer cubischen Regelfläche sind. Hiernach muss also vorausgesetzt werden, dass keine zwei von den drei Geraden g_1, g_2 und g_3 einen Punkt gemein haben.

Legen wir demnach, wie oben angedeutet, durch g_1, g_2 und g_3 eine Regelfläche zweiten Grades, so sind Erzeugenden derselben all jene Geraden, welche g_1, g_2 und g_3 schneiden. Hierunter befinden sich selbstverständlich auch die beiden Leitgeraden D und S der cubischen Regelfläche. Da aber die erstere von ihnen, als Doppelgerade der einen Fläche, doppelt zählt, so repräsentieren die fünf Geraden g_1, g_2, g_3, S und D einen Schnitt sechster Ordnung der beiden Regelflächen; diese letzteren können daher keine weiteren Punkte gemein haben. Wir erhalten mithin den Satz:

67. „Wird durch drei sich kreuzende Erzeugenden einer cubischen Regelfläche eine Regelfläche zweiten Grades gelegt, so hat diese mit der ersten noch die Doppelgerade und die einfache Leitgerade, sonst aber keine weiteren Punkte gemein.“

§. 67.

Ebenso lässt sich auch nachweisen, dass jede Regelfläche zweiten Grades, welche durch die Doppelgerade und durch die einfache Leitgerade einer cubischen Regelfläche gelegt wird, mit der letzteren nur drei Erzeugenden gemein haben kann.

Vorausgesetzt, die Regelfläche zweiten Grades gehe durch D, S und durch eine beliebige D und S nicht schneidende Gerade G.

Die Gerade G hat mit der Regelfläche dritten Grades drei Punkte gemein, durch deren jeden eine Erzeugende g_1, g_2, g_3 geht. Diese letztgenannten Geraden g_1, g_2 und g_3 sind aber gleichzeitig auch Erzeugenden der Fläche zweiten Grades, da jede von ihnen die drei Leitgeraden D, S und G trifft.

Die fünf Geraden D, S, g_1, g_2 und g_3 repräsentieren sonach wieder einen Ort sechster Ordnung, stellen also den vollständigen Durchschnitt beider Regelflächen dar, welche somit keine anderweitigen Linien mehr gemein haben können. Daher besteht der Satz:

68. „Jede Regelfläche zweiten Grades, welche durch die Doppelgerade und durch die einfache Leitgerade einer cubischen Regelfläche geht, hat mit dieser letzteren nur noch drei Erzeugenden gemein.“

§. 68.

Besondere Beachtung verdient der Fall, in welchem eine **Regelfläche zweiten Grades** (ein einfaches Hyperboloid) **durch drei unmittelbar aufeinander folgende Erzeugenden einer cubischen Regelfläche gelegt wird.**

Wir wissen nämlich, dass jedes Hyperboloid, welches durch zwei unmittelbar aufeinander folgende Erzeugende einer windschiefen Fläche geht, ein „Schmiegungshyperboloid" dieser Fläche längs der genannten Erzeugenden ist.

Sämmtliche Erzeugenden des zweiten Systems in einem solchen Hyperboloide sind Tangenten der windschiefen Fläche in jenen Punkten, in welchen sie die Schmiegungserzeugenden treffen. Schneidet man weiters beide Flächen durch eine Ebene, so erhält man zwei Curven, welche sich in jenem Punkte berühren, in welchem sie die Schmiegungserzeugende begegnen.

Setzen wir nun aber insbesondere voraus, ein Hyperboloid gehe durch drei unmittelbar auf einander folgende Erzeugenden g_1, g_2 und g_3 einer windschiefen Fläche — im vorliegenden Falle der cubischen Regelfläche — so wird jede Ebene beide Flächen in zwei Curven schneiden, welche drei unmittelbar auf einander folgende Punkte (die Schnittpunkte dieser Ebene mit g_1, g_2 und g_3) gemein haben, sich also osculieren. (Siehe §. 14.)

Wir wollen aus diesem Grunde ein solches Hyperboloid als „Osculationshyperboloid" der Regelfläche längs der Erzeugenden g (da man sich g_1, g_2, g_3 als unendlich nahe oder in dieselbe Gerade g zusammenfallend vorzustellen hat) bezeichnen.

Der früher aufgestellte Satz 67) lässt sonach unmittelbar den folgenden speciellen Satz zu:

69. „*Sämmtliche Osculationshyperboloide einer Regelfläche dritten Grades enthalten die Doppelgerade und die einfache Leitgerade dieser Regelfläche.*"

§. 69.

Sei nun die Gerade l eine Erzeugende des zweiten Systems auf einem Osculationshyperboloide, d. i. eine Gerade, welche die drei Geraden g_1, g_2 und g_3 schneidet. Die drei Punkte a_1, a_2 und a_3, in welchen das Schneiden der vorerwähnten Geraden stattfindet, sind offenbar die drei Schnittpunkte der Geraden l mit der cubischen Regelfläche.

Besagte Punkte liegen aber, infolge der bezüglich g_1, g_2 und g_3 gemachten Voraussetzung, unendlich nahe an einander; es wird daher die Gerade l eine „Inflexionstangente“ oder eine „Haupttangente“ der cubischen Regelfläche darstellen. Da dies von allen Erzeugenden l des Osculationshyperboloides gilt, erhält man den Satz:

70. *Die Inflexionstangenten einer cubischen Regelfläche in allen Punkten einer Erzeugenden, sind Erzeugende eines und desselben Hyperboloides, nämlich des dieser Erzeugenden entsprechenden Osculationshyperboloides der Regelfläche.*“

Es braucht wohl kaum besonders hervorgehoben zu werden, dass dieser Satz seine allgemeine Giltigkeit für jede beliebige Regelfläche behaupte, da es (wie bereits auch in §. 14 gezeigt wurde) ganz einerlei ist, auf was für einer Regelfläche man drei unmittelbar aufeinander folgende Erzeugende annimmt.

§. 70.

Dem vorstehenden Satze kann jedoch auch eine andere Gestalt gegeben werden.

Wir wissen nämlich bereits, dass die Berührungsebene in einem Punkte a einer krummen Fläche diese Fläche in einer (reellen oder imaginären) Curve schneidet, welche den Punkt a zum Doppelpunkte hat. Die beiden Doppelpunktstangenten sind sodann bekanntlich die der Fläche im Punkte a entsprechenden Haupt- oder Inflexionstangenten.

Ist die oberwähnte Fläche speciell eine cubische Regelfläche, so besteht deren Schnitt mit einer Tangentialebene im Punkte a aus der durch a gehenden Erzeugenden g und einem durch a gehenden Kegelschnitte. Die Erzeugende selbst stellt sodann die eine Haupttangente und die Kegelschnittstangente in a die zweite Haupttangente dar.

Die Inflexionstangenten einer cubischen Regelfläche in den Punkten einer Erzeugenden sind daher gleichzeitig Tangenten jener Kegelschnitte, welche als Schnitte der Regelfläche mit den durch die genannte Erzeugende gelegten Ebenen resultieren. Hieraus folgt die nachstehende Fassung des obigen Satzes:

71. „*Die Tangenten der Kegelschnitte, welche sich als Schnitte aller durch eine und dieselbe Erzeugende einer Regelfläche dritten Grades mit dieser letzteren in den Punkten der genannten Erzeugenden ergeben, erfüllen ein einfaches Hyperboloid, d. i. das jener Erzeugenden entsprechende Osculationshyperboloid.*“

Weitere Eigenschaften der Schnitte von Regelflächen zweiten und dritten Grades zu entwickeln, würden an dieser Stelle zu weit führen. Wir wollen uns daher mit dem bereits Besprochenen zufriedenstellen, dagegen aber noch einiges über zwei besondere Formen der Regelfläche dritten Grades anreihen.

§. 71.

Die Cayley'sche Regelfläche dritten Grades.

Setzt man voraus, dass die Regelfläche dritten Grades durch vier ihrer Erzeugenden und einen Punkt gegeben ist, und stellt man bezüglich dieser vier Erzeugenden die Bedingung, dass irgend eine von ihnen, allenfalls g_4, das durch die drei anderen Erzeugenden g_1, g_2 und g_3 bestimmte Hyperboloid berühre, so ist einleuchtend, dass die beiden Geraden D und S, welche alle vier Erzeugenden $g_1 \dots g_4$ schneiden, jene zwei Erzeugenden des Hyperboloides $(g_1 g_2 g_3)$ sein werden, welche durch die beiden zum Berührungspunkte vereinigten Schnittpunkte dieses Hyperboloides mit der Geraden g_4 gehen.

In diesem Falle werden daher die Doppelgerade D und die einfache Leitgerade S zwei unendlich nahe aneinander liegende, sich kreuzende Geraden darstellen.

Eine solche besondere Art einer Regelfläche dritten Grades wird nach Cayley, welcher sie zuerst betrachtete, eine „Cayley'sche Regelfläche dritten Grades" genannt.

Es ist einleuchtend, dass jede Gerade, welche der Regelfläche angehört, also die beiden Leitgeraden D und S schneidet, das obgenannte Hyperboloid in einem Punkte der zu einer und derselben Geraden vereinigten Leitgeraden D und S berühren wird.

Untersuchen wir nun, in welcher Weise eine derartige Regelfläche erzeugt werden kann, und welche besondere Eigenschaften derselben zukommen.

Denken wir uns von derselben vier Erzeugenden g_1, g_2, g_3 und g_4 in einer solchen Lage gegeben, dass die eine g_4, das durch die drei anderen bestimmte Hyperboloid $(g_1 g_2 g_3)$ in einem Punkte a_4 berühre, oder mit anderen Worten: in zwei mit a_4 zusammenfallenden Punkten schneide.

Die Erzeugende l des Hyperboloides $(g_1 g_2 g_3)$, welche durch a_4 geht und g_1, g_2, g_3 beziehungsweise in a_1, a_2 und a_3 schneiden möge, repräsentiert sodann die zwei unendlich nahen (zusammenfallenden) Leitgeraden D und S der cubischen Regelfläche.

Durch die Angabe von vier Erzeugenden ist aber, wie wir wissen, eine cubische Regelfläche noch nicht bestimmt. Letzteres wird erst dann der Fall sein, wenn noch eine einfache Bedingung hinzutritt, wenn also beispielsweise die Regelfläche durch einen gegebenen Punkt p zu gehen hätte.

Die durch p führende Erzeugende kann leicht gefunden werden. Dieselbe muss nämlich die beiden Leitgeraden D und S schneiden, oder was diesfalls gleichbedeutend ist, das Hyperboloid $(g_1 g_2 g_3)$ in einem Punkte der Erzeugenden l berühren. Dies zugrunde gelegt, muss die vorgenannte Erzeugende aber nothwendig auch in jener Ebene liegen, welche durch p und l gelegt werden kann; dieselbe wird daher als die Verbindungsgerade g_p des Punktes p mit dem Berührungspunkte der oberwähnten Ebene (p, l) erhalten.

Hiemit sind von der Cayley'schen Regelfläche fünf Erzeugenden g_1, g_2, g_3, g_4, g_p und die beiden zu einer Geraden l vereinigten Leitgeraden D und S bekannt. Vermittelst derselben lassen sich nunmehr die Erzeugenden der Regelfläche auf folgende Weise construieren.

Eine beliebige durch die Erzeugende g_1 gelegte Ebene wird mit der Regelfläche noch einen Kegelschnitt K_1 gemein haben, von welchem fünf Punkte, nämlich die Schnittpunkte g_2, g_3, g_4, g_p und l (der letztere ist der den Geraden l und g_1 gemeinschaftliche Punkt a_1) bekannt sind, und der somit, als vollständig bestimmt, auch leicht gezeichnet werden kann.

Da alle Punkte dieses Kegelschnittes K_1, der gesuchten Regelfläche angehören, so kann die Erzeugende g_x, welche durch einen beliebigen Punkt x desselben geht, so construiert werden, wie die Erzeugende g_p aus dem Punkte p. Man hat nämlich nichts anderes zu thun, als durch x und l eine Ebene zu legen, den Berührungspunkt $\mathfrak{x}$ dieser Ebene mit dem Hyperboloide $(g_1 g_2 g_3)$ aufzusuchen und denselben mit dem Punkte p zu verbinden, um die obbesagte Erzeugende g_x zu erhalten.

Diese Betrachtung führt zu folgender Erzeugungsweise:

72. „Bewegt sich eine Gerade derart, dass sie stets ein einfaches Hyperboloid in Punkten einer und derselben Erzeugenden berührt und nebstbei einen Kegelschnitt, welcher mit dieser Erzeugenden einen Punkt gemein hat, schneidet, so erzeugt dieselbe eine Cayley'sche Regelfläche dritten Grades, für welche die genannte Erzeugende des Hyperboloides die vereinigte Doppel- und einfache Leitgerade repräsentiert.“

§. 72.

Aus dieser eben besprochenen Erzeugungsweise lässt sich unschwer eine zweite folgern.

Denkt man sich nämlich durch die Erzeugende l des Hyperboloides eine beliebige Ebene e gelegt, welche das Hyperboloid in einem Punkte a dieser Erzeugenden berühren wird und den Kegelschnitt K in einem Punkte α (der aber von dem gemeinschaftlichen Punkte s von l und K verschieden ist) schneidet, so ist nach dem Früheren $a\alpha$ eine Erzeugende der Regelfläche.

Dreht sich die Ebene e um l, so beschreibt der Punkt a auf l sowohl, als auch der Punkt α auf dem Kegelschnitte K eine zu dem von ihr erzeugten Ebenenbüschel $l\,(e\ldots)$, perspectivische Punktreihe.

Die Reihen $a\ldots$ und $\alpha\ldots$, welche die Erzeugenden der Regelfläche auf der Geraden l und auf dem Kegelschnitte K erzeugen, sind daher projectivisch.

Zu bemerken ist hierbei, dass der Punkt s in beiden Reihen sich nicht entspricht. Denn infolge der allgemeinen Lage des Kegelschnittes K gegen das Hyperboloid wird die Ebene e, welche das Hyperboloid in s berührt, den Kegelschnitt K in einem von s verschiedenen Punkt treffen. Hiernach ergibt sich folgende Erzeugungsart:

73. „Sind auf einem Kegelschnitte und auf einer Geraden, welche mit dem ersteren einen Punkt gemein hat, zwei projectivische Reihen — wobei aber der genannte gemeinschaftliche Punkt sich nicht selbst entsprechen darf — gegeben, so erzeugen die Verbindungsgeraden entsprechender Punkte beider Reihen eine Cayley'sche Regelfläche, für welche der Träger der geraden Reihe die vereinigte Doppel- und einfache Leitgerade darstellt."

Würde der Punkt s, in welchem die Gerade l den Kegelschnitt K schneidet, in den beiden Reihen $a\ldots$ und $\alpha\ldots$ sich selbst entsprechen, so würde die Regelfläche dritten Grades in eine Regelfläche zweiten Grades, die durch K und l geht, und in die Berührebene zerfallen, welche (im Punkte s) durch die Gerade l an K gelegt werden kann.

§. 73.

Betrachten wir die vorerwähnte Erzeugungsweise näher, so ergeben sich sofort zwei charakteristische Merkmale, beziehungsweise Eigenschaften der Cayley'schen Regelfläche dritten Grades.

Da nämlich die beiden Reihen auf l und K projectivisch sind, so folgt unmittelbar, dass durch jeden Punkt von l bloß eine einzige Erzeugende der Regelfläche führt.

Letzteres steht scheinbar im Widerspruche mit der Eigenschaft der allgemeinen cubischen Regelfläche, bei welcher von jedem Punkte der Doppelgeraden D zwei Erzeugende ausgehen. Dieser Widerspruch klärt sich einfach folgendermaßen auf. Wir haben im Satze 73) ausdrücklich hervorgehoben, dass der Punkt s, welchen die Gerade l mit dem Kegelschnitte K gemein hat, sich nicht selbst entspricht. Betrachten wir daher s als einen Punkt der Reihe auf K, so wird ihm ein von s verschiedener Punkt σ auf der Geraden l entsprechen, und die Gerade $s\sigma$, welche ihrer ganzen Länge nach mit l zusammenfällt, wird eine Erzeugende der Regelfläche sein. Hieraus folgt sofort:

74. „Bei einer cubischen Cayley'schen Regelfläche fällt mit der vereinigten Doppel- und einfachen Leitgeraden eine Erzeugende zusammen. Durch jeden Punkt dieser Geraden geht nur eine einzige Erzeugende der Fläche.“

Nach dem vorstehenden Satze wäre man versucht zu glauben, dass die obgenannte Gerade eine vierfache Gerade auf der Fläche sei, indem sie als Doppelgerade, als einfache Leitgerade und als Erzeugende auftritt, was bei einer Fläche dritten Grades ganz unmöglich ist.

Fürs erste ist aber hiebei nicht zu vergessen, dass die Gerade l nur in der Weise als Vereinigung der Geraden D und S [Erzeugenden des früher besprochenen Hyperboloides $(g_1 g_2 g_3)$] aufzufassen ist, als D und S zwar zwei unendlich nahe, sich jedoch kreuzende Geraden vorstellen, die somit nicht direct zusammenfallen können.

Andererseits erhält die eine von diesen beiden Geraden D und S erst dadurch den Charakter einer Doppelgeraden, als sie mit der vorher gefundenen Erzeugenden $(s\sigma)$ zusammenfällt, was übrigens auch daraus folgt, dass durch jeden ihrer Punkte nur eine Erzeugende der Fläche geht.

§. 74.

Eine anderweitige besondere Form einer cubischen Regelfläche ist das sogenannte „cubische Conoid“.

Wenn eine cubische Regelfläche durch eine Gerade erzeugt wird, welche zwei sich kreuzende Geraden und einen Kegelschnitt, der mit einer dieser Geraden einen Punkt gemein hat, schneidet, so kann insbesondere vorausgesetzt werden, dass eine von den beiden Leitgeraden in unendliche Entfernung fällt, also durch eine Richtebene ersetzt werden könne.

Wir wollen zunächst den Fall ins Auge fassen, in welchem die einfache Leitgerade S der cubischen Regelfläche in unendliche Entfernung fällt, also durch eine Richtebene R_s, welche diese Gerade enthält, ersetzt wird.

Jede Gerade, welche die Doppelgerade D, sowie den Kegelschnitt schneidet und zu R_s parallel ist, repäsentiert sodann eine Erzeugende der Fläche. Daher der Satz:

75. „*Bewegt sich eine Gerade so, dass sie in jeder Lage einen Kegelschnitt und eine Gerade schneidet, welche mit diesem Kegelschnitte einen Punkt gemein hat, und bleibt dieselbe außerdem stets zu einer festen Ebene parallel, so erzeugt dieselbe eine Regelfläche dritten Grades, welche wir als cubisches Conoid bezeichnen wollen. Die Leitgerade der Fläche ist gleichzeitig eine Doppelgerade derselben.*"

Die unendlich ferne Ebene schneidet die Doppelgerade D in einem Punkte r_∞ und den Leitkegelschnitt K in zwei reellen oder imaginären Punkten ϱ_∞ und ϱ'_∞. Die Verbindungsgeraden dieser beiden Punkte ϱ_∞ und ϱ'_∞ mit dem Punkte r_∞ treffen auch die in der unendlich fernen Ebene liegende einfache Leitgerade S_∞, repräsentieren daher zwei unendlich ferne (reelle oder imaginäre) Erzeugenden des cubischen Conoides. Hiernach besteht der Satz:

76. „*Ein cubisches Conoid besitzt zwei reelle oder zwei imaginäre Erzeugenden in unendlicher Entfernung.*"

Sind diese Erzeugenden reell, was offenbar dann der Fall sein wird, wenn der Leitkegelschnitt K reelle unendlich ferne Punkte hat, so wird jede durch eine beliebige Erzeugende gelegte Ebene die Conoidfläche in einem Kegelschnitte schneiden, welcher in unendlicher Entfernung zwei reelle Punkte besitzt, und zwar jene, in welchen die genannte Ebene von den unendlich fernen Erzeugenden getroffen wird.

Setzt man voraus, dass der Leitkegelschnitt eine Hyperbel ist, also zwei reelle, jedoch nicht zusammenfallende Punkte in unendlicher Entfernung besitzt, so sind die beiden unendlich fernen Erzeugenden ebenfalls reell und von einander getrennt.

Eine beliebige, durch eine im Endlichen liegende Erzeugende des Conoides geführte Ebene wird sodann diese beiden unendlich fernen Erzeugenden in zwei getrennten, reellen Punkten schneiden. Der Kegelschnitt, in welchem diese Ebene die Regelfläche schneidet, wird somit selbst auch eine Hyperbel sein.

Ist die Leitlinie K eine Parabel, d. h. besitzt dieselbe zwei zusammenfallende reelle Punkte in unendlicher Entfernung, so fallen auch die beiden unendlich fernen Erzeugenden zusammen, stellen also offenbar in ihrer Vereinigung eine Torsallinie der Regelfläche dar.

Diesfalls werden die Ebenen, welche durch Erzeugende, die im Endlichen liegen, gehen, die oberwähnten unendlich fernen Erzeugenden in zwei reellen, zusammenfallenden Punkten, die Regelfläche mithin nach Parabeln schneiden.

Ist endlich der Leitkegelschnitt K eine Ellipse, so sind dessen unendlich fernen Punkte nicht reell, und wird das Gleiche also auch von den unendlich fernen Erzeugenden des Conoides gelten. Sämmtliche auf dem Conoide liegenden Kegelschnitte können daher keine reellen unendlich fernen Punkte besitzen, müssen mithin Ellipsen sein.

Man gelangt hiernach zu folgenden Sätzen:

77. „*Ist der Leitkegelschnitt eines cubischen Conoides eine Ellipse, eine Hyperbel oder Parabel, so sind jene Kegelschnitte, in welchen die in endlicher Entfernung die Regelfläche berührenden Ebenen diese letztere schneiden, ebenfalls Ellipsen, Hyperbeln oder Parabeln,*“ und

78. „*Ist der Leitkegelschnitt eines cubischen Conoides eine Parabel, so ist die unendlich ferne Ebene eine Torsalebene der Fläche. Die in ihr liegende Torsallinie ist die Verbindungsgerade des unendlich fernen Punktes der Parabel mit dem unendlich fernen Punkte der Leitgeraden. Der letztgenannte Punkt ist gleichzeitig die Spitze der Torsallinie.*“

Letzteres folgt unmittelbar „als specieller Fall“ aus dem Satze 34) über die Torsallinien der allgemeinen cubischen Regelfläche.

§. 75.

Bei einem elliptischen cubischen Conoide, d. h. bei einem Conoide, welches nur Ellipsen, also weder Hyperbeln noch Parabeln enthält, sind die beiden Torsallinien stets reell.

Denkt man sich nämlich, parallel zu der gegebenen Richtebene, Ebenen T^1_v und T^2_v gelegt, welche die Leitellipse K beziehungsweise in ψ_1 und ψ_2 berühren, und die Gerade D in den Punkten v_1 und v_2 schneiden, so wird, da der Berührungspunkt ψ_1 sowohl, als auch der Berührungspunkt ψ_2 zwei zusammenfallende Schnittpunkte repräsentieren, die Gerade $v_1 \psi_1$ zwei sich in v_1 schneidende, zusammenfallende Erzeugende des Conoides bestimmen, oder mit anderen Worten: eine Torsallinie mit der Spitze v_1 und der Torsalebene T^1_v darstellen. Desgleichen wird auch durch $v_2 \psi_2$ eine Torsallinie des cubischen Conoides, durch v_2 deren Spitze und durch T^2_v deren Torsalebene repräsentiert. Es folgt demgemäß der Satz:

79. „Die Torsallinien eines cubisch-elliptischen Conoides sind stets reell. Besagte Torsallinien sind diesfalls jene Geraden, welche die Schnittpunkte der Leitgeraden und der Leitellipse mit denjenigen Berührebenen der letzteren, welche zur Richtebene parallel sind, durch gerade Linien verbinden. Die genannten Ebenen sind die zugehörigen Torsalebenen, und die Punkte, in welchen die bezeichneten Ebenen die Leitgerade treffen, repräsentieren die Spitzen des Conoides."

§. 76.

Nehmen wir schließlich als Leitlinien einer windschiefen Fläche einen Kegelschnitt K und eine Gerade D an, welche mit diesem Kegelschnitte einen Punkt gemein hat. Als dritte Bedingung setzen wir fest, dass die Erzeugenden der Regelfläche zu der Leitgeraden D senkrecht stehen.

Es ist leicht einzusehen, dass die so erzeugte Fläche ebenfalls ein cubisches Conoid sei, da die sämmtlichen Erzeugenden zu jener Ebene parallel sind, die an beliebiger Stelle senkrecht zur Leitgeraden D geführt werden kann.

Nennt man ein Conoid, dessen Leitgerade auf der Richtebene senkrecht steht, ein „gerades Conoid", so folgt für ein gerades cubisches Conoid die nachstehende Erzeugungsweise:

80. „Bewegt sich eine Gerade so, dass sie in jeder Lage eine gegebene Gerade rechtwinklig schneidet und einen Kegelschnitt, der mit dieser Geraden einen Punkt gemein hat, trifft, so erzeugt dieselbe ein gerades cubisches Conoid, für welches die genannte Leitgerade zugleich Doppelgerade ist."

§. 77.

Es erübrigt noch, denjenigen Fall besonders zu erwähnen, in welchem die Doppelgerade einer Regelfläche dritten Grades in unendliche Entfernung fällt.

Auch diesfalls entsteht ein cubisches Conoid, welches aber anderer Art ist, als die vorhergehend besprochenen es waren.

Setzen wir hier wieder voraus, dass die Fläche durch einen Leitkegelschnitt und eine Leitgerade gegeben sei.

Es unterliegt unter den obwaltenden Verhältnissen keinerlei Schwierigkeit, die Bedingungen für die gegenseitige Lage dieser Leitlinien und der Richtebene festzustellen.

Da nämlich die Doppelgerade in unendliche Ferne fällt, und bei einer Regelfläche dritten Grades ein auf derselben liegender Kegelschnitt einen Punkt mit der Doppelgeraden gemein haben muss, so folgt, dass im vorliegenden Falle der Leitkegelschnitt nothwendig einen reellen unendlich fernen Punkt haben, also entweder eine Hyperbel oder eine Parabel sein muss.

Hieraus ergibt sich aber auch weiters die Bedingung, dass die Richtebene, welche diese Doppelgerade vertritt, entweder zu einer der Asymptoten der Hyperbel, oder aber zur Achse der Parabel parallel sein müsse.

Die in endlicher Entfernung liegende Leitgerade S darf sodann, weil sie die einfache Leitgerade der Regelfläche darstellt (nach Satz 26), den Leitkegelschnitt in keinem Punkte treffen.

Die Erzeugungsarten und die Eigenschaften dieser Art cubischer Conoide zu entwickeln, dürfte jedoch überflüssig erscheinen, da diese mit Leichtigkeit „als Specialfälle" aus den bezüglich der allgemeinen cubischen Regelfläche aufgestellten Sätzen gefolgert werden können. [2])

III. Capitel.

Allgemeine Eigenschaften der Conoide.

§. 78.

Unter einem „Conoid" versteht man jede windschiefe Fläche, welche eine Leitgerade und eine Richtebene besitzt, oder was dasselbe bedeutet, jede windschiefe Fläche mit zwei Leitgeraden, von welchen jedoch die eine in unendlicher Entfernung liegt.

Außer der Bedingung, diese beiden Leitgeraden zu schneiden, müssen die Erzeugenden des Conoides noch einer dritten einfachen Bedingung Genüge leisten. Als diese letztere kann allgemein die Forderung gelten, dass jede der Erzeugenden des Conoides eine gegebene Curve schneide, oder eine gegebene Fläche berühre. Im ersteren Falle wird die gegebene Curve die „Leitcurve", im zweiten Falle dagegen wird die gegebene Fläche die „Leitfläche" des Conoides genannt.

Die Bezeichnung des Conoides pflegt man diesbezüglich häufig nach der besonderen Art der Leitcurve oder Leitfläche zu wählen. So versteht man beispielsweise unter einem „Kreis-“ oder „Kegelschnitts-Conoide“ ein solches, dessen Leitcurve ein Kreis resp. irgend ein Kegelschnitt ist, und als ein Kugelconoid ist jenes aufzufassen, dessen Leitfläche durch eine Kugel vertreten erscheint.

§. 79.

Allgemein wurde bereits nachgewiesen, dass der Grad einer windschiefen Fläche, deren Erzeugenden drei Leitcurven von den bezüglichen Ordnungen n_1, n_2 und n_3 schneiden, gleich $2n_1 n_2 n_3$ ist, sobald man voraussetzt, dass keine zwei von den drei Leitcurven gemeinschaftliche Punkte besitzen. (§. 16.)

Im Falle eines Conoides, dessen Leitcurve von der n-ten Ordnung ist, hat man $n_1 = n$; $n_2 = n_3 = 1$ zu setzen; es wird mithin der Grad M des Conoides gleich $M = 2n$ sein.

Was den Grad der Vielfachheit der drei Leitlinien betrifft, so ist vor allem einleuchtend, dass die Leitcurve stets einfach sein müsse, d. h. dass durch jeden Punkt x derselben nur eine einzige Erzeugende des Conoides gehe. Durch einen Punkt x ist selbstverständlich nur eine einzige Gerade möglich, welche zwei gegebene sich kreuzende Geraden, d. i. die im endlichen liegende Leitgerade D und die unendlich ferne Leitgerade U des Conoides trifft.

Was die beiden Leitgeraden D und U anbelangt, so kann auf ähnliche Weise dargethan werden, dass der Grad ihrer Vielfachheit der Ordnungszahl der Leitcurve C gleich ist.

Ist nämlich n die Ordnung von C, so ist auch der Kegel, welcher C aus irgend einem Punkte x von D projiciert, von der n-ten Ordnung. Dieser Kegel wird von der unendlich fernen Leitgeraden U in n Punkten getroffen und jene Geraden, welche diese Punkte mit dem Kegelscheitel x verbinden, sind Erzeugenden des Conoides. Dasselbe gilt auch von jedem Punkte der unendlich fernen Leitgeraden. Hiernach ist bei einem Kegelschnittsconoide sowohl die im endlichen liegende Leitgerade, als auch die unendlich ferne Leitgerade eine Doppelgerade der Fläche.

Ein Conoid, dessen Leitlinie eine Raumcurve C n-ter Ordnung ist, hat stets eine gewisse Anzahl doppelter Erzeugenden. Dies sind nämlich jene Geraden, welche die beiden Leitgeraden D und U in je einem Punkte, die Leitcurve C dagegen in zwei Punkten ξ_1 und ξ_2 treffen.

Die Zahl dieser Doppelerzeugenden lässt sich folgendermaßen leicht bestimmen. Sei C eine Curve n-ter Ordnung mit h

scheinbaren Doppelpunkten und g_1, g_2 zwei Geraden im Raume, von welchen wir zunächst voraussetzen wollen, dass sie einen Punkt x gemein haben. Die h Geraden, welche durch x gehen und Doppelerzeugenden des die Curve C aus x projicierenden Kegels vorstellen, sind offenbar solche, welche sowohl g_1 als auch g_2 einfach, die Curve C hingegen zweifach schneiden.

Berücksichtigt man ferner, dass die Ebene (g_1, g_2) die Curve C in n Punkten schneidet, welche sich paarweise durch $\frac{n(n-1)}{2}$ Gerade verbinden lassen, so ist einleuchtend, dass es im ganzen $h + \frac{1}{2}n(n-1)$ Geraden gibt, welche die Curve C in zwei Punkten und die Geraden g_1 und g_2 in je einem Punkte treffen.

Diese Zahl wird aber, da sie endlich ist (nach dem Erhaltungsgesetze §. 10, *b*, Band II) auch für den Fall gelten, wenn g_1 und g_2 keinen Punkt gemein haben; dieselbe wird mithin gleichzeitig die Zahl der Doppelerzeugenden des Conoides vorstellen.

Die Anzahl der stationären Erzeugenden des Conoides ist bekanntlich gleich der Anzahl β der stationären Punkte der Leitcurve C, da durch jeden solchen Punkt nur eine einzige Erzeugende, d. i. eine Gerade geht, welche D und U schneidet.

Endlich kann mit eben solcher Leichtigkeit auch noch die Anzahl der „Torsallinien“ des Conoides bestimmt werden.

Denken wir uns durch eine der Leitgeraden, beispielsweise durch D, eine Ebene e gelegt, welche die Leitcurve C in einem Punkte x berühren, d. h. in zwei unmittelbar aufeinander folgenden Punkten x_1 und x_2 schneiden möge. Diese Ebene e trifft die zweite Leitgerade, diesfalls die unendlich ferne Leitgerade U, in einem Punkte u, welcher mit x_1 und x_2 verbunden, zwei unendlich nahe Erzeugenden des Conoides bestimmt. Die Vereinigung dieser beiden Erzeugenden stellt sonach eine „Torsallinie“, der Punkt u die zugehörige „Spitze“ und die Ebene e die entsprechende „Torsalebene“ dar.

Ist die Leitcurve C vom r-ten Range, so wird offenbar jede der r durch D gelegten Berührebenen von C eine Torsallinie enthalten, deren Spitze auf U liegt und weiters jede der r durch U geführten Berührebenen von C eine Torsallinie in sich schließen, deren Spitze auf D vorfindig ist. Das Conoid besitzt also im ganzen $2r$ Torsallinien.

Endlich kann mit derselben Leichtigkeit auch der Nachweis erbracht werden, dass das Conoid, außer den beiden Leitgeraden und den Doppelerzeugenden, keine anderweitigen doppelten resp. vielfachen Linien besitze.

Gesetzt nämlich, es wäre z ein doppelter oder vielfacher Punkt auf der Fläche, so müssten durch denselben mindestens zwei Erzeugenden des Conoides gehen. Letzteres ist aber diesfalls nicht möglich, da durch einen Punkt, welcher den Leitgeraden D und U nicht angehört, stets nur eine Gerade gezogen werden kann, welche D und U schneidet.

Vermittelst der gefundenen Singularitäten kann der „Rang" des Conoides auf zweifache Weise festgestellt, resp. berechnet werden.

Das einemal nach der Sturm'schen Formel: $T = 2(R - M)$, in welcher T die Anzahl der Torsallinien, R den Rang und M den Grad einer windschiefen Fläche bedeutet. (§. 15).

Im vorliegenden Falle ist $T = 2r$ und $M = 2n$; es folgt somit:

$$R = r + 2n$$

für den Rang des Conoides.

Wenn wir andererseits berücksichtigen, dass der Rang einer Fläche identisch mit der Classe ihres ebenen Schnittes sei, so erhält man im vorliegenden Falle nach der Plücker'schen Formel

$$R = \nu(\nu - 1) - 2\delta - 3\varkappa$$

folgende directe Berechnung.

Eine Ebene e schneidet das Conoid in einer Curve $2n$-ter Ordnung. Der Schnitt besitzt

$$h + \tfrac{1}{2}n(n - 1)$$

Doppelpunkte (Schnittpunkte von e mit den Doppelerzeugenden), zwei n-fache Punkte (im Schnitte von e mit den Leitgeraden D und U), deren jeder $\frac{1}{2}n(n-1)$ Doppelpunkten äquivalent ist, und endlich im Schnitte von e mit den β stationären Erzeugenden, β Rückkehrpunkte. Es ist also:

$$\nu = 2n; \quad \delta = h + \tfrac{3}{2}n(n - 1); \quad \varkappa = \beta$$

und mithin:

$$\begin{aligned} R &= 2n(2n - 1) - 3n(n - 1) - 2h - 3\beta \\ &= n(n - 1) - 2h - 3\beta + 2n \quad \text{oder} \\ R &= r + 2n, \end{aligned}$$

woraus die volle Übereinstimmung des Wertes R für beide Rechnungsweisen klar zutage tritt.

Alle hier aufgestellten „Anzahlen" gelten selbstverständlich nur dann, wenn die Leitcurve C mit keiner der Leitgeraden D und U gemeinschaftliche Punkte besitzt.

Wir erhalten hiernach den Satz:

81. „Jedes Conoid, dessen Leitcurve eine Raumcurve n-ter Ordnung, r-ten Ranges, mit h scheinbaren Doppelpunkten und β statio-

nären Punkten ist, und mit keiner der beiden Leitgeraden irgend welche Punkte gemein hat, ist vom 2n-ten Grade und $(r+2n)$-ten Range. Die beiden Leitgeraden sind n-fache Linien der Fläche; die besagte Fläche besitzt außer den Leitgeraden und $h+\frac{1}{2}n(n-1)$ Doppelerzeugenden keine weiteren doppelten resp. mehrfachen Punkte. Die durch die β stationären Punkte gehenden Erzeugenden sind selbst stationär. Endlich besitzt das Conoid 2r Torsallinien, von welchen r ihre Spitzen auf der im Endlichen liegenden Leitgeraden, und r ihre Spitzen auf der unendlich fernen Leitgeraden haben."

§. 80.

Wir sind nunmehr auch in der Lage, durch eine einfache Betrachtung die Strictionslinie des Conoides kennen zu lernen.

Die asymptotischen Ebenen aller Erzeugenden eines Conoides sind offenbar parallel zur Richtebene. Berührt nämlich eine Ebene e das Conoid in dem unendlich fernen Punkte x_∞ einer Erzeugenden, so enthält sie außer dieser Erzeugenden auch die durch x_∞ gehende unendlich ferne Leitgerade U des Conoides, und ist somit zu der diese Leitgerade vertretenden Richtebene parallel.

Die Centralebene einer Erzeugenden ist bekanntlich senkrecht zur asymptotischen Ebene derselben Erzeugenden.

Im Falle eines Conoides werden daher sämmtliche Centralebenen durch jene Ebenen dargestellt sein, welche durch die Erzeugenden des Conoides senkrecht zur Richtebene gelegt werden.

Diese Centralebenen umhüllen einen Cylinder, welcher dem Conoide umschrieben ist, und dessen Erzeugenden zur Richtebene senkrecht stehen. Die Berührungscurve dieses Cylinders mit dem Conoide ist der geometrische Ort der Berührungspunkte aller Centralebenen, oder mit anderen Worten: der geometrische Ort der Centralpunkte aller Erzeugenden, mithin die „Strictionslinie" des Conoides.

Wenn insbesondere die im endlichen liegende Leitgerade D des Conoides zur Richtebene senkrecht steht — in welchem Falle das Conoid ein „gerades" genannt wird — so enthalten die sämmtlichen Centralebenen die besagte Leitgerade D, während die denselben entsprechenden Centralpunkte, die Schnittpunkte der jeweiligen Erzeugenden mit der genannten Leitgeraden D sind. In diesem Falle repräsentiert somit die letztangeführte Gerade unmittelbar die Strictionslinie des Conoides. Hiernach erhalten wir den Satz:

82. „Die Strictionslinie eines Conoides ist die Berührungscurve des Conoides mit jenem dem letzteren umschriebenen Cylinder, dessen Erzeugenden zur Richtebene senkrecht sind. Ist das Conoid speciell ein „gerades", so repräsentiert die auf der Richtebene senkrecht stehende Leitgerade die Strictionslinie."

§. 81.

Gestützt auf diesen Satz sind wir sofort auch in der Lage die Bestimmung der Ordnung und des Ranges der Strictionslinie zu vollziehen.

Berücksichtigt man nämlich, dass der die Strictionslinie projicierende (zur Leitgeraden D parallele) Cylinder dem Conoide umschrieben ist, dass mithin die „Ordnung" desselben gleich dem „Range" des Conoides, also gleich

$$r + 2n$$

ist, so ergibt sich unmittelbar, dass diese Zahl auch die „Ordnung der Strictionslinie" repräsentiere.

Der Rang der Strictionslinie ist gleich „der Classe des umschriebenen Cylinders", also auch gleich der „Classe (Grad)" $2n$ des Conoides. Mithin gelangen wir zu dem Satze:

83. „Die Strictionslinie eines Conoides, dessen Leitcurve von der n-ten Ordnung und dem r-ten Range ist, stellt eine Raumcurve $(r + 2n)$-ter Ordnung und $2n$-ten Ranges vor."

Oder mit anderen Worten:

84. „Die Ordnung und der Rang der Strictionslinie eines Conoides ist beziehungsweise dem Range und dem Grade des Conoides gleich."

§. 82.

Wird ein Conoid mit einer Leitcurve (Raumcurve) n-ter Ordnung und r-ten Ranges durch eine Ebene geschnitten, welche keine specielle Lage hat, so ist der resultierende Schnitt (wie dem Satze 81) unmittelbar zu entnehmen ist) eine Curve $2n$-ter Ordnung und $(r + 2n)$-ter Classe. Diese Schnittcurve besitzt einen n-fachen Punkt in endlicher Lage, d. i. den Schnittpunkt der Ebene mit der Leitgeraden D, und einen unendlich fernen n-fachen Punkt, d. i. der Schnittpunkt der Transversalebene mit der unendlich fernen Leitgeraden U.

Die n Asymptoten der Schnittcurve, das sind die n Tangenten in dem letztgenannten Punkte, sind sämmtlich parallel zur Schnittgeraden der Transversalebene mit der Richtebene des Conoides.

Berücksichtigt man ferner, dass (nach Satz 81) das Conoid

$$h + \frac{1}{2} n (n - 1)$$

Doppelerzeugenden und β stationäre Erzeugenden besitzt (wobei h und β die Anzahl der scheinbaren Doppelpunkte, resp. der stationären Punkte der Leitcurve repräsentiert), so findet man, dass die Schnittcurve in jenen Punkten, in welchen diese singulären Erzeugenden die Transversalebene treffen,

$$h + \frac{1}{2} n (n - 1)$$

Doppelpunkte und β Rückkehrpunkte besitze.

§. 83.

Der Schnitt des Conoides mit einer durch eine Erzeugende gehenden Ebene besteht aus dieser Erzeugenden und einer Curve

$(2n - 1)$-ter Ordnung.

Die letztgenannte Curve besitzt in jenen Punkten, welche gleichzeitig den

$$h + \frac{1}{2} n (n - 1)$$

Doppelerzeugenden angehören, ebensoviele Doppelpunkte, und in den β Punkten, welche gleichzeitig den stationären Erzeugenden zukommen, ebensoviele Rückkehrpunkte.

Berücksichtigt man ferner, dass die Transversalebene die Leitgerade D in einem Punkte trifft, welcher für den Gesammtschnitt ein n-facher Punkt ist, und beachtet man andererseits, dass die in der Transversalebene liegende Erzeugende durch diesen Punkt geht, also einen von den n Zweigen des n-fachen Punktes vorstellt, so ist einleuchtend, dass der besagte Punkt für die vorgenannte Schnittcurve $(2n - 1)$-ter Ordnung ein $(n - 1)$-facher Punkt sein werde.

Ein Gleiches gilt auch von dem Schnittpunkte der Transversalebene mit der unendlich fernen Leitgeraden U.

In analoger Weise erhält man im Schnitte des Conoides mit einer Ebene, welche durch eine Doppelerzeugende geht, eine Curve $(2n - 2)$-ter Ordnung, welche

$$h - 1 + \frac{1}{2} n (n - 1)$$

Doppelpunkte, β Rückkehrpunkte und außerdem zwei $(n - 2)$-fache Punkte (im Schnitte der Transversalebene mit den beiden Leitgeraden D und U) besitzt.

Selbstverständlich gibt es noch anderweitige besondere Lagen von Ebenen, wie beispielsweise Ebenen, die das Conoid längs Torsallinien berühren etc., welche die Ordnung oder die Singularitäten des Schnittes beeinflussen.

§. 84.

Übergehend auf die nähere Betrachtung und Untersuchung der Tactionsconoide, d. i. jener Conoide, bei welchen die Leitcurve durch eine Leitfläche vertreten erscheint, wollen wir diese letztere stets als eine punktallgemeine Fläche F^n der n-ten Ordnung voraussetzen.

Die Erzeugenden des Conoides sind diesfalls jene Geraden, welche die endliche Leitgerade D, sowie auch die unendlich ferne Leitgerade U schneiden, überdies aber die Leitfläche F^n berühren.

Die Erzeugenden, welche durch einen beliebigen Punkt x der einen Leitgeraden gehen, werden offenbar erhalten, wenn man die Schnittpunkte der anderen Leitgeraden und jenes Kegels, welcher aus dem Scheitel x der Fläche F^n umschrieben wird, mit x verbindet.

Aus dieser Construction folgt unmittelbar, dass die Anzahl der durch x gehenden Erzeugenden des Conoides gleich der Ordnung jenes Kegels, also auch gleich dem Range $n(n-1)$ der Leitfläche F^n sei.

Da das Gesagte von jedem Punkte der Leitgeraden D sowohl, als auch von der (unendlich fernen) Leitgeraden U gilt, so folgt, dass diese beiden Leitgeraden $n(n-1)$-fache Linien des Conoides sind.

Auf Grund dieser Eigenschaft lässt sich nunmehr auch leicht der Grad des Conoides bestimmen.

Denken wir uns zu diesem Zwecke durch eine der Leitgeraden, etwa durch U, eine beliebige Ebene e gelegt. Diese schneidet die andere Leitgerade D in einem Punkte x, und die Leitfläche F^n in einer Curve C der n-ten Ordnung und der $n(n-1)$-ten Classe.

Die $n(n-1)$ Tangenten von x an die Curve C sind Geraden, welche einerseits die Fläche F^n berühren, andererseits aber die beiden Leitgeraden U und D (letztere im Punkte x) schneiden, also Erzeugende des Conoides repräsentieren.

Weiters ist leicht der Nachweis zu erbringen, dass die Ebene e mit dem Conoide außer der $n(n-1)$-fachen Leitgeraden U und den eben gefundenen $n(n-1)$ Erzeugenden, keine weiteren Elemente, also auch keine Punkte gemein haben können. Wäre nämlich allenfalls a ein solcher Punkt, so müsste durch denselben eine Erzeugende des Conoides, d. i. eine Gerade gehen, welche D und U schneidet und F^n berührt. Diese Gerade könnte offenbar nur die Verbindungslinie xa sein, und diese könnte F^n (also auch C) nur dann berühren, wenn a auf einer der vorgenannten $n(n-1)$ Erzeugenden liegen würde.

Hiernach gelangen wir zu dem Schlusse, dass der Gesammtschnitt der Ebene e mit dem Conoide nur aus der $n(n-1)$-fachen Leitgeraden und den durch x gehenden $n(n-1)$ Erzeugenden besteht, woraus weiter folgt, dass der ebene Schnitt des Conoides von der $2n(n-1)$-ten Ordnung, das Conoid selbst mithin vom $2n(n-1)$-ten Grade ist.

§. 85.

Weiters haben wir zu untersuchen, ob das Conoid außer den beiden $n(n-1)$-fachen Leitgeraden noch andere doppelte oder einfache Linien resp. Punkte besitze.

Durch jeden doppelten Punkt a (sowie auch durch jeden Punkt einer etwa vorhandenen doppelten Curve) des Conoides müssen zwei Erzeugende gehen. Da aber durch einen Punkt a, welcher auf keiner Leitgeraden D oder U liegt, nur eine einzige Gerade gezogen werden kann, welche D und U zugleich schneidet, so ist einleuchtend, dass wenn a in der That ein Doppelpunkt des Conoides ist, die beiden durch ihn gehenden Erzeugenden in diese eine Gerade zusammenfallen müssen.

Hieraus ist zu ersehen, dass jeder doppelte Punkt eines Conoides nur einer Doppelerzeugenden angehören kann, dass also das Conoid nur Doppelerzeugende, aber keine Doppelcurven und keine isolierten Doppelpunkte besitzen könne.

Soll eine Gerade g, welche D und U in x resp. y schneidet, eine Doppelerzeugende des Conoides sein, so kann dies nur dann eintreten, wenn diese Gerade g die Leitfläche F^n in zwei verschiedenen Punkten z und z' berührt.

Dies vorausgesetzt, hat man nämlich die Gerade g als eine Erzeugende des Conoides zu betrachten, welche sowohl durch die drei Punkte x, y und z führt, als auch als Erzeugende anzusehen, welche durch die drei Punkte x, y und z' geht.

Die nachstehende Erörterung wird zeigen, dass es in der That eine bestimmte Zahl solcher Doppelerzeugenden gibt.

Es ist bekannt, dass durch jeden Punkt im Raume

$$\tfrac{1}{2}n(n-1)(n-2)(n-3)$$

Geraden gehen, deren jede eine punktallgemeine Fläche n-ter Ordnung in zwei verschiedenen Punkten (Satz 278, Band II) berührt. Ebenso liegen (§. 134, Band II) in einer beliebigen Ebene

$$\tfrac{1}{2}n(n-2)(n^2-9)$$

solcher Geraden (Doppeltangenten des ebenen Schnittes von F^n).

Denken wir uns sämmtliche Geraden construiert, welche die Leitfläche F^n des Conoides in zwei verschiedenen Punkten berühren und nebstbei die eine der Leitgeraden, etwa D, schneiden, so wird hiedurch eine Regelfläche erzeugt, deren Grad sich folgendermaßen bestimmen lässt.

Da durch jeden Punkt im Raume, also auch durch jeden Punkt von D

$$\tfrac{1}{2} n (n-1)(n-2)(n-3)$$

Erzeugenden der fraglichen Regelfläche gehen, so ist D eine $\frac{1}{2} n (n-1)(n-2)(n-3)$-fache Gerade dieser Fläche. Führen wir weiters durch D eine beliebige Ebene e, so enthält dieselbe

$$\tfrac{1}{2} n (n-2)(n^2-9)$$

Doppeltangenten von F^n, welche ebensoviele Erzeugende der Regelfläche vorstellen. Der Gesammtschnitt von e mit der Regelfläche besteht aus diesen Erzeugenden und der vielfachen Leitgeraden D, repräsentiert somit eine Schnittcurve der

$$\tfrac{1}{2} n (n-1)(n-2)(n-3) + \tfrac{1}{2} n (n-2)(n^2-9) =$$
$$= n (n+1)(n-2)(n-3)\text{-ten Ordnung,}$$

welche Zahl gleichzeitig auch den Grad der genannten Regelfläche vorstellt.

Die besagte Regelfläche wird von der Leitgeraden U des Conoides in

$$n (n+1)(n-2)(n-3)$$

Punkten geschnitten, durch deren jeden eine ihrer Erzeugenden geht; es gibt somit auch

$$n (n+1)(n-2)(n-3)$$

Geraden, deren jede die Geraden D und U schneidet und F^n in zwei Punkten berührt, oder, was dasselbe ist, das Conoid besitzt

$$n (n+1)(n-2)(n-3)$$

Doppelerzeugenden.

Ist eine Doppelerzeugende des Conoides insbesondere so beschaffen, dass ihre beiden Berührungspunkte mit F^n unendlich nahe liegen, dass also an die Stelle einer Doppeltangente von F^n eine stationäre Tangente von F^n tritt, so wird die besagte Erzeugende insbesondere eine stationäre Erzeugende des Conoides repräsentieren.

Da bekanntlich (Satz 276, Band II) die Anzahl der durch einen Punkt im Raume gehenden stationären Tangenten von F^n gleich:

$$n (n-1)(n-2)$$

und jener in einer Ebene (§. 134, Band II) gleich:

$$3 n (n-2)$$

ist, so ergibt sich vermittelst einer der vorhergehenden analogen Betrachtung die Anzahl der stationären Erzeugenden des Conoides als Summe dieser beiden Zahlen, also gleich:

$$n\,(n^2 - 4).$$

Berücksichtigt man endlich, dass der ebene Schnitt des Conoides eine Curve $2n\,(n-1)$-ter Ordnung ist, welche zwei $n(n-1)$-fache Punkte (Durchstoßpunkte der Transversalebene e mit D und U), $n\,(n+1)\,(n-2)\,(n-3)$ Doppelpunkte (Durchstoßpunkte von e mit den Doppelerzeugenden) und $n\,(n^2-4)$ Rückkehrpunkte (Durchstoßpunkte von e mit den stationären Erzeugenden) besitzt, und beachtet man andererseits, dass jeder $n\,(n-1)$-fache Punkt

$$\tfrac{1}{2}\,n\,(n-1)\,[n\,(n-1)-1]$$

Doppelpunkten äquivalent ist, so ergibt sich vermittelst der bekannten Plücker'schen Formel der Rang des Conoides:

$$R = 4\,n^2\,(n-1)^2 - 2\,n\,(n-1) - 2\,n\,(n+1)\,(n-2)\,(n-3) - \\ - 2\,n^2\,(n-1)^2 + 2\,n\,(n-1) - 3\,n\,(n^2-4) \text{ oder}$$

$$R = n^3.$$

§. 86.

Schließlich haben wir noch die Anzahl der „Torsallinien" des Conoides, d. i. die Zahl jener Erzeugenden zu bestimmen, welche von den unmittelbar folgenden geschnitten werden.

Denken wir uns durch die Leitgerade U an die Leitfläche F^n eine Tangentialebene t gelegt, welche die Leitgerade D in einem Punkte x schneiden möge. Diese Ebene wird selbstverständlich auch eine Tangentialebene des der F^n aus dem Scheitel x umschriebenen Kegels (k, x) sein, oder mit anderen Worten: die besagte Ebene wird mit dem Kegel (k, x) zwei unmittelbar aufeinander folgende Erzeugenden (Tangenten von F^n) gemein haben.

Da diese Kegelerzeugenden aber gleichzeitig auch Erzeugende des Conoides sind, so bilden sie eine „Torsallinie", während ihr Schnittpunkt x auf D die zugehörige „Spitze" darstellt.

Die Anzahl jener Torsallinien, welche auf diese Weise entstehen, ist gleich der Anzahl der durch U an F^n gehenden Berührebenen, also (nach Satz 275, Band II) gleich

$$n\,(n-1)^2.$$

Ebenso erhält man $n\,(n-1)^2$ Torsallinien in den durch D an F^n gelegten Tangentialebenen; die Spitzen derselben liegen sämmtlich auf der Leitgeraden U.

Es ist weiters leicht nachzuweisen, dass auch jeder Punkt, welcher der einen oder anderen Leitgeraden und der Fläche F^n gleichzeitig angehört, die Spitze einer Torsallinie vorstelle.

Sei beispielsweise a einer der n Schnittpunkte von D und F^n. Führen wir durch a und die Leitgerade U eine Ebene, welche F^n in einer Curve C^n, die durch a geht, schneidet, so werden die $n(n-1)$ Tangenten, welche durch a an diese Curve gezogen werden können, sämmtlich Erzeugende des Conoides sein. Zwei von diesen Tangenten fallen aber bekanntlich in die Tangente der Curve C^n im Punkte a selbst zusammen, woraus folgt, dass diese Tangente eine „Torsallinie" des Conoides und a die ihr entsprechende „Spitze" sei.

Nachdem nun sowohl D als auch U die Fläche F^n in n Punkten schneidet, erhalten wir weitere $2n$ Torsallinien. Die Gesammtzahl der Torsallinien ist daher gleich:

$$2n(n-1)^2 + 2n = 2n[n^2 - 2n + 2].$$

All die Ergebnisse zusammengefasst, gelangen wir zu dem Satze:

85. *„Das Conoid, dessen Leitfläche eine punktallgemeine Fläche n-ter Ordnung ist, welche weder gegen die im Endlichen liegende Leitgerade, noch gegen die unendlich ferne Leitgerade eine besondere Lage besitzt, ist vom $2n(n-1)$-ten Grade und n^3-tem Range; die beiden Leitgeraden sind $n(n-1)$-fache Linien des Conoides. Außerdem besitzt das Conoid $n(n+1)(n-2)(n-3)$ Doppelerzeugende, $n(n^2-4)$ stationäre Erzeugende und $2n[n^2-2n+2]$ Torsallinien."*

§. 87.

Es erübrigt weiters noch, die Curve zu untersuchen, längs welcher das Conoid die Leitfläche F^n berührt, d. i. jene Curve eingehender zu betrachten, welche den geometrischen Ort der Berührungspunkte von F^n mit allen Erzeugenden des Conoides repräsentiert.

Die Ordnung dieser Curve kann folgendermaßen bestimmt werden. Ein beliebiger ebener Schnitt der Leitfläche F^n werde durch C^n dargestellt. Zunächst wollen wir den Grad jener Regelfläche bestimmen, welche von solchen Geraden gebildet wird, die einerseits die Leitgerade D des Conoides schneiden und andererseits die Fläche F^n in Punkten der Curve C^n berühren.

Nehmen wir zu diesem Zwecke auf D einen beliebigen Punkt x an; der aus diesem Punkte als Scheitel der Fläche F^n umschriebene Kegel berührt die letztere bekanntlich in einer Curve $n(n-1)$-ter Ordnung. Diese Berührungscurve schneidet die angenommene Transversalebene und folglich auch die in letzterer liegende Curve C^n in $n(n-1)$ Punkten. Jede Gerade, welche einen dieser Punkte mit dem Kegelscheitel x verbindet, ist eine Erzeugende der vorgenannten Regelfläche.

Nachdem hiermit erwiesen ist, dass durch jeden Punkt x von D

$$n(n-1)$$

Erzeugende gehen, so folgt, dass D eine $n(n-1)$-fache Gerade der fraglichen Regelfläche sei.

Legen wir ferner durch D eine beliebige Ebene e, welche die Fläche F^n in einer Curve C^n_1 schneidet, so hat die letztere mit der früheren Curve C^n n Punkte gemein. Die Tangenten von C^n_1 in diesen n Punkten sind gleichfalls Erzeugende der Regelfläche.

Der Gesammtschnitt der Regelfläche mit der Ebene e besteht daher aus der $n(n-1)$-fachen Leitgeraden D und den n Erzeugenden, demzufolge der Grad der Regelfläche gleich

$$n(n-1)+n=n^2$$

ist. Die Leitgerade U des Conoides schneidet die obbezeichnete Regelfläche in n^2 Punkten, durch deren jeden eine Erzeugende geht.

Diese Erzeugenden sind, nachdem sie D und U schneiden und F^n in Punkten der Curve C^n berühren, gleichzeitig jene Erzeugenden des Conoides, deren Berührungspunkte mit F^n in der Curve C^n, also auch in der Ebene dieser Curve liegen.

Die angestellte Betrachtung lehrt somit, dass es n^2 Punkte der Berührungscurve des Conoides mit seiner Leitfläche gibt, die gleichzeitig in einer gegebenen Ebene liegen, oder mit anderen Worten: dass diese Berührungscurve von der n^2-ten Ordnung sei.

Besagte Berührungscurve geht, wie ohneweiters erkenntlich, durch die $2n$ Schnittpunkte der Leitfläche F^n mit der im endlichen liegenden Leitgeraden D und der unendlich fernen Leitgeraden U; es ist somit einleuchtend, dass obbezeichnete Curve behufs Erzeugung des Conoides der Leitfläche substituiert werden kann. Wir erhalten somit den Satz:

86. „Ein Conoid, dessen Leitfläche eine punktallgemeine Fläche n-ter Ordnung ist, berührt diese letztere in einer Raumcurve n^2-ter Ordnung, welche durch die $2n$ Punkte geht, in welchen die Leitfläche von der im endlichen und der im unendlichen gelegenen Leitgeraden geschnitten wird.“

IV. Capitel.

Theorie der Normalenflächen.[1]

§. 88.

Eine Normalenfläche ist der geometrische Ort der Normalen einer gegebenen Fläche F in den einzelnen Punkten einer auf dieser Fläche F vorgezeichneten Curve C.

Die gegebene Fläche F bezeichnen wir in dieser Eigenschaft als die „Directrix- oder Leitfläche" der Normalenfläche, während wir die auf F verzeichnete Curve C die „Directrix- oder Leitcurve" der Normalenfläche nennen.

Da jede Normalenfläche nach obiger Definition durch gerade Linien erzeugt wird, so kann dieselbe nur eine „windschiefe" oder in besonderen Fällen (im allgemeinen längs der sogenannten Krümmungslinien) eine „aufwickelbare", also kurz eine Regelfläche sein.

Dass eine Normalenfläche im allgemeinen eine windschiefe Fläche sein werde, lässt sich wie folgt nachweisen.

Es wird sich hier offenbar nur darum handeln, zu zeigen, dass sich die Normalen einer Fläche in zwei beliebigen unmittelbar aufeinander folgenden, also unendlich nahen Punkten der Fläche nicht schneiden.

Nehmen wir zu diesem Behufe an, es sei F (Taf. I, Fig. 8) eine beliebige Fläche, T_e die Tangentialebene in irgend einem Punkte o derselben und oZ die diesem Punkte o entsprechende Normale; ferner sei m ein dem Punkte o unendlich nahe liegender Punkt der Fläche.

Um die Normale in m zu ermitteln, denken wir uns durch m eine zur Tangentialebene T_e parallele Ebene gelegt, welche die gegebene Fläche F in der (unendlich kleinen) durch m gehenden Curve C schneidet. Die Projection der letzteren auf T_e wird durch die mit C congruente Curve C_1 repräsentiert.

Die Tangente der Curve C im Punkte m ist eine zu T_e parallele Gerade t; ihre Projection ist mithin die Tangente t' im Punkte m' der Curve C_1, welche selbstverständlich zu t parallel sein wird.

---

[1]) Peschka, Sitzungsberichte d. kais. Akademie der Wissenschaften in Wien. Math.-naturw. Cl. LXXXI. Band, II. Abth. Jahrg. 1880.

Da die Normale einer Fläche in einem Punkte derselben auf der Tangentialebene in diesem Punkte, also auf allen Tangenten der Fläche in dem nämlichen Punkte senkrecht steht, so folgt, dass die Normale des Punktes m in jener Ebene liegen müsse, welche durch m senkrecht zu t geführt wird. Weil aber t parallel zu T_e ist, wird die vorgenannte Ebene, welche die Normale enthält, senkrecht zu T_e, mithin parallel zu oZ sein.

Soll die Normale mN im Punkte m die Normale oZ schneiden, so müsste a) die Normale mN zur Normale oZ parallel sein oder es müsste b) die durch m senkrecht zu t gelegte Ebene die Gerade oZ enthalten.

Der erstere Fall würde voraussetzen, dass die Tangentialebenen der Fläche F in den Punkten o und m gleichfalls parallel seien, was offenbar (im allgemeinen) nicht eintreten kann; im zweiten Falle dagegen müsste auch die zu t' senkrechte Schnittlinie $m'N'$ jener Ebene mit der Ebene T_e durch den Punkt o gehen, oder mit anderen Worten: es müsste die Verbindungsgerade von m' mit o die Normale der Curve C' für den Punkt m' repräsentieren, was (im allgemeinen) ebensowenig wie das vorher Angeführte zutreffen wird.

Die eben angedeutete Eigenthümlichkeit besitzen nur vier Punkte der Curve C', welche überdies in zwei durch o gehenden und zu einander senkrecht stehenden Geraden liegen.

Aus obiger Betrachtung geht hervor, dass sich zwei unmittelbar aufeinander folgende Normalen einer gegebenen Fläche F längs einer ihr aufgeschriebenen Curve C (im allgemeinen) nicht schneiden können, dass also die Normalenflächen (im allgemeinen) windschiefe Flächen sein werden.

§. 89.

Hervorzuheben wäre hierbei noch, dass es für jeden Punkt der Fläche F zwei ganz bestimmte Richtungen auf derselben gebe, in welchen die Normalen der Fläche, welche unmittelbar auf die Normale des Ausgangspunktes folgen, diese schneiden.

Denkt man sich diese Richtungen in dem benachbarten Punkte bestimmt und setzt man das Angedeutete in gleicher Weise fort, so erhält man durch jeden Punkt der Fläche zwei ganz bestimmte Curven „die Krümmungslinien der Fläche“, längs welcher die Normalenflächen aufwickelbar sind.

Bei einzelnen Flächen sind die Krümmungslinien sehr leicht zu erkennen und ebenso leicht aufzufinden. So ist beispielsweise jede beliebige auf einer Kugelfläche verzeichnete krumme Linie eine Krümmungslinie derselben.

Da nämlich sämmtliche Normalen einer Kugel durch den Mittelpunkt derselben gehen, so ist die Normalenfläche der Kugel für irgend eine Leitcurve auf derselben ein Kegel (also eine aufwickelbare Fläche), welcher seinen Scheitel im Kugelmittelpunkte hat.

Auf jeder Cylinderfläche sind die geraden Erzeugenden und die zu denselben senkrechten Querschnitte des Cylinders Krümmungslinien; die denselben entsprechenden aufwickelbaren Normalenflächen sind Ebenen.

Für alle Flächen, welche als Umhüllungsflächen von Kugeln betrachtet werden können, bilden die Charakteristiken ein System von Krümmungslinien. Da nämlich die Umhüllungsfläche von der erzeugenden Kugel längs einer Charakteristik berührt wird, so besitzt die erstere längs dieser Charakteristik eine Normalenfläche, welche mit jener der Kugel übereinstimmt, d. h. einen Kegel.

Bei den Rotationsflächen überhaupt, welche als Umhüllungsflächen von Kugeln gedacht werden können, werden die Parallelkreise das eine System von Krümmungslinien repräsentieren, während die Meridiane, längs welchen die Normalenflächen Ebenen sind, das zweite System derselben darstellen.

§. 90.

Nach dieser kurzgefassten Einleitung wollen wir auf die Construction der Normalenflächen unter der Voraussetzung übergehen, dass die Leitfläche sowie die Leitcurve durch ihre Projectionen gegeben seien.

Um in einem Punkte einer Fläche die Normale zu derselben zu construieren, hat man die Tangentialebene der Fläche in diesem Punkte zu bestimmen und durch den bezeichneten Punkt die Senkrechte auf besagte Ebene zu fällen.

Indem wir hiermit das allgemeine Princip für die Construction der Normalen anführen, wollen wir gleichzeitig die Untersuchung daran knüpfen, ob und inwieferne sich bezüglich der Construction der Normalenflächen, je nach Beschaffenheit der jeweilig gegebenen Leitfläche, gewisse Vereinfachungen erzielen lassen.

3. *Aufgabe.* **Auf irgend einem Kegel ist längs einer demselben aufgeschriebenen Curve die Normalenfläche zu bestimmen.**

Wir wollen der Allgemeinheit wegen voraussetzen, dass die Leitlinie (C, C') des Kegels in einer gegen die Projectionsebene geneigten

Ebene liege, welche durch ihre Tracen $C_v C_h$ (Taf. I, Fig. 9) gegeben ist. Der Scheitel des Kegels sei (S, S') und die Projectionen der Leitcurve für die Normalenfläche sei (L, L').

Um für irgend einen Punkt (n, n') dieser Curve die Normale zu dem Kegel zu construieren, hätte man die Tangentialebene des Kegels längs der Erzeugenden $(Sn, S'n')$ zu ermitteln und auf diese durch (n, n') die Senkrechte zu führen. Die Projectionen $(nN, n'N')$ der letzteren ergeben sich bekanntlich als die durch n resp. n' zu den Tracen der Tangentialebene senkrecht gezogenen Geraden.

Wie ersichtlich ist diese Constructionsweise namentlich dann, wenn sie für eine größere Anzahl von Punkten der Leitcurve (L, L') durchgeführt werden sollte, ebenso schwerfällig als langwierig.

Berücksichtigen wir jedoch, dass man in dem Falle, wenn zu einer Ebene eine Senkrechte zu führen ist, die Trace dieser Ebene selbst nicht zu kennen braucht, sondern die Kenntnis ihrer Richtungen hinreicht, so ergeben sich nicht unwesentliche Vereinfachungen.

Es ist nämlich bekannt, dass die Schnittlinie irgend einer Ebene mit einer zur verticalen (resp. horizontalen) Projectionsebene parallelen Ebene zu der verticalen (resp. horizontalen) Trace der gegebenen Ebene parallel sei; ebenso ist aber auch bekannt, dass jede Tangentialebene eines Kegels durch den Scheitel desselben gehe.

Denken wir uns daher durch den gegebenen Kegelscheitel (S, S') eine Ebene ε_h parallel zur verticalen Projectionsebene gelegt, so wird jede Tangentialebene des Kegels von dieser Ebene in einer Geraden geschnitten, welche einerseits durch (S, S') geht und andererseits zur verticalen Trace der Tangentialebene parallel läuft.

Hiernach handelt es sich nur noch darum, auf eine einfache Weise einen zweiten Punkt dieser Geraden zu finden und bestimmen wir zu diesem Zwecke die Schnittlinie (s, s') der Ebene ε_h mit der Ebene $C_v C_h$ der Leitlinie des Kegels.

Jede Tangentialebene des Kegels schneidet die Ebene $C_v C_h$ in einer Geraden, welche Tangente der Leitcurve (C, C') ist. Diese Tangente trifft die Gerade (s, s') und mithin die Ebene ε_h in einem Punkte (δ, δ'), welcher gleichzeitig der Ebene ε_h und der Tangentialebene, daher der Schnittlinie beider angehört. Letztere ergibt sich somit als Verbindungsgerade des oberwähnten Schnittpunktes (δ, δ') mit (S, S').

Hat man also die Normale der Kegelfläche etwa in dem Punkte (n, n') zu bestimmen, so wird man die Kegelerzeugende nS ziehen, deren Schnitt n_1 mit der Leitlinie C suchen und die Tangente t in n_1 an C führen. Verbindet man nun den Schnittpunkt δ dieser Tangente t und der Geraden s mit S, so erhält man eine Gerade δS, welche zur Verticaltrace der Berührungsebene des Punktes n parallel ist und zu welcher somit die verticale Projection nN der Normale senkrecht steht.

In analoger Weise kann ebenso einfach die Horizontalprojection $n'N'$ der Normale mit Benützung der Geraden (σ, σ'), welche als Schnitt der Ebene $C_v C_h$ mit der durch den Scheitel (S, S') parallel zur horizontalen Projectionsebene gelegten Hilfsebene e_v resultiert, festgestellt werden.

Dieselbe Construction wird nun bei der Bestimmung aller übrigen Normalen in Punkten der Leitcurve (L, L') zu wiederholen sein.

Wie sich besagte Constructionen gestalten, beziehungsweise vereinfachen, wenn als Leitlinie des Kegels irgend eine krumme Linie in einer oder der anderen Projectionsebene unmittelbar gegeben ist, ist leicht zu erkennen. Zum Überflusse sei übrigens in dem nachstehenden Beispiele noch der specielle Fall, wenn der Kegelscheitel in unendlicher Entfernung liegt, in Betracht gezogen.

§. 91.

Liegt als Leitfläche für die Normalenfläche irgend ein Cylinder vor, dessen Leitlinie (C, C') sich in einer der Projectionsebenen, beispielsweise in der horizontalen Projectionsebene befindet, und ist als Leitcurve für die Normalenfläche eine auf derselben vorgezeichnete Curve (L, L') (Taf. I, Fig. 10) gegeben, so kann behufs Construction der zugehörigen Normalenfläche, der folgende Weg eingeschlagen werden.

Es sei im Punkte (n, n') der Curve (L, L') die Normale des Cylinders zu construieren.

Zieht man durch (n, n') die Cylindererzeugende, so trifft diese die Leitlinie C' in n'_1; die Tangente E_h der Curve C' im Punkte n'_1 stellt bereits die horizontale Trace der Tangentialebene an die Cylinderfläche im Punkte n dar. Hiedurch ist auch bereits die horizontale Projection der gesuchten Normale bestimmt und erscheint dieselbe durch die Gerade $n'N'$, welche auf E_h senkrecht steht, dargestellt.

Die verticale Projection nN der Normale ist senkrecht auf der verticalen Trace der Berührungsebene im Punkte (n, n') oder, was gleichbedeutend ist, auf einer zu dieser Tangentialebene parallelen Ebene. Letztere Eigenschaft kann zur Vereinfachung der Construction in nachstehender Weise verwendet werden.

Wir ziehen ein- für allemal eine Gerade (l, l') parallel zu den Cylindererzeugenden und bestimmen deren Durchstoßpunkte v und h' mit der verticalen und horizontalen Projectionsebene. Führt man durch h' eine Gerade e_h parallel zu E_h und verbindet den Schnittpunkt μ von e_h und der Grundlinie mit v durch e_v, so ergibt sich in $e_v e_h$ eine Ebene, welche, indem sie zwei Lagen von Geraden enthält, die zu zwei Geraden der Tangentialebene parallel sind, zu der Berührungsebene E im Punkte (n, n') selbst parallel ist. Es wird somit auch die Verticaltrace E_v der Tangentialebene parallel zur Verticaltrace e_v sein und demnach die verticale Projection nN der gesuchten Normale durch die Senkrechte in n auf e_v dargestellt erscheinen.

§. 92.

4. *Aufgabe.* **Es ist die Normalenfläche einer Rotationsfläche für eine auf der letztgenannten Fläche verzeichnete Curve zu construieren.**

Wir setzen voraus, dass die Umdrehungsfläche durch ihre zur horizontalen Projectionsebene senkrechte Achse (Z, Z') und durch den Hauptmeridian M (Taf. II, Fig. 11) gegeben sei.

Die Leitcurve sei durch ihre Projectionen L und L', deren eine selbstverständlich durch die andere bedingt ist, festgestellt.

Jede Normale einer Umdrehungsfläche schneidet bekanntlich die Drehachse in einem Punkte, und allen Punkten eines und desselben Parallelkreises entsprechen Normalen, welche mit der Rotationsachse den nämlichen Punkt gemein haben.

Hieraus ergibt sich für die Construction der Normalen einer Umdrehungsfläche in einem Punkte (n, n') derselben unmittelbar, dass die horizontale Projection $n'N'$ der Normalen die Verbindungsgerade des Punktes n' mit der Horizontalprojection Z' der Drehachse sei.

Zieht man ferner durch n eine Parallele zur Grundlinie, so trifft diese den Hauptmeridian in zwei Punkten n_1 und n_2, welche mit n auf dem nämlichen Parallelkreise liegen. Führt man durch n_1 oder n_2 die Normale zum Hauptmeridiane M, so schneidet dieselbe die Drehachse in einem Punkte μ, durch welchen, wie oben angedeutet, auch alle übrigen Normalen der Rotationsfläche in den einzelnen Punkten $n_1, n_2 \ldots$ des betreffenden Parallelkreises (π, π') gehen.

Wir finden somit die verticale Projection nN der gesuchten Normale als Verbindungsgerade der Punkte n und μ und werden nunmehr in ganz gleicher Weise die Normalen der Drehfläche in allen andern Punkten der Leitcurve (L, L') construieren können, so wie „als Ort derselben“, die Normalenfläche selbst dargestellt erhalten.

Auch für andere Flächen, welche als Umhüllungsflächen von Kugeln betrachtet werden können, wird es ebenso wie in den vorhergegangenen Fällen keinen Schwierigkeiten unterliegen, die Normalen in beliebigen Punkten der Fläche zu construieren und hiernach die Normalenfläche darzustellen.

§. 93.

5. *Aufgabe.* **Setzen wir beispielsweise voraus, es sei in einer horizontalen Ebene e_v (Taf. II, Fig. 12) ein Kreis (K, K') gegeben. Eine Kugel bewege sich derart, dass ihr Mittelpunkt (o, o') stets in der Peripherie des Kreises (K, K') verbleibe, während der Radius derselben dem halben Abstande des Mittelpunktes (o, o') von einem festen Punkte (A, A') des Kreises (K, K') gleich sei.**

Nach Feststellung dieses Erzeugungsgesetzes kann die Fläche, welche sich als Umhüllung all der besagten Kugeln darstellt, leicht in folgender Weise construiert werden.

Ist (M, M') der Mittelpunkt des Kreises (K, K'), so zeichnen wir in der Ebene dieses Kreises einen Hilfskreis (k, k'), welcher den Radius $A'M'$ des ersteren zum Durchmesser hat.

Um nun die erzeugende Kugel für einen auf (K, K') gegebenen Mittelpunkt (o, o') zu bestimmen, ziehen wir die Gerade $A'o'$, welche im Schnittpunkte ω mit dem Kreise k' halbiert wird, wodurch sich auch bereits der Halbmesser der erzeugenden Kugel seiner wahren Größe nach in $o'\omega$ ergibt.

Die Charakteristik der Umhüllungsfläche, d. h. der Schnitt zweier unmittelbar aufeinander folgenden Lagen der erzeugenden Kugel ist ein Kreis, dessen Ebene auf der geraden Verbindungslinie der unendlich nahen Kugelmittelpunkte, d. i. auf einer Tangente des Kreises (K, K') senkrecht steht, oder, was dasselbe ist, die Charakteristik ist ein Kreis, dessen Ebene horizontal-projicierend ist und durch den Mittelpunkt (M, M') des Kreises (K, K') geht.

Die Horizontalprojection einer jeden Charakteristik ist mithin eine durch M' gehende Gerade.

Diese Eigenschaft gestattet uns, die Normalenfläche der vorliegenden Umhüllungsfläche für eine auf derselben verzeichnete Leitcurve (L, L') auf eine höchst einfache Weise zu construieren.

Um die Normale in irgend einem beliebigen Punkte (n, n') von (L, L') zu ermitteln, haben wir zu berücksichtigen, dass die Umhüllungsfläche längs der durch (n, n') gehenden Charakteristik von einer bestimmten Lage der erzeugenden Kugel berührt wird.

Die horizontale Projection der Charakteristik ist die Gerade $M'n'N'$. Dieselbe schneidet den Kreis (K, K') in dem Mittelpunkte (o, o') der eben erwähnten erzeugenden Kugel.

Nachdem besagte Kugel die Umhüllungsfläche im Punkte (n, n') berührt, so haben beide Flächen in diesem Punkte dieselbe Berührungsebene und hiermit auch die nämliche Normale. Letztere ergibt sich direct als die Verbindungsgerade der Punkte (n, n') und (o, o'). — Gleichzeitig bemerkt man, dass, welches auch immer die Lage des Punktes (n, n') sein mag, die horizontale Projection $n'o'$ durch M' gehe, dass also alle Normalen der Umhüllungsfläche die horizontalprojicierende Gerade M' schneiden.

§. 94.

6. Aufgabe. **Es ist für irgend eine beliebige aufwickelbare Fläche (e_1, e'_1); (e_2, e'_2); (e_3, e'_3)....(Taf. II, Fig. 13) längs einer auf derselben fixierten Leitcurve (L, L') die Normalenfläche zu construieren.**

Diesfalls kann man zweckmäßigerweise folgends vorgehen. Man nimmt in einer, etwa in der verticalen Projectionsebene, irgend einen Punkt (S, S') als Scheitel des Richtungskegels für die aufwickelbare Fläche an und bestimmt die horizontale Trace c' des Kegels als den geometrischen Ort der horizontalen Durchstoßpunkte der zu (e_1, e'_1); (e_2, e'_2); (e_3, e'_3).... parallelen Kegelerzeugenden (η_1, η'_1); (η_2, η'_2); (η_3, η'_3) . . . .

Ist die N o r m a l e d e r D e v e l o p p a b l e n in einem Punkte (n, n') der Leitcurve (L, L') zu bestimmen, so ziehe man durch (n, n') die Erzeugende (e_2, e'_2) der Fläche, ermittle die ihr entsprechende Kegelerzeugende (η_2, η'_2) und bestimme auf bekannte Weise die Tangentialebene $B_v B_h$ der Kegelfläche längs der Erzeugenden η_2. Nachdem aber $B_v B_h$ parallel zur Berührungsebene der Developpablen längs der Erzeugenden e_2 ist, wird auch die Normale im Punkte (n, n') senkrecht auf der Ebene $B_v B_h$ stehen, d. h. ihre Projectionen nN und $n'N'$ werden sich beziehungsweise als die durch n und n' zu den bezüglichen Tracen B_v und B_h senkrecht geführten Geraden ergeben.

Abgesehen von den hier angeführten allgemeinen Constructionen ergeben sich, je nach der Natur der Leitfläche und Leitcurve, auch noch anderweitige, nicht unwesentliche Vereinfachungen in der Darstellung der Normalenflächen.

So ist beispielsweise die N o r m a l e n f l ä c h e e i n e r F l ä c h e z w e i t e n G r a d e s l ä n g s e i n e s b e l i e b i g e n e b e n e n S c h n i t t e s derselben, identisch mit der Normalenfläche der ihr längs dieses Schnittes umschriebenen Kegelfläche.

Ferner ist, wie bereits nachgewiesen wurde, die Normalenfläche irgend einer beliebigen windschiefen Fläche für eine gerade Erzeugende als Leitlinie immer ein hyperbolisches Paraboloid.

Endlich wird für ganz beliebige Leitflächen und Leitcurven die in nachstehendem entwickelte Theorie Eigenschaften liefern, welche in den meisten Fällen die erforderlichen Hilfsmittel zur zweckmäßigen Construction und zur Durchführung der verschiedenen, bisher nicht berührten Probleme bieten werden.

§. 95.

Eigenschaften der Normalenflächen.

Von hervorragender Wichtigkeit ist es, den jeweiligen Grad der Normalenfläche zu bestimmen, wenn die Leitfläche und auf derselben die Leitcurve gegeben ist.

Wir wollen diesfalls voraussetzen, die Leitfläche F (Taf. II, Fig. 14) sei eine allgemeine Fläche m-ter Ordnung (ohne vielfache Curven und ohne Spitzen). Auf F sei als Leitcurve für die Normalenfläche eine Curve L von der Ordnung m_1 gegeben, wobei es gleichgiltig sein mag, ob die Curve L als vollständiger oder als theilweiser Schnitt der Fläche F mit irgend einer zweiten Fläche F' von der Ordnung m' resultiere.

Im Falle des vollständigen Durchschnittes beider Flächen ist selbstverständlich

$$m_1 = m . m'.$$

Denken wir uns in allen Punkten der Leitcurve L an die Fläche F die Tangentialebenen gelegt, so umhüllen diese eine developpable Fläche D, welche der Fläche F längs der Curve L umschrieben ist.

Da die Normalen der Fläche F in den einzelnen Punkten von L auf den bezüglichen Berührungsebenen senkrecht stehen, so sind dieselben gleichzeitig auch Normalen der Developpablen D. Es besteht sonach der Satz:

87. „*Die Normalenfläche einer Fläche F längs der Curve L ist identisch mit der Normalenfläche jener Developpablen D längs L, welche der ursprünglichen Fläche F nach der Curve L umschrieben werden kann.*“

Wir wollen zunächst die Classe der Developpablen D, d. h. die Anzahl der Berührungsebenen an dieselbe, welche durch einen beliebigen Punkt P gehen, ermitteln.

Da diese Tangentialebenen auch die Fläche F, und zwar in Punkten der Curve L berühren müssen, so erhält man die Berührungspunkte $\alpha, \beta, \gamma, \delta, \ldots$ derselben mit der Fläche F als Schnittpunkte der Curve L und der Berührungscurve B der Fläche F mit dem ihr aus P umschriebenen Kegel.

Die genannte Berührungscurve B ist aber bekanntlich der Schnitt der Fläche F mit der dem Punkte P entsprechenden ersten Polarfläche, welche von der $(m-1)$ Ordnung ist.

Diese Polarenfläche schneidet die Leitcurve L in $m_1(m-1)$ Punkten, welche keine anderen, als die obgenannten Berührungspunkte $\alpha, \beta, \gamma, \delta, \ldots.$ sein können.

Die Anzahl der von einem Punkte P an die Developpable D geführten Berührungsebenen, oder mit anderen Worten: die Classe der Developpablen D ist mithin:

$$m_1(m-1).$$

Da der ebene Schnitt einer aufwickelbaren Fläche von der nämlichen Classe ist, wie diese selbst, so ist weiters auch klar, dass die unendlich ferne Curve U_d der Developpablen D gleichfalls von der $m_1(m-1)$-ten Classe sein wird.

Ein Gleiches gilt auch von dem Richtungskegel R_d der Developpablen D, d. h. von einem Kegel, welcher mit D die unendlich ferne Curve U_d gemeinschaftlich hat, oder was dasselbe ist, welcher sich als Enveloppe der durch einen festen Punkt zu den Berührungsebenen von D parallel gelegten Ebenen ergibt.

§. 96.

Nach dieser kurzen Vorbereitung kehren wir zur Betrachtung der Normalenfläche zurück.

Denken wir uns in irgend einem Punkte A der Leitcurve L die Normale (N, N'), d. i. die Senkrechte zur entsprechenden Tangentialebene T der Fläche F oder der Developpablen D construiert, so wird die Gerade SN_1, welche man durch den Scheitel S des Richtungskegels R_d parallel zur Normalen (N, N') zieht, auch auf jener Berührungsebene T' des Richtungskegels R_d senkrecht stehen, welche zur Tangentialebene T parallel ist.

Führt man somit zu allen Tangentialebenen des Kegels R_d durch den Scheitel S Senkrechte, so erhält man einen zweiten Kegel R_n, dessen Erzeugenden zu sämmtlichen Normalen der Fläche F längs der Curve L parallel sind, und welcher demnach den Richtungskegel der Normalenfläche vorstellt.

Nennen wir die unendlich ferne Curve dieses Richtungskegels, welche selbstverständlich auch der Normalenfläche angehört, U_n, so ist leicht nachzuweisen, dass U_n von der $m_1(m-1)$-ten Ordnung sei.

Die Erzeugenden des Kegels R_n sind nämlich senkrecht zu den Berührungsebenen des zweiten Kegels R_d. Die unendlich fernen Curven U_n und U_d sind somit polar-reciprok in Bezug auf den imaginären Kugelkreis im Unendlichen, d. h. die Ordnung der einen Curve ist der Classe der andern gleich und umgekehrt.

Nachdem eben nachgewiesen wurde, dass die Curve U_d von der $m_1(m-1)$ Classe sei, so folgt, dass U_n eine Curve $m_1(m-1)$-ter Ordnung repräsentiere.

Hiernach kennen wir für die Normalenfläche bereits zwei Leitlinien, und zwar die Curven L und U_n.

Berücksichtigt man, das es im allgemeinen zu einer beliebigen Normalen der Fläche in Punkten der gegebenen Leitcurve L keine zweite parallele gebe, und dass andererseits in jedem Punkte der Leitlinie L auch nur eine Normale zur Fläche F gezogen werden kann, so ist klar, dass die Curven L und U_n einfache Leitlinien der windschiefen Normalenfläche sind.

Eine unmittelbare Folge hiervon ist, dass die krummen Punktreihen, welche auf besagten Curven durch die erzeugenden Normalen bestimmt werden, ein-eindeutig sind.

Wäre dies nicht der Fall, sondern wäre die Curve L etwa μ-deutig und jene U_n allenfalls μ_1-deutig, so würden jedem Punkte von L, μ_1 Punkte auf U_n entsprechen, d. h. durch jeden Punkt von L würden μ_1 Erzeugende der windschiefen Fläche gehen. Die genannte Curve wäre also eine μ_1-fache Curve dieser Fläche. Andererseits würde die Leitcurve U_n eine μ-fache Curve der windschiefen Fläche darstellen.

Die Erzeugenden der windschiefen Normalenfläche ergeben sich mithin als die Verbindungslinien entsprechender Punkte zweier eindeutigen Reihen auf den Leitcurven L und U_n, welche beziehungsweise von den Ordnungen m_1 und $m_1(m-1)$ sind.

Diese Bedingung erlaubt uns den Grad der Normalenfläche, d. h. die Anzahl ihrer Schnittpunkte mit einer beliebigen Geraden G oder die Anzahl ihrer Erzeugenden, welche G schneiden, ohne jedwede Schwierigkeit zu bestimmen.

Denken wir uns nämlich die Gerade G als gemeinschaftliche Achse zweier Ebenenbüschel G_l und G_u, wovon das erstere zu der Reihe auf L, das zweite zu der Reihe auf U_n perspectivisch ist, und sehen wir nach in welcher Weise diese beiden Ebenenbüschel einander entsprechen.

Irgend eine Ebene des Büschels G_l schneidet die Curve L in m_1 Punkten, welchen, wie oben vorausgesetzt wurde, auf der Curve U_n gleichfalls m_1 Punkte, mithin m_1 Ebenen des zweiten Büschels G_u entsprechen. Dieses Büschel ist also m_1-deutig.

Hingegen schneidet eine Ebene des Büschels G_u die Curve U_n in $m_1(m-1)$ Punkten, welchen auf der Curve L ebenfalls $m_1\,(m-1)$ Punkte, im Büschel G_e also $m_1\,(m-1)$ Ebenen entsprechen. Dieses Ebenenbüschel ist sonach $m_1\,(m-1)$-deutig.

Während also jeder Ebene des Büschels G_l m_1 Ebenen des Büschels G_u entsprechen, entsprechen jeder Ebene des Büschels G_u $m_1\,(m-1)$ Ebenen des Büschels G_l.

Nach dem Chasles'schen Correspondenzsatze haben diese beiden Ebenenbüschel:

$$m_1 + m_1\,(m-1) = m\,.\,m_1$$

Doppelebenen, d. h. es kömmt im ganzen $m\,.\,m_1$-mal vor, dass eine Ebene des einen Büschels mit der ihr entsprechenden Ebene im zweiten Büschel zusammenfällt.

Jede dieser $m\,.\,m_1$ Doppelebenen enthält außer der Achse G zwei entsprechende Punkte der Reihen auf L und U_n, mithin eine Erzeugende der Normalenfläche.

Es gibt also $m.m_1$ Erzeugenden der Normalenfläche, deren jede mit der beliebig gewählten Geraden G in einer Ebene liegt, dieselbe hiermit schneidet, oder mit anderen Worten: die betrachtete Normalenfläche ist vom mm_1-ten Grade.

Hiernach ergibt sich der Satz:

88. „Die Normalenfläche, deren Leitfläche eine allgemeine Fläche m-ter Ordnung und deren Leitcurve eine auf dieser Fläche verzeichnete Curve m_1-ter Ordnung ist, wird im allgemeinen eine windschiefe Fläche $m\,m_1$-ter Ordnung sein."

Zu dem vorstehenden Resultate kann man auch auf folgendem Wege gelangen.

Die Leitcurven für die Normalenfläche sind L und U_n; die Erzeugenden derselben sind die Verbindungsgeraden der entsprechenden

Punkte zweier auf L und U_n liegenden projectivischen Punktreihen. Ferner ist aus früherem bekannt, dass der ebene Schnitt einer Fläche von der nämlichen Ordnung wie die Fläche selbst sei.

Um daher den Grad (die Ordnung) der Normalenfläche zu bestimmen, betrachten wir einen ihrer ebenen Schnitte, etwa jenen mit der unendlich fernen Ebene. Dieser besteht fürs erste aus der einfachen Leitcurve U_n, welche von der $m_1 (m - 1)$-ten Ordnung ist; ferner trifft die Curve L, da sie der m_1-ten Ordnung angehört, die unendlich ferne Ebene in m_1 (reellen oder imaginären) Punkten, welchen auf U_n ebenfalls m_1 Punkte entsprechen, so, dass die unendlich ferne Ebene außer der Curve U_n noch m_1 Erzeugende der Normalenfläche enthält.

Der Gesammtschnitt dieser Fläche mit der unendlich fernen Ebene besteht demnach aus der einfachen Curve U_n und m_1 Erzeugenden, ist demgemäß von der Ordnung:

$$m_1 (m - 1) + m_1 = m . m_1,$$

welches Resultat mit dem früheren übereinstimmt.

§. 97.

Prüfen wir die Ordnungszahl auf ihre Richtigkeit, indem wir dieselbe auf Normalenflächen anwenden, deren Grad anderweitig leicht ermittelt werden kann.

Denken wir uns beispielsweise einen geraden Kreiscylinder durch eine Ebene geschnitten, und seine Normalenfläche längs dieses Schnittes festgestellt.

Da jede Normale des Cylinders dessen Achse rechtwinklig schneidet, so ist die Normalenfläche längs des ebenen Schnittes ein gerades Kegelschnittsconoid, dessen gerade Leitlinie durch die Cylinderachse und dessen Richtebene durch die zur Cylinderachse senkrechte Ebene repräsentiert wird. Diese Fläche ist vom vierten Grade.

Nach der oben gefundenen Gradzahl $m\,m_1$ finden wir, da $m = m_1 = 2$ ist, in der That das bekannte Resultat: $m . m_1 = 4$.

Die bisherigen Untersuchungen über Normalenflächen der Flächen zweiten Grades längs ihrer ebenen Schnitte ließen dieselben als Flächen vierten Grades erkennen. Da hierbei, sowie im vorhergehenden Falle, $m = m_1 = 2$ ist, ergibt sich: $m . m_1 = 4$.

Denkt man sich endlich zwei Flächen zweiten Grades, welche gemeinschaftliche Hauptebenen besitzen, zum Schnitte gebracht, so erhält man eine Curve vierter Ordnung, welche (nach Pohlke) „Ellipsimber" genannt wird. Nach La Gournerie ist die Normalenfläche der Fläche zweiten Grades längs dieser Curve eine „Quadrispinale", eine Fläche achter Ordnung. Wir erhalten nun in der That, nachdem diesfalls $m = 2$, $m_1 = 4$ ist, für den Grad der Normalenfläche $m . m_1 = 8$.

Hierbei sei gleichzeitig bemerkt, dass wir in der Folge Gelegenheit finden werden, nachzuweisen, dass in dem Falle als die Normalenfläche eine Developpable wird, besondere Verhältnisse die Ordnung der Fläche erniedrigen, dass also, vorausgesetzt, die Normalenfläche werde nicht transcendent, die Ordnungszahl kleiner als $m . m_1$ werden kann.

Für den Fall, dass die Leitfläche F eine Ebene ist, wird $m = 1$. Für irgend eine in dieser Ebene liegende Curve m_1-ter Ordnung ist die Normalenfläche ein Cylinder m_1-ter Ordnung; es behält daher der Ordnungswert $m . m_1 = m_1$ ebenfalls seine Giltigkeit.

§. 98.

Setzen wir nun ganz allgemein voraus, die Leitfläche F besitze vielfache Curven, welche die Leitlinie L der Normalenfläche in s Punkten schneiden mögen.

Denken wir uns abermals der Fläche F längs der Leitcurve L die Developpable D umschrieben und deren Classe, d. h. die Anzahl der von einem beliebigen außerhalb der Fläche liegenden Punkte P an diese möglicherweise zu führenden Tangentialebenen bestimmt.

Im vorhergehenden Falle haben wir diese Anzahl übereinstimmend mit der Zahl der Schnittpunkte von L mit der ersten Polarfläche der Fläche F für den Punkt P gefunden und durch $m_1 (m - 1)$ ausgedrückt.

Dieser Wert erleidet eine Veränderung, wenn die Fläche F vielfache Curven besitzt.

Es ist nämlich bekannt, dass in diesem Falle die erste Polarfläche der Fläche F, für irgend einen beliebigen Punkt P, mit der Fläche F außer der Berührungscurve B der von P aus gezogenen Tangenten auch noch sämmtliche vielfache Linien gemein hat. Es ist hiernach klar, dass die Tangentialebene von F in den Punkten dieser vielfachen Curven, da sie eine ganz bestimmte Lage haben, durch den willkürlich gewählten Punkt nicht gehen können.

Unter den $m_1 (m - 1)$ Schnittpunkten der Leitcurve L mit der ersten Polarfläche für den Punkt P sind nun auch die vorausgesetzten

s Schnittpunkte der Leitcurve L mit den vielfachen Linien der Fläche F inbegriffen. In diesen Punkten besitzt die Fläche F, also auch die ihr längs L umschriebene Developpable D ganz bestimmte Tangentialebenen, welche durch den Punkt P nicht gehen, bei der Bestimmung der Classe der Developpablen D demnach auch nicht gezählt werden dürfen.

Es ergibt sich somit in diesem Falle als Classe der Developpablen die Zahl:

$$m_1 (m - 1) - s.$$

Nachdem dies festgestellt ist, wird der weitere Gang unserer Betrachtungen mit dem früher eingeschlagenen Wege in vollem Einklange sein.

Die Ordnung des Richtungskegels R_n der Normalenfläche, oder was gleichbedeutend ist, die Ordnung der unendlich fernen Leitcurve U_n der Normalenfläche ist, wie im vorhergehenden Falle, gleich der Classe der Developpablen D, also gleich:

$$m_1 (m - 1) - s.$$

Die Normalenfläche selbst ist der Ort der Verbindungsgeraden entsprechender Punkte zweier projectivischer (ein-deutigen) Reihen auf L und U_n und der Grad derselben ergibt sich als die Summe der Ordnungen der beiden Leitcurven L und U_n, wird demnach ausgedrückt durch:

$$m_1 + m_1 (m - 1) - s = m m_1 - s.$$

Wir erhalten somit, wenn m die Ordnung der Leitfläche F, m_1 die Ordnung der Leitlinie L und s die Anzahl der Schnittpunkte von L mit den vielfachen Linien auf der Fläche F bedeutet, den Satz:

89. „*Der Grad der einer Fläche F längs einer auf ihr verzeichneten Leitcurve L entsprechenden Normalenfläche ist durch den Ausdruck* $(m \,.\, m_1 - s)$ *bestimmt.*"

§. 99.

Wir wollen die Richtigkeit des gefundenen Resultates durch Anwendung desselben auf eine bekannte Eigenschaft windschiefer Flächen erhärten.

Denken wir uns in einem Punkte M einer windschiefen Regelfläche m-ten Grades die Berührungsebene T gelegt, so hat diese mit der Fläche, außer der durch M gehenden geradlinigen Erzeugenden g, noch eine Curve $(m - 1)$-ter Ordnung gemein, welche mit jener den vollständigen ebenen Schnitt m-ter Ordnung darstellt. Die Curve $(m - 1)$-ter Ordnung wird mit der Erzeugenden g sonach $(m - 1)$ gemeinschaftliche Punkte besitzen.

Der eine dieser Punkte ist der Berührungspunkt M der Ebene T mit der Regelfläche; die übrigen $(m - 2)$ Punkte können aber selbstverständlich nicht mehr Berührungspunkte der Ebene T mit der Fläche sein, indem erwiesenermaßen diese letztere im allgemeinen nur in einem einzigen Punkte von der Ebene T berührt werden kann. Besagte Punkte sind demnach eigentliche Doppelpunkte des Schnittes, oder mit anderen Worten: die Regelfläche besitzt eine Doppelcurve, welche die Erzeugende g in $(m - 2)$ Punkten trifft.

Der Grad der Normalenfläche einer windschiefen Fläche längs einer geradlinigen Erzeugenden g derselben wird nun nach dem oben aufgestellten Satze, da $m_1 = 1$ und $s = m - 2$ ist, durch

$$m.m_1 - s = m - (m - 2) = 2$$

ausgedrückt erscheinen, d. h. die Regelfläche besitzt längs der geradlinigen Erzeugenden g eine Normalenfläche, welche vom zweiten Grade ist.

Um zu entscheiden, ob diese Normalenfläche ein windschiefes Hyperboloid oder ein hyperbolisches Paraboloid sei, betrachten wir deren unendlich ferne Leitlinie U_n.

Da diese Fläche vom zweiten Grade ist, muss der Schnitt derselben mit der unendlich fernen Leitlinie gleichfalls vom zweiten Grade, also entweder ein Kegelschnitt oder zwei Geraden sein, von welchen, im letzteren Falle, die eine als Leitlinie, die andere aber als Erzeugende zu betrachten ist.

Man erkennt nun leicht, dass, da sämmtliche Normalen der windschiefen Fläche längs der Erzeugenden g auf der letzteren senkrecht stehen, ihre unendlich fernen Punkte daher in der unendlich fernen Geraden jener zu g senkrechten Ebenen liegen, die Normalenfläche ein hyperbolisches Paraboloid sei. Hieraus folgt der bekannte Satz:

90. „Die Normalenfläche einer windschiefen Fläche längs einer ihrer geraden Erzeugenden ist ein hyperbolisches Paraboloid."

§. 100.

Um zu weiteren Resultaten zu gelangen, wollen wir noch die übrigen Charaktere der der Leitfläche F längs der Leitcurve L umschriebenen Developpablen D ermitteln.

Die Ordnung der Fläche F sei m und die Leitcurve L, welche wir als vollständigen Durchschnitt der Fläche F mit einer Fläche

m'-ter Ordnung voraussetzen wollen, werde sonach durch eine Curve $m.m'$-ter Ordnung dargestellt.

Ist P ein Punkt im Raume, so ist dessen erste Polarfläche in Bezug auf die Fläche F von der $(m-1)$-ten Ordnung. Dieselbe schneidet die Leitcurve L somit in

$$m \,.\, m' (m-1)$$

Punkten. In jedem dieser Punkte geht die Tangentialebene der Fläche F, also auch jene der Developpablen D durch den Punkt P; die Zahl

$$m \,.\, m' (m-1)$$

bestimmt demnach die Classe der Developpablen D.

Nehmen wir an, die erste Polarfläche des Punktes P berühre die Leitcurve L in irgend einem Punkte R, oder mit anderen Worten, der Punkt R vereinige in sich zwei der $mm'(m-1)$ Schnittpunkte. Unter dieser Voraussetzung gibt es offenbar in R zwei unmittelbar aufeinander folgende Tangentialebenen der Fläche F, also auch der Developpablen D, welche durch den Punkt P gehen.

Der Schnitt PR dieser beiden Berührungsebenen ist mithin eine Erzeugende der Developpablen D, oder was dasselbe ist, der Punkt P liegt auf D.

Auf Grund dieser Eigenschaft ist es nunmehr leicht, die Ordnung der Developpablen D zu bestimmen, d. h. die Anzahl der Punkte, welche eine beliebige Gerade G des Raumes mit der Developpablen D gemein hat, festzustellen, oder mit Rücksicht auf das Vorhergegangene, die Anzahl jener Punkte auf der Geraden G, deren erste Polarflächen in Bezug auf die Fläche F die Curve L berühren, anzugeben.

Da die Fläche F von der m-ten Ordnung ist, so ist ihre erste Polarfläche von der Ordnung $(m-1)$; die Polarflächen aller Punkte der Geraden G bilden mithin, in Bezug auf die Fläche F, ein Flächenbüschel der $(m-1)$-ten Ordnung.

Nun ist (Satz 341, Band II) bekannt, dass es in einem Flächenbüschel μ-ter Ordnung:

$$\mu_1 \,.\, \mu_2 (\mu_1 + \mu_2 + 2\mu - 4)$$

Flächen gibt, welche die Schnittlinie zweier Flächen von den Ordnungen μ_1 und μ_2 berühren.

Im vorliegenden Falle ist $\mu = m-1$, $\mu_1 = m$ und $\mu_2 = m'$, mithin obige Zahl gleich:

$$m \,.\, m' [m + m' + 2(m-1) - 4] = m \,.\, m' (3m + m' - 6).$$

Dies ist somit die Anzahl jener Punkte der Geraden G, deren Polarflächen zugleich die Leitcurve L berühren, also die Zahl der Punkte, welche G mit der Developpablen gemein hat, oder mit anderen Worten: die Ordnung der Developpablen D, welche wir kurz mit r bezeichnen wollen.

Die unendlich ferne Curve U_d der Developpablen ist mithin eine Curve

$$m . m' (3m + m' - 6)\text{-ter Ordnung und}$$
$$m . m' (m - 1)\text{-ter Classe.}$$

§. 101.

Bezeichnen wir mit i die Inflexionstangenten und mit ϑ die Doppeltangenten der Curve U_d, so ist nach Plücker:

$$r = n (n - 1) - 2\vartheta - 3i$$

oder, indem wir für r und n die oben angegebenen Werte einsetzen:

$$m m' (3m + m' - 6) - m m' (m - 1) [m m' (m - 1) - 1] = -(2\vartheta + 3i).$$

Jeder Inflexionstangente i würde eine stationäre oder Wendeebene der Developpablen D entsprechen, d. h. es müssten auf der Leitcurve L Punkte vorhanden sein, in welchen die Leitfläche stationär wäre. Da es aber auf einer Fläche im allgemeinen bloß eine endliche Anzahl von Punkten gibt, welche diese Eigenschaft besitzen und dieselben demnach gleichsam nur zufällig auf der Leitcurve L liegen könnten, so folgt, dass im allgemeinen $i = 0$ ist.

Wir haben daher:

$$\begin{aligned} 2\vartheta &= m m' (m - 1) [m m' (m - 1) - 1] - m m' (3m + m' - 6) \\ &= m^2 m'^2 (m - 1)^2 - m m' (m - 1) - m m' (3m + m' - 6) \\ &= m m' [m m' (m - 1)^2 - (4m + m' - 7)] \end{aligned}$$

und hiernach die Anzahl der Doppeltangenten ϑ der unendlich fernen Curve U_d der Developpablen D gleich:

$$\vartheta = \frac{m m'}{2} [m m' (m - 1)^2 - (4m + m' - 7)].$$

Nun ist aber, wie früher gezeigt wurde, die unendlich ferne Leitlinie U_n der Normalenfläche die Reciprocalcurve der Curve U_d bezüglich des imaginären Kugelkreises. Den Doppeltangenten ϑ der letzteren entsprechen sodann Doppelpunkte δ der ersteren in gleicher Zahl, woraus folgt, dass die Anzahl der Doppelpunkte, welche die Curve U_n besitzt, ausgedrückt wird durch:

$$\delta = \frac{m m'}{2} [m m' (m - 1)^2 - (4m + m' - 7)].$$

Außer diesen δ Punkten entsprechen aber dem Schnitte der Normalenfläche mit der unendlich fernen Ebene noch andere Doppelpunkte.

Der besagte Schnitt besteht nämlich aus der Curve U_n und aus den $m.m'$ Erzeugenden der Fläche, welche die Schnittpunkte der Leitcurve L (von der $m.m'$-ten Ordnung) und der unendlich fernen Ebene mit den entsprechenden Punkten von U_n verbinden.

Diese $m.m'$ Erzeugenden schneiden sich gegenseitig in

$$\frac{mm'}{2}(mm'-1)$$

Punkten, welche die Doppelpunkte des Gesammtschnittes vorstellen. Ferner schneidet jede dieser Erzeugenden die Curve U_n in

$$mm'(m-1)$$

Punkten, von welchen einer den Berührungspunkt der unendlich fernen Ebene mit der Normalenfläche in der betreffenden Erzeugenden repräsentiert, während die übrigen

$$[mm'(m-1)-1]$$

Punkte auf jeder der mm' Erzeugenden wirkliche Doppelpunkte sind.

Es ergibt sich sonach die Zahl sämmtlicher Doppelpunkte als die Summe von:

$$\delta, \quad \frac{mm'}{2}(mm'-1) \quad \text{und} \quad mm'[mm'(m-1)-1]$$

und ist daher ausgedrückt durch:

$$\frac{mm'}{2}[2mm'(m-1)-2+mm'-1+mm'(m-1)^2-(4m+m'-7)]=$$

$$=\frac{mm'}{2}[2m^2m'-2mm'+mm'+m^3m'-2m^2m'+mm'-4m-m'+7-3]$$

$$=\frac{mm'}{2}[m^3m'-4m-m'+4].$$

Die gefundenen Doppelpunkte sind die Schnittpunkte der unendlich fernen Ebene mit der Doppelcurve der windschiefen Normalenfläche; ihre Anzahl bestimmt mithin die Ordnung dieser Doppelcurve.

Es besteht mithin der Satz:

91. „Die Doppellinie der Normalenfläche einer Fläche m-ter Ordnung längs ihres Durchschnittes mit einer Fläche m'-ter Ordnung ist eine Curve $\frac{mm'}{2}[m^3m'-4m-m'+4]$*-ter Ordnung.*

§. 102.

Es unterliegt nunmehr auch keiner weiteren Schwierigkeit, die übrigen Charaktere der Developpablen D zu bestimmen.

Bezeichnen wir wieder mit r die Ordnung, mit n die Classe der Developpablen, mit i die Inflexionstangenten ihres ebenen Schnittes und mit μ die Ordnung der zugehörigen Cuspidalcurve, so ist nach Plücker:

$$\mu - i = 3(r - n)$$

oder, da im vorliegenden Falle $i = 0$, $r = mm'(3m + m' - 6)$ und $n = mm'(m - 1)$ ist, wird:

$$\mu = 3mm'(3m + m' - 6 - m + 1) \text{ oder}$$
$$\mu = 3mm'(2m + m' - 5).$$

Benennen wir mit β die stationären Punkte der Cuspidalcurve, so erhalten wir diese nach der Plücker'schen Formel:

$$n - \beta = 3(r - \mu).$$

Nachdem $n = mm'(m - 1)$; $r = mm'(3m + m' - 6)$ und $\mu = 3mm'(2m + m' - 5)$ ist, wird:

$$\beta = n - 3(r - \mu) =$$
$$= mm'(m - 1) - 3mm'[(3m + m' - 6) - 3(2m + m' - 5)]$$
$$= mm'(m - 1 - 9m - 3m' + 18 + 18m + 9m' - 45) \text{ oder}$$
$$\beta = 2mm'(5m + 3m' - 14).$$

Für die x Doppelpunkte des ebenen Schnittes mit der Developpablen hat man die bekannte Gleichung:

$$n = r(r - 1) - 2x - 3\mu \text{ oder}$$
$$2x = r(r - 1) - n - 3\mu.$$

Für r, n und μ die entsprechenden Werte substituiert, erhält man:

$$2x = m^2m'^2(3m + m' - 6)^2 - mm'(3m + m' - 6) - mm'(m - 1) -$$
$$- 9mm'(2m + m' - 5) \text{ oder}$$
$$x = \frac{m^2m'^2}{2}(3m + m' - 6)^2 - mm'(11m + 5m' - 26).$$

§. 103.

Die Singularitäten des ebenen Schnittes der Developpablen D gelten natürlich auch für die unendliche Curve U_d derselben.

Aus vorhergegangenen Betrachtungen wissen wir, dass die unendlich ferne Curve U_n der Normalfläche zu U_d reciprok ist. Es entsprechen sonach den Singularitäten von U_d ebenfalls Singularitäten der Curve U_n und zwar in der Weise, dass den Doppel- und Rückkehrpunkten von U_d Doppel- und Inflexionstangenten von U_n und umgekehrt entsprechen.

Nachdem die Anzahl der Doppelpunkte von U_d durch:

$$x = \frac{m^2 m'^2}{2} (3m + m' - 6)^2 - mm' (11m + 5m' - 26)$$

festgestellt wurde, ergeben sich die Doppeltangenten von U_n in gleicher Zahl.

Die Rückkehrpunkte von U_d ergeben sich als die Schnittpunkte der Cuspidalkante mit der unendlich fernen Ebene; ihre Anzahl stimmt überein mit der Ordnung der Cuspidalkante, ist also gleich:

$$3mm' (2m + m' - 5),$$

durch welche Zahl mithin auch die Inflexionstangenten der Curve U_n ausgedrückt erscheinen.

Die Anzahl der Doppelpunkte von U_n wurde bereits durch:

$$\frac{mm'}{2} (m^3 m' - 4m - m' + 4)$$

festgestellt.

Bedeutet ν die Ordnung einer ebenen Curve, μ deren Classe, δ die Zahl der Doppelpunkte, $\varkappa$ jene der Rückkehrpunkte, τ die der Doppeltangenten, i die Anzahl der Inflexionstangenten und p das Geschlecht dieser Curve, so ist bekanntlich:

$$p = \frac{(\nu - 1)(\nu - 2)}{2} - \delta - \varkappa = \frac{(\mu - 1)(\mu - 2)}{2} - \tau - i.$$

Unter dem Geschlechte einer Raumcurve versteht man das Geschlecht ihrer Projection auf eine Ebene.

Das Geschlecht von U_n wird daher, da für die Leitcurve U_n

$$\nu = mm' (m - 1),$$

$$\delta = \frac{mm'}{2} [mm' (m - 1)^2 - (4m + m' - 7)] \quad \text{und} \quad \varkappa = 0$$

gefunden wurde, ausgesprochen durch:

$$\tfrac{1}{2} [mm' (m - 1) - 1] [mm' (m - 1) - 2] - \frac{m^2 m'^2}{2} (m - 1)^2 +$$
$$+ \frac{mm'}{2} (4m + m' - 7) =$$
$$= \frac{m^2 m'^2}{2} (m - 1)^2 - \frac{3mm'}{2} (m - 1) + 1 - \frac{m^2 m'^2}{2} (m - 1)^2 +$$
$$+ \frac{mm'}{2} (4m + m' - 7) = \frac{mm'}{2} (m + m' - 4) + 1.$$

Bezeichnet man ferner mit ν die Ordnung der Leitcurve L, resp. ihrer Projection auf eine Ebene, und mit h die Anzahl der scheinbaren Doppelpunkte, d. i. der durch einen beliebigen Punkt gehenden zweipunktigen Secanten der Raumcurve (Doppelpunkte ihrer Projection), so ist das Geschlecht der Leitcurve L oder beziehungsweise jenes ihrer Projection auf eine Ebene, ausgedrückt durch:

$$\tfrac{1}{2}(\nu - 1)(\nu - 2) - h.$$

Nachdem die Ordnung der Leitcurve, also auch ihrer Projection gleich $m.m'$ ist, wird die Zahl:

$$h = \frac{mm'}{2}(m - 1)(m' - 1),$$

und mithin das Geschlecht von L:

$$\tfrac{1}{2}(mm' - 1)(mm' - 2) - \frac{mm'}{2}(m - 1)(m' - 1) =$$

$$\frac{m^2 m'^2}{2} - \frac{3mm'}{2} + 1 - \frac{m^2 m'^2}{2} + \frac{mm'}{2}(m + m') - \frac{mm'}{2} =$$

$$= \frac{mm'}{2}(m + m' - 4) + 1$$

sein.

Hieraus ist gleichzeitig zu ersehen, dass die beiden Leitcurven U_n und L der Normalenflächen von gleichem Geschlechte sind. Dieses gilt, wie bekannt, für alle auf einer windschiefen Fläche verzeichneten Curven, welcher Ordnung dieselben auch immer sein mögen, indem die Erzeugenden der windschiefen Fläche auf diesen Curven ein-deutige Punktreihen bestimmen, woraus das Gesagte in der oben entwickelten Weise folgt.

§. 104.

Nach diesen Auseinandersetzungen wollen wir noch zu ermitteln suchen, wie viele Erzeugenden eine windschiefe Normalenfläche besitze, in welchen die besagte Fläche den Charakter einer aufwickelbaren Fläche annimmt, d. h. längs welcher sie eine einzige Berührungsebene zulässt, oder mit anderen Worten, wir wollen die Anzahl jener Normalen feststellen, welche von den unmittelbar folgenden geschnitten werden.

Zu diesem Behufe seien noch die nachstehenden Vorbetrachtungen angestellt.

In irgend einer Ebene seien zwei beliebige Curven C_1 und C_2 (Taf. II, Fig. 15) von den bezüglichen Classen n_1 und n_2 und von demselben Geschlechte gegeben. Dieselben seien als Enveloppen eindeutig auf einander bezogen. Jeder Tangente der einen Curve wird somit eine, aber auch nur eine Tangente der anderen entsprechen.

Der geometrische Ort der Durchschnittspunkte entsprechender Tangenten ist eine Curve K, deren Ordnung leicht zu bestimmen sein wird.

Nehmen wir eine beliebige Gerade G in der Ebene der beiden Curven C_1 und C_2 an und betrachten wir die beiden Punktreihen R_1 und R_2, welche die Tangenten der Curven C_1, resp. C_2 auf G bestimmen.

Da die Curve C_1 von der n_1-ten Classe ist, werden von einem beliebigen Punkte x_1 der Geraden G auch n_1 Tangenten an C_2 gezogen werden können, die wir mit $t^1{}_1, t^2{}_1, t^3{}_1 \ldots t^{n_1}{}_1$ bezeichnen wollen.

Jeder einzelnen dieser Tangenten entspricht eine Tangente der Curve C_2, welche wir $t^1{}_2, t^2{}_2, t^3{}_2 \ldots t^{n_1}{}_2$ nennen, während die Schnittpunkte derselben mit der Geraden G durch $x^1{}_2, x^2{}_2, x^3{}_2 \ldots x^{n_1}{}_2$ gegeben seien. Betrachten wir den Punkt x_1 als Element der Reihe R_1, so entsprechen demselben in der Reihe R_2 die n_1-Punkte $x^1{}_2, x^2{}_2, x^3{}_2 \ldots x^{n_1}{}_2$ und auf gleiche Weise werden einem Punkte y_2 der Reihe R_2 n_2-Punkte $y^1{}_1, y^2{}_1, y^3{}_1 \ldots y^{n_2}{}_1$ der Reihe R_1 entsprechen.

Die beiden Reihen R_1 und R_2 sind mithin in der Weise auf einander bezogen, dass einem Punkte der einen, n_1 Punkte der zweiten und umgekehrt einem Punkte der zweiten Reihe, n_2 Punkte der ersten entsprechen.

Nach dem Chasles'schen Correspondenzprincipe besitzen diese beiden auf G liegenden Reihen $n_1 + n_2$ Doppelpunkte, d. h. es kömmt $(n_1 + n_2)$-mal vor, dass ein Punkt der einen Reihe mit seinem entsprechenden Punkte auf der anderen Reihe coincidirt.

Auf einer beliebigen Geraden G gibt es also $(n_1 + n_2)$ Punkte, in welchen sich entsprechende Tangenten der beiden Curven C_1 und C_2 schneiden, und die Curve, welche die Schnittpunkte entsprechender Tangenten von C_1 und C_2 erzeugen, ist von der $(n_1 + n_2)$-ten Ordnung.

§. 105.

Sei R eine windschiefe Fläche m-ter Ordnung und r-ten Ranges, wobei wir unter Rang die Classe eines ebenen Schnittes der Fläche verstehen, und nehmen wir an, c_1 und c_2 (Taf. II, Fig. 16) seien zwei ebene Schnitte der windschiefen Fläche R, also der Voraussetzung gemäß Curven r-ter Classe.

Die Developpablen D_1 und D_2, welche der windschiefen Fläche R längs der beiden ebenen Schnitte c_1 und c_2 umschrieben gedacht werden können, sind selbstverständlich gleichfalls von der r-ten Classe.

Die geradlinigen Erzeugenden der windschiefen Fläche R schneiden die beiden Curven c_1 und c_2 in ein-deutigen Punktreihen; es können somit auch die Tangenten der Curven c_1 und c_2 in entsprechenden, d. i. in solchen Punkten ξ_1 und ξ_2, welche eine Erzeugende g von R auf c_1 und c_2 bestimmt, ein-deutig aufeinander bezogen werden.

Dasselbe gilt aber auch von den Berührungsebenen der Developpablen D_1 und D_2. Die Ebene, welche durch g und die Tangente t_1 im Punkte ξ_1 geht, berührt die windschiefe Fläche in dem nämlichen Punkte ξ, ist mithin eine erzeugende Ebene (Tangentialebene) der Developpablen D_1. Andererseits ist die Ebene durch g und die Tangente t_2 im Punkte ξ_2, die Berührungsebene der windschiefen Fläche im Punkte ξ_2, folglich auch eine erzeugende Ebene der Developpablen D_2.

Die erzeugenden Ebenen oder Berührungsebenen der beiden Developpablen D_1 und D_2 sind aber derart aufeinander bezogen, dass solche Ebenen, welche die windschiefe Fläche R in entsprechenden Punkten ξ_1 und ξ_2 der Curve c_1 und c_2 berühren, einander entsprechen.

Denken wir uns die beiden Developpablen D_1 und D_2, welche ebenso wie ihre Leitlinien c_1 und c_2 von der r-ten Classe sind, durch eine beliebige Ebene E geschnitten, so ergeben sich zwei Curven r-ter Classe als Schnitte, deren Tangenten, indem sie Schnitte der Ebene E mit den Berührungsebenen der Developpablen D_1 und D_2 vorstellen, gleichfalls ein-deutig einander entsprechen werden.

Nach Früherem ist die Curve, welche sich als geometrischer Ort der Schnittpunkte entsprechender Tangenten von C_1 und C_2 ergibt, von der $2r$-ten Ordnung.

Berücksichtigt man aber, dass je zwei entsprechende Ebenen der Developpablen D_1 und D_2 immer eine Erzeugende der windschiefen Fläche gemein haben, so ist klar, dass deren Schnitte mit der Ebene E, d. s. die entsprechenden Tangenten der Curven C_1 und C_2 sich in jenem Punkte treffen werden, in welchem die besagte Erzeugende die Ebene E schneidet, so dass die Curve, welche von den Schnittpunkten entsprechender Tangenten der C_1 und C_2 erzeugt wird, mit dem Schnitte der windschiefen Fläche R und der Ebene E identisch ist.

Da aber in dieser Hinsicht die Ordnung des Schnittes gleich jenem der Regelfläche R, also gleich m ist, während früher die Ordnung gleich $2r$ gefunden wurde, so ist leicht einzusehen, dass es unter den Tangenten von C_1 und C_2 solche geben müsse, welche mit ihren entsprechenden Tangenten zusammenfallen und hiermit offenbar Gerade repräsentieren, welche zu dem Erzeugnisse der Schnittpunkte entsprechender Tangenten mitgehören.

Der Gesammtort derselben ist von der $2r$-ten Ordnung; ein Theil hiervon stellt eine Curve m-ter Ordnung dar und sonach ergibt sich die Anzahl der Paare zusammenfallender, entsprechender Tangenten als die Differenz

$$(2r - m).$$

Nun ist aber weiters klar, dass sich die beiden Curven c_1 und c_2 auf der Regelfläche R in m Punkten schneiden. Die letztgenannten m Punkte sind nämlich jene, in welchen die Schnittgerade ihrer Ebenen die Regelfläche trifft. Die Berührungsebenen der windschiefen Fläche in diesen m Punkten sind gleichzeitig erzeugende Ebenen der beiden Developpablen D_1 und D_2.

Unter den vorerwähnten $2r - m$ Geraden, welche zusammenfallende entsprechende Tangenten von C_1 und C_2 vorstellen, rühren demnach m derselben von den obgenannten Ebenen her, so zwar, dass sich nunmehr noch ein Rest von

$$2\,(r - m)$$

herausstellt.

Durch das Vorausgeschickte wurde weiters klargelegt, dass zwei entsprechende Ebenen der Developpablen D_1 und D_2 eine Erzeugende von R gemein haben. Unter allen Paaren solch entsprechender Ebenen gibt es demnach $2\,(r - m)$ derselben, welche noch eine zweite Gerade, d. i. ein Paar zusammenfallender Tangenten von C_1 und C_2 gemein haben, oder es gibt $2\,(r - m)$ zusammenfallende entsprechende Ebenen der Developpablen D_1 und D_2.

Jede dieser Ebenen berührt die windschiefe Fläche in zwei verschiedenen Punkten einer Erzeugenden und folglich in allen Punkten derselben. Letzteres ist aber nur dann möglich, wenn diese Erzeugende von der unmittelbar folgenden geschnitten wird.

Wir gelangen mithin zu dem Resultate, dass eine windschiefe Regelfläche m-ter Ordnung und r-ten Ranges

$$2\,(r - m)$$

Erzeugende besitzt, in welchen sie den Charakter einer aufwickelbaren Fläche annimmt, also $2\,(r - m)$ Erzeugende besitze, die von den unmittelbar benachbarten geschnitten werden.

§. 106.

Um das Nachgewiesene auf die Normalenfläche anzuwenden, wird es nothwendig sein, deren Ordnung und Rang zu bestimmen.

Was die Ordnung betrifft, so wurde dieselbe durch

$$m^2 . m'$$

festgestellt, welche Ordnungszahl, wie wir wissen, auch mit der eines ebenen Schnittes derselben übereinstimmt.

Die Classe r des letzteren, d. i. der Rang der Normalenfläche ergibt sich aus der Plücker'schen Gleichung:

$$r = \mu (\mu - 1) - 2\delta - 3\varkappa,$$

in welcher bekanntlich μ die Ordnung, δ die Zahl der Doppelpunkte und $\varkappa$ jene der Rückkehrpunkte bezeichnet. Nun ist aber

$$\mu = m^2 . m'$$

und da die Normalenfläche eine Doppelcurve

$$\frac{m m'}{2} (m^3 m' - 4m - m' + 4)\text{-ter Ordnung}$$

besitzt, ist δ gleich dieser Ordnungszahl, während $\varkappa$, nachdem im Schnitte keine Rückkehrpunkte vorkommen, gleich Null ist.

Es ergibt sich sonach:

$$r = m^2 m' (m^2 m' - 1) - m m' (m^3 m' - 4m - m' + 4) \text{ oder}$$
$$r = m m' [3m + m' - 4].$$

Greifen wir auf das vor dem in der allgemeinen Entwicklung erhaltene Resultat $2 (r - m)$ zurück, wodurch die Anzahl der Torsallinien, d. h. jener Erzeugenden fixiert wurde, in welchen die windschiefe Regelfläche den Charakter einer aufwickelbaren annimmt, so erhalten wir durch Substitution auf den vorliegenden Fall angewendet:

$$2 [m m' (3m + m' - 4) - m^2 m'] \text{ oder}$$
$$2 m m' (2m + m' - 4)$$

woraus der Satz folgt:

92. „Die Normalenfläche einer Fläche m-ter Ordnung längs ihres Schnittes mit einer Fläche m'-ter Ordnung besitzt $2 m m' (2m + m' - 4)$ gerade Erzeugende, welche von ihren unmittelbar folgenden geschnitten werden, oder längs welcher sie den Charakter einer aufwickelbaren Fläche annimmt.

Diese Erzeugendenzahl lässt sich übrigens auch durch den Charakter der ursprünglichen Leitfläche zum Ausdrucke bringen.

Nach Früherem ist nämlich m die Ordnung, $r = m\,(m - 1)$ der Rang oder die Classe eines ebenen Schnittes derselben. Die Classe der Leitcurve L wurde eingangs durch

$$\varrho = mm'\,(m - 1),$$

ihre Ordnungszahl durch

$$\mu = mm'$$

bestimmt und die Zahl α' der Inflexionstangenten der Leitfläche in Punkten der Leitlinie wurde durch

$$\alpha = mm'\,(3m + 2\,m' - 8)$$

festgestellt; es ist hiernach:

$$\mu + \varrho + \alpha' = mm' + mm'\,(m - 1) + mm'\,(3m + 2m' - 8) =$$
$$= 2mm'\,(2m + m' - 4),$$

welches Resultat mit dem obigen in voller Übereinstimmung ist.

De la Gournerie nennt, wie bereits mehrfach erwähnt, derartige Erzeugende einer windschiefen Fläche, welche von den unmittelbar folgenden geschnitten werden, „Kanten" der windschiefen Fläche und die obbezeichneten Schnittpunkte „Spitzen" derselben.

§. 107.

Es wird nun auch keinem Anstande unterliegen, dem vorher aufgestellten Satze über die $2mm'(2m + m' - 4)$ Kanten (Torsallinien) der Normalenfläche eine etwas andere Fassung zu geben, und wollen wir zur Erreichung unseres Zweckes folgende Betrachtung anstellen.

Jede Erzeugende der Normalenfläche ist eine Normale der gegebenen Leitfläche. Schneiden sich zwei unmittelbar aufeinander folgende Normalen der Leitfläche, so ist die Verbindungslinie ihrer Fußpunkte ein Element einer Krümmungslinie der Leitfläche.

Hiernach ist einleuchtend, dass die Leitcurve L der Normalenfläche $2mm'(2m + m' - 4)$ Elemente besitzt, welche gleichzeitig Elemente von Krümmungslinien sind, oder mit anderen Worten, dass die Leitcurve L von

$$2mm'\,(2m + m' - 4)$$

Krümmungslinien der Fläche berührt wird.

Auf Grund dieser einfachen Erörterung lässt sich der obige Satz in folgende Form bringen:

93a. „Unter den Krümmungslinien einer Fläche m-ter Ordnung gibt es immer $2mm'(2m + m' - 4)$, welche die Schnittcurve dieser Fläche mit einer Fläche m'-ter Ordnung berühren", oder:

93b. „Eine Curve mm'-ter Ordnung hat auf einer Fläche m-ter Ordnung $2mm'(2m + m' - 4)$ Krümmungslinien-Tangenten.

Ist speciell $m' = 1$, d. h. ist die Leitlinie für die Normalenfläche ein ebener Schnitt der Leitfläche, so ist die Zahl der Kanten (Torsallinien) der Normalenfläche:

$$2m(2m - 3).$$

Diese Zahl drückt aus, wie groß die Anzahl der Krümmungslinien der Fläche ist, welche eine Ebene, oder was dasselbe ist, einen ebenen Schnitt der Leitfläche berühren.

§. 108.

Da auf Grund der angestellten Untersuchungen die Normalenfläche einer beliebigen Fläche F längs einer Leitcurve L identisch ist mit der Normalenfläche der Developpablen D, welche der Fläche F längs der Curve L umschrieben ist, so drängt sich uns die Ansicht auf, dass es von Nutzen sein dürfte, die Normalenflächen der aufwickelbaren Flächen einer eingehenderen Betrachtung und Untersuchung zu unterziehen.

Setzen wir zu diesem Zwecke voraus, die Cuspidalkante der Developpablen sei durch die Schnittlinie zweier Flächen m-ter und m'-ter Ordnung, mithin durch eine Curve mm'-ter Ordnung gegeben. Der Annahme gemäß ist sodann (nach Satz 315, Band II) die Ordnung der Developpablen:

$$mm'(m + m' - 2),$$

und die Classe der Developpablen:

$$3mm'(m + m' - 3).$$

Die Normalen der aufwickelbaren Fläche stehen auf den Berührungsebenen derselben senkrecht. Die unendlich fernen Punkte der Normalen sind infolge dessen polarreciprok zu den unendlich fernen Geraden der betreffenden Berührungsebenen der Developpablen in Bezug auf den unendlich fernen Kugelkreis.

Die unendlich ferne Leitlinie einer jeden Normalenfläche der Developpablen ist also die Reciprocalcurve der unendlich fernen Curve der Developpablen in Bezug auf den imaginären Kugelkreis, mithin eine Curve

$$3mm'(m + m' - 3)\text{-ter Ordnung.}$$

Nachdem das Gesagte von der Form und den Charakteren der Leitcurve der Normalenflächen unabhängig ist, ergibt sich als unmittelbare Folgerung der Satz:

94. *„Sämmtliche Normalenflächen einer Developpablen haben jene Curve im Unendlichen gemein, welche sich als Reciproke der unendlich fernen Curve der Developpablen in Bezug auf den imaginären Kugelkreis ergibt.*

Nehmen wir als Leitcurve für die Normalenfläche insbesondere die Cuspidalkante (Cuspidalcurve) der Developpablen an, so erhalten wir als Normalenfläche jene windschiefe Fläche, welche unter dem Namen der „Fläche der Binormalen" für diese Cuspidalcurve bekannt ist.

Jede Erzeugende der Normalenfläche ist diesfalls eine Gerade, welche durch einen Punkt der Cuspidalcurve senkrecht zu der zugehörigen Schmiegungsebene geführt wird und daher die Binormale der Cuspidalcurve in dem betreffenden Punkte repräsentiert.

Die bezeichnete Normalenfläche ist sonach durch zwei Leitlinien, d. i. durch die Cuspidalcurve mm'-ter Ordnung und durch die unendlich ferne Leitlinie, welche von der $3mm'(m+m'-3)$-ten Ordnung ist, gegeben.

Die Erzeugenden sind Gerade, welche die Elemente zweier eindeutigen (projectivischen) Reihen auf den bezeichneten Curven miteinander verbinden; es ergibt sich sonach der Grad der Fläche als die Summe der Ordnungen ihrer Leitlinien und ist daher:

$$mm' + 3mm'(m + m' - 3) = mm'(3m + 3m' - 8).$$

Hieraus folgt der Satz:

95. *„Der Grad der Binormalenfläche einer Raumcurve, welche sich als Schnitt zweier Flächen von den Ordnungen m und m' ergibt, ist ausgedrückt durch: $mm'(3m + 3m' - 8)$.*

§. 109.

Eine weitere Eigenschaft, welche sich auf alle Normalflächen einer und derselben aufwickelbaren Fläche bezieht, ergibt sich durch folgende Betrachtung.

Die unendlich ferne Leitcurve aller Normalenflächen einer aufwickelbaren Fläche ist die Polarreciproke der unendlich fernen Curve dieser Developpablen.

Bezeichnen wir diese beiden unendlich fernen Curven wieder beziehungsweise mit U_n und U_d, so entspricht jeder Tangente von U_d ein Punkt der U_n derart, dass die durch die Tangente geführte erzeugende Ebene der Developpablen D zu der durch den entsprechenden Punkt gehenden Erzeugenden der Normalenfläche senkrecht steht.

Umgekehrt wird aber auch jeder Tangente von U_n ein Punkt auf U_d in der Weise entsprechen, dass eine durch die erstere gelegte Ebene zu einer durch den letzteren gehende Gerade senkrecht ist.

Nennen wir daher l eine Erzeugende der Developpablen D und B die zugehörige Berührungsebene, welche die unendlich ferne Ebene in einer Tangente t_b der Curve U_d schneidet. Der Berührungspunkt von t_b ist der unendlich ferne Punkt u_l der Erzeugenden l. Seï ferner g jene Erzeugende der Normalenfläche, welche auf der Ebene B senkrecht steht, so wird ihr unendlich ferner Punkt u_g der Curve U_n angehören und reciprok der Tangente t_b entsprechen.

Denken wir uns die Tangente t_a im Punkte u_g der Curve U_n hinzu, so entspricht diese reciprok dem Punkte u_l der Curve U_d und die durch g und diese Tangente t_a gelegte Ebene A wird mithin auf der Erzeugenden der Developpablen D senkrecht stehen.

Bei näherer Betrachtung der so erhaltenen Ebene A finden wir, dass dieselbe die asymptotische Ebene der windschiefen Normalenfläche für die Erzeugende g sei, oder was dasselbe ist, dass diese Ebene die windschiefe Normalenfläche im unendlich fernen Punkte u_g der Erzeugenden g berühre. Dieselbe enthält nämlich einerseits die bezeichnete Erzeugende, andererseits die unendlich ferne Tangente t_a im Punkte u_g und berührt somit die Fläche in dem letztgenannten Punkte.

Hieraus ist gleichzeitig zu ersehen, dass die asymptotische Ebene der Normalenfläche für eine ihrer Erzeugenden g senkrecht stehe zu der entsprechenden Erzeugenden l der Developpablen D. Die durch g und l gelegte Ebene S wird mithin auf der asymptotischen Ebene senkrecht stehen.

Nun ist bekannt, dass eine Ebene wie S, welche durch die Erzeugende g einer windschiefen Fläche senkrecht zu der asymptotischen Ebene dieser Erzeugenden gelegt wird, die windschiefe Fläche in dem Centralpunkte dieser Erzeugenden g, d. i. in jenem Punkte, welcher der Strictionslinie angehört, berührt.

Weiters haben wir zu beachten, dass die Ebene S, da sie durch die Normale g und die Erzeugende l der Developpablen D geht, zu der Tangentialebene B der letzteren senkrecht stehe. Nachdem aber l eine Tangente der Cuspidalcurve der Developpablen und B die zugehörige Schmiegungsebene ist, wird die durch l zu B senkrecht geführte Ebene eine rectificierende Ebene der Cuspidalcurve sein.

Auf Grund dieses Ergebnisses gelangen wir zu dem Resultate, dass alle Centralebenen der Normalenfläche einer Developpablen D, d. i. alle Ebenen, welche eine windschiefe Normalenfläche in Punkten ihrer Strictionslinie berühren, gleichzeitig rectificierende Ebenen jener Developpablen seien.

Die aufwickelbare Fläche also, welche der windschiefen Normalenfläche längs ihrer Strictionslinie umschrieben werden kann, ist die rectificierende Fläche der Cuspidalcurve der developpablen Leitfläche D.

Aus dem Umstande endlich, dass bei unserer Betrachtung die Leitcurve L der Normalenfläche auf der Developpablen ganz und gar unbestimmt gelassen wurde, wird anstandslos gefolgert werden können, dass obige Eigenschaft für alle Normalenflächen einer und derselben Developpablen D gilt. Wir können somit den Satz aufstellen:

96. „Die rectificierende Fläche einer Raumcurve berührt sämmtliche Normalenflächen der zu dieser Raumcurve gehörenden Tangentenfläche längs ihrer Strictionslinien.“

Unter den Normalenflächen einer aufwickelbaren Fläche haben wir bereits früher diejenige hervorgehoben, welche zur Leitlinie die Cuspidalcurve der Developpablen hat und die Binormalenfläche dieser Cuspidalcurve vorstellt. Auch diese wird, dem vorhergehenden Satze gemäß, von der rectificierenden Fläche der Cuspidalcurve längs ihrer Strictionslinie berührt.

Man sieht aber sofort, dass diese Berührungslinie keine andere, als die Cuspidalcurve selbst ist, so dass der Satz gilt:

97. „Die Strictionslinie der Binormalenfläche einer Raumcurve ist diese Raumcurve selbst.“

§. 110.

Im allgemeinen ist die Leitlinie der Normalenfläche nicht auch gleichzeitig die Strictionslinie der Normalenfläche, obwohl man hiezu leicht irrthümlich durch die Thatsache verleitet werden könnte, dass sämmtliche Erzeugende der Normalenfläche auf der Leitlinie senkrecht stehen.

Wir wollen hier untersuchen, wann der fragliche Fall wirklich eintritt.

Es wurde in dem Vorhergehenden bewiesen, dass die Normalenfläche einer aufwickelbaren Fläche längs ihrer Cuspidalcurve die Binormalenfläche der letzteren repräsentiere und dass die Cuspidalkante (Cuspidalcurve) in diesem Falle gleichzeitig die Strictionslinie der Binormalenfläche sei.

Nun ist aber weiters auch klar, dass die Cuspidalcurve einer aufwickelbaren Fläche die einzige Curve auf derselben ist, welche, als Leitlinie der Normalenfläche angenommen, zugleich die Strictionslinie der letzteren darstellt.

Sei also F irgend eine Fläche, L eine auf derselben gegebene Curve als Leitlinie für die Normalenfläche und endlich D die der Fläche F längs der Curve L umschriebene Developpable.

Da die Fläche F und die ihr umschriebene Developpable D längs der gemeinschaftlichen Berührungscurve L die nämliche Normalenfläche besitzen, so ist hieraus die Bedingung leicht zu erkennen, welcher L genügen muss, um gleichzeitig die Strictionslinie repräsentieren zu können.

Die Curve L muss nämlich in diesem Falle zu gleicher Zeit auch Cuspidalcurve der Developpablen sein oder mit anderen Worten, die Curve L auf der Fläche F muss die Eigenschaft besitzen, dass ihre Schmiegungsebenen zugleich auch die Fläche F berühren. Eine Curve von dieser Eigenschaft wird bekanntlich (§. 286, Band II) eine parabolische Linie der Fläche F genannt. Wir gelangen hiernach zu dem Satze:

98. „*Wird als Leitlinie für die Normalenfläche auf einer beliebigen Fläche die parabolische Linie der letzteren angenommen, so repräsentiert diese gleichzeitig die Strictionslinie der Normalenfläche.*“

§. 111.

In dem Vorhergegangenen wurde ferner gezeigt, dass die asymptotische Ebene der Normalenfläche einer Developpablen für eine Erzeugende der ersteren senkrecht stehe auf der entsprechenden geradlinigen Erzeugenden der letzteren.

Diese Eigenschaft führt unter einer bestimmten Voraussetzung über die Natur der Leitcurve zu einem höchst wichtigen Satze.

Setzen wir nämlich voraus, es sei C (Taf. II, Fig. 17) die Cuspidalcurve der developpablen Leitfläche D. Als Leitlinie L für die Normalenfläche nehmen wir eine sogenannte orthogonale Trajectorie (Filarevolvente) der Raumcurve C, d. i. eine Curve auf der Developpablen D an, welche sämmtliche Erzeugenden derselben rechtwinklig schneidet.

Sei l eine Erzeugende der Developpablen, welche die vorgenannte Trajectorie L im Punkte m treffen mag. Die Tangente t an L im Punkte m ist, der Voraussetzung gemäß, senkrecht zu l. Ferner sei

g die Normale der Developpablen D im Punkte m, also eine Erzeugende der Normalenfläche.

Die asymptotische Ebene A der Normalenfläche für die Erzeugende g ist, wie bereits nachgewiesen, senkrecht zu l. Dieselbe enthält mithin auch die zu l senkrechte Gerade t. Die Trajectorie L ist eine Curve der Normalenfläche und t ihre Tangente im Punkte m. Die Ebene A, welche durch die Erzeugende g geht und diese Tangente t enthält, berührt demnach die Normalenfläche nicht nur in dem unendlich fernen Punkte von g, sondern auch im Punkte m der nämlichen Erzeugenden.

Wir wissen aber, dass eine windschiefe Fläche von einer Ebene, welche durch eine ihrer Erzeugenden gelegt wird, nur in einem Punkte dieser letzteren berührt wird.

Tritt mithin der Fall ein, dass eine Ebene, welche durch eine geradlinige Erzeugende einer Regelfläche geht, diese in zwei Punkten berührt, so kann diese Fläche nur eine aufwickelbare sein und wird dieselbe in allen anderen Punkten der besagten Erzeugenden mit den oberwähnten Ebenen eine Berührung eingehen müssen.

Man ersieht hieraus, das die Normalenfläche der aufwickelbaren Fläche D längs der orthogonalen Trajectorie L keine windschiefe, sondern eine aufwickelbare Fläche ist, dass also die Trajectorie L eine Krümmungslinie der entwickelbaren Fläche D sei.

Das Gesagte gilt selbstverständlich von allen orthogonalen Trajectorien.

Weiters ist klar, dass die geradlinigen Erzeugenden der Developpablen D gleichfalls Krümmungslinien der Fläche sind, indem letztere in allen Punkten einer solchen Erzeugenden von einer und derselben Ebene berührt wird. Die Normalen werden demnach ebenfalls eine Ebene repräsentieren, welche gleichzeitig die retificierende Ebene der Cuspidalcurve ist. Es folgt hieraus der bekannte Satz:

99. „Auf einer developpablen Fläche bilden die geradlinigen Erzeugenden das eine System, die orthogonalen Trajectorien dagegen das andere System von Krümmungslinien.“

Bei einer aufwickelbaren Fläche vertritt, wie wir wissen, die Cuspidalcurve die Stelle der Strictionslinie; es werden daher auch, nach einem vorher angeführten Satze, die Cuspidalcurven aller entwickelbaren Normalenflächen einer Developpablen D auf der rectificierenden Fläche der Cuspidalcurve C von D liegen.

§. 112.

Bei intensiverem Eingehen und näherer Betrachtung der erzielten Resultate gelangen wir noch zu einer äußerst interessanten Eigenschaft, die wir hier nicht unerörtert lassen wollen.

Wie erwähnt, ist die durch g und t (Taf. II, Fig. 17) gehende Ebene A eine Berührungsebene der aufwickelbaren Normalenfläche und g die Berührungserzeugende auf der letzteren.

Bezeichnen wir die zu der developpablen Normalenfläche gehörende Cuspidalkante mit C_L, so ist g eine Tangente von C_L und die Ebene A die zugehörige Schmiegungsebene.

Führen wir durch g zu A eine senkrechte Ebene, so berührt diese gleichfalls die Curve C_L und wird zur rectificierenden Ebene von C_L. Ferner erhält aber dieselbe Ebene auch die Erzeugende L der gegebenen Developpablen und steht auf der Berührungsebene B, der ursprünglichen Developpablen D längs l, senkrecht, da in ihr die zu dieser Ebene senkrechte Gerade gelegen ist; dieselbe ist somit auch eine rectificierende Ebene der Cuspidalcurve C der Developpablen D.

Hiedurch ist sichergestellt, dass sämmtliche rectificierende Ebenen der Cuspidalcurve C der Leitdeveloppablen D gleichzeitig rectificierende Ebenen für die Cuspidalkanten aller entwickelbaren Normalenflächen von D sind, oder mit anderen Worten: dass die rectificierende Fläche von C auch rectificierende Fläche für die Cuspidalcurven aller aufwickelbaren Normalenflächen von D sei, dass also die Cuspidalcurven der letzteren geodätische Linien der rectificierenden Fläche der Cuspidalcurve C von D sind.

Bezeichnen wir der Kürze halber eine aufwickelbare Normalenfläche irgend einer beliebigen Fläche als „Normalentorse", so können wir den Satz aufstellen:

100. „Die rectificierende Fläche einer Raumcurve ist gleichzeitig auch rectificierende Fläche für die Cuspidalcurven aller Normalentorse der zu dieser Raumcurve gehörenden Tangenten-Developpablen", oder:

101. „Die Cuspidalcurven aller Normalentorse einer developpablen Fläche sind geodätische Linien auf der rectificierenden Fläche der Cuspidalcurve jener Leitdeveloppablen.

§. 113.

Ist eine Developpable von der m - ten Ordnung und n - ten Classe, so gilt dasselbe auch von einem ebenen Schnitte derselben.

Die Normalenfläche der Developpablen längs dieses ebenen Schnittes ist vom

$$(m + n)\text{-ten Grade,}$$

da die eine Leitlinie S der Normalenfläche von der m-ten Ordnung und die unendlich ferne Leitlinie U_n, als Reciproke der unendlich fernen Curve U_d der Developpablen, von der n-ten Ordnung ist.

Denken wir uns die Ebene des Schnittes S als Projectionsebene, so sind die Tangenten an S gleichzeitig die Tracen der Berührungsebenen der Developpablen in den Punkten von S, mithin die Normalen der Curve S zu gleicher Zeit auch die Projectionen der Flächennormalen auf die Ebene des Schnittes S, oder was dasselbe ist, die Evolute der Curve S ist die orthogonale Contour der windschiefen Normalenflächen auf der Ebene der Leitlinie S.

Nachdem aber, wie wir wissen, die Contour einer windschiefen Fläche μ-ten Grades eine Curve μ-ter Classe ist, wird die Evolute der Curve S von der

$$(m + n)\text{-ten Classe}$$

sein. Hiernach ergibt sich der Chasles'sche Satz:

102. „*Von einem Punkte aus können an eine Curve m-ter Ordnung und n ter Classe* $(m + n)$ *Normalen gezogen werden*", oder:

103. „*Die Evolute einer ebenen Curve m-ter Ordnung und n-ter Classe ist eine Curve* $(m + n)$*-ter Classe.*"

§. 114.

Auch die Ordnung der Evolute einer Curve m-ter Ordnung und n-ter Classe lässt sich durch eine einfache Betrachtung über Normalenflächen anstandslos ermitteln.

Setzen wir voraus, es werde durch die Curve $C(m, n)$ eine aufwickelbare Fläche gelegt. Die Normalenfläche der letzteren längs der Curve C ist, wie vorher gezeigt, eine windschiefe Fläche vom $(m + n)$-ten Grade. Die orthogonale Contour der Normalenfläche auf der Ebene der Leitcurve C (letztere als Projectionsebene betrachtet) ist, wie bereits nachgewiesen, die Evolute der Curve C.

Es ist klar, dass die Contour einer Fläche auf irgend eine Ebene von der nämlichen Ordnung ist, wie der der Fläche aus einem beliebigen Punkte umschriebene Kegel. Diese ist aber, wenn wir die Ordnung der Fläche mit μ und jene ihrer Doppelcurve mit b bezeichnen, (vorausgesetzt, dass die Fläche keine Cuspidalcurve besitzt), ausgedrückt durch:

$$\mu(\mu - 1) - 2b.$$

Für die Normalenfläche ist:

$$\mu = m + n.$$

Die Ordnung b der Doppelcurve ergibt sich wie folgt. Die Normalenfläche entsteht als Ort der Verbindungsstrahlen entsprechender Punkte zweier ein-deutigen (projectivischen) Punktreihen, deren eine auf der ebenen Leitcurve m-ter Ordnung und deren zweite auf der im Unendlichen liegenden Leitcurve n-ter Ordnung sich vorfindet.

Der Schnitt der Normalenfläche mit der unendlich fernen Ebene besteht, außer der betreffenden Curve, aus den m Erzeugenden, welche die m Schnittpunkte der Curve C mit der unendlich fernen Ebene mit den ihnen entsprechenden Punkten auf U_n verbinden.

Dieser unendlich ferne Gesammtschnitt besitzt einerseits die τ eigentlichen Doppelpunkte, andererseits die i eigentlichen Rückkehrpunkte der Curve U_n und ferner die $\frac{m}{2}(m-1)$ Schnittpunkte der m Erzeugenden untereinander. Endlich schneidet jede dieser m Erzeugenden die Curve U_n in n Punkten, wovon einer ein Berührungspunkt der Fläche mit der unendlich fernen Ebene, die übrigen $(n - 1)$ dagegen Doppelpunkte sind.

Die Gesammtheit aller Doppelpunkte ist hiernach:

$$m(n - 1) + \frac{m}{2}(m - 1) + \tau + i \quad \text{oder:}$$

$$mn + \frac{m}{2}(m - 3) + \tau + i.$$

Die Zahlen τ und i lassen sich leicht durch Charaktere der gegebenen Leitcurve C, welche m-ter Ordnung und n-ter Classe ist, ausdrücken.

Da nämlich die Curve U_n die Polarreciproke zu der unendlich fernen Curve der Developpablen, also eine Curve von der Ordnung n und der Classe m ist, bedeutet τ auch die Anzahl der Doppeltangenten und i jene der Inflexionstangenten der gegebenen Curve C.

Setzen wir i als bekannt voraus, so folgt aus der Plückerschen Formel:

$$m = n(n - 1) - 2\tau - 3i$$

$$\tau = \tfrac{1}{2}[n(n - 1) - m - 3i]$$

und sonach für die obangegebene Zahl der Doppelpunkte (im Unendlichen):

$$mn + \frac{m}{2}(m-3) + \tfrac{1}{2}[n(n-1) - m - 3i] + i \quad \text{oder:}$$

$$\tfrac{1}{2}[(m+n)^2 - 4m - n - i],$$

welche Zahl offenbar auch die Ordnung b der Doppelcurve der Normalenfläche bestimmt.

Mithin wird die Ordnung des der Normalenfläche aus einem Punkte umschriebenen Kegels, oder mit anderen Worten, die Ordnung ihrer Projection (Contour) auf eine Ebene oder endlich die Ordnung der Evolute der ebenen Leitcurve ausgedrückt durch:

$$(m+n)(m+n-1) - [(m+n)^2 - 4m - n - i] =$$
$$3m + i.$$

Die eben gefundene Zahl $(3m + i)$ ist aber, wenn $\varkappa$ die Anzahl der Rückkehrpunkte der gegebenen Curve bedeutet, nach der Plücker'schen Gleichung:

$$i - \varkappa = 3(n - m) \quad \text{auch gleich:}$$
$$3n + \varkappa.$$

Hieraus folgt der Satz:

104. „Die Ordnung der Evolute einer ebenen Curve m-ter Ordnung und n-ter Classe mit i Inflexionstangenten und $\varkappa$ Rückkehrpunkten ist durch $3m + i = 3n + \varkappa$ bestimmt.“

§. 115.

Bisher haben wir für die Normalenflächen auf developpablen Flächen nur solche Curven als Leitlinien in Betracht gezogen, welche mit jeder Erzeugenden der Developpablen bloß einen Punkt gemein haben.

Im folgenden wollen wir allgemeiner vorgehen und voraussetzen, die Leitlinie der Normalenfläche auf der Developpablen sei der vollständige Durchschnitt dieser Fläche mit irgend einer beliebigen Fläche μ-ter Ordnung. Der Grad der Normalenfläche ist zu bestimmen.

Es sei D die gegebene Leitdeveloppable, L ihr vollständiger Durchschnitt mit der Fläche μ-ter Ordnung und, der Annahme gemäß, gleichzeitig die Leitlinie für die Normalenfläche. Als zweite Leitlinie für die letztgenannte Fläche erhalten wir jene unendlich ferne Curve U_n, welche zu der im Unendlichen liegenden Curve U_d der Developpablen, in Bezug auf den imaginären Kugelkreis im Unendlichen, polarreciprok ist.

Jede Erzeugende der Developpablen D wird offenbar von der Fläche μ-ter Ordnung in μ Punkten geschnitten, welche Schnittpunkte sämmtlich der Curve L angehören. Es hat sonach die Leitcurve L der Normalenfläche mit jeder Erzeugenden der Developpablen D, μ Punkte gemeinschaftlich.

Denken wir uns die Tangentialebene der Developpablen längs einer ihrer Erzeugenden g construiert, so ergeben sich die Erzeugenden der Normalenfläche in den μ Punkten, welche g mit L gemein hat, als die Senkrechten zu dieser Berührungsebene. Dieselben sind somit untereinander parallel und der ihnen gemeinschaftliche unendlich ferne Punkt wird offenbar der Leitcurve U_n der Normalenfläche angehören.

Hieraus ist zu ersehen, dass es unendlich viele Gruppen von je μ parallelen Erzeugenden auf der Normalenfläche gebe, dass also mit anderen Worten, durch jeden Punkt der unendlich fernen Leitcurve U_n, μ Erzeugende der Normalenfläche gehen. Besagte Curve ist somit eine μ-fache Leitlinie der Normalenfläche.

Die Normalenfläche entsteht mithin als Erzeugnis der Verbindungsstrahlen entsprechender Punkte zweier Punktreihen auf den Curven L und U_n, welche derart mit einander verwandt sind, dass einem Punkte von U_n, μ Punkte auf L; jedem Punkte von L hingegen nur ein einziger Punkt von U_n entspricht.

Setzen wir voraus, es sei m die Ordnung und n die Classe der gegebenen Leitdeveloppablen, so erhalten wir als Leitcurve L eine Curve $m.\mu$-ter Ordnung, während die μ-fache Curve U_n im Unendlichen von der n-ten Ordnung ist.

Um nun aus den hier gesammelten Daten, sowie aus der Natur der oben angedeuteten Verwandtschaft den Grad der Normalenfläche abzuleiten, wollen wir noch folgende allgemeine Betrachtung anstellen.

Seien C_1 und C_2 zwei Raumcurven, deren Ordnungen beziehungsweise m_1 und m_2 sein mögen. Auf diesen Curven seien zwei Punktreihen derart gegeben, dass einem Punkte der Reihe auf C_1, α Punkte der Reihe C_2 und einem Punkte der Reihe C_2, β Punkte der Reihe C_1 entsprechen; es ist der Grad jener Regelfläche zu bestimmen, deren Erzeugenden die Verbindungsstrahlen entsprechender Punkte von C_1 und C_2 sind.

Nehmen wir zu diesem Behufe eine beliebige Gerade g im Raume an und suchen wir die Zahl ihrer Schnittpunkte mit der Regelfläche, d. i. die Anzahl jener Erzeugenden der Regelfläche, welche die Gerade

g schneiden. Denken wir uns ferner zu diesem Zwecke die Gerade g als gemeinschaftliche Achse zweier Ebenenbüschel Σ_1 und Σ_2, deren ersteres zu der Punktreihe auf C_1 und deren zweites zu der Punktreihe auf C_2 perspectivisch ist.

Bezeichnen wir mit E_1 eine Ebene des Büschels Σ_1, so trifft diese Ebene die Raumcurve C_1 in m_1 Punkten. Jedem dieser m_1 Punkte entsprechen auf der Curve C_2 α Punkte; den m_1 Punkten, oder was dasselbe ist, der Ebene E_1 des Büschels Σ_1 entsprechen somit $\alpha . m_1$ Punkte der Reihe auf der Curve C_2. Durch jeden dieser $\alpha . m_1$ Punkte und die Gerade g geht je eine Ebene, welche der Ebene E_1 entspricht, woraus folgt, dass einer Ebene des Büschels Σ_1 auch $\alpha . m_1$ Ebenen des Büschels Σ_2 entsprechen.

Ist umgekehrt E_2 eine Ebene des Büschels Σ_2, so trifft diese die Curve C_2 in m_2 Punkten, deren jedem auf der Curve C_1 β Punkte entsprechen. Der Gesammtheit der m_2 Punkte entsprechen mithin auf der Curve C_1 $\beta . m_2$ Punkte. Durch jeden derselben und die Gerade g ist eine Ebene bestimmt, welche der Ebene E_2 entspricht, weshalb einer Ebene des Büschels Σ_2 $\beta . m_2$ Ebenen im Büschel Σ_1 entsprechen.

Aus diesen einfachen Erörterungen geht hervor, dass die beiden zu den Punktreihen C_1 und C_2 perspectivischen Ebenenbüschel so aufeinander bezogen sind, dass einer Ebene des einen Büschels $\alpha . m_1$ Ebenen des zweiten, und umgekehrt einer Ebene des zweiten Büschels $\beta . m_2$ Ebenen des ersteren entsprechen.

Nach dem Chasles'schen Correspondenzprincipe besitzen diese beiden Ebenenbüschel:

$$\alpha m_1 + \beta m_2$$

Doppelebenen, oder was dasselbe ist, es kömmt im Ganzen $(\alpha m_1 + \beta m_2)$-mal vor, dass eine Ebene des einen Büschels mit der ihr entsprechenden Ebene des anderen Büschels zusammenfällt.

Die Bedeutung dieser Doppelebenen für die Regelfläche ist leicht zu ermitteln.

Beachtet man, dass jede dieser Developpablen außer der Geraden g noch zwei einander entsprechende Punkte der Reihe C_1 und C_2, also auch eine Erzeugende der fraglichen Regelfläche enthält, so ist anderweitig klar, dass es $(\alpha m_1 + \beta m_2)$ Erzeugende der Regelfläche gibt, welche die beliebig angenommene Gerade g schneiden.

Jeder Schnittpunkt von g mit einer solchen Erzeugenden ist gleichzeitig ein Schnittpunkt von g mit der Regelfläche, woraus folgt, dass letztere vom

$(\alpha m_1 + \beta m_2)$-ten Grade ist.

§. 116.

Für die zu betrachtende Normalenfläche treten an die Stelle der allgemein angenommenen Leitlinien C_1 und C_2 die Curven L und U_n; es ist mithin

$$m_1 = m.\mu \quad \text{und} \quad m_2 = n.$$

Ferner entspricht einem Punkte von L ein einziger Punkt auf U_n; es ist also:

$$\alpha = 1.$$

In ähnlicher Weise entsprechen einem Punkte der Curve U_n, μ Punkte der Curve L, so dass

$$\beta = \mu$$

wird.

Mit Bezug auf die hier festgestellten Daten, nimmt der Ausdruck: $\alpha.m_1 + \beta.m_2$ den Wert:

$$\mu.m + \mu.n = \mu\,(m + n)$$

an, welcher den Grad der betrachteten Normalenfläche bestimmt. Es besteht demgemäß der Satz:

105. „*Die Normalenfläche einer aufwickelbaren Fläche m-ter Ordnung und n-ter Classe längs ihres vollständigen Durchschnittes mit einer Fläche μ-ter Ordnung, ist eine windschiefe Fläche $\mu\,(m + n)$-ten Grades.*

Für $\mu = 1$, d. h. für einen ebenen Schnitt der developpablen Fläche als Leitlinie der Normalenfläche, reduciert sich der Grad auf $(m + n)$, welches Resultat mit dem bereits früher gefundenen übereinstimmt.

Wenn ferner an die Stelle der Leitcurve L von der $m\mu$-ten Ordnung eine Curve m_1-ter Ordnung tritt, welche mit jeder Erzeugenden der Developpablen bloß einen Punkt gemein hat, so ist auch $\mu = 1$ und daher der Grad der Normalenfläche für diesen Fall:

$$(m_1 + n),$$

welches Resultat gleichfalls mit jenem in Übereinstimmung ist, das vordem auf anderem Wege ermittelt wurde.

§. 117.

Die μ Normalen der developpablen Fläche in den μ Schnittpunkten einer beliebigen Erzeugenden g mit der Leitlinie L liegen sämmtlich in einer und derselben Ebene und zwar in jener Ebene, welche durch g zu der Berührungsebene der Developpablen senkrecht geführt werden kann.

Eine solche Ebene berührt die windschiefe Fläche in irgend einem Punkte einer jeden dieser μ Erzeugenden und ist mithin eine μ-fache Berührungsebene der Normalenfläche.

Der Gesammtschnitt dieser Ebene mit der Normalenfläche ist eine Curve

$$\mu\,(m + n)\text{-ter Ordnung.}$$

Die μ geraden Erzeugenden bilden einen Bestandtheil μ-ter Ordnung in diesem Schnitte; der Rest ist sonach eine Curve:

$$\mu\,(m + n - 1)\text{-ter Ordnung.}$$

Besagte Curve schneidet die μ Erzeugenden in

$$\mu^2\,(m + n - 1)$$

Punkten, in deren Zahl die obgenannten μ Berührungspunkte mit inbegriffen sind.

Die übrigen

$$\mu^2\,(m + n - 1) - \mu = \mu\,[\mu\,(m + n - 1) - 1]$$

Punkte gehören der Doppelcurve der Normalenfläche an.

Auf jede der μ Erzeugenden entfallen somit:

$$\mu\,(m + n - 1) - 1 = \mu\,(m + n) - (\mu + 1)$$

Punkte der Doppelcurve.

Nun ist aber aus früherem bekannt, dass die Doppelcurve einer windschiefen Fläche $\mu(m + n)$-ter Ordnung jede Erzeugende in:

$$\mu\,(m + n) - 2$$

Punkten schneidet.

Wie ersichtlich stellt sich diesfalls zwischen den beiden hier angeführten Werten eine Differenz von $(\mu - 1)$ heraus, und es kann somit die natürliche Frage aufgeworfen werden, worin die Ursache dieser Verschiedenheit liege und welcher der beiden Werte der richtige ist.

Die sich hier ergebende Differenz ist sehr leicht erklärlich, wenn man bedenkt, dass der unendlich ferne Punkt der μ Erzeugenden auf jeder derselben als $(\mu - 1)$-facher Punkt gerechnet wurde, indem jede der μ Erzeugenden in denselben von allen übrigen $(\mu - 1)$ Erzeugenden geschnitten wird.

Nachdem jedoch dieser Punkt der eigentlichen Doppelcurve nicht angehört, so ist selbstverständlich, dass die Anzahl der auf einer Erzeugenden liegenden Doppelpunkte (im erst angegebenen Werte) um $(\mu - 1)$ vermindert werden müsse.

Hiedurch ist die vollkommene Übereinstimmung der beiden obangegebenen Werte hergestellt und die unbedingte Richtigkeit des letzteren nachgewiesen.

§. 118.

Normalenflächen einer Developpablen längs ihres Durchschnittes mit einer krummen Fläche[1]).

Behufs Feststellung der Charaktere der Normalenfläche einer Developpablen längs ihres Schnittes mit irgend einer krummen Fläche, wollen wir voraussetzen, dass die Leitfläche derselben eine Developpable D vom Range r, von der Classe n, und ihre Cuspidalcurve von der m-ten Ordnung sei.

Ferner nehmen wir an, dass die Leitcurve L der Normalenfläche der Durchschnitt der Developpablen D mit einer krummen Fläche F m_1-ter Ordnung, a_1-ten Ranges, n_1-ter Classe sei, und dass diese eine Cuspidalcurve c_1-ter Ordnung besitzen möge.

Die Doppelcurve der Fläche F ist eine Raumcurve, deren Ordnung b_1 durch die Gleichung:

$$a_1 = m_1 (m_1 - 1) - 2b_1 - 3c_1,$$

vermöge der vorausgesetzten Charaktere, vollkommen bestimmt ist.

Vor allem wollen wir daran gehen, die Charaktere der Leitcurve L zu ermitteln, oder mit anderen Worten, diese durch die gegebenen Zahlen auszudrücken.

Die Ordnung μ von L ist bekanntlich gleich dem Producte der Ordnungszahlen der sie bestimmenden Flächen D und F. Hiernach ist:

$$\mu = m_1 r.$$

Der „Rang" der Leitcurve L, d. h. die Anzahl der Tangenten, welche eine beliebige Gerade g des Raumes schneiden, lässt sich vermittelst des Chasles'schen Correspondenzprincips folgendermaßen bestimmen:

Man denke sich in jedem Punkte x der Leitcurve L die Tangentialebene ε_1 an die Fläche D sowohl, als auch die Tangentialebene ε_2 an die Fläche F gelegt.

Diese Paare von Tangentialebenen ε_1 und ε_2 bestimmen, sobald x die Curve L durchläuft, auf irgend einer Geraden g des Raumes zwei geometrisch verwandte Punktreihen, in welchen sich

---

[1]) Peschka, Sitzber. d. kais. Akad. d. Wiss., Wien 1881, LXXXIII. Bd., II. Abth.

solche Punkte ξ_1 und ξ_2 entsprechen, welche von den Tangentialebenen der Flächen D und F in einem und demselben Punkte x von L herrühren.

Fallen zwei einander derartig entsprechende Punkte ξ_1 und ξ_2 zusammen, so stellt die Verbindungsgerade des Coïncidenzpunktes (ξ_1, ξ_2) mit dem zugehörigen Punkte x den Schnitt der beiden dem Punkte x entsprechenden Tangentialebenen von D und F, d. i. eine Tangente von L vor, oder mit anderen Worten, der Rang von L ist der Anzahl der Doppelpunkte der Reihen ξ_1 und ξ_2 gleich.

Um die Zahl der Doppelpunkte zu ermitteln, suchen wir die „Correspondenz" der Reihen ξ_1 und ξ_2.

Zum Zwecke dieser Bestimmung nehmen wir auf g einen beliebigen Punkt ξ_1 an, und betrachten denselben als einen Punkt der Reihe ξ_1, also herstammend von gewissen Tangentialebenen der Fläche D in Punkten der Leitcurve L.

Die Zahl der von ξ_1 aus möglichen Tangentialebenen an die Developpable D ist, der Voraussetzung gemäß, gleich n, d. i. gleich der Classe der Developpablen D.

Jede dieser Tangentialebenen berührt die Developpable D in einer geraden Erzeugenden, welche ihrerseits mit der Fläche F, also auch mit der Curve L m_1 Punkte gemein hat. Es gibt sonach auf der Leitcurve L im ganzen

$$m_1 . n$$

Punkte, in welchen die Tangentialebene der Developpablen D durch einen und denselben Punkt ξ_1 von g gehen.

Die Tangentialebenen der Fläche F in diesen $m_1 . n$ Punkten treffen die Gerade g in $m_1 . n$ Punkten der Reihe ξ_2, welche sämmtlich dem Punkte ξ_1 entsprechen.

Nehmen wir umgekehrt einen Punkt ξ_2 der Reihe ξ_2, an, so wird auf Grund der gemachten Voraussetzung, der der Fläche F von diesem Punkte aus umschriebene Kegel dieselbe in einer Curve a_1-ter Ordnung berühren, welche ihrerseits die Fläche D_1 und mithin auch die Leitcurve L in $a_1 . r$ Punkten trifft. Es gibt daher auf der Leitcurve L immer

$$a_1 . r$$

zusammengehörige Punkte, in welchen die Tangentialebenen der Fläche F die Gerade g in dem nämlichen Punkte ξ_2 schneiden werden.

Die Tangentialebenen der Developpablen D in diesen $a_1 . r$ Punkten treffen die Gerade g in $a_1 . r$ Punkten ξ_1 der Reihe ξ_1, welche sämmtlich dem Punkte ξ_2 entsprechen. Die Correspondenz der Reihen ξ_1 und ξ_2 ist mithin eine

$$(a_1 . r)\text{-}(m_1 . n)\text{-deutige.}$$

Nach dem Chasles'schen Correspondenzprincipe besitzen somit die beiden Reihen ξ_1 und ξ_2

$$a_1 . r + m_1 . n$$

Doppelpunkte. Auf Grundlage der vorhergegangenen Ausführungen ist demnach der „Rang" ϱ der Leitcurve L gleich

$$\varrho = m_1 . n + a_1 . r.$$

Ferner ist bekannt, dass der Schnittcurve zweier Flächen, welche keine vielfachen, resp. keine Cuspidal-Curven besitzen, auch keine stationären Punkte zukommen. Die einzig möglichen Cuspidalpunkte der Leitcurve L sind demgemäß jene Punkte, in welchen die Cuspidalcurve der einen Fläche die andere Fläche trifft. Besagte Anzahl ist demnach bestimmt durch

$$\beta = m_1 . m + r . c_1 .$$

Durch die drei gefundenen Charaktere μ, ϱ und β der Raumcurve L ist dieselbe vollkommen festgestellt und können nunmehr aus den Plücker-Cayley'schen Gleichungen alle anderen Singularitäten abgeleitet werden.

§. 119.

Nach diesen einfachen Voreinleitungen, beziehungsweise Vorbereitungen, können wir uns anstandslos der Betrachtung der Normalenfläche der Developpablen D längs der Curve L zuwenden.

Gewisse Singularitäten der Fläche und zwar die Doppel- und stationären Erzeugenden derselben, können durch einfache Überlegung unmittelbar bestimmt werden.

Die Fläche F besitzt eine Doppelcurve von der Ordnung:

$$b_1 = \tfrac{1}{2} [m_1 (m_1 - 1) - a_1 - 3 c_1],$$

welche die Developpable D in

$$\tfrac{1}{2} r [m_1 (m_1 - 1) - a_1 - 3 c_1]$$

Punkten trifft, deren jeder einen wirklichen Doppelpunkt der Leitcurve L repräsentiert.

Ohne zu besonderen Hilfsmitteln Zuflucht nehmen zu müssen, findet man direct durch bloße Anschauung, dass die Normale der Developpablen D in jedem der vorbezeichneten Doppelpunkte eine Doppelerzeugende der Normalenfläche darstellt.

Die Leitcurve L besitzt allerdings noch weitere wirkliche Doppelpunkte und zwar die Schnittpunkte der Fläche F mit der Doppelcurve der Developpablen D, doch geben diese keine Veranlassung zur Entstehung von Doppelerzeugenden, da die Developpable in jedem solchen Punkte zwei verschiedene Normalen besitzt.

Ebenso wenig gibt es Doppelerzeugende, welche von der Coïncidenz zweier parallelen Normalen der Developpablen herrühren, da die Paare paralleler Normalen in endlicher Anzahl vorkommen, eine Vereinigung von zwei derselben mithin nicht stattfinden kann. Hieraus folgt unmittelbar, dass die Normalenfläche im ganzen:

$$\tfrac{1}{2}r\,[m_1(m_1 - 1) - a_1 - 3c_1]$$

Doppelerzeugenden besitze.

Ebenso wie die Doppelpunkte der Leitcurve L, welche von der Doppelcurve der Fläche F herrühren, Veranlassung zur Entstehung doppelter Erzeugenden bieten, ebenso bedingt jeder stationäre Punkt der Leitcurve L, welcher von der Cuspidalcurve der Fläche F herrührt, eine stationäre Erzeugende. Die Zahl derselben ist mithin:

$$r\,.\,c_1.$$

Die Zahl α der Wendeebenen, welche der Leitfläche D entsprechen, bestimmt die Gleichung:

$$\alpha = m - 3(r - n).$$

In jedem Punkte der zugehörigen Berührungserzeugenden (Inflexions- oder Wendeerzeugenden) besitzt die Developpable zwei zusammenfallende Berührebenen, daher auch zwei zusammenfallende Normalen.

Die α Wendeerzeugenden von D schneiden demnach die Fläche F, also auch die Leitcurve L in:

$$m_1[m - 3(r - n)]$$

Punkten. Durch jeden einzelnen derselben wird eine stationäre Erzeugende der Normalenfläche gehen.

Die Gesammtzahl g_s der stationären Erzeugenden der Regelfläche (Normalenfläche) ist demnach:

$$g_s = m_1 m + r c_1 + 3m_1 n - 3m_1 r.$$

§. 120.

Mit Zuhilfenahme dieser Singularitäten lassen sich nunmehr alle anderen Charaktere der Normalenfläche folgendermaßen bestimmen.

Die Leitcurve L ist eine einfache Curve der Normalenfläche, da durch jeden ihrer Punkte bloß eine einzige Erzeugende geht. Dasselbe gilt auch von jedem ebenen Schnitte der Normalenfläche. Es können somit vermittelst der Erzeugenden die Punkte eines ebenen Schnittes C ein-deutig auf jene der Leitcurve L und umgekehrt bezogen werden.

Hieraus folgt aber, nach dem bekannten Rieman'schen Satze, dass die Geschlechter der Curven C und L einander gleich sein müssen.

Bezeichnen wir demnach mit π das Geschlecht der Leitcurve L, so findet man anstandslos, dass:

$$2(\pi - 1) = \varrho - 2\mu + \beta,$$

oder:

$$2(\pi - 1) = m_1 m + m_1 n - 2m_1 r + a_1 r + r c_1$$

sei.

Ist ferner M der Grad der Normalenfläche (Ordnung ihres ebenen Schnittes), R der Rang derselben (Classe des ebenen Schnittes), g_s die Zahl der stationären Erzeugenden (Rückkehrpunkte des ebenen Schnittes), so ergibt sich für P, als Geschlecht des ebenen Schnittes die Gleichung:

$$2(P - 1) = R - 2M + g_s$$

und nachdem $P = \pi$ sein muss, ist auch:

$$R - 2M + g_s = m_1 m + m_1 n - 2m_1 r + a_1 r + c_1 r,$$

oder da

$$g_s = m_1 m + 3m_1 n - 3m_1 r + c_1 r$$

gefunden wurde, wird:

$$R - 2M = m_1 r - 2m_1 n + a_1 r.$$

§. 121.

Der Grad M der Normalenfläche kann vermittelst des Chasles'schen Correspondenzprincips in nachstehender Weise gefunden werden.

Die Erzeugenden der Normalenfläche stehen zu den Berührungsebenen der Developpablen D senkrecht; die unendlich fernen Punkte derselben sind daher die Pole der unendlich fernen Geraden der Berührungsebenen in Bezug auf den unendlich fernen Kugelkreis, oder mit anderen Worten, die unendlich ferne Curve U_n der Normalenfläche ist die Polarreciproke zu der unendlich fernen Curve U_d der Leitdeveloppablen D in Bezug auf den imaginären Kugelkreis.

Nachdem die letztgenannte Curve U_d von der n-ten Classe ist, so ist die erstere U_n von der n-ten Ordnung. Da ferner auf jeder Erzeugenden der Developpablen D m_1 Punkte der Leitcurve L liegen, in welchen Punkten die Normalen von D sämmtlich untereinander parallel sind, so folgt, dass durch jeden Punkt der unendlich fernen Curve U_n m_1 Erzeugenden der Normalenfläche gehen.

Nehmen wir nun eine beliebige Gerade g als gemeinschaftliche Achse zweier Ebenenbüschel ε_1 und ε_2 an, von welchen das eine — ε_1 — die Punkte der Curve L und das andere — ε_2 — die Punkte der Curve U_n projiciert. In diesen beiden Büscheln mögen sich solche Ebenen entsprechen, welche durch entsprechende Punkte von L und U_n gehen, d. i. durch Punkte gehen, welche einer und derselben Erzeugenden der Normalenfläche angehören. Eine Ebene des Büschels ε_1 trifft L in $m_1 . r$ Punkten, welchen auf U_n ebenfalls $m_1 . r$ Punkte, im Büschel ε_2 daher $m_1 . r$ Ebenen entsprechen. Umgekehrt schneidet eine Ebene des Büschels ε_2 die Curve U_n in n Punkten, deren jedem auf L m_1 Punkte entsprechen. Einer Ebene des Büschels ε_2 entsprechen sonach $m_1 . n$ Ebenen im Büschel ε_1.

Nach dem Chasles'schen Correspondenzprincipe besitzen demgemäß die beiden Ebenenbüschel ε_1 und ε_2:

$$m_1 (r + n)$$

Doppelebenen, d. h. es kömmt $m_1 (r + n)$-mal vor, dass die Verbindungsgerade zweier entsprechenden Punkte von L und U_n (eine Erzeugende der Normalenfläche) eine gegebene Gerade g schneidet; es ist daher:

$$M = m_1 (r + n).$$

Mit Bezug auf die früher gefundene Formel erhält man somit für den Rang der Normalenfläche den Wert:

$$R = r (3 m_1 + a_1).$$

Bezeichnet man mit D die Gesammtheit aller Doppelpunkte des ebenen Schnittes der Normalenfläche, so ist:

$$R = M (M - 1) - 2 D - 3 g_s,$$

oder nach Substitution der bereits vorangeführten Werte von R, M und g_s:

$$2 D = m^2_1 (r + n)^2 - m_1 (r + n) - r (3 m_1 + a_1) -$$
$$- 3 m m_1 - 3 r c_1 - 9 m_1 n + 9 m_1 r.$$

Diese Doppelpunkte rühren her:

a) von den $\frac{1}{2} r [m_1 (m_1 - 1) - a_1 - 3 c_1]$ Doppelerzeugenden;

b) von den n m_1-fachen Punkten der unendlich fernen m_1-fachen Curve N n-ter Ordnung, welche im ganzen $\frac{1}{2} [m^2_1 n - m_1 n]$ Doppelpunkte vertreten;

c) von jenen Punkten, in welchen die eigentliche Doppelcurve der Normalenfläche die schneidende Ebene trifft.

Bezeichnet man die Ordnung dieser Doppelcurve mit d, so ist:

$$2d + m_1^2 n - m_1 n + m_1^2 r - m_1 r - a_1 r - 3c_1 r$$
$$= 2D =$$
$$= m_1^2 (r+n)^2 - m_1 (r+n) - r a_1 - 3 r m_1 -$$
$$- 3 m m_1 - 3 r c_1 - 9 m_1 n + 9 m_1 r$$

und daher:

$$2d = m_1^2 (r^2 + 2rn + n^2 - r - n) - 3 m_1 (m + 3n - 2r).$$

§. 122.

Dieses Resultat kann folgendermaßen verificiert werden. Es ist ersichtlich, dass das für d gefundene Resultat einzig und allein von der Ordnung m_1 der Fläche F abhängig sei; es muss dasselbe daher für jede Fläche m_1-ter Ordnung gelten und auch dann seine Richtigkeit bewähren, wenn die Fläche in m_1 Ebenen degeneriert.

Unter dieser Annahme setzt sich die Normalenfläche aus m_1 verschiedenen Normalenflächen zusammen. Die eigentliche Doppelcurve derselben besteht sodann nach Abrechnung der gemeinschaftlichen Erzeugenden und der gemeinschaftlichen unendlich fernen Curve, aus den m_1 eigentlichen Doppelcurven der einzelnen Theilflächen und aus den gegenseitigen Schnitten der letzteren.

Die Ordnung der Normalenfläche von D längs eines ebenen Schnittes erhält man, wenn man $m_1 = 1$ setzt, ausgedrückt durch:

$$(r + n).$$

Unter gleicher Voraussetzung, d. i. für $m_1 = 1$, findet man die Ordnung ihrer Doppelcurve:

$$2d = (r^2 + 2rn + n^2 - r - n) - 3(m + 3n - 2r).$$

Vergleicht man das eben gefundene Resultat mit dem in §. 101) abgeleiteten, so wird man eine Differenz in den beiden Werten für die Ordnung der Doppelcurve gewahren.

Diese Verschiedenheit findet ihre Erklärung in dem Umstande, dass in der obangezogenen Ableitung, nach Art älterer Autoren, kein Unterschied zwischen den „Doppelerzeugenden" und den von den Wendeebenen herrührenden „stationären Erzeugenden" einer windschiefen Fläche gemacht wurde, während hier „Doppelerzeugende" und „stationäre Erzeugende" einander ebenso gegenübergestellt wurden, wie die „Doppelpunkte" und die „stationären Punkte" einer algebraischen Curve.

Je zwei derartige Theilflächen schneiden sich in einer Curve: $(r + n)^2$-ter Ordnung.

Die besagte Curve besteht jedoch aus einer eigentlichen Schnittcurve m'-ter Ordnung, aus der unendlich fernen Curve n-ter Ordnung und aus den r gemeinschaftlichen Erzeugenden, welche durch die Normalen der Developpablen D in den Schnittpunkten derselben mit der Schnittgeraden der Ebenen beider Leitcurven vertreten erscheinen; es ist folglich:

$$m' = r^2 + 2rn + n^2 - n - r.$$

Nachdem es aber m_1 solcher Theilflächen gibt, so repräsentiert der eigentliche Gesammtschnitt derselben eine Curve der

$$\frac{m^2_1 - m_1}{2} (r^2 + 2rn + n^2 - n - r)\text{-ten Ordnung.}$$

Die eigentlichen Doppelcurven der m_1 Flächen werden sonach insgesammt eine Curve darstellen, welche der

$$\tfrac{1}{2} m_1 [(r^2 + 2rn + n^2 - n - r) - 3(m + 3n - 2r)]\text{-ten}$$

Ordnung angehört.

Man erhält demzufolge als Ordnung der Normalenfläche, deren Leitcurve L aus m_1 ebenen Schnitten der Developpablen D besteht, die Summe der beiden letztangeführten Zahlen und gelangt hiedurch zu einem Resultate, welches mit dem früher gefundenen in voller Übereinstimmung ist.

§. 123.

Bei jeder windschiefen Fläche ist die Zahl T der Torsallinien, d. i. die Anzahl zweier sich schneidenden unendlich nahen Erzeugenden gleich:

$$T = 2(R - M).$$

Im vorliegenden Falle erhält man demgemäß:

$$T = 2a_1 r + 6m_1 r - 2m_1 r - 2m_1 n$$

oder:

$$T = 2a_1 r + 4m_1 r - 2m_1 n$$

als die Zahl der Torsallinien der Normalenfläche, oder mit anderen Worten, die Zahl der Paare unendlich naher Punkte auf der Leitcurve L, in welchen sich die Normalen der Developpablen schneiden, oder auch die Zahl der Krümmungslinien der Developpablen, welche die Leitcurve L berühren. Wir erhalten mithin den Satz:

106. „Die Schnittcurve einer Developpablen $D(m, n, r)$ mit einer Fläche $F(m_1, a_1, n_1)$ wird von $2(a_1 r + 2m_1 r - m_1 n)$ Krümmungslinien der Developpablen berührt.“

§. 124.

Normalenfläche einer krummen Fläche längs ihres Schnittes mit einer zweiten krummen Fläche. [1])

Soll das obangeführte Problem in seiner Allgemeinheit behandelt werden, so erscheint es geboten, auf alle jene Verhältnisse der Leitfläche und der Leitcurve Rücksicht zu nehmen, welche auf die Normalenfläche einen Einfluss üben.

Es möge demnach die Leitfläche F_1 als eine algebraische Fläche m_1-ter Ordnung, r_1-ten Ranges und n_1-ter Classe mit einer Doppelcurve b_1-ter Ordnung und einer Cuspidalcurve c_1-ter Ordnung vorausgesetzt werden.

Die Leitcurve L der Normalenfläche sei die Durchschnittscurve der Fläche F_1 mit einer zweiten Fläche F_2 m_2-ter Ordnung r_2-ten Ranges, n_2-ter Classe, welche eine Doppelcurve b_2-ter Ordnung und eine Cuspidalcurve c_2-ter Ordnung besitze.

Vermöge der auf den ebenen Schnitt der Fläche F_1, beziehungsweise der Fläche F_2 angewendeten Plücker'schen Formeln bestehen zwischen den genannten Zahlen m_1, r_1, b_1, c_1, resp. m_2, r_2, b_2 und c_2 die Relationen:

$$r_1 = m_1(m_1 - 1) - 2b_1 - 3c_1$$

und

$$r_2 = m_2(m_2 - 1) - 2b_2 - 3c_2.$$

§. 125.

Unsere Aufgabe besteht nun darin, die Charaktere und Singularitäten der genannten Normalenfläche durch jene der Flächen F_1 und F_2 auszudrücken.

Die Ordnung μ der Leitcurve L der Normalenfläche ist den gemachten Voraussetzungen gemäß:

$$\mu = m_1 . m_2.$$

Die Normalenfläche der Fläche F_1 längs der Curve L ist gleichzeitig auch Normalenfläche jener Developpablen D, welche der Fläche F_1 längs der Curve L umschrieben ist.

---

[1]) Peschka, Sitzungsberichte der kais. Akademie der Wissenschaften. Wien, 1881. Math.-naturw. Cl. LXXXIV. Bd., II. Abth.

Nachdem aber die Erzeugenden der Normalenfläche N auf den Ebenen der Developpablen D senkrecht stehen, so sind die unendlich fernen Curven dieser beiden Flächen, in Bezug auf den unendlich fernen imaginären Kugelkreis, polarreciprok, und es muss demgemäß die Ordnung der unendlich fernen Curve der Normalenfläche N, der Classe der unendlich fernen Curve der Developpablen D, also auch der Classe dieser Developpablen D selbst gleich sein.

Da ferner, auf Grund der gemachten Voraussetzungen, der „Rang" der Fläche F_1, d. i. die Ordnung des der Fläche aus einem außerhalb der Fläche liegenden Punkte umschriebenen Kegels, oder auch jener der Berührungscurve dieses Kegels gleich r_1 ist, und nachdem die besagte Berührungscurve die Fläche F_2 in $m_2 . r_1$ Punkten, welche offenbar der Curve L angehören, trifft, so ist einleuchtend, dass die Anzahl der durch einen Punkt im Raume gehenden Berührebenen von F_1, deren Berührungspunkte gleichzeitig auf der Leitcurve L liegen, d. i. die Classe der Developpablen D gleich:

$$m_2 . r_1$$

sei.

Diese Zahl drückt aber, der vorhergegangenen Betrachtung zufolge, auch die Ordnung der unendlich fernen Curve der Normalenfläche N aus.

Besagte Curve, wir wollen dieselbe mit U_n bezeichnen, ist eine einfache Curve der Normalenfläche.

Da nämlich immer nur eine endliche Anzahl von Normalen einer Fläche existiert, welche durch einen und denselben Punkt im Raume gehen, so ist an und für sich klar, dass auch die zu einer Erzeugenden der Normalenfläche parallelen Normalen der Leitfläche nur in endlicher Zahl vorhanden sind, und demzufolge ihre Fußpunkte der Leitcurve L im allgemeinen nicht angehören werden.

Nachdem ferner im allgemeinen in jedem Punkte der Leitfläche nur eine Normale zu der letztgenannten Fläche gezogen werden kann, so ist auch die Leitcurve L der Normalenfläche eine einfache Curve auf der letzteren.

Hieraus folgt aber, dass die beiden Curven L und U_n, vermittelst der Erzeugenden der Normalenfläche, punktweise ein-deutig aufeinander bezogen sind.

§. 126.

Durch Betrachtungen, welche den vorausgeschickten analog sind, findet man, dass der Grad M der Normalenfläche N der

Summe der Ordnungen der beiden Curven L und U_n gleich ist, dass also:

$$M = m_1 . m_2 + r_1 . m_2$$

oder

$$M = m_2 (m_1 + r_1).$$

Um die übrigen Charaktere und Singularitäten der Normalenfläche N ermitteln zu können, wird es zweckmäßig sein, zuvor noch die Charaktere der Leitcurve L festzustellen.

Der „Rang“ ϱ der Leitcurve, d. i. die Zahl der eine gegebene Gerade schneidenden Tangenten derselben lässt sich, wie folgt, bestimmen.

Denkt man sich in jedem Punkte x der Leitcurve L eine Tangentialebene ε_1 an die Fläche F_1 und ebenso eine Tangentialebene ε_2 an die Fläche F_2 gelegt, so bestimmen die Schnittpunkte ξ_1 und ξ_2 aller möglichen Paare zusammengehöriger Ebenen ε_1 und ε_2 mit einer beliebigen Geraden g zwei geometrisch verwandte Punktreihen auf dieser letzteren. Jeder Doppelpunkt dieser beiden Reihen, d. i. jeder Coincidenzpunkt von ξ_1 und ξ_2 bestimmt mit dem zugehörigen Punkte x auf L eine Tangente der Curve L, welche die Gerade g schneidet.

Um die Zahl dieser Doppelpunkte zu ermitteln, suchen wir die Correspondenz der beiden Reihen ξ_1 und ξ_2.

Nehmen wir auf g einen beliebigen Punkt ξ_1 an, so lassen sich, zufolge einer früheren Betrachtung, durch ξ_1 $m_2 . r_1$ Ebenen legen, welche die Fläche F_1 in Punkten der Curve L berühren.

Die Tangentialebenen der zweiten Fläche F_2 in den $m_2 . r_1$ Punkten von L treffen die Gerade g in $m_2 . r_1$ Punkten ξ_2, welche sämmtlich dem Punkte ξ_1 (im obigen Sinne) entsprechen. Auf gleiche Weise findet man, dass umgekehrt einem Punkte ξ_2 $m_1 r_2$ Punkte ξ_1 entsprechen. Die beiden Reihen ξ_1 und ξ_2 haben mithin nach dem Chasles'schen Correspondenzprincipe:

$$m_1 . r_2 + m_2 . r_1$$

Doppelpunkte, oder mit anderen Worten, der „Rang“ der Curve L ist:

$$\varrho = m_2 . r_1 + m_1 . r_2.$$

Nachdem ferner in der Schnittcurve zweier Flächen bei allgemeiner gegenseitiger Lage stationäre Punkte nur von den Cuspidalcurven dieser Flächen herrühren können, so ergeben im vorliegenden Falle die $m_1 . c_2$ Schnittpunkte der Fläche F_1 mit der Rückkehrcurve von F_2 und die $m_2 . c_1$ Schnittpunkte von F_2 mit der

Cuspidalcurve von F_1 die sämmtlichen stationären Punkte der Curve L, so dass deren Anzahl β ausgedrückt wird durch:

$$\beta = m_1 . c_2 + m_2 . c_1.$$

Aus den drei Werten μ, ϱ und β ergeben sich nun anstandslos mit Zuhilfenahme der Cayley-Plücker'schen Formeln alle übrigen Werte; so findet man unmittelbar die Anzahl h der Doppelpunkte von L durch die Gleichung:

$$h = \frac{m_1 m_2}{2} (m_1 - 1)(m_2 - 1) + m_2 b_1 + m_1 b_2,$$

wobei $m_2 . b_1$ und $m_1 . b_2$ die von den Doppelcurven in F_1 und F_2 herrührenden wirklichen Doppelpunkte, und der Wert des ersten Gliedes die Zahl der scheinbaren Doppelpunkte von L repräsentiert.

Ebenso ergibt sich die Classe ν der Curve L:

$$\nu = m_1 (3 r_2 + c_2) + m_2 (3 r_1 + c_1) - 3 m_1 m_2.$$

Bezeichnen wir mit π das Geschlecht der Curve L, so findet man:

$$\pi = \frac{(\mu - 1)(\mu - 2)}{2} - h - \beta,$$

oder mit Rücksicht auf die für μ, h und β festgestellten Werte:

$$2(\pi - 1) = m_1 r_2 + m_2 r_1 - 2 m_1 m_2 + m_1 c_2 + m_2 c_1.$$

§. 127.

Die letztangeführte Gleichung dient nunmehr auch dazu, alle übrigen Werte für die Normalenfläche festzustellen.

Berücksichtigt man nämlich, dass durch jeden Punkt der Leitcurve L, also auch durch jeden Punkt des ebenen Schnittes der Normalenfläche im allgemeinen bloß eine einzige Erzeugende geht, so ist klar, dass die Punkte der beiden Curven ein-deutig aufeinander bezogen sind.

Nach dem Riemann'schen Satze von der Erhaltung des Geschlechtes zweier ein-deutig aufeinander bezogenen Curven ist daher:

$$\pi = p,$$

wenn p das Geschlecht des ebenen Schnittes der Normalenfläche bedeutet.

Bezeichnen wir den Rang der Normalenfläche, d. h. die Classe ihres ebenen Schnittes mit R und die Zahl der Rückkehrpunkte des ebenen Schnittes mit g_s, so ist:

$$2(p - 1) = R - 2M + g_s.$$

Da eine windschiefe Fläche keine Cuspidalcurve besitzt, so rühren die g_s Rückkehrpunkte des ebenen Schnittes offenbar bloß von den stationären Erzeugenden der Normalenfläche her.

Die $m_1 . c_2$ stationären Punkte von L, welche von der Cuspidalcurve der F_2 herstammen, geben Veranlassung zur Entstehung von ebensoviel stationären Erzeugenden; denn in jedem derselben sind zwei unmittelbar aufeinander folgende Curvenpunkte, in welchen die Leitfläche die nämliche Normale besitzt, vereinigt.

Nachdem der Developpablen D keine Wendeebenen zukommen, so ist $m_1 . c_2$ die Gesammtzahl der stationären Erzeugenden der Normalenfläche und daher:

$$g_s = m_1 . c_2.$$

Dies vorausgeschickt, ergibt sich aus der obigen Gleichung, wenn man die Werte von M und g_s einsetzt und gleichzeitig berücksichtigt, dass $p = \pi$ sei, direct, dass:

$$2(p-1) = 2(\pi - 1) = m_1 r_2 + m_2 r_1 - 2 m_1 m_2 + m_1 c_2 + m_2 c_1$$

und dass:

$$R = m_2 (3 r_1 + c_1) + m_1 r_2$$

ist. Hieraus folgt nach der Plücker'schen Gleichung:

$$R = M(M-1) - 2(D + g_d) - 3 g_s,$$

in welcher D die von der eigentlichen Doppelcurve herrührenden Doppelpunkte und g_d diejenigen sind, welche die Doppelerzeugenden bestimmen. Die Zahl g_d der letzteren wird in gleicher Weise wie jene g_s gefunden; es ist nämlich:

$$g_d = m_1 . b_2.$$

Hiernach ist die Zahl der Doppelpunkte:

$$2D = m^2_2 (m_1 + r_1)^2 - m_2 r_1 - m_2 m_1 - m_2 c_1 - m_1 r_2 - 3 m_2 r_1 -$$
$$- 2 m_1 b_2 - 3 m_1 c_2$$

oder:

$$2D = m^2_2 (m^2_1 + 2 m_1 r_1 + r^2_1 - m_1) - 4 m_2 r_1 - m_2 c_1.$$

Weiters ergibt sich nach der Gleichung:

$$T = 2(R - M)$$

die Zahl der Torsallinien:

$$T = 2 [3 m_2 r_1 + m_2 c_1 + m_1 r_2 - m_1 m_2 - r_1 m_2]$$

oder:

$$T = 2 [2 m_2 r_1 + m_1 r_2 - m_1 m_2 + m_2 c_1],$$

unter welchen sich die $m_2 . c_1$ Normalen der Fläche F_1 in jenen Punkten befinden, welche gleichzeitig der Cuspidalcurve von F_1 und der Fläche F_2 angehören. Dies sind nämlich diejenigen Torsallinien der Normalenfläche, deren Spitzen sich auf L vorfinden. Die übrigen

$$2\,[2\,m_2\,r_1 + m_1\,r_2 - m_1\,m_2] + m_2\,c_1$$

Torsallinien bestimmen sodann die Anzahl der Krümmungslinien von F_1, welche die Leitcurve L berühren.

V. Capitel.

Die Wölbfläche des schiefen Eingangs.

§. 128.

Werden zwei Kreise K_1 und K_2 von gleichen Radien in zwei zueinander parallelen Ebenen, und die Gerade L, welche durch den Halbierungspunkt der Strecke der Mittelpunkte dieser Kreise zu den Kreisebenen senkrecht geführt wird, als Leitlinien angenommen, so ist der geometrische Ort aller Geraden, welche diese drei Linien K_1, K_2 und L schneiden, aus einer Kegelfläche, die ihren Scheitel in jenem Halbierungspunkte hat, und aus einer windschiefen Fläche, welche aus Gründen ihrer Anwendung in der praktischen Technik die Wölbfläche des schiefen Eingangs oder kurz die „Wölbfläche“ genannt wird, zusammengesetzt.

Dem vorgenannten Kegel werden wir weiters keine besondere Aufmerksamkeit zuwenden, uns dagegen namentlich aber mit dem zweiten Theile des Ortes, „der Wölbfläche“, näher beschäftigen und deren wichtigste Eigenschaften ableiten.

Wir denken uns diesfalls die Ebene des einen Leitkreises, etwa K_1 (Taf. II, Fig. 18) als Bildebene oder verticale Projectionsebene angenommen und wählen die horizontale Projectionsebene oder Grundebene parallel zur Verbindungsgeraden der beiden Kreismittelpunkte (M_1, M'_1) und (M_2, M'_2).

Infolge dieser Disposition wird die Leitgerade (L, L'), welche durch den Halbierungspunkt (m, m') der Geraden $(M_1\,M_2, M'_1\,M'_2)$ senkrecht zu den Kreisebenen geht, vertical-projicierend.

Sind Erzeugende der Wölbfläche zu construieren, so hat man bloß zu berücksichtigen, dass ihre Verticalprojectionen sämmtlich durch den Punkt L gehen müssen, da alle Erzeugenden der Wölbfläche die vertical-projicierende Leitgerade (L, L') schneiden.

Jede beliebige durch L gehende Gerade g_1 kann daher als die Verticalprojection einer Erzeugenden angesehen werden; es bietet daher auch keinerlei Schwierigkeiten, die jeweilig zugehörige Horizontalprojection g'_1 zu ermitteln. Die Gerade g_1 schneidet nämlich die Verticalprojectionen K_1 und K_2 der Leitkreise beziehungsweise in a_1 und b_1; a_2 und b_2, welchen auf K'_1 und K'_2 die Horizontalprojectionen a'_1 und b'_1; a'_2 und b'_2 entsprechen.

Die vier Verbindungsgeraden $a'_1 a'_2$, $a'_1 b'_2$, $b'_1 a'_2$ und $b'_1 b'_2$ können als die Horizontalprojectionen von vier Geraden mit der gemeinschaftlichen Verticalprojection g_1 betrachtet werden. Jeder derselben kömmt die Eigenschaft zu, dass sie sowohl die Leitgerade (L, L') als auch die Leitkreise (K_1, K'_1) und (K_2, K'_2) in je einem Punkte treffen.

Zwei von diesen Geraden, nämlich jene, welchen die Horizontalprojectionen $a'_1 b'_2$ und $a'_2 b'_1$ zukommen, sind Erzeugenden desjenigen Kegels, welcher seinen Scheitel in (m, m') hat und die Kreise (K_1, K'_1) und (K_2, K'_2) enthält. Dieselben werden jedoch diesfalls weiter keine besondere Berücksichtigung finden.

Die beiden anderen Geraden (g_1, g'_1) und (g_2, g'_2) (wobei g_2 mit g_1 coincidiert, und der Kürze halber g'_1 für $a'_1 b'_1$ und g'_2 für $a'_2 b'_2$ gesetzt wurde) sind Erzeugende der Wölbfläche.

Diese beiden Erzeugenden liegen in einer und derselben verticalprojicierenden Ebene $\varepsilon_v \varepsilon_h$, deren Verticaltrace ε_v mit den Verticalprojectionen der genannten Erzeugenden zusammenfällt. Ferner gelangen wir, infolge der Symmetrie der Leitgeraden (L, L') und der beiden Leitkreise (K_1, K'_1) und (K_2, K'_2) gegen den Punkt (m, m'), zu dem Schlusse, dass die beiden Erzeugenden (g_1, g'_1) und (g_2, g'_2) zueinander parallel und von (m, m') gleich weit entfernt sind.

Das Gleiche gilt offenbar von jeder durch L gezogenen Verticalprojection (g_1, g_2), oder was dasselbe ist, von jeder durch die Leitgerade (L, L') gelegten Ebene $\varepsilon_v \varepsilon_h$, so dass man den Satz erhält:

107. „Jede durch die Leitgerade einer Wölbfläche gelegte Ebene hat mit der letzteren außer der Leitgeraden zwei Erzeugenden gemein, welche zueinander parallel sind, und von dem Punkte, welcher die Strecke der Mittelpunkte der Leitkreise hälftet, einen gleichen Abstand besitzen.“

§. 129.

Denken wir uns durch den Punkt (m, m') eine beliebige Gerade (σ, σ') gezogen.

Die Punkte, in welchen diese Gerade die Wölbfläche trifft, sind leicht folgendermaßen zu ermitteln. Wir denken uns durch (σ, σ') die vertical-projicierende Ebene $\varepsilon_v \varepsilon_h$ gelegt, welche offenbar auch die Leitgerade (L, L') enthält und mithin (nach dem vorstehenden Satze) die Wölbfläche in zwei parallelen von (m, m') gleich weit abstehenden Erzeugenden (g_1, g'_1) und (g_2, g'_2) schneidet. Die besagten Erzeugenden treffen die Gerade (σ, σ') in den beiden Punkten (α_1, α'_1) und (α_2, α'_2), welche einerseits von (m, m') gleich weit abstehen und andererseits die Schnittpunkte der Geraden (σ, σ') mit der Wölbfläche repräsentieren.

Da die Lage der durch (m, m') gelegten Geraden (σ, σ') sonst ganz beliebig ist, so folgt, dass überhaupt jede durch (m, m') gehende Gerade die gleiche Eigenschaft besitze, also einen Durchmesser der Wölbfläche vorstelle; es ergibt sich somit der Satz:

108. „Derjenige Punkt, welcher den Abstand der Mittelpunkte der beiden Leitkreise einer Wölbfläche halbiert, ist ein Mittelpunkt dieser Fläche.“

§. 130.

Aus der oben angedeuteten Constructionsart der Erzeugenden einer Wölbfläche ergibt sich ohne Schwierigkeit, dass die beiden Leitkreise (K_1, K'_1) und (K_2, K'_2) einfache Curven der Fläche sind, d. h. dass durch jeden Punkt dieser Kreise stets nur eine Erzeugende gehe.

Ist nämlich beispielsweise (a_1, a'_1) (Taf. II, Fig. 18) irgend ein beliebiger Punkt des Leitkreises (K_1, K'_1), so werden die durch diesen Punkt gehenden Erzeugenden der Wölbfläche nothwendig in der durch denselben und durch die Leitgerade (L, L') gelegten vertical-projicierenden Ebene $\varepsilon_v \varepsilon_h$ liegen. Die bezeichnete Ebene schneidet aber (nach Satz 107) die Wölbfläche in zwei parallelen Erzeugenden, von welchen offenbar nur eine durch (a_1, a'_1) gehen kann.

Anders verhält es sich jedoch mit der Leitgeraden (L, L').

Denken wir uns auf dieser Leitgeraden einen Punkt (p, p') beliebig angenommen und fragen wir nach den durch diesen Punkt gehenden Erzeugenden der Wölbfläche.

Da die besagten Erzeugenden den Kreis (K_2, K'_2) treffen sollen, so müssen sie gleichzeitig auch Erzeugende jenes Kegels sein, welcher den Scheitel (p, p') besitzt und den Kreis (K_2, K'_2) enthält. Der bezeichnete Kegel schneidet die verticale Projectionsebene [Ebene des Leitkreises (K_1, K'_1)] in einem Kreise (C, C'), dessen Verticalprojection C mit K_2, in Bezug auf p (L oder m), als Ähnlichkeitspunkt, ähnlich ist.

Die auf dem vorgenaunten Kegel liegenden Erzeugenden der Wölbfläche müssen aber auch den Kreis (K_1, K'_1) schneiden. Besagte Erzeugenden sind daher jene Geraden (γ_1, γ'_1) und (γ_2, γ'_2), welche den Punkt (p, p') mit den Schnittpunkten (c_1, c'_1) und (d_1, d'_1) der beiden Kreise (K_1, K'_1) und (C, C') verbinden.

Da der Mittelpunkt o von C auf der Geraden $M_1 M_2$ liegt, so sind die vorerwähnten Schnittpunkte c_1 und d_1 in einer und derselben zur Grundlinie senkrechten Geraden zu suchen, während deren horizontale Projectionen c'_1 und d'_1 zusammenfallen.

Hieraus ist unmittelbar zu entnehmen, dass:

a) Durch jeden Punkt (p, p') der Leitgeraden (L, L') zwei Erzeugende (γ_1, γ'_1) und (γ_2, γ'_2) der Wölbfläche gehen, die Leitgerade also eine Doppelgerade der Fläche vorstelle;

b) dass je zwei solche Erzeugenden in einer und derselben horizontal-projicierenden Ebene liegen, da sich ihre Horizontalprojectionen γ'_1 und γ'_2 decken, und endlich

c) dass diese beiden Erzeugenden gegen die (horizontale) durch (L, L') und ($M_1 M_2$, $M'_1 M'_2$) bestimmte Ebene symmetrisch liegen, da das Gleiche auch von ihren verticalen Projectionen γ_1 und γ_2 gegen die Gerade $M_1 M_2$ gilt.

Wir erhalten mithin den Satz:

109. „Die Leitgerade einer Wölbfläche ist eine Doppelgerade. Die beiden durch jeden Punkt der Leitgeraden gehenden Erzeugenden sind symmetrisch gegen jene Ebene, welche die Leitgerade und die Mittelpunkte der Leitkreise enthält. Diese Ebene ist also eine Symmetrie- oder Hauptebene der Wölbfläche."

§. 131.

Wir haben bereits (Satz 107) nachgewiesen, dass eine beliebige durch die Leitgerade L geführte Ebene ε mit der Wölbfläche, außer dieser Leitgeraden, noch zwei zueinander parallele Erzeugenden g_1 und g_2 gemein habe.

Der Gesammtschnitt der Wölbfläche mit der besagten Ebene ε besteht daher aus der doppelt zu zählenden Leitgeraden und zwei weiteren Geraden; repräsentiert demnach eine degenerierte Curve vierter Ordnung. Dieses Ergebnis zusammengefasst, ergibt den Satz:

110. „Die Wölbfläche ist eine windschiefe Fläche vierten Grades."

§. 132.

Zu den bisher aufgestellten Sätzen gelangen wir auch auf dem Wege der in §. 16) gegebenen allgemeinen Ordnungsbestimmung windschiefer Flächen, sobald wir nur die besondere Lage der Leitlinien gegeneinander berücksichtigen.

Vor allem haben wir, im Sinne der an obbezeichneter Stelle gebrauchten Bezeichnung, im vorliegenden Falle $m_1 = 1$; $m_2 = m_3 = 2$ und $s_2 = s_3 = 0$ zu setzen.

Da endlich die beiden Leitkreise K_1 und K_2 in parallelen Ebenen liegen, so haben sie die imaginären Kreispunkte auf der unendlich fernen Geraden dieser Ebenen gemein; es ist daher $s_1 = 2$.

Hiernach ist die Ordnung des Ortes aller Geraden, welche K_1, K_2 und L schneiden, ausgedrückt durch:

$$M = 2 m_1 m_2 m_3 - s_1 m_1 - s_2 m_2 - s_3 m_3 = 6.$$

Nach Abrechnung des bereits früher genannten, an dem geometrischen Orte theilnehmenden Kegels, erübrigt sonach für die Wölbfläche die Ordnungszahl „vier".

Der Grad der Vielfachheit von L_1, K_1 und K_2 ist, wie bereits anderweitig gezeigt wurde, beziehungsweise $m_2 . m_3 - s_1 = 2$; $m_1 . m_3 - s_2 = 1$ und $m_1 . m_2 - s_3 = 1$.

§. 133.

Übergehen wir nun darauf, die Wölbfläche in Bezug auf ihre singulären Erzeugenden zu untersuchen.

Vor allem wird es sich diesfalls zeigen, dass keine Doppelerzeugenden existieren.

Aus Früherem ist bekannt, dass bei einer windschiefen Fläche, welche durch drei Leitlinien gegeben ist, die Doppelerzeugenden als jene Geraden auftreten, welche zwei von den Leitlinien in je einem Punkte, die dritte hingegen in zwei Punkten treffen.

Im Falle der Wölbfläche müssten also die etwa vorhandenen Doppelerzeugenden den einen oder den anderen Leitkreis in zwei Punkten treffen, somit ihrer ganzen unendlichen Ausdehnung nach in der betreffenden Kreisebene liegen.

Die Ebene des Leitkreises (K_1, K'_1) (Taf. II, Fig. 18) trifft die Leitgerade (L, L') in dem Punkte (π_1, π'_1) und den zweiten Leitkreis (K_2, K'_2) in dessen imaginären Kreispunkten i_1 und i_2, welche gleichzeitig auch die Kreispunkte von (K_1, K'_1) sind.

Dass die Geraden $\pi_1 i_1$ und $\pi_1 i_2$, welche offenbar imaginär sind, keine Doppelerzeugenden, sondern nur einfache Erzeugenden sein können, geht schon daraus hervor, dass die Fläche vom vierten Grade ist, während bei Annahme des ersteren Falles, dass „Doppelterzeugende existieren", ihr Schnitt mit der Ebene des Leitkreises (K_1, K'_1) aus diesem Kreise und den beiden Doppelgeraden bestehen müsste, daher eine Curve sechster Ordnung repräsentieren würde.

Übrigens werden wir an späterer Stelle auch noch auf eine andere Art zu einem gleichen Resultate wie hier gelangen. Es besteht sonach der Satz:

111. „Die Wölbfläche besitzt keine (reellen oder imaginären) Doppelerzeugenden."

§. 134.

Bei einer vorhergegangenen Betrachtung fanden wir, dass die Erzeugenden der Wölbfläche paarweise symmetrisch gegen die (horizontale) durch (L, L') und $(M_1 M_2, M'_1 M'_2)$ bestimmten Ebene liegen, oder mit anderen Worten, dass zwei Erzeugenden der Wölbfläche, wie etwa (γ_1, γ'_1) und (γ_2, γ'_2) (Taf. II, Fig. 18), welche durch zwei auf einer und derselben Verticalen liegenden Punkte (c_1, c'_1) und (d_1, d'_1) des Leitkreises (K_1, K'_1) gehen, sich in einem Punkte (p, p') der Leitgeraden (L, L') schneiden, also in einer und derselben horizontal-projicierenden Ebene liegen.

Substituieren wir nun der ganz allgemein liegenden Verticalsehne $(c_1 d_1, c'_1 d'_1)$ des Kreises (K_1, K'_1) insbesondere eine seiner Verticaltangenten, so fallen die beiden Punkte (c_1, c'_1) und (d_1, d'_1) unendlich nahe aneinander; sie vereinigen sich also in dem Berührungspunkte (r_1, r'_1) oder (s_1, s'_1) der betreffenden Tangente.

Dies zugrunde gelegt, fallen aber auch die beiden den Punkten c_1 und d_1 entsprechenden Erzeugenden γ_1 und γ_2 unendlich nahe aneinander; dieselben erscheinen somit zu einer Torsallinie (T_1, T'_1) oder (T_2, T'_2) vereinigt.

Die Schnittpunkte (P_1, P'_1) oder (P_2, P'_2) von (T_1, T'_1) oder (T_2, T'_2) mit der Leitgeraden (L, L') sind sodann die zugehörigen „Spitzen" und die horizontal-projicierenden Ebenen von (T_1, T'_1) und (T_2, T'_2) die entsprechenden Torsalebenen.

Nebenbei mag hier noch bemerkt werden, dass die beiden Torsallinien (T_1, T'_1) und (T_2, T'_2) gleichzeitig auch die in der Hauptebene $(L, M_1 M_2)$ liegenden Erzeugenden jenes Cylinders sind, welcher durch die beiden Leitkreise K_1 und K_2 gegeben ist.

Außer den beiden eben gefundenen Torsallinien, welche jederzeit reell sind, besitzt die Wölbfläche noch zwei weitere Torsallinien, deren Realität jedoch von der gegenseitigen Lage der Leitkreise und der Leitgeraden abhängig ist.

In (Taf. II, Fig. 18) ist die Lage der Leitkreise eine derartige, dass durch die Leitgerade (L, L') keine reellen Tangentialebenen an dieselben gelegt werden können, indem die durch L an die Verticalprojectionen K_1 und K_2 geführten gemeinschaftlichen Tangenten imaginär sind.

Denken wir uns aber die beiden Leitkreise (K_1, K'_1) und (K_2, K'_2) (Taf. III, Fig. 19), derart angenommen, dass ihre Verticalprojectionen K_1 und K_2 zwei reelle gemeinschaftliche (selbstverständlich durch L gehende) Tangenten T_3 und T_4 besitzen.

Auf Grundlage des Satzes 107) wird jede durch die Leitgerade (L, L') gehende (vertical-projicierende) Ebene $\varepsilon_v \varepsilon_h$ die Wölbfläche in zwei zueinander parallelen Erzeugenden g_1 und g_2 schneiden.

Anstatt nun eine derartige Ebene allgemein zu wählen, nehmen wir sie insbesondere so an, dass ihre Verticaltrace ε_v^{III} mit einer der beiden vorgenannten Tangenten, allenfalls mit T_3, zusammenfalle. Die besagte Ebene schneidet den Leitkreis (K_1, K'_1) in zwei unendlich nahen Punkten (a_1, a'_1) und (b_1, b'_1), deren Verticalprojectionen in dem Berührungspunkte von T_3 vereinigt sind. Desgleichen schneidet dieselbe Ebene auch den Leitkreis (K_2, K'_2) in zwei unendlich nahe aneinander liegenden Punkten (a_2, a'_2) und (b_2, b'_2).

Die beiden zu einander parallelen, in der Ebene ε^{III} befindlichen Erzeugenden der Wölbfläche, d. s. die Verbindungsgeraden $(a_1 a_2, a'_1 a'_2)$ und $(b_1 b_2, b'_1 b'_2)$ sind daher gleichfalls unendlich nahe aneinander liegend; ihre Vereinigung (T_3, T'_3) repräsentiert mithin eine Torsallinie mit unendlich ferner Spitze und der Torsalebene ε^{III}.

In gleicher Weise erhält man in der zweiten gemeinschaftlichen Tangentialebene ε^{IV} der beiden Leitkreise eine Torsallinie (T_4, T'_4). Es besteht somit der Satz:

112. „Die Wölbfläche besitzt stets zwei reelle Torsallinien (in der Hauptebene liegend), deren Spitzen sich auf der Leitgeraden vorfinden, und zwei reelle oder imaginäre Torsallinien mit unendlich fernen Spitzen, welche in den reellen oder imaginären durch die Leitgerade gehenden Berührebenen der Leitkreise liegen.“

§. 135.

Die unendlich ferne Curve der Wölbfläche, d. i. der geometrische Ort der unendlich fernen Punkte aller Erzeugenden der Fläche, ist offenbar eine Doppelcurve, da (nach Satz

107) jeder Erzeugenden eine zweite zu ihr parallele Erzeugende entspricht, also durch jeden Punkt der vorgenannten Curve zwei Erzeugenden gehen.

Die Beschaffenheit der unendlich fernen Curve der Wölbfläche lässt sich in sehr einfacher Weise durch nachstehende Betrachtung feststellen.

Seien (K_1, K'_1) und (K_2, K'_2) (Taf. III, Fig. 20) wieder die beiden Leitkreise und (L, L') die Leitgerade. Durch die letztere denken wir uns eine beliebige Ebene $\varepsilon_v \varepsilon_h$ gelegt, welche (nach Satz 107) mit der Wölbfläche die beiden zu einander parallelen, vom Flächenmittelpunkte (m, m') gleich weit entfernten Erzeugenden (g_1, g'_1) und (g_2, g'_2) gemein hat. Die erstere möge den Leitkreis (K_1, K'_1) im Punkte (a_1, a'_1) und die zweite im Punkte (b_1, b'_1) schneiden.

Ziehen wir durch den Flächenmittelpunkt (m, m') zu diesen beiden Erzeugenden eine Parallele (γ, γ'), so wird diese ebenfalls in der Ebene $\varepsilon_v \varepsilon_h$ liegen und den Abstand der beiden Erzeugenden g_1 und g_2 halbieren. Hieraus folgt unmittelbar, dass der Durchstoßpunkt (c, c') der Geraden (γ, γ') mit der verticalen Projectionsebene (Ebene des Leitkreises K_1) der Mittelpunkt der Kreissehne $(a_1 b_1, a'_1 b'_1)$ sei, und dass derselbe daher auf dem über $M_1 L$ als Durchmesser beschriebenen Kreise (Σ, Σ') liegen müsse.

Dieses Resultat ist von der Wahl der Ebene $\varepsilon_v \varepsilon_h$ unabhängig, gilt daher für alle durch (L, L') gelegten Ebenen in gleicher Weise.

Die durch (m, m') zu sämmtlichen Erzeugenden der Wölbfläche geführten Parallelen (γ, γ') bilden somit einen Kegel zweiten Grades — den Richtungskegel der Wölbfläche — dessen Scheitel der Flächenmittelpunkt (m, m') ist, und als dessen Leitlinie der Kreis (Σ, Σ') betrachtet werden kann.

Da die Leitgerade (L, L') selbst eine Erzeugende dieses Kegels vorstellt und der Kreisschnitt (Σ, Σ') in einer zu diesen Erzeugenden senkrecht stehenden Ebene liegt, ist der Kegel ein „orthogonaler.“

Es ist diesfalls leicht zu entnehmen, dass die zweite Schar von Kreisschnitten senkrecht zur Geraden $(M_1 M_2, M'_1 M'_2)$ stehe. Hiernach erhalten wir den Satz:

113. „Der Richtungskegel einer Wölbfläche ist ein orthogonaler Kegel zweiten Grades, dessen eine Schar von Kreisschnittebenen parallel zu den Ebenen der Leitkreise, also senkrecht zur Leitgeraden ist, während die zweite Schar von Kreisschnittebenen senkrecht zu jener Geraden steht, welche die Mittelpunkte der Leitkreise verbindet.“

§. 136.

Aus dem vorstehenden Satze ist unmittelbar zu ersehen, dass die unendlich ferne Doppelcurve der Wölbfläche, welche auch dem Richtungskegel angehört, vom zweiten Grade ist. Dieselbe repräsentiert im Vereine mit der Doppelgeraden (L, L') eine Doppelcurve dritter Ordnung der Wölbfläche.

Dass keine weiteren Doppellinien, also auch (Satz 111) keine Doppelerzeugenden vorhanden sein können, wird ohneweiters klar, wenn man berücksichtigt, dass die Wölbfläche vom vierten Grade ist, also höchstens eine Doppelcurve dritter Ordnung haben könne.

Das Vorhandensein weiterer Doppellinien würde nämlich bedingen, dass jeder beliebige ebene Schnitt der Fläche eine Curve vierter Ordnung mit mehr als drei Doppelpunkten, d. i. eine zusammengesetzte Curve wäre, was zur Folge hätte, dass auch die Fläche selbst aus Flächen niederer Ordnung bestehen müsste.

§. 137.

Der Richtungskegel der Wölbfläche kann mit Vortheil zur Construction der asymptotischen Ebene einer beliebigen Erzeugenden der bezeichneten Fläche verwendet werden.

Sei beispielsweise die asymptotische Ebene der Erzeugenden (g_1, g'_1) (Taf. III, Fig. 20), d. i. jene Ebene zu construieren, welche die Wölbfläche in dem unendlich fernen Punkte dieser Erzeugenden berührt, so haben wir uns nur auf die allen windschiefen Flächen gemeinsame Eigenschaft zu beziehen, dass die asymptotische Ebene irgend einer Erzeugenden zu jener Ebene des zugehörigen Richtungskegels parallel sei, deren Berührungserzeugende zur Erzeugenden der windschiefen Fläche selbst parallel ist.

Im vorliegenden Falle ist (γ, γ') die zur Erzeugenden (g_1, g'_1) parallele Erzeugende des Richtungskegels. Die Verticaltrace der ihr entsprechenden Kegelberührebene ist die Tangente τ des Kreises Σ im Punkte c. Die Verticaltrace der gesuchten asymptotischen Ebene ist sodann die zu τ durch den Verticaldurchstoßpunkt a_1 von (g_1, g'_1) geführte Parallele A'_v.

§. 138.

Der Schnitt der Wölbfläche mit einer Ebene ist bei allgemeiner Lage der letzteren eine Curve vierter Ordnung, welche drei reelle oder imaginäre Doppelpunkte an jenen Stellen besitzt, in welchen die schneidende Ebene die Doppelgerade und den unendlich fernen Doppelkegelschnitt trifft.

Constructiv bietet die Bestimmung der Schnittcurve einer Wölbfläche mit irgend einer Ebene $S_v S_h$ (Taf. III, Fig. 21) keinerlei Schwierigkeiten, indem anstandslos einzelne Punkte der besagten Curve als Durchschnittspunkte der Ebene S mit beliebigen Erzeugenden ermittelt werden können. Hierbei empfiehlt sich jedoch folgende Vereinfachung. Man construiert zunächst den Schnittpunkt (d, d') der Ebene $S_v S_h$ mit der doppelten Leitgeraden (L, L'). Dieser Punkt repräsentiert gleichzeitig einen der drei Doppelpunkte der Schnittcurve und zwar einen wirklichen oder einen isolierten Doppelpunkt, je nachdem sich derselbe auf dem Theile der Leitgeraden befindet, durch dessen Punkte reelle Erzeugenden der Wölbfläche gehen oder nicht.

Zur Bestimmung weiterer Punkte der Schnittcurve kann der bezeichnete Punkt (d, d') in nachstehender Weise benützt werden.

Eine beliebige, durch die Leitgerade (L, L') gelegte Ebene $\varepsilon_v \varepsilon_h$ schneidet die Wölbfläche, wie bekannt, in zwei zueinander parallelen Erzeugenden (g_1, g'_1) und (g_2, g'_2). Dieselbe Ebene $\varepsilon_v \varepsilon_h$ schneidet ferner die Ebene $S_v S_h$ in einer Geraden, welche selbstverständlich durch den Punkt (d, d') geht, so dass zu ihrer vollständigen Bestimmung nur noch die Ermittelung eines zweiten Punktes, beispielsweise des Schnittpunktes (v, v') der Verticaltracen S_v und ε_v nothwendig ist. Die Schnittgerade $(d v, d' v')$ trifft nun die beiden Erzeugenden (g_1, g'_1) und (g_2, g'_2) in zwei Punkten (p_1, p'_1) und (p_2, p'_2), welche die Durchstoßpunkte der Ebene $S_v S_h$ mit diesen Erzeugenden, also zwei Punkte der Durchschnittscurve darstellen. In gleicher Weise liefert jede andere durch (L, L') gehende Ebene zwei Punkte der Curve.

Die beiden unendlich fernen Doppelpunkte der Schnittcurve sind im vorliegenden Falle (Taf. III, Fig. 21) imaginär, da es keine reellen Erzeugenden der Wölbfläche gibt, die gleichzeitig zur Ebene $S_v S_h$ parallel sind.

Falls jedoch die unendlich fernen Punkte reell sind, so ergibt sich deren Construction und die Ermittelung der zugehörigen Asymptoten in folgender Weise.

Die Wölbfläche sei durch (K_1, K'_1), (K_2, K'_2) und (L, L') (Taf. III, Fig. 22) dargestellt. Der zugehörige, auf bekannte Art construierte Richtungskegel werde durch $[(m, m'), (\Sigma, \Sigma')]$ repräsentiert.

Soll der Schnitt dieser Fläche mit einer Ebene $S_v S_h$ reelle unendlich ferne Punkte besitzen, d. h. sollen Erzeugende der Wölbfläche existieren, die zu $S_v S_h$ parallel sind, so müssen sich derartige Erzeugende offenbar auch auf dem Richtungskegel vorfinden; es muss also eine zu $S_v S_h$ parallel durch den Scheitel (m, m') gelegte Ebene $s_v s_h$ mit dem Richtungskegel zwei reelle Erzeugende (γ, γ') und (λ, λ') gemein haben.

Von den vier Erzeugenden (g_1, g'_1), (g_2, g'_2), (l_1, l'_1) und (l_2, l'_2) der Wölbfläche, von welchen die beiden ersteren zu (γ, γ') sowohl, als auch untereinander, die beiden letzteren aber zu (λ, λ') und untereinander parallel sind, bestimmen die beiden erstgenannten Erzeugenden den einen unendlich fernen Doppelpunkt (u_γ, u'_γ), die beiden letzteren dagegen den zweiten unendlich fernen Doppelpunkt (u_λ, u'_λ) der Schnittcurve.

Bestimmen wir weiters auf Grund früherer Erörterungen die asymptotischen Ebenen von (g_1, g'_1) und (g_2, g'_2) als diejenigen Ebenen $G^1_v G^1_h$ und $G^2_v G^2_h$, welche zu der Tangentialebene $\Gamma_v \Gamma_h$ des Richtungskegels längs der Geraden (γ, γ') parallel sind, und in analoger Weise die den Erzeugenden (l_1, l'_1) und (l_2, l'_2) entsprechenden asymptotischen Ebenen $L^1_v L^1_h$ und $L^2_v L^2_h$, so erhalten wir im Schnitte der beiden ersteren mit der Ebene $S_v S_h$ die dem unendlich fernen Doppelpunkte (u_γ, u'_γ) entsprechenden Asymptoten (γ_I, γ'_I) und $(\gamma_{II}, \gamma'_{II})$, während sich im Schnitte der beiden letztangeführten Ebenen mit der Ebene $S_v S_h$ die dem unendlich fernen Doppelpunkte (u_λ, u'_λ) entsprechenden Asymptoten (λ_I, λ'_I) und $(\lambda_{II}, \lambda'_{II})$ ergeben.

§. 139.

Geht die schneidende Ebene S durch eine Erzeugende der Wölbfläche, so berührt sie die letztere in einem gewissen Punkte dieser Erzeugenden, während sich ihr Schnitt mit der Wölbfläche aus eben dieser Erzeugenden und aus einer Curve dritter Ordnung zusammensetzt.

Die bezeichnete Curve schneidet die Erzeugende in drei Punkten, wovon der eine der vorgenannte Berührungspunkt ist, der zweite in unendliche Entfernung fällt und der dritte auf der Leitgeraden liegt. Außerdem besitzt die vorbezeichnete Curve stets einen reellen, in unendlicher Entfernung liegenden Doppelpunkt.

Das eben Gesagte dürfte durch die folgende Überlegung klargelegt werden. Die schneidende Ebene enthält eine Erzeugende g der Wölbfläche. Die zu ihr durch den Scheitel des Richtungskegels parallel gelegte Ebene hat demnach mit dem letzteren die zu g parallele Erzeugende γ gemein und muss folglich noch eine zweite, zu γ nicht parallele Erzeugende λ des Richtungskegels enthalten. Die beiden zu λ parallelen Erzeugenden der Wölbfläche liefern sodann jenen reellen unendlich fernen Doppelpunkt der Schnittcurve.

§. 140.

Enthält eine Ebene zwei Erzeugende der Wölbfläche, so berührt sie die letztere in zwei Punkten, von welchen auf jeder der beiden Erzeugenden einer dieser Punkte liegt.

Es ist klar, dass die besagte Ebene diesfalls mit der Wölbfläche, außer den beiden Erzeugenden, nur noch einen Ort zweiter Ordnung gemein haben kann.

Bei der Wölbfläche sind zwei Scharen solcher doppeltberührender Ebenen zu unterscheiden. Zu der einen Schar gehören sämmtliche Ebenen, welche durch die Leitgerade gehen. Jede derartige Ebene enthält bekanntlich zwei zueinander parallele Erzeugende und berührt die Wölbfläche in jenen beiden Punkten, in welchen diese Erzeugenden die Leitgerade treffen. Der Schnitt einer jeden solchen Ebene mit der Wölbfläche besteht aus dem vorgenannten Erzeugendenpaar und einem Orte zweiter Ordnung, welcher durch die doppelt zu zählende Leitgerade repräsentiert wird.

Zu der zweiten Schar von Bitangentialebenen gehören die durch die Erzeugenden gehenden, zur Hauptebene senkrecht stehenden (horizontal-projicierenden) Ebenen. Es wurde diesbezüglich nachgewiesen (Satz 109), dass jede horizontal-projicierende Ebene, welche eine Erzeugende der Wölbfläche enthält, noch eine zweite Erzeugende enthalten müsse, welche mit der ersteren gegen die Hauptebene der Wölbfläche symmetrisch liegt.

Besagte Ebene wird daher die Wölbfläche in zwei verschiedenen Punkten berühren, von welchen auf jeder der beiden Erzeugenden einer liegt; die genannte Ebene ist somit eine Bitangentialebene der Wölbfläche.

Jede Bitangentialebene dieser Art hat mit der Wölbfläche außer den vorgenannten zwei Erzeugenden noch einen wirklichen Kegelschnitt gemein.

Hieraus ist gleichzeitig zu ersehen, dass auf der Wölbfläche die beiden Leitkreise nicht die einzigen Curven zweiten Grades sind, sondern, dass sich deren auf der Fläche unendlich viele vorfinden.

Es frägt sich nun, in welchem Zusammenhange die Bitangentialebenen dieser Art zueinander stehen, oder mit anderen Worten, was ihr Erzeugnis ist.

Vor allem ist einleuchtend, dass dieselben, nachdem sie sämmtlich horizontal-projicierend sind, einen Cylinder mit horizontalprojicierenden Erzeugenden einhüllen werden. Ferner ist ebenso klar, dass, nachdem die Horizontaltracen aller dieser Ebenen mit den Horizontalprojectionen der in ihnen liegenden Erzeugenden zusammenfallen, die Horizontalspur des genannten Cylinders durch die nämliche Curve dargestellt werde, welche von den Horizontalprojectionen aller Erzeugenden eingehüllt wird, also die Contour der Wölbfläche bildet.

Um diese Curve näher zu untersuchen, stellen wir folgende Betrachtung an. Seien wieder (K_1, K'_1) und (K_2, K'_2) (Taf. III, Fig. 23) die beiden Leitkreise und (L, L') die Leitgerade der Wölbfläche.

Eine beliebig durch L gezogene Gerade g_1 repräsentiert stets die Verticalprojection einer (eigentlich zweier) Erzeugenden. Die Horizontalprojection g'_1 dieser Erzeugenden erhält man als die Verbindungsgerade jener beiden Punkte a'_1 und a'_2, welche als Horizontalprojectionen den beiden Schnittpunkten a_1 und a_2 von g mit den Leitkreisen entsprechen. Das andere Paar b_1 und b_2 von Schnittpunkten liefert eine zweite Erzeugende (g_2, g'_2).

Es können nun, behufs Erreichung des vorliegenden Zweckes, nachstehende Folgerungen angestellt werden.

Die Polare von L in Bezug auf den Kreis K_1 ist eine verticale Gerade λ, welche die Verbindungsgerade HH der Kreismittelpunkte in einem Punkte π schneidet.

Projiciert man die beiden Punkte a_1 und b_1, in welchen g den Kreis K_1 trifft, auf H nach α_1 resp. β_1, so sind, welches auch die Lage der durch L gezogenen Geraden g_1 sein mag, α_1 und β_1 stets conjugiert harmonische Punkte in Bezug auf die beiden festen Punkte L und π.

Projicieren wir ferner auch den Punkt a_2, in welchem g_1 den Leitkreis K_2 schneidet, und welcher, in Bezug auf L als Symmetriecentrum, symmetrisch zu b_1 liegt, auf H nach α_2, so wird auch α_2 mit β_1, in Bezug auf L als Centrum, symmetrisch sein.

Weiters wird hierbei zu beachten sein, dass jene Geraden, welche die Punkte a_1 und a_2 nach α_1 und α_2 projicieren, dieselben Punkte auch nach a'_1 resp. a'_2 projicieren.

Denken wir uns nun die Gerade g_1 um L gedreht, so wird der Punkt α_1 auf H eine Punktreihe $(\alpha_1 \ldots.)$ durchlaufen. Der Punkt β_1, als der in Bezug auf L und π conjugiert harmonische Punkt zu α_1, wird daher gleichzeitig eine zur Reihe $(\alpha_1 \ldots.)$ projectivische

Reihe ($\beta_1 \ldots .$) beschreiben, und ebenso beschreibt auch der Punkt α_2 eine zur Reihe ($\beta_1 \ldots .$) symmetrische, also zu dieser und mithin auch zur Reihe ($\alpha_1 \ldots .$) projectivische Reihe ($\alpha_2 \ldots .$).

Sind aber die beiden Reihen ($\alpha_1 \ldots .$) und ($\alpha_2 \ldots .$) projectivisch, so sind es offenbar auch die aus ihnen, auf η_1 und η_2, durch Parallelprojection hervorgegangenen Reihen ($a'_1 \ldots .$) und ($a'_2 \ldots .$).

Die Verbindungsgeraden g'_1 entsprechender Punkte a'_1 und a'_2 dieser Reihen, d. s. die Horizontalprojectionen der Erzeugenden der Wölbfläche, umhüllen daher einen Kegelschnitt Π', welcher auch die Träger η_1 und η_2 der beiden Reihen berührt.

Da die Horizontalprojectionen der Erzeugenden paarweise symmetrisch gegen m' liegen, so ist dieser Punkt m' der Mittelpunkt des Kegelschnittes Π'.

Durch m' gehen aber auch die Horizontalprojectionen von Geraden, welche der Wölbfläche angehören, nämlich L' und T'_1 oder T'_2. Da diese Geraden gleichfalls Tangenten der Horizontalcontour Π' sind, so ist diese Contour eine Hyperbel mit den Asymptoten L' und T'_1 (oder T'_2).

Es ergibt sich sonach im Vereine mit den vorhergehenden Betrachtungen der Satz:

114. „Die Bitangentialebenen einer Wölbfläche, welche Paare von Erzeugenden enthalten, die symmetrisch gegen die Hauptebene liegen, schneiden die Wölbfläche in eigentlichen Kegelschnitten und umhüllen einen auf der Hauptebene senkrecht stehenden hyperbolischen Cylinder.

Die asymptotischen Ebenen dieses Cylinders sind jene beiden zur Hauptebene senkrechten Ebenen, von welchen die eine die Leitgerade, die andere aber die beiden mit unendlich fernen Spitzen versehenen Torsallinien enthält.“

§. 141.

7. Aufgabe. **Es ist die Tangentialebene der Wölbfläche in einem ihrer Punkte zu construieren.**

Erste Methode. Mittelst eines Schmiegungshyperboloides.

Sei (g, g') (Taf. IV, Fig. 24) eine Erzeugende der Wölbfläche, welche die Leitkreise (K_1, K'_1) und (K_2, K'_2), beziehungsweise in (a_1, a'_1) und (a_2, a'_2) schneidet. Auf dieser Erzeugenden sei der Berührungspunkt (p, p') für die zu construierende Tangentialebene gegeben.

Ersetzen wir in den Punkten (a_1, a'_1) und (a_2, a'_2) die beiden Leitkreise durch ihre Tangenten (t_1, t'_1) und (t_2, t'_2), so können, wie aus der allgemeinen Theorie der windschiefen Flächen bekannt ist, die drei Geraden (L, L'), (t_1, t'_1) und (t_2, t'_2) als Leitgeraden für ein windschiefes Hyperboloid betrachtet werden, welches sich der Wölbfläche längs der Erzeugenden (g, g') anschmiegt.

Behufs Lösung der gestellten Aufgabe wird es somit genügen, die Bestimmung der Tangentialebene dieses Hyperboloides im Punkte (p, p') zu vollziehen.

Besagte Ebene enthält einerseits die Erzeugende (g, g') und andrerseits die durch (p, p') gehende Erzeugende des zweiten Systems. Um die letztere zu erhalten, bestimmen wir zunächst zwei Erzeugende des Systems g. Die eine ist die vertical-projicierende Gerade (γ_1, γ'_1), welche durch den Schnittpunkt der Verticalprojectionen t_1 und t_2 geht, und die andere (γ_2, γ'_2) oder $(\alpha_1 \beta_1, \alpha'_1 \beta'_1)$ erhält man einfach vermittelst der durch (L, L') gehenden horizontalen Ebene.

Die durch (p, p') führende Erzeugende des zweiten Systems ist somit jene Gerade (λ, λ'), welche gleichzeitig (γ_1, γ'_1) und (γ_2, γ'_2) schneidet. Die Verticalprojection λ derselben ergibt sich unmittelbar als die Verbindungsgerade $p\gamma_1$, und hieraus ist die Horizontalprojection λ' vermittelst des auf (γ_2, γ'_2) liegenden Punktes (σ, σ') leicht abzuleiten. Die durch (g, g') und (λ, λ') geführte Ebene $B_v B_h$ ist die gesuchte Berührebene.

§. 142.

Zweite Methode. Mittelst des Schmiegungsparaboloides.

Sei (g, g') (Taf. IV, Fig. 25) wieder eine Erzeugende der Wölbfläche, welche die Leitkreise (K_1, K'_1), (K_2, K'_2) beziehungsweise in (a_1, a'_1) und (a_2, a'_2) schneidet, und sei ferner (p, p') der auf dieser Erzeugenden gegebene Berührungspunkt. Weiters seien (Σ_1, Σ'_1) und (Σ_2, Σ'_2) die beiden Kreise, in welchen der Richtungskegel der Wölbfläche die Ebenen der beiden Leitkreise schneidet.

Führen wir an Σ_1 und Σ_2 in jenen Punkten, welche gleichzeitig der Verticalprojection g angehören, die beiden Tangenten τ_1 und τ_2, so repräsentieren diese, wie aus einer früheren Construction bekannt, die Schnittgeraden der Leitkreisebenen mit jener Ebene Γ des Richtungskegels, welche zur Erzeugenden (g, g') und zur asymptotischen Ebene dieser Erzeugenden parallel läuft.

Ersetzen wir ferner die Leitkreise in den Punkten (a_1, a'_1) und (a_2, a'_2) durch ihre Tangenten (t_1, t'_1) und (t_2, t'_2), so wird das hyperbolische Paraboloid, welches (t_1, t'_1) und (t_2, t'_2) zu Leitgeraden und die Ebene Γ zur Richtebene hat, ein Schmiegungsparaboloid der Wölbfläche längs der Erzeugenden (g, g') darstellen. Wir haben daher nichts anderes zu thun, als die Tangentialebene dieses Paraboloides im Punkte (p, p_1) zu construieren.

Die besagte Ebene enthält einerseits die Erzeugende (g, g') und andererseits die durch (p, p') gehende Erzeugende (λ, λ') des zweiten Systems. Um letztere zu erhalten, benöthigen wir noch eine Erzeugende des ersten Systems und die Richtebene für das zweite System der Erzeugenden.

Vor allem ist einleuchtend, dass die Ebene Γ die beiden Leitgeraden (t_1, t'_1) und (t_2, t'_2) in jenen zwei Punkten (α_1, α'_1) und (α_2, α'_2) schneidet, welche gleichzeitig den Geraden (τ_1, τ'_1) und (τ_2, τ'_2) angehören, und dass somit die Gerade $(\gamma, \gamma') = (\alpha_1 \alpha_2, \alpha'_1 \alpha'_2)$ eine Erzeugende des Paraboloides von demselben Systeme vorstellt, dem die Erzeugende (g, g') angehört.

Die Richtebene für die Erzeugenden des Systems λ ist parallel zu den beiden Leitgeraden (t_1, t'_1) und (t_2, t'_2), erscheint somit durch die verticale Projectionsebene dargestellt.

Die durch (p, p') gehende Erzeugende (λ, λ') des zweiten Systems ist nun jene Gerade, welche die Erzeugende (γ, γ') in (β, β') schneidet und nebstbei zur verticalen Projectionsebene, als Richtebene, parallel ist. Die verlangte Tangentialebene $B_v B_h$ ist sonach jene, welche die beiden Geraden (g, g') und (λ, λ') enthält.

Es ist leicht einzusehen, dass durch directe Umkehrung der beiden letztangegebenen, resp. durchgeführten Constructionen ebenso leicht auch der Berührungspunkt (p, p') einer beliebig durch eine Erzeugende (g, g') gelegten Ebene bestimmt werden kann.

Ebenso wird nunmehr auch die Construction einer zu einer gegebenen Ebene parallelen Tangentialebene und die Bestimmung ihres Berührungspunktes keinerlei Schwierigkeiten bieten können. Man wird nämlich zunächst mit Zuhilfenahme des Richtungskegels die zur gegebenen Ebene parallelen Erzeugenden der Wölbfläche aufsuchen, durch diese die verlangten Tangentialebenen legen, und hierauf mittelst der Schmiegungsparaboloide oder Hyperboloide deren Berührungspunkte construieren.[3])

VI. Capitel.

Das Kegelschnitts-Conoid.

§. 143.

Bewegt sich eine gerade Linie in der Weise, dass sie in jeder ihrer Lagen einen Kegelschnitt K sowohl, als auch eine Leitgerade D schneidet, überdies aber zu einer gegebenen Ebene R (der Richtebene) parallel bleibt, so pflegt man die so erzeugte Fläche das Kegelschnitts-Conoid zu nennen.

Hat die Leitgerade D mit dem Leitkegelschnitt K keinen Punkt gemein, so ist das Conoid, wie aus den vorhergegangenen allgemeinen Betrachtungen (für $n = 2$) erhellt, vom vierten Grade.

Der Fall, wenn die Leitgerade mit dem Leitkegelschnitte einen Punkt gemein hat, ist bereits gelegentlich der Untersuchung der Regelflächen dritten Grades erörtert worden.

Es ist einleuchtend, dass es für die Untersuchung der projectivischen Eigenschaften des Conoides, sowie auch für die graphische Durchführung der mit dieser Fläche verbundenen Probleme gleichgiltig sei, ob das Conoid als ein „gerades" oder „schiefes" vorausgesetzt, d. h. ob die Leitgerade D senkrecht oder geneigt zur Richtebene R angenommen wird.

Um das Conoid in orthogonaler Projection darzustellen, wählen wir, der Einfachheit wegen, unmittelbar die Richtebene R des Conoides als horizontale Projectionsebene, während wir die verticale Projectionsebene vorläufig beliebig annehmen.

Seien diesfalls D und D' (Taf. IV, Fig. 26) die Projectionen der Leitgeraden und K und K' jene des in der Ebene $L_v L_h$ liegenden Leitkegelschnittes.

Um dieser Anordnung gemäß, eine beliebige Erzeugende des Conoides zu erhalten, wird es genügen, eine willkürliche zur horizontalen Projectionsebene (Richtebene) parallele Ebene η zu führen. Diese Ebene η trifft die Leitgerade (D, D') im Punkte (n, n') und den Leitkegelschnitt (K, K') in den beiden Punkten (p_1, p'_1) und (p_2, p'_2). Die Verbindungsgeraden (g_1, g'_1) und (g_2, g'_2) von (n, n') mit (p_1, p'_1) und (p_2, p'_2) stellen bereits zwei Erzeugende des Conoides dar. Auf gleiche Weise erhält man weitere Paare von Erzeugenden. Da überdies der Schnittpunkt (n, n') eines jeden Paares von Erzeugenden auf der Leitgeraden (D, D') liegt, so findet man gleichzeitig auch durch die eben angedeutete Construction, dass (D, D') eine Doppelgerade des Conoides sei.

Ertheilen wir der vorgenannten Hilfsebene η besondere Lagen und wählen wir die besagte Ebene unter der Bezeichnung η' vor allem so, dass sie durch denjenigen Punkt (s, s') geht, in welchem die Leitgerade (D, D') die Ebene $L_v L_h$ des Leitkegelschnittes (K, K') trifft. Diesfalls schneidet diese Ebene η' die Ebene $L_v L_h$ in einer durch (s, s') gehenden Geraden (d, d'), welche den Leitkegelschnitt (K, K') in den beiden Punkten (a, a') und (b, b') begegnet.

Die Gerade (d, d') repräsentiert nun als Verbindungsgerade der Punkte (s, s') und (a, a') sowohl, als auch als Verbindungsgerade der Punkte (s, s') und (b, b') eine Erzeugende des Conoides. Während also in einer beliebigen Ebene η zwei Conoiderzeugende liegen, welche einen Punkt (n, n') auf der Leitgeraden (D, D') gemein haben, fallen die beiden Erzeugenden — für die specielle Lage η' der Hilfsebene — in eine und dieselbe Gerade (d, d') zusammen; die letztere wird sonach eine „Doppelerzeugende" des Conoides darstellen.

Zugleich folgt aus der Art und Weise der Construction, dass das Kegelschnitts-Conoid nur eine einzige Doppelerzeugende zulasse.

Wenn die Gerade (d, d') den Leitkegelschnitt (K, K') in zwei imaginären Punkten schneidet, so repräsentiert dieselbe eine „ideelle Doppelerzeugende" des Conoides, welcher übrigens dieselben Eigenschaften, wie einer reellen Doppelerzeugenden zukommen.

Nachdem die sämmtlichen Ebenen η zur Richtebene des Conoides, d. i. zur horizontalen Projectionsebene parallel sind, so sind ihre Schnitte mit der Ebene $L_v L_h$ des Leitkegelschnittes selbstverständlich auch sämmtlich parallel zur Horizontaltrace L_h.

Denken wir uns weiters an den Leitkegelschnitt (K, K') (Taf. IV, Fig. 27) die beiden zur Horizontaltrace L_h parallelen Tangenten gezogen, so wird durch jede derselben eine zur horizontalen Projectionsebene parallele Ebene η gelegt werden können. Die Verticaltracen dieser beiden Ebenen sind, wie wohl nicht erst nachgewiesen zu werden braucht, die beiden zur Grundlinie XX parallelen Tangenten η_1 und η_2 an die verticale Projection K des Leitkegelschnittes. Die Punkte m_1 und m_2, in welchen η_1 resp. η_2 die Projection K berühren, sind zugleich die Verticalprojectionen jener Punkte, in welchen die Ebenen η_1 und η_2 selbst oder auch ihre Schnittgeraden mit der Ebene $L_v L_h$ den Leitkegelschnitt (K, K') berühren.

Betrachten wir nun diese beiden Ebenen mit Rücksicht auf die in ihnen liegenden Conoiderzeugenden.

Die Ebene η_1 schneidet die Leitgerade (D, D') in einem Punkte (n_1, n'_1) und den Leitkegelschnitt (K, K') in den beiden unendlich nahen Punkten (a_1, a'_1) und (b_1, b'_1), welche in dem Berührungspunkte (m_1, m'_1) vereinigt sind. Infolge dessen sind auch die beiden in η_1 liegenden Conoiderzeugenden unendlich nahe aneinander gelegen; ihre Vereinigung (T_1, T'_1) oder $(n_1 m_1, n'_1 m'_1)$ repräsentiert mithin eine „Torsallinie" mit der „Spitze" (n_1, n'_1). Die Ebene η_1 ist die zugehörige „Torsalebene", welche das Conoid in allen Punkten der Torsallinie (T_1, T'_1) berührt.

In gleicher Weise ergibt sich eine zweite Torsallinie (T_2, T'_2) in der Ebene η_2, deren Spitze der Schnittpunkt (n_2, n'_2) dieser Ebene mit der Leitgeraden (D, D') ist.

Die Erzeugenden des Conoides lassen sich selbstverständlich auch noch auf eine andere Art construieren.

Legen wir nämlich durch die Leitgerade (D, D') (Taf. IV, Fig. 26) eine beliebige Ebene $E_v E_h$, so wird diese die Ebene $L_v L_h$ des Leitkegelschnittes in einer Geraden (λ, λ') schneiden, den Leitkegelschnitt (K, K') selbst aber in jenen beiden Punkten (π_1, π'_1) und (π_2, π'_2) treffen, in welchen derselbe der genannten Schnittgeraden (λ, λ') begegnet.

Führt man nun durch (π_1, π'_1) und (π_2, π'_2) die Geraden (γ_1, γ'_1) resp. (γ_2, γ'_2) parallel zur Horizontaltrace E_h, so werden dieselben offenbar Erzeugende des Conoides repräsentieren. Denn einerseits treffen sie den Leitkegelschnitt in je einem Punkte, andererseits sind sie zur Trace E_h, also auch zur horizontalen Projectionsebene (Richtebene) parallel, und endlich schneiden dieselben die Leitgerade (D, D'), da sie mit dieser in einer und derselben Ebene $E_v E_h$ liegen.

Dreht man die Hilfsebene $E_v E_h$ um die Leitgerade (D, D'), so ist einleuchtend, dass auf Grund der eben entwickelten Construction alle anderweitigen Erzeugenden des Conoides erhalten werden können.

Besondere Aufmerksamkeit verdienen zwei besondere Lagen der Hilfsebene $E_v E_h$.

Die Schnittgerade (λ, λ') (Taf. IV, Fig. 27) der Hilfsebene E mit der Ebene L des Leitkegelschnittes geht durch den Punkt (s, s'), in welchem die letztere von der Leitgeraden (D, D') getroffen wird. Führt man durch (s, s') an den Leitkegelschnitt (K, K') die beiden möglichen Tangenten (λ_1, λ'_1) und (λ_2, λ'_2), so lassen sich durch diese und durch die Gerade (D, D') zwei Ebenen $E^1_v E^1_h$ und $E^2_v E^2_h$

legen, welche die vorgenannten speciellen Lagen der Hilfsebene E vorstellen.

Betrachten wir beispielsweise die Ebene $E'_v E'_h$. Dieselbe schneidet die Ebene $L_v L_h$ in der Tangente (λ_1, λ'_1) des Leitkegelschnittes (K, K'), trifft daher den letzteren selbst in zwei unendlich nahen, d. i. im Berührungspunkte (m_3, m'_3) vereinigten Punkten (p_1, p'_1) und (p_2, p'_2). Wenn wir nun durch (m_3, m'_3) zur Trace E'_h die Parallele (T_3, T'_3) ziehen, so repräsentiert diese, gemäß der früheren für die allgemeine Lage der Hilfsebene E erörterten Construction, die Vereinigung der beiden unendlich nahen, den Punkten (p_1, p'_1) und (p_2, p'_2) entsprechenden Erzeugenden (γ_1, γ'_1) und (γ_2, γ'_2). Die Gerade (T_3, T'_3) ist somit eine Torsallinie des Conoides und die Ebene $E^1_v E^1_h$ die zugehörige Torsalebene.

Die Spitze dieser Torsallinie ist der unendlich ferne Punkt von (T_3, T'_3) und gehört der unendlich fernen Leitgeraden des Conoides an, da die beiden zur Torsallinie vereinigten Erzeugenden (sowie überhaupt jedes in einer Hilfsebene E liegendes Erzeugendenpaar) zueinander parallel sind. Ebenso liefert auch die zweite Ebene $E^2_v E^2_h$ eine Torsallinie (T_4, T'_4).

§. 144.

Bisher haben wir das Kegelschnitts-Conoid in orthogonaler Projection derart dargestellt, dass die Richtebene unmittelbar zur horizontalen Projectionsebene gewählt, die verticale Projectionsebene hingegen beliebig angenommen wurde. Unter dieser Voraussetzung ergaben sich die Projectionen der Leitgeraden, sowie die des Leitkegelschnittes in sogenannter allgemeiner Lage.

Nun wollen wir, mittelst der Centralprojection eine Eigenschaft des Conoides ableiten, welche uns gestattet, dasselbe in eine engere Beziehung zu den Projectionsebenen zu bringen und es ermöglicht wird, auch die orthogonal-projectivische Darstellung der Fläche auf speciellere und einfachere Weise zu bewerkstelligen.

Indem wir somit von der Centralprojection Gebrauch machen, nehmen wir die Bildebene zusammenfallend mit der Ebene des Leitkegelschnittes K (Taf. IV, Fig. 28) an und wählen das Projectionscentrum auf der Leitgeraden D, so, dass diese central-projectivisch durch ihren Durchstoßpunkt s mit der Bildebene dargestellt erscheint. Die Fluchttrace R_v der Richtebene wird unter dieser Annahme selbstverständlich eine Gerade sein, welcher keine besondere Lage gegen K und s zukömmt.

Zu bemerken ist diesfalls, dass das in dieser Weise dargestellte Kegelschnitts-Conoid ein allgemeines ist, indem die besonderen Verhältnisse in seiner Projection lediglich bloß durch die specielle Wahl der Bildebene und des Projectionscentrums herbeigeführt sind.

Um irgend eine beliebige Erzeugende dieses Conoides darzustellen, haben wir nur zu berücksichtigen, dass dieselbe die Leitgerade D schneiden, ihre Centralprojection g also durch s gehen müsse. Da diese Erzeugende zur Richtebene R parallel sein soll, so findet man ihren Fluchtpunkt φ im Schnitte von g mit R_v. Besagte Erzeugende schneidet aber auch den Leitkegelschnitt K und da der letztere in der Bildebene liegt, wird der betreffende Schnittpunkt gleichzeitig der Durchstoßpunkt der Erzeugenden sein. Nachdem weiters die Gerade g mit dem Kegelschnitte K zwei Punkte δ und δ' gemein hat, so ist unschwer zu erkennen, dass in g die Projectionen zweier Erzeugenden g und g' vereinigt sind, welche einen gemeinschaftlichen Fluchtpunkt φ besitzen und mithin parallel sind.

Aus früheren Betrachtungen wissen wir ferner, dass diejenige Gerade, welche durch den Schnittpunkt s der Leitgeraden mit der Ebene des Leitkegelschnittes K parallel zur Richtebene gezogen wird, die Doppelerzeugende des Conoides repräsentiert.

In Fig. 28, Taf. IV ist diese Doppelerzeugende durch jene Gerade d in der Bildebene dargestellt, welche durch den Punkt s parallel zur Fluchttrace R_v gezogen wird.

Mit Zugrundelegung der in der allgemeinen Theorie der Conoide gegebenen Anzahlbestimmungen ist das Kegelschnitts-Conoid eine windschiefe Fläche vierter Ordnung. Dasselbe wird demgemäß von jeder Ebene in einer Curve vierter Ordnung geschnitten. Wird die schneidende Ebene insbesondere durch die Doppelgerade d gelegt, so zerfällt die Schnittcurve in eben diese Doppelgerade und in einen Kegelschnitt.

Zur Feststellung dieser Eigenschaft gelangen wir auch auf folgendem Wege, durch welchen überdies der besondere Zusammenhang der Projectionen aller auf dem Conoide liegenden Kegelschnitte näher beleuchtet wird.

Legen wir durch die Doppelgerade d (Taf. IV, Fig. 28) eine beliebige Ebene E, so wird, infolge der besonderen Darstellungsart, die Bildflächtrace E_b dieser Ebene mit d selbst zusammenfallen, während die Fluchttrace E_v durch eine beliebige zu d, also auch zu R_v parallele Gerade dargestellt erscheint.

Um den Schnitt des Conoides mit dieser Ebene zu finden, haben wir zu berücksichtigen, dass derselbe der geometrische Ort der

Schnittpunkte der Ebene E mit allen Erzeugenden der vorgegebenen Fläche sei.

Führen wir beispielsweise durch die Erzeugende g oder $\delta\varphi$ eine Hilfsebene $h_v h_b$, deren Tracen senkrecht zu d stehen mögen, so schneidet dieselbe die Ebene E in einer Geraden $\vartheta\psi$, welche ihrerseits die Gerade g in deren Schnittpunkte Δ mit der Ebene E trifft. Hierdurch erhalten wir in Δ die Centralprojection eines Punktes der Schnittcurve.

Bezeichnen wir den Schnittpunkt von d und h_v mit n und den Schnittpunkt von $\vartheta\psi$ mit der durch s zu d senkrecht gezogenen Geraden mit π, so folgt aus den ähnlichen Dreiecken $\vartheta\pi s$ und $\vartheta\psi n$, dass

$$s\pi = n\psi \cdot \frac{s\vartheta}{n\vartheta}$$

sei. Es ergibt sich somit, weil

$$\frac{s\Delta}{\varphi\Delta} = \frac{s\pi}{\varphi\psi} \text{ und } \frac{s\delta}{\varphi\vartheta} = \frac{s\vartheta}{n\vartheta}$$

ist, ohneweiters die Relation:

$$(s\varphi\delta\Delta) = \frac{s\delta}{\varphi\delta} : \frac{s\Delta}{\varphi\Delta} = \frac{s\vartheta}{n\vartheta} : \frac{n\psi}{\varphi\psi} \cdot \frac{s\vartheta}{n\vartheta} = \frac{\varphi\psi}{n\psi}.$$

Berücksichtigt man nun, dass die beiden Strecken $\varphi\psi$ und $n\psi$ bloß von der Lage der drei parallelen Geraden d, R_v und E_v abhängig sind, so findet man, dass das Doppelverhältnis $(s\varphi\delta\Delta)$ für alle Paare von Punkten δ und Δ dasselbe ist.

Hieraus folgt aber, dass der geometrische Ort der Punkte Δ, d. i. die Centralprojection der Schnittcurve des Conoides mit der Ebene $E_v E_b$, für s als Collineationscentrum, für R_v als Collineationsachse, und das Verhältnis $\frac{\varphi\psi}{n\psi}$ als Charakteristik der Collineation, centrisch collinear mit dem Kegelschnitte K sei, und mithin wieder einen Kegelschnitt repräsentiere.

Die Eigenschaft, dass einerseits das Conoid von jeder durch die Doppelerzeugende gehenden Ebene in einem Kegelschnitte getroffen wird, festgehalten, und andererseits der Umstand, dass durch die Doppelerzeugende stets eine zur Richtebene senkrechte Ebene gelegt werden könne, nicht aus dem Auge verloren, gelangt man zu dem Schlusse, dass ein Conoid, unbeschadet seiner individuellen Allgemeinheit, in orthogonaler Projection immer so dargestellt werden könne, dass man zu seiner Bestimmung die horizontale Projectionsebene als Richtebene, einen beliebigen Kegelschnitt in der verticalen Projectionsebene als Leitkegelschnitt, und eine beliebige gegen die Projectionsebenen geneigte Gerade als Leitgerade wählt.

Erwägt man ferner, dass jene Ebenen, welche das Conoid nach Kegelschnitten schneiden, ein Büschel mit der Doppelerzeugenden als Achse bilden, so findet man unmittelbar, dass die Ebenen dieses Büschels auf allen Erzeugenden des Conoides projectivische Punktreihen bestimmen.

Nachdem aber die Punkte dieser Reihen keine anderen sind, als jene, in welchen die Conoiderzeugenden von den auf der Fläche liegenden Kegelschnitten getroffen werden, so ergibt sich der Satz:

115. „Alle Erzeugenden eines Kegelschnitts-Conoides werden von den auf der Fläche liegenden Kegelschnitten in projectivischen Punktreihen getroffen."

§. 145.

Denken wir uns nun ein Conoid in der vorangegebenen Weise dargestellt, indem wir die horizontale Projectionsebene als Richtebene voraussetzen, den Leitkegelschnitt K (Taf. V, Fig. 29) in der verticalen Projectionsebene wählen und die Leitgerade (D, D') beliebig annehmen, und beschäftigen wir uns mit der

8. Aufgabe. **Es ist der ebene Schnitt des Kegelschnittsconoides zu bestimmen.**

Bei allgemeiner Lage der Transversalebene $E_v E_h$ ist der besagte Schnitt eine Curve vierter Ordnung und repräsentiert den geometrischen Ort der Schnittpunkte der Ebene $E_v E_h$ mit allen Erzeugenden des Conoides.

Einzelne Punkte dieser Schnittcurve werden daher erhalten, wenn man die Treffpunkte der Ebene $E_v E_h$ mit beliebigen Erzeugenden des Conoides bestimmt. Der einfachste Weg, welcher in dieser Beziehung zum Ziele führt, sei durch Nachstehendes gekennzeichnet.

Man wählt zunächst eine Reihe schneidender, zur Richtebene (horizontale Projectionsebene) paralleler Hilfsebenen η_1, η_2, η_3 .... Heben wir beispielsweise die Ebene η_1 hervor, so schneidet dieselbe die Transversalebene $E_v E_h$ in einer zur Horizontaltrace E_h parallelen Geraden (σ_1, σ'_1), den Leitkegelschnitt K in den beiden Punkten (a_1, a'_1) und (b_1, b'_1) und die Leitgerade (D, D') im Punkte (n_1, n'_1). Die Geraden (g_1, g'_1) und (γ_1, γ'_1), welche (n_1, n'_1) mit den beiden Punkten (a_1, a'_1) und (b_1, b'_1) verbinden, sind selbstverständlich die beiden in der Ebene η_1 liegenden Conoiderzeugenden. Die Schnittpunkte (p_1, p'_1) und (π_1, π'_1) derselben mit der Geraden (σ_1, σ'_1) repräsentieren, da sie dem Conoide und der Transversalebene E gleichzeitig angehören, zwei Punkte der gesuchten Schnittcurve. In gleicher Weise wird jede der anderen Hilfsebenen η_2, $\eta_3 \ldots$ je zwei Punkte der Schnittcurve liefern.

Um die Gestalt der Schnittcurve genau kennen zu lernen, wird die Forderung, die „singulären“ Punkte derselben zu construieren, an uns herantreten.

Vor allem anderen ist diesbezüglich hervorzuheben, dass die Schnittcurve zwei in endlicher Entfernung liegende Doppelpunkte besitze. Der eine dieser Punkte ist der Schnittpunkt $(\varDelta, \varDelta')$ der Ebene $E_v E_h$ mit der Doppelgeraden (D, D'); der zweite dagegen ist der in der verticalen Projectionsebene liegende Schnittpunkt (δ, δ') der Ebene $E_v E_h$ mit der Doppelerzeugenden (d, d').

Von Wichtigkeit für die Kenntnis des Verlaufs der Schnittcurve ist offenbar die Bestimmung ihrer unendlich fernen Punkte und die der zugehörigen Asymptoten. Bevor wir jedoch zur Construction derselben schreiten, sei noch folgende Betrachtung vorangeschickt.

Die unendlich ferne Ebene enthält außer der Doppelgeraden U des Conoides (unendlich ferne Gerade der Richtebene) zwei reelle oder imaginäre Erzeugenden.

Bezeichnen wir diesbezüglich den unendlich fernen Punkt der Leitgeraden D mit u und die unendlich fernen Punkte des Leitkegelschnittes K mit u_1 und u_2, so sind die Geraden uu_1 und uu_2, da sie sowohl den Leitkegelschnitt K, als auch die beiden Leitgeraden D und U schneiden, zwei in der unendlich fernen Ebene liegende Conoiderzeugende. Diese Erzeugenden sind reell oder imaginär, je nachdem die beiden Punkte u_1 und u_2 reell oder imaginär sind, d. h. je nachdem der Leitkegelschnitt K eine Hyperbel oder eine Ellipse sein wird.

Die Transversalebene E, resp. ihre unendlich ferne Gerade, schneidet die unendlich ferne Doppelgerade oder Leitgerade U in einem Punkte v und die beiden unendlich fernen Erzeugenden uu_1 und uu_2 in zwei Punkten v_1 und v_2. Die Schnittcurve der Ebene $E_v E_h$ mit dem Conoide besitzt daher drei unendlich ferne Punkte v, v_1 und v_2, von welchen der erste, als der doppelten Leitgeraden U angehörend, ein Doppelpunkt der Schnittcurve ist.

Der getroffenen Annahme entsprechend, ist der Leitkegelschnitt K (Taf. V, Fig. 29) eine Ellipse; es sind daher die beiden unendlich fernen Erzeugenden, also auch die denselben entsprechenden unendlich fernen Punkte der Schnittcurve imaginär. Dagegen ist der unendlich ferne Doppelpunkt v der Schnittcurve, d. i. der

Schnittpunkt der Ebene E mit der unendlich fernen Leitgeraden U, stets reell. Der letztbezeichnete Punkt erscheint somit als der unendlich ferne Punkt der Horizontaltrace E_h der schneidenden Ebene E, durch den Schnitt der Ebene E mit der Richtebene dargestellt.

Die beiden, diesem Doppelpunkte entsprechenden Asymptoten können wie folgt construiert werden.

Zunächst bestimmen wir die beiden durch den fraglichen Punkt v gehenden Erzeugenden (λ_1, λ'_1) und (λ_2, λ'_2) des Conoides in der Weise, dass wir durch die Leitgerade (D, D') eine Ebene $e_v e_h$ parallel zur Horizontaltrace E_h führen. Durch die Punkte (α_1, α'_1) und (α_2, α'_2), in welchen die Verticaltrace e_v dieser Hilfsebene e den Leitkegelschnitt K schneidet, gehen die obgenannten Erzeugenden (λ_1, λ'_1) und (λ_2, λ'_2) parallel zur Trace E_h.

Die beiden horizontalen Ebenen ε_1 und ε_2, welche durch diese beiden Erzeugenden gelegt werden, enthalten auch die unendlich ferne Leitgerade U, berühren daher das Conoid in dem vorgenannten unendlich fernen Punkte v. Die Schnittgeraden (A_1, A'_1) und (A_2, A'_2) dieser Ebenen ε_1 und ε_2 mit der Transversalebene $E_v E_h$ sind mithin die Tangenten der Schnittcurve in dem unendlich fernen Doppelpunkte v, oder mit anderen Worten, die beiden gesuchten Asymptoten dieser Curve.

Wird die schneidende Ebene $E_v E_h$ speciell durch eine Erzeugende g des Conoides gelegt, so repräsentiert dieselbe gleichzeitig die Tangentialebene des Conoides in einem gewissen Punkte der Erzeugenden g.

Aus der allgemeinen Theorie der windschiefen Flächen ist diesbezüglich bekannt, dass in dem vorliegenden Falle der Schnitt des Conoides mit der Ebene E in eine Curve C^3 dritter Ordnung und in die Erzeugende g zerfällt. Die Gerade g und die Curve C^3 haben drei Punkte gemein, von welchen der eine der Berührungspunkt der Ebene $E_v E_h$ mit dem Conoide ist, während die beiden anderen Schnittpunkte Doppelpunkte des Gesammtschnittes vorstellen und den beiden Leitgeraden D und U angehören.

§. 146.

Was die graphische Durchführung der Berührungsprobleme für das Kegelschnitts-Conoid anbelangt, so hat man sich vor allem daran zu erinnern, dass die Berührungsebene einer windschiefen Fläche stets die durch den Berührungspunkt gehende Erzeugende enthalten muss, und dass umgekehrt jede Ebene, welche eine Erzeugende einer windschiefen Fläche enthält, diese letztere in einem gewissen Punkte dieser Erzeugenden berührt.

Berücksichtigt man weiters, dass eine windschiefe Fläche längs jeder ihrer Erzeugenden von unendlich vielen Hyperboloiden und Paraboloiden berührt wird, oder beachtet man den hieraus folgenden Satz, dass die Reihe der Berührungspunkte auf einer Erzeugenden einer windschiefen Fläche zu dem Büschel der ihnen entsprechenden Erzeugenden projectivisch sei, so bietet die Construction der Berührebenen eines Conoides unter den verschiedenen möglichen Bedingungen keine nennenswerten Schwierigkeiten.

Da die constructive Verwendung der Schmiegungs-Hyperboloide oder Schmiegungs-Paraboloide bereits an anderer Stelle zur Geltung gebracht wurde, so wird es diesfalls genügen, wenn wir bloß noch einige Berührungsprobleme mit Zugrundelegung der vorgenannten Projectivität behandeln.

9. Aufgabe. **Es ist die Berührungsebene eines Kegelschnitts-Conoides in einem seiner Punkte zu construieren.**

Sei K (Taf. IV, Fig. 30) ein in der verticalen Projectionsebene liegender Leitkegelschnitt, (D, D') die Leitgerade, und die horizontale Projectionsebene die Richtebene.

Bestimmen wir zunächst eine beliebige Erzeugende (g, g') des Conoides, welche den Kegelschnitt K in dem Punkte (a, a') und die Leitgerade (D, D') in dem Punkte (b, b') treffen möge. Auf dieser Erzeugenden wählen wir einen beliebigen Punkt (p, p') als Berührungspunkt der zu suchenden Berührungsebene $B_v^p B_h^p$.

Aus Früherem wissen wir, dass die letztgenannte Ebene durch die Erzeugende (g, g') gehe und in dem Büschel der durch (g, g') gelegten Berührungsebenen dem Punkte (p, p') — letzteren als Element der zu dem vorbezeichneten Büschel projectivischen Reihe der Berührungspunkte auf (g, g') betrachtet — entsprechen müsse.

Es können diesfalls besonders drei Tangentialebenen durch die Erzeugende (g, g') geführt werden, welche sammt ihren Berührungspunkten höchst einfach construierbar sind.

a) Die Tangentialebene B^a des Conoides im Punkte (a, a') der Erzeugenden (g, g'). Besagte Ebene geht durch die Erzeugende (g, g') und muss die Tangente B_v^a des Leitkegelschnittes K im Punkte (a, a') enthalten. Da K in der verticalen Projectionsebene liegt, so gilt dasselbe auch von der Tangente B_v^a; letztere ist daher gleichzeitig die Verticaltrace der in Rede stehenden Tangentialebene B^a.

b) Die Tangentialebene B^b in dem Punkte (b, b') der Erzeugenden (g, g'). Dieselbe ist nämlich jene Ebene, welche durch (g, g') und die Leitgerade (D, D') gelegt werden kann. Die Verticaltrace B_v^b derselben geht durch a als Verticalspur der Erzeugenden (g, g').

c) Die asymptotische Ebene B^c der Erzeugenden (g, g'), d. i. jene Ebene, welche das Conoid in dem unendlich fernen Punkte $(c_\infty\, c'_\infty)$ der Erzeugenden (g, g') berührt. Es ist dies diejenige Ebene, welche außer der Erzeugenden (g, g') auch die unendlich ferne Leitgerade U enthält, also parallel zur horizontalen Projectionsebene läuft. Die Verticaltrace B_v^c fällt mit der zugehörigen Projection g zusammen.

Durch die drei Paare entsprechender Elemente a, b, c_∞ und B^a, B^b, B^c ist die projectivische Beziehung der Berührungspunkte und die der Tangentialebenen vollständig bestimmt. Man wird daher bloß in dem Büschel $(B^a, B^b, B^c \ldots)$ jene Ebene B^p zu construieren haben, welche dem Punkte p der Reihe $(a, b, c_\infty \ldots)$ entspricht.

Diese Construction kann gleichfalls auf eine höchst einfache Weise bewerkstelligt werden. Das Büschel der Tangentialebenen durch (g, g') wird nämlich von der verticalen Projectionsebene in dem demselben projectivischen Büschel der Verticaltracen $(B_v^a, B_v^b, B_v^c \ldots)$ geschnitten. Die Verticaltrace B_v^p der gesuchten Berührebene wird somit in diesem Büschel jenen Strahl darstellen, welcher dem Punkte p der Reihe $(a, b, c_\infty \ldots)$ entspricht.

Das Büschel $(B^a{}_v, B^b{}_v, B^c{}_v \ldots)$ schneidet die Grundlinie in der Punktreihe $(\alpha, \beta, \gamma_\infty \ldots)$, welche zur Reihe $(a, b, c_\infty \ldots)$ gleichfalls projectivisch ist. Berücksichtigt man jedoch, dass der unendlich ferne Schnittpunkt der beiden Träger dieser Reihen zwei einander entsprechende Punkte c_∞ und γ_∞ vereinigt, so finden wir, dass die beiden Reihen insbesondere perspectivisch liegen, dass also die Verbindungsgeraden entsprechender Punkte derselben durch einen festen Punkt, und zwar durch jenen Punkt s gehen, in welchem sich die Geraden $a\alpha$ und $b\beta$ schneiden.

Hiernach ergibt sich der dem Punkte p von $(a, b, c_\infty, p \ldots)$ entsprechende Punkt π der Reihe $(\alpha, \beta, \gamma_\infty, \pi \ldots)$ als Schnittpunkt der Grundlinie mit dem Strahle sp, sowie ferner auch die Verticaltrace B_v^p der verlangten Berührebene als Verbindungsgerade der Punkte a und π. Die Horizontaltrace B_h^p geht durch π und ist, nachdem die Ebene B^p die zur horizontalen Projectionsebene parallele Erzeugende (g, g') enthält, parallel zur Projection g'.

§. 147.

10. Aufgabe. **An ein Kegelschnittsconoid ist parallel zu einer gegebenen Ebene eine Berührebene zu legen und der Berührungspunkt der letzteren zu construieren.**

Das Conoid sei wieder durch die horizontale Projectionsebene als Richtebene, durch den in der verticalen Projectionsebene gegebenen Leitkegelschnitt K (Taf. IV, Fig. 30) und die Leitgerade (D, D') gegeben. Die Ebene, zu welcher die gesuchte Berührebene parallel sein soll, sei $E_v E_h$.

Die zu construierende Ebene $B_v^p B_h^p$ enthält nothwendig eine Erzeugende (g, g') des Conoides, und da die bezeichnete Ebene zur Ebene $E_v E_h$ parallel sein soll, so muss auch die genannte Erzeugende (g, g') zur Ebene $E_v E_h$ parallel sein.

Da aber außerdem die Erzeugende (g, g') zur horizontalen Projectionsebene als Richtebene parallel sein muss, so ist einleuchtend, dass sie insbesondere auch zu dem Schnitte der genannten beiden Ebenen, d. i. zur Horizontaltrace E_h parallel laufen wird. Hiernach ergibt sich die Erzeugende (g, g') auf nachstehende Weise.

Wir construieren eine Ebene $B_v^b B_h^b$, welche durch die Leitgerade (D, D') geht und deren Horizontaltrace B_h^b zu E_h parallel ist. Die letztgenannte Ebene (resp. ihre Verticaltrace B_v^b) schneidet den Leitkegelschnitt K in zwei Punkten, wovon der eine durch (a, a') dargestellt sein mag. Die durch (a, a') parallel zu B_h^b gezogene Gerade (g, g') ist bereits die gesuchte, zur Ebene $E_v E_h$ parallele Erzeugende des Conoides. Der zweite Schnittpunkt von B_v^b mit K würde selbstverständlich eine zweite derartige Erzeugende liefern.

Legen wir nun durch (g, g') die Ebene $B_v^p B_h^p$ parallel zur Ebene $E_v E_h$, so erhält man durch $B_v^p B_h^p$ die verlangte Tangentialebene dargestellt.

Es erübrigt nunmehr noch, den auf der Erzeugenden (g, g') liegenden Berührungspunkt (p, p') derselben zu ermitteln.

Zu diesem Zwecke benützen wir wieder die projectivische Beziehung zwischen den Punkten von (g, g') und den ihnen entsprechenden Tangentialebenen.

Die Construction ergibt sich hierbei durch einfache Umkehrung des in der vorhergehenden Aufgabe eingehaltenen Verfahrens. Es ist nämlich B_v^b die Verticaltrace jener Ebene, welche die Erzeugende (g, g') und die Leitgerade (D, D') enthält, also das Conoid in dem Schnittpunkte (b, b') dieser beiden Geraden berührt. Die Tangente B_v^a von K im Punkte a ist die Verticaltrace der das Conoid im Punkte

(a, a') berührenden Ebene. Die Gerade B_v^c (zusammenfallend mit g) ist die Verticaltrace der asymptotischen Ebene des Conoides für die Erzeugende (g, g'), d. i. jener Ebene, welche das Conoid in dem unendlich fernen Punkt c_∞ von (g, g') berührt.

Wie aus den gelegentlich der vorher durchgeführten Aufgabe gepflogenen Auseinandersetzungen klar ist, wird sich die Verticalprojection p des gesuchten Berührungspunktes als jener Punkt der Reihe $(a, b, c_\infty \ldots)$ ergeben, welcher der Verticaltrace B_v^p als Strahl des Büschels a $(B_v^a, B_v^b, B_v^c \ldots)$ entspricht.

Wir erhalten denselben, indem wir das letztgenannte Büschel durch seinen Schnitt mit der Grundlinie, welcher die zur Reihe $(a, b, c_\infty \ldots)$ perspectivische Reihe $(\alpha, \beta, \gamma_\infty \ldots)$ liefert, bestimmen, und von dem Schnittpunkte s der beiden Geraden $a\alpha$ und $b\beta$ aus den Punkt π, in welchem B_v^p die Grundlinie schneidet, auf g nach p projicieren.

§. 148.

Die Construction der einem Kegelschnittsconoide umschriebenen Kegel und Cylinder gestaltet sich ebenfalls höchst einfach.

Berücksichtigen wir, dass der einer krummen Fläche aus einem beliebigen Punkte S außerhalb umschriebene Kegel, die Enveloppe aller durch S gehenden Tangentialebenen der Fläche vorstellt, und beachten wir weiters, dass jede Ebene, welche eine Erzeugende einer windschiefen Fläche enthält, diese letztere in einem bestimmten Punkte der genannten Erzeugenden berührt, so ist unmittelbar klar, dass sämmtliche Ebenen, welche durch den Punkt S und durch die Erzeugenden des Conoides gelegt werden, Tangentialebenen des letzteren sind und dass demgemäß die Enveloppe dieser Ebenen den verlangten Kegel repräsentiere. Die Enveloppe der Tracen aller dieser Ebenen auf der einen oder der anderen Projectionsebene stellt gleichzeitig die Spur des umschriebenen Kegels auf der betreffenden Projectionsebene dar.

Bestimmt man auf jeder Erzeugenden g des Conoides den Berührungspunkt der durch S und g gehenden Ebene, so ergibt sich bekanntlich als Ort aller dieser Punkte die Berührungscurve des Conoides mit dem demselben aus dem Scheitel S umschriebenen Kegel.

In analoger Weise erhält man den einem Conoide parallel zu einer gegebenen Geraden umschriebenen Cylinder als Enveloppe aller Ebenen, welche durch die Erzeugenden des Conoides parallel zur gegebenen Geraden geführt werden können.

Zum Schlusse wollen wir noch ein Problem besprechen, welches eine sehr interessante Verwendung des Conoides gestattet.

§. 149.

11. Aufgabe. **Es ist der Krümmungsradius der Schlagschattencurve einer Rotationsfläche auf eine zu der Rotationsachse senkrechte Ebene bei paralleler (oder centraler) Beleuchtung für einen beliebig gegebenen Punkt dieser Curve zu construieren.**

Obwohl die Lösung dieser Aufgabe dem Principe nach vollständig unabhängig von der Art der Rotationsfläche ist, so wollen wir denn doch, um einen geeigneten Anschluß an die vorhin gegebenen Constructionen zu haben, und die diesfallsigen Operationen möglichst einfach zu gestalten, eine Rotationsfläche zweiten Grades, und zwar speciell eine Kugel voraussetzen.

Sei (O, O') (Taf. V, Fig. 31) die gegebene Kugel und (σ, σ') die Richtung der zur verticalen Projectionsebene parallelen Lichtstrahlen.

Als Trennungslinie zwischen Licht und Schatten auf der Kugel erhalten wir jenen größten Kreis (C, C'), welcher sich als Schnitt der Kugel mit der zur Lichtstrahlenrichtung (σ, σ') senkrechten Diametralebene $E_v E_h$ ergibt.

Der Schlagschatten der Kugel auf die horizontale Projectionsebene, welcher gleichzeitig auch den Schlagschatten des Kugelkreises (C, C') darstellt, ergibt sich, wie bekannt, als die Ellipse K. Sei m ein beliebiger Punkt dieser Ellipse, welcher zugleich den Schlagschatten eines Punktes (M, M') des Kreises (C, C') repräsentiert. Ferner stelle $(MJ, M'J')$ den Radius des dem Punkte (M, M') entsprechenden Parallelkreises und (t, t') die Tangente desselben im Punkte (M, M') dar.

Die Lichtebene für den Punkt (M, M'), d. i. die Berührungsebene der Kugel im Punkte (M, M') enthält die Tangente (t, t') des dem Punkte (M, M') entsprechenden Parallelkreises, und da letzterer horizontal ist, so ist die Trace der Lichtebene auf der horizontalen Projectionsebene, d. i. die Tangente der Schlagschattencurve im Punkte m, parallel zur Tangente (t, t').

Betrachten wir den Schatten mi des dem Parallelkreise zukommenden Berührungsradius $(MJ, M'J')$. Derselbe muss zum Radius $(MJ, M'J')$ selbst parallel sein, also senkrecht zur Tangente der Schlagschattencurve stehen. Der Schatten des Berührungsradius $(MJ, M'J')$ ist daher die Normale der Schlagschattencurve im entsprechenden Punkte m.

Denken wir uns weiters in jedem Punkte der Selbstschattencurve den durch diesen Punkt gehenden Radius des zugehörigen Parallelkreises construiert, so sind diese Radien gleichzeitig Erzeugende desjenigen geraden Conoides, welches zur Richtebene die horizontale Projectionsebene, zur Leitgeraden die Achse der Rotationsfläche, und zur Leitcurve die Selbstschattencurve der Rotationsfläche, in vorliegendem Falle also den zur Lichtstrahlenrichtung senkrechten größten Kreis der Kugel besitzt.

Die Einhüllende der Schlagschatten aller dieser Erzeugenden auf der horizontalen Projectionsebene repräsentiert nun einerseits den Schlagschatten des genannten Conoides, andererseits aber, den früheren Erörterungen gemäß, die Einhüllende aller Normalen der Schlagschattencurve der Rotationsfläche, d. i. die Evolute dieser Schlagschattencurve.

Der Berührungspunkt n irgend einer Normale mi der Schlagschattencurve mit der zugehörigen Evolute ist bekanntlich der Krümmungsmittelpunkt der Schlagschattencurve im Punkte m. Gleichzeitig ist aber n auch der Berührungspunkt der durch die Gerade mi, also auch durch die Erzeugende MJ des Conoides, gehenden Lichtebene mit dem Conoide.

Weil diese Lichtebene bekannt ist, so hat man, um den Punkt n zu bestimmen, den Berührungspunkt derselben mit dem Conoide zu construieren und den Schlagschatten desselben auf die horizontale Projectionsebene zu ermitteln. Dieses kann mittels eines Schmiegungsparaboloides, wie folgt, geschehen.

Wir ersetzen zunächst die Leitcurve, d. i. die Selbstschattencurve, durch ihre Tangente im Punkte (M, M'). Im vorliegenden Falle wird sich die diesbezügliche Construction, da als Rotationsfläche eine Kugel vorausgesetzt wird, höchst einfach gestalten. Denkt man sich nämlich die Selbstschattencurve, d. i. den in der Ebene $E_v E_h$ liegenden größten Kugelkreis um den zur verticalen Projectionsebene parallelen Durchmesser AG um 90^0, d. h. in die zur verticalen Projectionsebene parallele Lage gedreht, so gelangt hierbei der Punkt M nach M_0. Die Gerade $M_0 G$ repräsentiert sonach die gedrehte Tangente. Der Punkt (G, G') bleibt bei der Drehung unverändert. Die Projectionen der gesuchten Tangente ergeben sich sonach in MG und $M'G'$. Die Horizontalspur h' derselben liegt selbstverständlich in der Trace E_h.

Die Tangente $(MG, M'G')$ und die Leitgerade $(OJ, O'J')$, d. i. die Rotationsachse, sind somit die Leitgeraden für das sich dem

Conoide längs der Erzeugenden MJ anschmiegende Paraboloid. Die Verbindungsgerade der horizontalen Durchstoßpunkte h' und O' der beiden Leitgeraden ist eine Erzeugende des Paraboloides. Das Gleiche gilt von der vertical-projicierenden Geraden, welche die verticale Projectionsebene in jenem Punkte O trifft, in welchem sich die Verticalprojectionen der Leitgeraden schneiden.

Die Lichtebene durch mi wird von der erstgenannten Erzeugenden im Punkte (h_1, h'_1) geschnitten, von der zweiten Erzeugenden dagegen in einem Punkte getroffen, dessen Verticalprojection mit O zusammenfällt. Die Verbindungsgerade hO stellt daher die Verticalprojection der durch den gesuchten Berührungspunkt gehenden Erzeugenden des zweiten Systems dar. Der Schnittpunkt N von $h_1 O$ und MJ ist mithin die Verticalprojection dieses Berührungspunktes.

Zieht man nun durch N den Lichtstrahl, so erhält man auf mi unmittelbar den Schatten n dieses Punktes, und hiermit den Krümmungsmittelpunkt der Schlagschattencurve für den Punkt m.

Wird statt der Kugel irgend eine beliebige Rotationsfläche gewählt, so bleiben, wie dem Gange der Operationen zu entnehmen, sämmtliche Constructionen unverändert. Die einzige Verschiedenheit in der Durchführung besteht bloß in der Art und Weise der Bestimmung der Tangente an die Selbstschattencurve.[4])

VII. Capitel.

Das Kugel-Conoid.

§. 150.

Die Erzeugenden dieser Fläche sind jene Tangenten einer gegebenen Kugel Σ, welche gleichzeitig eine gegebene Gerade D (die Leitgerade des Conoides) schneiden und zu einer gegebenen Ebene R (der Richtebene des Conoides) parallel sind.

Um die Darstellung dieser Fläche möglichst einfach zu gestalten, wählen wir die Richtebene zugleich als horizontale Projectionsebene. Die Kugel Σ selbst möge durch ihre orthogonal-projectivischen Contourkreise S und S'_1 (Taf. V, Fig. 32), und die Leitgerade durch ihre Projectionen D und D' dargestellt sein.

Der bequemste Weg, eine beliebig große Anzahl von Erzeugenden des Kugel-Conoides zu construieren, wird auch diesfalls wieder durch die Verwendung horizontaler Hilfsebenen betreten werden.

Denken wir uns also irgend eine horizontale Ebene η_1 geführt, so trifft diese die Leitgerade (D, D') in einem Punkte (n, n') und die Leitkugel in einem leicht zu bestimmenden Kreise (K_1, K'_1).

Die beiden Tangenten (t_1, t'_1) und (τ_1, τ'_1) von (n_1, n'_1) an den Kreis (K_1, K'_1) sind gleichzeitig auch Tangenten der Kugel in den nämlichen Punkten (p_1, p'_1) und (π_1, π'_1), in welchen sie den Kreis (K_1, K'_1) berühren. Da dieselben aber auch die Leitgerade D in n_1 treffen, und nebstbei zur horizontalen Projectionsebene, als Richtebene, parallel sind, so repräsentieren die besagten Tangenten zugleich zwei Erzeugende des Conoides.

In gleicher Weise ergeben sich in jeder anderen horizontalen Hilfsebene $\eta_2, \eta_3 \ldots$ je zwei Erzeugende der genannten Fläche, welche stets in einem Punkte $n_2, n_3 \ldots$ der Leitgeraden (D, D') convergieren. Hieraus ist unmittelbar zu ersehen, dass die Leitgerade (D, D') gleichzeitig eine Doppelgerade des Kugelconoides sei.

Die Berührungspunkte (p_1, p'_1) und (π_1, π'_1) der Erzeugenden (t_1, t'_1) und (τ_1, τ'_1) beschreiben bei der Lagenveränderung der Hilfsebene η_1 eine Curve C, von welcher leicht nachzuweisen ist, dass sie die Berührungscurve des Conoides mit der Leitkugel Σ vorstellt.

Nachdem die sämmtlichen Punkte (p_1, p'_1) und (π_1, π'_1) auf der Kugel (S_1, S'_1) und auf den Erzeugenden des Conoides liegen, so gehört zunächst die Curve C dem Conoide sowohl, als auch der Leitkugel $\Sigma = (S_1, S'_1)$ an.

Betrachten wir irgend einen beliebigen Punkt der Curve C, etwa den Punkt (p_1, p'_1). In diesem Punkte wird die Kugel Σ von der Conoiderzeugenden (t_1, t'_1) sowohl, als auch von der Tangente ϑ der Curve C berührt. Die Ebene B^p, welche durch die eben genannten Geraden (t_1, t'_1) und ϑ bestimmt ist, repräsentiert somit die Tangentialebene der Kugel Σ im Punkte (p_1, p'_1). Besagte Ebene B^p ist aber gleichzeitig auch die Tangentialebene des Conoides in dem nämlichen Punkte (p_1, p'_1); denn sie enthält die durch (p_1, p'_1) gehende Conoiderzeugende (t_1, t'_1) und die Tangente ϑ im Punkte (p_1, p'_1) an die dem Conoide angehörende Curve C.

Hieraus folgt, dass das Conoid und die Leitkugel in dem Punkte (p_1, p'_1) eine gemeinschaftliche Tangentialebene besitzen. Dasselbe gilt aber offenbar auch von jedem anderen Punkte der Curve C, daher der Nachweis erbracht ist, dass das Conoid die Leitkugel längs der Curve C berühre.

Unter den verschiedenen horizontalen Hilfsebenen $\eta\ldots$ sind als die bemerkenswertesten diejenigen beiden Ebenen e^1_v und e^2_v hervorzuheben, welche gleichzeitig die Leitkugel Σ berühren, und deren Verticaltracen e^1_v und e^2_v somit die zur Grundlinie XX parallelen Tangenten der Verticalcontour S sind. Die Berührungspunkte derselben mit der Kugel (S, S'_1) sind folglich die Endpunkte (a_1, a'_1) und (a_2, a'_2) des verticalen Kugeldurchmessers.

Die Ebene e^1_v berührt die Kugel Σ im Punkte (a_1, a'_1) und schneidet die Leitgerade (D, D') in dem Punkte (s_1, s'_1). Die Verbindungsgerade $(a_1 s_1, a'_1 s'_1)$ ist sodann eine Tangente der Kugel, welche nebstbei die Leitgerade (D, D') trifft und zur horizontalen Projectionsebene parallel ist. Dieselbe repräsentiert hiernach eine Erzeugende des Conoides.

Es ist weiters leicht zu zeigen, dass diese Gerade $(a_1 s_1, a'_1 s'_1)$ oder (T_1, T'_1) eine „singuläre Erzeugende" und zwar eine „Torsallinie" des Conoides sei.

Denken wir uns nämlich die Ebene η_1 parallel zu sich selbst verschoben, und fassen wir die Ebene e^1_v als Grenzlage der Ebene η_1 auf, so finden wir ohneweiters, dass der Berührungspunkt (a_1, a'_1) den auf den Radius 0 reducierten Kugelschnittkreis (K_1, K'_1) der Grenzebene e^1_v repräsentiert und dass daher in der Geraden $(a_1 s_1, a'_1 s'_1)$ die beiden von (s_1, s'_1) an diesen Nullkreis gezogenen Tangenten — Erzeugenden des Conoides — vereinigt sind.

Die Gerade $(a_1 s_1, a'_1 s'_1) = (T_1, T'_1)$ stellt also zwei sich in (s_1, s'_1) schneidende unendlich nahe Erzeugenden, d. i. eine „Torsallinie" des Conoides vor. Die „Spitze" derselben ist der Punkt (s_1, s'_1) und die Torsalebene die Ebene e^1_v.

In gleicher Weise ergibt sich vermittelst der zweiten horizontalen Kugeltangentialebene e^2_v die Torsallinie (T_2, T'_2), deren Spitze (s_2, s'_2) ist.

§. 151.

Eine zweite, für die graphische Durchführung jedoch weniger bequeme Construction für Erzeugende des Kugelconoides beruht auf der Anwendung von Hilfsebenen, welche die Leitgerade D enthalten.

Denken wir uns durch die Leitgerade (D, D') (Taf. V, Fig. 33) eine beliebige Ebene $\varepsilon_v\, \varepsilon_h$ gelegt, so wird diese die Leitkugel (S, S'_1)

in einem Kreise (K, K') schneiden, welchen wir jedoch nicht durch seine Projectionen, sondern durch seine um ε_h in die horizontale Projection bewerkstelligte Umlegung K_0 darstellen. (Zur Construction von K_0 wurde die zur Ebene ε senkrechte Durchmesserebene P der Kugel verwendet.)

Führt man an die Umlegung K_0 die beiden zur Horizontaltrace ε_h parallelen Tangenten $g^0{}_\alpha$ und $g^0{}_\beta$, welche K_0 in α_0 und β_0 berühren, und führt man hierauf diese Geraden sammt ihren Berührungspunkten auf bekannte Weise in die Projection nach (g_α, g'_α), (g_β, g'_β), (α, α') und (β, β') zurück, so stellen (g_α, g'_α) und (g_β, g'_β) zwei Geraden vor, welche in (α, α') resp. (β, β') den vorgenannten Schnittkreis (K, K'), also auch die Kugel $\Sigma = (S, S'_1)$ berühren, die Leitgerade (D, D') dagegen in je einem Punkte (n_α, n'_α) und (n_β, n'_β) schneiden, und zur Trace ε_h, also auch zur horizontalen Projectionsebene parallel sind.

Infolge der angeführten Eigenschaften stellen die genannten Geraden gleichzeitig zwei Erzeugende des Kugelconoides dar. In gleicher Weise findet man in jeder anderen durch die Leitgerade (D, D') gelegten Ebene zwei weitere Erzeugende des Conoides.

Die vollzogene Construction führt zugleich zu der Überzeugung, dass die beiden Erzeugenden g_α und g_β, welche sich in einer durch die Leitgerade D gelegten Ebene vorfinden, zur Horizontaltrace dieser Ebene, also auch untereinander parallel sind, oder mit anderen Worten, dass sie sich in einem Punkte der unendlich fernen (Leitgeraden) Geraden U der Richtebene treffen.

Hiermit ist unmittelbar dargethan, dass die unendlich ferne Leitgerade U des Conoides, oder, was dasselbe ist, die unendlich ferne Gerade der Richtebene eine Doppelgerade des Conoides sei.

Können durch die Gerade (D, D') reelle Tangentialebenen an die Leitkugel gelegt werden, so geben dieselben Veranlassung zur Entstehung zweier Torsallinien des Conoides, was durch nachstehende Überlegung leicht gerechtfertigt werden kann.

Bezeichnen wir beispielsweise eine der beiden durch (D, D') möglichen Tangentialebenen der Kugel Σ mit (B^a_v, B^a_h), und ihren Berührungspunkt mit (a, a'). Diese Ebene kann als Grenzlage der früheren durch (D, D') gelegten Hilfsebene $(\varepsilon_v \varepsilon'_h)$ aufgefasst werden, wobei der Schnitt (K, K') derselben mit der Kugel durch den Berührpunkt (a, a'), d. i. durch einen Kreis vom Radius 0 vertreten ist. Zieht man nun in der Ebene (B^a_v, B^a_h) durch (a, a') parallel zur Horizontaltrace B^a_h die Gerade (T_a, T'_a), so ist diese als die Vereinigung der beiden parallel zu B^a_h an den Nullkreis (a, a') gezogenen

Tangenten zu betrachten. Unter Beibehaltung der Auffassung von $(B_v^a B_h^a)$ als „Grenzlage" der Ebene $\varepsilon_v \varepsilon_h$ bedeutet daher die Gerade (T_a, T'_a) die Vereinigung zweier unendlich nahen, zu einander parallelen Erzeugenden g_α und g_β, repräsentiert somit eine „Torsallinie" des Conoides, deren Spitze auf der unendlich fernen Leitgeraden liegt. Die zugehörige Torsalebene ist die Kugeltangentialebene (B_v^a, B_h^a). Eine zweite Torsallinie liefert die andere durch (D, D') gehende Kugeltangentialebene (B_v^b, B_h^b).

Diese beiden Torsallinien sind selbstverständlich nur dann reell, wenn die beiden durch (D, D') gehenden Kugeltangentialebenen reell sind, wenn also die Leitgerade (D, D') die Leitkugel Σ nicht in reellen Punkten schneidet.

§. 152.

Hat jedoch die Leitkugel Σ mit der Leitgeraden (D, D') (Taf. V, Fig. 34) zwei reelle Punkte (c, c') und (d, d') gemein, so sind die vorgenannten Kugeltangentialebenen, und mithin auch die durch dieselben bestimmten Torsallinien imaginär.

Dafür existieren in diesem Falle zwei andere reelle Torsallinien, welche durch die der Leitkugel Σ und die der Leitgeraden (D, D') gemeinschaftlichen Punkte (c, c') und (d, d') hervorgerufen werden.

Wir haben bereits früher (Taf. V, Fig. 32) gezeigt, dass in jeder horizontalen Ebene η_1 zwei Conoiderzeugende liegen und weiters nachgewiesen, dass dieselben durch diejenigen Tangenten (t_1, t'_1) und (τ_1, τ'_1) dargestellt werden, welche von dem Punkte (n_1, n'_1), welchen η_1 und die Leitgerade (D, D') gemein haben, an den Kreis (K_1, K'_1), in welchem η_1 die Leitkugel Σ schneidet, gezogen werden können.

Wählen wir in dem vorliegenden Falle (Taf. V, Fig. 34) die Hilfsebene η_c so, dass sie durch den Punkt (c, c') geht. Dieselbe schneidet die Leitgerade (D, D') in eben diesem Punkte (c, c') und die Leitkugel Σ in einem Kreise (K_c, K'_c), welcher durch (c, c') geht. Die beiden von (c, c') an diesen Kreis gezogenen Tangenten liegen bekanntlich unendlich nahe aneinander. Da dieselben aber gleichzeitig zwei Conoiderzeugende darstellen, so ist ihre Vereinigung, d. i. die Tangente (T_c, T'_c) des Kreises (K_c, K'_c) im Punkte (c, c') eine Torsallinie des Conoides, welche den Punkt (c, c') zur Spitze und die Ebene η_c zur Torsalebene hat.

Eine zweite Torsallinie (T_d, T'_d) derselben Art ergibt sich vermittelst des Punktes (d, d').

§. 153.

Das Kugelconoid ist, wenn wir die in der allgemeinen Theorie der Conoide entwickelten „Anzahlbestimmungen" auf diesen Fall anwenden, eine Fläche vierten Grades, was übrigens auch direct dem Umstande zu entnehmen ist, dass eine durch die Leitgerade D (Doppelgerade des Conoides) gelegte Ebene mit dem Conoide außer dieser Doppelgeraden nur noch zwei Erzeugende gemein hat.

Der Schnitt des Kugelconoides mit einer allgemein liegenden Ebene wird daher eine Curve vierter Ordnung sein, welche einen Doppelpunkt in endlicher Entfernung, d. i. den Schnittpunkt der Transversalebene mit der doppelten Leitgeraden D, und einen Doppelpunkt in unendlicher Ferne, d. i. den Schnittpunkt der Transversalebene mit der im Unendlichen liegenden doppelten Leitgeraden (unendlich fernen Geraden der Richtebene) besitzt.

Weitere Doppelpunkte kann der ebene Schnitt bei allgemeiner Lage der schneidenden Ebene nicht besitzen, da dem Kugelconoide keine Doppelerzeugenden zukommen. Eine solche Doppelerzeugende müsste nämlich eine Doppeltangente der Leitkugel sein (siehe allgemeine Theorie der Conoide §. 85), was offenbar nicht möglich ist.

Graphisch ergibt sich der ebene Schnitt als geometrischer Ort der Treffpunkte aller Erzeugenden des Conoides mit der Transversalebene und bietet dessen Bestimmung daher keinerlei Schwierigkeiten.

Wir wollen uns demgemäß diesfalls damit begnügen, die besonderen Elemente des Schnittes constructiv zu bestimmen.

Nehmen wir zu diesem Zwecke an, es seien (D, D') (Taf. V, Fig. 35) die Leitgerade und (S, S'_1) die Leitkugel. Als Richtebene betrachten wir, wie in allen früheren Fällen, die horizontale Projectionsebene. Endlich stelle $E_v E_h$ die schneidende Ebene dar.

Der Schnittpunkt (s, s') von $E_v E_h$ mit der Leitgeraden (D, D') repräsentiert, wie bereits vorher erwähnt wurde, den einen Doppelpunkt der Schnittcurve.

Die Bestimmung der demselben entsprechenden Tangenten der Schnittcurve entspringt der Erwägung, dass sich dieselben als Schnittgeraden der Ebene $E_v E_h$ mit jenen beiden Ebenen ergeben müssen, welche das Conoid in dem Punkte (s, s') berühren. Wir ermitteln daher zunächst die beiden durch (s, s') gehenden Conoiderzeugenden (g_α, g'_α) und (g_β, g'_β) vermittelst der horizontalen Hilfsebene η_s.

Die Ebenen (B_v^α, B_h^α) und (B_v^β, B_h^β), welche beziehungsweise durch je eine dieser Erzeugenden und durch die Leitgerade (D, D') gelegt werden, sind die Tangentialebenen des Conoides im Punkte (s, s'), während die Schnitte (t_α, t'_α) und (t_β, t'_β) derselben mit der Ebene $E_v E_h$ die gesuchten Doppelpunktstangenten darstellen.

Der unendlich ferne Doppelpunkt (u_∞, u_∞'), d. i. der Schnittpunkt der Ebene (E_v, E_h) mit der unendlich fernen Geraden der Richtebene, ist durch den unendlich fernen Punkt der Horizontaltrace E_h dargestellt.

Die beiden diesem Doppelpunkte entsprechenden Tangenten (Asymptoten) werden genau in derselben Weise bestimmt, wie die Asymptoten des ebenen Schnittes eines Kegelschnittsconoides (Taf. V, Fig. 29), indem man zuerst vermittelst der durch die Leitgerade (D, D') parallel zur Trace E_h gelegten Hilfsebene $e_v e_h$ die zur schneidenden Ebene $E_v E_h$ parallelen Conoiderzeugenden feststellt, und hierauf die Schnitte der diesen Erzeugenden entsprechenden (horizontalen) Asymptotenebenen mit der Ebene E construiert.

In Fig. 35, Taf. V, schneidet übrigens die vorgenannte Hilfsebene $e_v e_h$ die Leitkugel in keinem reellen Kreise, so dass die zur Ebene $E_v E_h$ parallelen Conoiderzeugenden imaginär sind. Der Punkt (u_∞, u_∞') ist mithin ein reeller Doppelpunkt mit imaginären Tangenten, d. i. ein „isolierter Doppelpunkt“ der Schnittcurve.

Die Constructionen der Tangentialebenen und ihrer Berührungspunkte sind mit unwesentlichen Modificationen dieselben, wie beim Kegelschnittsconoide. Um dies klar zu legen, wird es genügen, einen diesbezüglichen Fall durchzuführen, und wählen wir hiezu das nächstfolgende Problem.

§. 154.

12. Aufgabe. **Es ist die Tangentialebene in einem gegebenen Punkte des Kugelconoides zu construieren.**

Sei (S, S'_1) (Taf. V, Fig. 36) die Leitkugel; (D, D') die Leitgerade, während die horizontale Projectionsebene die Richtebene vertreten möge.

Um einen beliebigen Punkt des Conoides zu erhalten, bestimmen wir vorerst, wie aus früherem bekannt, mittelst einer horizontalen Hilfsebene eine Erzeugende (g, g'), welche die Leitgerade (D, D') im Punkte (b, b') treffen und die Leitkugel im Punkte (a, a') berühren möge.

Auf dieser Erzeugenden setzen wir den Punkt (p, p') als gegeben voraus. In demselben sei die Tangentialebene des Conoides zu bestimmen.

Zu diesem Zwecke verwenden wir am bequemsten die aus dem vorhergegangenen bekannte Eigenschaft der Regelflächen, dass die Tangentialebenen in den Punkten einer Erzeugenden ein zur Reihe dieser Punkte projectivisches Büschel bilden.

Auf der Erzeugenden (g, g') gibt es drei besondere Punkte, für welche sich die Construction der Tangentialebene des Conoides höchst einfach gestaltet. Wir wissen nämlich zunächst, dass:

a) Das Conoid die Leitkugel in allen jenen Punkten berührt, in welchen die letztere von den Erzeugenden des Conoides tangiert wird. Es wird also die Tangentialebene der Kugel im Punkte (a, a') gleichzeitig die Tangentialebene des Conoides in (a, a') vorstellen. Die Verticaltrace B_v^a dieser Ebene geht durch die Verticalspur v von (g, g') und ist zur Verticalprojection Ma des Berührungsradius senkrecht.

b) Die Tangentialebene $B_v^b B_h^b$ im Punkte (b, b') der Erzeugenden (g, g') ist durch die beiden durch (b, b') gehenden, auf dem Conoide liegenden Geraden (g, g') und (D, D') bestimmt.

c) Endlich ist die asymptotische Ebene der Erzeugenden (g, g'), d. i. jene Ebene, welche das Conoid in dem unendlich fernen Punkte $(c_\infty c_\infty')$ von (g, g') berührt, wie bekannt, die durch (g, g') gehende horizontale Ebene B_v^c.

Gemäß der vorgenannten Projectivität wird, sobald B_v^p die Verticaltrace der gesuchten Tangentialebene bezeichnet, der Vierstrahl $(B_v^a, B_v^b, B_v^c, B_v^p)$ projectivisch zu den vier Punkten a, b, c_∞, p sein müssen.

Der vorgenannte Vierstrahl schneidet die Grundlinie in den vier Punkten $\alpha, \beta, \gamma_\infty$ und π (π noch unbekannt), welche zu a, b, c_∞, p perspectivisch liegen, da sich die unendlich fernen Punkte c_∞ und γ_∞ der beiden Träger entsprechen.

Das perspectivische Centrum s für diese vier Paare von Punkten erhält man im Schnitte der Strahlen $a\alpha$ und $b\beta$. Es ergibt sich nun π im Schnitte der Grundlinie mit dem Strahle sp und endlich die verticale Trace B_v^p der verlangten Tangentialebene als die Verbindungsgerade von π mit v.

Die Horizontaltrace B_h^p ist, nachdem (g, g') parallel zur Horizontalebene ist, parallel zu g'.[5]

VIII. Capitel.

Das Cylindroid.

§. 155.

Denken wir uns (in orthogonaler Projection) einen Cylinder zweiten Grades dargestellt, dessen Erzeugenden $(Aa, A'a')$, $(Bb, B'b')\ldots$ (Taf. VI, Fig. 37) zur Grundlinie XX parallel sind. Dieser Cylinder werde durch zwei horizontal-projicierende Ebenen $L_v L_h$ und $l_v l_h$ in den beiden Ellipsen (K, K') und (k, k') geschnitten, auf welchen die Endpunkte (A, A'), $(B, B')\ldots$ und (a, a'), $(b, b')\ldots$ der Cylindererzeugenden liegen mögen.

Denken wir uns ferner den einen dieser Kegelschnitte, etwa (K, K') sammt der auf demselben bestimmten Punktreihe (A, A'), $(B, B')\ldots$ um eine beliebige Strecke ε in verticaler Richtung nach (K_1, K') resp. (A_1, A'), $(B_1, B')\ldots$ verschoben. Dass sich bei dieser Verschiebung die Horizontalprojectionen nicht ändern, ist selbstverständlich.

Verbindet man weiters die einander entsprechenden Punkte von K_1 und k, d. i. solche Punkte (A_1, A') und $(a, a')\ldots$, welche vor Verschiebung derselben Cylindererzeugenden angehörten, durch gerade Linien, so ergibt sich als geometrischer Ort der letzteren eine windschiefe Fläche, welche nach Frézier das „Cylindroid" genannt wird.

Die Eigenschaften des Cylindroides sind aus der eben angegebenen Erzeugungsart der Fläche leicht abzuleiten.

Vor allem wollen wir den Nachweis liefern, dass die Fläche in der That windschief sei, d. h. dass im allgemeinen zwei unmittelbar aufeinander folgende Erzeugenden sich nicht schneiden.

Betrachten wir zu diesem Behufe irgend eine Cylindererzeugende, etwa $(Aa, A'a')$. Die Verschiebung des Punktes (A, A') vollziehe sich in verticaler Richtung um die Strecke ε. Hiernach ergibt sich die entsprechende Cylindroiderzeugende $(A_1 a, A'_1 a')$, wenn die Cylindererzeugende $(Aa, A'a')$ in der durch letztere parallel zur verticalen Projectionsebene gelegten Ebene um den Punkt (a, a') um einen Winkel α gedreht wird, welcher durch die Relation:

$$tg\,\alpha = \frac{\varepsilon}{A'a'}$$

bestimmt ist. Hieraus ist sofort zu erkennen, dass die Erzeugenden des Cylindroides eine verschiedene Neigung — abhängig von der jeweiligen Entfernung $A'a'$ — gegen die Grundebene besitzen. Die Horizontalprojectionen aller Erzeugenden dagegen sind zur Grundlinie parallel.

Dieses Ergebnis führt direct zu dem Schlusse, dass zwei aufeinander folgende Erzeugenden des Cylindroides im allgemeinen nicht in einer Ebene liegen, sich also auch nicht schneiden können, und dass daher die Fläche selbst, der sie angehören, eine windschiefe Fläche sei.

Betrachten wir nun insbesondere zwei Cylindererzeugenden $(Aa, A'a')$ und $(Gg, G'g')$, deren Horizontalprojectionen $A'a'$ und $G'g'$ sich decken. Die denselben entsprechenden Cylindroiderzeugenden $(A_1 a, A'a')$ und $(G_1 g, G'g')$ sind gegen die Horizontalebene unter den Winkeln α resp. γ geneigt, welche den Relationen:

$$tg\,\alpha = \frac{\varepsilon}{A'a'} \quad \text{und} \quad tg\,\gamma = \frac{\varepsilon}{G'g'}$$

genügen. Nachdem nun gleichzeitig $A'a' = G'g'$ ist, so folgt, dass auch:

$$\sphericalangle\,\alpha = \sphericalangle\,\gamma$$

sei, oder mit anderen Worten, dass die Verticalprojectionen $A_1 a$ und $G_1 g$ und somit auch die beiden Cylindroiderzeugenden selbst zu einander parallel sind. Dasselbe gilt von jedem anderen Paare von Cylindroiderzeugenden, deren Horizontalprojectionen sich decken, oder was dasselbe ist, welche in einer und derselben zur verticalen Projectionsebene parallelen Ebene liegen.

Umgekehrt kann man nun behaupten, dass jede zur verticalen Projectionsebene parallele Ebene, d. h. jede Ebene, welche durch die unendlich ferne Gerade der Verticalebene geht, das Cylindroid in zwei parallelen Erzeugenden schneidet, welche reell oder imaginär sein werden, jenachdem die betreffende Hilfsebene die beiden Leitkegelschnitte (K_1, K') und (k_1, k') in reellen oder imaginären Punkten begegnet, oder mit anderen Worten, dass die unendlich ferne Gerade der Verticalebene dem Cylindroide als „doppelte" Gerade angehöre. Hiernach besteht der Satz:

116. „Das Cylindroid besitzt eine unendlich ferne Doppelgerade."

§. 156.

Wenden wir nun insbesondere jenen beiden zur verticalen Projectionsebene parallelen Ebenen η_1 und η_2, welche gleichzeitig den ursprünglichen Cylinder berühren, unsere Aufmerksamkeit zu.

Die eine dieser Ebenen, η_1, hat mit dem Cylinder zwei unendlich nahe Erzeugenden (Mm, $M'm'$) und (Nn, $N'n'$) gemein. Da die Horizontalprojectionen $M'm'$ und $N'n'$ der besagten Erzeugenden sich decken, so werden, den vorhergehenden Erörterungen gemäß, die ihnen entsprechenden Cylindroiderzeugenden ($M_1 m$, $M'm'$) und ($N_1 n$, $N'n'$) einerseits zu einander parallel sein und andererseits unmittelbar aufeinander folgen. Die Vereinigung derselben repräsentiert daher eine Torsallinie des Cylindroides, deren Spitze auf der unendlich fernen Doppelgeraden liegt und deren Torsalebene die Ebene η_1 ist.

In gleicher Weise findet man, dass auch die Ebene η_2 eine Torsalebene für eine derartige Torsallinie darstelle. Wir gelangen mithin zu dem Satze:

117. „Das Cylindroid besitzt zwei Torsallinien, deren Spitzen auf der unendlich fernen Doppelgeraden liegen.“

§. 157.

Eine besondere Bedeutung hat auch die Gerade (S, S'), in welcher sich die Ebenen L und l der beiden Leitkegelschnitte treffen.

Die bezeichnete Gerade repräsentiert nämlich eine Doppelerzeugende des Cylindroides, und zwar eine eigentliche oder eine isolierte, jenachdem diese Gerade den ursprünglichen Cylinder in zwei reellen oder in zwei imaginären Punkten (Taf. VI, Fig. 37) trifft.

Um dies mit größerer Leichtigkeit nachweisen zu können, wollen wir uns vorstellen, die Gerade (S, S') schneide den ursprünglichen Cylinder in zwei reellen Punkten (p, p') und (q, q'). Diese Punkte gehören selbstverständlich auch den beiden Ellipsen (K, K') und (k, k') an, und wollen wir sie als der ersteren angehörend, mit (P, P') und (Q, Q') bezeichnen, so dass (Pp, $P'p'$) und (Qq, $Q'q'$) ähnlich wie (Aa, $A'a'$) Cylindererzeugende — insbesondere Cylindererzeugende von der Länge 0 — vorstellen.

Wird nun der Kegelschnitt (K, K') sammt den Punkten (P, P') und (Q, Q') um die Strecke ε verschoben, wobei die bezeichneten Punkte nach (P_1, P') und (Q_1, Q') gelangen, ohne die Gerade (S, S') zu verlassen, so erhalten wir in ($P_1 p$, $P'p'$) und ($Q_1 q$, $Q'q'$) zwei in der Geraden (S, S') vereinigte Erzeugenden des Cylindroides, womit obige Behauptung nachgewiesen ist. Es ergibt sich mithin der Satz:

118. „Die Schnittgerade der Ebenen beider Leitkegelschnitte eines Cylindroids ist eine (eigentliche oder eine isolierte) Doppelerzeugende der Fläche.“

§. 158.

Unterziehen wir die unendlich ferne Doppelgerade des Cylindroides einer nochmaligen Betrachtung, so finden wir weiters, dass jede durch diese Gerade gehende Ebene, d. i. jede zur verticalen Projectionsebene parallele Ebene, außer der bezeichneten Geraden mit dem Cylindroid nur noch zwei (zu einander parallele) Erzeugenden gemein habe.

Der Schnitt einer solchen Ebene mit dem Cylindroide besteht daher aus der doppelt zu zählenden unendlich fernen Geraden und den beiden Erzeugenden, repräsentiert somit einen Ort der vierten Ordnung. Hieraus folgt unmittelbar der Satz:

119. „Das Cylindroid ist eine windschiefe Fläche vierten Grades.“

§. 159.

Die zur verticalen Projectionsebene parallele Ebene η_h (Taf. VI, Fig. 37) schneidet das Cylindroid in den beiden zu einander parallelen Erzeugenden ($A_1 a$, $A'a'$) und ($G_1 g$, $G'g'$). Der unendlich ferne Punkt dieser beiden Erzeugenden gehört gleichzeitig der unendlich fernen Doppelgeraden U des Cylindroides an.

Berücksichtigt man, dass die Tangentialebenen irgend einer windschiefen Fläche, welche eine Doppelgerade, d. i. eine Gerade enthalten, durch deren jeden Punkt zwei Erzeugende gehen, in einem beliebigen Punkte dieser Doppelgeraden durch jene beiden Ebenen dargestellt erscheinen, welche durch die Doppelgerade und je eine der beiden durch den Berührungspunkt gehenden Erzeugenden bestimmt sind, so findet man im vorliegenden Falle bezüglich des Cylindroides, dass die beiden Ebenen, welche durch die unendlich ferne Doppelgerade U und je eine der Erzeugenden $A_1 a$ und $G_1 g$ gehen, die Fläche selbst aber in dem unendlich fernen Punkte dieser Erzeugenden berühren, in eine und dieselbe Ebene (d. i. in die Ebene η_h) zusammenfallen.

Es folgt hieraus, dass die beiden Mäntel des Cylindroides, welche sich in der unendlich fernen Doppelgeraden U vereinigen, in jedem Punkte der letzteren dieselbe Tangentialebene besitzen, oder was dasselbe ist, dass die Gerade U insbesondere eine „Cuspidalgerade“ des Cylindroides darstellt. Hiernach besteht der Satz:

120. „Die unendlich ferne Doppelgerade eines Cylindroides ist insbesondere eine Cuspidalgerade dieser Fläche.“

§. 160.

Der ebene Schnitt des Cylindroides wird bei allgemeiner Lage der Transversalebene eine Curve vierter Ordnung sein, welche im Schnitte mit der unendlich fernen Cuspidalgeraden einen (eigentlichen oder einen isolierten) Rückkehrpunkt und im Schnitte mit der Doppelerzeugenden (S, S') einen (eigentlichen oder einen isolierten) Doppelpunkt besitzt.

Geht die schneidende Ebene, wie $E_v E_h$ (Taf. VI, Fig. 37), insbesondere durch die Doppelerzeugende (S, S'), so besteht ihr Schnitt aus dieser doppelt zu zählenden Geraden und folglich noch aus einem Orte zweiter Ordnung, d. i. aus einem Kegelschnitte. Dies kann folgendermaßen auch auf rein elementarem Wege nachgewiesen werden.

Die Ebene $E_v E_h$ schneidet den ursprünglichen Cylinder in einem Kegelschnitte (C, C'). Es lässt sich nun leicht zeigen, dass der Schnitt derselben Ebene mit dem Cylindroid ein mit dem Kegelschnitte (C, C') congruenter Kegelschnitt (C_1, C'') sei, welcher erhalten werden kann, wenn man den ersteren — (C, C') — um eine gewisse Strecke in verticaler Richtung verschiebt.

Zunächst erkennt man aus der Horizontalprojection unmittelbar, dass die Ebene $E_v E_h$ die durch die beiden Ebenen L und l begrenzten Cylinder- und Cylindroid-Erzeugenden in constantem Verhältnisse schneidet.

Bezeichnet man beispielsweise die Schnittpunkte von $E_v E_h$ mit den Cylindererzeugenden $(Aa, A'a')$ und $(Bb, B'b')$ durch (x, x') und (y, y'), und mit den zugehörigen Cylindroiderzeugenden $(A_1 a, A'a')$ und $(B_1 b, B'b')$ durch (x_1, x') und (y_1, y') so ergibt die Construction, wenn gleichzeitig σ ein constantes Verhältnis ausdrückt, dass:

$$\frac{x'a'}{A'a'} = \frac{y'b'}{B'b'} = \sigma$$

oder in der Verticalprojection:

$$\frac{xa}{Aa} = \frac{yb}{Bb} = \sigma.$$

Ferner findet man aus ähnlichen rechtwinkligen Dreiecken in der Verticalprojection, dass:

$$xx_1 = AA_1 \cdot \frac{xa}{Aa}; \quad yy_1 = BB_1 \cdot \frac{yb}{Bb},$$

und mit Berücksichtigung dessen, dass:

$$A A_1 = B B_1 = \ldots \varepsilon$$

eine constante Strecke ist, sowie nach Einsetzung der früheren Werte, auch:

$$x x_1 = y y_1 = \sigma \,.\, \varepsilon$$

constant sei.

Hieraus folgt, dass die Punkte der Schnittcurve (C_1, C') durch eine Verticalverschiebung der Punkte von (C, C') um die Strecke $\sigma \,.\, \varepsilon$ erhalten werden und dass somit der Satz bestehe:

121. „Jede durch die Doppelerzeugende des Cylindroides gehende Ebene schneidet das letztere in einem Kegelschnitte, welcher congruent und ähnlich gelegen mit jenem Kegelschnitte ist, in welchem dieselbe Ebene den ursprünglichen Cylinder schneidet.“

§. 161.

13. Aufgabe. **In einem gegebenen Punkte des Cylindroides ist die Tangentialebene zu construieren.**

Der auf der Erzeugenden $(A_1 a, A' a')$ gegebene Berührungspunkt sei (x_1, x') (Taf. VI, Fig. 37).

Die zu bestimmende Tangentialebene muss bekanntlich die genannte Erzeugende enthalten und wird dieselbe festgestellt sein, sobald noch eine zweite Gerade, welche das Cylindroid in (x_1, x') berührt, ermittelt ist.

Hiezu eignet sich in vorzüglicher Weise die Tangente jenes Kegelschnittes auf dem Cylindroide, welcher durch den Punkt (x_1, x') geht.

Die Ebene E dieses Kegelschnittes ist durch die Doppelerzeugende (S, S') und durch den Punkt (x_1, x') bestimmt; ihre Horizontaltrace E_h ist die Verbindungsgerade der Punkte x' und S'.

Bezeichnen wir den dem Punkte (x_1, x') entsprechenden Punkt auf der Cylindererzeugenden $(A a, A' a')$ mit (x, x'), so wird, dem vorher bewiesenen Satze zufolge, die Ebene $E_v E_h$ das Cylindroid und den Cylinder in zwei congruenten, parallel gelegenen Kegelschnitten (C_1, C') und (C, C') schneiden, von welchen der erstere durch (x_1, x'), der letztere aber durch (x, x') geht.

Die Tangenten dieser beiden Kegelschnitte in den Punkten (x_1, x') und (x, x') sind parallel.

Um die dem Punkte (x, x') entsprechende Tangente (t, t') des Kegelschnittes (C, C') zu erhalten, verfahren wir folgendermaßen. Wir construieren die Tangente (τ, τ') des Leitkegelschnittes (k, k') im

Punkte (a, a'). Die durch den Horizontaldurchstoßpunkt δ' dieser Tangente parallel zur Grundlinie gezogene Gerade repräsentiert die Horizontaltrace Γ_h jener Ebene Γ, welche den Cylinder längs der Erzeugenden $(Aa, A'a')$ berührt.

Der Schnitt dieser Berührebene mit der Ebene $E_v E_h$, d. i. die Gerade $(x\vartheta, x'\vartheta')$ stellt bekanntlich die Tangente (t, t') des Kegelschnittes (C, C') im Punkte (x, x') dar. Zieht man durch x_1 eine Parallele t_1 zu t, so erhalten wir in t_1 und t' bereits die Projectionen der Tangente des Kegelschnittes (C_1, C') im Punkte (x_1, x'). Die Ebene $T_v T_h$, welche durch die beiden Geraden (t_1, t') und $(A_1 a, A' a')$ gelegt wird, repräsentiert somit die gesuchte Berührebene.

§. 162.

14. Aufgabe. **Parallel zu einer gegebenen Ebene ist an ein Cylindroid eine Berührebene zu legen.**

Nachdem die gesuchte Berührebene nothwendig eine Erzeugende des Cylindroides enthalten muss, wird es sich vor allem darum handeln, diese Erzeugende zu finden.

Die besagte Erzeugende wird einerseits parallel zur gegebenen Ebene R, andererseits aber parallel zur verticalen Projectionsebene, also insbesondere parallel zur Verticaltrace R_v (Taf. VI, Fig. 37) der gegebenen Ebene R sein.

Wie bereits früher gezeigt wurde, ist die Neigung ω einer Erzeugenden des Cylindroides gegen die horizontale Projectionsebene abhängig von der constanten Verschiebungsstrecke ε des einen Leitkegelschnittes und von der Länge der durch die beiden Leitkegelschnitte begrenzten Horizontalprojection der Erzeugenden.

Da nun die vorgenannte Neigung ω einerseits durch die Richtung R_v der zu suchenden Erzeugenden und andererseits auch die Strecke ε gegeben ist, so wird, wenn man mit $\varepsilon = \mu\nu$ als Kathete und ω als gegenüberliegenden Winkel ein rechtwinkliges Dreieck $\mu\nu\pi$ construiert, in der anderen Kathete $\nu\pi$ bereits die Länge der Horizontalprojection der gesuchten Erzeugenden erhalten.

Es erübrigt somit nur noch, eine zur Grundlinie parallele Gerade $F'f'$ zu finden, deren Länge zwischen den Horizontaltracen L_h und l_h der Kathete $\nu\pi$ gleichkömmt, um in derselben sofort die Horizontalprojection der verlangten Erzeugenden dargestellt zu erhalten.

Die zugehörige Verticalprojection $F_1 f$ der genannten Erzeugenden ist, den vorgenommenen Constructionen gemäß, parallel zu R_v. Gleichzeitig findet man übrigens noch eine zweite zu R_v parallele Erzeugende $(J_1 i, J' i')$, deren Horizontalprojection $J' i'$ mit $F' f'$ zusammenfällt.

Wird nun durch eine dieser beiden Erzeugenden, beispielsweise durch $(F_1 f, F' f')$, eine Ebene parallel zur Ebene $R_v R_h$ gelegt, so stellt dieselbe bereits die geforderte Berührebene $B_v B_h$ des Cylindroides dar.

Der Berührungspunkt (z, z') derselben lässt sich diesfalls auf nachstehendem eigenthümlichen Wege finden. Durch den Berührungspunkt (z, z') geht offenbar ein Kegelschnitt des Cylindroides, dessen Ebene E_z die Gerade (S, S') enthält. Die Tangente (t_1, t'_1) dieses Kegelschnittes wird parallel sein zu der Tangente eines zweiten Kegelschnittes (welcher sich als Schnitt derselben Ebene E_z mit dem ursprünglichen Cylinder ergibt) in jenem Punkte, welcher der Cylindererzeugenden $(Ff, F'f')$ angehört.

Die vorgenannte Tangente (t_1, t'_1) wird daher jene Gerade in der Berührebene $B_v B_h$ sein, welche gleichzeitig auch zur Tangentialebene $\Gamma_v^f \Gamma_h^f$ des Cylinders längs der Erzeugenden $(Ff, F'f')$ parallel ist und die Gerade (S, S') schneidet.

Die Horizontalprojection t'_1 derselben wird also erhalten, wenn man durch S' eine Parallele t'_1 zur Horizontalprojection λ' der Schnittgeraden von $\Gamma_h^f \Gamma_v^f$ und $B_h B_v$ führt.

Die beiden Geraden t'_1 und $F'f'$ schneiden sich in einem Punkte z', welcher die Horizontalprojection des gesuchten Berührungspunktes repräsentiert und aus welcher anstandslos die zugehörige Verticalprojection z abgeleitet werden kann.[6])

IX. Capitel.

Normalenflächen längs ebener Schnitte der Flächen zweiter Ordnung. [1])

§. 163.

Die Ordnung der einer Fläche m-ter Ordnung längs des Schnittes mit einer Fläche m'-ter Ordnung entsprechenden Normalenfläche wurde bereits im vorhergegangenen durch:

$$m^2 . m'$$

---

[1]) Peschka, Sitzungsberichte der kais. Akad. d. Wissenschaften. Wien Jahrgang 1880. Math.-naturw. Cl. LXXXI. Band, II. Abth.

ausgedrückt, während die Ordnung ihrer Doppelcurve durch

$$\frac{mm'}{2}(m^3 - 4m - m' + 4),$$

und die Zahl ihrer Torsallinien durch den Ausdruck:

$$2mm'(2m + m' - 4)$$

bestimmt wurde.

Auf den vorliegenden Fall angewendet, in welchem $m = 2$ und $m' = 1$ ist, erhält man eine Normalenfläche vierten Grades mit einer Doppelcurve dritter Ordnung und vier Kanten.

Weitere Eigenschaften der Normalenflächen für Flächen zweiten Grades längs ihrer ebenen Schnitte ergeben sich ohne besondere Schwierigkeiten durch constructiv-geometrische Betrachtungen sowie durch Untersuchung ihrer projectiven Darstellung.

Zunächst lässt sich die besagte Untersuchung auf Kegel- und Cylinderflächen zweiten Grades reducieren, da bekanntlich die einer Fläche zweiten Grades, längs eines ihrer ebenen Schnitte umschriebene developpable Fläche, ein Kegel zweiten Grades ist und dieser längs der Leitcurve die nämliche Normalenfläche, wie die Fläche zweiten Grades selbst, besitzt.

Wir können uns hiernach auf die Betrachtung und Untersuchung der Normalenflächen längs der ebenen Schnitte von Kegeln und Cylindern zweiten Grades beschränken.

Zu diesem Zwecke wählen wir die Ebene der Leitcurve des Kegelschnittes K (Taf. VI, Fig. 38) als horizontale Projectionsebene und jene, welche durch die Verbindungsgerade des Mittelpunktes O von K mit dem Kegelscheitel S geht, als zweite (verticale) Projectionsebene.

Die horizontalen Projectionen der Normalen des Kegels längs des Kegelschnittes K sind die Normalen des letzteren; mithin die horizontale Contour der Normalenfläche die Evolute des Kegelschnittes K. Die Evolute ist, wie im vorhergehenden (Satz 103) allgemein nachgewiesen wurde, eine Curve sechster Ordnung und vierter Classe.

Die verticalen Projectionen der Normalen ergeben sich als die Perpendikel von den verticalen Projectionen der Punkte der Leitlinie K auf die verticalen Tracen der diesen Punkten entsprechenden Berührungsebenen des Leitkegels.

Um somit die Erzeugende der Normalenfläche, welche durch den Punkt (a, a') der Leitlinie K geht, zu construieren, bestimmen wir zunächst die Tangentialebene $A_v A_h$ des Kegels in dem besagten Punkte und führen durch a und a' zu A_v und A_h die bezüglichen

Senkrechten N_a und N'_a, welch letztere bereits die Projectionen der gesuchten Erzeugenden repräsentieren.

Die verticale Contour der Normalenfläche ergibt sich als Enveloppe aller Geraden N_a und ist dieselbe im allgemeinen, sowie überhaupt die Contour von besagter Fläche auf jede beliebige Ebene und für jedes beliebig gewählte Projectionscentrum stets eine Curve sechster Ordnung und vierter Classe.

§. 164.

Wenden wir uns nun vorübergehend zu Betrachtungen anderer Art und fragen wir zunächst um die Strictionslinie der Normalenfläche.

Eine einfache diesbezügliche Untersuchung liefert für die Normalenflächen der Flächen zweiten Grades längs ihrer ebenen Schnitte eine sehr interessante Eigenschaft der Strictionslinie.

Sei (S, K) ein beliebiger Kegel zweiter Ordnung, K ein ebener Schnitt desselben und zugleich die Leitlinie der Normalenfläche.

Denken wir uns durch den Scheitel S zu jeder Tangentialebene B eine Senkrechte N' geführt, so bildet die Gesammtheit dieser Geraden N' einen zweiten Kegel R' der zweiten Ordnung. Die Erzeugenden N' dieses Kegels sind zu den Erzeugenden N der Normalenfläche parallel und wird somit obbezeichneter Kegel den Richtungskegel für die Normalenfläche repräsentieren.

Setzen wir voraus, es sei N eine Erzeugende der Normalenfläche in dem Punkte der Erzeugenden G von (S,K); N' sei die ihr parallele Erzeugende des Richtungskegels R'. Denken wir uns die Berührungsebene B' des letzteren längs N' construiert, so ist diese Ebene senkrecht zur Erzeugenden G des ursprünglichen Kegels (S, K).

Nun ist aber aus der Theorie der windschiefen Flächen bekannt, dass die Ebene A, welche durch die Erzeugende N parallel zur Ebene B' gelegt wird, die windschiefe Normalenfläche in dem unendlich fernen Punkte der Erzeugenden N berührt, also eine asymptotische Ebene der Normalenfläche darstelle.

Hieraus ist ersichtlich, dass die asymptotische Ebene der Normalenfläche für eine Erzeugende N diejenige Ebene A ist, welche durch N senkrecht zur entsprechenden Erzeugenden G des Leitkegels (S, K) geführt wird.

Weiters wissen wir auch bereits, dass jene Ebene, welche durch die Erzeugende N der windschiefen Fläche senkrecht zur asymptotischen Ebene gelegt wird, die Centralebene der Erzeugenden sei und dass diese die Fläche in dem Centralpunkte dieser Erzeugenden berührt.

Führen wir aber in dem vorliegenden Falle durch N eine senkrechte Ebene T auf die Ebene A, so muss diese unbedingt auch die Erzeugende G, also auch den Scheitel des Leitkegels enthalten.

Aus diesen Erörterungen folgt, dass die sämmtlichen Centralebenen der Normalenfläche, d. s. die Ebenen, welche die Normalenfläche längs ihrer Strictionslinie berühren, einen Kegel umhüllen, dessen Scheitel mit jenem der ursprünglichen Leitfläche identisch ist. Es ergibt sich sonach der Satz:

122. „Die Strictionslinie der Normalenfläche eines Kegels zweiter Ordnung längs eines ebenen Schnittes ist die Berührungscurve der Normalenfläche mit dem ihr aus dem Scheitel des Leitkegels umschriebenen Kegel.“

Durch eine geringfügige Änderung im Wortlaute kann man diesen Satz ganz allgemein für die Normalenfläche, entlang der ebenen Schnitte von Flächen zweiten Grades, aufstellen.

Berücksichtigt man nämlich, dass in diesem Falle der Scheitel S des Leitkegels den Pol des ebenen Leitschnittes in Bezug auf die Leitfläche zweiten Grades darstellt, so nimmt der oben aufgestellte Satz die folgende Gestalt an:

123. „Die Strictionslinie der Normalenfläche einer Fläche zweiten Grades längs eines ihrer ebenen Schnitte ist die Berührungscurve der Normalenfläche mit jenem Kegel, welcher ihr aus dem Pole des ebenen Leitschnittes, als Kegelscheitel betrachtet, umschrieben wird.“

§. 165.

Diese Eigenschaft erlaubt uns auch, die Ordnung und Classe der Strictionslinie zu bestimmen.

Der einer Fläche m-ter Ordnung von einem Punkte außerhalb umschriebene Kegel berührt, wie wir wissen, die Fläche in einer Curve $m(m-1)$-ter Ordnung, welche sich als deren Schnitt mit der ersten Polarfläche des genannten Punktes ergibt.

Besitzt jedoch die gegebene Fläche eine Doppellinie von der b-ten Ordnung, so geht durch diese, wie bekannt, die erste Polarfläche hindurch, ohne dass dieselbe einen Theil der Berührungscurve ausmacht. Der Schnitt der Polarfläche mit der gegebenen Fläche nach der erwähnten Doppellinie ist daher offenbar von der $2b$-ten Ordnung und mithin die Ordnung der Berührungscurve gleich:

$$m(m-1)-2b.$$

Im vorliegenden Falle ist $m = 4$ der Grad der Normalenfläche, $b = 3$ die Ordnung ihrer Doppelcurve, folglich die Ordnung der Berührungscurve, also auch jene der Strictionslinie der Normalenfläche:

$$4(4-1)-2.3=6.$$

Auch die Classe der Berührungscurve, oder was dasselbe ist, die Classe des umschriebenen Kegels ist leicht zu ermitteln, indem die Classe eines einer krummen Fläche aus einem Punkte außerhalb umschriebenen Kegels, also auch die seiner Berührungscurve, jener der Fläche selbst gleich, im gegenwärtigen Falle daher gleich „vier" ist. Die gewonnenen Resultate zusammengefasst, ergibt sich der Satz:

124. „Die Strictionslinie der Normalenfläche einer Fläche zweiten Grades längs eines ihrer ebenen Schnitte ist eine Raumcurve sechster Ordnung und vierter Classe.

§. 166.

Die Doppelcurve der eben betrachteten Normalenfläche ist eine Raumcurve dritter Ordnung und da im allgemeinen die Doppelcurve einer windschiefen Fläche n-ten Grades jede Erzeugende in $(n-2)$ Punkten schneidet, so folgt, dass im vorliegenden Falle die Erzeugenden der Normalenfläche zweipunktige Secanten der Doppelcurve dritter Ordnung seien, oder mit anderen Worten, dass jede Erzeugende der Normalenfläche von zwei anderen Erzeugenden derselben geschnitten werde.

Die Ebene der Leitlinie K wird von der Doppelcurve in drei leicht zu ermittelnden Punkten getroffen. Denn die Tangenten t'_1 und t'_2 (Taf. VII, Fig. 39) von S' an K sind offenbar die Tracen zweier verticalen Tangentialebenen des Kegels; die ihren Berührungspunkten x_1 und x_2 mit K' entsprechenden Normalen N_{x_1} und N_{x_2} liegen demnach in der Ebene der Leitlinie K' und treffen sich in einem Punkte y' der Doppelcurve. Ferner begegnet die Normale N_{x_1} den Kegelschnitt K' außer in x_1 noch in einem Punkte y_1 in welchem sie auch die zugehörige Normale N_{y_1} der Fläche schneidet, woraus folgt, dass y_1 ebenfalls ein Punkt der Doppelcurve ist.

In gleicher Weise lässt sich nachweisen, dass auch der Schnittpunkt y_2 der Normale N_{x_2} mit dem Kegelschnitte K' einen in dieser Ebene liegenden Punkt der Doppellinie dritter Ordnung darstelle.

Um direct Paare von sich schneidenden Erzeugenden der Normalenfläche zu erhalten, wollen wir noch eine weitere Betrachtung anstellen.

Setzen wir voraus, es seien a und b (Taf. VII, Fig. 39) zwei Punkte der Leitlinie K' von solcher Beschaffenheit, dass sich die ihnen entsprechenden Normalen N_a und N_b des Kegels (S, K) schneiden. Die Verbindungsgerade der Punkte a und b ist sodann gleichzeitig die Horizontaltrace der Ebene der beiden Normalen N_a und N_b.

Sind t_a und t_b die Tangenten der besagten Punkte a und b des Kegelschnittes K, also die Tracen der Tangentialebenen an die Kegelfläche (S, K) in a und b, so stellt die Verbindungsgerade μ ihres Schnittpunktes M mit der horizontalen Projection S' des Kegelscheitels, die horizontale Projection der Schnittlinie der genannten Tangentialebenen dar.

Da weiters die Normalen N_a und N_b auf diesen Berührungsebenen senkrecht stehen, so ist auch deren Ebene senkrecht zur Schnittlinie der letzteren und mithin die horizontale Trace ab oder η_h senkrecht zur horizontalen Projection MS' oder μ der Schnittlinie. Außerdem ist M, als Schnittpunkt der in a und b an den Kegelschnitt geführten Tangenten, der Pol der Geraden ab.

§. 167.

Diese einfache Betrachtung führt zur Kenntnis der Bedingung, welcher zwei Punkte der Leitlinie K' genügen müssen, damit sich die ihnen entsprechenden Erzeugenden der Normalenfläche schneiden.

Jedes Paar solcher Punkte (wie im vorliegenden Falle a und b) muss nämlich die Eigenschaft besitzen, dass die Verbindungslinie μ des Poles M (Taf. VII, Fig. 39) mit der horizontalen Projection S' des Kegelscheitels zu der durch die vorbezeichneten Punkte bestimmten Kegelschnittssehne ab senkrecht stehe.

Um derartige Paare von Punkten constructiv zu bestimmen, nehmen wir umgekehrt an, es sei ein Strahl μ des Büschels S' gegeben und man hätte die Lage eines Punktes M auf der Geraden μ so zu bestimmen, dass dessen Polare ab eine zu μ senkrechte Stellung annehme.

Ist sodann σ der zu μ senkrechte Durchmesser des Kegelschnittes K' und τ der diesem Durchmesser σ conjugierte Durchmesser, so stellt letzterer gleichzeitig den Ort der Pole aller zu σ parallelen, also zu μ senkrechten Kegelschnittssehnen dar. Der Schnittpunkt M von μ und τ ist mithin der auf μ gesuchte Punkt, dessen Polare ab auf μ senkrecht steht. Es repräsentieren demnach a und b zwei Punkte des Kegelschnittes, deren entsprechenden Erzeugenden der Normalenfläche sich schneiden.

In gleicher Weise kann nunmehr für jeden durch S' gehenden anderweitigen Strahl μ' ein folgendes Punktepaar $a_1 b_1$ von der nämlichen Eigenschaft gefunden werden, und es wird somit auch nicht den geringsten Schwierigkeiten unterworfen sein, das Erzeugnis der Sehne ab zu ermitteln.

Beschreibt nämlich der durch S' gehende Strahl μ ein Strahlenbüschel, so wird der zu diesem senkrechte Kegelschnittsdurchmesser σ ein dem ersteren projectivisches Strahlenbüschel erzeugen.

Ebenso beschreibt auch der dem Durchmesser σ conjugierte Durchmesser τ ein Strahlenbüschel, welches dem Büschel σ sowohl, als auch jenem S' projectivisch verwandt ist.

Der geometrische Ort des Punktes M (Schnittpunkt von entsprechenden Strahlen der Büschel τ und S') ist mithin ein Kegelschnitt, welcher auch durch die Scheitel S' und O (Mittelpunkt des Leitkegelschnittes) geht.

Hieraus folgt, dass die Geraden ab, $a_1 b_1 \ldots$, als Polaren der einzelnen Punkte M dieses Kegelschnittes in Bezug auf den Kegelschnitt K', einen neuen Kegelschnitt Σ umhüllen, welcher, wie leicht einzusehen, eine Parabel sein wird, da die Polare von O, d. i. die unendlich ferne Gerade, eine seiner Tangenten ist. Eine weitere Tangente dieser Parabel Σ ist die Berührungssehne $x_1 x_2$ als Polare des Punktes S'.

Bedenkt man ferner, dass jede Tangente der Parabel Σ den Kegelschnitt K' in zwei Punkten a und b schneidet, für welche die Normalen der Kegelfläche in der nämlichen Ebene liegen, andererseits aber die Endpunkte der großen und kleinen Achse von K', sowie auch die Punkte x_1 und y_1, x_2 und y_2 die nämliche Eigenschaft besitzen, so folgt, dass in gleicher Weise die beiden Achsen A und B der Leitlinie K', sowie auch die in der Ebene von K' liegenden Kegelnormalen N_{x_1} und N_{x_2} Tangenten der Parabel Σ sind.

Durch irgend vier von diesen fünf genannten Tangenten ist die Parabel vollkommen bestimmt und kann auf bekannte Weise leicht projectivisch bestimmt werden.

Wäre irgend eine Normale, etwa N_b, gegeben, so hätte man, um die beiden anderen Normalen, welche von derselben geschnitten werden, zu ermitteln, nichts anderes zu thun, als durch ihren Fußpunkt b die beiden Tangenten an die Parabel Σ zu ziehen, um so in den Punkten a und c, in welchen diese den Kegelschnitt K' zum zweitenmale treffen, die Fußpunkte der gesuchten Normalen N_a und N_c zu finden.

Der Kegelschnitt K' und die Parabel Σ besitzen vier (reelle oder imaginäre) gemeinschaftliche Tangenten; jede derselben trifft den Kegelschnitt K' in zwei unendlich nahen Punkten, für welche die Normalen des Kegels sich schneiden. Die Berührungspunkte der vier gemeinschaftlichen Tangenten von Σ und K' mit dem Kegelschnitte K' gehören somit den Torsallinien der Normalenfläche an und die bezeichneten gemeinschaftlichen Tangenten selbst sind die horizontalen Tracen der Torsalebenen, d. i. jener Ebenen, welche die Normalenfläche längs der Torsallinien berühren.

§. 168.

Untersuchen wir nun die Eigenschaften der Ebenen, welche durch die Paare sich schneidender Erzeugenden der Normalenfläche, wie etwa beziehungsweise durch N_a und N_b, gehen.

Die Ebene (N_a, N_b) (Taf. VII, Fig. 39) schneidet die Normalenfläche, welche vom vierten Grade ist, in einer Curve vierter Ordnung. Nachdem aber die beiden Erzeugenden N_a und N_b Bestandtheile erster Ordnung in diesem Schnitte repräsentieren, kann der Rest bloß vom zweiten Grade, d. i. ein Kegelschnitt sein. Dieser Kegelschnitt trifft jede der beiden Normalen N_a und N_b in zwei Punkten.

Es ist bekannt, dass eine Ebene, welche eine Erzeugende einer windschiefen Fläche enthält, die letztere nach einer Curve schneidet, welche ihrerseits diese Erzeugende in $(n - 1)$ Punkten trifft, wenn die Fläche vom n-ten Grade ist. Einer dieser $(n - 1)$ Punkte ist der Berührungspunkt der Ebene mit der Fläche, während die übrigen $(n - 2)$ Punkte die Schnittpunkte der Ebene mit der Doppelcurve der Fläche darstellen.

Im vorliegenden Falle enthält die Ebene zwei Erzeugende N_a und N_b der windschiefen Normalenfläche, berührt mithin die Fläche in zwei verschiedenen Punkten, von welchen je einer auf einer der betreffenden Erzeugenden N_a und N_b sich vorfindet. Nach früherem sind diese Berührungspunkte zwei von den Schnittpunkten der Erzeugenden N_a und N_b mit dem der Normalenfläche angehörenden, in der Ebene von $N_a N_b$ liegenden Kegelschnitte.

Die beiden anderen Schnittpunkte von N_a und N_b mit diesem Kegelschnitte gehören der Doppelcurve an und sind, wie leicht einzusehen, keine anderen, als jene Punkte, in welchen die genannten Erzeugenden N_a und N_b von anderweitigen Erzeugenden der Normalenfläche getroffen werden. Der dritte in der Ebene $N_a N_b$ liegende

Doppelpunkt ist selbstverständlich der Schnittpunkt z der gegebenen Erzeugenden N_a und N_b.

Weiters ist noch zu berücksichtigen, dass die Trace ab der Bitangentialebene $(N_a N_b)$ eine Tangente der Parabel Σ ist, und dass auch die Ebene der Leitlinie K', sowie die unendlich ferne Ebene Bitangentialebenen der Normalenfläche sind, indem sie die letztere in einem Kegelschnitte und zwei Erzeugenden schneiden. (Für die erstere fällt dieser Kegelschnitt mit dem Leitkegelschnitte K' zusammen, während die Erzeugenden durch die beiden Normalen N_{x_1} und N_{x_2} dargestellt erscheinen.)

Fassen wir die Resultate der hier gepflogenen Erörterungen zusammen, so gelangen wir zu dem Schlusse, resp. zu den Sätzen:

125 a. „Die Normalenfläche einer Fläche zweiten Grades längs eines ihrer ebenen Schnitte enthält unendlich viele Bitangentialebenen, d. i. Ebenen, in welchen zwei sich schneidende Erzeugende der Fläche liegen und dieselbe daher in zwei verschiedenen Punkten berühren.“

125 b. „Jede dieser Bitangentialebenen schneidet die Normalenfläche außer in den zwei Erzeugenden noch in einem Kegelschnitte, welcher die ersteren in den bezüglichen Berührungspunkten und außerdem in zwei der Doppelcurve angehorenden Punkten trifft.

125 c. „Die Tracen der Bitangentialebenen auf der Ebene der Leitcurve der Normalenfläche umhüllen eine Parabel, welche durch die Achsen der Leitcurve und die in der Ebene der letzteren liegenden Flächennormalen (als Tangenten) bestimmt ist.“

§. 169.

Auch die Berührungsebenen längs der Torsallinien der Normalenfläche schneiden diese letzteren außer in den zwei zu einer Torsallinie vereinigten Erzeugenden noch in einem Kegelschnitte.

Da eine Torsalebene die Normalenfläche längs einer Geraden tangiert, so berührt sie auch alle auf der Fläche liegenden Curven und somit auch den obenbezeichneten Kegelschnitt und die Doppelcurve der Fläche in Punkten, welche dieser Geraden (Torsallinie) angehören.

Wir wissen aber, dass der Kegelschnitt, in welchem eine Bitangentialebene die Normalenfläche schneidet, auch die in dieser Ebene liegenden zwei Erzeugenden in Punkten der Doppelcurve begegnet.

Das Gesagte muss selbstverständlich auch dann noch stattfinden, wenn die beiden Erzeugenden sich unausgesetzt nähern, die

Bitangentialebene somit in eine Torsalebene der Normalenfläche übergeht.

In dem letztbezeichneten Falle werden auch die beiden Schnittpunkte der Erzeugenden mit dem Kegelschnitte unendlich nahe aneinander zu liegen kommen, und da sie gleichzeitig Punkte der Doppelcurve darstellen, so muss der Kegelschnitt sowohl, als auch die Doppelcurve die Torsallinie der Normalenfläche in einem und demselben Punkte berühren. Der dritte in der Torsalebene liegende Punkt der Doppelcurve ist die Spitze der betreffenden Torsallinie, d. i. der Schnittpunkt der beiden zur Torsallinie vereinigten Erzeugenden der Fläche. Es besteht daher der Satz:

126. „Die Berührungsebenen der Normalenfläche längs ihrer vier Torsallinien schneiden die Fläche nach Kegelschnitten, welche die betreffenden Torsallinien in jenen Punkten berühren, in welchen diese auch von der Doppelcurve der Normalenfläche berührt werden.“

Die Tracen dieser Ebenen längs der Torsallinien auf der Ebene der Leitlinie K' sind, wie bereits früher gezeigt wurde, ebenfalls Tangenten der Parabel Σ. Besagte Tracen wurden als die vier gemeinschaftlichen Tangenten der beiden Kegelschnitte K' und Σ erhalten.

§. 170.

Normalenflächen längs besonderer ebener Schnitte einer Fläche zweiten Grades.

Interessante Eigenschaften der Normalenflächen ergeben sich, wenn man jener Ebene, welche die Fläche zweiten Grades nach dem Leitkegelschnitte der Normalenfläche schneidet, besondere Lagen ertheilt.

Nehmen wir diesbezüglich an, dass die Ebene des Leitkegelschnittes senkrecht stehe zu einer der drei Haupt- oder Achsenebenen der Fläche zweiten Grades.

Der Voraussetzung gemäß, liegt diesfalls die Spitze des der Fläche längs jenes Leitkegelschnittes umschriebenen Kegels in der genannten Hauptebene.

Betrachtet man also die Ebene des Leitkegelschnittes K (Taf. VII, Fig. 40) als horizontale Projectionsebene, so fällt die horizontale Projection S' des Kegelscheitels in die eine Achse OS' des Leitkegelschnittes K.

Als verticale Projectionsebene wollen wir die horizontal-projicierende Ebene durch OS' wählen und voraussetzen, dass S die verticale Projection des Kegelscheitels sei.

Nachdem die Normalenfläche die Fläche zweiten Grades längs des Kegelschnittes K identisch ist mit der Normalenfläche des Kegels (S, K) längs der nämlichen Curve, so hat man bloß in den einzelnen Punkten (K, K') Normalen zu der Kegelfläche zu construieren, um Erzeugende der Normalenfläche zu erhalten.

Soll nun beispielsweise die dem Punkte (a, a') der Leitcurve K entsprechende Normale dargestellt werden, so bestimmt man zunächst die Tangentialebene in dem genannten Punkte.

Die Horizontaltrace ε_h derselben ist die Tangente t_a an K im Punkte a', während die zugehörige Verticaltrace ε_v die Verbindungsgerade von S mit jenem Punkte α ist, in welchem t_a die Grundlinie OS' oder XX schneidet. Die Projectionen N'_a und N_a der verlangten Normalen gehen durch a' resp. a und sind zu den bezüglichen Tracen ε_h und ε_v der Berührungsebene senkrecht.

Hieraus ergibt sich sofort, dass die Horizontalprojectionen der Erzeugenden der Normalenfläche die Normalen des Kegelschnittes K' sind, oder mit anderen Worten, dass die horizontale Contour der Normalenfläche die Enveloppe der Normalen von K', d. i. also die Evolute des Kegelschnittes K' repräsentiert.

Was die verticale Projection anbelangt, so ist im allgemeinen die Contour der Normalenfläche einer Fläche zweiter Ordnung, längs eines ebenen Schnittes derselben, eine Curve sechster Ordnung und vierter Classe, indem die Normalenfläche selbst eine windschiefe Fläche vierten Grades ist, welche eine Doppelcurve dritter Ordnung besitzt.

Die besondere, im vorliegenden Falle getroffene Anordnung der Projectionsebenen ist jedoch Ursache, dass die verticale Contour der Normalenfläche sich auf einen Kegelschnitt reduciert.

Wie leicht zu erkennen, fallen nämlich die verticalen Projectionen der Normalen paarweise zusammen und zwar gilt dies von allen Paaren jener Normalen, deren Fußpunkte (a, a') und (b, b') in zur Achse OS' senkrecht stehenden Geraden liegen. Je zwei solche Punkte besitzen nämlich einerseits dieselbe Verticalprojection a resp. b in OS' und andererseits schneiden sich die in den Punkten a' und b' des Kegelschnittes K' geführten Tangenten t_a und t_b in einem und demselben Punkte (α, β), weshalb auch die Berührungsebenen des Kegels (S, K) in a und b einerlei Verticaltrace ε_v besitzen.

Hieraus erhellt unmittelbar, dass auch die verticalen Projectionen N_a und N_b der Normalen in (a, a') und (b, b') zusammenfallen müssen.

Es wurde früher allgemein nachgewiesen, dass die verticale Contour der Normalenfläche, d. i. die Enveloppe der Verticalprojectionen ihrer Erzeugenden eine Curve vierter Classe sei, dass also durch jeden Punkt vier solche Verticalprojectionen gehen. Im vorliegenden Falle coincidieren aber je zwei Verticalprojectionen, so dass die vier durch einen Punkt gehenden Tangenten der verticalen Contour zu je zwei in zwei verschiedene Geraden zusammenfallen.

Man kann hiernach durch einen Punkt an die verticale Contour nur zwei (allerdings doppelt zählende) Tangenten führen, d. h. die besagte Contour reduciert sich auf eine Curve zweiter Classe, also auf einen Kegelschnitt.

§. 171.

Durch eine einfache Untersuchung, wobei wir überdies noch eingehender über die Art und die Lage des fraglichen Kegelschnittes unterrichtet werden, lässt sich dies auch direct nachweisen.

Wenn wir nämlich berücksichtigen, dass $a'b'$ (Taf. VII, Fig. 40), als Berührungssehne der von α aus gezogenen Kegelschnittstangenten t_a und t_b, die Polare des Punktes α darstellt, mithin α und a zwei harmonisch conjugierte Punkte zu den Achsenendpunkten A und B von K' repräsentieren, so ist klar, dass, wenn α die Gerade OS' durchläuft, dasselbe auch der Punkt a in der Weise thue, dass α und a zwei projectivische Punktreihen beschreiben.

Ferner beschreibt die verticale Trace ε_v ein zur Reihe α perspectivisches Strahlenbüschel aus dem Mittelpunkte S, welches Strahlenbüschel sonach auch zur Reihe a projectivisch sein wird. Errichtet man endlich im Scheitel S auf jeden Strahl αS eine Senkrechte $S\alpha_1$, so bilden diese Senkrechten ein neues, zum Büschel $S\alpha\ldots$, also auch zur Punktreihe a projectivisches Strahlenbüschel. Die Verticalprojection N_a der Normalen geht durch a und steht senkrecht zu $S\alpha$, ist also parallel zu $S\alpha_1$.

Hieraus ist zu ersehen, dass die verticale Contour der Normalenfläche die Enveloppe aller Geraden ist, welche durch die einzelnen Punkte der Reihe a parallel zu den entsprechenden Strahlen eines dieser Reihe projectivischen Strahlenbüschels $S\alpha'$ gezogen werden können, oder was dasselbe ist, die verticale Contour der Normalenfläche ist die Enveloppe derjenigen Geraden, welche die entsprechenden Punkte zweier perspectivischen Reihen, deren Träger beziehungsweise die Gerade OS' und die unendlich ferne Gerade sind, verbinden.

Diese Enveloppe ist, wie wir bereits wissen, jederzeit ein Kegelschnitt, welcher die Träger der beiden Reihen berührt.

Da der eine dieser Träger die im Unendlichen liegende Gerade ist, so wird besagter Kegelschnitt speciell eine Parabel sein. Die letztere berührt die beiden Achsen AB und CD des Kegelschnittes K'. Selbstverständlich tritt diese Berührung nur in den Projectionen und nicht auch im Raume ein, da die Parabel in der Ebene OS' und der Kegelschnitt K' in der horizontalen Projectionsebene liegt.

Die Parabel berührt die Achse AB, weil letztere der Träger der einen erzeugenden Punktreihe $a\ldots$ ist und die Achse CD deshalb, weil diese, wie leicht einzusehen, die verticalen Projectionen der den Punkten C und D entsprechenden Normalen enthält.

Die Parabel, welche sich als Contour der Normalenfläche auf der horizontal-projicierenden Ebene OS' herausstellt, berührt also sowohl die Gerade OS' als auch die horizontal-projicierende Gerade O. Wir gelangen sonach zu dem Satze:

127. „Wird als Leitcurve für die Normalenfläche einer Fläche zweiten Grades (oder speciell eines Kegels zweiten Grades) ein zu einer Hauptebene senkrechter Schnitt angenommen, so ist die Contour der Normalenfläche auf der bezeichneten Hauptebene (unter Voraussetzung orthogonaler Projection) eine Parabel. Die letztere berührt einerseits die Schnittgerade der Hauptebene mit der Ebene der Leitlinie und andererseits jene Gerade, welche im Mittelpunkte der Leitlinie auf der Ebene derselben senkrecht steht.

§. 172.

Unter den Tangenten der obbezeichneten Parabel gibt es eine, welche von besonderer Wichtigkeit ist.

Wenn wir nämlich von S' (Taf. VII, Fig. 40) aus Tangenten an K' ziehen, deren Berührungspunkte x' und y' sind, so werden die diesen Punkten entsprechenden Normalen des Kegels (S, K) ihrer ganzen Ausdehnung nach in der Ebene des Leitkegelschnittes K' liegen und sich in einem Punkte a_1 der Achse OS' treffen.

Betrachten wir nun a_1 als die Verticalprojection eines Punktes (a_1, a'_1) von (K, K') und bestimmen wir die Verticalprojection N_{a_1} der diesem Punkte entsprechenden Kegelnormalen, indem wir durch a_1 auf die Verticaltrace E_v der zugehörigen Berührungsebene eine Senkrechte errichten.

Diese Verticalprojection N_{a_1}, die wir nunmehr insbesondere hervorheben und mit D bezeichnen wollen, ist eine Tangente der verticalen Contour (Parabel) und besitzt als solche eine sie auszeichnende Eigenschaft, welche wir durch nachstehende Betrachtung näher zu bestimmen beabsichtigen.

Während OS' und D zwei Tangenten der Contourparabel darstellen, werden alle anderen Tangenten, d. h. die Verticalprojectionen N_a aller Normalen auf den erstgenannten Geraden OS' und D zwei ähnliche Punktreihen $a\ldots$ und $\sigma\ldots$ bestimmen. Ist ferner t_a die Tangente an K' in einem Punkte a' und N'_a die entsprechende Normale, so treffen diese beiden Geraden die Achse OS' in zwei Punkten α und s', welche harmonisch conjugiert zu den Brennpunkten f_1 und f_2 des Kegelschnittes K' sind; denn verbindet man f_1 und f_2 mit a_1, so sind die Winkel $f_1 a' s'$ und $f_2 a' s'$ einander gleich, der Winkel $\alpha a' s' = 90^0$ und werden mithin die Strahlen $a' (f_1, f_2, \alpha, s')$, also auch die Punkte f_1, f_2, α, s' harmonisch gelagert sein.

Wenn nun die Tangente t_a und die zugehörige Normale N'_a alle möglichen zulässigen Lagen annehmen, so werden die Punkte α und s' offenbar zwei projectivische Punktreihen auf OS' beschreiben.

Nachdem aber im vorhergehenden nachgewiesen wurde, dass auch die Punkte α und a zwei projectivische Punktreihen auf OS' beschreiben, so folgt hieraus unmittelbar, dass auch die Reihen $a\ldots$ und s' projectivisch sind. Es lässt sich jedoch leicht zeigen, dass diese Reihen überdies auch ähnlich seien, d. h. dass sich in den beiden Reihen die unendlich fernen Punkte entsprechen.

Versetzen wir nämlich vorübergehend den Punkt α nach O, so entsprechen demselben sowohl in Bezug auf AB, als auch in Bezug auf $f_1 f_2$ der unendlich ferne Punkt von OS' als harmonischer Punkt, welchem Umstande zufolge sich die unendlich fernen Punkte in den Reihen $a\ldots$ und $s'\ldots$ entsprechen müssen, die Reihen also ähnlich sind.

Denken wir uns durch sämmtliche Punkte s' zu OS' senkrechte Geraden $ss', \ldots$ gezogen, so bestimmen auch diese auf der Geraden D eine Punktreihe $s\ldots$, welche mit jener $s'\ldots$ und mithin auch mit der Reihe $a\ldots$ ähnlich ist.

Die Tangenten der Contourparabel bestimmen aber, wie vordem hervorgehoben wurde, auf D gleichfalls eine zu der Reihe $a\ldots$ ähnliche Punktreihe $\sigma\ldots$, daher wir zu dem Schlusse gelangen, dass sich auf D zwei ähnliche Punktreihen $\sigma\ldots$ und $s\ldots$ vorfinden.

Es lässt sich weiters nachweisen, dass diese beiden Reihen identisch sind, d. i. dass alle Paare entsprechender Punkte coincidieren. Zu diesem Zwecke wird es, da die beiden Reihen ähnlich sind, genügen, zu zeigen, dass zwei Paare entsprechender Punkte zusammenfallen.

Nehmen wir behufs dieses Nachweises an, es falle α mit S' zusammen und bezeichnen wir den genannten Punkt in dieser Lage mit α_2, so entspricht demselben in der Reihe $\alpha\ldots$ der Punkt a_2 und in der Reihe $s'\ldots$ der mit a_1 zusammenfallende Punkt s'_2. Die verticale Projection der dem Punkte (a_2, a'_2) entsprechenden Normalen stimmt mit OS' überein und trifft die Gerade D in dem ebenfalls mit a_1 zusammenfallenden Punkte σ_2 der Reihe $\sigma\ldots$ Endlich trifft die durch s'_2 senkrecht zu OS' gezogene Gerade die Contourtangente D auch in dem mit a_1 oder σ_2 zusammenfallenden Punkte s_2, woraus folgt, dass die einander entsprechenden Punkte σ_2 und s_2 der Reihen $\sigma\ldots$ und $s\ldots$ zusammenfallen.

Gelangt der Punkt α in unendliche Entfernung und nennen wir ihn in dieser Lage α_3, so entsprechen demselben in den Reihen $a\ldots$ und $s'\ldots$ die mit dem Mittelpunkte O übereinstimmenden Punkte a_3 und s'_3, und nachdem die durch a_3 gehende Parabeltangente durch die Achse OD dargestellt wird, fallen auch die beid en sowohl einander als dem Punkte α_3 entsprechenden Punkte σ_3 und s_3 in den Reihen $\sigma\ldots$ und $s\ldots$ zusammen.

Aus der angestellten Betrachtung ist zu ersehen, dass die beiden ähnlichen Reihen $\sigma\ldots$ und $s\ldots$ auf D zwei Paare entsprechender, zusammenfallender Punkte σ_2 und s_2, σ_3 und s_3 besitzen, dass also diese Reihen identisch sind.

Ist mithin (a, a') (Taf. VII, Fig. 40) ein beliebiger Punkt des Kegelschnittes (K, K'), sind ferner N_a und N'_a die Projectionen der ihm entsprechenden Kegelnormalen und schneidet N'_a die Achse OS' in dem Punkte s', so folgt als Resultat der gepflogenen Erörterungen, dass sich N_a und die durch s' senkrecht zu OS' gezogene Gerade $s's$, in einem und demselben Punkte s von D schneiden. Gleichzeitig entnehmen wir der vollführten Construction, dass auch (s, s') der Schnittpunkt der Normale (N_a, N'_a) mit der verticalen Projectionsebene ist.

Aus der Symmetrie aller Elemente des Gebildes gegen die horizontal - projicierende Ebene OS' ergibt sich endlich noch, dass (s, s') auch der Schnittpunkt der Ebene OS' mit jener Normalen (N_b, N'_b) sei, deren Fußpunkt b' mit a' auf derselben zu OS' senkrechten Kegelschnittssehne liegt. Da ferner Paare jener Normalen, deren Fußpunkte, wie a' und b', auf den zu OS' senkrechten Kegelschnittssehnen liegen, d. i. solche Paare von Normalen, welche eine zur Ebene OS' symmetrische Lage besitzen, sich in Punkten der Geraden (D, D') schneiden, folgt, dass diese Gerade eine Doppelgerade der Normalenfläche sei.

Nachdem aber die vollständige Doppelcurve der vorliegenden Normalenfläche eine Curve dritter Ordnung im Raume ist, und die Gerade (D, D') einen Bestandtheil erster Ordnung derselben repräsentiert, so muss der Rest der Doppelcurve aus einer Linie zweiter Ordnung bestehen und wird diese, wie sich leicht nachweisen lässt, ein wirklicher Kegelschnitt sein.

Würde nämlich der Rest der Doppellinie wieder etwa in zwei Doppelgerade zerfallen, so hätte die Normalenfläche, die Doppelgerade (D, D') mit eingerechnet, drei gerade Leitlinien und müsste sich daher, was diesfalls nicht möglich ist, als ein Hyperboloid darstellen. Ebenso könnte man allenfalls anzunehmen geneigt sein, dass die übrig bleibende Doppellinie zweiter Ordnung aus einer eigentlichen Doppelgeraden oder selbst aus zwei Doppelerzeugenden bestehe. Wie sich jedoch constructiv nachweisen lässt, können auch diese beiden letztgenannten Fälle nicht eintreten.

§. 173.

Die Doppelcurve der Fläche ist hiernach eine eigentliche Curve zweiter Ordnung, indem sie, wie wir zu zeigen beabsichtigen, den Ort der Schnittpunkte von verschiedenen Erzeugenden der Normalenfläche darstellt.

Wie wir wissen, ist die Doppelgerade (D, D') (Taf. VII, Fig. 41) gleichzeitig der Ort der verticalen Durchstoßpunkte aller Erzeugenden der Normalenfläche.

Denken wir uns nun durch den Schnittpunkt M der Doppelgeraden (D, D') mit der Geraden OS' in der Ebene der Leitlinie K' (horizontale Projectionsebene) eine beliebige Gerade e_h gezogen und betrachten wir D oder e_v und e_h als die verticale, resp. horizontale Trace einer Ebene. Die horizontale Trace e_h schneidet die Leitlinie (K, K') in zwei Punkten (a, a') und (b, b'), deren entsprechende Normalen wir beziehungsweise mit (N_a, N'_a) und (N_b, N'_b) bezeichnen wollen.

Nachdem die horizontalen Durchstoßpunkte a' und b' dieser Normalen in der horizontalen Trace e_h und die verticalen Durchstoßpunkte in der verticalen Trace e_v liegen, so befinden sich auch die

Normalen selbst, ihrer ganzen Ausdehnung nach, in der Ebene $e_v e_h$ und schneiden sich in einem Punkte (r, r') derselben. Der geometrische Ort der Punkte (r, r') für alle möglichen Lagen der Ebene $e_v e_h$ ist sodann die Doppelcurve zweiten Grades, d. h. ein Kegelschnitt.

Legen wir durch (D, D') eine zweite Ebene $e_v e'_h$, deren Horizontaltrace e'_h in Bezug auf die Gerade OS' symmetrisch zu e_h ist, so erhalten wir ebenfalls zwei in dieser Ebene liegende Erzeugende (N'_{a_1}, N_{a_1}), (N'_{b_1}, N_{b_1}) der Normalenfläche, welche sich in einem Punkte (r_1, r'_1) treffen, dessen horizontale Projection r'_1 symmetrisch zu r' in Bezug auf OS' ist und dessen verticale Projection r_1 mit jener von r zusammenfällt.

Hieraus ist zu entnehmen, dass einerseits der Doppelkegelschnitt in einer zur Ebene OS' senkrechten Ebene liegt und dass andrerseits eine seiner Hauptachsen in die Ebene OS' fällt.

Führen wir ferner durch (D, D') die vertical-projicierende Ebene $e_v e^2_h$, so schneiden sich die in derselben liegenden Normalen in einem Punkte (s, s'), welcher der Construction zufolge sowohl dem Doppelkegelschnitte, als auch der Doppelgeraden D angehört, woraus weiters hervorgeht, dass sich die Doppelgerade und der Doppelkegelschnitt in einem Punkte treffen.

Endlich hat der Doppelkegelschnitt auch mit der Leitcurve K' zwei Punkte gemein und zwar jene Punkte y'_1 und y'_2, in welchen die in der Ebene des Leitkegelschnittes K' liegenden Erzeugenden N_{x_1} und N_{x_2} diesen zum zweitenmale treffen; denn die Normale im Punkte y'_1 schneidet die Normale N_{x_1} in eben demselben Punkte y'_1. Letzterer gehört demnach der Doppelcurve an. Das Gleiche gilt vom Punkte y'_2.

Die Gerade $y'_1 y'_2$ ist somit die horizontale Trace d_h der Ebene des Doppelkegelschnittes, während die Verbindungslinie von r mit dem Punkte α, in welchem $y'_1 y'_2$ die Gerade OS' trifft, deren verticale Trace d_v darstellt.

Die Länge der in der Ebene OS' liegenden Achse des Doppelkegelschnittes ist leicht zu bestimmen, indem (in der verticalen Projection) s der eine Endpunkt derselben ist, während sich der andere Endpunkt als der Schnittpunkt β jener Erzeugenden n_1 und n_2 ergibt, welche den Endpunkten A resp. B der Achse von K' entsprechen.

Da die Winkel $\beta A S$ und $\beta B S$ rechte Winkel sind, so lässt sich durch die Punkte β, S, A und B ein Kreis K_1 legen, dessen

Mittelpunkt o der Halbierungspunkt der Strecke βS ist. Nachdem AB eine Sehne dieses Kreises ist, so steht $o\,O$ senkrecht zu OS' und ist $R\,O = S'\,O$.

§. 174.

Jene Ebenen, welche Paare von Erzeugenden enthalten, die sich in einem Punkte der Doppelgeraden D schneiden, berühren die Normalenfläche in zwei Punkten, von welchen je einer auf einer der beiden Erzeugenden liegt. Besagte Ebenen sind demgemäss Bitangentialebenen der Normalenfläche.

Die Bitangentialebenen sind vertical-projicierend und ihre Verticaltracen umhüllen dieselbe Parabel P (Taf. VII, Fig. 41), welche sich als verticale Contourcurve der Normalenfläche ergab, woraus erhellt, dass die eben betrachtete Schar von Bitangentialebenen einen vertical-projicierenden parabolischen Cylinder umhüllt.

Jede der Bitangentialebenen enthält zwei gerade Erzeugende der Normalenfläche und jede derselben wird die letztere noch in einem Kegelschnitte Σ schneiden. Dass dieser Kegelschnitt Σ symmetrisch zur horizontal-projicierenden Ebene OS' sei, ist selbstverständlich.

Der Gesammtschnitt der Normalenfläche mit der Bitangentialebene besitzt drei Doppelpunkte und zwar:

a) den Schnittpunkt der beiden in der Bitangentialebene liegenden Erzeugenden der Normalenfläche untereinander, und

b) je einen im Schnittpunkte jeder dieser Erzeugenden mit dem vorerwähnten Kegelschnitte Σ.

Der zweite Schnittpunkt jeder der beiden Erzeugenden mit Σ ist einer der Berührungspunkte der Bitangentialebene.

Unter den Berührungsebenen des parabolischen Cylinders P gibt es insbesondere zwei, welche nicht nur Bitangentialebenen der Normalenfläche vorstellen, sondern die Normalenfläche auch längs der ganzen Länge der Erzeugenden berühren. Die beiden in jeder dieser besonderen Ebenen liegenden Erzeugenden folgen also unmittelbar aufeinander. Wie leicht einzusehen, sind dies die Ebenen $T_v T_h$ und $T'_v T'_h$, deren horizontale Tracen T_h und T'_h den Leitkegelschnitt in A und B berühren.

Längs der den Scheitelpunkten A und B des Leitkegelschnittes K' entsprechenden Normalen n_1 und n_2 ist die Normalenfläche entwickelbar. Diese Normalen repräsentieren sonach insbesondere zwei Torsallinien der Normalenfläche und ergeben sich noch weitere zwei Torsallinien in nachstehender Weise.

Es wurde ferner nachgewiesen, dass jede Ebene, welche durch die Doppelgerade (D, D') der Normalenfläche geht, zwei Erzeugende der letzteren enthält, es werden daher die Ebenen des Büschels (D, D') ebenfalls eine Schar von Bitangentialebenen bilden.

Besonders hervorzuheben sind jene beiden (reellen oder imaginären) Bitangentialebenen des Büschels D, welche gleichzeitig den Kegelschnitt K' berühren.

Der Berührungspunkt jeder dieser Ebenen vereinigt in sich die Fußpunkte zweier unmittelbar aufeinander folgenden, sich gegenseitig schneidenden Erzeugenden der Normalenfläche. Die natürliche Folge hiervon ist, dass jede der obbezeichneten Bitangentialebenen die Normalenfläche längs dieser zusammenfallenden Erzeugenden berührt.

Die besagten Erzeugenden werden mithin die vorerwähnten zwei Torsallinien der Fläche repräsentieren.

Jede Bitangentialebene des Büschels D enthält außer den beiden Erzeugenden auch die im Schnitte doppelt zählende Doppelgerade (D, D'). Diese drei Geraden bestimmen bereits einen Schnitt von der vierten Ordnung, stellen also den vollständigen Schnitt der Bitangentialebene mit der Normalenfläche dar.

Die Berührungspunkte der genannten Bitangentialebenen mit der Normalenfläche sind die beiden Schnittpunkte der Doppelgeraden mit den in der Bitangentialebene liegenden Erzeugenden.

Die vertical-projicierende Ebene $e_v e^2_h$ des Büschels D ist speciell eine Bitangentialebene von der Beschaffenheit, dass sich die beiden in ihr liegenden Erzeugenden der Normalenfläche in einem Punkte (s, s') der Doppelgeraden D schneiden, die zwei vorher genannten Berührungspunkte sonach in einen zusammenfallen. Nachdem in (s, s') die beiden Berührungspunkte der Bitangentialebene $e_v e^2_h$ in einem und demselben Punkte sich vereinigen, wird der bezeichnete Punkt (s, s') einen Doppelpunkt der Doppellinie darstellen, in welchem sich die Mäntel der Normalenfläche berühren.

Die Ergebnisse zusammengefasst, erhalten wir für die Normalenfläche einer Fläche zweiten Grades längs eines ebenen, zu einer ihrer Hauptebene H senkrecht stehenden Schnittes folgende Sätze:

128. „Die Contour der Normalenfläche auf der Ebene des Leitkegelschnittes K ist die Evolute des letzteren. Die Contour der Fläche auf der Ebene des Hauptschnittes H ist eine Parabel, welche den Schnitt der Hauptebene mit der Ebene des Leitkegelschnittes, als auch die im Mittelpunkte des Leitkegelschnittes auf dessen Ebene senkrecht errichtete Gerade berührt.“

129. „Die Doppelcurve der Normalenfläche besteht einerseits aus einer Geraden, welche in der Hauptebene H liegt und die Ebene des Leitkegelschnittes in jenem Punkte trifft, in welchem sich die in letzterer Ebene liegenden Erzeugenden der Normalenfläche schneiden und andererseits aus einem Kegelschnitte, dessen Ebene zur Hauptebene H senkrecht steht und dieselbe nach einer Achse dieses Kegelschnittes schneidet. Die Doppelgerade hat mit dem Doppelkegelschnitte den einen Endpunkt der genannten Achse gemein.“

130. „Die Normalenfläche enthält zwei verschiedene Scharen von Bitangentialebenen. Die eine derselben umhüllt den zur Hauptebene H senkrechten Cylinder, welcher durch die Contourparabel geht. Jede Ebene dieser Schar schneidet die Normalenfläche außer in den zwei Erzeugenden, noch in einem Kegelschnitte. Die andere Schar von Bitangentialebenen bildet ein Ebenenbüschel, welches die Doppelgerade der Normalenfläche zur Achse hat. Jede Ebene dieser Schar hat mit der Normalenfläche, außer zwei Erzeugenden, nur noch die doppelt zählende Doppelgerade gemein. Die Ebenen beider Scharen, welche gleichzeitig auch den Leitkegelschnitt berühren, tangieren die Normalenfläche längs der Erzeugenden.“

131. „Der Punkt, in welchem die Doppelgerade den Doppelkegelschnitt trifft, ist ein Doppelpunkt der Doppelcurve; es fallen in diesem Punkte die beiden Tangentialebenen der Normalenfläche in eine zusammen, daher sich die beiden Mäntel der Normalenfläche in demselben berühren.“

§. 175.

Die Leitlinie der Normalenfläche auf der Fläche zweiten Grades, also auch auf dem umschriebenen Kegel, sei ein Kreis.

Betrachten wir die Ebene des gegebenen Kreises K als die horizontale Projectionsebene und sei S' (Taf. IX, Fig. 42) die orthogonale Projection des Kegelscheitels auf dieser Ebene.

Die horizontalen Projectionen der Kegelnormalen in den einzelnen Punkten von (K, K') sind diesfalls die Normalen des

Kreises K' selbst und gehen dieselben mithin durch den Mittelpunkt O des besagten Kreises.

Hieraus folgt unmittelbar, dass sämmtliche Normalen die horizontal-projicierende Gerade O schneiden, dass also diese Gerade eine Leitlinie der Normalenfläche darstelle.

Was die Doppellinie der Normalenfläche anbelangt, so ist leicht nachzuweisen, dass sie in dem vorliegenden Falle eine degenerierte Curve dritter Ordnung sei, d. i. aus Curven niederer Ordnung zusammengesetzt ist, deren Ordnungssumme gleich drei ist.

Der Kegel besitzt nämlich eine Symmetrieebene und zwar ist dieselbe jene horizontal-projicierende Ebene, deren horizontale Trace OS' ist.

Es ist klar, dass auch die Normalen der Kegelfläche für solche Paare von Punkten auf K', welche wie a und b symmetrisch gegen OS' liegen, in Bezug auf die projicierende Ebene OS' symmetrisch gelagert sind, sich also in einem Punkte y dieser Ebene schneiden müssen.

Nachdem sich aber die horizontalen Projectionen der Normalen n_a und n_b in O treffen, so muss nothwendigerweise der Schnittpunkt y der beiden Normalen n_a und n_b in der horizontal-projicierenden Geraden O liegen. Besagte Gerade ist mithin eine Doppellinie der Normalenfläche.

Wie wir früher nachgewiesen haben, entspricht der Normalenfläche eine Doppelcurve dritter Ordnung; es wird daher, da die Gerade O einen Bestandtheil erster Ordnung derselben bildet, der Rest eine Curve zweiter Ordnung sein. Letztere wird sich durch folgende einfache Betrachtung ergeben.

Jeder Durchmesser bc des Kreises K' enthält die horizontalen Projectionen zweier Kegelnormalen und zwar jener, deren Fußpunkte die Endpunkte b und c des Durchmessers bc sind.

Die beiden Normalen, welche durch die diametral entgegengesetzten Punkte gehen, liegen daher in der horizontal-projicierenden Ebene bc und schneiden sich mithin in einem Punkte z, welcher der Doppelcurve angehört.

Um uns über die Lage des Punktes z volle Klarheit zu verschaffen, denken wir uns die projicierende Ebene bc als verticale Projectionsebene angenommen, und S_0 als die um bc oder P_h umgelegte verticale Projection der Kegelspitze vorausgesetzt, so zwar, dass sodann $S_0 b$ und $S_0 c$ die umgelegten Verticaltracen der Berührungsebenen an die Kegelfläche in den Punkten b und c darstellen werden. Infolge dessen sind die zu bS_0 und cS_0 geführten senkrechten Geraden bz_0 oder $n^0{}_b$ und cz_0 oder $n^0{}_c$ die um bc umgelegten Normalen.

Der Fußpunkt z des von ihrem Schnittpunkte z_0 auf bc gefällten Perpendikels stellt die horizontale Projection des Schnittpunktes der Normalen in b und c und hiermit die horizontale Projection eines Punktes der Doppelcurve dar.

Es wird sich nunmehr noch darum handeln, den geometrischen Ort des Punktes z für alle möglichen Kreisdurchmesser bc festzustellen.

In den Dreiecken S_0bz_0 und S_0cz_0 sind die Winkel bei b und c je gleich 90^0, daher sich durch die vier Punkte b, c, S_0 und z_0 ein Kreis K_3 legen lässt, dessen Mittelpunkt m der Halbierungspunkt von S_0z_0 ist.

Da weiters bc eine Sehne dieses Kreises ist, geht die Senkrechte vom Kreismittelpunkte m auf bc durch ihren Halbierungspunkt O, und infolge der Parallelität von mO, z_0z und $S_0S'\zeta$ wird auch $Oz = O\zeta$ sein.

Der geometrische Ort des Punktes ζ, als Fußpunkt der von S' auf den Durchmesser bc gefällten Senkrechten ist somit jener Kreis K_2, welcher über OS' als Durchmesser beschrieben werden kann.

Es ist daher auch einleuchtend, dass der zu ζ in Bezug auf O symmetrische Punkt z gleichfalls einen Kreis K_1 beschreiben wird, welcher mit dem Kreise K_2, in Bezug auf den Punkt O, symmetrisch liegt und mit jenem K_2 congruent ist. Der Mittelpunkt M dieses Kreises K_1 liegt auf der Verlängerung von OS' über O hinaus, während die Kreisperipherie selbst durch O geht.

Hieraus ist zu ersehen, dass der zweite Theil der Doppelcurve ein Kegelschnitt ist, welcher sich auf der Ebene der Leitlinie der Normalenfläche als Kreis K_1 projiciert.

Was die räumliche Lage des Kegelschnittes K_1 (Taf. IX, Fig. 42) anbelangt, so ist aus den gepflogenen Erörterungen zu entnehmen, dass seine kreisförmige Projection und mithin der Kegelschnitt selbst symmetrisch gegen die horizontal-projicierende Ebene OS' liegt, wie es auch unmittelbar aus der Symmetrie des Kegels sowohl, als auch der Normalenfläche gegen diese Ebene folgt.

Aus dem Gesagten geht hervor, dass die Ebene des Kegelschnittes K_1 auf der horizontal-projicierenden Ebene OS' senkrecht steht.

Ferner ist einleuchtend, dass der Kegelschnitt die Doppelgerade, da dessen Projection K_1 durch die Projection O der horizontal-projicierenden Doppelgeraden geht, in einem Punkte trifft.

Ebenso leicht werden wir finden, dass der Kegelschnitt die kreisförmige Leitlinie (K, K') der Normalenfläche in zwei Punkten y_1 und y_2 schneidet.

Sind nämlich $S'x_1$ und $S'x_2$ die von S' an den Leitkreis K' gezogenen Tangenten t_{x_1} und t_{x_2} und sind x_1 und x_2 deren Berührungspunkte, so ist klar, dass die diesen Punkten entsprechenden Erzeugenden der Normalenfläche, ihrer ganzen Ausdehnung nach, in der Ebene des Kreises K' liegen, indem sie zu den horizontal-projicierenden Kegelberührungsebenen $S'x_1$ und $S'x_2$ senkrecht stehen.

Die Normale $x_1 y_1$ trifft den Kreis K' zum zweitenmale im Punkte y_1, durch welchen gleichfalls eine Normale der Kegelfläche geht. Dieser Punkt y_1 gehört mithin zwei Erzeugenden der Normalenfläche an; derselbe ist folglich ein Punkt der Doppelcurve. Das Gleiche gilt von dem Punkte y_2, in welchem die Normale $x_2 y_2$ den Leitkreis K' das zweitemal begegnet.

Da ferner der Winkel Ox_1S' gleich Ox_2S' und jeder gleich 90° ist, liegen die Punkte x_1 und x_2 auf dem Kreise K_2 und mithin auch die denselben in Bezug auf O symmetrischen Punkte y_1 und y_2 auf dem Kreise K_1. Selbstverständlich steht $x_1 x_2$ senkrecht zu OS' und gilt das Gleiche auch von $y_1 y_2$.

Die letztgenannte Gerade repräsentiert also gleichzeitig auch die horizontale Trace D_h der Ebene des Doppelkegelschnittes K_1.

Um die räumliche Lage des Doppelkegelschnittes präciser festzustellen, wollen wir denjenigen Punkt auf derselben bestimmen, welcher sich als Schnittpunkt der Normalen in den Endpunkten c' und b' des Kreisdurchmessers OS' ergibt.

Denken wir uns die horizontal-projicierende Ebene $S'O$ umgelegt, wobei der Kegelscheitel nach S'_0 gelangt, so finden wir die umgelegten Normalen als die zu $b'S'_0$ und $c'S'_0$ Senkrechten $b'z'_0$ und $c'z'_0$. Der Schnittpunkt der letzteren ist z'_0 und die von demselben auf OS' gefällte Senkrechte $z'_0 z'$ trifft OS' in dem Punkte z' des Kreises K_1.

Ferner ist leicht einzusehen, dass die Gerade, welche z'_0 mit dem Schnittpunkte α der beiden Geraden $y_1 y_2$ und OS' verbindet, nichts anderes als die um OS' umgelegte Schnittlinie der Ebene OS' mit der Ebene des Doppelkegelschnittes darstelle und hiemit der Winkel $z'_0 \alpha z'$ die Horizontalneigung der Ebene des Doppelkegelschnittes repräsentiere.

Nachdem weiters jeder der Winkel $S'_0 b' z'_0$ und $S'_0 c' z'_0$ gleich 90^0 ist, so enthält der über $S'_0 z'_0$ als Durchmesser beschriebene Kreis K_4 auch die Punkte b' und c'. Endlich werden sich die Gerade $z' z'_0$ und jene durch S'_0 parallel zu $O S'$, also senkrecht zu $z' z'_0$ geführte Gerade $S'_0 s$ gleichfalls in einem Punkte s des Kreises K_4 schneiden.

Denken wir uns nun den Kreis K_4 (Taf. IX, Fig. 42) als Erzeugnis der Schnittpunkte entsprechender Strahlen zweier projectivischer (gleicher) Strahlenbüschel aus den bezüglichen Mittelpunkten S'_0 und z'_0, so ist klar, dass den Strahlen $S'_0 b'$, $S'_0 c'$ und $S'_0 s$ des ersteren Büschels, beziehungsweise jene $z'_0 b'$, $z'_0 c'$ und $z'_0 s$ des zweiten entsprechen.

Wählen wir ferner in dem Büschel S'_0 etwa den Strahl $S'_0 O$ und bestimmen wir den diesem Strahle entsprechenden Strahl im Büschel z'_0, indem wir hierbei gleichzeitig berücksichtigen, dass das Doppelverhältnis von irgend vier Strahlen des Büschels z'_0 dem Doppelverhältnisse der vier entsprechenden Strahlen im Büschel S'_0 gleich sein müsse.

Die vier Strahlen $S'_0 b'$, $S'_0 c'$, $S'_0 s$ und $S'_0 O$ sind, nachdem dieselben zu den vier harmonischen Punkten b', c', O und u_∞ perspectivisch sind, harmonisch liegend, daher auch der dem Strahle $S'_0 O$ des Büschels S'_0 entsprechende Strahl im Büschel z'_0 harmonisch zu den drei Strahlen $z'_0 b'$, $z'_0 c'$, $z'_0 s$ ($z'_0 b'$ und $z'_0 c$ als conjugierte Strahlen betrachtet) sein muss.

Der Nachweis, dass letztgenannter Strahl mit $z'_0 \alpha$ zusammenfalle, dürfte aus Folgendem hervorgehen. Der Kreis K_1, der Punkt z' und die Gerade $y_1 \alpha y_2$ sind symmetrisch in Bezug auf den Punkt O und zwar beziehungsweise zu dem Kreise K_2, zum Punkte S' und zu der Geraden $x_1 x_2$.

Da aber $x_1 x_2$ die Polare des Punktes S' in Bezug auf den Kreis K_2 ist, so stellt auch $y_1 \alpha y_2$ die Polare des Punktes z' in Bezug auf den Kreis K_1 dar. Es sind mithin die vier Punkte b', c', z' und α, also auch die vier durch dieselben gehenden Strahlen $z'_0 b'$, $z'_0 c'$, $z'_0 s$ und $z' \alpha$ harmonisch und folglich ist auch $z'_0 \alpha$ der dem Strahle $S'_0 O$ entsprechende Strahl.

Die beiden entsprechenden Strahlen $S'_0 O$ und $z'_0 \alpha$ treffen sich in einem Punkte P des Kreises K_4, sie stehen sonach wechselseitig aufeinander senkrecht. Vordem wurde aber gezeigt, dass $z'_0 \alpha$ der Schnitt der horizontal-projicierenden Ebene $O S'$ mit der Ebene des Doppelkegelschnittes sei; es steht folglich auch die letztere zur Geraden $O S'_0$, also zu dem der Kreisschnittsebene K conjugierten Kegeldurchmesser senkrecht.

Die Ergebnisse der angestellten Untersuchungen zusammengefasst, folgt der Satz:

132. „*Die Doppelcurve der Normalenfläche eines Kegels vom zweiten Grade längs eines seiner Kreisschnitte zerfällt in eine Gerade und in einen Kegelschnitt.*

Die Doppelgerade geht durch den Mittelpunkt des Leitkreises und steht auf der Ebene des letzteren senkrecht.

Der Doppelkegelschnitt schneidet die Doppelgerade in einem Punkte und den Leitkreis in zwei Punkten, während seine Ebene auf dem der Ebene des Leitkreises conjugierten Kegeldurchmesser senkrecht steht.

Die eine Hauptachse des Doppelkegelschnittes liegt in jener Ebene, welche durch obgenannten Kegeldurchmesser zur Ebene des Leitkreises senkrecht geführt wird und eine Hauptebene des Kegels repräsentiert.

Der Doppelkegelschnitt projiciert sich orthogonal auf die Ebene des Leitkreises als Kreis.“

§. 176.

Der vorstehende Satz gilt übrigens unmittelbar auch für die Normalenfläche der allgemeinen Flächen zweiter Ordnung längs ihrer Kreisschnitte und kann daher auch in folgender Form ausgesprochen werden:

133. „*Die Doppelcurve der Normalenfläche einer Fläche zweiten Grades längs eines ihrer Kreisschnitte zerfällt in eine Gerade und einen Kegelschnitt.*

Die Doppelgerade geht durch den Mittelpunkt des Kreisschnittes und steht senkrecht auf der Ebene des letzteren.

Der Doppelkegelschnitt trifft die Doppelgerade in einem, den Leitkreis dagegen in zwei Punkten.

Die Ebene des Doppelkegelschnittes steht senkrecht zu dem der Ebene des Leitkreises conjugierten Durchmesser der Fläche zweiten Grades.

Die eine Hauptachse des Doppelkegelschnittes liegt in jener Ebene, welche durch obgenannten Durchmesser senkrecht auf die Ebene des Leitkreises geführt wird und eine Hauptebene der Fläche zweiten Grades darstellt.

Die orthogonale Projection des Doppelkegelschnittes auf die Ebene des Leitkreises ist ein Kreis.“

Zu erwähnen ist hier noch, dass bezüglich der Bitangentialebenen, der Strictionslinie und der verticalen Contour der vorher betrachteten Normalenfläche, dieselben Sätze ihre volle Giltigkeit beibehalten, wie in dem allgemeinen Falle, wenn als Leitlinie für die Normalenfläche ein zu einer Hauptebene senkrechter Schnitt der Leitfläche zweiten Grades angenommen wird; denn in beiden Fällen liegt die horizontale Projection des Kegelscheitels S' (vergleiche Taf. VII, Fig. 40, 41 und Taf. IX, Fig. 42) in einer Achse des Leitkegelschnittes. Für die eben erörterten Sätze ist diese Eigenschaft maßgebend, während die Form der Leitlinie (Kegelschnitt oder Kreis) an den gegenseitigen Beziehungen nichts ändert.

§. 177.

Wird als Leitlinie für die Normalenfläche auf einer Fläche zweiten Grades ein zu einer der Hauptebenen paralleler ebener Schnitt gewählt, so ist die diesem Schnitte conjugierte Hauptachse der Fläche zweiten Grades gleichzeitig auch die Achse jenes Kegels zweiten Grades, welcher der Fläche längs des genannten ebenen Schnittes umschrieben ist.

Das bezeichnete Problem reduciert sich auf jenes, die Normalenfläche eines Kegels zweiten Grades längs eines zu einer der drei Hauptachsen senkrechten Schnittes zu untersuchen.

Nehmen wir, um auf die uns gestellte Aufgabe zurückzukommen, als Leitlinie für die Normalenfläche einen zu einer der drei Hauptebenen der Fläche zweiten Grades parallelen Schnitt an.

Der Scheitel des der Fläche zweiten Grades längs des bezeichneten Schnittes umschriebenen Kegels liegt bekanntlich auf jener Hauptachse, welche der vorgenannten Hauptebene conjugiert ist.

Die Leitlinie der Normalenfläche ist mithin gleichzeitig ein Hauptschnitt des umschriebenen Kegels und wird sich sonach die vorliegende Aufgabe auf Grund der gemachten Andeutungen, auf die Untersuchung der Normalenfläche eines Kegels zweiten Grades längs eines Hauptschnittes (geraden Schnittes) desselben reducieren.

Setzen wir also voraus, besagter Hauptschnitt sei ein in der horizontalen Projectionsebene liegender Kegelschnitt (K, K') (Taf. VIII, Fig. 43). Der Scheitel (S, S') des Kegels befindet sich mithin, unserer Annahme gemäß, in der durch den Mittelpunkt O' des Kegelschnittes K' gehenden horizontal-projicierenden Geraden, und die Erzeugenden der Normalenfläche werden durch die Normalen des Kegels (K, S) in den einzelnen Punkten des Kegelschnittes (K, K') dargestellt erscheinen.

Sei (a, a') ein Punkt der Leitlinie (K, K'), so wird sich die diesem Punkte entsprechende Normale des Kegels (K, S) leicht construieren lassen, da, wie wir wissen, dieselbe zu der Tangentialebene im Punkte (a, a') senkrecht zu führen ist.

Die Horizontaltrace dieser Ebene fällt mit der Tangente t_a an den Leitkegelschnitt K' in dem betreffenden Punkte a' zusammen, während die horizontale Projection N'_a der Kegelnormale durch die Normale des Kegelschnittes K' im Punkte a' dargestellt erscheint.

Bezüglich der verticalen Trace der Berührungsebene genügt es, für den vorliegenden Zweck, die Richtung derselben zu kennen. Bestimmen wir zu diesem Behufe den Schnitt der Tangentialebene mit der durch den Kegelscheitel (S, S') parallel zur verticalen Projectionsebene gelegten Ebene H_h. Ein Punkt dieser Schnittlinie ist der Kegelscheitel (S, S') selbst, ein zweiter ergibt sich als der Durchstoßpunkt (s, s') von t_a mit H, daher die Gerade Ss die verticale Projection der gesuchten, zur verticalen Trace der Berührungsebene parallelen Schnittlinie repräsentiert.

Die verticale Projection N_a der Kegelnormalen wird sonach durch jene Gerade dargestellt, welche durch a senkrecht zu Ss gezogen werden kann.

Denken wir uns die Leitellipse K' affin in einen Kreis K'_1 verwandelt, wobei wir die Achse H_h desselben als Affinitätsachse annehmen. Construieren wir über K'_1 und (S, S') den Rotationskegel (K_1, S), so ist auch dieser zu dem ursprünglichen Kegel (K, S) affin und stellt diesfalls die horizontal-projicierende Ebene H_h die Affinitätsebene vor.

Dem Punkte (a, a') des Kegelschnittes (K, K') entspricht auf dem Kreise K'_1 der Punkt (α, α'). Die Berührungsebenen des ursprünglichen Kegels (K, S) und jene des ihm affinen Rotationskegels (K_1, S) in den entsprechenden Punkten (a, a') und (α, α') sind affine Ebenen und schneiden demgemäß die Affinitätsebene H_h in einer und derselben Geraden sS.

Hieraus folgt, dass die Verticalprojectionen N_a und N_α der Normalen der Kegel (K, S) und (K_1, S) in den entsprechenden Punkten (a, a') und (α, α'), da beide durch a gehen und auf sS senkrecht stehen, zusammenfallen.

Nachdem das Gesagte selbstverständlich von den Normalen der beiden Kegel in allen Paaren entsprechender Punkte der

Leitcurven K und K_1 gilt, so lässt sich ganz allgemein behaupten, dass die Verticalprojectionen der Erzeugenden jener Normalenflächen, welche den beiden Kegeln (K, S) und (K_1, S) entsprechen, zusammenfallen müssen.

Wie wir wissen, schneiden sich sämmtliche Normalen des Kegels (K_1, S), längs des Kreises K_1 in dem nämlichen Punkte (L, O') der Kegelachse $(SO, S'O')$; es werden sich mithin auch die Verticalprojectionen der Normalen des zweiten Kegels (K, S) im Punkte L treffen, und gelangen wir sonach zu dem Schlusse, dass alle Erzeugenden der zu untersuchenden Normalenfläche die vertical-projicierende Gerade (L, L') schneiden. Die letztere wird somit eine gerade Leitlinie der Normalenfläche darstellen.

In gleicher Weise lässt sich darthun, dass die Normalenfläche eine zweite gerade Leitlinie (M, M') besitze, welche ebenfalls die Kegelachse trifft und zu der anderen Achse des Leitkegelschnittes (K, K') parallel ist.

Zum Zwecke dieses Nachweises hätte man obige Betrachtung in der Art zu wiederholen, dass man die verticale Projectionsebene parallel zur Achse CD des Leitkegelschnittes annimmt und hierauf den Kegel (K, S) durch affine Transformation in jenen Rotationskegel verwandelt, dessen Leitlinie durch den dem Kegelschnitte K' eingeschriebenen Kreis K'_2 repräsentiert wird.

Jede der beiden Leitgeraden (L, L') und (M, M') ist, wie aus der folgenden Betrachtung hervorgeht, eine Doppelgerade der Normalenfläche.

Denken wir uns zu diesem Zwecke die Normalen (N_a, N'_a) und (N_b, N'_b) für zwei Punkte (a, a') und (b, b') (Taf. VIII, Fig. 43), deren Verbindungsgerade $(ab, a'b')$ zur Achse $(AB, A'B')$ des Leitkegelschnittes parallel ist, construiert.

Die Verticalprojectionen der bezeichneten Normalen schneiden sich in L, die horizontalen Projectionen N'_a und N'_b derselben dagegen werden sich, da sie Normalen des Kegelschnittes K' in jenen Punkten a' und b' sind, welche in Bezug auf die Achse $C'D'$ symmetrisch liegen, in einem und demselben Punkte r' dieser Achse schneiden.

Hieraus ist zu entnehmen, dass sich die beiden Normalen (N_a, N'_a) und (N_b, N'_b) in dem nämlichen Punkte (r, r') von (L, L') treffen.

Dasselbe gilt selbstverständlich von allen Normalenpaaren, deren Fußpunkte, wie a' und b', auf Sehnen des Leitkegelschnittes $\mathbf{K'}$, welche zur Achse $A'B'$ parallel laufen, liegen.

Analog findet man, dass jene Normalenpaare, deren Fußpunkte, wie beispielsweise a' und a'_1, auf zur Achse $C'D'$ parallelen Sehnen gelegen sind, sich in Punkten der Leitgeraden (M, M') schneiden.

Wir wissen bereits, dass die Doppellinie der vorliegenden Normalenfläche in ihrer Gesammtheit einen Ort dritter Ordnung darstelle.

Außer den beiden doppelten Leitgeraden (L, L') und (M, M') muss daher die Normalenfläche noch eine dritte Doppelgerade besitzen, welche aber offenbar keine Leitlinie der Normalenfläche sein kann, da eine windschiefe Fläche, welcher drei gerade Leitlinien zukommen, eine windschiefe Fläche zweiten Grades sein würde, während die unserer Betrachtung unterzogene Normalenfläche vom vierten Grade ist.

Die bezeichnete Doppelgerade kann mithin nur eine Doppelerzeugende der Normalenfläche sein. Die Existenz einer solchen lässt sich, wie folgt, nachweisen.

§. 178.

Denken wir uns vorderhand ganz allgemein als Leitlinien einer windschiefen Fläche zwei sich kreuzende Geraden und einen beliebigen Kegelschnitt, so hat bekanntlich jede Erzeugende dieser Fläche mit jeder der genannten drei Leitlinien einen Punkt gemein. Jede der beiden Leitgeraden L_1 und L_2 (Taf. VIII, Fig. 44) ist eine Doppelgerade der Fläche, d. h. durch jeden Punkt von L_1 und L_2 gehen zwei Erzeugende der windschiefen Fläche.

Ist beispielsweise p_1 ein beliebiger Punkt von L_1 und legen wir durch denselben und die Leitgerade L_2 eine Ebene, welche den Leitkegelschnitt L_3 in den Punkten p_3 und p'_3 schneidet, so sind $p_1 p_3$ und $p_1 p'_3$ die beiden in p_1 sich schneidenden Erzeugenden der windschiefen Fläche.

Wählen wir statt des Punktes p_1 speciell den Schnittpunkt π_1 der Leitgeraden L_1 mit der Ebene des Leitkegelschnittes L_3, und denken wir uns durch diesen Punkt und die Leitgerade L_2 eine Ebene gelegt, so schneidet besagte Ebene die Ebene des Leitkegelschnittes L_3 in einer Geraden, welche durch die Schnittpunkte π_1 und π_2 der Leitgeraden mit der Ebene des P Leitkegelschnittes L_3 geht.

Die bezeichnete Hilfsebene (π_1, L_2) schneidet sonach den Kegelschnitt L_3 in zwei Punkten π_3 und π'_3, welche mit π_1 und π_2 in einer und derselben Geraden liegen, so, dass durch $\pi_1 \pi_2 \pi_3$ und $\pi_1 \pi_2 \pi'_3$, zwei zusammenfallende Erzeugende der windschiefen Fläche (L_1, L_2, L_3) dargestellt werden.

Schneidet die Gerade $\pi_1 \pi_2$ den Kegelschnitt L_3 nicht in reellen Punkten, so ist dieselbe eine sogenannte singuläre oder isolierte Erzeugende der Regelfläche.

§. 179.

Wenden wir das Resultat dieser Betrachtungen auf die vorliegende Normalenfläche an, so finden wir, dass die beiden Leitgeraden (L, L') und (M, M') (Taf. VIII, Fig. 43) die Ebene des Leitkegelschnittes K', also die horizontale Projectionsebene in unendlicher Entfernung schneiden; es wird mithin die unendlich ferne Gerade dieser Ebene die gesuchte Doppelerzeugende repräsentieren, welche diesfalls, da sie mit der Leitellipse keine reellen Punkte gemein hat, eine isolierte Doppelerzeugende sein wird.

Es wurde nachgewiesen, dass die Normalenpaare, deren Fusspunkte in zu den Achsen $A'B'$ oder $C'D'$ parallelen Sehnen des Leitkegelschnittes K' liegen, sich beziehungsweise in Punkten der Doppelgeraden (L, L') oder (M, M') schneiden.

Nimmt man speciell statt der Sehnen die zu den betreffenden Achsen $A'B'$ oder $C'D'$ parallelen Tangenten an, so rücken die vorgenannten Fußpunkte der Normalenpaare einander unendlich nahe; sie erscheinen in den Achsenendpunkten vereinigt. Die denselben zugehörigen Normalen, welche sich nach den obigen Erörterungen in Punkten von (L, L') resp. (M, M') treffen, übergehen somit in unmittelbar aufeinander folgende Erzeugenden der Normalenfläche, oder, was dasselbe ist, die Normalen des Kegels (K, S) in den Achsenendpunkten (A, A'), (B, B'), (C, C') und (D, D') stellen die vier (reellen) Torsallinien der Normalenfläche dar.

§. 180.

Nachdem die Normalenfläche zwei Doppelgerade und eine Doppelerzeugende besitzt, gibt es auch drei verschiedene Scharen von Bitangentialebenen und zwar:

a) Die Ebenen des Büschels (L, L') (Taf. VIII, Fig. 43). Denkt man sich nämlich durch (L, L') eine beliebige Ebene $e_v e_h$ gelegt, deren horizontale Trace e_h den Leitkegelschnitt in den Punkten (a, a') und (a_1, a'_1) trifft, ferner die horizontalen Projectionen N'_a und

N'_{a_1} der diesen Punkten entsprechenden Erzeugenden der Normalenfläche ebenso wie die verticalen Projectionen N_a und N_{a_1} derselben ausgemittelt, so fallen die letzteren in eine und dieselbe Gerade zusammen, welche durch L geht.

Hieraus folgt, dass die beiden Erzeugenden (N_a und N'_a), (N_{a_1} und N'_{a_1}) in der Ebene $e_v e_h$ liegen, dass diese sonach die Normalenfläche in zwei verschiedenen Punkten, von welchen der eine auf (N_a, N'_a), der andere dagegen auf (N_{a_1}, N'_{a_1}) gelegen ist, berührt.

Da die vorliegende Normalenfläche vom vierten Grade ist, so kann ihr Gesammtschnitt mit der Ebene $e_v e_h$ nur aus der doppelt zählenden Geraden (L, L') und den beiden Erzeugenden (N_a, N'_a) und (N_{a_1}, N'_{a_1}) bestehen.

b) Die Ebenen des Büschels (M, M'). Es lässt sich diesfalls genau in derselben Weise wie unter *a*) nachweisen, dass jede durch (M', M'') gelegte Ebene $\vartheta_k \vartheta_h$ zwei Erzeugenden (N'_a, N''_a) und (N'_b, N''_b) gemein hat, also eine Bitangentialebene der Normalenfläche sei. Auch hier besteht der Gesammtschnitt der Fläche mit der Bitangentialebene aus der Doppelgeraden und den beiden der Ebene angehörenden Flächenerzeugenden.

c) Die Ebenen, welche durch die unendlich ferne (isolierte) Doppelerzeugende der Fläche gehen. Da durch diese Doppelerzeugende zwei (allerdings imaginäre) Mäntel der Normalenfläche gehen, wird jede durch dieselbe gelegte Ebene auch jeden der beiden Mäntel berühren und zwar in Punkten tangieren, welche im allgemeinen nicht zusammenfallen werden. Es sind mithin alle durch die unendlich ferne Doppelerzeugende geführten, d. i. alle zur Ebene des Leitkegelschnittes (K, K') parallelen Ebenen, uneigentliche Bitangentialebenen der Normalenfläche.

Der Gesammtschnitt der Fläche mit einer solchen Ebene muss aber vom vierten Grade sein, d. h. derselbe muss außer der Doppelerzeugenden noch aus einer Curve zweiten Grades bestehen. Die letztere kann weiters nicht in zwei Gerade (Erzeugenden der Normalenfläche) degenerieren, da es überhaupt keine Erzeugenden gibt, welche zur Ebene des Leitkegelschnittes parallel sind.

Der Ort der Schnittpunkte aller Erzeugenden der Fläche mit einer zur Ebene des Leitkegelschnittes parallelen Ebene ist daher unbedingt ein eigentlicher Kegelschnitt.

Wenn wir erwägen, dass die Normalenfläche zwei Hauptebenen (Symmetrieebenen) und zwar jene horizontal-projicierenden Ebenen, welche durch die Achse $A'B'$ und $C'D'$ des Leitkegelschnittes (K, K')

gehen, besitzt, dass also die horizontal-projicierenden Geraden durch O' (Achse des gegebenen Leitkegels) gleichzeitig eine Achse der Normalenfläche darstelle, so ist klar, dass die Mittelpunkte der Schnitte mit den zur horizontalen Projectionsebene parallelen Ebenen auf dieser Achse liegen müssen.

Da ferner keine Erzeugenden auf der Normalenfläche existieren, welche zur horizontalen Projectionsebene parallel sind, so besitzen die eben genannten horizontalen Flächenschnitte keine unendlichen fernen Punkte, sind somit durchwegs Ellipsen.

§. 181.

Diese Eigenschaft, resp. die Richtigkeit des Gesagten, lässt sich auch durch folgende Betrachtungen nachweisen.

Nehmen wir ganz allgemein als Leitlinien für eine windschiefe Fläche einen Kegelschnitt K und zwei sich kreuzende Gerade L und M an, und treffen wir bezüglich der Projectionsebene und des Projectionscentrums nachstehende Verfügungen.

Als Projectionsebene gelte die Ebene des Leitkegelschnittes K; das Projectionscentrum wählen wir auf einer der beiden Leitgeraden, etwa auf jener L so, dass sich die Centralprojection der letzteren auf den Punkt L (Taf. VIII, Fig. 45) reduciere, während dv die Centralprojection der Leitgeraden M darstelle.

Diesen Voraussetzungen entsprechend, werden wir auf höchst einfache Weise einzelne Erzeugenden der windschiefen Fläche construieren können und ebenso leicht das vorgesetzte Ziel erreichen.

Legen wir nämlich durch dv eine beliebige Ebene $e_b e_v$, so trifft dieselbe den in der Bildebene liegenden Kegelschnitt in zwei Punkten a und b und die central-projicierende Gerade L in einem Punkte, dessen Centralprojection mit L zusammenfällt, so, dass La und Lb die Centralprojectionen der in der Ebene $e_b e_v$ liegenden Erzeugenden repräsentieren.

In gleicher Weise können nunmehr beliebig viele Paare von Erzeugenden mit der größtmöglichen Leichtigkeit central-projectivisch dargestellt werden.

Suchen wir ferner auch den Schnitt der Fläche mit einer Ebene $E_b E_v$ auf, welche durch die Schnittpunkte der beiden Leitgeraden L und M mit der Ebene des Leitkegelschnittes gehen.

Die Bildflächtrace E_b einer derartigen Ebene ist offenbar die Verbindungsgerade der Punkte L und d, während die Fluchttrace E_v durch irgend eine zu Ld Parallele vertreten werden kann.

Behufs Bestimmung des Schnittes der windschiefen Fläche mit der Ebene $E_v E_b$ ermitteln wir die Durchstoßpunkte der einzelnen Erzeugenden der Regelfläche mit der bezeichneten Ebene.

Construieren wir also den Schnitt dv_1 der Ebene $E_b E_v$ mit der Hilfsebene $e_b e_v$, so erhalten wir dort, wo dieser Hilfsschnitt die Erzeugenden La und Lb trifft, bereits zwei Punkte a_1 und b_1 der zu bestimmenden Schnittcurve. Ein Gleiches kann bezüglich aller durch dv gelegten Hilfsebenen wiederholt und durchgeführt werden.

Da auf Grund der vollführten Construction jedem Punkte a des Leitkegelschnittes ein Punkt a_1 der Schnittcurve und zwar in der Weise entspricht, dass, während entsprechende Punkte, wie beispielsweise a und a_1, b und $b_1 \ldots$, mit L auf dem nämlichen Strahle liegen, sich entsprechende Geraden ab und $a_1 b_1$ in einem festen Punkte d schneiden, so ist zu vermuthen, dass die Schnittcurve und der Leitkegelschnitt, in Bezug auf L als Collineationscentrum und eine gewisse durch d gehende Gerade als Collineationsachse, perspectivisch collinear sind. Bezeichnete Vermuthung findet auch in der That ihre vollberechtigte Bestätigung.

Es ist von selbst einleuchtend, dass die Geraden dab und da_1b_1 entsprechende Strahlen zweier projectivischen Strahlenbüschel sind und zwar jener beiden Büschel, in welchen das durch dv geführte Ebenenbüschel die Bildebene resp. die Ebene $E_v E_b$ trifft.

Sollen die beiden Büschel nicht nur untereinander projectivisch, sondern auch, in Bezug auf das Centrum L, collinear sein, so ist einerseits nothwendig und andererseits auch hinreichend, dass die Gerade Ld zwei einander entsprechende Strahlen der beiden Büschel repräsentiere.

Die Überzeugung, dass dieser Bedingung im vorliegenden Falle thatsächlich entsprochen werde, kann man sich einfach dadurch verschaffen, wenn man durch dv jene Ebene $e'_b e'_v$ legt, deren Bildflächtrace Ld ist. Dieser Ebene entspricht sowohl im Büschel $d(ab\ldots)$, als auch im Büschel $d(a_1 b_1 \ldots)$ die Gerade Ld selbst.

Weiters wird es sich noch darum handeln, die Collineationsachse zu bestimmen. Dieselbe muss bekanntlich das zweite Paar zusammenfallender Strahlen der beiden Büschel $d(ab\ldots)$ und $d(a_1 b_1 \ldots)$ repräsentieren und kann demnach nur die Gerade dv sein.

Denkt man sich nämlich durch dv die central-projicierende Ebene $e''_b e''_v$ gelegt, so schneidet dieselbe sowohl die Bildebene, als auch die Ebene $E_b E_v$ nach Geraden, deren Projectionen mit dv zusammenfallen.

Hieraus ist zu ersehen, dass die Büschel $d\,(ab\ldots)$ und $d\,(a_1 b_1\ldots)$, also auch der Leitkegelschnitt K und die gesuchte Schnittcurve in Bezug auf dv als Collineationsachse und L als Collineationscentrum perspectivisch collinear sind, dass mithin jede Ebene, welche durch die Durchstoßpunkte der Leitgeraden L und M mit der Ebene des Leitkegelschnittes K geht, die windschiefe Fläche (L, M, K) nach einer Kegelschnittslinie schneidet.

Im vorliegenden Falle, wo es sich um die Normalenfläche des geraden Kegels zweiten Grades handelt, sind die Leitgeraden L und M parallel zu der Ebene des Leitkegelschnittes K und liegen somit die beiden oben genannten Durchstoßpunkte in unendlicher Entfernung.

Aus diesem Umstande folgt, dass die Ebenen, welche die Normalenfläche nach Kegelschnittslinien schneiden, parallel zur Ebene des Leitkegelschnittes K sein müssen, was bereits vordem auf anderem Wege nachgewiesen wurde.

§. 182.

Schließlich erübrigt noch, die Strictionslinie der Normalenfläche für den gegebenen Fall näher zu kennzeichnen.

Es ist bekannt, dass bei jeder windschiefen Fläche die asymptotischen Ebenen, d. s. jene Ebenen, welche durch die geradlinigen Erzeugenden der Fläche gehen und in den unendlich fernen Punkten derselben die Fläche berühren, parallel zu den Berührungsebenen des Richtungskegels sind.

Auf unseren Fall angewendet, ist der Richtungskegel der Normalenfläche ein Kegel zweiten Grades, dessen Erzeugenden, da dieselben parallel zu jenen der Normalenfläche sind, senkrecht zu den Berührungsebenen des gegebenen Leitkegels (K, S) stehen. Umgekehrt sind aber auch die Tangentialebenen des Richtungskegels senkrecht zu den Erzeugenden des gegebenen Leitkegels (S, K), woraus folgt, dass die asymptotischen Ebenen der Normalenfläche senkrecht zu den Erzeugenden des Leitkegels sein müssen.

Es werden mithin jene Ebenen, welche durch die Erzeugenden der Normalenfläche senkrecht zu den betreffenden asymptotischen Ebenen gelegt werden, die entsprechenden Erzeugenden des Leitkegels, also auch dessen Scheitel S enthalten.

Andererseits wissen wir aber auch, dass jene Ebenen, welche durch die Erzeugenden einer windschiefen Fläche senkrecht zu den betreffenden asymptotischen Ebenen gelegt werden, „die Centralebenen“ die Fläche in Punkten der Strictionslinie berühren.

Der vorausgeschickten Betrachtung gemäß, gehen die Centralebenen der Normalenfläche durch den Scheitel S des Leitkegels; die Strictionslinie ist somit die Berührungscurve der Normalenfläche mit dem ihr aus dem Scheitel des Leitkegels umschriebenen Kegel.

Betrachten wir nun den Leitkegel (S, K) als den einer Fläche zweiten Grades, längs eines zu einer Hauptebene parallelen Schnittes umschriebenen Kegel, wobei selbstverständlich der Scheitel S den Pol der Schnittebene, welcher in der zur letztgenannten Ebene senkrechten Achse der Leitfläche liegen muss, vorstellt, so ergeben sich durch Zusammenfassung der diesfalls in Bezug auf die Normalenfläche festgestellten Resultate, folgende Sätze:

134. „Der Normalenfläche einer Fläche zweiten Grades längs eines zu einer Hauptebene parallelen (oder zu einer Achse senkrechten) Schnittes entsprechen zwei gerade Leitlinien, welche gleichzeitig Doppelgeraden der Normalenfläche sind.“

135. „Die Doppelgeraden laufen zu den Achsen des Leitkegelschnittes parallel und schneiden die zur Ebene des Leitkegelschnittes senkrechte Achse der gegebenen Leitfläche.“

136. „Die unendlich ferne Gerade der Ebene des Leitkegelschnittes repräsentiert eine isolierte (im Falle der Leitkegelschnitt eine Hyperbel ist, eine wirkliche) Doppelerzeugende der Normalenfläche.“

137. „Die Ebenen, welche durch die beiden Leitgeraden gehen, bilden Büschel von Bitangentialebenen der Normalenfläche. Jede dieser Ebenen hat mit der Fläche, außer der betreffenden Doppelgeraden, zwei Erzeugende gemein.“

138. „Die Ebenen durch die Doppelerzeugende, d. i. die zur Ebene des Leitkegelschnittes parallelen Ebenen sind gleichfalls (eigentliche oder uneigentliche, jenachdem der Leitkegelschnitt eine Hyperbel oder eine Ellipse ist) Bitangentialebenen der Normalenfläche.“

139. „Letztbezeichnete Ebenen schneiden die Normalenfläche nach Kegelschnittslinien, deren Achsen zu jenen des Leitkegelschnittes parallel laufen und deren Mittelpunkte auf der zur Ebene des Leitkegelschnittes senkrechten Achse der Leitfläche (welche somit auch eine Achse der Normalenfläche ist) liegen.“

140. „Die Strictionslinie der Normalenfläche ist deren Berührungscurve mit jenem Kegel, dessen Scheitel der Pol der Ebene des Leitkegelschnittes in Bezug auf die Leitfläche zweiten Grades ist.“

§. 183.

Normalenfläche einer Fläche zweiten Grades längs eines Diametralschnittes [1]).

Wird eine Fläche zweiten Grades mittelst einer durch ihren Mittelpunkt gehenden Ebene nach einem Kegelschnitt K geschnitten, so ist bekanntlich die Developpable, welche der Fläche längs des Kegelschnittes umschrieben wird, ein Cylinder, dessen Erzeugenden zu dem der bezeichneten Durchmesserebene conjugierten Durchmesser der Fläche parallel sind.

Es wird somit für diesen Fall genügen, die Normalenfläche eines Cylinders zweiten Grades längs eines ebenen Schnittes zu untersuchen.

Zu diesem Behufe setzen wir die Ebene des Leitkegelschnittes (K, K') (Taf. IX, Fig. 46) als horizontale Projectionsebene voraus und nehmen als verticale Projectionsebene diejenige Ebene an, welche durch die Achse (Z, Z') des Cylinders geht. Hierbei fällt naturgemäß die horizontale Projection Z' der Cylinderachse mit der Grundlinie gg zusammen.

Ist (a, a') ein beliebiger Punkt der Leitlinie (K, K'), so entspricht der Berührungsebene des Cylinders in diesem Punkte, als horizontale Trace, die Tangente t_a von K' im Punkte a'. Die Horizontalprojection N'_a der dem Punkte (a, a') entsprechenden Cylindernormalen ist selbstverständlich senkrecht zu t_a und repräsentiert als solche die Normale des Leitkegelschnittes K' im Punkte a'.

Hieraus ist wieder sofort zu entnehmen, dass, sowie in den vorhergegangenen Betrachtungen, die horizontale Contour der Normalenfläche, d. i. die Enveloppe der Horizontalprojectionen aller Erzeugenden der Normalenfläche, die Evolute des Leitkegelschnittes sei.

Was die verticalen Projectionen der Erzeugenden der Normalenfläche anbelangt, so haben wir zu berücksichtigen, dass, da die Erzeugenden der Cylinderfläche, in Folge der besonderen Anordnung der Projectionsebenen, sämmtlich zur verticalen Projectionsebene parallel sind, auch die verticalen Tracen aller

---

[1]) Peschka, Sitzungsberichte d. kais. Akademie der Wissenschaften. Wien.

Ebenen, welche eine Cylindererzeugende enthalten, also insbesondere jene aller Berührungsebenen des Cylinders, parallel zu dieser Cylindererzeugenden, d. i. parallel zu Z sein werden.

Eine unmittelbare Folge des Gesagten ist, dass auch die Verticalprojectionen N_a aller Erzeugenden der Normalenfläche untereinander parallel sein müssen, nachdem dieselben zu den genannten Verticaltracen senkrecht stehen.

Die Erzeugenden der Normalenfläche sind demgemäß im vorliegenden Falle sämmtlich zu einer vertical-projicierenden, zu den Cylindererzeugenden senkrechten Ebene $R_v R_h$ parallel und kann diese letztere sonach als Richtebene der Normalenfläche betrachtet werden. Die unendlich ferne Gerade der bezeichneten Ebene stellt somit eine Leitgerade der Normalenfläche dar.

Die Doppelcurve der Normalenfläche ist, wie allgemein nachgewiesen wurde, von der dritten Ordnung. Es lässt sich nunmehr leicht darthun, dass diesfalls die besagte Doppellinie dritter Ordnung in eine Gerade und einen Kegelschnitt zerfällt.

Denken wir uns nämlich einen beliebigen Durchmesser $a'b'$ des Kegelschnittes K' gezogen, so werden die Tangentialebenen des Cylinders in den Punkten a' und b' zu einander parallel sein und wird das Gleiche auch von den entsprechenden Normalen (N_a, N'_a) und (N_b, N'_b) gelten.

Es gibt mithin auf der Normalenfläche unendlich viele Paare paralleler Erzeugenden, deren Fußpunkte auf der Leitlinie K' durch die Diameter von K' bestimmt sind.

Die unendlich fernen Punkte aller Erzeugenden der Normalenfläche liegen auf der unendlich fernen Geraden der Richtebene $R_v R_h$ und nachdem jede Erzeugende eine zweite zu ihr parallele Erzeugende auf der Normalenfläche besitzt, so ist die unendlich ferne Gerade der Normalenfläche gleichzeitig eine Doppelgerade derselben.

Der Rest der Doppellinie muss deshalb von der zweiten Ordnung, d. h. ein Kegelschnitt sein. Wir wollen denselben D nennen und seine Lage im Raume, sowie seine besonderen Eigenschaften näher untersuchen.

Zunächst wird es sich darum handeln, die Entstehung des Kegelschnittes D zu bestimmen, d. i. festzustellen, welche Paare von Normalen sich in Punkten desselben schneiden.

Die Normale des Cylinders im Punkte (a, a') der Leitlinie (K, K') ist (N_a, N'_a); die verticale Projection N_a ist parallel zu R_v, hat also für alle möglichen Punkte (a, a') von (K, K') die nämliche Richtung. Ferner ist ersichtlich, dass a gleichzeitig die Verticalprojection zweier Punkte (a, a') und (a, a'_1) der Leitlinie (K, K') darstelle, jener Punkte nämlich, in welchen die durch a zu Z' senkrecht geführte Gerade den Leitkegelschnitt K' trifft.

Die Horizontalprojectionen der Normalen in diesen Punkten sind (N'_a, N'_{a_1}), während deren verticale Projectionen in der Geraden N_a vereinigt erscheinen. Die beiden Normalen liegen hiernach in einer und derselben vertical-projicierenden Ebene und werden sich deshalb auch in einem Punkte (s, s') schneiden müssen, welcher dem Doppelkegelschnitte D angehört.

Denken wir uns durch a' und a'_1 die Durchmesser des Leitkegelschnittes K' geführt, so bestimmen dieselben auf dem letzteren zwei neue Punkte b' und b'_1, deren Verbindungsgerade parallel zu $a'a'_1$, also senkrecht zu Z' ist.

Die den Punkten (b, b') und (b, b'_1) entsprechenden Cylindernormalen (N_b, N'_b) und (N_b, N'_{b_1}) schneiden sich ebenfalls in einem Punkte (r, r') des Doppelkegelschnittes D. Da aber außerdem die Normalen N'_a und N'_b des Leitkegelschnittes K' in den diametral entgegengesetzten Punkten a' und b' einander parallel sind und das Gleiche auch von N'_{a_1} und N'_{b_1} gilt, so ergibt sich, dass die Punkte s' und r' und mithin auch die Punkte s und r symmetrisch gegen den Mittelpunkt O des Leitkegels K' liegen.

Ändert man die Lage der Sehne $a'b'$, d. i. verschiebt man $a'b'$ parallel zu sich selbst, so findet man, dass die Punkte des Doppelkegelschnittes paarweise symmetrisch gegen den Mittelpunkt O gelagert sind, dass also der Mittelpunkt O des Leitkegelschnittes K' gleichzeitig auch der Mittelpunkt des Doppelkegelschnittes D sei.

Sind ferner t_x und t_y die zu Z' parallelen Tangenten des Leitkegelschnittes K', oder mit anderen Worten, die horizontalen Tracen der horizontal-projicierenden Berührungsebenen des Cylinders, so erhalten wir in den Geraden N_{x_1} und N_{y_1}, welche durch die betreffenden Berührungspunkte x'_1 und y'_1 senkrecht zu Z' gezogen werden, die beiden in der horizontalen Projectionsebene (Ebene der Leitlinie K) liegenden Erzeugenden der Normalenfläche. Jede derselben trifft den Leitkegelschnitt K' noch in einem zweiten Punkte x'_2 resp. y'_2 und wird gleichzeitig auch von der entsprechenden Normalen in eben diesem Punkte begegnet.

Zwei Punkte des Doppelkegelschnittes D sind also x'_2 und y'_2; die Verbindungsgerade e_h derselben ist somit die horizontale Trace der Ebene des Doppelkegelschnittes.

Dass e_h durch den Punkt O gehen müsse, ist selbstverständlich, da O, als Mittelpunkt des Doppelkegelschnittes D und des Leitkegelschnittes K, den Ebenen dieser beiden Kegelschnitte, also auch der Schnittlinie e_h derselben angehören muss.

Nachdem der Doppelkegelschnitt D einen Mittelpunkt O im Endlichen besitzt, so ist weiters noch die Frage zu beantworten, ob der besagte Kegelschnitt eine Ellipse oder eine Hyperbel sei.

Im vorliegenden Falle wird, da sich ohneweiters nachweisen lässt, dass derselbe einen (und hiemit auch noch einen zweiten) unendlich fernen Punkt besitze, der Doppelkegelschnitt eine Hyperbel sein müsse.

Denken wir uns nämlich jene Sehne des Parallelstrahlenbüschels $a'b'$, welche durch O geht, also einen Durchmesser des Leitkegelschnittes K' darstellt, gezogen, so ergeben sich in den Schnittpunkten m' und n' derselben mit K' zwei Punkte, deren Normalen (N_m, N'_m) und (N_n, N'_n) untereinander parallel sind. Der unendlich ferne Schnittpunkt dieser Normalen gehört aber dem Doppelkegelschnitte an; letzterer wird daher, insoferne als die Leitcurve K' eine Ellipse ist, eine Hyperbel sein.

Wäre K' eine Hyperbel, so kann möglicherweise der Fall eintreten, dass der zu Z' senkrechte Durchmesser derselben die besagte Curve in zwei imaginären Punkten m' und n' trifft. Unter dieser Voraussetzung sind sodann auch die einander parallelen Normalen des Cylinders imaginär, der Doppelkegelschnitt besitzt also keine reellen unendlich fernen Punkte, wird somit eine Ellipse sein.

Die eine Asymptote des Doppelkegelschnittes D ist mithin, indem wir den vorliegenden Fall im Auge behalten, jene Gerade, welche durch O parallel zu den Normalen N'_m und N'_n gezogen werden kann.

Die zweite Asymptote ergibt sich, obwohl sie gleichfalls reell ist, nicht in gleicher Weise, indem parallele Normalen von der vorher entwickelten Eigenschaft, die Existenz eines zweiten zu Z' senkrechten Durchmessers des Leitkegelschnittes K' voraussetzen würden, was offenbar nicht denkbar ist. Es zeigt sich vielmehr, dass die Hyperbel D nicht in ihrer ganzen Ausdehnung eine Doppellinie der Normalenfläche liefere, dass diese vielmehr bloß längs eines gewissen beschränkten Theiles als solche anzusehen sei, während der übrige Theil derselben ganz bedeutungslos (ideel, parasitisch) ist.

Der unendlich ferne Schnittpunkt der parallelen Erzeugenden N_m und N_n der Normalenfläche gehört nicht nur dem Doppelkegelschnitte, sondern auch der Doppelgeraden der Normalenfläche an.

Die Ebenen, welche zwei Erzeugende der Normalenfläche enthalten, sind Bitangentialebenen der letzteren, d. h. sie berühren die Fläche in zwei verschiedenen Punkten, wovon je einer auf einer der beiden Erzeugenden liegt.

Es gibt zwei Scharen solcher Bitangentialebenen. Die eine Schar bildet ein Parallelebenenbüschel, welches die unendlich ferne Leit- oder Doppelgerade zur Achse hat. Jede Bitangentialebene dieser Schar hat mit der Normalenfläche die Doppelgerade und zwei Erzeugenden gemein. Die bezeichneten drei Geraden bestimmen in ihrer Gesammtheit einen Ort vierter Ordnung, also den vollständigen Durchschnitt der Bitangentialebene mit der Normalenfläche.

Die Berührungspunkte mit der Normalenfläche sind offenbar jene Punkte, in welchen die beiden in der Bitangentialebene liegenden Erzeugenden die Doppelgerade schneiden. Nachdem aber die Doppelgerade der Normalenfläche in unendlicher Entfernung liegt, so ergibt sich als natürliche Folgerung, dass jede Bitangentialebene der in Rede stehenden Schar die Fläche in den unendlich fernen Punkten der in ihr liegenden Erzeugenden berührt, also für diese beiden Erzeugenden die „asymptotische Ebene" der windschiefen Normalenfläche repräsentiere.

Da ferner die Bitangentialebenen der genannten Schar ein Parallelebenenbüschel bilden, so gelangen wir, auf Grund der eben vorausgeschickten Betrachtungen, zu dem Schlusse, dass die asymptotische Developpable der Normalenfläche mit dem bezeichneten Parallelebenenbüschel identisch sei.

§. 184.

Auf diese Eigenschaft gestützt, wird es nunmehr auch nicht den geringsten Schwierigkeiten unterliegen, die Strictionslinie der Normalenfläche zu bestimmen.

Die Centralebene einer Erzeugenden, d. i. die durch die Erzeugende gehende Ebene, welche die windschiefe Fläche im Centralpunkte dieser Erzeugenden berührt, steht auf der entsprechenden asymptotischen Ebene senkrecht.

Da im vorliegenden Falle die asymptotischen Ebenen untereinander parallel sind und zu den Cylindererzeugenden senkrecht stehen, werden diesfalls die Centralebenen jene sein, welche durch die einzelnen Erzeugenden der Normalenfläche parallel zu den Cylindererzeugenden gelegt werden.

Die besagten Centralebenen umhüllen also einen Cylinder, dessen Erzeugenden dieselbe Richtung, wie jene des gegebenen Leitcylinders (K, Z) besitzen.

Die Berührungscurve dieses Cylinders mit der Normalenfläche ist der geometrische Ort der Centralpunkte, oder mit anderen Worten, die Strictionslinie der Normalenfläche.

Was die Bitangentialebenen der zweiten Schar anbelangt, so wissen wir, dass sie Paare von parallelen Erzeugenden der Normalenfläche enthalten. So wird beispielsweise die Ebene, welche durch die Normalen (N_a, N'_a) und (N_b, N'_b) (Taf. IX, Fig. 46) geht, eine derartige Bitangentialebene vergegenwärtigen.

Die horizontale Trace der Bitangentialebene ist immer ein Durchmesser des Leitkegelschnittes K', und zwar jener, welcher die Fußpunkte der parallelen Normalen auf der Leitlinie K' miteinander verbindet. Es erhellt hieraus, dass alle Bitangentialebenen dieser Schar durch den Mittelpunkt O der Leitlinie K' gehen, oder dass deren horizontale Tracen das Durchmesserbüschel der Leitlinie K' vorstellen.

Die Bitangentialebene, welche durch die parallelen Normalen (N_a, N'_{a_1}) und (N_b, N'_{b_1}) geht, ist senkrecht zu den Tangentialebenen des Cylinders in den Punkten (a, a'_1) und (b, b'_1), oder, was dasselbe ist, senkrecht zu der Ebene, welche durch (Z, Z') und den dem Durchmesser $a'_1 b'_1$ conjugierten Durchmesser $\alpha\beta$ geht. Diese Ebene ist projectivisch durch die bezüglichen Tracen Z und $\alpha\beta$ dargestellt.

Auf Grund dieser Erörterungen ergibt sich, dass jede der Bitangentialebenen der letztbetrachteten Schar durch einen Durchmesser des Kegelschnittes K' geht und senkrecht auf jener Ebene des Ebenenbüschels (Z, Z') steht, welche den dem genannten Durchmesser conjugierten Durchmesser von K' enthält.

Um zu ermitteln, was für ein geometrisches Gebilde die Bitangentialebenen dieser Schar bestimmen, denken wir uns in der horizontalen Projectionsebene einen beliebigen Punkt (O, O') angenommen und ziehen in der verticalen Projectionsebene eine zur Geraden Z (Taf. IX, Fig. 46) Parallele ζ, welche die Grundlinie gg im Punkte c trifft.

Führt man weiters durch c eine zum Durchmesser $\alpha\beta$ des Leitkegelschnittes K' parallele Gerade T^a_h, so ist ζ, resp. T^a_v, die verticale und T_h^a die horizontale Trace einer Ebene, welche zu den Berührungsebenen des Cylinders (Z, K) in den Punkten (a, a'_1) und (b, b'_1) parallel läuft.

Zieht man endlich durch O' eine zu dem Durchmesser $a'_1 b'_1$ Parallele B_h, welche die Grundlinie in d schneidet, und endlich durch (O, O') eine Senkrechte (σ, σ') zu $T_v^a T_h^a$, deren verticaler Durchstoßpunkt (d_1, d'_1) sei, so stellen B_h und $d d_1$, resp. B_v die bezügliche Horizontal- und Verticaltrace einer Ebene dar, die zu der Bitangentialebene, welche die Erzeugenden N_{a_1} und N_{b_1} enthält, parallel ist.

Führen wir nun durch (O, O') die Parallelebenen zu allen möglichen Bitangentialebenen der fraglichen Schar, so wird das Erzeugnis dieser Parallelebenen offenbar congruent und parallel liegend zu dem Erzeugnis der Bitangentialebenen selbst sein.

Die Construction zeigt, dass T_v^a, also auch σ für alle möglichen Lagen der Bitangentialebenen, die ursprüngliche Lage nicht ändern. Ferner ist zu ersehen, dass der Strahl B_h ein dem Durchmesserbüschel von K' paralleles Büschel und daher der Punkt d eine Reihe beschreibe, welche zu dem Durchmesserbüschel von K' projectivisch ist.

Ebenso beschreibt der Strahl T_h^a, da entsprechende Strahlen von B_h und T_h^a zu conjugierten Durchmessern von K' parallel sind, ein Büschel, welches zu dem Büschel B_h projectivisch sein wird.

Hieraus folgt, dass das Strahlenbüschel σ', also auch die Reihe $d'_1, \ldots$ auf der Grundlinie gg, sowie jene $d_1 \ldots$ auf der Geraden σ zum Büschel T_h^a und demnach auch zum Büschel B_h, resp. zur Reihe $d \ldots$ projectivisch sind.

Hiernach sind d und d_1 entsprechende Punkte zweier projectivischen Reihen auf den Trägern gg und σ, während deren Verbindungslinie B_v einen Kegelschnitt umhüllt, welcher gleichzeitig gg und σ berührt.

Als unmittelbare Folge des Gesagten ergibt sich, dass die Ebenen $B_v B_h$ einen Kegel zweiten Grades, dessen Scheitel (O, O') ist, umhüllen, welcher einerseits die horizontale Projectionsebene und andererseits die zur Geraden Z senkrechte Ebene tangiert, dass also auch die Bitangentialebenen, welche durch Paare paralleler Erzeugenden der Normalenfläche gehen, einen Kegel umhüllen werden, dessen Scheitel mit dem Mittelpunkte des Leitkegelschnittes K zusammenfällt und welcher die Ebene des Leitkegelschnittes K, sowie auch jene Ebene, welche durch den Mittelpunkt O senkrecht zu den Cylindererzeugenden gelegt werden kann, berührt.

Jede dieser Bitangentialebenen hat mit der Normalenfläche zwei parallele Erzeugende gemein und schneidet daher die Fläche außerdem noch in einem Kegelschnitte, welcher jede der genannten zwei Erzeugenden in zwei Punkten trifft.

Einer dieser Schnittpunkte auf jeder Erzeugenden ist ein Berührungspunkt der Bitangentialebene mit der Normalenfläche, während der zweite dem Doppelkegelschnitte angehört.

Wenn daher als Leitlinie für die Normalenfläche einer Fläche zweiten Grades ein Diametralschnitt K derselben angenommen wird und wir, um uns kurz fassen zu können, den Mittelpunkt der Fläche zweiten Grades, also auch jenen von K, mit O, und den dem Diametralschnitte conjugierten Durchmesser, dessen Richtung auch jene der Erzeugenden des der Fläche längs K umschriebenen Cylinders ist, mit Z bezeichnen, so gelangen wir, als Resultat der hier durchgeführten Untersuchungen, zu den Schlussätzen:

141. „Die orthogonale Projection der Normalenfläche auf die Ebene der Leitlinie K ergibt sich als die Evolute der letzteren.

Die Projection auf jene Ebene, welche durch Z senkrecht zu K gelegt wird, reduciert sich auf ein Strahlenbüschel, dessen Elemente zu Z senkrecht stehen."

142. „Die Doppellinie der Normalenfläche zerfällt in eine Gerade und einen Kegelschnitt.

Die Doppelgerade ist die unendlich ferne Gerade der zu Z senkrechten Ebenen.

Der Doppelkegelschnitt hat den nämlichen Mittelpunkt O wie der Leitkegelschnitt K. Der erstere trifft den letzteren in zwei Punkten.

Die Doppelgerade und der Doppelkegelschnitt haben einen Punkt gemeinschaftlich."

143. „Die Bitangentialebenen der Normalenfläche bilden zwei Scharen. Das Erzeugnis der einen Schar ist ein Parallelebenenbüschel, dessen Achse die Doppelgerade der Normalenfläche ist. Die Bitangentialebenen dieses Büschels haben mit der Normalenfläche je zwei Erzeugende und die Doppelgerade gemein.

Das Büschel der Bitangentialebenen stellt gleichzeitig die asymptotische Developpable der Normalenfläche dar.

Die zweite Schar von Bitangentialebenen umhüllt einen Kegel, dessen Scheitel der Mittelpunkt O der Leitlinie ist. Der bezeichnete Kegel berührt einerseits die Ebene der Leitlinie K und andererseits die durch O senkrecht zu Z gelegte Ebene.

Die Bitangentialebenen dieser Schar haben mit der Normalenfläche je zwei parallele Erzeugende und je einen Kegelschnitt gemein.“

144. „Die Strictionslinie der Normalenfläche ist die Berührungscurve mit jenem ihr umschriebenen Cylinder, dessen Erzeugenden zu Z parallel sind.“

§. 185.

Normalenflächen eines Umdrehungscylinders längs eines schiefen Schnittes.

Nehmen wir wieder die Ebene der kreisförmigen Basis (C, C') (Taf. IX, Fig. 47) des Rotationscylinders als horizontale Projectionsebene an, und wählen wir als verticale Projectionsebene jene Ebene, welche auf der Ebene der Leitcurve (K, K') (der Normalenfläche) senkrecht steht. Letztere werde durch die vertical-projicierende Ebene $e_v e_h$ dargestellt.

Wir wissen, dass alle Normalen eines Umdrehungscylinders die Rotationsachse (Z, Z') derselben schneiden und gleichzeitig zu dieser senkrecht stehen, mithin, zufolge der getroffenen Anordnung der Projectionsebene, zur horizontalen Projectionsebene parallel sind.

Die zu untersuchende Normalenfläche ist somit, wie leicht ersichtlich, eine besondere Form eines geraden Kegelschnitts-Conoides, dessen Richtebene die Horizontalebene, dessen Leitgerade die Cylinderachse (Z, Z'), und dessen Leitkegelschnitt (K, K') ist.

Bestimmen wir die Erzeugende der Normalenfläche in einem beliebigen Punkte (a, a') der Leitlinie (K. K'). Da die Normale zur Horizontalebene parallel ist und die Cylinderachse (Z, Z') schneidet, so wird ihre horizontale Projection N'_a durch die Verbindungsgerade der Punkte a' und Z' dargestellt, die verticale Projection N_a dagegen durch die dem Punkte a entsprechende Parallele zur Grundlinie gg repräsentiert erscheinen.

Nachdem aber mit dem Punkte a selbstverständlich die verticale Projection a_1 eines zweiten Punktes (a_1, a'_1) der Leitlinie (K, K') zusammenfällt, wird N_a gleichzeitig auch die verticale Projection N_{a_1} einer zweiten Erzeugenden (N_{a_1}, N'_{a_1}) der Normalenfläche darstellen.

Die beiden Erzeugenden (N_a, N'_a) und (N_{a_1}, N'_{a_1}) der letztgenannten Fläche schneiden sich offenbar in einem Punkte (α, α') der Cylinderachse. Das Gleiche gilt für alle Paare von Erzeugenden, welche, so wie die beiden letztangeführten, in einer zur horizontalen Projectionsebene parallelen Ebene liegen.

Hieraus folgt, dass die Cylinderachse eine Doppelgerade der Normalenfläche ist.

Denken wir uns ferner einen beliebigen Durchmesser $a'b'$ des Kreises K' gezogen, so fallen mit diesem Durchmesser die Horizontalprojectionen N'_a und N'_b der den Punkten (a, a') und (b, b') der Leitlinie (K, K') entsprechenden Cylindernormalen zusammen; es werden hiernach diese letzteren in der durch $a'b'$ gehenden horizontal-projicierenden Ebene liegen und sich als solche schneiden müssen.

Berücksichtigen wir ferner, dass die verticalen Projectionen N_a und N_b der Normalen parallel zur Grundlinie, also auch untereinander parallel sind, während die horizontalen Projectionen N'_a und N'_b zusammenfallen, so gelangen wir zu dem Schlusse, dass die Normalen (N_a, N'_a) und (N_b, N'_b) selbst zueinander parallel seien und sonach ihr Schnittpunkt in der unendlich fernen Geraden der horizontalen Projectionsebene (Richtebene) oder kurz in der unendlich fernen Leitgeraden der Normalenfläche liege.

Da das Gesagte für alle Paare von Erzeugenden gilt, deren Fußpunkte in der horizontalen Projection Endpunkte eines Durchmessers sind, so ersieht man, dass die unendlich ferne Leitgerade der Normalenfläche gleichfalls eine Doppelgerade der Normalenfläche repräsentiere.

Wie wir bereits wissen, ist die Doppellinie der Normalenfläche ein Ort dritter Ordnung. Nachdem wir nunmehr zwei Bestandtheile derselben, d. s. die beiden eben gefundenen Doppelgeraden kennen, kann der Rest der Doppellinie nur wieder eine Gerade sein.

Selbstverständlich ist, dass diese Doppelgerade keine Leitgerade der Normalenfläche sein könne, da, wenn wir dies annehmen wollten, die letztere nothwendigerweise eine windschiefe Fläche zweiten Grades sein müsste.

Aus dieser einfachen Betrachtung ist zu ersehen, dass die dritte Doppelgerade der Fläche nur durch eine Doppelerzeugende, d. i. durch eine Gerade, in welcher zwei nicht unmittelbar aufeinander folgende Erzeugenden der Normalenfläche vereinigt sind, vertreten werden können.

Diese Doppelerzeugende lässt sich leicht ermitteln. Dieselbe ist repräsentiert durch jenen Durchmesser (Achse) (N_{12}, N'_{12}) des Leitkegelschnittes (K, K'), welcher auf der verticalen Projectionsebene senkrecht steht. Besagte Achse trifft den Leitkegelschnitt in den beiden Punkten (C, C'), (D, D'), deren Verticalprojectionen C und D zusammenfallen.

Die Horizontalprojectionen der diesen Punkten entsprechenden Cylindernormalen sind in der zur Grundlinie gg senkrechten Geraden N'_{12} vereinigt, während sich deren verticale Projectionen auf den Punkt N_{12} reducieren. Es ist sonach einleuchtend, dass die kleine Achse (N_{12}, N'_{12}) oder $(CD, C'D')$ der Leitellipse die Doppelerzeugende der Normalenfläche darstelle.

Die somit abgeleitete Normalenfläche besitzt drei Scharen von Bitangentialebenen und zwar:

a) Die Ebenen des Büschels (Z, Z'). Jede durch die Cylinderachse (Z, Z') gehende Ebene, wie beispielsweise $P_v P_h$, enthält außer der Doppelgeraden (Z, Z') noch zwei parallele Erzeugende N_a und N_b der Normalenfläche und berührt diese letztere in den beiden Punkten α und β, in welchen die Erzeugenden die Doppelgerade (Z, Z') treffen. Außer der Doppelgeraden Z und den beiden parallelen Erzeugenden hat eine Ebene des Büschels (Z, Z') keine anderweitige Linie mit der Normalenfläche gemein.

b) Die Ebenen des horizontalen Ebenenbüschels, d. h. alle zur horizontalen Projectionsebene (Richtebene der Normalenfläche) parallelen Ebenen.

Jede derartige Ebene, wie beispielsweise ε_v, enthält außer der unendlich fernen Doppelgeraden der Normalenfläche noch zwei Erzeugende (N_a und N_{a_1}), welche sich in einem Punkte (α) der Doppelgeraden (Z, Z') schneiden. Die Ebene ε_v berührt die Normalenfläche in den unendlich fernen Punkten der beiden Erzeugenden N_a und N_b und repräsentiert sonach gleichzeitig die asymptotische Ebene für diese beiden Erzeugenden.

Jene Ebenen η^1_v und η^2_v des horizontalen Ebenenbüschels, welche gleichzeitig den Leitkegelschnitt (K, K') und zwar in den Punkten (A, A'), resp. (B, B') berühren, enthalten zwei unmittelbar aufeinander folgende, sich gegenseitig schneidende Erzeugende der Normalenfläche.

Die angedeuteten beiden Paare von Erzeugenden sind (N_A, N'_A), resp. (N_B, N'_B) und repräsentieren zwei Torsallinien der Normalenfläche. Die beiden anderen Torsallinien der Normalenfläche liegen in jenen Bitangentialebenen des Büschels (Z, Z'), welche gleichzeitig den Kegelschnitt (K, K') berühren, sind mithin imaginär.

c) Die Ebenen des Büschels (N, N'_{12}). Nachdem nämlich die Doppelerzeugende (N, N'_{12}) zu gleicher Zeit zwei verschiedenen

Mänteln der Normalenfläche angehört, so wird irgend eine durch dieselbe gelegte Ebene $E_v E_h$ die beiden Mäntel der windschiefen Fläche in Punkten der Erzeugenden (N, N'_{12}) berühren, also eine Bitangentialebene der Normalenfläche darstellen.

Untersuchen wir den Schnitt der Bitangentialebene $E_v E_h$ mit der Normalenfläche, so finden wir, dass derselbe nebst der doppelt zählenden Geraden (N_{12}, N'_{12}) offenbar noch aus einem Kegelschnitte bestehe, welcher sich als der geometrische Ort der Schnittpunkte der Ebene $E_v E_h$ mit den Erzeugenden der Normalenfläche ergibt. So schneidet beispielsweise die Erzeugende (N_b, N'_b) die Ebene $E_v E_h$ in dem Punkte (p, p'), welcher der Schnittcurve angehört.

Nachdem sich $p'O' : O'b' = p\delta : \delta b$, und nachdem infolge der gegenseitig unveränderlichen Lage von e_v, Z und E_v das Verhältnis $p\delta : pb$ für alle Erzeugenden das nämliche ist, also constant bleibt, so muss das Gleiche auch von dem Verhältnisse $p'O' : O'b'$ gelten. Da aber überdies $O'b'$, als Radius des Kreises K', constant ist, muss auch dem $p'O'$ ein unveränderlicher Wert entsprechen, d. h. die horizontalen Projectionen p' aller Punkte des Schnittes sind von O' gleich weit entfernt oder mit anderen Worten, die horizontale Projection der Schnittcurve ist ein Kreis K'_1, welcher mit dem Grundkreise K' des Leitcylinders concentrisch ist.

Der Kegelschnitt (K_1, K'_1) schneidet die Doppelerzeugende (N, N'_{12}) in den Punkten (s_1, s'_1) und (s_2, s'_2), welche, da sie keiner der zwei vorgenannten Doppelgeraden angehören, die beiden Berührungspunkte der Ebene $E_v E_h$ mit der Normalenfläche darstellen.

Denken wir uns durch (N, N'_{12}) eine zweite Ebene $E'_v E'_h$ so gelegt, dass sie zu der ersteren Ebene $E_v E_h$ in Bezug auf Z symmetrisch ist, so erhalten wir für deren Schnittpunkt (n, n') mit der Erzeugenden (N_b, N'_b) die Relation:

$$n\delta : b\delta = n'O' : O'b'.$$

Da aber $p\delta = n\delta$ also auch $p'O' = n'O'$ ist, wird die Ebene $E'_v E'_h$ die Normalenfläche nach einem Kegelschnitt schneiden, dessen horizontale Projection abermals der Kreis K'_1 ist. Auch dieser Kegelschnitt trifft in gleicher Weise, wie jener in der Ebene $E_v E_h$ liegende Kegelschnitt, die Doppelerzeugende (N, N'_{12}) in den Punkten (s_1, s'_1) und (s_2, s'_2).

Diesem Ergebnisse ist zu entnehmen, dass je zwei Ebenen des Büschels (N, N'_{12}), welche symmetrisch gegen die Doppelgerade (Z, Z') liegen, die Normalenfläche in zwei congruenten Ellipsen mit gemeinschaftlicher kleiner Achse $(s_1 s_2, s'_1 s'_2)$ schneiden und dass beide Ebenen die windschiefe Normalenfläche in den Endpunkten dieser kleinen Achse berühren. Die beiden Ellipsen haben als Horizontalprojection einen und denselben Kreis.

Diejenige Bitangentialebene des Büschels (N_{12}, N'_{12}), welche gleichzeitig auch die Doppelgerade (Z, Z') enthält, berührt die Normalenfläche in zwei Punkten, welche sich im Schnittpunkte (M, M') von (N_{12}, N'_{12}) und (Z, Z') zu einem Punkte vereinigen; woraus weiter folgt, dass sich die beiden Mäntel der Normalenfläche in diesem Punkte berühren.

Bezeichneter Schnittpunkt ist somit ein eigentlicher Doppelpunkt der Doppellinie.

Dass die Strictionslinie der Normalenfläche die Leitgerade (Z, Z') sei, bedarf diesfalls keines besonderen Beweises und zwar umsoweniger, als diese Eigenschaft überhaupt allen Conoiden zukömmt.

Unter der Voraussetzung also, dass man als Leitfläche für die Normalenfläche einen Rotationscylinder, und als Leitlinie einen schiefen, ebenen Schnitt desselben annimmt, ergibt sich auf Grund der hier angestellten Untersuchungen der Satz:

145. „Die Normalenfläche ist ein gerades Kegelschnittsconoid, dessen Richtebene die zu den Cylindererzeugenden senkrechte Ebene und dessen Leitgerade die durch den Mittelpunkt des Leitkegelschnittes gehende Cylinderachse ist.

Bezeichnete Leitgerade, sowie die unendlich ferne Leitlinie (unendlich ferne Gerade der Richtebene) sind Doppelgeraden der Normalenfläche. Ferner besitzt die Normalenfläche eine Doppelerzeugende, welche durch die kleine Achse des Leitkegelschnittes repräsentiert wird.

Alle zur Richtebene parallelen Ebenen sind Bitangentialebenen der Normalenfläche, da jede von ihnen zwei Erzeugende enthält, welche sich in einem Punkte der Doppelgeraden Z treffen. Jede dieser Ebenen berührt die Normalenfläche in den unendlich fernen Punkten der genannten Erzeugenden und ist somit gleichzeitig eine asymptotische Ebene der Normalenfläche.

Die Ebenen jenes Büschels, welches die Doppelgerade zur Achse hat, sind gleichfalls Bitangentialebenen der Normalenfläche, da jede derselben zwei (untereinander parallele) Erzeugende der letzteren enthält.

Endlich sind auch jene Ebenen, welche durch die Doppelerzeugende gehen, Bitangentialebenen, indem jede derselben die beiden Mäntel der Fläche berührt.

Je zwei Ebenen des letzteren Büschels, welche gegen die Doppelgerade symmetrisch liegen, schneiden die Normalenfläche nach zwei congruenten Ellipsen mit gemeinschaftlicher kleiner Achse, deren Projectionen auf die Richtebene durch einen und denselben Kreis dargestellt erscheinen. Bezeichnete Ebenen berühren die Normalenfläche in den Endpunkten der gemeinschaftlichen kleinen Achse dieser Ellipsen.

Die Strictionslinie der Normalenfläche ist die (Cylinderachse) Doppelgerade."

§. 186.

Besondere Eigenschaften der Normalenflächen von Flächen zweiten Grades längs ebener Schnitte[1]).

Die Ebene des Schnittes wählen wir, wie in unseren vorausgeschickten Betrachtungen, wieder als horizontale Projectionsebene und führen die zugehörige verticale Projectionsebene durch eine der beiden Hauptachsen des Leitkegelschnittes K (Taf. X, Fig. 48), etwa durch die Achse AB desselben. Ferner seien S' und S' die Scheitelprojectionen des der Leitfläche zweiten Grades längs des Kegelschnittes K umschriebenen Kegels.

Die fragliche Normalenfläche ist sodann, wie bereits nachgewiesen wurde, identisch mit der Normalenfläche des Kegels (S, K) längs der Curve K. Ebenso wurde im vorhergegangenen gezeigt, dass diese Normalenfläche eine Doppelcurve dritter Ordnung besitze, und dass daher auch die doppelt berührende Developpable, d. i. jene, welche von den Ebenen je zweier sich schneidender Erzeugenden umhüllt wird, von der dritten Classe sei.

Ferner fanden wir, dass die vorliegende Normalenfläche das Erzeugnis zweier projectivischen Punktreihen sei, von welchen die eine auf dem Leitkegelschnitte K, die andere dagegen auf jenem unendlich fernen Kegelschnitte K_u liegt, welcher sich als polarreciproke Figur des unendlich fernen Kegelschnittes des Kegels (S, K) in Bezug auf den imaginären Kugelkreis ergibt.

Die unendlich ferne Ebene schneidet mithin die Normalenfläche außer in dem Kegelschnitte K_u noch in zwei Erzeugenden, und zwar in jenen, welche die unendlich fernen (reellen oder imaginären)

---

1) Peschka, Sitzungsber. d. kais. Akad. d. Wiss., Wien. Math.-naturw. Cl. 1882, LXXXV. Bd., II. Abth.

Punkte von K mit den ihnen entsprechenden Punkten von K_u verbinden.

Hieraus folgt aber unmittelbar, dass sich unter den Ebenen, welche die doppelt berührende Developpable der Normalenfläche umhüllen, auch die unendlich ferne Ebene befindet.

Nachdem die Cuspidalcurve einer Developpablen dritter Classe immer eine Raumcurve dritter Ordnung ist und dieselbe im vorliegenden Falle von der unendlich fernen Ebene osculiert wird, so ist dieselbe eine cubische Parabel. Daher der Satz:

146. „Die Cuspidalcurve der doppelt berührenden Developpablen der vorliegenden Normalenfläche ist eine cubische Parabel.“

§. 187.

Eine eingehendere Betrachtung der doppelt berührenden Developpalen führt zu weiteren Eigenschaften der Normalenfläche.

Eine Developpable dritter Classe wird, wie wir wissen, von jeder ihrer Berührebenen, außer in der Berührungserzeugenden, noch in einem Kegelschnitte getroffen, oder mit anderen Worten: die Schnittlinien einer von den Berührungsebenen mit allen anderen umhüllen einen Kegelschnitt.

Im vorliegenden Falle ist auch die unendlich ferne Ebene eine Berührebene der Developpablen; dieselbe schneidet jede andere Berührebene in einer unendlich fernen Geraden, d. h. der Schnitt jeder Berührebene mit der Developpablen ist unter den obwaltenden Verhältnissen immer eine Parabel, und folglich gilt, mit Beziehung auf die doppelt berührende Developpable der Normalenfläche der Satz:

147. „Jede doppelt berührende Ebene der Normalenfläche wird von allen anderen doppelt berührenden Ebenen in Geraden geschnitten, welche eine Parabel umhüllen.“

§. 188.

Durch vorausgeschickte Betrachtungen wurde bereits klar gelegt, dass die Ebene des Leitkegelschnittes gleichfalls eine doppelt berührende Ebene der Normalenfläche sei, indem dieselbe jene beiden Normalen des Kegels (S, K) enthält, deren Fußpunkte die Berührungspunkte der von S' aus an K' geführten Tangenten sind. Ferner wurde gezeigt, dass die horizontalen Tracen aller doppelt berührenden Ebenen eine Parabel umhüllen, welche auch von der Polare des Punktes S' in Bezug auf K', von den

Normalen des Kegelschnittes K' in den Schnittpunkten mit dieser Polare und von den Achsen des Leitkegelschnittes berührt wird, wie dies nun auch aus dem eben bewiesenen Satze hervorgeht.

An dieser Stelle wollen wir noch einige andere besondere Lagen doppelt berührender Ebenen und die in denselben liegenden Parabeln einer eingehenderen Betrachtung unterziehen.

Zunächst ist einleuchtend, dass die verticale Projectionsebene, welche wir durch die eine Achse AB (Taf. X, Fig. 48) des Leitkegelschnittes gehend angenommen haben, eine doppelt berührende Ebene der Normalenfläche sei; denn dieselbe enthält die Normalen M_v und N_v des Leitkegels (S, K) in den Endpunkten A und B der einen Kegelschnittsachse.

Es werden daher die Verticaltracen der sämmtlichen doppelt berührenden Ebenen der Normalenfläche ebenfalls eine Parabel umhüllen.

Von den Tangenten dieser Parabel sind folgende hervorzuheben:

a) Die Achse AB selbst, als Schnitt der verticalen Projectionsebene mit der den Leitkegelschnitt K enthaltenden doppelt berührenden Ebene.

b) Die durch den Mittelpunkt O des Leitkegelschnittes senkrecht zur horizontalen Projectionsebene gezogene Gerade OZ.

Letztere ist bekanntlich die Verticaltrace der durch die zweite Kegelschnittsachse $(CD, C'D')$ gehenden Ebene, welche, indem sie die durch die Achsenendpunkte (C, C') und (D, D') gehenden Erzeugenden enthält, gleichfalls eine doppelt berührende Ebene der Normalenfläche darstellt.

c) Die Erzeugenden M_v und N_v der Normalenfläche. Da nämlich jede Erzeugende der Normalenfläche von zwei anderen Erzeugenden geschnitten wird, also durch jede Erzeugende der Normalenfläche zwei doppelt berührende Ebenen gehen, so stellt sowohl M_v als auch N_v die Verticaltrace einer doppelt berührenden Ebene, also eine Tangente der Parabel vor.

Durch die vier Tangenten AB, OZ, M_v und N_v ist die Parabel vollkommen bestimmt.

Setzen wir nun voraus, es sei $E_v E_h$ (Taf. X, Fig. 48) eine beliebige doppelt berührende Ebene. Die Verticaltrace E_v derselben ist eine Tangente der eben gefundenen Parabel.

Wie bekannt, wird eine veränderliche Tangente einer Parabel von drei festen Tangenten derselben in drei Punkten geschnitten, deren Distanzen in einem constanten Verhältnisse stehen. Bezeichnen wir die Schnittpunkte von E_v mit M_v, N_v und OZ beziehungsweise durch m, n und r, so ist das Verhältnis $\frac{mr}{nr}$ jenem von $\frac{AO}{BO}$ gleich, oder, weil $AO = BO$ ist, muss auch $mr = nr$ sein, welches auch immer die Lage von E_v sei, wenn nur E_v die Verticaltrace einer doppelt berührenden Ebene darstellt.

Nun sind aber m und n die Schnittpunkte der doppelt berührenden Ebene $E_v E_h$ mit den Erzeugenden M_v und N_v der Normalenfläche, deren horizontale Projectionen m' und n' auf AB liegen und von O' gleich weit entfernt sind.

Offenbar ergeben sich genau dieselben Beziehungen auch für die Schnittpunkte (k, k') und (l, l') der in der Ebene $(OZ, C'D')$ liegenden Erzeugenden (K, K') und (L, L') mit der Ebene $E_v E_h$. Selbstverständlich ist auch hier $O'k' = O'l'$; wie es schon aus dem Umstande hervorgeht, dass wir gleich ursprünglich die durch D gehende verticale Ebene als verticale Projectionsebene wählen und hiefür den nämlichen Beweisgang wie im vorhergehenden einhalten konnten.

Aus der Gleichheit von $O'm'$ und $O'n'$; $O'k'$ und $O'l'$ lässt sich mit Leichtigkeit ein interessanter Satz ableiten.

§. 189.

Jede doppelt berührende Ebene der Normalenfläche enthält, wie aus Früherem bekannt, außer den beiden sie bestimmenden Erzeugenden noch einen Kegelschnitt, d. i. den Ort der Durchstoßpunkte mit allen anderen Erzeugenden der Fläche.

Die doppelt berührende Ebene $E_v E_h$ schneidet die Normalenfläche in einem Kegelschnitte, von welchem bereits vier Punkte und zwar die Schnittpunkte (m, m'), (n, n'), (k, k') und (l, l') (Taf. X, Fig. 48) dieser Ebene mit den vier Erzeugenden (M_v, M'_v), (N_v, N'_v), (K, K') und (L, L') bekannt sind.

Die horizontale Projection dieses Kegelschnittes geht daher durch die vier Punkte m', n', k' und l'.

Es ist nunmehr auch leicht einzusehen, dass der Mittelpunkt O' des Leitkegelschnittes infolge der Gleichheit von $O'm'$ und $O'n'$; $O'k'$ und $O'l'$ zugleich der Mittelpunkt dieser Horizontalprojection sein müsse, oder mit anderen Worten, dass der Mittelpunkt O' jenes Kegelschnittes, in welchem die Normalenfläche von der Ebene $E_v E_h$ geschnitten wird, auf der durch O gehenden horizontal-projicierenden Geraden OZ liegen werde.

Da von der Ebene $E_v E_h$ nichts anderes vorausgesetzt wurde, als dass sie durch zwei sich schneidende Erzeugenden der Normalenfläche gehe und die Fläche demgemäß in einem Kegelschnitte trifft, so folgt, dass das Gleiche für alle doppelt berührenden Ebenen der Normalenfläche gilt.

Umgekehrt sind aber alle Ebenen, welche durch die auf der Normalenfläche liegenden Kegelschnitte gehen, doppelt berührende Ebenen der Fläche. Mithin besteht der Satz:

148. „Die Mittelpunkte aller auf der Normalenfläche liegenden Kegelschnitte sind auf jener Geraden gelegen, welche durch den Mittelpunkt des Leitkegelschnittes geht und zur Ebene desselben senkrecht steht.“

§. 190.

Ebenso einfach lässt sich auch nachweisen, dass $m'n'$, $k'l'$ (Taf. X, Fig. 48) die Hauptachsen der horizontalen Projection jenes Kegelschnittes darstellen.

Zwei beliebige auf der Normalenfläche liegende Kegelschnitte sind vermittelst der Erzeugenden der Normalenfläche projectivisch aufeinander bezogen. Im vorliegenden Falle entsprechen sich die Punkte (A, A') und (m, m'), da sie auf derselben Erzeugenden (M_v, M'_v) liegen, und gilt ein Gleiches von den Punkten (B, B') und (n, n'); (C, C') und (k, k'); (D, D') und (l, l').

Die unmittelbar auf M_v folgende Erzeugende der Normalenfläche trifft die beiden Kegelschnitte in zwei Punkten (α, α') und (μ, μ'), welche beziehungsweise unendlich nahe den Punkten (A, A') und (m, m') liegen. Überdies entsprechen sich die Punkte (α, α') und (μ, μ') auf diesen beiden Kegelschnitten.

Die Geraden $(\alpha A, \alpha' A')$ und $(m\mu, m'\mu')$ sind Tangenten derselben zwei Kegelschnitte.

Infolge der projectivischen Beziehung der fünf Punkte A', α', B', C' und D' zu den fünf Punkten m', μ', n', k' und l' müssen die vier Strahlen $A'\alpha'$, $A'B'$, $A'C'$ und $A'D'$ dasselbe Doppelverhältnis wie die vier Strahlen $m'\mu'$, $m'n'$, $m'k'$ und $m'l'$ besitzen, und da das Doppelverhältnis der ersteren ein harmonisches ist, muss auch jenes der letzteren ein harmonisches sein, d. h. die Gerade (Tangente) $m'\mu'$ muss senkrecht zu $m'n'$ stehen.

Hieraus ergibt sich unmittelbar, dass die Geraden $m'n'$ und $k'l'$ die Achsen der horizontalen Projection des in der doppelt berührenden Ebene $E_v E_h$ liegenden Kegelschnittes der Normalenfläche sind. Es bestehen hiernach die Sätze:

149. *„Die orthogonalen Projectionen der sämmtlichen auf der Normalenfläche liegenden Kegelschnitte auf die Ebene der Leitcurve, sind concentrische Kegelschnitte mit den nämlichen Achsen; die gemeinschaftlichen Hauptachsen aller dieser Projectionen sind gleichzeitig die Hauptachsen des Leitkegelschnittes.“*

Oder:

150. *„Die Ebenen, welche durch die Hauptachsen des Leitkegelschnittes senkrecht zur Ebene desselben geführt werden, schneiden die Ebene eines jeden auf der Normalenfläche liegenden Kegelschnittes in zwei Geraden, welche conjugierte Durchmesser des letzteren vorstellen.“*

§. 191.

Eine sehr wichtige Eigenschaft einer Developpablen dritter Classe besteht bekanntlich darin, dass die Schnittgeraden zweier Paare ihrer Berührungsebenen von allen anderen Berührungsebenen in zwei projectivischen Punktreihen geschnitten werden.

Ist auch die unendlich ferne Ebene eine Berührebene der Developpablen, so entsprechen sich die unendlich fernen Punkte in den beiden Reihen, d. h. sie sind insbesondere ähnlich.

Diese Eigenschaft lässt sich sehr leicht auf die Normalenfläche übertragen.

Da jede Erzeugende der Normalenfläche von zwei anderen Erzeugenden geschnitten wird, so kann dieselbe stets als Schnittgerade zweier doppelt berührenden Ebenen der Normalenfläche betrachtet werden.

Da andererseits die Enveloppe aller doppelt berührenden Ebenen der Normalenfläche eine Developpable dritter Classe ist, so folgt, dass zwei beliebige, also überhaupt alle Erzeugenden der Normalenfläche von den doppelt berührenden Ebenen in ähnlichen Punktreihen geschnitten werden müssen.

Erwägt man aber, dass der Schnittpunkt einer Erzeugenden der Normalenfläche mit einer doppelt berührenden Ebene ein Punkt jenes Kegelschnittes ist, in welchem die besagte Ebene die Normalenfläche schneidet, so lässt sich die eben gefundene Eigenschaft in folgenden Satz kleiden:

151. *„Das System der doppelt berührenden Ebenen der Normalenfläche, oder mit anderen Worten, das System der auf der Fläche liegenden Kegelschnitte, schneidet die Erzeugenden der Normalenfläche in ähnlichen Punktreihen“* oder:

152. „Die Stücke sämmtlicher Erzeugenden der Normalenfläche zwischen drei auf der Fläche liegenden Kegelschnitten, stehen in einem constanten Verhältnisse.“

Der dem obigen Satze dual gegenüberstehende Satz wird sich nun, ohne jede Schwierigkeit, wie folgt, feststellen lassen.

Der doppelt berührenden Ebene entspricht dual der Schnittpunkt zweier Erzeugenden, d. i. ein Punkt der Doppelcurve der Normalenfläche.

An die Stelle der Punktreihe, welche sämmtliche doppelt berührenden Ebenen auf einer Erzeugenden der Normalenfläche bestimmen, tritt das Ebenenbüschel, welches zur Achse eine Erzeugende besitzt und dessen Ebenen durch die Punkte der Doppelcurve gehen. Man erhält daher den reciproken Satz:

153. „Die Punkte der Doppelcurve der Normalenfläche werden aus sämmtlichen Erzeugenden der Normalenfläche durch projectivische Ebenenbüschel projiciert.“

Berücksichtigt man, dass auf jeder Erzeugenden der Normalenfläche zwei Punkte der Doppelcurve liegen, d. h. dass jede Erzeugende der Normalenfläche eine zweipunktige Secante der Doppelcurve ist, so findet man, dass der eben aufgestellte Satz eine allgemeine Eigenschaft jeder Raumcurve dritter Ordnung ausspricht.

§. 192.

Der vorhergehende Satz 152) führt zu einer einfachen Construction desjenigen Kegelschnittes auf der Normalenfläche, welcher durch einen auf der Fläche angenommenen Punkt gehen soll.

Setzen wir zu diesem Zwecke voraus, es sei (K, K') (Taf. XI, Fig. 49) die Leitcurve der Normalenfläche, während (S, S') die Projectionen des Kegelscheitels darstellen mögen.

Denken wir uns auf gewöhnliche Weise eine Erzeugende (N, N') der Normalenfläche construiert und auf derselben einen Punkt (p, p') angenommen. Es sei derjenige Kegelschnitt auf der Normalenfläche zu bestimmen, welcher durch den Punkt (p, p') geht.

Die verticale Ebene $V_v V_h$, welche durch die Achse $(\gamma_1 \gamma_2, \gamma'_1 \gamma'_2)$ des Leitkegelschnittes geht, ist, wie wir wissen, eine doppeltberührende Ebene; dieselbe werde von der Erzeugenden (N, N') in einem Punkte getroffen, dessen verticale Projection b heißen mag.

Die Ebene H des Leitkegelschnittes ist gleichfalls eine doppeltberührende Ebene der Normalenfläche; dieselbe wird von der Normalen (N, N') in dem Punkte (a, a') geschnitten.

Bezeichnen wir endlich diejenige doppelt berührende Ebene, welche den zu suchenden Kegelschnitt enthalten soll und demnach die Erzeugende (N, N') in dem angenommenen Punkte (p, p') trifft, mit E, so folgt aus dem obigen Satze, dass jede Erzeugende der Normalenfläche von den drei Ebenen V, H und E in drei Punkten geschnitten werde, deren einfaches Theilverhältnis constant und zwar dem Theilverhältnisse der drei bekannten Punkte a, b und p gleich ist.

Dies vorausgeschickt, gelangen wir folgendermaßen zur Construction der Ebene E.

Man bestimmt zunächst die beiden Erzeugenden M_v und N_v der Normalenfläche, welche in der verticalen Projectionsebene liegen. Die erstere, d. i. M_v (Taf. XI, Fig. 49), trifft die Ebenen V und H beziehungsweise in den Punkten β_1 und α_1.

Auf M_v ist nun der Punkt π_1 so zu construieren, dass durch denselben die Strecke $\alpha_1 \beta_1$ in dem nämlichen Verhältnisse und Sinne getheilt wird, wie die Strecke ab durch p. Es muss also:

$$\frac{\alpha_1 \pi_1}{\beta_1 \pi_1} = \frac{ap}{bp}$$

sein, was wir auf nachstehende Weise bewerkstelligen.

Man verbindet b mit α_1 und schneidet diese Verbindungsgerade durch eine zu $\alpha_1 \alpha_2$ und durch p gehende parallele Gerade in p_1; der so erhaltene Punkt p_1 wird parallel zu $\beta_1 \beta_2$ auf M_v nach π_1 projiciert. Hiernach ist:

$$\frac{\alpha_1 \pi_1}{\beta_1 \pi_1} = \frac{\alpha_1 p_1}{b p_1} = \frac{ap}{bp}.$$

Es wird somit der Punkt π_1 ein Punkt der Erzeugenden M_v sein, welcher mit den Punkten α_1 und β_1 das nämliche Theilverhältnis wie der Punkt p mit den Punkten a und b besitzt. Der Punkt π_1 gehört daher der Ebene E an und ist, nachdem er überdies in der verticalen Projectionsebene liegt, insbesondere ein Punkt ihrer Verticaltrace E_v.

In analoger Weise findet man den Punkt π_2, in welchem die Verticaltrace der Ebene E die zweite in der verticalen Projectionsebene liegende Erzeugende N_v schneidet.

Die Verticaltrace E_v ergibt sich demgemäß als die Verbindungsgerade der Punkte π_1 und π_2, und da die Ebene E selbst durch den Punkt (p, p') gehen soll, so unterliegt es keinem weiteren Anstande, die Horizontaltrace E_h festzustellen.

Man kann jedoch, mit Berücksichtigung des vorher angeführten Satzes, auch zwei Punkte der Horizontaltrace E_h ohneweiters finden. Besagte Trace trifft nämlich die in der horizontalen Projectionsebene liegenden Erzeugenden X und Y in zwei Punkten ξ und η derart, dass das zwischen den Ebenen H und V liegende Stück $x_1 y_1$, beziehungsweise $x_2 y_2$, in dem Verhältnisse:

$$\frac{\xi_1 x_1}{\xi_1 y_1} = \frac{\eta x_2}{\eta y_2} = \frac{p a}{p b}$$

getheilt wird.

Nachdem nun die durch den Punkt (p,p') gehende doppelt berührende Ebene $E_v E_h$ bekannt ist, kann ohne Schwierigkeit der in derselben liegende Kegelschnitt $(\Sigma\Sigma')$ (Taf. IX, Fig. 48) der Fläche verzeichnet werden, indem man die Schnittpunkte der doppelt berührenden Ebene mit den einzelnen Lagen der Erzeugenden bestimmt.

Noch einfacher dürfte jedoch folgende Construction zum Ziele führen.

Nach Satz 149) ist die horizontale Projection Σ' (Taf. IX, Fig. 48) des Kegelschnittes wieder ein Kegelschnitt, welcher dieselben Hauptachsen wie der Leitkegelschnitt (K, K') besitzt. Die Endpunkte der einen Achse sind bekanntlich die horizontalen Projectionen π'_1 und π'_2 (Taf. XI, Fig. 49) jener Punkte π_1 und π_2, in welchen die doppelt berührende Ebene $E_v E_h$ die in der verticalen Projectionsebene liegenden Erzeugenden M_v und N_v schneidet. Ferner ist p' ebenfalls ein Punkt von Σ', wodurch dieser Kegelschnitt vollkommen bestimmt erscheint.

Mit Zuhilfenahme des über $\pi'_1 \pi'_2$ als Durchmesser gezeichneten, zu Σ' affinen Kreises σ, lässt sich mit Leichtigkeit die zweite Achse $\pi'_1 \pi'_2$ von Σ', als auch die Tangente t' von Σ' im Punkte p' construieren.

Die verticale Projection t der Tangente lässt sich, da selbe in der Ebene $E_v E_h$ liegt, aus der horizontalen Projection t' anstandslos ableiten.

Legt man durch die Erzeugende (N, N') und die Tangente (t, t') eine Ebene $B_v B_h$, so berührt diese die Normalenfläche in dem angenommenen Punkte (p, p').

§. 193.

Aus den vorhergegangenen Erörterungen folgt überdies ein besonderer Satz bezüglich der Tangenten der Kegelschnitte in Punkten, welche auf der nämlichen Erzeugenden der Normalenfläche liegen.

Betrachten wir zum Zwecke der Feststellung des angedeuteten Satzes zwei unmittelbar aufeinander folgende Erzeugende e_1 und e_2 der Normalenfläche. Diese beiden Erzeugenden werden von den auf der Normalenfläche liegenden Kegelschnitten K_a, K_b, K_c ... (auf Grund des vorher nachgewiesenen Satzes 151) in zwei ähnlichen Punktreihen a_1, b_1, c_1 ... und a_2, b_2, c_2 ... geschnitten.

Die Verbindungslinie zweier entsprechender Punkte dieser Reihen liefert eine Tangente desjenigen Kegelschnittes, welchem die besagten Punkte angehören. Andererseits bilden aber bekanntlich die Verbindungsgeraden entsprechender Punkte zweier ähnlichen Reihen auf zwei sich nicht schneidenden Trägern ein hyperbolisches Paraboloid. Es folgt daher der Satz:

154. „Die Tangenten aller auf der Normalenfläche liegenden Kegelschnitte in Punkten, welche einer und derselben Erzeugenden der Fläche angehören, sind Erzeugende eines hyperbolischen Paraboloides, welches die Normalenfläche längs dieser Erzeugenden berührt.“

§. 194.

Sei wieder (K, K') (Taf. IX, Fig. 48) der Leitkegelschnitt für die Normalenfläche, wobei dessen Ebene als horizontale Projectionsebene und die durch eine der Hauptachsen, etwa durch AB gehende, zur Ebene des Leitkegelschnittes senkrecht stehende Ebene, als verticale Projectionsebene angenommen ist; ferner mögen (S, S') die beiden Projectionen des Leitkegelscheitels darstellen.

Sind x' und y' die Berührungspunkte der von S' aus an K' gezogenen Tangenten t_x und t_y, so sind die Normalen X und Y von K' in diesen beiden Punkten, wie wir bereits wissen, die in der horizontalen Projectionsebene liegenden Erzeugenden der Normalenfläche.

Die beiden Geraden X und Y, die Hauptachsen des Leitkegelschnittes $A'B'$ und $C'D'$, sowie die Gerade $X'Y'$ sind bekanntlich Tangenten einer bestimmten Parabel Π, deren sämmtliche Tangenten Horizontaltracen doppelt berührender Ebenen der Normalenfläche repräsentieren.

Setzen wir voraus, E_vE_h sei eine beliebige doppelt berührende Ebene. Diese Ebene schneidet die Normalenfläche (Satz 148) in einem Kegelschnitte, dessen Mittpunkt (ω, ω') der Durchschnittspunkt der Ebene E_vE_h mit der im Mittelpunkte (O, O') des Leitkegelschnittes auf die horizontale Projectionsebene senkrecht geführten Geraden (Z, O') ist.

Die beiden Punkte ξ und η, in welchen die Horizontaltrace E_h die Geraden X und Y trifft, gehören offenbar sowohl der Ebene $E_v E_h$, als auch der Normalenfläche an; sind daher Punkte des in der Ebene $E_v E_h$ liegenden Kegelschnittes (Σ, Σ').

Denken wir uns die Strecke $\xi\eta$ im Punkte o halbiert, die Gerade Oo' gezogen und endlich durch O' eine parallele Gerade $O'\varphi$ zu E_h geführt, so stellen diese beiden Geraden $O'o$ und $O'\varphi$ zwei conjugierte Durchmesser der Horizontalprojection Σ' vor, und sind demgemäß auch die Horizontalprojectionen zweier conjugierten Durchmesser des in der Ebene $E_v E_h$ liegenden Kegelschnittes (Σ, Σ'), von welchen der eine $O'\varphi$ insbesondere parallel zur Horizontaltrace E_h, mithin parallel zur Horizontalebene selbst ist.

Die Gerade E_h ist als Horizontaltrace einer doppelt berührenden Ebene der Normalenfläche eine Tangente der Parabel Π.

Eine zweite Tangente an die Parabel Π erhalten wir, indem wir durch den auf der Geraden E_h liegenden Punkt o die Gerade R führen.

Die drei Tangenten X, Y und R schneiden die Tangente E_h in drei Punkten ξ, η und o, welche zwei gleiche Strecken ξo und ηo bilden. Nach einem bekannten, die Parabel betreffenden Satze müssen daher auch die sämmtlichen anderweitigen Tangenten der Parabel Π von X, Y und R in je drei Punkten geschnitten werden, welche zwei gleiche aneinander stoßende Strecken bilden. Ist also E'_h eine beliebige Tangente von Π, so wird dieselbe von X, Y und R in drei Punkten ξ_1, η_1 und o_1 derart geschnitten, dass $\xi_1 o_1 = \eta_1 o_1$ wird.

Ziehen wir wieder $O'o_1$ und die Gerade $O'\varphi_1$ parallel zu E'_h, so sind dies die Horizontalprojectionen zweier conjugierten Durchmesser des in der Ebene $E'_v E'_h$ gelegenen Kegelschnittes (Σ, Σ'), von welchen der eine, d. i. $O'\varphi_1$, zur Horizontalebene parallel ist.

Es kann nun leicht nachgewiesen werden, dass die Durchmesser $O\varphi$, $O\varphi_1$, $O\varphi_2 \ldots$ ein hyperbolisches Paraboloid bilden und dass die den besagten Duschmessern conjugierten Durchmesser Oo, Oo_1, $Oo_2 \ldots$ ein zweites Paraboloid bestimmen.

Die Durchmesser $O\varphi$, $O\varphi_1$, $O\varphi_2 \ldots$ sind nach den unendlich fernen Punkten der Tracen E_h, E^1_h, $E^2_h \ldots$ gerichtet, oder mit anderen Worten, sie verbinden die Schnittpunkte ω, ω_1, $\omega_2 \ldots$ der Geraden (O', Z) und der Ebenen $E_v E_h$, $E'_v E'_h \ldots$ mit jenen Punkten, in welchen diese Ebenen die unendlich ferne Gerade der Horizontalebene treffen.

Nun sind aber sowohl die Gerade (O', Z), als auch die unendlich ferne Gerade der Horizontalebene Schnittlinien von doppelt-berührenden Ebenen untereinander, und werden daher von allen übrigen doppelt-berührenden Ebenen $E, E^1, E^2 \ldots$ in zwei projectivischen Punktreihen $\omega, \omega_1, \omega_2 \ldots$ und $\varphi, \varphi_1, \varphi_2 \ldots$ geschnitten. Die Verbindungslinien $\omega\varphi, \omega_1\varphi_1, \omega_2\varphi_2 \ldots$ sind daher Erzeugende eines hyperbolischen Paraboloides.

In gleicher Weise ergibt sich, dass die Gerade (Z, O') und die Gerade R von sämmtlichen Ebenen $E, E^1, E^2 \ldots$ in ähnlichen Punktreihen $\omega, \omega_1, \omega_2, \ldots$ und $o, o_1, o_2 \ldots$ geschnitten werden müssen, da auch R die Schnittlinie zweier doppelt berührenden Ebenen ist. Die Geraden $\omega o, \omega_1 o_1, \omega_2 o_2 \ldots$ bilden somit gleichfalls ein Paraboloid und man gelangt sonach zu dem Satze:

155. „Die zur Ebene des Leitkegelschnittes parallelen Durchmesser der auf einer Normalenfläche liegenden Kegelschnitte bilden ein hyperbolisches Paraboloid und die den genannten Durchmessern conjugierten Durchmesser erzeugen eine zweite eben solche Fläche."

§. 195.

Es wurde vorher gezeigt, dass die horizontalen Tracen sämmtlicher doppelt berührenden Ebenen der Normalenfläche eine Parabel Π (Taf. X, Fig. 48) umhüllen, welche durch die Achsen des Leitkegelschnittes und die beiden in dessen Ebene liegenden Erzeugenden X und Y der Normalenfläche vollkommen bestimmt ist.

Ebenso wurde auch nachgewiesen, dass die Tangenten $p_1, p_2, p_3 \ldots$ dieser Parabel Π Geraden sind, welche auf der Verbindungslinie $\mu PS'$ ihres Poles P, in Bezug auf den Leitkegelschnitt (K, K'), mit dem Punkte S' senkrecht stehen.

Der Ort der genannten Pole selbst ist eine gleichseitige Hyperbel F (Taf. IX, Fig. 50), welche durch den Mittelpunkt O' des Leitkegelschnittes sowohl, als auch durch die Projection S' des Kegelscheitels geht, und deren Asymptoten h_1 und h_2 zu den Hauptachsen $A'B'$, $C'D'$ des Leitkegelschnittes parallel sind.

Der Leitkegelschnitt (K, K') und die vorgenannte Parabel Π besitzen vier gemeinschaftliche Tangenten; eine derselben sei T'_h.

Die besagte Tangente trifft den Leitkegelschnitt (K, K') in zwei zusammenfallenden, im Berührungspunkte τ'_1 vereinigten Punkten. Diese beiden Punkte sind, dem früher Besprochenen gemäß, die Fußpunkte zweier unmittelbar aufeinander folgenden sich gleichzeitig schneidenden Erzeugenden der Normalenfläche, oder mit anderen Worten, die Erzeugende $(\varepsilon_1, \varepsilon'_1)$ der Normalenfläche, welche durch den Punkt (τ_1, τ'_1) geht, ist eine Torsallinie der Fläche. Die Gerade T^1_h ist die horizontale Trace der entsprechenden Torsalebene.

Weiters hat aber die Gerade T'_h als Tangente der Parabel auch noch die Eigenschaft, dass sie auf der Verbindungslinie ihres Poles τ'_1, in Bezug auf den Leitkegelschnitt K', mit dem Punkte S' senkrecht steht, welcher Umstand darauf hindeutet, dass die Normale ε'_1 des Kegelschnittes K' im Punkte τ'_1 durch S' geht. Nachdem aber T'_1 die horizontale Projection der zu (τ_1, τ'_1) gehörigen Torsallinie ist, so folgt, dass letztere die horizontal-projicierende Gerade (S, S') schneidet. Dasselbe gilt offenbar auch von den übrigen drei Torsallinien, und es ergibt sich daher der Satz:

156. „Die vier Torsallinien der Normalenfläche schneiden die vom Scheitel des Leitkegels auf die Ebene des Leitkegelschnittes gefällte Senkrechte“ ;

oder mit anderen Worten:

157. „Die orthogonalen Projectionen der Torsallinien der Normalenfläche auf die Ebene des Leitkegelschnittes, sind die von der Projection des Kegelscheitels aus gezogenen Normalen des Leitkegelschnittes.“

Nachdem die Pole P sämmtlicher Tangenten der Parabel Π, in Bezug auf den Leitkegelschnitt K', eine gleichseitige Hyperbel F bilden, welche durch den Mittelpunkt O' des Leitkegelschnittes K' sowohl, als auch durch die Projection S' des Kegelscheitels geht, und deren Asymptoten h_1 und h_2 zu den Hauptachsen des Leitkegelschnittes parallel sind, folgt, weil der Punkt τ'_1 den Pol der Geraden T'_h vorstellt, der Satz:

158. „Die Fußpunkte der vier Torsallinien auf dem Leitkegelschnitte liegen auf einer gleichseitigen Hyperbel, deren Asymptoten zu den Achsen des Leitkegelschnittes parallel sind und welche durch den Mittelpunkt des Leitkegelschnittes sowohl, als auch durch die orthogonale Projection des Kegelscheitels auf die Ebene des Leitkegelschnittes geht.“

§. 196.

Normalenfläche einer Fläche zweiten Grades längs eines zu einer Hauptebene senkrechten Schnittes.

Der Scheitel (S, S') (Taf. XII, Fig. 51) des der Fläche längs eines solchen Schnittes umschriebenen Kegels liegt in der genannten Hauptebene.

Die oben bezeichnete Normalenfläche ist demgemäß auch Normalenfläche eines Kegels zweiten Grades längs eines zu einem Hauptschnitte senkrechten Schnittes.

Betrachten wir die horizontale Projectionsebene als Ebene des Leitkegelschnittes (K, K') (Taf. XII, Fig. 51) und legen wir die verticale Projectionsebene durch die eine Hauptachse AB des Leitkegelschnittes, so genügt es, den Kegelscheitel (S, S') in der verticalen Projectionsebene anzunehmen, um die oben angeführten Bedingungen zu erfüllen.

Die verticale Projectionsebene, welche nun eine Hauptebene des Kegels (S, K) repräsentiert, wird offenbar auch für alle aus dem Kegel abgeleiteten Curven und Flächen eine Ebene orthogonaler Symmetrie sein.

In Früherem (Satz 128) wurde bereits nachgewiesen, dass die verticalen Projectionen aller Normalen des Leitkegelschnittes in den Punkten von (K, K') eine Parabel Σ berühren, deren Tangenten unter anderen auch die Grundlinie ($A'B'$, AB) und die im Mittelpunkte O' des Leitkegelschnittes K' auf die horizontale Projectionsebene geführte Senkrechte OZ sind.

Führt man von S' aus die Tangenten $S'\sigma'_1$ und $S'\sigma'_2$ an K', so repräsentieren die Berührungspunkte σ'_1 und σ'_2 derselben zwei Punkte, in welchen die Berührungsebenen des Leitkegels (S, K) horizontal-projicierend sind. Die zugehörigen Erzeugenden der Normalenfläche sind mithin zwei in der horizontalen Projectionsebene liegende Geraden N'_1 und N'_2, welche sich in einem Punkte (P, P') der Achse $A'B'$ schneiden und den Leitkegelschnitt K' in den Punkten x'_1 und x'_2 treffen.

Die den Endpunkten der Kegelschnittsachse $A'B'$ entsprechenden Erzeugenden M_v und N_v der Normalenfläche liegen in der verticalen Projectionsebene und repräsentieren zwei Torsallinien der Normalenfläche.

Dass M_v und N_v in der That Torsallinien sind, folgt unmittelbar aus dem vorher ganz allgemein bewiesenen Satze 156. Die Horizontalprojectionen derselben fallen nämlich mit der Achse $A'B'$ zusammen, sind also einerseits Geraden, welche durch die horizontale Projection S' des Kegelscheitels gehen und andererseits Normalen des Kegelschnittes K'. Selbstverständlich werden die Geraden M_v und N_v, da sie verticale Projectionen von Erzeugenden der Normalenfläche darstellen, die Parabel Σ berühren.

Unter allen Tangenten der Parabel Σ ist diejenige — D — die wichtigste, welche gleichzeitig durch den Punkt P geht.

Dieselbe ist offenbar die Verticalprojection jener beiden Normalen des Kegels, deren Fußpunkte die Schnittpunkte p'_1 und p'_2 von K' mit der durch P zu $A'B'$ senkrecht gezogenen Geraden sind.

Betrachtet man jedoch D als eine in der verticalen Projectionsebene liegende Gerade, so repräsentiert dieselbe, wie früher (Satz 129) bereits nachgewiesen wurde, den geometrischen Ort der Schnittpunkte aller Erzeugenden der Normalenfläche mit der verticalen Projectionsebene, also auch, infolge der Symmetrie der Normalenfläche gegen diese Ebene, eine Doppelgerade der Fläche.

Da die Doppelcurve der Normalenfläche in dem früher besprochenen allgemeinen Falle als eine Curve dritter Ordnung erkannt wurde, so folgt, dass diesfalls der Rest derselben eine Curve zweiten Grades sein müsse, welcher wieder infolge der schon mehrfach bezeichneten Symmetrie in einer zur verticalen Projectionsebene senkrecht stehenden Ebene liegen muss.

Die Lage dieser Ebene zu finden, soll Gegenstand der nachstehenden Betrachtung sein.

Denken wir uns durch die Doppelgerade D eine beliebige Ebene $e_v e_h$ gelegt. Die Verticaltrace e_v ist mit D identisch; die horizontale Trace e_h möge den Leitkegelschnitt K' in den Punkten (a, a') und (b, b') treffen, während (N_a, N'_a) und (N_b, N'_b) die diesen Punkten entsprechenden Erzeugenden der Normalenfläche darstellen.

Es ist einleuchtend, dass, nachdem sowohl die Punkte a und b dieser Erzeugenden, als auch die verticalen Durchstoßpunkte derselben der Ebene $e_v e_h$ angehören, diese Erzeugenden selbst, ihrer ganzen Länge nach, in der Ebene $e_v e_h$ liegen müssen. Besagte Geraden bestimmen daher im Schnitte (C, C') einen Punkt der Doppelcurve.

Dasselbe gilt von jeder anderen durch die Doppelgerade D gelegten Ebene. Die verticale Projectionsebene ist selbst eine specielle Lage einer solchen Ebene; der Schnittpunkt (s, s') der in derselben liegenden Erzeugenden M_v und N_v wird daher gleichfalls einen Punkt der Doppelcurve darstellen.

Es lässt sich nunmehr leicht nachweisen, dass in der That die durch die Punkte (C, C') und (s, s') gelegte vertical-projicierende Ebene $E_v E_h$ den Doppelkegelschnitt enthält, d. h. dass alle Punkte, welche durch die nämliche Construction wie C erhalten werden, in der Geraden E_v liegen müssen.

Eine beliebige durch P gezogene Gerade e_h trifft den Leitkegelschnitt K' in zwei Punkten a' und b'.

Die Tangenten t'_a und t'_b (Taf. XII, Fig. 51) des Kegelschnittes K' in den bezeichneten Punkten schneiden sich in einem Punkte z der Polare von P und treffen die Kegelschnittsachse $A'B'$ in a_1 resp. b_1. Die Normalen N'_a und N'_b von K' in den Punkten a' und b' treffen die Kegelschnittsachse AB beziehungsweise in α' und β'.

Bezeichnet man mit f_1 und f_2 die Brennpunkte des Leitkegelschnittes K', so sind bekanntlich

$$a_1,\ \alpha',\ f_1 \text{ und } f_2$$

vier harmonische Punkte, und ebenso

$$b_1,\ \beta',\ f_1 \text{ und } f_2,$$

wobei f_1 und f_2 stets conjugierte Punkte vorstellen.

Verbindet man ferner den Punkt z, in welchem die Polare π von P von den Tangenten t'_a und t'_b getroffen wird, mit P, so sind bekanntlich auch die vier Strahlen

$$t'_a,\ t'_b,\ zP \text{ und } \pi$$

harmonisch, also deren Schnittpunkte

$$a_1,\ b_1,\ P \text{ und } R$$

mit der Achse AB vier harmonische Punkte.

All dies im Auge behaltend, wollen wir annehmen, die Gerade e_h drehe sich um den Punkt P.

Unter dieser Voraussetzung werden auch die Punkte a_1 und b_1 zwei Punktreihen auf AB beschreiben, die eine Involution bilden werden, weil, wie früher gezeigt wurde, zwei entsprechende Elemente, wie beispielsweise a_1 und b_1 stets conjugierte harmonische Punkte zu den nämlichen festen Punkten P und R sind.

Ebenso werden bei der Drehung des Strahles e_h um P auch die beiden Punkte α' und β' zwei Punktreihen durchlaufen.

Die Punktreihe, welche α' durchläuft, ist projectivisch mit jener, welche der Punkt a_1 beschreibt, da hier ebenfalls zwei entsprechende Lagen a' und α' stets conjugiert harmonische Punkte in Bezug auf die festen Brennpunkte f_1 und f_2 sind.

In gleicher Weise findet man, dass auch die Reihen, welche von den Punkten β' und b_1 beschrieben werden, projectivisch sind.

Nachdem aber die Reihen a_1 und b_1, wie oben gezeigt wurde, eine Involution bilden, also selbst zueinander projectivisch sind, werden auch die beiden Punktreihen α' und β' zueinander projectivisch sein.

Es wird nunmehr auch keinen weiteren Schwierigkeiten unterliegen, zu zeigen, dass diese Punktreihen überdies eine Involution bilden, indem wir einfach nachweisen, dass sich entsprechende Elemente α' und β' stets und anstandslos vertauschen lassen.

Betrachten wir nämlich α' als einen Punkt der Reihe β' und bezeichnen wir ihn in dieser Eigenschaft mit β'_1, so wird demselben in der Reihe b_1 der vierte harmonische Punkt zu β'_1, f_1, f_2, also ein Punkt b'_1 entsprechen, welcher mit a_1 zusammenfällt. Dem Punkte b'_1 entspricht in der Reihe a_1 der vierte harmonische Punkt zu b'_1, P, R, also ein Punkt a'_1, welcher mit b'_1 übereinstimmt.

Endlich entspricht dem Punkte a'_1 in der Reihe α' der vierte harmonische Punkt zu a'_1, f_1, f_2, d. h. ein Punkt α', welcher mit β' zusammenfällt.

Die angestellten Betrachtungen und die hiedurch erzielten Resultate sagen aber nichts anderes aus, als dass die Punkte α' und β' einander entsprechen, wenn man sie in Bezug auf die Reihen, welchen sie als Elemente angehören, vertauscht.

Dreht sich also e_h um P, so beschreiben die Punkte α' und β' auf der Achse AB des Leitkegelschnittes K' eine Involution.

Projiciert man die Involution (α', β') durch Strahlen, welche senkrecht zu $A'B'$ sind, auf die Gerade D', so erhält man auf dieser eine neue Involution (α, β).

Die Paare entsprechender Elemente dieser Involution haben aber noch eine andere Bedeutung.

Aus der Construction entnimmt man nämlich unmittelbar, dass α und β gleichzeitig die Durchstoßpunkte jener beiden Erzeugenden der Normalenfläche mit der Bildebene sind, welche durch die Endpunkte (a, a') und (b, b') der entsprechenden Kegelschnittssehne gehen.

Denkt man sich nun zwei Sehnen e_h und e'_h durch P gezogen, welche den Leitkegelschnitt K' in den Punkten (a, a') und (b, b'), resp. (c, c') und (d, d') treffen, und weiters die zugehörigen Erzeugenden (N_a, N'_a), (N_b, N'_b), (N_c, N'_c), (N_d, N'_d) der Normalenfläche construiert, so werden die verticalen Durchstoßpunkte α und β der beiden ersteren, und jene γ und δ der beiden letzteren, den oben vorausgeschickten Entwickelungen zufolge, zwei Paare conjugierter Punkte der Involution auf D repräsentieren.

Verbindet man ferner die Schnittpunkte C und L von N_a und N_b, resp. N_c und N_d durch eine Gerade E_v, so stellt sich folgende Eigenschaft heraus.

Nach einem aus der Theorie der Kegelschnitte bekannten Satze, schneiden die Paare von Tangenten, welche von den Punkten einer Geraden E_v an die Parabel Σ gezogen werden, die feste Tangente D dieser Parabel in conjugierten Punkten einer Involution.

Der Construction der Geraden E_v gemäß, sind α und β, resp. γ und δ zwei Paare entsprechender Punkte dieser Involution. Diese letztere ist sonach mit der vorher auf D construierten Involution identisch.

Hiedurch ist aber gleichzeitig auch bewiesen, dass die Gerade E_v der geometrische Ort der verticalen Projection der Durchschnittspunkte solcher Paare von Erzeugenden der Normalenfläche sei, deren Fußpunkte auf Kegelschnittssehnen liegen, welche durch den festen Punkt P gehen, oder mit anderen Worten: die vertical projicierende Ebene $E_v E_h$ enthält den Doppelkegelschnitt der Normalenfläche.

Die Gerade E_v schneidet die Parabel Σ in zwei Punkten, von welchen wir nur den einen — $\varDelta$ — berücksichtigen wollen. Die Tangenten von diesem Punkte $\varDelta$ an Σ fallen zusammen und bestimmen demnach auf D einen Doppelpunkt der Involution, welcher, wie sich leicht nachweisen lässt, der Punkt $\varDelta$ selbst ist.

Führt man nämlich durch P jene Kegelschnittssehne, welche zu AB senkrecht steht, so trifft diese den Kegelschnitt K' in den Punkten p'_1 und p'_2, während die Normalen n'_1 und n'_2 von K' in den genannten Punkten von K die Achse AB in einem und demselben Punkte $\varDelta'$, d. i. in einem Doppelpunkte der Involution $(\alpha'\beta')$ schneiden.

Die Projection $\varDelta$ dieses Punktes $\varDelta'$ auf die Gerade D ist sodann ein Doppelpunkt der Involution $(\alpha\beta)$ und daher identisch mit dem Punkte $\varDelta$, in welchem die Gerade E_v die Parabel Σ trifft.

Die Gerade E_v geht also durch jenen Punkt $\varDelta$, in welchem die Parabel Σ von D berührt wird, und der Punkt $(\varDelta, \varDelta')$ wird folglich ein gemeinschaftlicher Punkt des Doppelkegelschnittes und der Doppelgeraden der Normalenfläche sein.

Die in der Ebene des Leitkegelschnittes K' liegenden Normalen N'_1 und N'_2 schneiden den Leitkegelschnitt zum zweitenmale in zwei zu AB symmetrisch liegenden Punkten x'_1 und x'_2, und da durch diese Punkte gleichfalls Erzeugende der Normalenfläche gehen, so stellen dieselben zwei in der horizontalen Projectionsebene liegende Punkte des Doppelkegelschnittes dar, woraus folgt, dass die horizontale Trace E_h der Ebene des Doppelkegelschnittes mit der Geraden $x'_1 x'_2$ zusammenfallen muss.

Die Richtigkeit der eben angestellten Betrachtungen lässt sich auf folgende Weise verificieren.

Es ist bekannt, dass, wenn eine windschiefe Fläche durch drei Leitlinien l_1, l_2, l_3 von den bezüglichen Ordnungen m_1, m_2, m_3 erzeugt wird, unter der Voraussetzung, dass l_1 und l_2 s_3 Punkte; l_2 und l_3 s_1 Punkte und l_1 und l_3 s_2 Punkte gemein haben, der Grad der Regelfläche ausgedrückt erscheint durch:

$$2 m_1 m_2 m_3 - s_1 m_1 - s_2 m_2 - s_3 m_3.$$

Betrachten wir im vorliegenden Falle den Leitkegelschnitt K' als Leitcurve l_1 und die Doppelgerade, resp. den Doppelkegelschnitt als die Leitlinien l_2 und l_3 für die Normalenfläche, so ist:

$$m_1 = 2, \quad m_2 = 1, \quad m_3 = 2;$$
$$s_1 = 1, \quad s_2 = 2, \quad s_3 = 0,$$

und es folgt für den Grad der Normalenfläche der Wert:

$$2.2.2.1 - 2.1 - 2.1 = 4,$$

d. i. ein auch auf anderem Wege bereits als richtig erkanntes Resultat.

Die Ergebnisse der vorhergegangenen Untersuchungen lassen sich nun in folgenden Sätzen zusammenfassen:

159. „*Die Normalenfläche eines Kegels zweiter Ordnung (oder allgemein einer beliebigen Fläche zweiter Ordnung) längs eines zu einer der Hauptebenen senkrechten Schnittes, besitzt eine in dieser Hauptebene liegende Doppelgerade und einen Doppelkegelschnitt.*

Die Doppelgerade hat mit dem Leitkegelschnitte keinen Punkt gemein; der Doppelkegelschnitt, dessen Ebene gleichfalls senkrecht zu der oben genannten Hauptebene steht, trifft den Leitkegelschnitt in zwei Punkten und zwar in jenen beiden Punkten, in welchen der Leitkegelschnitt von den in seiner Ebene liegenden Erzeugenden der Normalenfläche zum zweitenmale getroffen wird.

Die Doppelgerade und der Doppelkegelschnitt haben einen Punkt gemeinschaftlich.

Die Paare von Erzeugenden der Normalenfläche, welche sich in Punkten des Doppelkegelschnittes schneiden, treffen die Doppelgerade in conjugierten Punkten einer und derselben Involution.

Die Normalenfläche besitzt vier Torsallinien, von welchen zwei immer reell sind, und zwar sind dies die Normalen des Leitkegels in den Endpunkten derjenigen Achse des Leitkegelschnittes, welche gleichzeitig in der oben genannten Hauptebene liegt.“

Dem Gesagten gegenüber lautet der zum Theile reciproke Satz:

160. „*Die der Normalenfläche doppelt-umschriebene Developpable, d. i. die Enveloppe der Ebenen, welche durch je zwei sich schneidende Erzeugende gehen, ist von der dritten Classe und zerfällt in ein Ebenenbüschel und einen parabolischen Cylinder.*

Die Achse des ersteren ist die Doppelgerade; die Erzeugenden des zweiten stehen auf der zur Ebene des Leitkegelschnittes senk-

rechten Hauptebene des Leitkegels normal, sind mithin zu der Ebene des Leitkegelschnittes parallel.

Die doppelt-berührenden Ebenen, welche dem Ebenenbüschel angehören, haben mit der Normalenfläche die Doppelgerade und zwei Erzeugende gemein, während jene des parabolischen Cylinders zwei Erzeugende und einen Kegelschnitt mit der Normalenfläche gemein haben."

Andere Sätze, wie beispielsweise der Satz, dass die Mittelpunkte aller auf der Normalenfläche liegenden Kegelschnitte auf einer Geraden liegen und dergleichen, lassen sich direct aus jenen Sätzen ableiten, welche für den allgemeinen Fall aufgestellt wurden.

§. 197.

Die der Normalenfläche von einem Punkte außerhalb umschriebene Kegelfläche berührt die Normalenfläche, wie ganz allgemein gezeigt wurde, längs einer Curve vierter Classe und sechster Ordnung.

Liegt nun insbesondere der Scheitel des umschriebenen Kegels in der Symmetrieebene, welche in unseren beigegebenen Constructions-Zeichnungen durch die verticale Projectionsebene dargestellt erscheint, so ist die obgenannte Berührungscurve zu dieser Ebene orthogonal symmetrisch.

Die orthogonale Projection eines Punktes der Berührungscurve auf die Bildebene (Symmetrieebene) fällt infolge dessen mit der orthogonalen Projection eines zweiten Punktes dieser Curve zusammen.

Ebenso ist eine Tangente an die verticale Projection der Berührungscurve gleichzeitig Projection zweier Tangenten dieser Curve.

Die Berührungscurve ist vom vierten Range, ihre Projection auf eine beliebige Ebene ist demnach eine Curve vierter Classe.

Wählt man insbesondere die Symmetrieebene als Projectionsebene, so sind von einem Punkte derselben bloß zwei Tangenten an die Projection der Berührungscurve möglich, deren jede doppelt zählt; es ist mithin die verticale Projection der Berührungscurve eine Curve zweiter Classe. Mithin folgt der Satz:

161. „*Wählt man als verticale Projectionsebene die Symmetrieebene der Normalenfläche, so projicieren sich die Berührungscurven aller jener Kegel, welche der Normalenfläche aus Punkten dieser Symmetrieebene umschrieben sind, auf die besagte Ebene als Kegelschnitte.*"

Dieser Satz gilt insbesondere auch von der Strictionslinie, da diese bekanntlich die Berührungscurve der Normalenfläche mit dem derselben aus dem Scheitel des Leitkegels umschriebenen Kegel ist.

§. 198.

Construction der Tangentialebene in einem beliebigen Punkte der Normalenflächen.

Wenn auf irgend einer windschiefen Fläche eine Erzeugende gegeben ist und auf dieser Erzeugenden drei Punkte sammt ihren Berührungsebenen als bekannt vorliegen, so kann man zu jedem willkürlichen vierten Punkte dieser Erzeugenden die zugehörige Berührungsebene construieren, indem, wie wir bereits wissen, die Reihe der Punkte auf einer Erzeugenden der windschiefen Fläche zu dem Büschel der ihnen entsprechenden Berührungsebenen projectivisch ist.

Nehmen wir demnach auf einer Erzeugenden (N_a, N'_a) (Taf. XII, Fig. 51) der Normalenfläche einen beliebigen Punkt (x, x') an, und soll die Berührungsebene in diesem Punkte construiert werden, so kann von der oben angeführten Eigenschaft folgendermaßen Gebrauch gemacht werden.

Die Tangentialebene der Normalenfläche in dem Fußpunkte (a, a') der Erzeugenden (N_a, N'_a) ist durch die Erzeugende und durch die Tangente t'_a des Leitkegelschnittes im Punkte a' vollkommen bestimmt.

Die Tangentialebene der Normalenfläche in dem Punkte (α, α'), in welchem die Erzeugende (N_a, N'_a) die Doppelgerade D trifft, ist durch die genannte Erzeugende (N_a, N'_a) und die letztbezeichnete Doppelgerade festgestellt.

Die Trace e_h derselben auf der horizontalen Projectionsebene ist die Verbindungsgerade des Punktes α' mit dem horizontalen Durchstoßpunkte P der Doppelgeraden D.

Endlich ist auch die asymptotische Ebene der Erzeugenden (N_a, N'_a), d. i. jene Ebene U, welche die Normalenfläche in dem unendlich fernen Punkte u der Erzeugenden (N_a, N'_a) berührt, bekannt.

Besagte Ebene U ist nämlich diejenige, welche durch die Erzeugende (N_a, N'_a) senkrecht zu der Erzeugenden $(Sa, S'a')$ des Leitkegels gelegt wird. Die Tracen U_v U_h derselben sind demnach zu den Projectionen der Kegelerzeugenden $(Sa, S'a')$ senkrecht.

Wir kennen mithin auf der Erzeugenden (N_a, N'_a) drei Punkte a, α und u, sowie die denselben entsprechenden Berührungsebenen

$A_v A_h$, $e_v e_h$, $U_v U_h$ und können folglich mit Hilfe derselben zu dem Punkte (x, x') der nämlichen Erzeugenden die Tangentialebene $B_v B_h$ projectivisch construieren.

§. 199.

Die Normalenfläche eines Kegels zweiten Grades längs eines zu einer Fokallinie senkrechten Schnittes.

Es ist bekannt, dass, wenn ein Kegel durch eine Ebene geschnitten wird, welche zu einer der beiden Focallinien des Kegels senkrecht steht, die Schnittcurve ein Kegelschnitt sei, während einer der Brennpunkte desselben, der Schnittpunkt der Ebene mit der genannten Focallinie ist.

Ist daher (K, K') (Taf. IX, Fig. 52) der Leitkegelschnitt, den wir in der horizontalen Projectionsebene liegend annehmen, so repräsentiert für den zu betrachtenden Fall einer der beiden Brennpunkte dieses Leitkegelschnittes, beispielsweise S', bereits die horizontale Projection des Kegelscheitels. Die verticale Projection desselben wählen wir willkürlich und sei dieselbe allenfalls in S gelegen.

Als verticale Projectionsebene setzen wir diesfalls diejenige Ebene voraus, welche durch die Brennpunktsachse des Kegelschnittes K' geht.

Vor allem wird es sich um die Bestimmung der Doppelcurve der Normalenfläche handeln.

Aus der Betrachtung des allgemeinen Falles wissen wir bereits, dass die horizontalen Tracen der doppelt berührenden Ebenen, d. i. solcher Ebenen, welche zwei Erzeugende der Normalenfläche enthalten, auf der Verbindungslinie ihres Poles, in Bezug auf den Leitkegelschnitt K', mit dem Punkte S' senkreckt stehen müssen.

Im vorliegenden Falle ergibt sich sofort, dass jede zur Brennpunktsachse senkrechte Gerade als Trace einer derartigen Ebene betrachtet werden kann; denn ihr Pol liegt auf der Brennpunktsachse und die Verbindungsgerade desselben mit dem Punkte S' ist diese Brennpunktsachse selbst.

Es ist aber leicht nachzuweisen, dass auch jede durch S' gehende Gerade E_h als Trace einer doppelt berührenden Ebene betrachtet werden kann.

Wie vorausgesetzt, ist nämlich S' ein Brennpunkt des Leitkegelschnittes K'. Aus der Theorie der Kegelschnitte wissen wir aber, dass der Pol x einer durch den Brennpunkt S' gezogenen Geraden E_h auf derjenigen Geraden $S'x$ liegt, welche man in S' auf die

Gerade E_h senkrecht führt. Die Verbindungsgerade von S' mit dem Pole x von E_h ist somit senkrecht zu E_h.

Dieses Ergebniss sagt aber nichts anderes aus, als dass E_h die Trace einer doppelt berührenden Ebene der Normalenfläche darstelle.

Die Gerade E_h trifft den Leitkegelschnitt K' in den Punkten a'_1 und a'_2. Die Normalen N'_1 und N'_2 des Leitkegelschnittes K' in den besagten Punkten sind die horizontalen Projectionen der in der doppelt berührenden Ebene $E_v E_h$ liegenden Erzeugenden, und der Schnittpunkt D' von N'_1 und N'_2 ist die horizontale Projection eines Punktes der Doppelcurve der Normalenfläche.

Wenn sich E_h um S' dreht, so wird D' die horizontale Projection der Doppelcurve, resp. einen Theil derselben durchlaufen.

Wir wollen diese Doppelcurve näher bestimmen.

Die Verbindungsgerade t'_1 der Punkte x und a'_1 ist die Tangente von K' im Punkte a'_1. Denken wir uns den Punkt a'_1 mit dem zweiten Brennpunkte F' des Kegelschnittes K' verbunden, so sind offenbar N'_1 und t'_1 die Winkelhalbierenden des Winkels $F' a'_1 S'$; es werden hiermit die vier Strahlen t'_1, N'_1, E_h und $a'_1 F'$ harmonisch sein.

In gleicher Weise findet man, dass die Tangente t'_2 im Punkte a'_2 durch die Gerade $x a'_2$ dargestellt werde. Verbindet man a'_2 mit F', so ergeben sich wieder vier harmonische Strahlen und zwar:

$$N'_2,\ t'_2,\ E_h \text{ und } a'_2 F'_2.$$

Ordnen wir nun die Strahlen der beiden harmonischen Gebilde einander projectivisch zu, und zwar derart, dass sich die Strahlen: N'_1 und N'_2; t'_1 und t'_2; $a'_1 S'$ und $a'_2 S'$, sowie auch $a'_1 F'$ und $a'_2 F'$ entsprechen, so sind die beiden Vierstrahlen offenbar perspectivisch, da zwei entsprechende Strahlen, nämlich $a'_1 S'$ und $a'_2 S'$, in die Verbindungslinie E_h der Scheitel a'_1 und a'_2 fallen.

Die Schnittpunkte F', x und D' liegen daher auf einer und derselben Geraden, d. i. auf dem perspectivischen Durchschnitte, oder mit anderen Worten: Der Schnittpunkt D' der Normalen des Leitkegelschnittes in den Endpunkten einer durch den Brennpunkt S' gehenden Sehne E_h liegt auf der Verbindungslinie des Poles dieser Sehne mit dem zweiten Brennpunkte F'.

Bezeichnen wir ferner den Schnittpunkt der beiden Geraden E_h und $F'x$ mit R', so ist einleuchtend, dass die vier Punkte F', D', R' und x gleichfalls harmonisch sind. Denken wir uns dieselben von dem Punkte y, in welchem E_h die Polare s des Brennpunktes S' (Directrix) trifft, auf die Brennpunktsachse $F'S'$ projiciert, so erhalten wir als Projectionen der vier Punkte F', D', R' und x die vier Punkte F', z', S' und m, welche offenbar wieder harmonisch sind.

Nachdem die drei Punkte F', S' und m fix, d. h. unabhängig von der Sehne E_h sind, so gilt das Gleiche auch von dem vierten harmonischen Punkt z'.

Hieraus folgt, dass der Punkt D' auch auf jener Geraden liege, welche den festen Punkt z' mit dem Punkte y verbindet, welch letzterer sich als Schnitt der Sehne E_h mit der Directrix s ergibt.

Die Punkte x und y sind aber zwei conjugierte Punkte der Polarinvolution auf s. Dreht sich mithin die Gerade E_h um S', so beschreiben die beiden Punkte x und y zwei projectivische Punktreihen auf s. Diese beiden Punktreihen werden aus den festen Punkten F' und z' durch zwei projectivische Strahlenbüschel projiciert.

Der Schnittpunkt D' zweier entsprechenden Strahlen ist nun einerseits die horizontale Projection eines Punktes der Doppelcurve und andererseits ein Punkt des durch die beiden projectivischen Büschel F' und z' erzeugten Kegelschnittes. Es gilt daher der Satz:

162. „Die horizontale Projection eines Theiles der Doppelcurve ist ein Kegelschnitt Σ', welcher durch die beiden Punkte F' und z' geht.“

Berücksichtigt man, dass zu der Geraden E_h eine symmetrische Gerade E'_h in Bezug auf $F'S'$ als Symmetrieachse existiert, dass also jedem Punkte D' ein, in Bezug auf $S'F'$ symmetrisch gelegener Punkt entspricht, so gelangt man zu dem Schlusse, dass die Gerade $F'z'$ eine Achse orthogonaler Symmetrie sei, d. i. eine Hauptachse des vom Punkte D' beschriebenen Kegelschnittes Σ' darstelle.

Zweiter Abschnitt.

X. Capitel.

Theorie der Rotationsflächen.

§. 200.

Erzeugungsweise dieser Flächen.

Dreht sich irgend eine beliebige ebene oder räumlich gekrümmte Curve ohne ihre Gestalt zu ändern, um eine feste Gerade, so ist der Ort aller Lagen dieser Curve eine Fläche, welche eine „Drehfläche", „Rotationsfläche" oder „Revolutionsfläche" genannt wird.

Die feste Gerade, um welche die Drehung erfolgt, heißt die „Drehachse", „Rotationsachse", oder kurz die „Achse" der Rotations- oder Umdrehungsfläche.

Der gegebenen Definition entsprechend, beschreibt jeder Punkt der erzeugenden Curve bei der Drehung der letzteren um die Rotationsachse einen Kreis, dessen Ebene zur Rotationsachse senkrecht steht, dessen Mittelpunkt auf der Rotationsachse liegt und dessen Radius dem jeweiligen Abstande des beschreibenden resp. beweglichen Punktes der oberwähnten Curve von der Rotationsachse gleich ist. Jeder so entstandene Kreis wird ein „Parallelkreis" der Rotationsfläche genannt.

Da jeder Punkt eines solchen Parallelkreises bei der Umdrehung um die vorbezeichnete Achse immer wieder den nämlichen Kreis durchläuft und diese Kreise in ihrer Aufeinanderfolge stets dieselbe Fläche hervorbringen, so ist einleuchtend, dass jede beliebige auf der Rotationsfläche liegende, die sämmtlichen Parallelkreise schneidende Curve, bei ihrer Umdrehung um die Achse immer wieder die nämliche Rotationsfläche erzeugen wird. Dieses Ergebnis führt zu dem Satze:

163. „Eine Rotationsfläche kann durch Umdrehung jeder beliebigen auf der Fläche liegenden Curve um die Rotationsachse erzeugt werden.“

Selbstverständlich muss besagte Curve alle Parallelkreise schneiden. Von dem eben aufgestellten Satze machen daher natürlich die Parallelkreise als solche eine Ausnahme.

Der obige Satz kann auch in nachstehender Form ausgesprochen werden:

164. „Auf jeder Rotationsfläche gibt es unendlich viele Scharen congruenter Curven.“

Der Definition oder beziehungsweise den Eigenschaften der Parallelkreise entsprechend, hat man demnach für eine Rotationsfläche auch folgende Erzeugungsweise:

165. „Bewegt sich ein veränderlicher Kreis derart, dass dessen Ebene stets senkrecht zu einer festen Geraden und sein Mittelpunkt ununterbrochen auf dieser Geraden bleibt, während seine Peripherie stets durch einen Punkt einer festen Curve geht, die jedoch nicht in einer zu der oberwähnten Geraden senkrechten Ebene liegt, so erzeugt dieser Kreis eine Rotationsfläche, und zwar diejenige, welche auch durch Umdrehung der Curve selbst um die feste Gerade entsteht.“

§. 201.

Denken wir uns weiters eine beliebige Rotationsfläche durch eine Ebene, welche die Rotationsachse enthält, geschnitten.

Die mit dieser Ebene resultierende Schnittcurve der Rotationsfläche kann als der Ort der Schnittpunkte der schneidenden Ebene mit den sämmtlichen Parallelkreisen angesehen werden.

Die zwei Punkte, in welchen die besagte Ebene jeden der Parallelkreise schneidet, sind offenbar Endpunkte eines Durchmessers dieses Parallelkreises, welche, da dieser Durchmesser zur Achse senkrecht steht, eine gegen dieselbe symmetrische Lage einnehmen. Es wird hiernach auch die ganze Schnittcurve in Bezug auf die Rotationsachse orthogonal symmetrisch sein.

Die sich so ergebende Schnittcurve nennt man eine „Meridiancurve“ oder kurz einen „Meridian“ der Rotationsfläche.

Da (nach Satz 163) die Rotationsfläche auch durch Umdrehung des Meridians um die Achse erzeugt werden kann, folgt der Satz:

166. „Eine Rotationsfläche besitzt unendlich viele untereinander congruente Meridiane, deren jeder eine gegen die Rotationsachse symmetrische Curve repräsentiert.“

§. 202.

In orthogonaler Projection pflegt man eine Rotationsfläche gewöhnlich so darzustellen, dass die Rotationsachse horizontalprojicierend erscheint, oder doch wenigstens eine zur verticalen Projectionsebene parallele Lage annimmt. Unter dieser Voraussetzung kann selbstverständlich durch die Achse immer eine zur verticalen Projectionsebene parallele Ebene gelegt werden. Die letztere wird sodann die „Hauptmeridianebene" und der in ihr liegende Meridian der „Hauptmeridian" genannt.

Denken wir uns eine ebene Curve n-ter Ordnung um eine in der Ebene dieser Curve liegende Gerade gedreht, so erzeugt dieselbe eine Rotationsfläche, welche von der $2n$-ten Ordnung ist, da ihr Schnitt mit der bezeichneten Ebene nicht nur aus der ursprünglich gegebenen Curve, sondern auch aus der ihr, in Bezug auf die Drehachse, symmetrisch liegenden Curve n-ter Ordnung besteht und folglich eine (degenerierte) Curve $2n$-ter Ordnung repräsentiert.

Nur in dem Falle, wenn die Drehungsachse gleichzeitig eine Achse orthogonaler Symmetrie für die Curve n-ter Ordnung ist, entsteht eine Umdrehungsfläche n-ter Ordnung, da in diesem Falle die gegebene Curve n-ter Ordnung bereits den vollen Meridian darstellt. Es besteht daher der Satz:

167. „Eine Curve n-ter Ordnung erzeugt bei ihrer Umdrehung um eine in ihrer Ebene liegende Gerade eine Rotationsfläche 2n-ter Ordnung. Ist jedoch diese Gerade eine Achse orthogonaler Symmetrie für die Curve, so ist die Rotationsfläche von der n-ten Ordnung."

Diesem Satze zufolge erzeugt eine Gerade, welche gegen die Rotationsachse symmetrisch liegt, dieselbe also rechtwinklig schneidet, eine Rotationsfläche erster Ordnung, d. i. eine Ebene; eine Gerade dagegen, welche die Rotationsachse schiefwinklig schneidet, eine Rotations- (Kegel-) Fläche zweiten Grades; ein Kegelschnitt, welcher um eine seiner Achsen rotiert, eine Rotationsfläche zweiten Grades; ein Kegelschnitt dagegen, welcher um eine beliebige Gerade seiner Ebene rotiert, eine Rotationsfläche vierter Ordnung u. s. w.

§. 203.

Die Ordnung einer Rotationsfläche, welche durch eine beliebige ebene oder Raumcurve n-ter Ordnung bei ihrer Drehung um eine gegebene Gerade erzeugt wird, kann übrigens auch ganz allgemein bestimmt werden.

Sei Z die Rotationsachse und C die beliebig gegebene Curve n-ter Ordnung, welche bei der Umdrehung um Z die Rotationsfläche beschreibt.

Die Ordnung dieser Fläche wird, wie bereits bekannt, durch die Anzahl der Punkte festgestellt, welche sie mit einer beliebigen Geraden g des Raumes gemein hat.

Da die Lage der besagten Geraden g eine ganz willkürliche ist, wählen wir der Einfachheit wegen eine Gerade g derart, dass sie die Rotationsachse Z schneidet.

Setzen wir voraus, es sei a ein Punkt, welchen die oberwähnte Gerade g mit der Rotationsfläche gemein habe. Drehen wir diese Gerade g um die Rotationsachse Z, so erzeugt dieselbe eine Rotationsfläche vom zweiten Grade, während der Punkt a einen Kreis K beschreibt, welcher einen Parallelkreis dieses Rotationskegels sowohl, als auch der fraglichen Rotationsfläche darstellt.

Dieser Kreis K schneidet selbstverständlich auch die Curve C, da diese auf der Rotationsfläche liegt, in einem Punkte, welcher gleichzeitig einen Schnittpunkt dieser Curve C mit dem Rotationskegel repräsentiert. Das Gleiche gilt von jedem anderen Punkte, welcher der Geraden g sowohl, als auch der Rotationsfläche (Z, C) angehört.

Die Gerade g trifft mithin die Rotationsfläche in ebenso vielen Punkten, als die Curve C Punkte mit dem von der Geraden g erzeugten Rotationskegel gemein hat. Nachdem aber die besagte Kegelfläche vom zweiten Grade und die Curve von der n-ten Ordnung ist, so ist die Zahl dieser Punkte gleich $2n$. Es gilt demnach der Satz:

168. „Eine Raumcurve n-ter Ordnung, welche sich um eine beliebige Gerade im Raume dreht, erzeugt im allgemeinen eine Rotationsfläche, die von der 2n-ten Ordnung ist."

§. 204.

Der eben aufgestellte Satz gilt aber offenbar nur insolange, als die Curve C gegen die Rotationsachse Z eine allgemeine Lage besitzt. Besondere Symmetrieverhältnisse in der Lage derselben können die Ordnung der Rotationsfläche auf die Hälfte reducieren.

Setzen wir beispielsweise voraus, es existiere eine Ebene, welche durch die Achse Z geht und in Bezug auf welche die Curve C orthogonal-symmetrisch liegt, oder mit anderen Worten, die Curve C besitze, falls sie eben ist, eine Achse orthogonaler Symmetrie, welche eine derartige Lage hat, dass, indem sie die Rotationsachse in einem Punkte schneidet, mit derselben eine zur Ebene der Curve C senkrechte Ebene bestimmt.

Ist sodann g eine beliebige, die Achse Z schneidende Gerade, welche bei der Umdrehung um Z eine Rotationskegelfläche zweiten Grades beschreibt, so ist einleuchtend, da dieselbe die vorgenannte Symmetrieebene der Curve C ebenfalls zur Symmetrieebene hat, dass auch ihre $2n$ Schnittpunkte mit C gegen diese Ebene paarweise symmetrisch liegen. Diese $2n$ Punkte geben daher nur zur Entstehung von n Parallelkreisen Veranlassung, welchem Umstande zufolge die Gerade g auch die Rotationsfläche nur in n Punkten schneiden kann. Dies gibt den Satz:

169. „Besitzt eine Curve n-ter Ordnung eine Ebene orthogonaler Symmetrie, so erzeugt sie bei der Umdrehung um eine in dieser Symmetrieebene liegende Gerade eine Rotationsfläche n-ter Ordnung.“

Offenbar können auch noch weit allgemeinere Beziehungen zwischen der Curve C und der Rotationsachse bestehen, welche bewirken, dass die Ordnung der Rotationsfläche sich von $2n$ auf n, oder noch weiter herabmindert; doch wollen wir an dieser Stelle auf die eben angedeuteten Fälle nicht weiter eingehen.

§. 205.

Sei E_m eine beliebige Meridianebene irgend einer Rotationsfläche und g irgend eine zu dieser Ebene senkrechte Gerade, welche die Fläche in einer gewissen (natürlich geraden) Anzahl von Punkten trifft. Die Zahl der Schnittpunkte wird offenbar doppelt so groß sein, als die Anzahl der Parallelkreise, in welchen die durch g zur Rotationsachse Z senkrechte Ebene e die Fläche schneidet.

Seien weiters a_1 und a_2 zwei Schnittpunkte der Geraden g mit der Rotationsfläche, welche auf dem nämlichen Parallelkreise K in der Ebene e liegen. Die Ebene e schneidet die Meridianebene E_m, da sie auf ihr senkrecht steht, in einem zu g senkrechten Durchmesser des Parallelkreises K. Gegen diesen Durchmesser und mithin auch gegen die Meridianebene E_m sind daher die Endpunkte a_1 und a_2 der Parallelkreissehne g symmetrisch.

Das Gleiche gilt von allen anderen Paaren von Punkten der Rotationsfläche, welche auf Geraden liegen, die zur Meridianebene E_m senkrecht stehen. Die besagte Fläche ist daher in Bezug auf diese Meridianebene symmetrisch. Hiernach der Satz:

170. „Jede Meridianebene theilt die Rotationsfläche in zwei orthogonal symmetrische Hälften.“

§. 206.

Nehmen wir ferner an, es seien E^1_m und E^2_m zwei beliebige Meridianebenen. Die in denselben liegenden Meridiane seien M_1 und M_2.

Denken wir uns einen der beiden Winkel, welche diese Meridianebenen miteinander einschließen, durch eine dritte Meridianebene E_m halbiert.

Nachdem sowohl die Rotationsfläche, als auch die Ebenen E^1_m und E^2_m gegen die Ebene E_m orthogonal symmetrisch sind, so gilt ein Gleiches auch in Betreff der beiden Meridiancurven M_1 und M_2; es lässt sich daher durch die letzteren ein Cylinder legen, dessen Erzeugenden zur winkelhalbierenden Ebene E_m senkrecht stehen. Durch die beiden Meridiancurven M_1 und M_2 lässt sich aber, wie auf dieselbe Weise nachgewiesen werden kann, noch ein zweiter Cylinder legen, dessen Erzeugenden zu der zweiten Winkelhalbierebene der Ebenen E^1_m und E^2_m senkrecht sind. Dieses Ergebnis liefert den Satz:

171. „Durch zwei beliebige Meridiancurven einer Rotationsfläche kann man stets zwei Cylinder legen. Die Erzeugenden dieser Cylinder stehen beziehungsweise auf jenen Meridianebenen senkrecht, welche die Winkel der beiden ersten Meridianebenen halbieren.“

§. 207.

Setzen wir nun insbesondere voraus, dass die beiden Meridianebenen E^1_m und E^2_m unendlich nahe aneinander liegen, oder mit anderen Worten, in eine Ebene zusammenfallen. Dies angenommen, fällt offenbar auch die eine Winkelhalbierebene mit E^1_m resp. E^2_m zusammen.

Der durch die beiden Meridiane M_1 und M_2 gehende Cylinder ist sonach diesfalls so beschaffen, dass jede seiner Erzeugenden die beiden unendlich nahen (oder zusammenfallenden) Meridiane M_1 und M_2, also auch die Rotationsfläche selbst, in zwei einander unendlich nahen Punkten schneidet, und mithin eine Tangente der Fläche darstellt.

Diese einfache Betrachtung führt somit zu dem Resultate, dass der obbezeichnete Cylinder der Rotationsfläche längs des Meridianes M, in welchem M_1 und M_2 vereinigt sind, umschrieben sei. Wir erhalten daher den Specialsatz:

172. „Eine Rotationsfläche wird längs jeder Meridiancurve von einem Cylinder berührt, dessen Erzeugenden zu der entsprechenden Meridianebene senkrecht stehen.“

§. 208.

Jeder Meridian ist daher als ein senkrechter Querschnitt des der Fläche längs dieses Meridians umschriebenen Cylinders zu betrachten. Da alle Meridiane der Umdrehungsfläche untereinander congruent sind, so folgt, dass es auch die sämmtlichen umschriebenen Cylinder sein müssen. Dieses leicht erzielte Resultat gibt Veranlassung zu der folgenden Entstehungsweise der Rotationsfläche:

173. „Besitzt ein Cylinder einen senkrechten Querschnitt mit einer Achse orthogonaler Symmetrie, so umhüllt derselbe bei der Drehung um diese Achse eine Rotationsfläche, und zwar dieselbe Fläche, welche der genannte Querschnitt bei seiner Umdrehung erzeugt.“

§. 209.

Ist irgend ein Cylinder einer krummen Fläche umschrieben, so ist jede Tangentialebene des Cylinders gleichzeitig auch eine Tangentialebene dieser Fläche. Der Berührungspunkt mit der letztgenannten Fläche ist bekanntlich der Schnittpunkt der Berührungserzeugenden des Cylinders mit jener Curve, längs welcher der Cylinder die Fläche berührt.

Ist mithin T die Tangentialebene einer Rotationsfläche in irgend einem Punkte a derselben, so ist T auch eine Berührebene desjenigen Cylinders, welcher die Rotationsfläche längs des durch a gehenden Meridianes M berührt. Nachdem der Cylinder, also auch dessen sämmtliche Berührebenen zur Ebene E_m dieses Meridians senkrecht stehen, so folgt aus dieser einfachen Betrachtung der Satz:

174. „Die Tangentialebene einer Rotationsfläche in einem ihrer Punkte steht immer auf der durch diesen Berührungspunkt gehenden Meridianebene senkrecht.“

§. 210.

Die letztbewiesenen Sätze folgen sämmtlich aus der Eigenschaft, dass jede Rotationsfläche durch jede Meridianebene symmetrisch getheilt wird. Schließlich sei, auf derselben Grundlage beruhend, noch eine wichtige Eigenschaft, den ebenen Schnitt einer Rotationsfläche betreffend, abgeleitet.

Es ist nämlich an und für sich klar, dass, falls zwei Gebilde orthogonal-symmetrisch gegen dieselbe Ebene sind, die ihnen gemeinsamen Elemente (Punkte, Tangenten, Tangentialebenen etc.) gleichfalls paarweise orthogonal-symmetrisch gegen diese Ebene sein müssen.

Eine Ebene wird bekanntlich durch jede in ihr liegende Gerade, sowie auch durch jede auf ihr senkrechte Ebene symmetrisch getheilt.

Denken wir uns nun irgend eine Rotationsfläche Σ durch eine ganz beliebige Ebene e geschnitten und sei σ die resultierende Schnittcurve.

Führen wir die zur gegebenen schneidenden Ebene e senkrechte Meridianebene E_m, so theilt diese sowohl die Rotationsfläche, als auch die Ebene e in zwei orthogonal-symmetrische Hälften. Den vorhergegangenen Betrachtungen gemäß, muss sodann auch die Schnittcurve σ orthogonal-symmetrisch gegen die Meridianebene E_m und mithin auch orthogonal-symmetrisch gegen die Schnittgerade x dieser letzteren Ebene mit der schneidenden Ebene e, oder mit anderen Worten, die letztgenannte Schnittgerade x muss eine Achse orthogonaler Symmetrie für die Schnittcurve σ sein. Daher der Satz:

175. „Dem ebenen Schnitte irgend einer Rotationsfläche entspricht immer eine Achse orthogonaler Symmetrie. Diese Achse wird durch die Schnittgerade der gegebenen schneidenden Ebene mit der zu ihr normalen Meridianebene dargestellt.“

§. 211.

Tangentialebenen und Berührungskegel der Rotationsflächen.

Die Tangentialebene T einer Rotationsfläche in einem Punkte a der letzteren ist durch zwei Tangenten der Fläche im Punkte a bestimmt.

Es ist an und für sich klar, dass sich zu dieser Bestimmung jene Tangenten t_1 und t_2 am besten eignen, welche im Punkte a an den durch denselben geführten Meridian M_a und Parallelkreis K_a gelegt werden können. Übrigens ist die Bedingung, dass die Tangentialebene T die Tangente t_2 des Parallelkreises K_a enthalten solle, gleichwertig mit der im Satze 174) ausgesprochenen Bedingung, dass sie zur Ebene E_m^a des Meridians M_a senkrecht stehen müsse.

Denken wir uns die Tangente t_1 des Meridians M_a im Punkte a in starrer Verbindung mit diesem Meridiane, so wird dieselbe, da sie, als Gerade in der Meridianebene E_m^a, die Rotationsachse Z in einem Punkte S schneiden muss, bei der Umdrehung um Z einen Rotationskegel beschreiben, während der Berührungspunkt a einen der Rotationsfläche sowohl als auch dem Rotationskegel angehörenden Parallelkreis K_a durchlaufen wird.

Jede Erzeugende dieses Kegels berührt in demjenigen Punkte, in welchem sie den Kreis K_a schneidet, den durch diesen nämlichen Punkt gehenden Meridian, also auch die Rotationsfläche selbst. Der genannte Kegel ist somit der Rotationsfläche längs des Parallelkreises K_a umschrieben. Es besteht daher der Satz:

176. „Die Tangenten aller Meridiane einer Rotationsfläche in den Punkten, welche einem und demselben Parallelkreise angehören, schneiden die Rotationsachse in demselben Punkte und erzeugen daher einen der Fläche längs des Parallelkreises umschriebenen Rotationskegel.“

Oder umgekehrt:

177. „Der aus einem Punkte der Rotationsachse einer Rotationsfläche umschriebene Kegel ist ein Rotationskegel, welcher mit der Rotationsfläche coachsial ist und dieselbe längs eines Parallelkreises berührt.“

§. 212.

Da eine Berührungsebene T der Rotationsfläche in einem Punkte a eines Parallelkreises K_a die Meridiantangente t_1 des durch a gehenden Meridians M_a enthält, und folglich die Rotationsachse Z in dem nämlichen Punkte S trifft, in welchem die Gerade t_1 dieselbe schneidet, oder, nachdem die Tangentialebene eines einer Fläche umschriebenen Kegels auch diese Fläche und zwar in einem Punkte der Berührungscurve tangiert, so folgt aus dem vorstehenden Satze unmittelbar auch der folgende:

178. „Die Tangentialebenen einer Rotationsfläche in den Punkten eines und desselben Parallelkreises schneiden die Rotationsachse in einem und demselben Punkte und sind zugleich Tangentialebenen des der Rotationsfläche längs jenes Parallelkreises umschriebenen Kegels.“

§. 213.

Unter der Normalen einer Fläche in einem Punkte a versteht man bekanntlich die Senkrechte, welche durch den betreffenden Punkt a senkrecht zur Tangentialebene T der Fläche in dem nämlichen Punkte a gezogen werden kann.

Hiernach haben zwei Flächen, welche sich längs einer Curve berühren, in jedem Punkte der letzteren eine gemeinschaftliche Normale.

Der geometrische Ort der Normalen eines geraden Kreis- oder Rotationskegels längs eines Kreises ist wieder ein Rotationskegel, dessen Scheitel auf der Rotationsachse des ersteren liegt.

Zum Behufe der Rechtfertigung des Gesagten, denke man sich diesfalls bloß ein rechtwinkeliges Dreieck um seine Hypotenuse gedreht, so wird hierbei jede der beiden Katheten einen Rotationskegel erzeugen und wird hievon der eine unmittelbar der normale Rotationskegel zu dem anderen sein.

Der geometrische Ort der Normalen einer Rotationsfläche in den Punkten eines Parallelkreises ist daher gleichzeitig der geometrische Ort der Normalen jenes Rotationskegels, welcher der Fläche längs des genannten Parallelkreises umschrieben wird und mithin wieder ein Rotationskegel, welcher mit der Rotationsfläche coachsial ist.

Da die Normale der Fläche auf allen Flächentangenten in dem entsprechenden Fußpunkte senkrecht steht, so ist die besagte Senkrechte gleichzeitig auch eine Normale der Meridiantangente, also auch des Meridians selbst. Hiernach gelangen wir zu dem Satze:

179. „Die Normalen einer Rotationsfläche in den Punkten eines Parallelkreises bilden einen mit der Rotationsfläche coachsialen Rotationskegel. Jede Erzeugende dieses Kegels ist auch eine Normale des Meridians, welcher in der durch diese Normale bestimmten Meridianebene liegt, in demjenigen Punkte, in welchem der Meridian von dem vorgenannten Parallelkreise getroffen wird.

§. 214.

Denken wir uns an den Meridian M_a einer Rotationsfläche eine Tangente t_a parallel zur Rotationsachse Z geführt; a sei der Berührungspunkt derselben. Denken wir uns ferner die besagte Tangente t_a mit dem Meridian M_a in starrer Verbindung und drehen wir beide um die Rotationsachse Z, so erzeugt hierbei die Tangente t_a einen Cylinder, welcher der Rotationsfläche längs jenes Parallelkreises umschrieben ist, der von dem betreffenden Punkte a bei der Umdrehung durchlaufen wird.

Ist die Meridiancurve M_a gegen die Rotationsachse Z concav, liegt also der dem Berührungspunkte a der Tangente t_a benachbarte Theil der Curve zwischen dieser Tangente t_a und der Rotationsachse Z, so repräsentiert der Punkt a den von der Rotationsachse Z entferntesten Punkt des umliegenden Theiles der Meridiancurve und mithin der von a beschriebene Parallelkreis einen größten Parallelkreis der Rotationsfläche. Einen solchen größten Parallelkreis pflegt man einen „Äquator" und seine Ebene eine „Äquatorialebene" der Rotationsfläche zu nennen.

Es ist einleuchtend, dass, wenn sich parallel zur Rotationsachse an mehrere Theile der Meridiancurve Tangenten derart ziehen lassen, dass sie im Vereine mit der Rotationsachse Z die umliegende (dem Berührungspunkte benachbarte) Curvenpartie einschließen, einer Rotationsfläche mehrere Äquatoren entsprechen können. Unter allen diesen möglichen Äquatoren kann man den größten derselben als den „Hauptäquator" bezeichnen.

Die vorerwähnte Meridiancurve kann jedoch auch ein entgegengesetztes Verhalten zeigen.

Kehrt nämlich ein Theil der Meridiancurve der Rotationsachse Z ihre convexe Seite zu, so wird diese Curvenpartie, wenn man an dieselbe eine zu Z parallele Tangente t_a zieht, außerhalb des von t_a und Z gebildeten Streifens liegen. Der Berührungspunkt a wird demgemäß von der Achse Z eine Minimalentfernung haben. Infolge dessen wird der von a beschriebene Parallelkreis ein kleinster Parallelkreis sein, welchen man als „Kehlkreis" zu bezeichnen pflegt.

Es ist wieder an und für sich klar, dass die Zahl derartiger Kehlkreise, welche einer vorliegenden Rotationsfläche zukommen, bloß durch die Form der Meridiancurve bedingt erscheine.

Den kleinsten unter all den möglicherweise sich ergebenden Kehlkreisen wollen wir wieder den „Hauptkehlkreis" nennen.

Je nach der Natur der Meridiancurve kann es auch vorkommen, dass eine Rotationsfläche zwar einen Äquator, aber keinen Kehlkreis (das einfachste diesbezügliche Beispiel bildet die Kugel), oder aber einen Kehlkreis und keinen Äquator (beispielsweise das Rotationshyperboloid), oder endlich einen Kehlkreis und einen Äquator (Ringfläche) besitzt.

Ebenso kann auch der Fall eintreten, dass bei einer vorgegebenen Rotationsfläche weder ein Kehlkreis, noch ein Äquator im eigentlichen Sinne des Wortes auftritt. Ein Beispiel hiefür bietet allenfalls jene Rotationsfläche, welche durch Umdrehung eines Hyperbelastes um eine seiner Asymptoten entsteht.

Obwohl selbstverständlich, sei doch erwähnt, dass der einer Rotationsfläche längs eines Äquators umschriebene, zur Rotationsachse parallele Cylinder die Fläche von außen, und ein derselben längs eines Kehlkreises umschriebene, zur Rotationsachse paralleler Cylinder dieselbe von innen berühre.

Ein uneigentlicher Äquator oder Kehlkreis entsteht auch durch Umdrehung eines der Meridiancurve angehörenden Rückkehrpunktes und zwar der erstere, wenn die Spitze der besagten Curve der Rotationsachse abgewendet, und der zweite, wenn diese der Drehachse zugekehrt ist.

§. 215.

Gelegentlich vorausgeschickter Untersuchungen und Erörterungen haben wir gefunden, dass eine Rotationsfläche auch als Umhüllungsfläche aller der Rotationsfläche meridian-umschriebenen Cylinder (Satz 173) betrachtet werden könne.

In gleicher Weise kann man sich dieselbe auch als Umhüllungsfläche aller Rotationskegel entstanden denken, welche derselben längs der Parallelkreise umschrieben sind.

Denken wir uns den Scheitel N eines einem Parallelkreise K entsprechenden Normalenkegels der Rotationsfläche als Mittelpunkt einer Kugel, deren Radius der Länge der Normalen zwischen dem Kegelscheitel N und ihren Fußpunkten gleich ist, also mit der Länge der diesbezüglichen Kegelerzeugenden übereinstimmt, so ist einleuchtend, dass diese Kugel die Rotationsfläche längs des Kreises K berühren wird. Denn, ist a ein Punkt des Kreises K, so ist aN die Normale der Fläche im Punkte a, welche als solche auf der Tangentialebene T_a des Punktes a senkrecht steht. Gleichzeitig ist aber aN auch ein Radius der genannten Kugel und folglich T_a auch die Tangentialebene der Kugel in dem nämlichen Punkte a.

Denken wir uns endlich der Rotationsfläche längs der einzelnen Parallelkreise eben solche Kugeln eingeschrieben, so ist klar, dass man dieselbe als Umhüllungsfläche aller dieser Kugeln betrachten kann.

Diese hier bezüglich der berührenden Kegel, Cylinder und Kugeln eingereihten Erörterungen, so einfach dieselben auch sein mögen, sind für die constructive Behandlung der Rotationsflächen, wie wir uns zu überzeugen Gelegenheit finden werden, von großer Wichtigkeit.

§. 216.

Zum Schlusse dieser allgemeinen Bemerkungen sei noch die Berührungscurve eines einer Rotationsfläche aus einem beliebigen Punkte des Raumes umschriebenen Kegels, oder eines parallel zu einer gegebenen Geraden der Fläche umschriebenen Cylinders in Bezug auf ihre Eigenschaften einer näheren Untersuchung unterzogen.

Sei Σ eine beliebige Rotationsfläche, Z deren Drehungsachse und P ein beliebiger Punkt im Raume.

Wird von dem Punkte P aus der Rotationsfläche ein Kegel umschrieben, welcher dieselbe längs einer Curve C berührt, so ist unschwer nachzuweisen, dass diese Curve orthogonal-symmetrisch gegen jene Meridianebene E_m^p ist, welche den Scheitel P enthält.

Ist nämlich a ein beliebiger Punkt der Berührungscurve C, so ist Pa eine Tangente der Fläche im Punkte a. Da nun (nach Satz 170) die Rotationsfläche gegen die Meridianebene E_m^p symmetrisch ist, so entspricht dem Punkte a ein gegen diese Ebene symmetrischer Punkt a_1 der Rotationsfläche, und ebenso der Flächentangente Pa eine gegen E_m^p symmetrische Flächentangente Pa_1 im Punkte a_1.

Nachdem aber Geraden, welche gegen eine Ebene symmetrisch liegen, sich in einem Punkte der letzteren schneiden müssen, so folgt, dass die der Tangente Pa in Bezug auf E_m^p symmetrische Flächentangente im Punkte a_1, ebenfalls durch P gehen müsse. Unter dieser Voraussetzung ist aber Pa_1 gleichzeitig auch eine Erzeugende des aus P der Fläche umschriebenen Kegels und a_1 ein Punkt der Berührungscurve dieses Kegels.

Wir sehen also, dass jedem beliebigen Punkte a der Berührungscurve C ein zweiter Punkt a_1 dieser Curve entspricht, welcher mit dem ersteren in Bezug auf die Ebene E_m^p symmetrisch liegt, dass also die Curve C selbst gegen diese Ebene symmetrisch liege. Hiernach gilt der Satz:

180. „Die Berührungscurve eines beliebigen, einer Rotationsfläche umschriebenen Kegels ist orthogonal-symmetrisch gegen die Meridianebene, welche durch den Kegelscheitel geht.“

§. 217.

Für einen beliebigen, der Rotationsfläche umschriebenen Cylinder gelangen wir zu einem analogen Resultate.

Sei wieder Σ die Rotationsfläche, g die Gerade, zu welcher die Erzeugenden des umschriebenen Cylinders parallel sein sollen, und C die Berührungscurve des Cylinders mit der gegebenen Fläche.

Die Rotationsfläche ist orthogonal-symmetrisch gegen jene Meridianebene E_m, welche zur Geraden g parallel ist.

Nehmen wir nun einen beliebigen Punkt a der Berührungscurve C an, so entspricht demselben in Bezug auf die Meridianebene E_m symmetrisch liegend ein Punkt a_1 der Rotationsfläche; ferner wird der durch a gehenden Cylindererzeugenden, d. i. der durch a zu g parallel geführten Tangente t_a der Rotationsfläche eine in Bezug auf E_m symmetrische Tangente t_{a_1} der Rotationsfläche im Punkte a_1 entsprechen.

Der Voraussetzung gemäß ist aber die Ebene E_m parallel zur Geraden g, also auch parallel zur Geraden t_a. Infolge dessen muss auch die Tangente t_{a_1}, welche mit t_a in Bezug auf E_m symmetrisch liegt, mit t_a parallel sein.

Hieraus ist sofort zu erkennen, dass t_{a_1} ebenfalls eine Erzeugende des Cylinders und a_1 mithin ein Punkt der Berührungscurve sei.

Jedem Punkte a der Berührungscurve C entspricht demnach ein gegen die Ebene E_m orthogonal-symmetrischer Punkt a_1 dieser Curve C; es ist also auch die letztere orthogonal-symmetrisch in Bezug auf die Meridianebene E_m. Es besteht daher der Satz:

181. „Die Berührungscurve einer Rotationsfläche mit einem derselben umschriebenen Cylinder ist orthogonal-symmetrisch in Bezug auf jene Meridianebene, welche zu den Cylindererzeugenden parallel läuft.“

§. 218.

Wir haben bereits nachgewiesen, dass eine beliebige Tangente des Meridians einer Rotationsfläche bei Drehung derselben um die Rotationsachse einen der Rotationsfläche längs eines Parallelkreises umschriebenen Rotationskegel erzeuge.

Ist die Meridiantangente insbesondere zur Rotationsachse parallel, so übergeht dieser Kegel in einen der Rotationsfläche umschriebenen Cylinder.

Offenbar kann und wird es außer den genannten auch noch Meridiantangenten geben, welche gegen die Rotationsachse eine besondere Lage besitzen, also etwa Tangenten geben, die zur Rotationsachse senkrecht stehen. Jede solche Tangente wird bei der Rotation um die Drehachse eine Ebene, ihr Berührungspunkt aber einen Parallelkreis beschreiben, längs welchem die Rotationsebene von der genannten Ebene berührt wird.

Jede derartige Ebene, oder richtiger der Berührungskreis derselben, theilt die Rotationsfläche in der Nähe dieses Kreises in zwei Theile, wovon der eine (der äußere nämlich) seine concave Fläche der Rotationsachse zukehrt, der andere dagegen die convexe Seite derselben zuwendet.

Wie man sich leicht überzeugen kann, wird die Tangentialebene der Punkte des ersten Flächentheiles den letzteren nicht in reellen Curven treffen, während die Tangentialebenen in den Punkten des zweiten Flächentheiles denselben in einer reellen Curve schneiden werden, welche im betreffenden Berührungspunkte einen Doppelpunkt mit reellen Tangenten besitzt.

Die Punkte des ersteren Flächentheiles sind demnach „elliptisch", die des zweiten Flächentheiles dagegen „hyperbolisch".

Wir erhalten daher für Rotationsflächen, welche von höherer als der zweiten Ordnung sind, den Satz:

182. „Auf einer Rotationsfläche von höherer als der zweiten Ordnung gibt es elliptische und hyperbolische Flächentheile; dieselben sind im allgemeinen durch solche besondere Parallelkreise getrennt, längs welchen die Rotationsfläche von einer und derselben Ebene (Ebene dieses Parallelkreises) berührt wird."

Es ist weiters leicht einzusehen, dass, wenn die Meridiancurve einen Wendepunkt mit einer zur Achse parallelen Wendetangente besitzt, dieser ebenfalls einen Parallelkreis beschreiben muss, welcher eine elliptische Flächenpartie von einer hyperbolischen trennen wird.

§. 219.

Nachdem die Normalen einer Rotationsfläche in den Punkten eines beliebigen Parallelkreises einen Kegel, d. i. eine aufwickelbare Fläche bilden, so ist jeder Parallelkreis gleichzeitig eine Krümmungslinie der Fläche.

Da sich ferner die beiden durch irgend einen Punkt einer Fläche gehenden Krümmungslinien rechtwinklig durchschneiden müssen, so folgt, dass in Bezug auf die Rotationsfläche diejenigen Curven, welche die Parallelkreise rechtwinklig durchschneiden, d. h. die Meridiancurven, das zweite System von Krümmungslinien repräsentieren.

Das Gesagte kann, ohne jedwede Schwierigkeit, auch direct eingesehen und nachgewiesen werden.

Da nämlich jede Normale der Rotationsfläche die Rotationsachse schneidet, so liegen die Normalen der Fläche längs eines Meridians in der betreffenden Meridianebene. Die Normalenfläche ist also diesfalls eine Ebene, d. h. eine aufwickelbare Fläche. Infolge dessen ist jede Meridiancurve einer Rotationsfläche stets eine Krümmungslinie derselben. Wir erhalten somit den Satz:

183. „Die Parallelkreise und die Meridiane einer Rotationsfläche repräsentieren die beiden Systeme von Krümmungslinien dieser eben genannten Fläche.“

Alle bisher entwickelten Eigenschaften der Rotationsfläche beruhen, wie wir fanden, bloß auf dem Erzeugungsgesetze derselben.

Besagte Eigenschaften haben ihren Grund in der Existenz einer Schar von Parallelkreisen, sind jedoch unabhängig von dem Erzeugungsgesetze, welchem die Meridiancurve unterliegt, daher es auch ganz gleichgiltig sein wird, welches Erzeugungsgesetz man für die Meridiancurve aufstellt.

Wir werden deshalb in der Folge die Meridiancurve ganz willkürlich wählen können, da es für die anzustellenden Betrachtungen und Untersuchungen gleichgiltig ist, ob dieselbe nach einem bestimmten Gesetze entstanden ist oder nicht.

XI. Capitel.

Constructionen und Aufgaben über Rotationsflächen.

§. 220.

Bei unseren diesfallsigen Besprechungen werden wir immer, sobald nicht ausdrücklich durch die Bedingungen des gestellten Problemes etwas anderes gefordert wird, die eine der Projectionsebenen, etwa die horizontale Projectionsebene senkrecht zur Rotationsachse wählen, so dass, dieser Annahme entsprechend, die letztere durch eine horizontal-projicierende Gerade (Z, Z') (Taf. XII, Fig. 53) dargestellt ist.

Durch die Achse (Z, Z') lässt sich, der gemachten Voraussetzung gemäß, stets eine zur Bildebene (verticalen Projectionsebene) parallele Meridianebene η legen. Die Horizontaltrace η_h derselben ist die durch

Z' zur Grundlinie XX parallel geführte Gerade. Der in dieser Ebene liegende Meridian M wird, als parallel zur verticalen Projectionsebene, in verticaler Projection in wahrer Größe erscheinen.

Nachdem die Rotationsfläche gewöhnlich direct durch die Drehachse und einen Meridian gegeben wird, so ist einleuchtend, dass man im allgemeinen den vorgenannten, in der Meridianebene η liegenden Meridian M, welcher daselbst in wahrer Größe und Gestalt erscheint, auch unmittelbar für die Zwecke der Darstellung wählt.

Der eben bezeichnete Meridian M wird daher auch, wie vorher bereits bemerkt, der „Hauptmeridian" und dessen Ebene die „Hauptmeridianebene" der Rotationsfläche genannt.

Die horizontale Projection M' des Hauptmeridianes reduciert sich auf eine Gerade, die mit der Trace η_h der Hauptmeridianebene coincidiert.

Da (nach Satz 172) der einer Rotationsfläche längs des Hauptmeridians (M, M') umschriebene Cylinder zu der Hauptmeridianebene η senkrecht steht, also vertical-projicierend ist, so repräsentiert die Verticalprojection M des Hauptmeridians gleichzeitig die Verticalcontour der Rotationsfläche.

Bei der Darstellung der Rotationsfläche wird ferner auch noch der Äquator (K, K') der genannten Fläche verzeichnet.

Die verticale Projection desselben reduciert sich auf eine Gerade, d. i. auf die Berührungssehne mn des Hauptmeridians M mit den zur Achse Z parallelen Tangenten. Die Länge dieser Sehne stellt gleichzeitig die wahre Größe des Durchmessers des Äquators dar.

Die horizontale Projection K' des Äquators erscheint infolge der getroffenen Anordnung der Projectionsebenen in wahrer Größe, als Kreis K' mit dem Mittelpunkte Z' und dem Durchmesser $m'n' = mn$.

Der der Rotationsfläche längs des Äquators (K,K') umschriebene Cylinder ist parallel zur Achse (Z, Z'), also horizontal-projicierend; es stellt daher der Kreis K', als Horizontalprojection des Äquators, gleichzeitig die Horizontalcontour der Rotationsfläche dar.

Durch die eben vorgeführten Bestimmungsstücke wollen wir uns, wenn nicht Ausnahmen durch vorgelegte Bedingungen platzgreifen müssen, in der Folge eine Rotationsfläche stets dargestellt denken.

§. 221.

15. Aufgabe. **Die Verticalprojection eines Punktes auf der Rotationsfläche ist gegeben; es soll dessen Horizontalprojection ermittelt werden.**

Vor allem ist einleuchtend, dass der Punkt (a, a') (Taf. XII, Fig. 53) auf der Rotationsfläche durch die Angabe seiner Verticalprojection a thatsächlich vollkommen bestimmt sei.

Besagter Punkt ist nämlich einer der in endlicher gerader Anzahl vorkommenden Schnittpunkte der Rotationsfläche mit der verticalprojicierenden Geraden (σ, σ'), deren Verticalprojection sich auf den mit a coincidierenden Punkt σ reduciert.

Die Forderung der gestellten Aufgabe besteht somit bloß darin, die Horizontalprojection eines dieser Schnittpunkte zu bestimmen.

Erste Methode. Führen wir durch a eine zur Grundlinie XX parallele Gerade, so kann dieselbe als die Verticaltrace e_v einer zur horizontalen Projectionsebene parallelen Ebene e betrachtet werden, welche die Gerade (σ, σ') und somit auch den zu suchenden Punkt enthält. Diese Ebene e schneidet die Rotationsfläche in einem Parallelkreise (π, π'), dessen Mittelpunkt (o, o') der Schnittpunkt von e mit der Rotationsachse Z ist. Besagter Kreis (π, π') geht offenbar durch jene beiden Punkte (α, α') und (β, β'), in welchen die Ebene e den Hauptmeridian (M, M') schneidet, oder was dasselbe ist, wird durch jenen Kreis dargestellt, welcher die Sehne $\alpha\beta = \alpha'\beta'$ zum Durchmesser hat.

Die Horizontalprojection π' dieses Kreises ist daher ein mit der Horizontalprojection K' des Äquators concentrischer Kreis π', welcher durch die Punkte α' und β' geht.

Dieser Kreis π' trifft die Horizontalprojection σ' in den beiden Punkten a' und a'_1, welche bereits die Horizontalprojectionen der Schnittpunkte des Kreises (π, π'), also auch jene der Rotationsfläche mit der vertical-projicierenden Geraden (σ, σ') darstellen, oder welche mit anderen Worten, die Horizontalprojectionen jener beiden Punkte der Rotationsfläche repräsentieren, deren Verticalprojectionen mit dem gegebenen Punkte a zusammenfallen. Die beiden Punkte (a, a') und (a, a'_1) liegen orthogonal-symmetrisch gegen die Hauptmeridianebene η.

§. 222.

Zweite Methode. Wir haben nachgewiesen (Satz 171), dass durch irgend zwei beliebige Meridiane einer Rotationsfläche stets zwei Cylinder gelegt werden können, deren Erzeugenden beziehungsweise auf der einen oder der anderen Meridianebene, welche den Winkel der beiden gegebenen Meridianebenen halbieren, senkrecht stehen.

Denken wir uns durch den Meridian (M_1, M'_1) (Taf. XII, Fig. 53) des bisher noch unbekannten Punktes (a, a') die Meridianebene $P_v P_h$ gelegt. Durch den in dieser Ebene $P_v P_h$ liegenden Meridian (M_1, M'_1) und durch den Hauptmeridian (M, M') lässt sich ein Cylinder legen. Die Erzeugenden des letztbezeichneten Cylinders werden, da dieselben auf der winkelhalbierenden Meridianebene der beiden Meridianebenen η und P senkrecht stehen, und nachdem alle Meridianebenen horizontal-projicierend sind, zur horizontalen Projectionsebene parallel sein.

Die Verticalprojection M des Hauptmeridianes und jene M_1 des in der Ebene P liegenden (unbekannten) Meridianes (M_1, M'_1) sind, als die Parallelprojectionen zweier auf einem und demselben Cylinder liegenden ebenen Curven, affin.

Die Projectionen der Cylindererzeugenden, welche im vorliegenden Falle durch die zu Z senkrechten, oder was dasselbe ist, durch die zur Grundlinie XX parallelen Geraden repräsentiert erscheinen, sind die Affinitätsstrahlen, während die Verticalprojection der Schnittgeraden der Ebenen beider Curven — hier die Verticalprojection Z der Rotationsachse — die entsprechende Affinitätsachse darstellt. Wir können daher den Satz aufstellen:

184. „*Die Verticalprojection eines beliebigen Meridianes ist orthogonal affin mit der Verticalprojection des Hauptmeridians; die Affinitätsachse wird durch die Verticalprojection der Rotationsachse, und die Affinitätsstrahlen durch die zur Grundlinie parallelen Geraden repräsentiert.*“

§. 223.

Obwohl selbstverständlich, so sei dennoch bemerkt, dass sich dieser Satz auf die vorausgesetzte besondere Lage der Rotationsfläche resp. Rotationsachse gegen die horizontale Projectionsebene beziehe. Von diesem Satze werden wir hier, sowie auch in der Folge vielfachen Gebrauch machen.

Dem Punkte a der Curve M_1 entspricht affin jener Punkt α des Meridians M, in welchem M von dem durch a gehenden Affinitätsstrahle geschnitten wird. Mit Hilfe dieses Punktepaares (a, α) kann man zu jedem Punkte von M den affin entsprechenden von M_1 leicht bestimmen.

Wählen wir diesbezüglich beispielsweise den Punkt n von M, welcher die Verticalprojection des einen Endpunktes des zur verticalen Projectionsebene parallelen Durchmessers des Äquators repräsentiert.

Die Gerade αn trifft die Affinitätsachse Z im Punkte Δ; es entspricht ihr mithin die Gerade $a \Delta$ und diese trifft bereits den Affinitätsstrahl ε_v des Punktes n in dem gesuchten Punkte n_1.

Es ist leicht einzusehen, dass n_1 gleichzeitig die Verticalprojection jenes Punktes des Äquators darstellt, welcher auch dem Meridiane (M_1, M'_1) angehört.

Wählt man daher von den beiden Punkten, in welchen die durch n_1 senkrecht zur Grundlinie gezogene Gerade den Kreis K' trifft, den einen, etwa den Punkt n'_1, so ist (n_1, n'_1) ein Punkt des zu suchenden Meridianes (M_1, M'_1). Die Meridianebene desselben geht selbstverständlich durch (n_1, n'_1), und da sie horizontal-projicierend ist, so ergibt sich deren Horizontaltrace P_h als die Verbindungsgerade der Punkte n'_1 und Z'.

In dieser Meridianebene liegt nun, den vorstehenden Betrachtungen gemäß, der verlangte Punkt (a, a') der Rotationsfläche. Wir erhalten mithin bei gegebener Verticalprojection a, dessen zugehörige horizontale Projection a' unmittelbar in der Trace P_h.

Wäre man von dem zweiten Schnittpunkte n' des Kreises K' mit der durch n_1 senkrecht zur Grundlinie gezogenen Geraden μ ausgegangen, so hätte man eine zweite mit $P_v P_h$ gegen η symmetrisch liegende Meridianebene und in derselben den zweiten der Aufgabe genügenden Punkt (a, a'_1) erhalten.

§. 224.

16. Aufgabe. **Die Horizontalprojection eines auf der Rotationsfläche liegenden Punktes ist gegeben; es ist dessen Verticalprojection zu construieren.**

Diese Aufgabe ist in Bezug auf das zu Suchende und Gegebene geradezu das Entgegengesetzte der vorigen; dieselbe erfordert daher behufs ihrer Lösung und Durchführung bloß die Umkehrung der dort angewandten Constructionen.

Dem obigen entsprechend, gibt es auch hier wieder zwei Methoden, welche zu gleichem Ziele führen. Nach der ersten Methode wird man einen Kreis π' (Taf. XII, Fig. 53) zeichnen, welcher durch die gegebene Horizontalprojection a' geht, und seinen Mittelpunkt in Z' hat. Dieser Kreis stellt die Horizontalprojection jenes Parallelkreises dar, auf welchem der zu bestimmende Punkt (a, a') liegt.

Die Punkte α' und β', in welchen π' die Trace η_h trifft, sind gleichzeitig die Horizontalprojectionen jener Punkte, in welchen der Parallelkreis (π, π') den Hauptmeridian (M, M') schneidet. Die Verticalprojectionen α und β derselben ergeben sich auf M mittelst der beziehungsweise durch α' und β' zur Grundlinie senkrechten Geraden.

Es ist an und für sich klar, dass es bloß von der Natur der Curve M abhängen wird, in wieviel Punktepaaren diese Geraden die Curve M treffen, d. h. wie viele Parallelkreise und mithin auch wie viele Punkte der Aufgabe entsprechen werden.

Da α' und β' in Bezug auf Z' symmetrisch sind, und die Meridiancurve (M, M') in Bezug auf (Z, Z') gleichfalls symmetrisch liegt, so werden auch die Punkte α und β in Bezug auf Z symmetrisch sein; es wird also $\alpha\beta$ eine zu Z senkrechte Lage annehmen müssen. Die Gerade $\alpha\beta$ repräsentiert somit die Verticalprojection π des Parallelkreises (π, π'). Auf derselben werden wir demnach unmittelbar die verlangte Verticalprojection a des Punktes (a, a') der Fläche finden.

§. 225.

Zweite Methode. Der zu bestimmende Punkt (a, a') (Taf. XII Fig. 53) ist einer von jenen Punkten, in welchem die Rotationsfläche von der durch a' gehenden, horizontal-projicierenden Geraden (ϱ, ϱ') getroffen wird.

Legen wir durch diese Gerade (ϱ, ϱ') die Meridianebene $P_v P_h$, so wird durch dieselbe die Rotationsfläche in einem Meridiane (M_1, M'_1) geschnitten werden, welcher seinerseits die Gerade (ϱ, ϱ') in dem verlangten Punkte treffen wird.

Von diesem Meridiane lassen sich anstandslos zwei Punkte, d. h. die Schnittpunkte (m_1, m'_1) und (n_1, n'_1) der Ebene $P_v P_h$ mit dem Äquator (K, K') bestimmen. Die Verticalprojection M_1 des besagten Meridianes ist, wie wir vorher feststellten, mit der Verticalprojection M des Hauptmeridianes affin. Zwei dieser affinen Punkte sind durch n und n_1 dargestellt.

Um die Schnittpunkte von ϱ mit M_1 zu construieren, ermitteln wir einfach die der Geraden ϱ entsprechende Gerade ϱ_0. Zu diesem Behufe suchen wir mittelst der entsprechenden Geraden $x_1 n_1$ und $x_0 n$ zu irgend einem Punkte x_1 von ϱ den affinen Punkt x_0 und ziehen durch x_0 zu Z oder ϱ die Parallele ϱ_0. Die letztere Gerade ϱ_0 schneidet die Curve M in einem (oder in mehreren) Punkte α, welchem auf ϱ der Schnittpunkt a von ϱ und M_1, d. i. die geforderte Verticalprojection des Punktes (a, a') auf der gegebenen Fläche affin entspricht.

§. 226.

17. Aufgabe. **Es ist der Schnitt einer Rotationsfläche mit einer die Rotationsachse schneidenden Geraden zu construieren.**

Die gegebene Gerade, welche der Voraussetzung gemäß die Rotationsachse (Z, Z') in einem Punkte (s, s') schneidet, sei (g, g') (Taf. XII, Fig. 54).

Um die Schnittpunkte dieser Geraden mit der Rotationsfläche zu bestimmen, legen wir durch dieselbe die Meridianebene $P_v P_h$. Diese schneidet die Rotationsfläche in einem Meridiane (M_1, M'_1), welcher seinerseits die Gerade (g, g') in den zu bestimmenden Punkten treffen wird.

Nachdem die sämmtlichen Meridiane untereinander congruent sind, so lässt sich die Construction der Schnittpunkte der Geraden (g, g') mit dem Meridiane (M_1, M'_1) auf die Construction der Schnittpunkte einer Geraden mit dem Hauptmeridian (M, M') zurückführen.

Drehen wir zu diesem Zwecke die Ebene $P_v P_h$ sammt dem Meridiane (M_1, M'_1) und der Geraden (g, g') um die Achse (Z, Z') in die zur verticalen Projectionsebene parallele Lage. Hierbei gelangt der Meridian (M_1, M'_1) mit dem Hauptmeridiane (M, M') zur Deckung, und die Gerade (g, g') in die Lage g_0.

Führt man nun die Schnittpunkte a_0 und b_0 von g_0 mit der Curve M in die ursprünglich gegebene Lage der Geraden (g, g') nach a und b, wobei offenbar $a a_0$ und $b b_0$ parallel zur Grundlinie XX sind, zurück, so erhält man in a und b die Verticalprojectionen der gesuchten Schnittpunkte dargestellt.

Die Horizontalprojectionen a' und b' auf g' können nunmehr direct aus a und b abgeleitet werden.

§. 227.

Zweite Methode. Wie vorher, legen wir auch hier durch die gegebene Gerade (g, g') (Taf. XII, Fig. 54) die Meridianebene $P_v P_h$. Dieselbe schneidet die Rotationsfläche in einem Meridian (M_1, M'_1), welcher selbstverständlich die zu bestimmenden Schnittpunkte enthält. Zwei Punkte (m_1, m'_1) und (n_1, n'_1) dieses Meridians (M_1, M'_1) ergeben sich als die Schnittpunkte der Ebene $P_v P_h$ mit dem Äquator (K, K').

Die Verticalprojection M_1 des fraglichen Meridianes ist infolge der getroffenen Anordnung der Projectionsebenen, wie vorher nachgewiesen wurde, affin mit der Verticalprojection M des Hauptmeridians und zwar sind hierbei m und m_1, ebenso wie n und n_1, bereits je ein Paar affiner Punkte.

Um die Schnittpunkte von g mit M_1 zu ermitteln, suchen wir auf bekannte Weise die der Geraden g affin entsprechende Gerade g_0. Diese Construction wird einfach in der Art durchgeführt, dass man vermittelst der entsprechenden Geraden $m \Delta b_0$ und $m_1 \Delta b$ irgend einen Punkt b von g affin nach b_0 transformiert und b_0 mit dem Schnittpunkte s (von g mit der Affinitätsachse Z) verbindet. Die so transformierte Gerade g_0 schneidet M in a_0 und b_0.

Transformiert man die bezeichneten Punkte affin in die Gerade g zurück, so erhält man daselbst die Schnittpunkte a und b von M_1 mit g, d. s. die Verticalprojectionen der gesuchten Punkte. Die Horizontalprojectionen a' und b' dieser Schnittpunkte ergeben sich unmittelbar auf der horizontalen Projection g' von (g, g').

§. 228.

18. Aufgabe. **Es ist der Schnitt einer Rotationsfläche mit einer Ebene $E_v E_h$ zu construieren.**

Da der Meridian der Rotationsfläche als eine ganz beliebige Curve, deren Entstehungsgesetz nicht gekannt zu werden braucht, gezeichnet vorliegt, so wird man die Schnittcurve der Fläche mit der Ebene nur punktweise construieren können.

Um Punkte der Schnittcurve zu erhalten, wird man gewisse Hilfsebenen in Verwendung bringen, welche die gegebene Ebene sowohl, als auch die Rotationsfläche schneiden, und die aus einem solchen Schnitte resultierenden gemeinschaftlichen Punkte (mittelst der mit der Rotationsfläche und der Ebene $E_v E_h$ erhaltenen Schnittfigur) feststellen.

Wegen der Einfachheit in der Construction dieser Schnitte wird man die oberwähnten Hilfsebenen stets so wählen, dass man deren Schnitte mit der Rotationsfläche am bequemsten und sichersten ermitteln könne, was diesfalls offenbar erreichbar ist, wenn man die schneidenden Hilfsebenen senkrecht zur Rotationsachse, oder was dasselbe ist, parallel zur horizontalen Projectionsebene annimmt.

Sei e'_v (Taf. XII, Fig. 55) die Verticaltrace einer solchen Hilfsebene. Dieselbe schneidet die gegebene Ebene $E_v E_h$ in einer zur horizontalen Ebene parallelen Geraden (γ_1, γ'_1), deren horizontale Projection γ'_1 zur Horizontaltrace E_h parallel läuft, während von der nämlichen Hilfsebene e'_v die Rotationsfläche in einem Parallelkreise (π_1, π'_1) geschnitten wird, dessen Durchmesser durch jene Strecke dargestellt erscheint, die der Sehne gleichkömmt, welche die Trace e'_v auf der Meridiancurve M bestimmt.

Dieser Parallelkreis (π_1, π'_1) wird von der Geraden (γ_1, γ'_1) in zwei Punkten (a_1, a'_1) und (b_1, b'_1) getroffen, deren Horizontalprojectionen sich unmittelbar in a'_1 und b'_1 ergeben. Die Verticalprojectionen a_1 und b_1 derselben liegen in der Verticaltrace e'_v der Hilfsebene. Die Punkte (a_1, a'_1) und (b_1, b'_1) sind nun zwei der Fläche und der Ebene $E_v E_h$, also auch der gesuchten Schnittcurve angehörende Punkte.

Auf gleiche Weise kann man nunmehr eine beliebige Zahl solcher die Schnittcurve bestimmender Punkte erhalten, wenn man eine Reihe zur horizontalen Projectionsebene paralleler Hilfsebenen anwendet.

Es gibt jedoch noch gewisse besondere Punkte der Schnittcurve, welche deren Form genauer präcisieren.

Construieren wir diesbezüglich zunächst die Schnittgerade (s, s') der schneidenden Ebene $E_v E_h$ mit der zu ihr normalen Meridianebene $P_v P_h$. Diese Gerade (s, s') ist (nach Satz 175) eine Achse orthogonaler Symmetrie für die gesuchte Schnittcurve. Die Endpunkte derselben sind gleichzeitig deren Schnittpunkte (α, α') und (β, β') mit der vorgegebenen Fläche, welche als solche nach einer der vorher entwickelten Methoden (Problem 17) construiert werden können.

Nachdem wir bereits wissen, dass die Tangenten einer Curve in den Endpunkten einer Achse orthogonaler Symmetrie zu dieser Achse senkrecht sind, so werden auch im vorliegenden Falle die Tangenten der Schnittcurve in den Punkten (α, α') und (β_1, β') zur Geraden (s, s') senkrecht stehen, oder, was gleichbedeutend ist, zur Horizontaltrace E_h parallel sein. Die Verticalprojectionen derselben sind parallel zur Grundlinie; der eine der beiden Punkte (β, β') und (α, α') hat daher unter allen Punkten der Curve den größten, der andere dagegen den kleinsten Abstand von der horizontalen Projectionsebene, weshalb man dieselben auch beziehungsweise als den „höchsten" und „tiefsten" Punkt der Schnittcurve bezeichnet.

In den besagten Punkten übergehen somit die vorher angedeuteten horizontalen Sehnen in horizontale Tangenten der Schnittcurve.

Weiters sind von constructiver Wichtigkeit jene Punkte der Schnittcurve, welche dem Hauptmeridiane (M, M') angehören.

Besagte Punkte ergeben sich unmittelbar als die Schnittpunkte (γ, γ') und (δ, δ') dieses Hauptmeridians mit jener Geraden (σ, σ'), in welcher die Ebene $E_v E_h$ von der Hauptmeridianebene geschnitten wird. Diesen beiden Punkten kommt die besondere Eigenschaft zu, dass sich in denselben die Verticalprojection der Schnittcurve und jene des Hauptmeridianes berühren.

Letzteres lässt sich leicht wie folgt nachweisen. Die Verticalprojection M des Hauptmeridianes ist nämlich gleichzeitig auch die Verticalcontour der Rotationsfläche. Die Tangente s von M im Punkte γ repräsentiert daher die Verticaltrace jener vertical-projicierenden Ebene, welche die Rotationsfläche im Punkte (γ, γ') berührt. Dies vorausgeschickt, ist aber die genannte Tangente gleichzeitig auch die Verticalprojection aller Tangenten der Rotationsfläche im Punkte (γ, γ'), also auch der Tangente der Schnittcurve in dem betreffenden Punkte, oder dieselbe ist die gemeinschaftliche Tangente von M und der verticalen Projection der Schnittcurve im Punkte γ, woraus hervorgeht, dass sich die beiden eben bezeichneten Curven in γ berühren. Ein Gleiches lässt sich in Bezug auf den zweiten Punkt (δ, δ') nachweisen.

Bestimmt man endlich auch jene Punkte (λ, λ') und (ϱ, ϱ'), welche der Schnittcurve und dem Äquator (K, K') gleichzeitig angehören, als Schnittpunkte des Äquators mit jener Geraden, in welcher die schneidende Ebene $E_v E_h$ von der Äquatorialebene ε_v geschnitten wird, so folgt aus gleichen Gründen wie die vorher angeführten, dass die Horizontalprojectionen λ' und ϱ' dieser Punkte diejenigen seien, in welchen die Horizontalprojection der gesuchten Schnittcurve mit der Horizontalprojection K' des Äquatorialkreises eine Berührung eingeht.

Hiermit kennen wir eine hinreichende Anzahl von Punkten und Tangenten der Schnittcurve, welche es ermöglichen, dieselbe mit ziemlicher Genauigkeit zeichnen zu können.

§. 229.

19. Aufgabe. **Die Schnittpunkte einer Rotationsfläche mit einer beliebigen Geraden (g, g') sind zu construieren.**

Behufs Construction der Schnittpunkte der gegebenen Geraden (g, g') (Taf. XII, Fig. 56) mit der Rotationsfläche legen wir durch die genannte Gerade eine Ebene, am einfachsten eine vertical-projicierende Ebene $E_v E_h$, und bestimmen so, wie vorher, die Schnittcurve der letzteren mit der Rotationsfläche.

Die Punkte (a, a') und (b, b'), in welchen die besagte Curve die Gerade (g, g') trifft, sind bereits die verlangten Schnittpunkte. Es ist selbstverständlich, dass es nicht nothwendig sei, die ganze Schnittcurve zu verzeichnen, dass es vielmehr genügt, die Construction auf jene Curvenpartien zu beschränken, auf welchen man die zu suchenden Schnittpunkte vermuthet.

Die Wahl der Ebene $E_v E_h$ als vertical-projicierende Ebene ist, wie leicht ersichtlich, diesfalls auch deshalb von Vortheil, weil sich die Schnittgeraden derselben mit den Hilfsebenen e^1_v, e^2_v..., als vertical-projicierende Geraden, einfacher als bei jeder anderen Ebene ergeben.

§. 230.

Eine zweite Lösung resp. Methode zur Lösung und Durchführung der vorstehenden Aufgabe beruht auf folgender Betrachtung.

Denken wir uns die gegebene Gerade (g, g') (Taf. XII, Fig. 57) um die Achse (Z, Z') der Rotationsfläche gedreht, so beschreibt dieselbe ein Rotationshyperboloid, während deren Schnittpunkte mit der Rotationsfläche Kreise durchlaufen, welche sowohl Parallelkreise der letzteren, als auch Parallelkreise des Hyperboloides repräsentieren.

Die Hauptmeridianebene η_h schneidet die gegebene Rotationsfläche in dem Hauptmeridiane M und das Rotationshyperboloid in der Hauptmeridianhyperbel H. Die beiden genannten Curven schneiden sich in Punkten, welche den vorgenannten Parallelkreisen angehören. Construiert man daher diese Schnittpunkte, so sind durch dieselben offenbar auch die Parallelkreise und folglich auch die gesuchten Schnittpunkte der Geraden (g, g') mit der Rotationsfläche bestimmt.

Man hat hiernach nichts anderes zu thun, als die Hauptmeridianhyperbel des von (g, g') bei der Umdrehung um (Z, Z') erzeugten Rotationshyperboloides zu ermitteln.

Zeichnet man zu diesem Behufe jenen Kreis K'_1, welcher Z' zum Mittelpunkte hat und die Horizontalprojection g' in einem Punkte μ' berührt, ermittelt man also, mit anderen Worten, den kürzesten Abstand der beiden sich kreuzenden Geraden (Z, Z') und (g, g'), wodurch der Drehungsradius $Z'\mu'$ bei der diesfallsigen Anordnung der Projectionsebenen in Bezug auf die Lage der Drehachse in wahrer Größe erscheint, so stellt bekanntlich der Kreis K'_1 die Horizontalprojection des Kehlkreises für das vorerwähnte Hyperboloid dar.

Die Ebene ε'_v des genannten Kreises geht durch jenen Punkt (μ, μ') der Geraden (g, g'), welchem die Horizontalprojection μ' entspricht, während (K_1, K'_1) die Hauptmeridianebene η in den beiden Punkten (α, α') und (β, β') schneidet. Die Verticalprojectionen α und

β derselben sind die Endpunkte der reellen Achse der verticalen Projection der Hauptmeridianhyperbel.

Bringt man ferner die Gerade (g, g') durch Drehung um (Z, Z') in eine zur verticalen Projectionsebene parallele Lage (γ, γ'), so repräsentiert, wie bekannt, die Verticalprojection γ die eine Asymptote der Verticalprojection der Hauptmeridianhyperbel. Die zweite Asymptote γ_1 ist, in Bezug auf $\alpha\beta$ oder in Bezug auf Z als Symmetrieachse, mit γ symmetrisch.

Durch die Asymptoten γ und γ_1, sowie durch die reelle Achse $\alpha\beta$ ist die Hauptmeridianhyperbel H vollkommen bestimmt und kann nun punktweise auf irgend eine Art construiert werden. Dieselbe schneidet die Meridiancurve M in den beiden Paaren symmetrisch gegen Z liegenden Punkten a_0, a^0_1 und b_0, b^0_1.

Hiernach repräsentieren sodann beziehungsweise $a_0 a^0_1$ und $b_0 b^0_1$ die Verticalprojectionen der den beiden Flächen gemeinschaftlichen Parallelkreise. Dieselben treffen die Verticalprojection g in den Punkten a und b, welche bereits die Verticalprojectionen der diesen Parallelkreisen und der Geraden (g, g') gemeinschaftlichen Punkte, d. i. die verticalen Projectionen der gesuchten Schnittpunkte darstellen.

Aus a und b kann man nun unmittelbar die auf g' liegenden Horizontalprojectionen a' und b' dieser Schnittpunkte ableiten.

§. 231.

20. *Aufgabe.* **An eine Rotationsfläche ist in einem Punkte derselben die Berührebene zu construieren.**

Der auf der Rotationsfläche gegebene Berührungspunkt sei (a, a') (Taf. XII, Fig. 58). Ist bloß die eine Projection desselben bestimmt, so kann die zweite (wie in den vorhergegangenen Aufgaben 15 oder 16 besprochen) leicht construiert werden.

Die zu bestimmende Tangentialebene ist (nach Satz 174) zu derjenigen Meridianebene $P_v P_h$ senkrecht, welche durch den Berührungspunkt (a, a') geführt werden kann. Ferner muss besagte Ebene die Tangente des Meridians (M_1, M'_1) im Punkte (a, a'), in welchem die Rotationsfläche von der Meridianebene $P_v P_h$ geschnitten wird, enthalten. Diese Tangente ist folgendermaßen zu construieren.

Wir wissen (Satz 176) zunächst, dass sämmtliche Meridiantangenten in den Punkten eines und desselben Parallelkreises die Rotationsachse (Z, Z') in dem nämlichen Punkte schneiden.

Ziehen wir daher durch a die Parallele e_v zur Grundlinie XX, so schneidet diese den Hauptmeridian, resp. dessen Verticalprojection M, in zwei Punkten α und β, welche demselben Parallelkreise wie der Punkt a angehören. Die Tangente τ an M im Punkte α schneidet die Rotationsachse Z in dem Punkte S, welcher mit a verbunden, in der Geraden aS die Verticalprojection t der gesuchten Meridiantangente bestimmt.

Die Horizontalprojection t' derselben coincidiert mit der Horizontaltrace P_h der Meridianebene $P_v P_h$, da letztere horizontalprojicierend ist.

Legt man nun durch die Tangente (t, t') die zur Meridianebene $P_v P_h$ senkrechte Ebene $T_v T_h$, so stellt diese bereits die gesuchte Tangentialebene der Fläche in dem gegebenen Punkte (a, a') dar.

Ist die Lage des Punktes (a, a') (Taf. XII, Fig. 58) eine derartige, dass die Tangente τ des Hauptmeridians M im Punkte α die Achse Z in einem Punkte S schneidet, welcher außerhalb der Grenzen der Zeichnungsfläche fällt, man also von demselben keinen directen Gebrauch machen kann, so wird man von dem besagten Schnittpunkte durch nachstehende Construction Umgang nehmen können.

Man zieht in α auf die Tangente τ, welche entweder direct oder durch Zuhilfenahme einer Fehlercurve mit möglichster Genauigkeit construiert werden kann, die Senkrechte αN, welche die Rotationsachse Z im Punkte N trifft. Die Horizontalprojection N' fällt diesfalls mit Z' zusammen. Der Punkt (N, N') ist somit jener, in welchem sich die Normalen der Rotationsfläche in allen Punkten des durch a gehenden Parallelkreises untereinander und die Achse (Z, Z') schneiden. Hieraus folgt, dass die Verbindungsgerade der Punkte (a, a') und (N, N') die Normale der Rotationsfläche im Punkte (a, a') darstellt.

Man hat demnach bloß durch den Punkt (a, a') auf diese Normale $(aN, a'N')$ die Ebene $T_v T_h$ senkrecht zu führen, um in derselben wieder die verlangte Berührebene zu erhalten.

§. 232.

21. Aufgabe. **Parallel zu einer gegebenen Ebene $E_v E_h$ ist an eine Rotationsfläche eine Berührebene zu legen und deren Berührungspunkt zu ermitteln.**

Führen wir durch die Rotationsachse (Z, Z') (Taf. XIII, Fig. 59) die zur Ebene $E_v E_h$ senkrechte Meridianebene $P_v P_h$, so wird dieselbe auch zu der zu construierenden Berührebene senkrecht sein und daher (nach Satz 174) den Berührungspunkt der letzteren enthalten müssen.

Berücksichtigen wir ferner, dass der Schnitt der zu suchenden Tangentialebene mit der Meridianebene $P_v P_h$ einerseits eine Tangente des in der letzteren liegenden Meridianes (M_1, M'_1) und andererseits parallel zu der Schnittgeraden (s, s') dieser Meridianebene $P_v P_h$ mit der gegebenen Ebene $E_v E_h$ sein müsse, so ist klar, dass sich das gestellte Problem darauf reduciere, an den in der Ebene $P_v P_h$ liegenden Meridian (M_1, M'_1) eine Tangente parallel zu der Geraden (s, s') zu führen.

Zu diesem Zwecke drehen wir diese Ebene $P_v P_h$ sammt dem Meridiane (M_1, M'_1) und der Geraden (s, s') um die Achse (Z, Z') in die zur verticalen Projectionsebene parallele Lage. Dabei gelangt der Meridian (M_1, M'_1) mit dem Hauptmeridian (M, M') zur Deckung, während die Gerade (s, s') in eine Lage (s_0, s'_0) überführt wird.

Ziehen wir nun an M parallel zu s_0 die Tangente t_0 und drehen sodann die letztere, sowie auch deren Berührungspunkt p_0 beziehungsweise nach (t, t') und nach (p, p') in die Meridianebene $P_v P_h$ zurück, so ist (t, t') die zu (s, s') parallele Tangente des Meridians (M_1, M'_1) und (p, p') deren Berührungspunkt.

Führen wir ferner durch (t, t') die zur Ebene $P_v P_h$ senkrechte Ebene $T_v T_h$, so ist diese letztere einerseits eine Berührebene der Rotationsfläche im Punkte (p, p') und andererseits eine zur Ebene $E_v E_h$ parallel geführte Ebene; dieselbe repräsentiert mithin die geforderte Tangentialebene.

Es hängt selbstverständlich von der Gestalt der Curve M ab, ob, wann und wie viele Tangentialebenen der Aufgabe entsprechen. Die Zahl derselben wird offenbar der Anzahl jener Tangenten $t_0 \ldots$ gleich sein, die parallel zu s_0 an den Hauptmeridian M gezogen werden können.

§. 233.

22. Aufgabe. **Durch eine gegebene Gerade (g, g') sind an eine Rotationsfläche Berührebenen zu legen und deren Berührungspunkte zu ermitteln.**

Das allgemeine, hier anwendbare Verfahren würde darin bestehen, zu zwei Punkten der Geraden die Berührungscurven auf der Rotationsfläche zu construieren und in deren gegenseitigen Schnittpunkten, welche die Berührungspunkte der zu suchenden Berührebenen darstellen, die verlangten Ebenen zu führen.

Man kann jedoch auch auf eine besondere, den Rotationsflächen eigenthümliche Art zum Ziele gelangen. Hierbei wird selbstverständlich außer der Hauptmeridiancurve der gegebenen Rotationsfläche nur noch die punktweise Construction einer Curve, und zwar die einer Hyperbel erforderlich sein. Zu der eben angedeuteten Lösung gelangen wir durch folgende Betrachtung.

Wir denken uns die Gerade (g, g') (Taf. XIII, Fig. 60) um die Achse (Z, Z') der Rotationsfläche gedreht. Hierbei erzeugt dieselbe ein windschiefes Rotationshyperboloid. Die gegebene Gerade (g, g') selbst wird eine Lage einer Erzeugenden dieses Hyperboloides repräsentieren. Denken wir uns weiters durch die Gerade (g, g') an die Rotationsfläche eine Berührebene gelegt, so wird diese auch das Rotationshyperboloid in einem gewissen Punkte der Geraden (g, g') berühren müssen.

Drehen wir diese Tangentialebene um die Achse (Z, Z'), so wird dieselbe dabei selbstverständlich nicht aufhören, Tangentialebene der beiden Flächen zu sein.

Gelangt die besagte Ebene bei dieser Drehung endlich in eine zur verticalen Projectionsebene senkrechte Lage, so wird ihre Verticaltrace nothwendig die Verticalcontouren der beiden Rotationsflächen berühren müssen, oder mit anderen Worten, dieselbe wird eine gemeinschaftliche Tangente an die Hauptmeridiancurve der gegebenen Rotationsfläche und an die Hauptmeridianhyperbel des Rotationshyperboloides sein.

Diese gemeinschaftliche Tangente kann nun leicht construiert werden. Bestimmen wir nämlich auf bekannte Weise die reelle Achse $\alpha\beta$ der Hauptmeridianhyperbel, sowie deren Asymptoten γ und γ_1, und construieren wir aus diesen Bestimmungsstücken die Hyperbel H, so kann man mit genügender Genauigkeit die gemeinschaftlichen Tangenten t^1_v und t^2_v derselben (die zu t^1_v und t^2_v gegen die Achse Z symmetrisch gelegenen Tangenten benöthigen wir diesfalls nicht, da sie zu dem gleichen Endresultate wie t^1_v und t^2_v führen) ziehen.

Besagte Tangenten repräsentieren somit die Verticaltracen zweier vertical-projicierenden Tangentialebenen, welche der gegebenen Rotationsfläche und dem Hyperboloide gemeinschaftlich sind.

Diese Ebenen sind nunmehr um (Z, Z') so lange zu drehen, bis sie die Gerade (g, g') enthalten. Letzteres geschieht in folgender Weise.

Bei der Drehung um (Z, Z') bleiben die Horizontaltracen t^1_h und t^2_h dieser Ebenen stets Tangenten an die nämlichen zwei Kreise K'_1 und K'_2, deren gemeinschaftlicher Mittelpunkt Z' ist. Sollen aber die obbezeichneten Ebenen gleichzeitig auch die Gerade (g, g') enthalten, so müssen einerseits deren Horizontaltracen T^1_h und T^2_h beziehungsweise die Kreise K'_1 und K'_2 berühren und andererseits durch den Horizontal-Durchstoßpunkt h' der Geraden (g, g') gehen.

Zieht man demnach durch h' an die beiden Kreise K'_1 und K'_2 die möglichen Tangentenpaare, so wird eine einfache Überlegung zeigen, welche Tangente jedes Paares eine den Bedingungen der Aufgabe entsprechende Horizontaltrace T^1_h und T^2_h liefern wird. Sind diese gefunden, so kann man leicht auch die zugehörigen Verticaltracen T^1_v und T^2_v feststellen, da diese durch den Vertical-Durchstoßpunkt v der gegebenen Geraden (g, g') gehen.

Es erübrigt nunmehr noch, die Berührungspunkte der so gefundenen Tangentialebenen $T^1_v T^1_h$ und $T^2_v T^2_h$ zu construieren.

Der Berührungspunkt (p_1, p'_1) liegt einerseits in der zur Tangentialebene $T'_v T'_h$ normalen Meridianebene $P'_v P'_h$, andererseits aber auf demjenigen Parallelkreise (π_1, π'_1), auf welchem auch der Berührungspunkt α_1 der gedrehten, vertical-projicierenden Tangentialebene $t'_v t'_h$ liegt; derselbe ist daher einer der beiden Schnittpunkte dieses Kreises (π_1, π'_1) mit der Ebene $P'_v P'_h$, und zwar derjenige, welcher gleichzeitig auch in der Tangentialebene $T'_v T'_h$ selbst liegt.

Auf ganz übereinstimmende Weise findet man den Berührungspunkt (p_2, p'_2) der zweiten Tangentialebene $T^2_v T^2_h$, womit die Aufgabe vollständig gelöst erscheint.

§. 234.

23. Aufgabe. **Die Berührungscurve einer Rotationsfläche mit einem derselben aus einem gegebenen Punkte im Raume umschriebenen Kegel ist zu construieren.**

Da die Meridiancurve der Rotationsfläche eine „graphisch“ gegebene, d. h. gezeichnet vorliegende Curve ist, so ist auch kein charakteristisches Erzeugungsgesetz für die Berührungscurve eines der Fläche umschriebenen Kegels vorhanden; die besagte Curve wird daher punktweise zu bestimmen sein.

Zur Erreichung dieses Zweckes kennt man drei verschiedene Methoden.

Erste Methode. Mit Zuhilfenahme umschriebener Rotationskegel.

Der gegebene Kegelscheitel im Raume sei (P, P') (Taf. XIII, Fig. 61). Die Berührungscurve des aus diesem Scheitel der Rotationsfläche umschriebenen Kegels wird im allgemeinen eine Curve sein, welche eine Reihe aufeinander folgender Parallelkreise schneidet. Man kann daher die Forderung stellen, die auf einem beliebigen Parallelkreise liegenden Punkte der Berührungscurve zu construieren.

Nehmen wir diesbezüglich einen beliebigen Parallelkreis (π_1, π'_1) an. Nach Satz 178) schneiden sich die in den einzelnen Punkten dieses Kreises (π_1, π'_1) geführten Tangentialebenen der Rotationsfläche in einem und demselben Punkte (S_1, S'_1) der Rotationsachse (Z, Z'), welcher Punkt den Scheitel eines der Rotationsfläche längs des Parallelkreises (π_1, π'_1) umschriebenen Rotationskegels darstellt.

Bezeichneter Scheitel (S_1, S'_1) wird offenbar im Schnitte der Achse Z mit der Tangente τ des Hauptmeridians M in jenem Punkte α erhalten, welcher gleichzeitig dem hervorgehobenen Parallelkreise (π_1, π'_1) angehört.

Führt man durch den gegebenen Punkt (P, P') an diesen Rotationskegel (S_1, π_1) die möglichen Tangentialebenen, so berühren diese den Kegel längs der Erzeugenden, die Rotationsfläche dagegen in jenen Punkten des Parallelkreises (π_1, π'_1), in welchen die besagten Berührungserzeugenden des Kegels (S_1, π_1) diesen Kreis treffen. Die bezeichneten Punkte werden daher, als dem Kegel, der Rotationsfläche und der Tangentialebene gemeinschaftlich, die gesuchten Punkte der Berührungscurve darstellen.

Die Construction der besagten Berührungspunkte ist einfach folgende.

Die Tracen der zu suchenden, durch den gegebenen Punkt (P, P') gehenden Tangentialebenen des Rotationskegels (S_1, π_1) auf der Ebene e'_v des Parallelkreises (π_1, π'_1) sind diejenigen Kreistangenten (t_1, t'_1) und (t_2, t'_2), welche durch den Durchstoßpunkt (Δ_1, Δ'_1) dieser Ebene e'_v mit der Verbindungsgeraden (PS_1, $P'S'_1$) gehen. Dieselben, sowie ihre Berührungspunkte (a_1, a'_1) und (b_1, b'_1) mit dem Kreise (π_1, π'_1) können, wie leicht einzusehen, in der Horizontalprojection direct und mit voller Genauigkeit construiert werden. Die Verticalprojectionen a_1 und b_1 derselben sind offenbar in der Verticaltrace e'_v der Parallelkreisebene zu suchen. Es sind sonach (a_1, a'_1) und (b_1, b'_1) gleichzeitig die gesuchten Punkte der zu bestimmenden Berührungscurve.

In gleicher Weise wird man für jeden beliebigen anderen Parallelkreis (π_2, π'_2), (π_3, π'_3).... die in demselben liegenden Punkte der Berührungscurve construieren. Ist eine hinreichende Anzahl solcher Punkte gefunden, so kann man mit hinlänglicher Genauigkeit die Berührungscurve als Verbindungslinie der einzelnen aufeinander folgenden Punkte verzeichnen.

Fällt bei der zu vollführenden Construction der Scheitel S des Hilfskegels außerhalb der Grenzen der Zeichnungsfläche, was um so früher geschehen wird, je näher der Parallelkreis dem Äquator liegt, so kann mit Vortheil der nachfolgende Weg eingeschlagen werden.

Man legt, unabhängig von dem gewählten Parallelkreise auf dem die vorerwähnten Berührungspunkte zu bestimmen sind, unmittelbar durch den gegebenen Punkt (P, P') ein für allemal eine zur horizontalen Projectionsebene parallele Ebene H_v, welche als solche zur Rotationsachse (Z, Z') senkrecht steht und diese in einem Punkte (o, o') schneidet.

Sind demnach auf irgend einem Parallelkreise (π_1, π'_1) (Taf. XIII, Fig. 61) die Punkte der Berührungscurve zu bestimmen, so denkt man sich, ebenso wie vorher auch hier, der Rotationsfläche längs dieses Parallelkreises (π_1, π'_1) den Rotationskegel umschrieben.

Der letztbezeichnete Kegel schneidet die Ebene H in einem Kreise (φ_1, φ'_1), welchen wir jederzeit construieren können, ohne hiezu den Kegelscheitel (S_1, S'_1), der nun ohneweiters außerhalb der Grenzen der Zeichnungsfläche fallen kann, zu benöthigen.

Die Tangente des Hauptmeridianes M in dem Punkte α_1 des Parallelkreises (π_1, π'_1) ist eine Erzeugende des obbezeichneten Kegels, schneidet daher die Ebene H in einem Punkte (ϱ, ϱ'), welcher dem zu suchenden Kreise (φ_1, φ'_1), der hiedurch vollkommen bestimmt ist, angehört.

Die durch den Punkt (P, P') zu führenden Berührebenen des umschriebenen Rotationskegels werden die Ebene H in zwei Geraden schneiden, welche selbstverständlich unmittelbar durch die von dem Punkte (P, P') an den Kreis (φ_1, φ'_1) geführten Tangenten dargestellt werden.

In der Horizontalprojection sind dieselben direct als die von P' an φ'_1 gelegten Tangenten $P'\alpha'_1$ und $P'\beta'_1$ zu construieren. Die Berührungspunkte α'_1 und β'_1 dieser Tangenten mit dem Kreise φ'_1 repräsentieren sodann die Horizontalprojectionen zweier Punkte jener Erzeugenden, längs welcher die durch (P, P') gehenden Berührebenen des umschriebenen Rotationskegels diesen letzteren berühren.

Da ferner die horizontale Projection S'_1 des Kegelscheitels mit Z' zusammenfällt, so erhält man in $S'_1\alpha'_1$ und $S'_1\beta'_1$ die Horizontalprojectionen der vorgenannten Berührungserzeugenden. Dieselben treffen die Horizontalprojection π'_1 des Parallelkreises (π_1, π'_1) in zwei Punkten a'_1 und b'_1, welche offenbar die Horizontalprojectionen jener Punkte (a_1, a'_1) und (b_1, b'_1) darstellen, in welchen die durch (P, P') gehenden Berührebenen des vorerwähnten umschriebenen Rotationskegels gleichzeitig auch die Rotationsfläche berühren.

Es sind sonach (a_1, a'_1) und (b_1, b'_1) die verlangten, mit den vorhergefundenen übereinstimmenden Punkte der Berührungscurve.

In gleicher Weise wird man für andere Parallelkreise $(\pi_2, \pi'_2)\ldots$, mit Benützung derselben durch (P, P') senkrecht zur Rotationsachse (Z, Z') geführten Ebene H_v, die Bestimmung der jeweiligen Berührungspunkte vollführen und hierdurch die geforderte Berührungscurve bestimmen.

§. 235.

Zweite Methode. Mittelst meridianumschriebener Cylinder.

Die Berührungscurve eines der Rotationsfläche aus einem beliebigen Punkte (P, P') (Taf. XIII, Fig. 62) des Raumes umschriebenen Kegels kann man punktweise auch in der Art construieren, dass man in jedem einzelnen Meridiane der Fläche jene Punkte aufsucht, welche der zu bestimmenden Curve angehören.

Nehmen wir zu diesem Behufe irgend eine beliebige Meridianebene $P_v P_h$ an. Längs des in dieser Ebene liegenden Meridians (M_1, M'_1) wird die Rotationsfläche von einem Cylinder berührt, dessen Erzeugenden zur Ebene $P_v P_h$ normal sind. Legen wir an diesen Cylinder durch den gegebenen Punkt (P, P') die möglichen Berührebenen, so werden dieselben auch die Rotationsfläche und zwar in jenen Punkten berühren, welche sich als Schnitte des Meridians (M_1, M'_1) mit den Berührungserzeugenden des Cylinders ergeben. Es ist einleuchtend, dass diese Berührungspunkte der zu suchenden Berührungscurve angehören werden.

Um Punkte der Berührungscurve zu ermitteln, denken wir uns durch den gegebenen Kegelscheitel, d. i. durch den Punkt (P, P') die zur willkürlich gewählten Meridianebene $P_v P_h$ senkrechte Gerade $(PR, P'R')$ gezogen, und deren Durchstoßpunkt (R, R') mit dieser Ebene bestimmt. Die durch den Punkt (P, P') gehenden Berührebenen des Cylinders müssen diese Gerade $(PR, P'R')$, da sie zu den Cylindererzeugenden parallel ist, enthalten, und ihre Tracen auf der Ebene $P_v P_h$ werden diejenigen Tangenten des Meridians (M_1, M'_1) sein, welche durch den Durchstoßpunkt (R, R') gehen.

Um die Construction möglichst einfach zu gestalten, drehen wir die Ebene $P_v P_h$ sammt dem in ihr liegenden Meridian (M_1, M'_1) und dem Punkte (R, R') um Z in die zur Bildebene parallele Lage. Hierbei gelangt der Punkt (R, R') nach (R_0, R'_0) und der Meridian (M_1, M'_1) zur Deckung mit dem Hauptmeridiane (M, M').

Ziehen wir in dieser relativ unveränderten Lage von (R_0, R'_0) die Tangenten t^0_1 und t^0_2 an (M, M') und führen wir sodann deren Berührungspunkte (a_0, a'_0) und (b_0, b'_0) in die Ebene $P_v P_h$ zurück, so erhalten wir auf diese Weise die Berührungspunkte (a, a') und (b, b') des Meridians (M_1, M'_1) mit den durch den Punkt (R, R') gehenden Tangenten. Diese Punkte sind, den vorangehenden Erörterungen gemäß, zugleich auch die gesuchten Punkte der Berührungscurve.

In voller Übereinstimmung mit dem hier gewählten Vorgange können auch auf jedem anderen Meridiane der vorliegenden Rotationsfläche die der Berührungscurve angehörenden Punkte construiert werden.

Was insbesondere jene Punkte der Berührungscurve anbelangt, die auf dem Hauptmeridiane (M, M') liegen, so ergeben sich dieselben in der Verticalprojection unmittelbar als die Berührungspunkte ξ und ζ von M mit den von der Verticalprojection P ausgehenden Tangenten. Denn diese Tangenten sind gleichzeitig die Verticaltracen der durch (P, P') gehenden verticalprojicierenden Tangentialebenen der Rotationsfläche.

Gleichzeitig findet man, dass die Verticalprojection der Berührungscurve die Verticalprojection M des Hauptmeridianes in den Punkten ξ und ζ berührt. Denn die Tangente der Berührungscurve im Punkte (ξ, ξ') liegt in der vertical-projicierenden Ebene $P\xi$; es ist daher an und für sich klar, dass $P\xi$ die gemeinschaftliche Tangente der Verticalprojectionen der Berührungscurve und des Meridianes im Punkte ξ ist. Dasselbe gilt vom Punkte ζ.

Aus gleichen Gründen berührt die Horizontalprojection der Berührungscurve die Horizontalprojection des Äquators in jenen Punkten, welche sich gleichzeitig als die Berührungspunkte der letzteren mit den von P' ausgehenden Tangenten ergeben.

§. 236.

Dritte Methode. Vermittelst eingeschriebener oder umhüllter Kugeln.

Denken wir uns einer Rotationsfläche längs eines beliebigen Parallelkreises eine Kugel eingeschrieben, so wird die Tangentialebene der Kugel in jedem Punkte des Parallelkreises auch die Rotationsfläche in dem nämlichen Punkte berühren.

Von dieser Eigenschaft machen wir, wie folgt, Gebrauch.

Sei (P, P') (Taf. XIII, Fig. 62) wieder der gegebene Kegelscheitel. Um die Punkte der Berührungscurve, welche auf einem beliebigen Parallelkreise (π, π') liegen, zu bestimmen, schreiben wir der Rotationsfläche längs dieses Kreises (π, π') die Kugel (N, N') ein. Wird dieser Kugel (N, N') aus dem Scheitel (P, P') ein Kegel umschrieben, so ist die beiderseitige Berührungscurve ein Kreis, welcher den Parallelkreis (π, π') in zwei Punkten treffen wird.

Die Tangentialebenen der Kugel in diesen beiden Punkten gehen einerseits durch den Punkt (P, P'), andererseits berühren sie aber auch, wie eben bemerkt wurde, die Rotationsfläche in den nämlichen zwei Punkten, in welchen die Berührungscurve zwischen Kegel und Kugel den Parallelkreis (π, π') schneidet, so dass diese letzteren die auf dem Parallelkreise (π, π') gesuchten Punkte der zu bestimmenden Berührungscurve darstellen werden.

Behufs möglichst einfacher Construction dieser Punkte drehen wir den Punkt (P, P'), bei unveränderter relativer Lage zur Kugel, um die Achse (Z, Z') in die Hauptmeridianebene η_h nach (P_0, P_0'). In dieser Lage erscheint der Berührungskreis des von (P_0, P'_0) aus der Kugel umschriebenen Kegels als gerade Linie, d. i. als die dem Punkt P_0 entsprechende Berührungssehne $\varrho\sigma$ des in der Hauptmeridianebene η liegenden größten Kugelkreises k.

Die Ebene dieses Berührungskreises schneidet die Ebene des Parallelkreises (π, π') in der vertical-projicierenden Geraden (s_0, s'_0). Führen wir diese Gerade (s_0, s'_0), durch Drehung um (Z, Z'), in die zur Meridianebene $P_v P_h$ des gegebenen Punktes (P, P') normale Lage nach (s, s') zurück, so repräsentiert dieselbe offenbar den Schnitt der Parallelkreisebene e_v mit der Ebene des Berührungskreises des der Kugel aus (P, P') umschriebenen Kegels.

Der Berührungskreis des Kegels trifft daher den Parallelkreis (π, π') in den nämlichen zwei Punkten (a, a') und (b, b') wie die Gerade (s, s'), und diese Punkte sind, den vorstehenden Betrachtungen gemäß, die auf dem Parallelkreise (π, π') gesuchten Punkte der Berührungscurve.

In gleicher Weise können nunmehr auf jedem anderen Parallelkreise Punkte der der Rotationsfläche aus (P, P') umschriebenen Kegelfläche entsprechenden Berührungscurve construiert werden.

§. 237.

24. Aufgabe. **Es ist die Berührungscurve einer Rotationsfläche mit einem derselben parallel zu einer gegebenen Geraden umschriebenen Cylinder zu construieren.**

Erste Methode. Mit Hilfe umschriebener Rotationskegel.

Sei (g, g') (Taf. XIII, Fig. 64) die gegebene Gerade, zu welcher die Cylindererzeugenden parallel sein sollen.

Um die diesfallsige Berührungscurve punktweise zu construieren, wollen wir zunächst jene Punkte, welche dieselbe mit den einzelnen Parallelkreisen gemein hat, aufsuchen.

Nehmen wir zu diesem Behufe einen beliebigen Parallelkrei (π_1, π'_1) an. Den Scheitel (S_1, S'_1) des der Rotationsfläche längs dieses Kreises umschriebenen Rotationskegels erhalten wir im Schnitte der Achse (Z, Z') mit der Tangente t oder $\alpha_1 S_1$ des Hauptmeridians in jenem Punkte α_1, welcher gleichzeitig auch dem Parallelkreise (π_1, π'_1) angehört.

Führen wir parallel zu der gegebenen Geraden (g, g') an den Kegel (S_1, π_1) die Berührebenen, so tangieren diese auch die Rotationsfläche in jenen Punkten, welche dem Parallelkreise (π_1, π'_1) einerseits und der gesuchten Berührungscurve andererseits angehören.

Um die besagten Punkte festzustellen, ziehen wir durch den Scheitel (S_1, S'_1) des Kegels die Gerade (γ, γ') parallel zu (g, g'), bestimmen deren Durchstoßpunkt $(\varDelta_1, \varDelta'_1)$ mit der Ebene des Parallelkreises (π_1, π'_1) und ziehen von diesem Punkte $(\varDelta_1, \varDelta'_1)$ an den Parallelkreis (π_1, π'_1) die Tangenten t_1 und t_2. Die Berührungspunkte (a_1, a'_1) und (b_1, b'_1) derselben sind die gesuchten Punkte.

Dieselben Constructionen wären nunmehr, wenn man an diesem Vorgange festhalten wollte, in gleicher Ordnung für alle anderen Parallelkreise zu wiederholen. Berücksichtigt man jedoch, dass sich hiebei einerseits die Constructionslinien rasch anhäufen, und dass andererseits auch die Scheitel der der Fläche umschriebenen Rotationskegel nicht immer innerhalb der Zeichnungsgrenzen zu liegen kommen, wodurch Hilfsoperationen erforderlich werden, so ist einleuchtend, dass sich dieses Verfahren nicht als besonders zweckmäßig erweise.

Die angegebene Lösung des gestellten Problemes lässt sich jedoch in der folgenden eleganteren Weise nicht unwesentlich vereinfachen.

Wir wählen zu diesem Zwecke irgend einen beliebigen Punkt (Σ, Σ') in der Rotationsachse (Z, Z'), und zwar, da die Wahl desselben dem Constructeur anheim gestellt bleibt, so, dass derselbe, aus Gründen, die in der Folge in sich selbst ihre Rechtfertigung finden werden, möglichst weit von der Grundlinie XX abstehe.

Durch diesen willkürlich gewählten Punkt (Σ, Σ') ziehen wir eine Gerade (G, G') parallel zur gegebenen Geraden (g, g') und bestimmen deren Horizontaldurchstoßpunkt h'.

Ist nun (π_1, π'_1) ein beliebiger Parallelkreis, in welchem der vorher erwähnte Berührungspunkt bestimmt werden soll, so denken wir uns den der Rotationsfläche, längs (π_1, π'_1), umschriebenen Kegel so lange parallel zu sich selbst verschoben, bis sein Scheitel mit dem Punkte (Σ, Σ') zusammenfällt.

Eine Erzeugende (τ, τ') dieses Kegels erhalten wir sofort in der Parallelen durch (Σ, Σ') zu der Tangente (t, t') des Hauptmeridians (M, M') im Punkte (α_1, α'_1), welch letzterer dem nämlichen Parallelkreise (π_1, π'_1) angehört.

Der Kegel selbst schneidet sodann die horizontale Projectionsebene in einem Kreise K'_1, welcher Z' zum Mittelpunkte hat und durch den Horizontaldurchstoßpunkt ϱ' der vorgenannten Kegelerzeugenden (τ, τ') geht.

Legen wir nun an diesen Kegel durch die Gerade (G, G') die beiden Tangentialebenen — ihre Horizontaltracen sind die von h' ausgehenden Tangenten τ'_1 und τ'_2 des Kreises K'_1 — so sind die besagten Ebenen offenbar zu den Berührebenen des längs (π_1, π'_1) der Rotationsfläche umschriebenen Kegels (s_1, π_1) parallel und daher auch parallel zu der Geraden (g, g').

Sind ferner a'_0 und b'_0 die sich diesfalls ergebenden Berührungspunkte von K'_1 mit den Tangenten τ'_1 und τ'_2, so stellen $\Sigma' a'_0$ und $\Sigma' b'_0$ die Horizontalprojectionen der Berührungserzeugenden des Kegels (Σ, K'_1) mit den durch (G, G') an denselben geführten Berührebenen dar.

Zu diesen Berührerzeugenden sind aber auch die Berührerzeugenden des der Fläche, längs (π_1, π'_1) umschriebenen Kegels (S_1, π') mit den zu der Geraden (g, g') parallelen Berührebenen, parallel. Nachdem nun beide Kegel ihre Scheitel S_1 und Σ auf der Achse (Z, Z') haben, die horizontalen Projectionen S'_1 und Σ' der Kegelscheitel somit zusammenfallen, so stellen die Geraden $\Sigma' a'_0$ und $\Sigma' b'_0$ gleichzeitig auch die Horizontalprojectionen der Berührungserzeugenden des vorerwähnten umschriebenen Kegels (S_1, π_1) mit den zu (g, g') parallelen Berührebenen dar.

Die besagten Kegelerzeugenden treffen die Horizontalprojection π'_1 des Parallelkreises (π_1, π'_1) in zwei Punkten a'_1 und b'_1, welche offenbar die Horizontalprojectionen der gesuchten, auf dem Parallelkreise (π_1, π'_1) liegenden Punkte der zu bestimmenden Berührungscurve sind.

Ohne den Scheitel (Σ, Σ') oder die Gerade (G, G') zu ändern, bleibt nunmehr für alle anderen Parallelkreise die Construction eine der hier durchgeführten analoge. Nur dann, wenn die Tangenten t an den Hauptmeridian M zu große Winkel mit der Achse Z einzuschließen beginnen, also auch die Kreise K'_1 eine für die Construction unbequeme Größe annehmen, kann man zur Wahl eines zweiten Hilfskegels schreiten, dessen Scheitel (Σ_1, Σ'_1) der Grundlinie näher liegt.

Gleichzeitig sei bemerkt, dass man anstandlos auch jene Punkte findet, in welchen die gesuchte Berührungscurve den Hauptmeridian trifft.

Die Verticalprojectionen ξ und ζ sind nämlich die Berührungspunkte der Verticalprojection M des Hauptmeridians mit den zur Verticalprojection G parallelen Tangenten t_3 und t_4. Denn die letztgenannten Geraden t_3 und t_4 repräsentieren gleichzeitig die Verticaltracen der zu (g, g') parallelen vertical-projicierenden Tangentialebenen der Rotationsfläche. Die Punkte (ξ, ξ') und (ζ, ζ') stellen die Berührungspunkte derselben dar.

Ebenso einfach ist auch der Nachweis zu erbringen, dass die Verticalprojection der Berührungscurve die Verticalprojection M des Hauptmeridianes in den Punkten ξ und ζ berühre.

Die Horizontalprojection der Berührungscurve dagegen berührt die Horizontalprojection des Äquators in den nämlichen Punkten φ' und ψ', in welchen die letztere, d. i. K', von den zu g' parallelen Tangenten t_5 und t_6 berührt wird.

§. 238.

Zweite Methode. Mittelst meridianumschriebener Cylinder.

Die Berührungscurve der Rotationsfläche mit einem parallel zu einer gegebenen Geraden umschriebenen Cylinder kann punktweise auch dadurch construiert werden, dass man jene Punkte ermittelt, in welchen die besagte Curve die einzelnen Meridiane schneidet.

Nehmen wir zu diesem Zwecke eine beliebige Meridianebene $P_v P_h$ (Taf. XIII, Fig. 65) an und suchen wir in dem zugehörigen Meridiane der Fläche jene Punkte, welche der verlangten Berührungscurve zukommen. Die Erzeugenden des Cylinders, welcher der Rotationsfläche längs des in dieser Ebene $P_v P_h$ liegenden Meridianes (M_1, M'_1) umschrieben ist, stehen zur Ebene $P_v P_h$ senkrecht.

Denken wir uns an diesen letztbezeichneten Cylinder parallel zu der gegebenen Geraden (g, g') (welche wir, behufs Vereinfachung der

Construction, parallel zu sich selbst so lange verschieben, bis sie die Rotationsachse (Z, Z') in irgend einem Punkte (s, s') schneidet) die Berührebenen gelegt, so werden diese letzteren auch die Rotationsfläche in jenen Punkten berühren, in welchen die denselben entsprechenden Berührungserzeugenden des umschriebenen Cylinders den Meridian (M_1, M'_1) schneiden.

Behufs Feststellung dieser Punkte denken wir uns durch irgend einen Punkt der Geraden (g, g'), am einfachsten durch den Horizontaldurchstoßpunkt (h, h'), eine Gerade $(h\delta, h'\delta')$ parallel zu den Cylindererzeugenden, also senkrecht zur Ebene $P_v P_h$ gezogen, und ihren Durchstoßpunkt (δ, δ') mit der Ebene $P_v P_h$ aufgesucht.

Die letztgenannte Gerade bestimmt mit der gegebenen Geraden (g, g') eine Ebene, welche die Meridianebene in der Verbindungsgeraden (γ, γ') der Punkte (s, s') und (δ, δ') schneidet, und zu welcher die gesuchten Tangentialebenen des Cylinders parallel sein müssen.

Die Schnittgeraden dieser Tangentialebenen mit der Ebene $P_v P_h$ werden daher jene Tangenten des Meridians (M_1, M'_1) darstellen, welche zu der Geraden (γ, γ') parallel sind; die Berührungspunkte derselben werden somit, den eben angestellten Betrachtungen gemäß, die dem Meridiane (M_1, M'_1) angehörenden Punkte der Berührungscurve repräsentieren.

Behufs Bestimmung der letzteren drehen wir die Meridianebene $P_v P_h$ sammt dem in ihr liegenden Meridian (M_1, M'_1) und der Geraden (γ, γ') um die Achse (Z, Z') in die zur verticalen Projectionsebene parallele Lage. Dabei gelangt der Meridian (M_1, M'_1) zur Deckung mit dem Hauptmeridiane (M, M'), während die Gerade (γ, γ') nach (γ_0, γ_0') gelangt.

Zieht man nun parallel zu γ_0 an den Hauptmeridian M die Tangenten t^1_0 und t^2_0, und führt man sodann deren Berührungspunkte (a_0, a'_0) und (b_0, b'_0) durch Drehung um (Z, Z') in die Ebene $P_v P_h$ zurück, so erhält man daselbst die Berührungspunkte (a, a') und (b, b') des Meridians (M_1, M'_1) mit den zur Geraden (γ, γ') parallelen Tangenten, d. i. die beiden dem Meridiane (M_1, M'_1) resp. der Meridianebene $P_v P_h$ angehörenden Punkte der zu bestimmenden Berührungscurve.

Um weitere Punkte der letzteren zu erhalten, hat man dieselbe Construction für eine beliebige Zahl anderer Meridianebenen $P^1_v P^1_h$, $P^2_v P^2_h \ldots$ zu wiederholen.

§. 239.

Dritte Methode. Mit Hilfe eingeschriebener oder umhüllter Kugeln.

Diese Methode ist unter den hier zur Sprache kommenden nicht nur die einfachste, sondern dieselbe vermittelt zugleich die eleganteste Lösung der gestellten Aufgabe.

Bestimmen wir wieder auf einem beliebigen Parallelkreise (π_1, π'_1) (Taf. XIII, Fig. 66) der vorgegebenen Rotationsfläche die der Berührungscurve des parallel zur Geraden (g, g') umschriebenen Cylinders angehörenden Punkte, benützen jedoch zur Erreichung des vorgesteckten Zieles, statt des in der ersten Methode zur Verwendung gekommenen der Rotationsfläche längs (π_1, π'_1) umschriebenen Kegels, die der genannten Fläche längs (π_1, π'_1) eingeschriebene Kugel, deren Mittelpunkt (N, N') sich im Schnitte der Achse (Z, Z') mit jener Normalen des Hauptmeridians M ergibt, welche in dem, dem Parallelkreise (π_1, π'_1) angehörenden Punkte α_1 geführt werden kann.

Denken wir uns dieser Kugel, parallel zur Geraden (g, g') einen Cylinder umschrieben, so wird derselbe die Kugel offenbar in einem größten Kreise berühren. Besagter Kreis trifft den Parallelkreis (π_1, π'_1) im allgemeinen in zwei Punkten und ist es somit einleuchtend, dass einerseits die Tangentialebenen der Kugel in diesen beiden Punkten auch die Rotationsfläche in den nämlichen Punkten berühren werden, und andererseits ist, auf Grund der vorausgegangenen Erörterungen, klar, dass dieselben zu der gegebenen Geraden (g, g') parallel sein müssen, dass also die vorerwähnten zwei Punkte der gesuchten Berührungscurve angehören.

Um diese Punkte thatsächlich festzustellen, wird bloß zu berücksichtigen sein, dass der der Kugel parallel zu (g, g') umschriebene Cylinder dieselbe in einem größten Kreise berühre, dessen Ebene durch den Kugelmittelpunkt (N, N') gehend, senkrecht zur Geraden (g, g') steht.

Den Schnitt dieser Kugeldiametralebene mit der Ebene e' des Parallelkreises (π_1, π'_1) construieren wir in der Weise, dass wir durch N eine Gerade Nm senkrecht zur Verticalprojection g ziehen, deren horizontale Projection $N'm'$ wir uns parallel zur Grundlinie (also zusammenfallend mit der Horizontaltrace η_h der Hauptmeridianebene) denken.

Dies vorausgesetzt, stellen $(Nm, N'm')$ die Projectionen einer durch den Kugelmittelpunkt (N, N') gehenden, zur Geraden (g, g') senkrechten, also in der fraglichen Diametralebene liegenden Geraden dar, während der Punkt (m, m') den Durchstoßpunkt derselben mit der Ebene e' repräsentiert.

Der Schnitt der Diametralebene mit der Ebene e' muss einerseits durch den Punkt (m, m') gehen und andererseits, weil die Ebene e' zur Horizontalebene parallel ist, zur horizontalen Trace der Diametralebene parallel, mithin zur Geraden g' senkrecht sein.

Wir erhalten demnach die Horizontalprojection dieser Schnittgeraden als die durch m' gehende, zu g' senkrechte Gerade s'. Die Verticalprojection s derselben fällt mit der Verticaltrace e'_v zusammen. Die Gerade (s, s') trifft nun den Parallelkreis (π_1, π'_1) in zwei Punkten (a, a') und (b, b'), welche gleichzeitig dem in der vorgenannten Diametralebene liegenden größten Kugelkreise (Berührungskreis der Kugel mit dem derselben parallel zu (g, g') umschriebenen Cylinder) angehören und mithin die gesuchten Punkte der Berührungscurve repräsentieren.

In gleicher Weise findet man nunmehr mit derselben Leichtigkeit auf jedem anderen Parallelkreise die der zu bestimmenden Berührungscurve angehörenden Punkte.

Wie man sieht, lässt diese Methode, gegenüber den früheren, an Einfachheit nichts zu wünschen übrig, da es weder nöthig ist, die Kugel und deren Contouren, noch die auf ihr liegenden Kreise zu zeichnen, sondern die bloße Bestimmung ihres jeweiligen Mittelpunktes (N, N') zur weiteren Construction vollkommen ausreicht.

Weiters ist unschwer zu erkennen, dass die sämmtlichen Punktepaare a' und b' (Horizontalprojection) symmetrisch gegen jene Gerade liegen, welche durch Z' parallel zu g' gezogen wird, dass also die Berührungscurve selbst gegen die durch diese Gerade gehende (horizontal-projicierende) Meridianebene (Satz 181) symmetrisch ist.

§. 240.

Gegenseitiger Schnitt zweier Rotationsflächen.

Bei allgemeiner gegenseitiger Lage zweier Rotationsflächen ist es nicht leicht möglich, die Schnittcurve derselben auf eine einfache Weise zu bestimmen.

Da nämlich die Parallelkreise auf der Rotationsfläche die einzigen Curven sind, deren Construction ebenso rasch als genau durchgeführt werden kann, so wird sich die Bestimmung des Schnittes zweier Rotationsflächen nur in dem Falle constructiv einfach durchführen lassen, wenn man im Stande ist, Hilfsflächen zur Anwendung zu bringen, welche sowohl die eine, als auch die andere Fläche in Kreisen schneiden.

Solche Hilfsflächen existieren aber nur dann, wenn die beiden Rotationsflächen sich schneidende oder insbesondere, wenn sie parallele Rotationsachsen besitzen.

Das Princip behufs der Schnittbestimmung zweier Rotationsflächen bleibt im übrigen dasselbe, welches wir für Flächen überhaupt feststellen. Man wird nämlich beide Flächen durch eine dritte Fläche (Hilfsfläche) schneiden, den Schnitt jeder der gegebenen Flächen mit der zweckmäßig gewählten Hilfsfläche aufsuchen und nachsehen, wo sich die so erhaltenen Schnittcurven begegnen. Die sich ergebenden Schnittpunkte gehören sowohl der einen, als auch der anderen Fläche, sowie der Hilfsfläche an, sind somit die den Flächen gemeinschaftlichen, also die der Schnittcurve angehörigen Punkte. Dass man stets darauf bedacht sein müsste, die Hilfsflächen so zu wählen, um möglichst einfache und sicher bestimmbare Hilfsschnitte mit den gegebenen Flächen zu erhalten, ist selbstverständlich und braucht daher kaum bemerkt zu werden.

§. 241.

25. Aufgabe. Es ist der gegenseitige Durchschnitt zweier Rotationsflächen zu bestimmen, deren Achsen sich im Unendlichen schneiden, d. i. zu einander parallel sind.

Seien (Z_1, Z'_1) und (Z_2, Z'_2) (Taf. XIV, Fig. 67) die Achsen der vorliegenden Rotationsflächen, welche wir beide als horizontalprojicierend voraussetzen wollen. Ferner seien (M_1, M'_1) und (M_2, M'_2) die beiden Hauptmeridiane, deren Hauptmeridianebenen beziehungsweise $\eta^1{}_h$ und $\eta^2{}_h$ sind.

Nehmen wir eine beliebige zur horizontalen Projectionsebene parallele, also zu den Rotationsachsen senkrechte Ebene e'_v als schneidende Hilfsebene an, so wird durch dieselbe sowohl die Fläche (Z_1, M_1) als auch die Fläche (Z_2, M_2) in je einem Kreise (K_1, K'_1) und (K_2, K'_2) geschnitten. Die beiden Kreise haben im allgemeinen zwei Punkte (a_1, a'_1) und (b_1, b'_1) gemein, welche selbstverständlich der gesuchten Schnittcurve beider Flächen angehören.

Ändert man die Lage der Hilfsebene e'_v durch Parallelverschiebung, so erhält man nach und nach die sämmtlichen Punkte der verlangten Durchschnittscurve.

Man wird daher die Curve punktweise construieren, indem man, der Form und Größe der beiden Meridiancurven angemessen, eine hinreichende Anzahl von Hilfsebenen e^1, e^2, e^3... annimmt, die in ihnen liegenden Punktepaare a_1, b_1; a_2, b_2; a_3, b_3... bestimmt und durch eine stetige Curve verbindet.

Legen wir durch die beiden Achsen (Z_1, Z'_1) und (Z_2, Z'_2) eine Ebene $P_v P_h$, so ist dieselbe eine gemeinschaftliche Meridianebene beider Rotationsflächen. Da gegen diese Ebene sowohl die eine, als auch die andere Rotationsfläche symmetrisch ist, so wird auch die zu bestimmende Durchschnittscurve beider, gegen diese Ebene orthogonal-symmetrisch sein.

§. 242.

26. Aufgabe. **Es ist der Durchschnitt zweier Rotationsflächen zu bestimmen, deren Achsen sich schneiden.**

Um die durchzuführenden Constructionen möglichst einfach zu gestalten, nehmen wir an, dass die Projectionsebenen, gegenüber den gegebenen Flächen, in eine solche Lage gebracht worden seien, dass allenfalls die horizontale Projectionsebene zu der einen Rotationsachse senkrecht stehe, die verticale Projectionsebene dagegen zu jener Ebene parallel sei, welche durch die beiden sich schneidenden Rotationsachsen bestimmt wird.

Unter diesen Voraussetzungen stellt sich die eine Rotationsachse (Z_1, Z'_1) (Taf. XIV, Fig. 68) als eine horizontal-projicierende Gerade, und die zweite Rotationsachse als eine zur verticalen Projectionsebene parallele Gerade (Z_2, Z'_2) dar.

Beide Achsen haben einen Punkt (S, S') gemein. Die durch die beiden Achsen Z_1 und Z_2 gehende Ebene η ist zur verticalen Projectionsebene parallel. Dieselbe stellt gleichzeitig eine gemeinschaftliche Meridianebene beider Rotationsflächen dar und schneidet daher die letzteren in zwei Meridianen (M_1, M'_1) und (M_2, M'_2), welche in der verticalen Projection in wahrer Größe erscheinen.

Um Punkte der Schnittcurve beider Rotationsflächen zu ermitteln, wählen wir als Hilfsflächen Kugeln, deren sämmtliche Mittelpunkte in dem Schnittpunkte (S, S') der beiden Rotationsachsen liegen.

Beschreiben wir aus S mit irgend einem beliebigen Radius r einen Kreis C_1, so kann dieser als der Schnitt der Ebene η mit einer der vorerwähnten Hilfskugeln betrachtet werden. Besagter Kreis trifft die beiden Meridiane M_1 und M_2 in zwei Paaren, beziehungsweise gegen die Achsen Z_1 und Z_2 symmetrisch liegenden Punkten α_1, β_1 und α_2, β_2.

Die Hilfskugel dagegen schneidet jede der beiden Rotationsflächen in je einem Kreise, welche beziehungsweise durch die eben festgestellten Punkte α_1 und α_2 gehen und deren Ebenen zu den diesbezüglichen Achsen (Z_1, Z'_1) und (Z_2, Z'_2) senkrecht stehen.

Ziehen wir demgemäß durch α_1 die Gerade e'_v senkrecht zur Rotationsachse Z_1, so erhalten wir die Verticaltrace derjenigen, zur horizontalen Projectionsebene parallelen Ebene, welche den der Rotationsfläche F_1 und der Hilfskugel gemeinschaftlichen Kreis (K_1, K'_1) enthält. Führen wir ferner durch α_2 eine Gerade ε'_v senkrecht zu Z_2, so repräsentiert dieselbe die Verticaltrace derjenigen (vertical-projicierenden) Ebene, welche den der Kugel und der Rotationsfläche F_2 gemeinschaftlichen Kreis K_2 enthält.

Die beiden Schnittkreise K_1 und K_2 begegnen sich in zwei Punkten, welche auf der vertical-projicierenden Geraden (s, s'), in welcher sich die Ebenen e' und ε' schneiden, liegen müssen.

Nachdem der eine dieser Kreise, nämlich (K_1, K'_1), parallel zur horizontalen Projectionsebene ist, so ergeben sich die oberwähnten zwei Schnittpunkte direct als die Schnittpunkte (a_1, a'_1) und (b_1, b'_1) dieses Kreises (K_1, K'_1) mit der Geraden (s, s'). Die besagten Punkte (a_1, a'_1) und (b_1, b'_1) repräsentieren bereits zwei Punkte der geforderten Schnittcurve beider Rotationsflächen.

Ändert man den Radius r der Hilfskugel, oder was dasselbe ist, jenen des Kreises C_1, so kann man durch Wiederholung der eben besprochenen Construction beliebig viele Punkte der Durchdringungscurve construieren.

Die Ebene η_h ist als gemeinschaftliche Meridianebene gleichzeitig eine Ebene orthogonaler Symmetrie für beide Rotationsflächen und daher auch eine Ebene orthogonaler Symmetrie für deren Durchschnittscurve.

§. 243.

27. Aufgabe. **In einem Punkte der Durchschnittscurve zweier Rotationsflächen ist an dieselbe die Tangente zu ziehen. Die Schnittcurve selbst liegt nicht gezeichnet vor.**

Erste Methode. Die verlangte Tangente der Durchschnittscurve in irgend einem ihrer Punkte a ist gleichzeitig eine Tangente sowohl der einen, als auch der anderen Rotationsfläche, muss daher als solche in jeder der beiden Tangentialebenen liegen, welche in dem betreffenden Punkte a an jede der vorgegebenen Flächen gelegt werden kann.

Man wird hiernach nichts anderes zu thun haben, als die Tangentialebenen der beiden Rotationsflächen in dem Punkte a (wie in

Aufgabe 20) zu bestimmen und deren Durchschnitt zu construieren, um sofort die verlangte Tangente zu erhalten.

§. 244.

Zweite Methode. Nennen wir T_1 und T_2 die Tangentialebenen und N_1 und N_2 die Normalen der beiden Rotationsflächen im Punkte a ihrer Durchschnittscurve.

Nachdem N_1 auf T_1, also auch auf der in der Tangentialebene T_1 liegenden und nunmehr zu construierenden Tangente t senkrecht steht, das Gleiche ferner auch von der Normale N_2 gilt, so ist die zu suchende Tangente t selbst wieder zu derjenigen Ebene senkrecht, welche die beiden Normalen N_1 und N_2 mit einander bestimmen. Besagte Ebene repräsentiert somit gleichzeitig auch die Normalebene der Durchschnittscurve in dem betreffenden Punkte a.

Wir wollen, dieser Methode entsprechend, die Construction der Tangente für einen bestimmten Fall durchführen.

Setzen wir wieder voraus, dass die beiden, sich in einem Punkte (S, S') schneidenden Rotationsachsen (Z_1, Z'_1) und (Z_2, Z'_2) in einer zur verticalen Projectionsebene parallelen Ebene liegen, und dass die Achse (Z_1, Z'_1) überdies zur horizontalen Projectionsebene senkrecht stehe.

Die erste Rotationsfläche Σ_1 (Taf. XIV, Fig. 69), deren Achse (Z_1, Z'_1) ist, wäre durch ihren Hauptmeridian (M_1, M'_1) gegeben, die zweite Fläche Σ_2 dagegen, welche wir als windschiefes Rotationshyperboloid voraussetzen wollen, sei außer durch (Z_2, Z'_2) bloß nur noch durch eine geradlinige Erzeugende (g, g') bestimmt.

Um einen Punkt des gemeinschaftlichen Schnittes beider Rotationsflächen zu bestimmen, legen wir eine beliebige, zur Achse (Z_2, Z'_2) senkrechte, also vertical-projicierende Ebene ε'_v. Dieselbe schneidet das Rotationshyperboloid in einem Parallelkreise, welcher offenbar durch denjenigen Punkt (p, p') geht, in welchem die Ebene ε'_v die geradlinige Erzeugende (g, g') trifft.

Durch diesen Parallelkreis legen wir eine Kugel C, die ihren Mittelpunkt in dem Schnittpunkte (S, S') der beiden Rotationsachsen hat. Der Radius der Kugel C ergibt sich, als wahre Größe der Strecke $(Sp, S'p')$, in Sp_0.

Die besagte Kugel C schneidet selbstverständlich auch die Rotationsfläche (Z_1, M_1) in einem Parallelkreise (π_1, π'_1), welcher (wie in Aufgabe 26) vermittelst des in der Hauptmeridianebene η_h liegenden größten Kugelkreises C leicht festgestellt werden kann. Die Ebene e'_v des obbezeichneten Parallelkreises dagegen schneidet die Ebene ε'_v

des Hyperboloid-Parallelkreises in der vertical-projicierenden Geraden (σ, σ'), und diese trifft den Parallelkreis (π_1, π'_1) in den beiden Punkten (a, a') und (b, b'), welche der Schnittcurve beider Rotationsflächen angehören.

Um die Tangente der Schnittcurve in dem Punkte (a, a'), sowie die entsprechende Normalebene zu construieren, ermitteln wir zuvor die Normalen der beiden Flächen in dem betreffenden Punkte (a, a').

Die Normale der Rotationsfläche (Z_1, M_1) oder Σ_1 im Punkte (a, a') trifft die Rotationsachse (Z_1, Z'_1) in dem nämlichen Punkte (N_1, N'_1), wie die Normale $(\alpha_1 N_1, \alpha'_1 N'_1)$ in dem Punkte (α_1, α'_1), welch letzterer dem Hauptmeridiane (M_1, M'_1) und dem durch (a, a') gehenden Parallelkreise (π_1, π'_1) gleichzeitig angehört.

Wir haben demnach bloß im Punkte α_1 zur Meridiantangente τ_1 die Senkrechte zu ziehen, um in deren Schnitt mit Z_1 die Verticalprojection N_1 zu erhalten. Die Horizontalprojection N'_1 coincidiert mit Z'_1.

Die Projectionen der Normalen der Rotationsfläche (Z_1, M_1) in dem Punkte (a, a') erscheinen demnach durch $(N_1 a, N'_1 a')$ dargestellt.

Um weiters die Normale des Rotationshyperboloides in dem nämlichen Punkte (a, a') zu construieren, haben wir gleichfalls bloß zu berücksichtigen, dass dieselbe die Rotationsachse (Z_2, Z'_2) wieder in dem nämlichen Punkte (N_2, N'_2) treffen müsse, wie die Normale des auf dem durch (a, a') gehenden Parallelkreise liegenden Punktes (p, p').

Die Normale des Hyperboloides in dem Punkte (p, p') ist, wie bekannt, zu der Tangentialebene der Fläche im Punkte (p, p') senkrecht und, da diese Ebene die Erzeugende (g, g') enthält, auch senkrecht zu dieser Erzeugenden. Der Schnittpunkt (N_2, N'_2) derselben mit der Rotationsachse (Z_2, Z'_2) kann daher kein anderer, als der Schnittpunkt dieser letzteren mit der durch (p, p') senkrecht zu (g, g') geführten Ebene $H_v H_h$ sein. Verbinden wir nun den Punkt (N_2, N'_2) mit (a, a'), so erhalten wir die Projectionen $(N_2 a, N'_2 a')$ der gesuchten zweiten Normale im Punkte (a, a').

Die Ebene $N_v N_h$, welche durch die beiden Normalen $(N_1 a, N'_1 a')$ und $(N_2 a, N'_2 a')$ gelegt werden kann, ist sodann, wie der vorher allgemein besprochenen Lösungsweise zu entnehmen ist, die Normalebene, und die Gerade (t, t'), welche durch (a, a') senkrecht zu derselben gezogen wird, die Tangente der Schnittcurve beider Rotationsflächen im Punkte (a, a').

§. 245.

28. Aufgabe. **Es sind die Contouren einer Rotationsfläche, deren Achse zu einer der beiden Projectionsebenen parallel ist, zu bestimmen.**

Setzen wir vorerst die Rotationsachse als eine zur verticalen Projectionsebene parallele Gerade (Z, Z') (Taf. XIV, Fig. 70) voraus, so wird die durch dieselbe parallel zur verticalen Projectionsebene durchgelegte Ebene η eine Meridianebene darstellen.

Der in der letztgenannten Ebene liegende Meridian (M, M') wird sonach in der verticalen Projection M in seiner wahren Größe und Gestalt erscheinen.

Gleichzeitig repräsentiert diesfalls die besagte Verticalprojection M die Verticalcontour der Rotationsfläche, da (Satz 172) der der letzteren längs des Meridians (M, M') umschriebene Cylinder vertical-projicierend ist.

Die horizontale Contour construieren wir in nachstehender Weise. Wir nehmen auf der Achse (Z, Z') einen beliebigen Punkt (s, s') als Scheitel eines der Rotationsfläche umschriebenen Rotationskegels an. Die von s aus an M gezogene Tangente t ist sodann die Verticalprojection einer in der Ebene η liegenden Kegelerzeugenden. Der Berührungspunkt α derselben ist die Verticalprojection eines der beiden in der Ebene η liegenden Punkte jenes Parallelkreises, in welchem der Kegel die Rotationsfläche berührt.

Den Mittelpunkt (o, o') der der Rotationsfläche längs dieses Parallelkreises eingeschriebenen Kugel (K, K'_1) erhält man als Schnittpunkt der Achse (Z, Z') mit der Normalen des Meridians M im Punkte α. Der Radius dieser Kugel ist der Länge αo dieser Normalen gleich.

Zeichnen wir die horizontale Contour K'_1 dieser Kugel und führen wir von s' aus an dieselbe die Tangenten t'_1 und t'_2, deren Berührungspunkte mit der Kugel p'_1 und p'_2 sein mögen, so werden p'_1 und p'_2 bereits zwei Punkte der Contour und t'_1 und t'_2 die Tangenten in denselben darstellen. Denn t'_1 und t'_2 sind die Horizontaltracen zweier horizontal-projicierenden, durch den Kegelscheitel (s, s') gehenden Ebenen, welche die Kugel, also auch den umschriebenen Kegel und endlich auch die Rotationsfläche selbst in zwei Punkten, deren Horizontalprojectionen p'_1 und p'_2 sind, berühren.

Für jeden weiteren Punkt (s, s') auf (Z, Z') erhält man in gleicher Weise ein Paar von Punkten, welche der Horizontalcontour entsprechen, sowie auch die Tangenten der Contour in denselben Punkten.

Aus einer hinreichenden Anzahl so bestimmter Punkte und Tangenten wird es nunmehr auch keinerlei Schwierigkeit unterliegen, die Contourcurve selbst in ihrer Vollständigkeit zu zeichnen.

§. 246.

29. Aufgabe. **Es sind die Contouren einer Rotationsfläche, deren Achse gegen beide Projectionsebenen geneigt ist, zu bestimmen.**

Die gegebene Rotationsachse sei (Z, Z') (Taf. XIV, Fig. 71). Die Rotationsfläche selbst sei in nachstehender Weise gegeben. Wir wählen diesbezüglich eine zweite verticale, zur Achse (Z, Z') parallele Projectionsebene. Die Horizontaltrace derselben (zweite Grundlinie) ist sodann eine zur Horizontalprojection Z' parallele, diesfalls mit Z' zusammenfallende Gerade $X_1 X_1$.

Die zweite Verticalprojection der Achse (Z, Z') erhält man, der getroffenen Wahl entsprechend, in Z''. Der zur zweiten Verticalebene $X_1 X_1$ parallele Meridian M'' projiciert sich demnach auf dieser Ebene in seiner wahren Größe und Gestalt.

Denkt man sich nun, wenn auch nur vorübergehend, die ursprüngliche Verticalprojection beseitigt und durch die neue ersetzt, so ist klar, dass vermittelst der nunmehrigen neuen Projectionen $[(M'', M'); (Z'', Z')]$ die horizontale Contour genau so wie im vorhergehenden Falle construiert werden kann.

Man wird nämlich auf der Achse (Z'', Z') irgend einen Punkt (s'', s') wählen, die Meridiantangente $t = s''\alpha''$ führen und die zugehörige Normale $\alpha'' o''$ construieren, wodurch man gleichzeitig den Mittelpunkt (o', o'') der der Rotationsfläche längs des durch α gehenden Parallelkreises eingeschriebenen Kugel erhält. Der Kreis K'_1 aus o' mit dem Radius $\alpha'' \sigma''$ beschrieben, stellt sodann die Horizontalcontour der vorerwähnten Kugel dar.

Zieht man nun von s' aus an K'_1 die beiden Tangenten t'_1 und t'_2, welche K'_1 in p'_1 und p'_2 berühren, so sind, den früheren Erörterungen gemäß, p'_1 und p'_2 zwei Punkte der gesuchten Horizontalcontour und t'_1 und t'_2 deren Tangenten in den genannten Punkten.

Leitet man ferner aus s' und o' die Verticalprojectionen s und o auf Z ab und beschreibt man weiters aus o, mit dem Radius $o''\alpha''$, den Kreis K, so repräsentiert dieser die ursprüngliche Verticalcontour der vorgenannten Kugel.

Führt man endlich von s aus die Tangenten τ_1 und τ_2, welche die besagte Kugel beziehungsweise in π_1 und π_2 berühren, so findet man, aus gleichen Gründen wie vorher, dass π_1 und π_2 zwei Punkte der Verticalcontour, und τ_1 und τ_2 die denselben entsprechenden Tangenten sind.

Durch Änderung der Lage des Kegelscheitels (s'', s', s) können nunmehr beliebig viele solcher Punkte und Tangentenpaare sowohl für die Vertical- als auch für die Horizontalcontour der Rotationsfläche gefunden und diese letzteren somit vollkommen bestimmt werden.

§. 247.

30. Aufgabe. **In schiefer Projection ist die Contour einer Rotationsfläche unter der Voraussetzung zu construieren, dass die Rotationsachse zur Bildebene senkrecht stehe.**

Die schiefe Projection der Rotationsachse sei Z, d ihr Durchstoßpunkt mit der Bildebene und v deren Fluchtpunkt, d. i. die schiefe Projection des Distanzpunktes.

Denken wir uns diese Rotationsachse um ihre Projection Z (Taf. XIV, Fig. 72) in die Bildebene nach Z_0 umgelegt. Offenbar geht hierbei Z_0 durch d und steht auf $P_b = Z$ senkrecht. Der umgelegte Distanzpunkt möge durch v_0 dargestellt sein. Hiernach repräsentiert vv_0 die um $P_b = Z$ umgelegte Richtung der Projectionsstrahlen.

Die Rotationsfläche sei durch ihren Meridian gegeben, welchen wir uns, wie folgt, in wahrer Größe dargestellt denken.

Die zur Bildebene normale Ebene P, deren Bildflächtrace P_b mit der Projection der Drehachse zusammenfällt, ist, da sie die Drehachse enthält, eine Meridianebene. Wir können daher in der Umlegung dieser Ebene um P_b den (umgelegten) Meridian M_0 in wahrer Größe sofort verzeichnen.

Um die Contour der Fläche zu construieren, stellen wir folgende Betrachtung an.

Die Parallelkreise der Rotationsfläche sind zur Bildebene parallel; es werden daher die schiefen Projectionen derselben in wahrer Gestalt und Größe erscheinen. Besagte Kreise werden sonach wieder Kreise sein, welche mit den Originalen congruent sind.

Die Contour der Rotationsfläche ist der Schnitt der Bildebene mit dem der Fläche umschriebenen, schief projicierenden Cylinder. Dieselbe kann offenbar auch als die schiefe Projection der Berührungscurve dieses Cylinders aufgefasst werden.

Die besagte Berührungscurve wird im allgemeinen von jedem Parallelkreise in zwei Punkten geschnitten. Die Berührebene der Rotationsfläche in jedem dieser Schnittpunkte ist schief-projicierend und enthält in dem betreffenden Schnittpunkte selbstverständlich die Tangente der Berührungscurve sowohl, als auch jene des entsprechenden Parallelkreises. Die Trace derselben auf der Bildebene wird daher die Projection dieser beiden Tangenten darstellen, oder mit anderen Worten, sie wird die schiefe Projection des Parallelkreises und die schiefe Projection der Berührungscurve, d. i. die Contour in demjenigen Punkte berühren, welcher die schiefe Projection des vorgenannten Schnittpunktes repräsentiert.

Da es weiters für jeden Parallelkreis im allgemeinen zwei solche Schnittpunkte gibt, so folgt, dass die schiefe Projection jedes Parallelkreises die Contour der Fläche im allgemeinen auch in zwei Punkten berühren werde, so zwar, dass wir nunmehr in der Lage sind, die Contour mit hinlänglicher Genauigkeit als Umhüllungscurve sämmtlicher Parallelkreis-Projectionen zu verzeichnen.

Die schiefe Projection irgend eines solchen Parallelkreises ist leicht zu construieren. Nehmen wir nämlich auf der Projection Z der Drehachse einen beliebigen Punkt o_1 als schiefe Projection des Mittelpunktes eines Parallelkreises an, so gelangt dieser Punkt bei der Umlegung um $P_b = Z$ nach o'_0, wobei $o'_0 o_1$ zu $v v_0$ parallel sein wird.

Ziehen wir ferner durch o'_0 eine Senkrechte zur umgelegten Drehachse Z_0, so schneidet diese den umgelegten Meridian M_0 in zwei Punkten α_1 und β_1, und es ist selbstverständlich $\alpha_1 o'_0 = \beta_1 o'_0$ der Radius r des betreffenden Parallelkreises, welcher nunmittelbar in π_1 dargestellt werden kann.

Ermittelt man in gleicher Weise eine Schar solcher Parallelkreis-Projectionen, so wird schließlich durch deren Umhüllungscurve die zu bestimmende Contour dargestellt werden.

Auch wird es keinerlei Schwierigkeit bieten, die äußersten Punkte dieser Contour auf der schiefen Projection Z der Drehungsachse zu construieren. Führen wir nämlich an den umgelegten Meridian die beiden Tangenten t^0_1 und t^0_2 parallel zu dem umgelegten, schief projicierenden Strahle $v v_0$, so werden ihre Durchstoßpunkte m und n mit der Bildebene unmittelbar die in Z liegenden Punkte der Contour repräsentieren.

§. 248.

31. Aufgabe. **Es ist in centraler Projection die Contour einer Rotationsfläche, deren Rotationsachse senkrecht zur Bildebene steht, zu bestimmen.**

Sei (A, C_0) (Taf. XIV, Fig. 73) das gegebene Projectionscentrum und $dA = Z$ die Centralprojection der Drehachse, deren Durchstoßpunkt mit der Bildebene d, und deren Fluchtpunkt der Hauptpunkt A ist.

Die central- und gleichzeitig auch orthogonal-projicierende Ebene, deren Trace P_b mit der Projection Z zusammenfällt, wird, da sie die Drehungsachse Z enthält, eine Meridianebene der Fläche darstellen. Legt man dieselbe um P_b in die Bildebene um, so stellt sich die umgelegte Rotationsachse Z_0 als die durch d senkrecht zu P_b gezogene Gerade und der umgelegte Meridian M_0 in wahrer Größe dar. Es ist die Rotationsfläche sonach vollkommen bestimmt.

Die Projection eines beliebigen Parallelkreises der Fläche erscheint, da derselbe parallel zur Bildebene ist, wieder als Kreis, und kann folgendermaßen construiert werden.

Wir nehmen zu diesem Behufe auf der umgelegten Rotationsachse Z_0 einen beliebigen Punkt o^0_1 als Mittelpunkt irgend eines Parallelkreises π_1 an. Die Centralprojection o_1 dieses Punktes, welche mit Hilfe des umgelegten Projectionsstrahles $C_0 o^0_1 o_1$ erhalten wird, repräsentiert sodann den Mittelpunkt der Parallelkreis-Projection.

Ziehen wir ferner durch o^0_1 die zu Z_0 Senkrechte $\beta^0_1 o^0_1 \alpha^0_1$, so stellt diese offenbar den in der Ebene P liegenden, um P_b umgelegten Durchmesser des fraglichen Parallelkreises dar. Die Centralprojection α_1 des einen Endpunktes α^0_1 erhalten wir wieder mittelst des umgelegten Projectionsstrahles $C_0 \alpha^0_1 \alpha$. Der Punkt α_1 ist daher die Projection eines Punktes des Parallelkreises, während die Centralprojection des Parallelkreises unmittelbar durch jenen Kreis π_1 dargestellt erscheint, welcher den Punkt o_1 zum Mittelpunkte hat, und durch α_1 geht.

In gleicher Weise kann man beliebig viele Parallelkreis-Projectionen ermitteln. Die Umhüllungscurve der letzteren repräsentiert sodann wieder die Contour der Rotationsfläche. Der Beweis für die Richtigkeit dieses Vorganges stimmt mit jenem für den vorhergehenden Fall überein.

Endlich wird man auch anstandslos die äußersten Punkte der Contourcurve auf der Centralprojection Z anzugeben vermögen.

Zieht man nämlich durch das umgelegte Centrum C_0 an den umgelegten Meridian M_0 die Tangenten t^0_1 und t^0_2, so stellen diese die in der Ebene P liegenden, um P_b in die Bildebene umgelegten Erzeugenden des der Rotationsfläche umschriebenen central-projicierenden Kegels dar. Die Schnittpunkte m und n der besagten

Erzeugenden mit der Bildebene, welche sich in der Trace P_b ergeben, werden demnach zwei Punkte der Contourcurve bestimmen.

Die in den beiden letztdurchgeführten Aufgaben angewendeten Methoden werden jedoch unbrauchbar, wenn die Achse der Rotationsfläche gegen die Bildebene geneigt oder zu derselben parallel ist, nachdem in diesen Fällen die Projectionen der Parallelkreise nicht mehr Kreise, sondern Kegelschnitte sind, deren jeweilige Construction die Contourbestimmung mühselig, ungenau und zeitraubend machen würde. Hiedurch veranlasst, werden wir noch andere, geeignetere Methoden zur Bestimmung der Contour der Rotationsflächen in schiefer und centraler Projection bei allgemeiner Lage der Rotationsachse zu entwickeln haben.

§. 249.

32. Aufgabe. **Es ist die Contour einer Rotationsfläche, deren Achse gegen die Bildebene geneigt ist, zu ermitteln, wenn die Richtung der schief-projicierenden Strahlen als gegeben vorliegt.**

Die schiefe Projection der Rotationsachse sei Z_d^v und $\Delta_0 \Delta \sigma$ (Taf. XV, Fig. 74) das Projectionsdreieck. Die schief-projicierende, durch die Rotationsachse gehende Ebene P, deren Bildflächtrace (und Fluchttrace) P_b mit der schiefen Projection Z zusammenfällt, ist selbstverständlich eine Meridianebene der Fläche.

Denken wir uns die letztgenannte Ebene um $Z = P_b$ in die Bildebene umgelegt, so stellt sich zunächst die umgelegte Achse in Z_0, der umgelegte Meridian aber in M_0 dar. Die Rotationsfläche ist auf diese Weise vollständig gegeben.

Die Contour der Fläche ist der Schnitt der Bildebene mit dem derselben umschriebenen schief-projicierenden Cylinder, dieselbe kann daher auch als schiefe Projection einer Curve aufgefasst werden, in welcher dieser Cylinder eine beliebige Ebene schneidet.

Um besagte Schnittcurve und ihre Projection zu construieren, denken wir uns den Cylinder sowohl, als auch die Rotationsfläche um P_b so lange gedreht, bis die Achse der Fläche in die Bildebene nach Z_0 gelangt. M_0 repräsentiert sodann den in der Bildebene liegenden Meridian in Bezug auf die gedrehte Rotationsachse, vv_0 dagegen die Richtung der gedrehten Projectionsstrahlen oder beziehungsweise jene der vorerwähnten Cylindererzeugenden.

Auf Grund der vorher gepflogenen Erörterungen ist klar, dass man die Contour der Fläche erhalten wird, wenn man den Schnitt des der gedrehten Rotationsfläche parallel zu $v\, v_0$ umschriebenen Cylinders mit einer beliebigen Ebene aufsucht, die Ebene mit der Schnittcurve um die Trace P_b, um einen Winkel φ dreht, welcher dem Neigungswinkel der Ebene P gegen die Bildfläche gleich kömmt und hierauf die schiefe Projection der in der gedrehten Ebene liegenden Schnittcurve construiert.

Die Einfachheit der Construction hängt von der Wahl dieser Ebene ab. Wie unschwer begreiflich, eignet sich hierzu am vortheilhaftesten die Bildebene selbst. Hiernach werden wir die gestellte Aufgabe in folgender Form lösen.

Wir denken uns den schief-projicierenden Strahl, die Rotationsfläche und die Bildebene in starrer Verbindung und drehen diese drei Gebilde um die schiefe Projection $Z = P_b$ der Rotationsachse so lange, bis die durch die Achse gehende, schief-projicierende Ebene P, also auch die Achse selbst, in die Bildebene (letztere nach Z_0) fällt. Dabei tritt selbstverständlich die Bildebene aus ihrer ursprünglichen Lage heraus und wird in dieser neuen Lage in eine Ebene übergehen, die wir B' nennen wollen. Die letztere wird nun die Bildflächtrace P_b besitzen und mit ihrer ursprünglichen Lage (d. i. mit der Zeichnungsfläche) denselben Winkel φ wie die Ebene P_b, jedoch im entgegengesetzten Sinne einschließen. Weiters ist, wie schon früher darauf hingewiesen wurde, vv_0 die Richtung der gedrehten Projectionsstrahlen.

Umschreibt man nun der gedrehten Rotationsfläche parallel zu vv_0 einen Cylinder, bestimmt man ferner den Schnitt desselben mit der gedrehten Bildebene B' und dreht diesen Schnitt um P_b in die Zeichnungsfläche zurück, so wird derselbe infolge der vorausgesetzten starren Verbindung dieser Gebilde untereinander, daselbst die gesuchte Contour darstellen.

Bevor wir zu der eigentlichen Bestimmung der Contourcurve übergehen, wollen wir noch eine Hilfsconstruction erledigen.

Nehmen wir in der Ebene B' einen beliebigen Punkt an, dessen orthogonale Bildflächprojection allenfalls durch $p^0{}_0$ dargestellt werde. Die Entfernung $p^0{}_0 p'$ dieses Punktes von der Bildebene erhält man, wie bekannt, durch Zuhilfenahme des Bildfläch-Neigungswinkels φ der Ebene B'. Besagter Punkt um P_b umgelegt, ergibt sich in p_0.

Ziehen wir ferner durch $p^0{}_0$ eine Gerade l parallel zu vv_0 und betrachten wir dieselbe als Bildflächtrace einer zur Bildebene senkrechten, also als eine den vorgenannten Punkt p (im Raume) enthaltenden Ebene L, und legen wir endlich auch diesen Punkt um die Trace l nach p'_0 in die Bildebene um.

Die Tracen P_b und l schneiden sich in einem Punkte s, der mit p_0 verbunden eine Gerade sp_0 bestimmt, welche die um P_b umgelegte

Schnittgerade der Ebenen B' und L repräsentiert, während die Gerade $p'_0 s$ die Umlegung desselben Schnittes um die Trace l (dabei ist selbstverständlich $sp_0 = sp'_0$) darstellt.

Nimmt man nun an irgend einer beliebigen Stelle auf P_b einen Punkt s_1 an, ziehe daselbst $s_1 a'_0$ parallel zu sp'_0; $s_1 a_1$ oder μ parallel zu sp_0 und $a'_0 a_1$ (an gleichfalls willkürlicher Stelle) parallel zu $p'_0 p_0$, sowie endlich l_1 durch s_1 parallel zu l, so kann man, wie aus der Parallelität der gezogenen Geraden sofort zu erkennen ist, beziehungsweise a'_0 und a_1 stets als die Umlegungen eines und desselben Punktes der Ebene B' um die bezüglichen Tracen l_1 und P_b betrachten.

Mit Zugrundelegung dieser allgemeinen, vorbereitenden Erörterungen können wir nunmehr anstandslos auf die Durchführung der Construction übergehen.

Nehmen wir zu diesem Behufe auf der gedrehten Achse Z_0 einen beliebigen Punkt S_0 an und ziehen wir an den in der Bildebene liegenden Meridian M_0 der gedrehten Rotationsfläche die Tangenten $S_0 \alpha$ und $S_0 \beta$.

Der Parallelkreis γ, welcher dem der Fläche aus S_0 umschriebenen Kegel entspricht, ist der zur Bildebene senkrechte Kreis mit dem Durchmesser $\alpha\beta$. Zeichnen wir ferner durch S_0 eine zu vv_0 parallele Gerade $S_0 \varrho$, welche die Ebene des genannten Parallelkreises im Punkte ϱ schneidet, so werden die Berührungspunkte α_1 und α_2 der von ϱ aus gezogenen Parallelkreis - Tangenten zwei Punkte der gedrehten Rotationsfläche darstellen, in welchen Punkten man, parallel zu vv_0, an die bezeichnete Rotationsfläche anstandslos die Tangenten ziehen kann. Um dieselben bequem construieren zu können, legen wir den Parallelkreis γ um $\alpha\beta$ in die Bildebene nach (γ) um, ziehen die Tangenten $\varrho\alpha_1$ und $\varrho\alpha_2$ und drehen deren Berührungspunkte α_1 und α_2 um $\alpha\beta$ in die frühere Lage zurück. Nach Vollzug dieser Drehung fallen ihre orthogonalen Projectionen in den Schnittpunkt α^0_0 von $\alpha\beta$ und $\alpha_1\alpha_2$ und entspricht diesen daselbst die gleiche Entfernung $\alpha^0_0\alpha_1$ und $\alpha^0_0\alpha_2$ von der Bildebene.

Die durch diese Punkte α_1 und α_2 der Rotationsfläche gehenden, zu vv_0 parallelen Cylindererzeugenden haben zur gemeinschaftlichen orthogonalen Projection die durch α^0_0 parallel zu vv_0 gezogene Gerade l_1, deren Abstände von der Bildebene $\alpha^0_0\alpha_1 = \alpha^0_0\alpha'_0 = \alpha^0_0\alpha_2 = \alpha^0_0\alpha^2_0$ sind.

Um deren Schnittpunkte mit der Ebene B' zu bestimmen, benützen wir die durch diese Erzeugenden gehende orthogonal-bildflächprojicierende Ebene L_1, deren Bildflächtrace durch l_1 repräsentiert erscheint. Besagte Ebene schneidet die Ebene B' in einer Geraden, welche um l_1 umgelegt, parallel zu sp'_0 durch den Schnittpunkt s_1 der Tracen P_b und l_1 geht.

Die um l_1 umgelegten Cylindererzeugenden ergeben sich als zwei zu l_1 parallele Geraden ε^1_0 und ε^2_0 in der Entfernung

$$\alpha^0_0\alpha^1_0 = \alpha^0_0\alpha_1 = \alpha^0_0\alpha^2_0 = \alpha^0_0\alpha_2.$$

Dieselben treffen die umgelegte Schnittgerade der Ebenen B' und L_1 in den Punkten a^1_0 und a^2_0, welche die um l_1 umgelegten Schnittpunkte der Ebene B' mit den beiden Cylindererzeugenden darstellen.

Behufs Umlegung der letztgenannten Punkte um die Trace P_b benützt man die früher durchgeführte Hilfsconstruction. Man zieht nämlich durch den Schnittpunkt s_1 der Tracen P_b und l_1 die Gerade $a_1 s_1 a_2$ oder μ parallel zu sp_0 und durch a^1_0 und a^2_0 die Parallelen zu $p'_0 p_0$, welche im Schnitte mit der ersteren die gesuchten umgelegten Punkte a_1 und a_2 liefern.

Die letztbezeichneten Punkte repräsentieren, früheren Erörterungen gemäß, wenn man die Rotationsfläche sammt den beiden Cylindererzeugenden in die ursprüngliche Lage zurückgedreht denkt, die Durchstoßpunkte dieser Erzeugenden mit der Bildebene, d. i. zwei Punkte der gesuchten Contour.

Auf gleiche Weise können nunmehr leicht durch bloße Änderung des Kegelscheitels S_0 beliebig viele Punktepaare der Contour und hieraus die letztere selbst construiert werden.

§. 250.

33. Aufgabe. **Es ist in Centralprojection die Contour einer Rotationsfläche, deren Achse eine gegen die Bildebene beliebige Neigung besitzt, zu construieren.**

Die Lösung dieser Aufgabe beruht auf demselben Principe wie die soeben besprochene. Ist nämlich Z^v_d (Taf. XIV, Fig. 75) die gegebene Rotationsachse, so denken wir uns wieder die Rotationsfläche, das Projectionscentrum und die Bildebene untereinander in starrer Verbindung und drehen all diese Gebilde um die Projection Z (Trace P_b) so lange, bis die Rotationsachse in die Bildebene nach Z_0 und das Projectionscentrum in die Bildebene nach C_0 gelangt.

Bei dieser Drehung tritt sodann, ebenso wie im vorhergehenden Falle, die Bildebene aus ihrer ursprünglichen Lage heraus, erscheint also durch eine Ebene B' dargestellt, welche als Bildflächtrace die Gerade P_b besitzt und mit ihrer ursprünglichen Lage, d. i. mit der Zeichnungsfläche den nämlichen Winkel φ, wie die durch die Achse Z gehende central-projicierende Ebene P, aber im entgegensetzten Sinne einschließt.

Umschreibt man nunmehr aus C_0 der gedrehten Rotationsfläche, welche einen in der Bildebene liegenden, also in wahrer Größe erscheinenden Meridian M_0 (durch den dieselbe gegeben ist) besitzt, einen Kegel, bestimmt sodann dessen Schnitt mit der Ebene B' und legt die Schnittcurve um P_b in die Bildebene um, so erhält man daselbst die verlangte Contour.

Die Constructionen der Durchstoßpunkte einzelner Kegelerzeugenden mit der Ebene B' und deren Umlegung in die Bildebene können, ähnlich den Constructionen in der vorhergehenden Aufgabe, auf Grund der bisher erlangten Kenntnisse anstandslos durchgeführt werden.

Dritter Abschnitt.

Umhüllungsflächen.

XII. Capitel.

Theorie der Umhüllungsflächen.

§. 251.

Denken wir uns eine Fläche F, welche nach einem vorliegenden Gesetze ihre Lage im Raume stetig ändert und dabei entweder ihre Gestalt unverändert beibehält, oder aber auch diese gleichfalls nach irgend einem bestimmten Gesetze stetig verändert.

Infolge dieser Stetigkeit in der Veränderung wird jede Position der veränderlichen Fläche F von der unmittelbar folgenden sowohl, als auch von der unmittelbar vorausgehenden Position, in Bezug auf Lage und auf Gestalt nur unendlich wenig verschieden sein.

Es werden sonach auch die Schnittcurven einer Flächenlage mit der unmittelbar vorhergehenden und der unmittelbar folgenden Flächenlage unendlich nahe aneinander liegen, oder mit anderen Worten, sie werden stetig aufeinander folgen.

Alle diese Schnittlinien für die unendlich vielen stetig aufeinander folgenden Lagen der veränderlichen Fläche F werden mithin eine Fläche erzeugen, welche man die „Umhüllungsfläche" oder die „Enveloppe" der Fläche F nennt. Die einzelnen Lagen der Fläche F dagegen werden die „umhüllten Flächen" oder kurz die „Umhüllten" genannt.

Fassen wir eine Lage F_α der umhüllten Schar ins Auge, so wird dieselbe von der unmittelbar vorausgehenden Fläche $F_{\alpha-1}$ in einer Curve C_1 und ebenso auch von der unmittelbar folgenden Fläche $F_{\alpha+1}$ in einer Curve C_2 geschnitten. Diese beiden Curven C_1 und C_2 gehören aber, der vorausgeschickten Definition entsprechend, auch der Umhüllungsfläche der Flächen F an, und da C_1 und

C_2, infolge der Stetigkeit, unendlich nahe liegen, oder was dasselbe aussagt, in eine einzige Curve C zusammenfallen, so ist einleuchtend, dass die Fläche F_α von der Umhüllungsfläche längs der Curve C berührt wird.

Das Gleiche gilt von jeder anderen Lage der umhüllten Flächen F.

Die Curve C, längs welcher jede Umhüllte von der Umhüllungsfläche berührt wird, pflegt man die dieser umhüllten Fläche entsprechende „Charakteristik" zu heißen.

Man kann demnach auch die Umhüllungsfläche durch die Charakteristiken der Flächenschar F erzeugt denken, oder als den Ort der Berührungscurven aller ihr eingeschriebenen Flächen F auffassen, auf welcher Eigenschaft, wie wir im weiteren Verlaufe unserer Erörterungen sehen werden, die Darstellung der vorgenannten Flächengattung beruht.

§. 252.

Um der Deutlichkeit willen, dürfte es zweckmäßig sein, das Gesagte an einem Beispiele zu erläutern.

Sei η (Taf. XV, Fig. 76) eine zur verticalen Projectionsebene parallele Ebene. In derselben bewegt sich irgend eine Gerade t nach einem gewissen Gesetze stetig fort, so zwar, dass t_1, t_2, t_3 drei unmittelbar aufeinander folgende Lagen derselben darstellen mögen. Die Geraden t_1 und t_2 schneiden sich in einem Punkte a, jene t_2 und t_3 dagegen in einem Punkte b, welch letzterer dem Punkte a unendlich nahe liegt.

Würde man fortfahren, die Lagen der Geraden t festzustellen, so würde sich, als Ort der stetig aufeinander folgenden Punkte $a, b, \ldots$, eine Curve M ergeben, welche von den einzelnen Geraden $t_1, t_2, t_3 \ldots$ in $a, b \ldots$ berührt wird, oder mit anderen Worten, man würde die „Enveloppe" der Geraden t erhalten.

Nehmen wir ferner in der Ebene η eine beliebige horizontalprojicierende Gerade (Z, Z') an, und drehen wir die Ebene η sammt allen in ihr liegenden Geraden t und Punkten $a, b \ldots$ um dieselbe.

Die Geraden $t_1, t_2\, t_3 \ldots$ werden bei dieser Umdrehung Kreiskegel erzeugen, die stetig aufeinander folgen und deren je zwei unmittelbar aufeinander folgende sich in einem Kreise schneiden. Diese Kreise werden offenbar unmittelbar aufeinander folgen, da sie nichts anderes vorstellen, als jene Kreise (π_1, π'_1), $(\pi_2, \pi'_2), \ldots$, welche die unmittelbar aufeinander folgenden Punkte $a, b \ldots$ bei der Drehung um (Z, Z') beschreiben.

Der geometrische Ort aller dieser Kreise ist jene Fläche, welche die vorgenannte Umhüllungscurve M bei der Umdrehung um (Z, Z') erzeugte.

Jeder der vorerwähnten Kegel, welcher von einer der Geraden t beschrieben wird, ist ein der Umdrehungsfläche (Z, M) längs eines Kreises umschriebener Kegel, so zwar, dass wir die Umdrehungsfläche (M, Z) als Umhüllungsfläche aller Kegel (t, Z) betrachten können. Die Kreise (π_1, π'_1), (π_2, π'_2)... repräsentieren in diesem Falle die Charakteristiken der Fläche.

§. 253.

Das vorgeführte Beispiel zeigt die Entstehung einer Umhüllungsfläche, wenn die Umhüllten — im vorliegenden Falle die Kegelflächen (t, Z) — sowohl der Lage als auch der Gestalt nach, veränderlich sind.

Man unterscheidet in dieser Richtung überhaupt zwei Gruppen von Umhüllungsflächen. In die erste Gruppe gehören diejenigen Umhüllungsflächen, bei welchen die umhüllten Flächen von constanter Gestalt und Größe sind, in die zweite Gruppe dagegen solche, deren Form variabel ist.

Da die Ebene eine Fläche von constanter Form ist, so gehören in die erste Gruppe von Umhüllungsflächen die Enveloppen von Ebenen, d. i. die von uns bereits besprochenen „aufwickelbaren" oder „developpablen" Flächen.

Als ein weiteres Beispiel einer Umhüllungsfläche der ersten Gruppe kann man den geraden Kreiscylinder anführen.

Es ist nämlich bekannt, dass jede Kugel, welche einen senkrechten Querschnitt des Kreiscylinders zu ihrem größten Kreise hat, den Cylinder längs dieses Querschnittes berühre. Der Cylinder kann somit als Umhüllungsfläche aller demselben eingeschriebenen Kugeln betrachtet werden.

Bewegt sich demnach eine Kugel von constantem Radius derart, dass ihr Mittelpunkt eine gerade Linie beschreibt, so ist die Umhüllungsfläche derselben ein gerader Kreiscylinder, dessen Achse durch die genannte Gerade und dessen senkrechter Querschnitt durch einen Kreis, dessen Radius jenem der umhüllten Kugeln gleich ist, dargestellt erscheint. Die senkrechten Querschnitte, oder mit anderen Worten: die Kreisschnitte des Cylinders sind diesfalls gleichzeitig die Charakteristiken der Fläche.

Als zur zweiten Gruppe gehörend, kann man die Rotationsflächen mit Einschluss des geraden Kreiskegels rechnen.

Der letztere kann beispielsweise als Umhüllungsfläche einer Kugel entstanden gedacht werden, deren Mittelpunkt eine Gerade durchläuft, während deren Radius sich in der Weise ändert, dass derselbe stets dem vom Kugelmittelpunkte zurückgelegten Wege proportional ist, oder deren Radius in demselben Verhältnisse kleiner wird, als deren Mittelpunkt dem Kegelscheitel sich nähert. Die besagte Gerade wird sodann die Achse des Kreiskegels darstellen, während die zur Achse senkrechten Kreisschnitte des Kegels die Charakteristiken der Umhüllungsfläche repräsentieren.

§. 254.

Die sich auf eine Umhüllungsfläche beziehenden Constructionen können immer auf gewisse, die umhüllten Flächen betreffenden Constructionen zurückgeführt werden.

Ist beispielsweise Σ irgend eine Umhüllungsfläche, F eine der umhüllten Flächen, C die zugehörige Charakteristik, oder mit anderen Worten, jene Curve, längs welcher die beiden Flächen sich berühren, und denken wir uns die Umhüllungsfläche Σ sowohl, als auch die umhüllte Fläche F durch eine beliebige Ebene e, beziehungsweise in den Curven σ und γ geschnitten. Ferner möge dieselbe Ebene e die Charakteristik C in den Punkten a, b,... schneiden.

Da die beiden Flächen Σ und F längs C eine Berührung eingehen, also in den der Curve C angehörenden Punkten a, b... gemeinschaftliche Tangentialebenen besitzen, so haben offenbar auch die beiden Curven σ und γ in den Punkten a, b... gemeinschaftliche Tangenten, d. s. die Schnittgeraden der Ebene e mit den genannten Tangentialebenen. Die beiden Curven σ und γ werden sich somit gleichfalls in den Punkten a, b... berühren.

Dasselbe gilt von der Curve σ und den Schnittcurven γ_1, γ_2... der Ebene e mit den übrigen umhüllten Flächen F_1, F_2, F_3...

Aus dieser einfachen Betrachtung ist somit zu ersehen, dass die Schnittcurve σ der Umhüllungsfläche Σ mit einer Ebene e, von den Schnittlinien γ, γ_1... der Ebene e mit allen umhüllten Flächen F, F_1..., berührt wird, dass diese daher die Umhüllungscurve dieser Schnittcurven darstelle. Hiernach ergibt sich der Satz:

185. „Der ebene Schnitt einer Umhüllungsfläche ist die Enveloppe der ebenen Schnitte aller umhüllten Flächen.“

In gleicher Weise kann auch der nachstehende allgemeinere Satz bewiesen werden, welcher lautet:

186. „Der Schnitt einer Umhüllungsfläche mit einer zweiten krummen Fläche ist die Enveloppe der Schnittcurven dieser letzteren mit allen umhüllten Flächen.“

§. 255.

Entsprechend der Definition der Umhüllungsflächen, der umhüllten Flächen und der Charakteristiken, ist die Tangentialebene einer Umhüllungsfläche in einem ihrer Punkte gleichzeitig auch Tangentialebene einer umhüllten Fläche, und zwar derjenigen, deren Charakteristik durch den Berührungspunkt geht, da in jedem Punkte der Charakteristik die beiden Flächen gemeinschaftliche Tangentialebenen besitzen. Hieraus folgt der Satz:

187. „Die Tangentialebene einer Umhüllungsfläche in einem Punkte derselben ist gleichzeitig die Tangentialebene derjenigen Umhüllten, deren Charakteristik durch den Berührungspunkt geht.“

Auf diesen drei Sätzen beruhen im allgemeinen alle auf Umhüllungsflächen sich beziehenden oder an denselben vorzunehmenden Constructionen.

XIII. Capitel.

Die Ringfläche.

§. 256.

Unter all den möglichen Umhüllungsflächen sind der Darstellung und constructiven Untersuchung namentlich nur diejenigen zugänglich, deren umhüllte Flächen bequem construiert, resp. dargestellt werden können.

Außer den abwickelbaren Flächen, welche als Umhüllungsflächen von Ebenen zu betrachten sind, erscheinen somit nur jene, welche als Umhüllungsflächen von Kugeln erzeugt werden, zu einer eingehenderen Untersuchung geeignet, da in diesem Falle die Charakteristiken als Schnitte zweier unmittelbar aufeinander folgenden Kugellagen stets Kreise, und mithin zur Construction bequem verwendbar sind.

Bei früherer Gelegenheit haben wir bereits eine derartig entstandene Umhüllungsfläche, die „Dupin'sche Cyclide“, d. i. die

Umhüllungsfläche aller Kugeln, welche drei gegebene Kugeln berühren, näher untersucht.

Nun wollen wir eine besondere Art dieser Cyclide, die ebenso als Umhüllungsfläche, wie als Rotationsfläche betrachtet werden kann, einer eingehenderen Untersuchung und constructiven Behandlung unterziehen.

Bewegt sich eine Kugel von constantem Radius derart, dass ihr Mittelpunkt einen Kreis durchläuft, so entsteht eine Umhüllungsfläche, welche man eine „Ringfläche“, einen „Ring“, eine „Wulstfläche“, einen „Torus“, oder auch die „Rotationscyclide“ nennt.

Die Gerade, welche durch den Mittelpunkt des Leitkreises senkrecht zu dessen Ebene gezogen wird, heißt die „Achse“ der Ringfläche.

Da zwei Kugeln sich untereinander nur in einem Kreise schneiden können, so folgt unmittelbar, dass die Charakteristiken der Ringfläche Kreise sind. Wir werden daher zunächst zu untersuchen haben, welche charakteristischen Eigenschaften diese Kreise besitzen und wie sich die Ringfläche aus denselben erzeugen lässt.

Setzen wir zu diesem Zwecke den Leitkreis (K, K') (Taf. XV, Fig. 77) der Ringfläche in einer zur horizontalen Projectionsebene parallelen Ebene ε liegend voraus. Die Achse des Ringes ist sodann die durch den Mittelpunkt (O, O') des Leitkreises gehende horizontalprojicierende Gerade (Z, Z').

Nehmen wir weiters eine Kugel (S_1, S'_1) an, deren Mittelpunkt (o, o') ein beliebiger Punkt des Leitkreises (K, K') ist und betrachten wir dieselbe als eine Lage der umhüllten Kugel.

Die auf dieselbe unmittelbar folgende Kugellage hat als Mittelpunkt den dem Punkte (o, o') unendlich nahen (eigentlich mit ihm zusammenfallenden) Punkt des Leitkreises (K, K'). Die Verbindungsgerade der beiden Kugelmittelpunkte ist daher durch die Tangente (t, t') des Leitkreises (K, K') im Punkte (o, o') dargestellt.

Die beiden Kugellagen schneiden sich in einem Kreise, dessen Ebene auf der Verbindungsgeraden der Kugelmittelpunkte, d. i. auf der Tangente (t, t') senkrecht steht. Da ferner die beiden Kugeln als gleich groß vorausgesetzt werden, so sind die beiden Kugelmittelpunkte offenbar gegen die Ebene dieses Schnittkreises symmetrisch gelegen, und nachdem dieselben nebstbei in einen und denselben Punkt (o, o') zusammenfallen, so muss die Ebene des Schnittkreises durch (o, o') gehen.

Dieser Schnittkreis repräsentiert aber als Schnitt der umhüllten Kugel (S, S'_1) mit der unmittelbar folgenden Kugellage die Charakteristik der Kugel (S, S'_1).

Hieraus ist gleichzeitig zu ersehen, dass diese Charakteristik jener größte Kreis (c, c') der Kugel (S, S'_1) sei, dessen Ebene auf der Tangente (t, t') des Leitkreises (K, K') senkrecht steht und daher auch die Achse (Z, Z') der Ringfläche enthält.

Da alle diesbezüglichen Kugeln als gleich groß vorausgesetzt werden, so sind es auch (als größte Kreise dieser Kugeln) die sämmtlichen Charakteristiken der Ringfläche. Wir erhalten demnach den Satz:

188. „Die Charakteristiken der Ringfläche sind jene größten Kreise der umhüllten Kugeln, deren Ebenen einerseits den Leitkreis der Ringfläche orthogonal schneiden, andererseits aber durch die Achse der Ringfläche gehen.

§. 257.

Aus diesen Betrachtungen und Ergebnissen folgt sofort, dass die Ringfläche gleichzeitig auch als Rotationsfläche aufgefasst werden könne. Denn, denkt man sich eine solche Charakteristik (c, c') um die Achse (Z, Z') gedreht, in eine beliebige andere Lage (c_1, c'_1) gebracht, so wird sie daselbst, nach dem vorstehenden Satze, wieder eine Charakteristik der Fläche repräsentieren.

Die sämmtlichen Charakteristiken der Ringfläche bilden also gleichzeitig auch die Meridiane einer Rotationsfläche, und zwar besteht jeder dieser Meridiane aus zwei gegen die Achse (Z, Z') der Ringfläche symmetrischen Kreisen. Mithin besteht der Satz:

189. „Jede Ringfläche ist gleichzeitig eine Rotationsfläche. Die Achse des Ringes ist die Rotationsachse und die Charakteristiken sind die Meridiancurven.“

Und weiters:

190. „Rotiert ein Kreis um eine beliebige, in seiner Ebene liegende Gerade — Durchmesser ausgenommen — so ist die so entstehende Rotationsfläche eine Ringfläche, deren Achse die Rotationsachse und deren Charakteristiken die Meridiankreise sind.“

Mit Bezug auf den Satz 167), oder, wenn man berücksichtigt, dass der Schnitt einer Meridianebene mit der Ringfläche aus zwei gleich großen Kreisen besteht, welche zusammen einen Ort vierter Ordnung repräsentieren, folgt der Satz:

191. „Eine Ringfläche ist stets eine Fläche vierten Grades.“

§. 258.

Der Umstand, dass eine Ringfläche gleichzeitig als Umhüllungsfläche und als Rotationsfläche aufgefasst werden kann, bietet für die Untersuchung derselben ein sehr fruchtbares Hilfsmittel.

Was zunächst die Form der Ringfläche betrifft, so findet man, dass diese von der Größe des Radius des Leitkreises (K, K'), im Vergleiche zur Größe des Radius des Meridiankreises (c, c') abhängt.

Ist der Radius von (K, K') (Taf. XV, Fig. 77) größer als jener von (c, c'), so trifft kein Punkt von (c, c') die Rotationsachse (Z, Z'); der Ring besitzt daher in der Ebene des Leitkreises (K, K') einen Äquator und einen Kehlkreis, von welchen der Radius des ersteren um den Radius des Meridiankreises größer, als jener des Leitkreises ist; der andere dagegen einen Radius, der um jenen des Meridiankreises kleiner als der Radius des Leitkreises sein wird. Eine solche Ringfläche wird eine eigentliche Ringfläche oder ein eigentlicher Ring genannt.

Ist hingegen der Radius des Leitkreises (K, K') kleiner als jener des Meridiankreises (c, c'), so schneidet der letztere die Achse (Z, Z') der Ringfläche in zwei reellen Punkten (u, u') und (v, v'). Diese beiden Punkte treten dann in Bezug auf die Ringfläche als „Doppelpunkte", „conische Punkte" oder „Knotenpunkte" auf (siehe deren Definition Band II, §. 180). Einen derartigen Ring pflegt man einen „Ring mit zwei reellen Doppelpunkten" oder „Knotenpunkten" zu nennen, oder auch, infolge seiner Form, eine „Wulstfläche" zu heißen.

Ist endlich der Radius des Meridianes (c, c') jenem des Leitkreises (K, K') gleich, so berührt der Meridiankreis (c, c') die Achse (Z, Z') der Ringfläche in dem Mittelpunkte (O, O') des Leitkreises. In dem letzteren Falle fallen in diesem Punkte die beiden vorgenannten „Knoten-" oder „Doppelpunkte" zusammen; der Ring wird somit diesfalls ein „Ring mit doppeltem Knotenpunkte" oder ein „geschlossener Ring" genannt.

§. 259.

Da der Ring eine Rotationsfläche mit der Achse (Z, Z') als Rotationsachse ist, so sind auch die zu dieser Achse senkrechten Schnitte Kreise. Jede solche zur Achse senkrechte Ebene schneidet den Ring in zwei Kreisen, indem besagte Ebene irgend einen beliebigen Meridian in zwei Paaren gegen (Z, Z') symmetrisch liegenden Punkte trifft.

Die horizontalen Projectionen dieser Kreise (bei der in Fig. 77 vorausgesetzten Lage des Ringes gegen die Projectionsebenen) sind zwei mit der horizontalen Projection K' des Leitkreises concentrische Kreise K'_1 und K'_2, deren Radien um dasselbe Stück μ beziehungsweise größer oder kleiner als der Radius des Leitkreises sind.

Es gibt zwei besondere Lagen der zur Achse (Z, Z') senkrechten Ebenen, bei deren jeder die beiden vorgenannten Kreise in einen zusammenfallen.

Besagte Lagen werden nämlich durch jene zu beiden Seiten der Ebene des Leitkreises (K, K') sich vorfindenden Ebenen repräsentiert, deren Entfernung von der Ebene des letzteren dem Radius des Meridiankreises gleich ist. Die bezeichneten Ebenen theilen den Ring in zwei Theile, wovon der eine die „innere" Ringfläche, der andere die „äußere" Ringfläche genannt wird. Der diesbezügliche Satz gestattet demgemäß folgende Fassung:

192a. „Die Punkte der inneren Ringfläche sind sämmtlich hyperbolisch, jene der äußeren Ringfläche dagegen sämmtlich elliptisch."

Diejenigen Punkte, welche auf den beiden Parallelkreisen liegen, die das Gebiet der hyperbolischen Punkte von jenem der elliptischen Punkte trennen, sind selbst weder hyperbolisch, noch elliptisch, sondern parabolische Punkte.

Die genannten beiden Parallelkreise haben einen, dem Radius des Leitkreises gleichen Radius; die Horizontalprojectionen derselben fallen mit jener des Leitkreises zusammen.

Der Satz 183) nimmt daher im vorliegenden Falle die nachstehende Form an:

192b. „Die beiden Systeme von Krümmungslinien einer Ringfläche sind Kreise. Das eine System derselben ist durch die Charakteristiken, das andere durch die zur Ringachse senkrechten ebenen Schnitte repräsentiert."

§. 260.

Die Ringfläche kann, ebenso wie jede andere Rotationsfläche, als Umhüllungsfläche aller ihr längs der Parallelkreise umschriebenen oder eingeschriebenen Kugeln betrachtet werden.

Jeder Punkt (m, m') (Taf. XV, Fig. 77) der Ringachse kann gleichzeitig als der Mittelpunkt zweier verschiedener, die Ringfläche längs Parallelkreisen berührenden Kugeln aufgefasst werden.

Verbinden wir nämlich den Punkt (m, m') mit dem Mittelpunkte (ω, ω') des einen Hauptmeridiankreises, so erhalten wir einen Durchmesser des letzteren. Besagter Durchmesser $(ab, a'b')$ ist gleichzeitig die Normale dieses Kreises in den beiden Endpunkten (a, a') und (b, b') desselben.

Die Kreise Σ_1 und Σ_2, deren gemeinschaftlicher Mittelpunkt (m, m') ist, und welche durch die Punkte (a, a') und (b, b') gehen, berühren in den letzteren den Hauptmeridiankreis. Die genannten Kreise erzeugen bei der Drehung um (Z, Z') zwei Kugeln, welche mit der Ringfläche in jenen beiden Parallelkreisen (π_a, π'_a) und (π_b, π'_b), welche durch die Punkte (a, a') und (b, b') bei der Drehung beschrieben werden, eine Berührung eingehen.

Diese beiden Kugeln Σ_1 und Σ_2 dagegen berühren jede der umhüllten Kugeln der Ringfläche in jenen Punkten, in welchen die obgenannten zwei Parallelkreise die betreffende Charakteristik, d. i. den entsprechenden Meridiankreis treffen. Dasselbe gilt auch von jedem anderen Paare eingeschriebener, resp. umschriebener Kugeln, deren Mittelpunkt irgend ein Punkt (m, m') von (Z, Z') ist. Wir erhalten demgemäß den Satz:

193. „Jede Ringfläche ist die Umhüllungsfläche zweier verschiedenen Kugelscharen. Die Kugeln der einen Schar sind sämmtlich von demselben Radius und ihre Mittelpunkte liegen auf einem festen Kreise. Die Kugeln der anderen Schar sind von veränderlicher Größe; die Mittelpunkte derselben liegen sämmtlich auf jener Geraden, welche durch den Mittelpunkt des vorgenannten Kreises geht und auf dessen Ebene senkrecht steht. Jede Kugel der einen Schar wird von sämmtlichen Kugeln der anderen Schar berührt."

§. 261.

Aus diesem Satze folgt die nachstehende Erzeugungsweise für die Ringfläche. Denkt man sich nämlich drei Kugeln der einen Schar als gegeben, so sind dadurch auch schon alle Kugeln der anderen Schar festgestellt, da diese, auf Grund des eben angeführten Satzes, die besagten drei Kugeln berühren müssen.

Hat man demnach drei solcher Kugeln construiert, so können andererseits wieder sämmtliche Kugeln der ersten Schar als jene gefunden werden, welche mit den letztgenannten drei Kugeln die geforderte Berührung eingehen. Hieraus folgen die Sätze:

194. „Sämmtliche Kugeln, welche drei beliebig liegende, aber gleich große Kugeln berühren, umhüllen eine Ringfläche, deren Leitkreis derjenige Kreis ist, welcher durch die Mittelpunkte der drei gegebenen Kugeln geht."

Und weiters:

195. „*Sämmtliche Kugeln, welche drei beliebige Kugeln, deren Mittelpunkte auf einer und derselben Geraden liegen, berühren, sind gleich groß, und umhüllen eine Ringfläche, deren Achse die vorgenannte Gerade ist.*"

§. 262.

Aus diesen Erzeugungsweisen folgt sofort auch, dass die Ringfläche eine besondere Form jener Flächen ist, welche wir früher unter dem Namen der „Dupin'schen Cycliden" kennen gelernt haben. Wir können daher behaupten:

196. „*Die Ringfläche ist eine Specialform der Dupin'schen Cyclide.*"

Es werden hiernach auch alle Eigenschaften der Cyclide, in entsprechender Weise übertragen, Eigenschaften der Ringfläche geben.

Vermittelst eines beliebigen Inversionscentrums kann jede Ringfläche in eine allgemeine Dupin'sche Cyclide invers transformiert werden. Man kann aber auch umgekehrt und zwar auf unendlich viele Arten eine allgemeine Cyclide invers in eine Ringfläche (Rotationscyclide) transformieren.

Sind nämlich S_1, S_2 und S_3 die drei Leitkugeln für die Cyclide, so können diese (nach Satz 273, Band III) stets in drei gleich große Kugeln invers transformiert werden. Gleichzeitig transformiert sich hierbei auch die Cyclide in die Umhüllungsfläche all' jener Kugeln, welche diese drei gleich großen Kugeln berühren, d. i. (mit Zugrundelegung des Satzes 194) in eine Ringfläche.

Oder nimmt man das Inversionscentrum auf jenem Kreise an, welcher durch die Mittelpunkte der drei gegebenen Leitkugeln gelegt werden kann, so übergeht dieser Kreis invers in eine Gerade und die Cyclide in die Umhüllungsfläche aller Kugeln, welche die drei transformierten Leitkugeln berühren, und zwar, da die Mittelpunkte der letzteren in einer Geraden liegen (Satz 195), wieder in eine Ringfläche.

§. 263.

34. Aufgabe. Es ist der Schnitt einer Ringfläche mit einer zur Achse derselben parallelen Ebene zu construieren. Die erhaltene Schnittcurve ist bezüglich ihres besonderen Charakters zu untersuchen.

Wir wählen diesfalls die Projectionsebenen derart, dass die horizontale Projectionsebene senkrecht zur Achse (Z, Z') des Ringes, die verticale Projectionsebene aber parallel zur schneidenden Ebene E und mithin, der gestellten Aufgabe gemäß, auch parallel zur Ringachse (Z, Z') (Taf. XV, Fig. 78) werde. Die schneidende Ebene ist sodann durch ihre zur Grundlinie parallele Horizontaltrace E_h dargestellt. Der Leitkreis sei (K, K'), die beiden Hauptmeridiankreise des Ringes seien durch (M, M'), (M, M') repräsentiert.

Da die schneidende Ebene E diesfalls eine horizontal-projicierende ist, so repräsentiert deren Horizontaltrace E_h gleichzeitig die Horizontalprojection der gesuchten Schnittcurve. Die Verticalprojection derselben kann somit ohne jedwede Schwierigkeit in folgender Weise abgeleitet werden.

Ein beliebiger Punkt p' in der Trace E_h stellt offenbar die Horizontalprojection eines Punktes der Schnittcurve, also auch die eines Punktes auf der Ringfläche dar. Zeichnen wir demnach einen Kreis π', welcher durch p' geht und seinen Mittelpunkt in Z' hat, so repräsentiert dieser die Horizontalprojection des durch den fraglichen Punkt (p, p') gehenden Parallelkreises.

Diejenigen Punkte, in welchen dieser Parallelkreis die Hauptmeridianebene η, also auch die Hauptmeridiankreise M-M trifft, ergeben sich in der Horizontalprojection direct als die Schnittpunkte α' und β' von π' mit η_h. Man findet, dass jedem dieser Punkte auf den Hauptmeridiankreisen M-M zwei verschiedene Verticalprojectionen α, α_1 resp. β, β_1 entsprechen. Der Kreis π' ist daher die Horizontalprojection zweier verschiedener Parallelkreise, deren Verticalprojectionen π und π_1, beziehungsweise durch die zur Grundlinie XX parallelen Geraden $\alpha\beta$ und $\alpha_1\beta_1$ dargestellt erscheinen.

Die durch p' zur Grundlinie senkrecht gezogene Gerade schneidet die besagten Kreise π und π_1 in den Punkten p und p_1; es ist somit einleuchtend, dass sowohl (p, p') als auch (p_1, p') Punkte der Ringfläche seien, und da deren gemeinschaftliche Horizontalprojection p' in E_h liegt, Punkte der zu bestimmenden Schnittcurve darstellen. In gleicher Weise kann man zu jedem beliebigen Punkte p' die zugehörigen Verticalprojectionen finden und hieraus die verlangte Schnittcurve construieren.

Man kann jedoch die dem Punkte p' entsprechenden Verticalprojectionen auch in folgender Weise erhalten.

Legen wir nämlich durch die Achse (Z, Z') und p' die diesfalls horizontal-projicierende Ebene $P_v P_h$ und was dasselbe ist, ziehen wir die Gerade $P_h = Z'p'$, so stellt dieselbe die Horizontaltrace einer Charakteristiken-Ebene der Ringfläche, also auch die horizontale Projection c' der durch den fraglichen Punkt (p, p') gehenden Charakteristik (c, c') dar.

Beschreibt man ferner aus dem Punkte o', in welchem P_h die Horizontalprojection K' des Leitkreises schneidet, einen Kreis σ_1' mit dem Radius der Hauptmeridiankreise M, so repräsentiert dieser die Horizontalcontour jener Kugel, welche die Ringfläche längs der vorgenannten Charakteristik (c, c') berührt.

Der gesuchte Punkt (p, p') muss sich daher auch auf dieser Kugel vorfinden.

Die Verticalprojection o des Kugelmittelpunktes liegt selbstverständlich in K. Die Kugel schneidet die Ebene E in einem Kreise (γ, γ'), welcher durch seinen in der Ebene ε_v des Leitkreises (K, K') liegenden Durchmesser $(\mu\nu, \mu'\nu')$ dargestellt erscheint und dessen Verticalprojection γ somit anstandslos bestimmt werden kann.

Auf diesem Kreise (γ, γ') ergeben sich demnach unmittelbar die Verticalprojectionen p und p_1 jener beiden Punkte der Schnittcurve, welche als Horizontalprojection den Punkt p' besitzen. In gleicher Weise verfährt man, um andere mit (p, p'), (p_1, p') gleichnamige Punkte zu bestimmen.

§. 264.

Die zur Grundlinie senkrechte Meridianebene der Ringfläche ist auch zur schneidenden Ebene E normal, und schneidet daher (nach Satz 175) die letztere in einer Geraden (z, z'), welche eine Achse orthogonaler Symmetrie für die Schnittcurve darstellen wird.

Weiters ist auch die Ebene ε_v des Leitkreises (K, K'), welche auf der Ebene E senkrecht steht, eine Ebene orthogonaler Symmetrie für die Ringfläche. Besagte Ebene schneidet daher die Ebene E in einer Geraden (x, x'), welche gleichfalls eine Achse der verlangten Schnittcurve repräsentiert.

Hieraus ist unschwer zu erkennen, dass die Schnittcurve des Ringes mit der Ebene E zwei aufeinander senkrecht stehende Achsen (z, z') und (x, x') besitze, und dass demnach der Schnittpunkt (C, C') dieser Achsen, oder mit anderen Worten, der Fußpunkt des vom Ringmittelpunkte (O, O') auf die Ebene E gefällten Perpendikels einen Mittelpunkt der Schnittcurve darstelle.

Die Schnittcurve ist von der vierten Ordnung, da, wie bereits früher hervorgehoben, die Ringfläche selbst von der vierten Ordnung ist.

Um die Schnittcurve näher kennen zu lernen, wollen wir ihre Gleichung, bezogen auf die Achsen (z, z') und (x, x') als Coordinatenachsen, aufstellen. Hierbei wollen wir folgende Bezeichnungen einführen. a sei der Radius des Leitkreises, r jener des Meridiankreises, b die Entfernung der schneidenden Ebene von der Ringachse, x die Abscisse eines Punktes der Curve für (x, x') als Abscissenachse und z die Ordinate dieses Punktes für (z, z') als Ordinatenachse.

Um die Gleichung der Schnittcurve zu erhalten, genügt es, den Zusammenhang der Coordinaten eines ihrer Punkte, etwa von (p, p') zu ermitteln.

Für diesen Punkt (p, p') ist: $x = C'p'$ und z der Abstand pr des Punktes (p, p') von der Ebene ε_v des Leitkreises (K, K').

Da aber (p, p') auf der Charakteristik (c, c') liegt und $\xi'\zeta'$ den in der Ebene ε liegenden Durchmesser dieser Charakteristik vorstellt, wird:

$$z^2 = \overline{pr}^2 = p'\xi' . p'\zeta';$$

ferner ist:

$$p'\xi' = O'\xi' - O'p' = a + r - O'p'$$

$$p'\zeta' = O'p' - O'\zeta' = O'p' - (a - r),$$

und

$$O'p' = \sqrt{x^2 + b^2}.$$

Hieraus folgt:

$$z^2 = (a + r - \sqrt{x^2 + b^2})(\sqrt{x^2 + b^2} - a + r)$$

$$= - x^2 - a^2 - b^2 + r^2 + 2a\sqrt{x^2 + b^2}$$

oder

$$(z^2 + x^2 + a^2 + b^2 - r^2)^2 = 4a^2(x^2 + b^2);$$

oder auch:

$$(z^2 + x^2 + a^2 + b^2 - r^2)^2 - 4a^2x^2 = 4a^2b^2$$

Diese Gleichung der Curve ist somit, wie vorher erwähnt, eine Gleichung vierten Grades. Die durch dieselbe repräsentierte Curve wird eine „bicirculare Curve“ vierter Ordnung genannt.

§. 265.

Ertheilen wir dem Abstande b der schneidenden Ebene von der Ringachse besondere Werte, so kommen zwar bekannte, immerhin aber merkwürdige Schnittcurven zum Vorschein.

a) Setzen wir $b = r$, nehmen wir also an, die schneidende Ebene berühre zwei diametral liegende Kugeln der von der Ringfläche umhüllten Schar. Wenn wir gleichzeitig auf die Projectionsebene Rücksicht nehmen, ist somit die diesbezügliche

Schnittebene jene horizontal-projicierende Ebene, welche die durch die Hauptmeridiane *M-M* gehenden umhüllten Kugeln berührt.

Die Berührungspunkte mit den bezeichneten Kugeln mögen f_1 und f_2 heißen; dieselben liegen offenbar in der Achse (x, x') und haben von dem Mittelpunkte (C, C') der Schnittcurve den Abstand a. Die Bedeutung derselben für die Schnittcurve ist folgende.

Setzen wir in der obigen Gleichung $b = r$, so folgt:

$$(z^2 + x^2 + a^2)^2 - 4a^2x^2 = 4a^2r^2$$

oder:

$$(z^2 + x^2 + a^2 + 2ax)(z^2 + x^2 + a^2 - 2ax) = 4a^2r^2$$

oder auch:

$$[z^2 + (x + a)^2][z^2 + (x - a)^2] = 4a^2r^2$$

und endlich:

$$\sqrt{z^2 + (x + a)^2} \cdot \sqrt{z^2 + (x - a)^2} = 2ar.$$

Die beiden Factoren links sind offenbar nichts anderes als die Entfernungen des Curvenpunktes p von den beiden vorgenannten Berührungspunkten f_1 und f_2. Eine charakteristische Eigenschaft der Curve ist also, dass:

$$f_1p \cdot f_2p = 2ar$$

ist, d. h. das Product der Abstände jedes Curvenpunktes p von zwei festen Punkten f_1 und f_2 ist constant.

Eine solche Curve heißt bekanntlich eine „Cassini'sche Linie" und die beiden festen Punkte f_1 und f_2 die „Brennpunkte" derselben. Die constante Größe $2ar$ pflegt man die „Potenz" der Cassini'schen Linie zu nennen.

Wir haben also, mit Bezug auf die specielle Lage der schneidenden Ebene folgenden Satz:

197. „Eine zur Achse einer Ringfläche parallele Ebene, welche von derselben einen dem Radius der umhüllten Kugeln gleichen Abstand besitzt, d. h. welche zwei diametral gegenüberliegende Kugeln der umhüllten Schar (ohne durch die Achse selbst zu gehen) berührt, schneidet die Ringfläche in einer Cassini'schen Curve, deren Brennpunkte die Berührungspunkte jener beiden Kugeln mit der schneidenden Ebene sind und deren Potenz das doppelte Rechteck aus dem Radius des Leitkreises und jenem der umhüllten Kugeln ist."

§. 266.

b) Nehmen wir an, die schneidende Ebene besitze von der Achse (Z, Z') den Abstand $b = a - r$.

Die Schnittebene berührt also den Kehlkreis des Ringes und folglich auch den Ring selbst in einem Punkte (C, C') dieses Kehlkreises.

Setzen wir überdies voraus, dass $r = \frac{1}{2}a$ sei, wodurch eine besondere Ringfläche entsteht, so nimmt die obige Gleichung die nachstehende Form an:

$$(z^2 + x^2 + a^2)^2 - 4a^2x^2 = a^4$$

oder

$$[z^2 + (x + a)^2]\,[z^2 + (x - a)^2] = a^4,$$

oder auch

$$\sqrt{z^2 + (x + a)^2} \,.\, \sqrt{z^2 + (x - a)^2} = a^2.$$

Die beiden Factoren links repräsentieren wieder die Entfernungen eines Curvenpunktes p von den Berührungspunkten f_1 und f_2 derjenigen Kugeln aus der umhüllten Schar, welche die schneidende Ebene tangieren. Es ist mithin

$$f_1p \cdot f_2p = a^2$$

und

$$f_1C = f_2C = a.$$

Die Schnittcurve ist demnach eine „Bernoulli'sche Lemniskate", deren Brennpunkte f_1 und f_2 sind, und deren Focaldistanz gleich $2a$ ist.

Der Mittelpunkt C der Curve ist sonach einerseits ein Punkt der Curve, und andererseits auch der Berührungspunkt der schneidenden Ebene mit der Ringfläche. Der besagte Punkt ist daher (Band II, §. 178) nothwendig ein Doppelpunkt der Schnittcurve, und die Tangenten der letzteren in demselben repräsentieren zwei Haupttangenten der Ringfläche.

Nachdem aber die beiden Tangenten einer Lemniskate in ihrem Doppelpunkte (Mittelpunkt) aufeinander senkrecht stehen, und gleichzeitig mit den Achsen der Curve die Winkel von 45^0 einschließen, so folgt, dass die Haupttangenten der in Rede stehenden Ringfläche in allen Punkten ihres Kehlkreises auf einander senkrecht seien und mit der Ebene des Kehlkreises die Winkel von 45^0 einschließen. Wir erhalten somit die Sätze:

198. „Ist ein Ring so beschaffen, dass der Radius der von ihm umhüllten Kugeln halb so groß als der des Leitkreises ist, und berührt eine Ebene diesen Ring in einem Punkte seines Kehlkreises, so schneidet sie denselben außerdem in einer Bernoulli'schen Lemniskate, deren Mittelpunkt der vorgenannte Berührungspunkt ist und deren Brennpunkte sich als die Berührungspunkte der schneidenden Ebene mit zwei Kugeln aus der umhüllten Schar ergeben. Die Focaldistanz der Lemniskate ist gleich dem Durchmesser des Leitkreises."

Und weiter:

199. „*Die Haupttangenten (Inflexionstangenten) der vorgenannten besonderen Ringfläche in allen Punkten des Kehlkreises stehen auf einander senkrecht und schließen mit der Ebene des Kehlkreises (auch Ebene des Leitkreises) Winkel von 45⁰ ein.*"

§. 267.

35. Aufgabe. **Es ist der Schnitt einer Ringfläche mit einer zur Achse derselben geneigten Ebene zu construieren und bezüglich seiner Singularitäten zu discutieren.**

Als horizontale Projectionsebene nehmen wir wieder eine zur Ringachse senkrechte Ebene, als verticale Projectionsebene dagegen eine auf der schneidenden Ebene senkrecht stehende Ebene an.

Unter diesen Voraussetzungen ist der Ring durch seine horizontal-projicierende Achse (Z, Z') (Taf. XV, Fig. 79), den horizontalen Leitkreis (K, K') und die beiden Hauptmeridiankreise M gegeben; die schneidende Ebene stellt sich demnach als eine vertical-projicierende Ebene $E_v E_h$ dar.

Der Schnitt der letzteren mit der Ringfläche ist eine Curve, deren Verticalprojection mit der Trace E_v zusammenfällt. Die horizontale Projection der Schnittcurve bestimmen wir auf die nämliche Art wie es bei den Rotationsflächen überhaupt üblich ist.

Nehmen wir also eine beliebige, zur horizontalen Projectionsebene parallele Hilfsebene e_v an, so schneidet diese die Ringfläche in zwei Parallelkreisen (π_1, π'_1) und (π_2, π'_2), während die Ebene $E_v E_h$ von derselben Ebene e in einer vertical-projicierenden Geraden (s, s') geschnitten wird. Die Schnittpunkte (p_1, p'_1), (p_2, p'_2) und (q_1, q'_1), (q_2, q'_2) dieser Geraden (s, s') mit den beiden Parallelkreisen (π_1, π'_1) und (π_2, π'_2) sind bereits vier Punkte der verlangten Schnittcurve. Durch Parallelverschiebung der Hilfsebene e_v kann man auf die eben angedeutete Weise rasch eine hinreichende Zahl von Punkten der Schnittcurve construieren, die miteinander entsprechend verbunden, die letztere bestimmen.

§. 268.

Betrachten wir nun besondere Lagen der Hilfsebene e_v sowie auch jene Punkte, welche durch dieselben auf der Schnittcurve bestimmt werden.

Fällt die Ebene e_v mit der Äquatorialebene ε_v zusammen, so übergehen die beiden vorgenannten Parallelkreise (π_1, π'_1) und (π_2, π'_2), beziehungsweise in den Äquatorialkreis (K_1, K'_1) und in den Kehlkreis (K_2, K'_2). Die in den genannten Kreisen liegenden Punkte (a_1, a'_1), (a_2, a'_2), (b_1, b'_1) und (b_2, b'_2) (welche wieder auf einer und derselben vertical-projicierenden Geraden liegen), repräsentieren bekanntlich jene Punkte der Schnittcurve, in welchen die Horizontalprojection der Schnittcurve die Horizontalcontouren der Ringfläche berührt.

Eine weitere specielle Lage der Ebene e_v ist durch die Ebene e'_v repräsentiert, welche die sämmtlichen Kugeln, also auch die Ringfläche selbst, längs eines bestimmten Parallelkreises (γ_1, γ'_1) berührt. Diese Ebene schneidet die Ebene E_vE_h in der vertical-projicierenden Geraden (t_1, t'_1), und diese trifft den vorgenannten Kreis (γ_1, γ'_1) in den beiden Punkten (w_1, w'_1) und (w_2, w'_2), welche selbstverständlich ebenfalls der Schnittcurve angehören.

Berücksichtigt man jedoch, dass die Ebene ε'_v die Tangentialebene der Ringfläche in allen Punkten des Kreises (γ_1, γ'_1), also auch in den Punkten (w_1, w'_1) und (w_2, w'_2) ist, so folgt, dass ihr Schnitt (t_1, t'_1) mit der Ebene E die Schnittcurve der letzteren in den beiden Punkten (w_1, w'_1) und (w_2, w'_2) berührt, oder mit anderen Worten, dass die Gerade (t_1, t'_1) eine Doppeltangente der Schnittcurve darstellt, und dass (w_1, w'_1) und (w_2, w'_2) deren Berührungspunkte sind.

In gleicher Weise ergibt sich noch eine zweite Doppeltangente der Schnittcurve, d. i. die Schnittgerade (t_2, t'_2) mit der zweiten singulären Hilfsebene ε^2_v, welche die Ringfläche längs eines Kreises (γ_2, γ'_2) berührt.

Die Schnittpunkte derselben mit dem letztgenannten Kreise sind wieder die Berührungspunkte mit der vorerwähnten Schnittcurve. In Fig. 79, Taf. XV, sind jedoch diese Berührungspunkte imaginär, da die Gerade (t_2, t'_2) den Kreis (γ_2, γ'_2) in nicht reellen Punkten schneidet; die Doppeltangente (t_2, t'_2) ist mithin eine bloße ideelle Doppeltangente der Schnittcurve.

Besondere Beachtung verdient auch der Fall, in welchem die Ebene E_vE_h einen der beiden Kreise (γ_1, γ'_1) und (γ_2, γ'_2) berührt.

Dies vorausgesetzt, berührt auch die Gerade (t_1, t'_1) den Kreis (γ_1, γ'_1), d. h. die beiden Berührungspunkte (w_1, w'_1) und (w_2, w'_2) fallen in einen und denselben Punkt zusammen. Wir erhalten somit in diesem Falle eine Doppeltangente der Schnittcurve mit zusammenfallenden Berührungspunkten.

In jenem Punkte, in welchem dieses Zusammenfallen der Berührungspunkte stattfindet, hat daher die Gerade (t_1, t'_1) mit der Schnittcurve eine vierpunktige Berührung. Ein derartiger Punkt heißt ein „Undulationspunkt" und die Tangente (t, t') in einem solchen Punkte eine „Undulationstangente".

Wenn die Gerade (t_1, t'_1), wie in Taf. XV, Fig. 79, eine wirkliche (reelle) Doppeltangente mit getrennten Berührungspunkten (w_1, w'_1) und (w_2, w'_2) ist, so muss die Schnittcurve auf jenem Theile derselben, welcher zwischen diesen Berührungspunkten liegt, nothwendig zwei Inflexionspunkte besitzen.

Hat die schneidende Ebene $E_v E_h$ eine solche Lage, dass sie weder den Kreis (γ_1, γ'_1) noch den Kreis (γ_2, γ'_2) in reellen Punkten schneidet, so zerfällt, wie man sich durch Construction leicht die Überzeugung verschaffen kann, die Schnittcurve in zwei getrennte Äste, deren jeder für sich einen geschlossenen Curventheil repräsentiert und von welchen der eine den andern vollständig umschließt, denselben jedoch nicht schneidet.

Schneidet dagegen die Ebene $E_v E_h$ beide Kreise (γ_1, γ'_1) und (γ_2, γ'_2) in reellen Punkten, so zerfällt die Schnittcurve zwar ebenfalls in zwei geschlossene Curventheile, welche aber, im Gegensatze zu dem vorhergehenden Falle, außerhalb einander liegen.

Unter diesen Verhältnissen hat die Schnittcurve außer den beiden Doppeltangenten t_1 und t_2 noch zwei weitere Doppeltangenten, welche durch die gemeinschaftlichen inneren Tangenten der beiden Curventheile repräsentiert erscheinen.

Wir wissen bereits, dass jede Berührebene einer krummen Fläche diese in einer Curve schneidet, für welche der Berührungspunkt ein isolierter, oder aber ein wirklicher Doppelpunkt ist, je nachdem er auf der Fläche einen elliptischen oder einen hyperbolischen Punkt darstellt.

Hiernach wird (mit Bezug auf Satz 167, Band II) jede Ebene, welche die innere Ringfläche in einem Punkte berührt, den Ring in einer Curve schneiden, welche in dem Berührungspunkte einen Doppelpunkt mit zwei reellen Tangenten besitzt.

§. 269.

Combiniert man die bisher gefundenen Resultate, durch welche dargethan wurde, dass die verschiedenen Singularitäten, als

„Doppeltangenten, Undulationstangenten, Doppelpunkte, Inflexionspunkte etc.“, einzeln oder in Verbindung miteinander auftreten können und berücksichtigt man, dass diese Ergebnisse einfach dadurch zu erzielen sind, dass man der schneidenden Ebene verschiedene besondere Lagen gibt, so erhält man, mit Einschluss der Parallelkreisschnitte, der Meridianschnitte und der bereits früher discutierten, zur Ringachse parallelen Schnitte, fünfzig verschiedene Formen der Schnittcurve.

Unter diesen verschiedenen Schnittcurven gibt es eine Gattung, die wir diesfalls besonders hervorheben wollen; es sind dies jene, welche zwei wirkliche Doppelpunkte besitzen. Dieser Fall kann nur dann eintreten, wenn die schneidende Ebene den Ring in zwei Punkten seiner inneren (hyperbolischen) Fläche berührt.

Untersuchen wir vorerst, ob eine derartig doppelt berührende Ebene existiert.

Soll besagte Ebene die Ringfläche in zwei Punkten d_1 und d_2 (Taf. XV, Fig. 80) berühren, so muss sie auch mit den beiden durch diese Punkte gehenden umhüllten Kugeln in diesen Punkten eine Berührung eingehen.

Es ist unschwer einzusehen, dass es nicht zwei beliebige umhüllte Kugeln sein können, welche mit der fraglichen Ebene eine Berührung eingehen, da im allgemeinen die Berührungspunkte mit der Ebene nicht gleichzeitig auch Punkte der Ringfläche sein werden.

Ebenso leicht ist aber auch zu erkennen, dass eine diesbezüglich nothwendige Bedingung die sei, dass die beiden Kugelmittelpunkte in einer und derselben Meridianebene liegen oder mit anderen Worten, dass die zur fraglichen Ebene senkrechte Meridianebene diese in einer Geraden schneiden muss, welche sich als eine innere gemeinschaftliche Tangente der beiden in der genannten Meridianebene liegenden Meridiankreise ergibt.

Nehmen wir, wegen der Einfachheit in der Darstellung, an, die doppelt berührende Ebene solle vertical-projicierend sein. Seien also beispielsweise (Z, Z') (Taf. XV, Fig. 80) die horizontal-projicierende Ringachse, (K, K') der Leitkreis und (M_1, M'_1), (M_2, M'_2) die beiden Hauptmeridiankreise.

Führen wir an diese beiden Kreise die innere gemeinschaftliche Tangente E_v, welche die besagten Kreise in den beiden Punkten d_1 und d_2 berühren mag, und betrachten wir diese Tangente als die Verticaltrace einer vertical-projicierenden Ebene $E_v E_h$, so berührt diese offenbar die Ringfläche in jenen beiden Punkten der Hauptmeridianebene η, deren Verticalprojectionen die beiden vorgenannten Punkte d_1 und d_2 sind. Die Ebene $E_v E_h$ ist somit eine Ebene von der gesuchten Eigenschaft.

Es ist einleuchtend, dass dieselbe auch durch den Mittelpunkt (O, O') der Ringfläche geht.

Da diese Ebene die innere Ringfläche in den beiden Punkten (d_1, d'_1) und (d_2, d'_2) berührt, so ist an und für sich klar, dass ihre Schnittcurve mit dem Ringe die vorgenannten Punkte (d_1, d'_1) und (d_2, d'_2) zu wirklichen Doppelpunkten haben müsse.

Untersuchen wir die Natur dieser Schnittcurve und nehmen wir zu diesem Behufe an, es sei $P_v P_h$ eine beliebige Meridianebene. Diese schneidet den Ring in zwei Meridiankreisen, und die Ebene $E_v E_h$ in einer durch den Mittelpunkt (O, O') des Ringes gehenden Geraden (s, s'). Die Punkte, in welchen diese Gerade (s, s') die beiden Meridiankreise schneidet, gehören offenbar der zu suchenden Curve an.

Um die letztere zu construieren, drehen wir die Meridianebene $P_v P_h$ mit den in ihr liegenden Meridiankreisen und der Geraden (s, s') um (Z, Z') in die zur verticalen Projectionsebene parallele Lage. Hierbei gelangen die beiden Meridiankreise zur Deckung mit den beiden Hauptmeridiankreisen M_1 und M_2, während die Gerade (s, s') in die Lage s_0 übergeht. Es wird diesfalls genügen, die Schnittpunkte a^0_1, b^0_1, a^0_2 und b^0_2 um (Z, Z') in die Ebene $P_v P_h$ zurückzudrehen, um daselbst die verlangten Punkte (a_1, a'_1), (b_1, b'_1), (a_2, a'_2) und (b_2, b'_2) der Schnittcurve zu erhalten.

Die Entfernungen der Punkte (a_1, a'_1), (b_1, b'_1), (a_2, a'_2) und (b_2, b'_2) von dem Mittelpunkte (O, O') des Ringes erscheinen in der gedrehten Lage in wahrer Größe und sind dieselben beziehungsweise gleich Oa^0_1, Ob^0_1, Oa^0_2 und Ob^0_2. Nun ist aber:

$$Oa^0_1 \,.\, Ob^0_1 = \overline{Od}^2_1$$

und ebenso:

$$Oa^0_2 \,.\, Ob^0_2 = \overline{Od}^2_2.$$

Diese Beziehung gilt natürlich auch von den Punkten in ihrer eigentlichen Lage in der Ebene $P_v P_h$. Dasselbe wird weiters auch seine Geltung in Bezug auf jede andere Ebene $P_v P_h$ beibehalten und daher in gleicher Weise von jeder beliebigen durch (O, O') in der Ebene $E_v E_h$ gezogenen Geraden (s, s') gelten.

Wir gelangen mithin zu dem Resultate, dass jede beliebige, durch den Mittelpunkt (O, O') des Ringes in der Ebene $E_v E_h$ gezogene Gerade (s, s') die Schnittcurve dieser Ebene mit dem Ringe in vier

Punkten a_1, b_1, a_2 und b_2 derart schneidet, dass je zwei Paaren der Entfernungen dieser Punkte von dem Mittelpunkte (O, O') ein constantes Product entspricht. Es ist nämlich stets:

$$Oa_1 . Ob_1 = \overline{Od}^2{}_1; \quad Oa_2 . Ob_2 = \overline{Od}^2{}_2$$

und nebstbei auch:

$$Od_1 = Od_2; \quad Oa_1 = Oa_2 \quad \text{und} \quad Ob_1 = Ob_2.$$

Man kann daher, wenn man auf einer solchen Geraden (s, s') die vier Punkte a_1, b_1, a_2 und b_2 der Schnittcurve bestimmt, vermöge der Relation:

$$Oa_1 . Ob_2 = \overline{Od}^2{}_1 = Od_1 . Od_2$$

durch die vier Punkte a_1, b_2, d_1 und d_2 einen Kreis K_1, und, aus gleichem Grunde, durch die vier Punkte a_2, b_1, d_1 und d_2 einen Kreis K_2 legen.

Es unterliegt nunmehr auch keinerlei Schwierigkeit, nachzuweisen, dass diese beiden Kreise K_1 und K_2 den Schnitt der Ebene $E_v E_h$ mit dem Ringe repräsentieren.

Einerseits werden die genannten Kreise von jeder durch O gehenden Geraden in vier Punkten von der vorher angeführten Eigenschaft geschnitten.

Nimmt man andererseits, behufs Richtigstellung, resp. Rechtfertigung der aufgestellten Behauptung, an, dass die Punkte, in welchen ein durch (O, O') gehender Strahl (s, s') die Schnittcurve trifft, von jenen, in welchen er die beiden Kreise schneidet, verschieden seien, so müsste nothwendig die Curve aus zwei gegen die Gerade $(d_1 d_2, d'_1 d'_2)$ symmetrisch liegenden Curven von höherer als der zweiten Ordnung bestehen; der Gesammtschnitt würde daher von einer höheren als der vierten Ordnung sein, welche Annahme diesfalls, früheren Erörterungen zufolge, nicht zulässig ist.

Berücksichtigt man weiters, dass (nach Satz 175) die Schnittcurve gegen die Gerade $(d_1 d_2, d'_1 d'_2)$ symmetrisch sein müsse, so folgt, dass die beiden Kreise K_1 und K'_2, durch welche die Schnittcurve dargestellt wird, nothwendig gleich groß, d. i. von gleichem Radius sein müssen. Daher gilt der Satz:

200. „Jede die Ringfläche doppelt berührende Ebene schneidet dieselbe in zwei gleich großen Kreisen, welche durch die beiden Berührungspunkte der Ringfläche mit der Ebene gehen.

Solch doppelt berührender und die Ringfläche in Kreispaaren schneidender Ebenen gibt es unendlich viele. Dieselben berühren allesammt einen geraden Kreiskegel, welcher den Mittelpunkt des Ringes zum Scheitel und die Achse des Ringes zur Kegelachse hat.

Hieraus ist zu ersehen, dass es auf der Ringfläche, außer den Meridian- und Parallelkreisen noch ein drittes System von Kreisen gibt, deren Ebenen eine constante Neigung gegen die Ringachse besitzen.

§. 270.

Was die Berührungsaufgaben für die Ringfläche anbelangt, so dürfte es nicht nothwendig, ja überflüssig erscheinen, an dieser Stelle besonders auf dieselben einzugehen, da die hierbei zur Verwendung kommenden Constructionen in voller Übereinstimmung mit jenen sind, welche wir bereits bei den Berührungsproblemen bezüglich der allgemeinen Rotationsflächen kennen lernten.

Dass sich übrigens bei der Ringfläche gewisse constructive Vereinfachungen ergeben, ist selbstverständlich, wenn man berücksichtigt, dass der Meridian aus zwei gleich großen, gegen die Rotationsachse symmetrisch liegenden Kreisen besteht.

In einem Falle jedoch, den wir nachstehend besprechen wollen, ist es vortheilhaft, die Ringfläche nicht als Rotationsfläche aufzufassen, sondern als Umhüllungsfläche zu betrachten.

§. 271.

36. Aufgabe. **Parallel zu einer gegebenen Geraden ist der Ringfläche ein Cylinder zu umschreiben.**

Behufs Vereinfachung der Construction wählen wir überdies die verticale Projectionsebene parallel zu der gegebenen Geraden (g, g') (Taf. XV, Fig. 81).

Unter dieser Voraussetzung ist sodann der Ringfläche (welche die aus den vorhergegangenen Erörterungen bekannte Lage gegen die Projectionsebenen besitzt) parallel zu einer zur verticalen Projectionsebene parallelen Geraden (g, g') eine Cylinderfläche zu umschreiben.

Nehmen wir zu diesem Zwecke eine beliebige Meridianebene $P_v P_h$ an. Besagte Ebene schneidet die Ringfläche in zwei Meridiankreisen (c_1, c'_1) und (c_2, c'_2). Denken wir uns weiters der Ringfläche längs eines der eben genannten Kreise, beispielsweise längs (c_1, c'_1), die berührende Kugel (σ, σ'_1) eingeschrieben.

Der der Kugel (σ, σ'_1) parallel zur Geraden (g, g') umschriebene Cylinder berührt dieselbe längs eines größten Kreises in jener Ebene $h_v h_h$, welche durch den Kugelmittelpunkt (o, o') senkrecht zu (g, g') gelegt wird. Dieser Berührungskreis des Cylinders schneidet die Charakteristik (c_1, c'_1) in zwei Punkten (a_1, a'_1) und

(b_1, b'_1), welche sich offenbar als die Durchstoßpunkte der Kugel (σ, σ'_1) mit der Schnittgeraden (s, s') der beiden Ebenen $P_v P_h$ und $h_v h_h$ ergeben.

Die bezeichneten Punkte repräsentieren jene zwei Punkte, in welchen die Berührebenen der Kugel, also auch der Ringfläche zur Geraden (g, g') parallel sind; dieselben sind somit zwei Punkte der gesuchten Berührungscurve.

In gleicher Weise kann man, vermittelst verschiedener Lagen der umhüllten Kugel auf beliebig vielen Charakteristiken die der Berührungscurve angehörenden Punkte mit Leichtigkeit construieren.

Berücksichtigt man, dass alle umhüllten Kugeln gleich groß sind, und beachtet man ferner, dass auch die Stellung der Ebene $h_v h_h$ für alle die nämliche ist, so wird es offenbar auch von nicht geringem Vortheile sein, eine Kugel (Σ, Σ'_1) von einem der umhüllten Kugeln gleichen Radius seitwärts anzunehmen, für dieselbe eine Ebene $H_v H_h$, als Ebene der Berührungscurve des zu (g, g') parallelen Cylinders zu bestimmen, hierauf durch Übertragung (Parallelverschiebung) der Ebenen $P_v P_h$ nach $\Pi_v \Pi_h$ die Punkte (α_1, α'_1) und (β_1, β'_1) seitwärts an dieser Kugel zu construieren und diese sodann in die betreffende Meridianebene $P_v P_h$ zu überführen.

Der angedeutete Vortheil besteht hauptsächlich darin, dass man die Schnitte der Ebene $H_v H_h$ mit einer größeren Zahl von Ebenen $\Pi_v \Pi_h$ bestimmt und hierauf, durch Umlegung von $H_v H_h$, mit einemmale gleichzeitig eine bedeutendere Anzahl von Punkten (α, α') und (β, β') erhält.

Theoretisches Interesse bietet endlich auch folgendes Problem:

§. 272.

37. Aufgabe. **Es ist die Horizontalcontour einer Ringfläche unter der Voraussetzung zu bestimmen, dass die Ringachse gegen die horizontale Projectionsebene geneigt ist.**

Denken wir uns die Ringachse (Z, Z') (Taf. XVI, Fig. 82) in Bezug auf die Projectionsebenen in eine solche Lage gebracht, dass sie sich einerseits als eine zur verticalen Projectionsebene parallele und andererseits, der Forderung gemäß, als eine zur horizontalen Projectionsebene geneigte Gerade darstelle.

Die Horizontalprojection des Leitkreises wird, infolge der getroffenen Anordnung, als eine Ellipse K' erscheinen, deren kleine Achse $A'B'$ mit der Horizontalprojection Z' der Ringachse zusammenfällt. Die Verticalprojection des besagten Kreises können wir zur Bestimmung der verlangten Horizontalcontour vollständig entbehren.

Denken wir uns nun mit dem Radius r der umhüllten Kugeln aus einem beliebigen Punkte o' der Ellipse K' als Mittelpunkt einen Kreis σ'_1 beschrieben, so stellt dieser die Horizontalcontour einer Lage der umhüllten Kugeln dar. Gleichzeitig repräsentiert dieser Kreis σ'_1 aber auch die Horizontalprojection jenes horizontalen größten Kugelkreises, längs welchen die Kugel von dem horizontal-projicierenden Cylinder berührt wird.

Ziehen wir ferner zur Tangente t' von K' im Punkte o' die Senkrechte $p'_1 o' p'_2$, so repräsentiert die letztere die Trace der dieser Kugel entsprechenden Charakteristiken-Ebene auf der Ebene jenes größten Kreises. Die Punkte p'_1 und p'_2, in welchen die besagte Trace den Kreis σ'_1 trifft, sind daher zwei Punkte dieser Charakteristik, in welchen die Berührebenen der Kugel, also auch des Ringes horizontal-projicierend sind. Es werden demnach p'_1 und p'_2 bereits zwei Punkte der verlangten Contour darstellen.

Um somit die Contour der Fläche zu erhalten, hat man, diesen einfachen Erörterungen zufolge, nichts weiter zu thun, als auf jeder Normale der Ellipse K' die Strecken $o'p'_1 = o'p'_2 = r$ aufzutragen. Wie unschwer zu erkennen, besteht sonach die zu bestimmende Horizontalcontour aus zwei Curven, welche in allen Punkten von der Ellipse K' den nämlichen Abstand r (Radius der umhüllten Kugeln) besitzen. Derartige Curven pflegt man „Parallelcurven" der Ellipse oder auch infolge ihrer Beziehung zur Ringfläche oder dem Torus, „Toroiden" zu nennen.

Vierter Abschnitt.

Die Schraubenlinie und die Schraubenflächen.

XIV. Capitel.

Die Schraubenlinie und deren Eigenschaften.

§. 273.

Unter einer „Schraubenlinie" versteht man jede Curve auf einem geraden Kreiscylinder (Rotationscylinder), welche die sämmtlichen Erzeugenden des letzteren unter einem constanten, sonst aber beliebig großen Winkel schneidet.

Aus dieser Definition lässt sich eine Reihe fundamentaler Eigenschaften der Schraubenlinie ableiten.

Denken wir uns zu diesem Zwecke zunächst eine Schraubenlinie Σ auf einem Rotationscylinder. Dieselbe möge die sämmtlichen Erzeugenden unter dem constanten Winkel α schneiden.

Stellen beispielsweise $g_1, g_2, g_3, g_4 \ldots$ unendlich nahe aneinander liegende Cylindererzeugenden und $p_1, p_2, p_3, p_4 \ldots$ jene Punkte dar, in welchen dieselben von der Schraubenlinie Σ geschnitten werden, so repräsentieren $p_1 p_2, p_2 p_3, p_3 p_4 \ldots$ Elemente der Schraubenlinie und es sind die Winkel:

$$(g_1, p_1 p_2) = (g_2, p_2 p_3) = (g_3, p_3 p_4) = \ldots = \sphericalangle \alpha.$$

Denken wir uns ferner die Cylinderfläche sammt der auf derselben sich vorfindenden Schraubenlinie Σ in eine Ebene entwickelt, so erhalten wir, als abgewickelte Erzeugenden, eine Reihe unendlich naher, untereinander paralleler Geraden $g^0_1, g^0_2, g^0_3, g^0_4 \ldots$, auf welchen die abgewickelten Punkte $p^0_1, p^0_2, p^0_3, p^0_4 \ldots$ liegen. Der geometrische Ort dieser Punkte ist sodann die abgewickelte Schraubenlinie Σ.

Da aber bei der Abwickelung die relative Lage der Elemente der Curve ungeändert bleibt, diese also ihre Lage gegen die sie begrenzenden Erzeugenden beibehalten, so wird auch nach der Abwickelung:

$$\sphericalangle (g^0_1, p^0_1 p^0_2) = \sphericalangle (g^0_2, p^0_2 p^0_3) = \sphericalangle (g^0_3, p^0_3 p^0_4) = \ldots \sphericalangle \alpha$$

sein.

Die abgewickelte Schraubenlinie Σ_0 hat sonach die Eigenschaft, dass sie alle abgewickelten Cylindererzeugenden wieder unter dem nämlichen constanten Winkel α schneidet. Eine Linie aber, welche eine Reihe untereinander paralleler und stetig aufeinander folgender Geraden unter constantem Winkel schneidet, kann selbst wieder nur eine gerade Linie sein.

Wir ersehen hieraus, dass sich die Schraubenlinie durch Abwickelung ihres Cylinders in eine Gerade verwandelt, welche mit den abgewickelten Cylindererzeugenden denselben constanten Winkel wie vor der Abwickelung einschließt. Es besteht daher der Satz:

201. „Eine beliebige Schraubenlinie, welche mit den Cylindererzeugenden den Winkel α bildet, übergeht bei Abwickelung des Cylinders in eine Gerade, welche mit den abgewickelten Erzeugenden den nämlichen Winkel α einschließt.“

§. 274.

Aus dem vorstehenden Satze lassen sich leicht zwei weitere Sätze folgern. Sind nämlich A und B zwei beliebige Punkte auf einem Rotationscylinder, so kann die Frage aufgeworfen werden, wie viele Schraubenlinien auf der Cylinderfläche durch diese beiden Punkte gelegt werden können.

Denken wir uns den Cylinder in eine Ebene abgewickelt, wobei gleichzeitig die beiden Punkte A und B nach A_0 und B_0 gelangen, so muss jede durch A und B gehende Schraubenlinie nach der Abwickelung eine durch A_0 und B_0 gehende Gerade repräsentieren. Nachdem aber durch A_0 und B_0 nur eine einzige Gerade gezogen werden kann, so existiert auch nur eine einzige Schraubenlinie, welche durch die Punkte A und B geführt werden kann. Dies gibt den Satz:

202. „Durch zwei beliebige Punkte eines Rotationscylinders kann stets nur eine einzige Schraubenlinie gelegt werden.“

Der eben angeführte Satz gilt jedoch nur dann, wenn man voraussetzt, dass die beiden Punkte A und B auf einer und derselben Mantelfläche des Cylinders liegen, das ist nur insolange, als vorausgesetzt wird, dass, wenn beispielsweise die Abwickelung des Cylinders von der durch A gehenden Cylindererzeugenden beginnt, es nicht etwa nothwendig sei, eine oder mehrere volle Cylinderabwickelungen vorzunehmen, bevor auch der Punkt B zur Abwickelung gelangt.

Lässt man diese Beschränkung weg, d. h. nimmt man an, dass bevor die beiden genannten Punkte zur Abwickelung gelangen, mehr als eine volle Cylinderabwickelung zulässig wäre, so ergeben sich unendlich viele Schraubenlinien, welche durch die Punkte A und B gehen.

Die erste der durch A und B gehenden Schraubenlinien (d. i. die in dem vorigen Satze gedachte) schneidet die sämmtlichen Cylindererzeugenden, welche zwischen den durch A und B gehenden Erzeugenden liegen, in je einem Punkte, die zweite Schraubenlinie dagegen schneidet jede dieser Erzeugenden in je zwei, die dritte in je drei u. s. w. Punkten.

Finden wir, dass der Cylinder durch die beiden durch A und B gehenden Erzeugenden in zwei Theile zerlegt wird, so kann man, was bisher von dem einen Theile gesagt wurde, natürlich auch unmittelbar auf den zweiten, den Cylinder ergänzenden Theil beziehen. Nennen wir diese beiden Theile „complemäntere" Cylinderpartien, so kann man dem früheren Satze den folgenden präciseren substituieren:

203. „Sind auf einem Rotationscylinder zwei Punkte gegeben, so können durch dieselben unendlich viele Paare von Schraubenlinien gelegt werden; das erste Paar schneidet die Erzeugenden des einen, beziehungsweise des ihm complementären Cylindertheiles (welche Theile durch die gegebenen Punkte bestimmt werden) in je einem Punkte. Die Schraubenlinien des zweiten Paares schneiden die Erzeugenden des einen resp. des anderen Cylindertheiles in je zwei Punkten u. s. w."

§. 275.

Die Erzeugenden g_A und g_B der beiden Punkte A und B theilen die Cylinderfläche in zwei complementäre Theile, von welchen wir den kleineren mit F_1, den größeren mit F_2 bezeichnen wollen.

Denken wir uns den Theil F_1 abgewickelt, wobei die Punkte A und B nach A_0 und B_0 gelangen, so repräsentiert die geradlinige Strecke A_0B_0 den abgewickelten, zwischen A und B liegenden Theil der Schraubenlinie.

Nachdem einerseits eine Curve auf dem Cylinder bei der Abwickelung des letzteren ihre Länge nicht ändert und andererseits die Gerade A_0B_0 die kürzeste der zwischen A_0 und B_0 möglichen

Linien ist, so folgt, dass auch die Schraubenlinie AB die kürzeste, auf dem Cylinder mögliche Curve zwischen den beiden Punkten A und B sei.

Unter all den Curven, welche durch zwei Punkte A und B auf einer Fläche gezogen werden können, nennt man die kürzeste derselben, wie bereits bekannt, die „geodätische Linie" dieser beiden Punkte. Hieraus folgt der Satz:

204. „Sämmtliche geodätische Linien auf einem Rotationscylinder sind Schraubenlinien."

§. 276.

Aus der Definition der Schraubenlinie folgt weiters, dass jedes Element derselben gegen die, das besagte Element begrenzenden Erzeugenden des Cylinders die gleiche relative Lage besitze. Ferner geht aus dem Umstande, dass nach der Abwickelung des Cylinders die Schraubenlinie in eine Gerade, d. i. in eine Linie übergeht, welche in allen ihren Theilen congruent ist, oder wie man zu sagen pflegt, in sich selbst verschiebbar ist, hervor, dass auch die Schraubenlinie in allen ihren Theilen congruent, also in sich selbst verschiebbar sei. Daher der Satz:

205. „Jede Schraubenlinie ist in allen ihren Theilen congruent, oder mit anderen Worten, sie ist in sich selbst verschiebbar."

§. 277.

Zu weiteren Eigenschaften der Schraubenlinie gelangen wir durch folgende Betrachtungen. Sei Z (Taf. XVI, Fig. 83) die Achse eines Rotationscylinders, K ein senkrechter Querschnitt (Kreisschnitt) desselben und Σ eine auf diesem Cylinder liegende Schraubenlinie. Die letztere möge den Kreis K in dem Punkte a schneiden.

Denken wir uns ferner den Cylinder sammt der Schraubenlinie Σ und dem Kreise K abgewickelt. Hierbei wollen wir voraussetzen, dass die Abwickelung bei der durch a gehenden Cylindererzeugenden g_a beginne.

Gesetzt, die Abwickelung wäre bis zu der Cylindererzeugenden g_p vollzogen worden. Der abgewickelte Cylindertheil $(g_a\, g_p)$ stellt sich sodann als ein in der Tangentialebene des Cylinders, längs der Erzeugenden g_p, liegendes Rechteck $P \pi a_0 A_0$ dar, in welchem die Seite πa_0 die wahre Länge des zwischen den Erzeugenden g_a und und g_p, beziehungsweise zwischen deren Fußpunkten a und π liegenden Bogens des Kreises K darstellt.

Der Punkt a wird während der Abwickelung in der Ebene des Kreises K eine Curve T beschreiben, welch letztere nichts anderes als die von dem Punkte a ausgehende Evolvente dieses Kreises K repräsentiert.

Ist endlich p der Schnittpunkt der Schraubenlinie Σ mit der Cylindererzeugenden g_p, so stellt die Verbindungsgerade $a_0 p$ den abgewickelten Theil ap der Schraubenlinie Σ dar.

Diese Gerade $a_0 p$ schließt mit der Cylindererzeugenden g_p den nämlichen Winkel α ein, unter welchem die Schraubenlinie Σ diese Erzeugende schneidet. Da nun $a_0 p$ in der längs der Erzeugenden g_p geführten Tangentialebene des Cylinders liegt, so ist $a_0 p$ selbstverständlich eine Tangente des Cylinders im Punkte p. Besagte Tangente hat in diesem Punkte dieselbe Richtung wie das Element der Schraubenlinie und enthält somit das letztere, d. h. die Gerade $a_0 p$ repräsentiert gleichzeitig die Tangente der Schraubenlinie in dem Punkte p.

Aus dem rechtwinkligen Dreiecke $a_0 p \pi$ folgt, wenn wir den dem Winkel $\alpha = a_0 p \pi$ complementären Winkel $p a_0 \pi$ ein- für allemal mit β bezeichnen, dass:

$$p\pi = a_0\pi . tg\beta,$$

oder, weil $a_0 \pi$ die wahre Größe des Kreisbogens $a\pi$ vorstellt,

$$\overline{p\pi} = \widehat{a\pi} . tg\beta$$

sei. Man sieht hieraus, da der Winkel α, folglich auch der Winkel $\beta = 90^0 - \alpha$, constant ist, dass die Strecke $\overline{p\pi}$ und der Bogen $\widehat{a\pi}$ stets proportional sind. Hiernach ergibt sich für die Schraubenlinie das Erzeugungsgesetz:

206. „Bewegt sich auf einem Rotationscylinder ein Punkt derart, dass dessen Entfernung von einem beliebigen Querschnitte dieses Cylinders jenem Kreisbogen proportional ist, welchen der Fußpunkt der durch den Punkt gehenden Cylindererzeugenden beschreibt, so erzeugt dieser Punkt bei seiner Bewegung eine Schraubenlinie."

Oder:

207. „Beschreibt die Orthogonalprojection eines Punktes auf einer Ebene einen Kreis und wächst die Entfernung des Punktes von dieser Ebene proportional dem von seiner Projection zurückgelegten Kreisbogen, so beschreibt dieser Punkt bei seiner Bewegung auf jener Cylinderfläche, deren senkrechter Querschnitt der besagte Kreis ist, eine Schraubenlinie."

§. 278.

Den angestellten Betrachtungen und den daraus gefolgerten Sätzen gemäß, ist es nunmehr auch leicht, beliebig viele Punkte einer

Schraubenlinie zu construieren, wenn zwei Punkte A und B derselben auf dem Cylinder gegeben sind.

Man hat nämlich nichts anderes zu thun, als den Bogen Ab, welchen die Erzeugende g_b des Punktes B auf dem durch A gehenden Kreisschnitt K_a des Cylinders bestimmt, in n gleiche Theile zu theilen (n beliebig groß) und ebenso auch die Theilung des Abstandes Bb des Punktes B von dem Fußpunkte b seiner Erzeugenden g_b auf dem Kreise K, in dieselbe Anzahl n gleicher Theile zu vollziehen und sodann, wenn 1, 2, 3... die Theilpunkte auf dem Kreisbogen Ab sind, auf den durch 1, 2, 3... gehenden Cylindererzeugenden g_1, g_2, g_3... von den erwähnten Theilpunkten die Strecken $1\,\mathrm{I} = \frac{1}{n} Bb$; $2\,\mathrm{II} = \frac{2}{n} Bb$; $3\,\mathrm{III} = \frac{3}{n} Bb$... aufzutragen, um in I, II, III... Punkte der gesuchten Schraubenlinie zu erhalten.

Die Construction der vorbezeichneten Curve wird selbstverständlich um so genauer, je mehr Punkte man in dieser Weise bestimmt, d. i. je größer man n annimmt. Diese Andeutungen dürften genügen, um einerseits die Schraubenlinie zwischen zwei gegebenen Punkten A und B zu construieren, und andererseits auch Punkte der Schraubenlinie außerhalb des Theiles AB zu bestimmen.

Den constanten Winkel β, welchen die Schraubenlinie (resp. ihre Tangenten) mit den zu den Cylindererzeugenden senkrechten Ebenen einschließen, nennt man kurz die „Neigung“ der Schraubenlinie.

Der Kreis auf dem Cylinder, in dessen einem Punkte a (Taf. XVI, Fig. 83) die Schraubenlinie beginnt, wird der „Basis-“ oder der „Grundkreis“ der Schraubenlinie genannt.

Den Cylinder selbst pflegt man den „Schraubencylinder“ und dessen Achse Z die „Achse der Schraubenlinie“ zu nennen.

Denken wir uns die Schraubenlinie Σ vom Punkte a ausgehend, soweit fortgesetzt, bis dieselbe die durch den Punkt a gehende Cylindererzeugende g_a wieder in einem Punkte a_1 trifft, bis also der die Curve erzeugende Punkt in dieselbe Erzeugende zurückkehrt, von der er bei Beginn seiner Bewegung ausgegangen, so heißt das zwischen den beiden Punkten a und a_1 liegende Stück der Schraubenlinie ein „Schraubengang“ und die Strecke aa_1 auf der Erzeugenden g_a die „Ganghöhe“ oder die „Steigung“ der Schraubenlinie.

Der früher aufgestellten Gleichung gemäß, sind die Ganghöhe H, die Neigung β und der Radius r des Grundkreises durch die Relation:

$$H = 2\pi r . tg\beta,$$

oder

$$r = \frac{H}{2\pi} . ctg\beta$$

verbunden.

Den Wert $\frac{H}{2\pi}$ pflegt man die reducierte Ganghöhe zu heißen. Bezeichnen wir die Länge des Schraubenganges $\widehat{aa_1}$ mit l, so ergibt sich dieselbe aus der Gleichung:

$$l = \frac{H}{sin\,\beta}.$$

Bezeichnet man ferner die reducierte Ganghöhe $\frac{H}{2\pi}$ mit h, so nehmen die vorher aufgestellten Gleichungen die nachstehenden Formen an:

$$h = r\,tg\,\beta; \quad r = h\,ctg\,\beta \quad \text{und}$$
$$l\,sin\,\beta = 2\pi h.$$

Die Strecke h, welche die reducierte Ganghöhe repräsentiert, lässt sich anstandslos construieren, wenn die Ganghöhe H und der Radius r des Grundkreises gegeben ist. Es folgt nämlich aus $h = \frac{H}{2\pi}$ unmittelbar:

$$\frac{h}{r} = \frac{H}{2\pi r},$$

d. h. die reducierte Ganghöhe h verhält sich zum Radius r des Grundkreises ebenso, wie die Ganghöhe H zur Peripherie desselben und kann daher auf bekannte Weise aus zwei ähnlichen Dreiecken leicht gefunden werden.

§. 279.

Eigenschaften der Projection einer Schraubenlinie.

Übergehen wir nun darauf, die Eigenschaften zu untersuchen, welche der Projection einer Schraubenlinie zukommen und nehmen wir, der Einfachheit wegen, unmittelbar die horizontale Projectionsebene als die Ebene des Grundkreises (K, K') (Taf. XVI, Fig. 84) an. Die durch den Mittelpunkt (O, O') dieses Kreises gehende horizontal-projicierende Gerade (Z, Z') ist die Achse der Schraubenlinie. Als Ursprung der Schraubenlinie betrachten wir den einen Endpunkt (a, a') des zur Grundlinie senkrechten Kreisdurchmessers (Oa, $O'a'$).

Theilen wir den Grundkreis K' in eine beliebig große Anzahl n gleicher Theile und treffen wir die Anordnung derart, dass der

Punkt a' selbst einen solchen Theilpunkt repräsentiert, während die folgenden Theilpunkte der Reihe nach durch b', c', d' .... dargestellt seien.

Ist die Ganghöhe oder die Steigung $aa_1 = H$ gegeben, so wird auf Grund der vorausgeschickten Betrachtungen diese Höhe in eine ebenso große Anzahl gleicher Theile zu theilen sein, als in wie viele gleiche Theile die Peripherie des Grundkreises K' getheilt wurde, und, da der die Schraubenlinie erzeugende Punkt (a, a'), während er mit constanter Winkelgeschwindigkeit um die Achse (Z, Z') auf der Mantelfläche des Cylinders sich bewegt, gleichförmig von der Ebene des Grundkreises in der Richtung der Cylindererzeugenden sich entfernt, werden die Lagen der einzelnen zusammengehörigen Punkte der Schraubenlinie im gegenseitigen Schnitte der jeweiligen, durch a', b', c' ... geführten Cylindererzeugenden mit den durch die einzelnen in gleicher Ordnung aufeinander folgenden Theilpunkte der Ganghöhe aa_1 zur Ebene des Grundkreises parallel gelegten Ebenen gefunden werden.

Nach einem vollen Umlaufe des Punktes (a, a') kehrt der beschreibende Punkt in dieselbe Erzeugende zurück von der er ausgangen, und der diesfalls in verticaler Richtung durchlaufene Weg aa_1 ist die S c h r a u b e n g a n g h ö h e. Wäre der in horizontaler Richtung zurückgelegte Weg bloß $\frac{1}{n} . 2\pi r$, so wird, auf Grund dieses Bewegungsgesetzes, selbstverständlich auch nur $\frac{1}{n} . H$ in verticaler Richtung durchlaufen worden sein.

Ist die Ganghöhe nicht von vornherein bestimmt, ist dieselbe also unserer Willkür anheimgestellt, so wird man einfach auf der durch b' gehenden Cylindererzeugenden g_b über der Grundkreisebene eine beliebige Strecke $\beta b = \frac{H}{n} = \varepsilon$ aufzutragen haben, um unmittelbar die Verticalprojection des Endpunktes dieser Strecke in b dargestellt zu erhalten. Ebenso wird auf der durch (c', γ) gehenden Erzeugenden g_c die Strecke $c\gamma = \frac{2}{n} H = 2\varepsilon$; auf der durch d' gehenden Erzeugenden g_d die Strecke $d\delta = \frac{3}{n} H = 3\varepsilon$ u. s. w. abzuschneiden sein, um der Ordnung nach in den Punkten a, b, c, d.... den vorausgeschickten Erörterungen zufolge, die Verticalprojectionen von Punkten einer zu construierenden S c h r a u b e n l i n i e zu finden.

Die Horizontalprojection dieser Schraubenlinie fällt, da (Z, Z') zur horizontalen Projectionsebene senkrecht steht, mit der Horizontalprojection K' des Grundkreises zusammen.

Gelangt man endlich bei fortgesetztem Auftragen der Strecke $x.\varepsilon$ wieder zur Erzeugenden g_a des Ursprungs zurück, wobei sich in der Verticalprojection ein Punkt a_1 ergibt, so ist $\frac{n}{n}.H = n.\varepsilon = aa_1$ die wahre Größe der Ganghöhe.

§. 280.

Es wird nun auch keinen Schwierigkeiten unterworfen sein, die Gleichung der Verticalprojection der Schraubenlinie aufzustellen.

Wir nehmen hierbei die Grundlinie XX und die Verticalprojection Z der Cylinderachse als Coordinatenachsen an. Ist also (p, p') ein Punkt der Schraubenachse und π jener Punkt, in welchem pp' die Grundlinie trifft, so wird durch $\pi a = x$ die Abscisse und durch $p\pi = z$ die Ordinate des betreffenden Punktes (p, p') dargestellt.

Für den Kreisbogen $a'p'$, die Höhe $p\pi = z$, den Radius r des Grundkreises und die Ganghöhe H ergibt sich die Gleichung:

$$z = \widehat{a'p'} \,.\, tg\,\beta = \widehat{a'p'} \,.\, \frac{H}{2\pi r} = \widehat{a'p'} \,.\, \frac{h}{r},$$

und:

$$\widehat{a'p'} = \frac{r.z}{h},$$

oder, auf den Bogen für den Kreisradius gleich der Maßeinheit reduciert:

$$\widehat{a'p'} = \frac{z}{h}.$$

Ferner ist:

$$sin\,\widehat{a'p'} = \frac{x}{r}.$$

Hieraus folgt:

$$x = r\,sin\,\frac{z}{h}$$

als Gleichung der Verticalprojection der Schraubenlinie.

Die durch diese Gleichung repräsentierte Curve ist eine sogenannte „Sinuslinie“ oder „Sinusoïde“. Dieselbe besitzt, wie leicht nachgewiesen werden kann, in jedem Punkte der Geraden Z einen Inflexionspunkt.

Um die Tangente (t, t') der Curve in einem Punkte (p, p') zu finden, haben wir, früheren Betrachtungen gemäß (§. 277) nur jenes Stück ap'_0 der Evolvente T' des Kreises K', welches durch Abwickelung des Bogens $a'p'$ erhalten wird, zu bestimmen, um in dem

Endpunkte (p'_0, p_0) desselben bereits den Horizontal-Durchstoßpunkt der verlangten Tangente zu bekommen.

Suchen wir weiters die Tangente (t, t') der Schraubenlinie in irgend einem Punkte, dessen verticale Projection in die Verticalprojection Z der Achse fällt, etwa die Tangente des Punktes (a_1, a'_1).

Die Horizontalprojection t'_1 derselben fällt mit der Tangente des Kreises K' im Punkte $a'_1 = a'$ zusammen. Der Horizontal-Durchstoßpunkt (a'_0, a_0) der besagten Tangente ist der Schnittpunkt von t'_1 mit der Kreisevolvente T', woraus sich unmittelbar die Verticalprojection $t_1 = a_0 a_1$ ergibt.

Die Tangente T_h der Evolvente T' im Punkte a'_0 ist senkrecht zu t'_1, also auch senkrecht zur Grundlinie. Betrachten wir dieselbe als horizontale Trace einer vertical-projicierenden, durch die Tangente (t_1, t'_1) gehenden Ebene $T_v T_h$, so repräsentiert diese Ebene bekanntlich die Schmiegungsebene der Schraubenlinie im Punkte (a_1, a'_1). Dieselbe ist senkrecht zu der Tangentialebene des Cylinders in der dem Punkte (a_1, a'_1) entsprechenden Cylindererzeugenden. Wir erhalten mithin den Satz:

208. „Die Schmiegungsebene einer Schraubenlinie in einem Punkte derselben ist immer senkrecht zu der Tangentialebene des Schraubencylinders längs jener Erzeugenden, welche durch den betreffenden Punkt geht.“

In Fig. 84, Taf. XIV, ist die Schmiegungsebene des Punktes (a_1, a'_1) insbesondere vertical-projicierend. Nachdem dieselbe aber, wie bekannt, mit der Schraubenlinie drei im Punkte (a_1, a'_1) vereinigte Punkte gemein hat, so hat ihre Verticaltrace T_v (welche mit der Tangente t_1 der Verticalprojection der Schraubenlinie zusammenfällt) mit dieser Verticalprojection drei in a_1 zusammenfallende Punkte gemein, oder mit anderen Worten: der Punkt a_1 ist ein Inflexionspunkt der Verticalprojection der Schraubenlinie und t_1 ist die diesem Punkte entsprechende Inflexionstangente.

Da dasselbe von jedem anderen Punkte der Curve gilt, dessen Verticalprojection in die Verticalprojection der Schraubenachse (Z, Z') fällt, so erhalten wir den Satz:

209. „Wird eine Schraubenlinie auf eine zu ihrer Achse parallele Ebene orthogonal projiciert, so hat diese Orthogonalprojection in allen Punkten, die gleichzeitig der Projection der Schraubenachse angehören, Inflexionen.“

§. 281.

Bemerkenswert ist auch eine beliebige schiefe Projection einer Schraubenlinie auf die Ebene ihres Grundkreises oder auf eine zu dieser parallele Ebene.

Setzen wir zu diesem Zwecke fest, dass die Ebene des Grundkreises gleichzeitig auch die horizontale Projectionsebene vorstelle. Die verticale Projectionsebene wählen wir parallel zum schiefprojicierenden Strahle.

Unter dieser Voraussetzung ist die Schraubenachse (Z, Z') (Taf. XVI, Fig. 85) eine horizontal-projicierende Gerade, ferner sind (Σ, Σ'), $(\Sigma' = K')$ die orthogonalen Projectionen der Schraubenlinie und (g, g') die Richtung des zur verticalen Projectionsebene parallelen, schief-projicierenden Strahles, von welchem wir vorläufig voraussetzen wollen, dass er gegen die horizontale Projectionsebene dieselbe Neigung wie die Tangenten der Schraubenlinie besitzen möge.

Denken wir uns nun durch irgend einen beliebigen Punkt (p, p') der Schraubenlinie eine zur horizontalen Projectionsebene parallele Ebene gelegt, so schneidet dieselbe den Schraubencylinder in einem Kreise (γ, γ'), auf welchem selbstverständlich der Punkt (p, p') liegt, und dessen horizontale Projection γ' mit dem Grundkreise K' zusammenfällt.

Bestimmen wir die schiefe Projection γ'_s dieses Kreises und die schiefe Projection p'_s des Punktes (p, p') auf die horizontale Projectionsebene.

Der Kreis γ'_s berührt die Tangente τ im Punkte a' des Grundkreises in einem Punkte α_s; hierbei muss offenbar der Bogen $p'_s \alpha_s$ dem Bogen $p' a'$ gleich sein. Mit Zugrundelegung der Erzeugungsweise der Schraubenlinie ist aber:

$$p\pi = \widehat{a'p'} . tg\ \beta.$$

Ferner ist der Voraussetzung gemäß:

$$p\pi = p_s\pi . tg\ \beta = p'_s p' . tg\ \beta = \alpha_s a' . tg\ \beta.$$

Hieraus folgt unmittelbar:

$$\widehat{a'p'} = \overline{\alpha_s a'}.$$

Man erhält hiernach die schiefe Projection p'_s eines Punktes der Schraubenlinie immer als die jeweilige Lage des Ursprungs a' auf dem Grundkreise K', sobald dieser auf der Tangente τ rollt.

Dieses Ergebnis sagt aber nichts anderes aus, als dass die schiefe Projection der Schraubenlinie auf die Ebene des

Grnndkreises bezogen, jene gemeine Cycloide ist, welche der Punkt a' des Grundkreises K' beschreibt, sobald letzterer (K') auf der Tangente τ rollt. Daher der Satz:

210. „Projiciert man eine Schraubenlinie auf eine zu ihrer Achse senkrechte Ebene unter der Voraussetzung, dass die Projectionsstrahlen mit dieser Ebene denselben Winkel wie die Tangenten der Schraubenlinie einschließen, so ist die schiefe Projection der letzteren eine gemeine Cycloide."

§. 282.

Setzen wir weiters voraus, der Neigungswinkel des schiefprojicierenden Strahles (g, g') (Taf. XVI, Fig. 86) gegen die horizontale Projectionsebene sei größer, als jener der Tangenten der Schraubenlinie.

Denken wir uns wieder durch einen beliebigen Punkt (p, p') der Schraubenlinie eine zur horizontalen Projectionsebene parallele Ebene gelegt. Diese schneidet den Schraubencylinder in einem mit dem Grundkreise (K, K') congruenten, durch den Punkt (p, p') gehenden Kreis (γ, γ').

Bestimmen wir die schiefe Projection γ'_s dieses Kreises, sowie auf dieser Projection die schiefe Projection p'_s des Punktes (p, p') und denken wir uns ferner einen mit dem Kreise (γ, γ') concentrischen Kreis (δ, δ') construiert, dessen Peripherie jener Strecke gleich ist, welche die schiefe Projection der Ganghöhe H darstellt. Die schiefe Projection δ'_s dieses Kreises (δ, δ') ist selbstverständlich mit γ'_s concentrisch.

Ziehen wir weiters an δ' und δ'_s die zu g' parallele gemeinschaftliche Tangente τ, sowie auch die Radien $p'_s o'_s$ und $p' o'$, so werden diese die Kreise δ'_s und δ' beziehungsweise in r'_s und r' schneiden. Nachdem die Tangente τ die beiden Kreise δ'_s und δ' in α'_s und α' berührt, ist:

$$\alpha' \alpha'_s = p' p'_s = r' r'_s.$$

Wie im vorhergehenden Falle findet man auch hier, dass der Bogen $\alpha'_s r'_s$ gleich dem Bogen $\alpha' r'$ und jeder derselben gleich der Strecke $\alpha'_s \alpha'$ sei, dass also der Punkt r'_s jener Cycloide angehört, welche der Kreis δ' beim Rollen auf τ erzeugt.

Dies zugrunde gelegt, wird aber der mit r'_s in starrer Verbindung stehende Punkt p'_s eine verkürzte Cycloide beschreiben, welche gleichzeitig die schiefe Projection der Schraubenlinie darstellt.

In ähnlicher Weise findet man, dass die schiefe Projection der Schraubenlinie auf die Ebene des Grundkreises eine verlängerte Cycloide ist, wenn der Neigungswinkel der schiefprojicierenden Strahlen gegen diese Ebene kleiner, als jener der Tangenten der Schraubenlinie ist. Es gilt daher der Satz:

211. „Die schiefe Projection einer Schraubenlinie auf eine zur Achse derselben senkrechte Ebene ist eine gemeine, verkürzte oder verlängerte Cycloide, je nachdem der Neigungswinkel der schief projicierenden Strahlen gegen diese Ebene gleich, größer oder kleiner als jener der Tangenten der Schraubenlinie ist.“

Schließlich sei noch erwähnt, dass sich auch ohne jedwede Schwierigkeit nachweisen lässt, dass jede Parallelprojection einer Schraubenlinie auf irgend eine Ebene stets eine mit einer Cycloide affin verwandte Curve sein müsse.

XV. Capitel.

Schraubenflächen im allgemeinen und Schraubenregelflächen.

§. 283.

Unter einer Schraubenfläche im allgemeinen versteht man jene Fläche, welche sich als geometrischer Ort einer unendlichen Schar von Schraubenlinien mit gemeinschaftlicher Achse und gemeinschaftlicher Ganghöhe unter der Bedingung ergibt, dass jede Schraubenlinie dieser Schar einen Punkt mit einer festen gegebenen Leitcurve gemein hat.

Dieser Definition gemäß und mit Rücksichtnahme auf die im Satze 206) angegebene Erzeugungsweise der Schraubenlinie kann man sich eine Schraubenfläche auch durch eine Drehung und eine gleichzeitige, zu dieser Drehung proportionale Verschiebung der Leitcurve längs der Drehungsachse erzeugt denken.

Eine derartige Bewegung um eine feste Achse, wobei jeder Punkt des bewegten Gebildes eine Drehung um eine Achse und gleichzeitig eine zu dem Drehungsbogen proportionale Verschiebung in der Richtung der Drehachse erfährt, wird eine „Schraubenbewegung“ genannt.

Die gemeinschaftliche Achse aller auf der Schraubenfläche liegenden Schraubenlinien heißt die „Achse der Schraubenfläche“

und die gemeinschaftliche Ganghöhe sämmtlicher Schraubenlinien die „Gang- oder Steighöhe“ der Schraubenfläche.

Ist die Leitlinie einer Schraubenfläche insbesondere eine gerade Linie (D, D') (Taf. XVII, Fig. 87), so enthält die Schraubenfläche, da sie durch eine Schraubenbewegung dieser Leitgeraden (D, D') erzeugt werden kann, unendlich viele gerade Linien, ist daher eine Regelfläche. Hiernach besteht der Satz:

212. „Jede Schraubenfläche, deren Leitlinie eine Gerade ist, ist nothwendig eine Regelfläche.“

§. 284.

Jede solche Schraubenfläche, welche gleichzeitig eine Regelfläche ist, pflegt man eine „Schraubenregelfläche“ zu nennen.

Alle Punkte der Leitgeraden (D, D') beschreiben Schraubenlinien von gleicher Ganghöhe. Unter allen diesen Schraubenlinien ist diejenige besonders hervorzuheben, welche von dem Fußpunkte (m, m') des kürzesten Abstandes der Leitgeraden (D, D') und der Schraubenachse beschrieben wird. Da diese Schraubenlinie unter all den von der Leitgeraden (D, D') beschriebenen den kleinsten Grundkreis besitzt, wird dieselbe die „Kehlschraubenlinie“ der Schraubenregelfläche genannt.

Nachdem die sämmtlichen Schraubenlinien auf der Fläche die nämliche Ganghöhe H besitzen, so folgt aus der Beziehung:

$$r = \frac{H}{2\pi} \cot g\, \beta$$

oder:

$$tg\, \beta = \frac{H}{2\pi r},$$

dass die Tangenten der Kehlschraubenlinie, oder was dasselbe ist, diese letztere selbst, unter all den verschiedenen, von den einzelnen Punkten der Geraden (D, D') erzeugten Schraubenlinien die größte Neigung gegen die Ebene der Grundkreise besitzen.

Durch die vorhergegangenen Betrachtungen haben wir einsehen gelernt, dass eine Schraubenregelfläche durch die Schraubenbewegung einer Geraden (D, D') entstehe. Seien beispielsweise D_1, $D_2 \ldots$ beliebige Lagen dieser erzeugenden Geraden.

Zieht man durch einen beliebigen Punkt S zu D, D_1, $D_2 \ldots$ die parallelen Geraden g_1, g_2, $g_3 \ldots$, so schließen diese offenbar mit jener Geraden s, welche durch S parallel zur Schraubenachse Z gezogen wird, gleiche Winkel ein, gehören somit einem Rotationskegel (S, s) an. Das Gleiche gilt auch von den Parallelen durch S zu jeder anderen auf der Schraubenfläche liegenden Geraden, wodurch wir zu dem Satze gelangen:

213. „Der Richtungskegel jeder Schraubenfläche ist ein Rotationskegel, dessen Achse zur Achse der Schraubenfläche parallel läuft.“

§. 285.

Die horizontale Projection Σ' (Taf. XVII, Fig. 87) der Kehlschraubenlinie ist ein Kreis, welcher die horizontale Projection D' der Leitgeraden in einem Punkte m' berührt. Dieser Berührungspunkt m' ist gleichzeitig die Horizontalprojection jenes Punktes (m, m'), welchen die Kehlschraubenlinie mit der Leitgeraden (D, D') gemein hat. Die durch die Gerade (D, D') gehende horizontal-projicierende Ebene berührt die Kehlschraubenlinie in dem Punkte (m, m'), da die horizontale Trace D' derselben die Horizontalprojection Σ' dieser Schraubenlinie in m' tangiert.

Nachdem aber die besagte Ebene auch die durch (m, m') gehende geradlinige Erzeugende (D, D') der Schraubenfläche enthält, so wird dieselbe gleichzeitig auch mit der Fläche in dem Punkte (m, m') eine Berührung eingehen müssen. Dasselbe gilt, da man jede Erzeugende der Schraubenfläche als Leitgerade annehmen kann, offenbar für jede andere Lage der Geraden (D, D').

Wir sehen hiernach, dass die durch die einzelnen Erzeugenden der Schraubenregelfläche parallel zur Achse geführten Ebenen, diese Fläche in den Punkten der Kehlschraubenlinie sowohl, als auch den dieser Kehlschraubenlinie entsprechenden Schraubencylinder berühren. Mithin gilt der Satz:

214. „Ebenen, welche durch die Erzeugenden einer Schraubenregelfläche parallel zur Achse dieser Fläche gelegt werden, berühren die letztere in jenen Punkten, in welchen die betreffenden Erzeugenden die Kehlschraubenlinie schneiden. Diese Berührebenen umhüllen hierbei jenen Cylinder, auf welchem die Kehlschraubenlinie liegt.“

Der letztere Theil des eben angeführten Satzes kann auch in der nachstehenden Form ausgesprochen werden:

215. „Die Orthogonalcontour einer Schraubenregelfläche auf einer zur Achse der letzteren senkrechten Ebene ist die Projection des Grundkreises der Kehlschraubenlinie, d. i. ein mit diesem Kreise gleich großer Kreis, dessen Mittelpunkt die Projection der Achse darstellt.“

§. 286.

Denken wir uns wieder eine Schraubenregelfläche durch die Achse (Z, Z'), (Taf. XVII, Fig. 87), durch die Leitgerade, d. i. eine geradlinige Erzeugende (D, D') und durch die Kehlschraubenlinie (Σ, Σ') gegeben. Die letztere habe mit (D, D') den Punkt (m, m') gemein. Die horizontale Projection D' berührt somit den Kreis Σ' in m'.

Da, wie früher (Satz 213) nachgewiesen wurde, der Richtungskegel der Fläche ein Rotationskegel ist, dessen Achse zur Achse (Z, Z') der Fläche parallel läuft, sind wir auch berechtigt, die Achse (Z, Z') selbst als Achse des Richtungskegels, und den Grundkreis Σ' der Kehlschraubenlinie, als dessen Basis anzunehmen. Der Scheitel (S, S') hat sodann seine Horizontalprojection in Z'. Die der Erzeugenden (D, D') parallele Erzeugende $(d, d') = (S\delta, S'\delta')$ des Richtungskegels liefert demnach unmittelbar die Verticalprojection S des Kegelscheitels.

Aus der Theorie der windschiefen Flächen wissen wir unter anderem auch, dass die Centralebene einer Erzeugenden zur asymptotischen Ebene dieser Erzeugenden senkrecht stehe, und dass die asymptotische Ebene einer Erzeugenden parallel sei zu der Berührebene des Richtungskegels längs der parallelen Erzeugenden.

Im vorliegenden Falle ist daher die der Erzeugenden (D, D') entsprechende asymptotische Ebene der Schraubenregelfläche parallel zur Berührebene des Richtungskegels (S, Σ') längs der Erzeugenden (d, d'). Die durch (d, d') geführte horizontal-projicierende Ebene, also auch die durch (D, D') gehende (zur letzteren Ebene parallele) horizontal-projicierende Ebene ist zu dieser Kegelberührebene und mithin auch zur asymptotischen Ebene der Erzeugenden (D, D') senkrecht.

Hieraus folgt aber unmittelbar, dass die der Erzeugenden (D, D') entsprechende Centralebene jene durch (D, D') geführte horizontal-projicierende Ebene sei.

Der Centralpunkt der Erzeugenden (D, D'), d. i. der Berührungspunkt der besagten Centralebene, ist (dem vorhergehenden Satze 214) gemäß, jener Punkt (m, m'), in welchem (D, D') die Kehlschraubenlinie trifft. Nachdem ein Gleiches von allen anderen Erzeugenden gilt, so ist die Kehlschraubenlinie der Ort der Centralpunkte aller Erzeugenden der Schraubenfläche, d. h. die Strictionslinie derselben. Folglich gilt der Satz:

216. „Die Kehlschraubenlinie einer Schraubenregelfläche ist gleichzeitig die Strictionslinie dieser Fläche."

§. 287.

Die developpable Schraubenfläche.

Im vorhergehenden wurde dargethan, dass jeder Punkt einer Geraden, welche eine Schraubenregelfläche erzeugt, eine Schraubenlinie beschreibe.

Die von den einzelnen Punkten der Geraden beschriebenen Schraubenlinien haben die nämliche Achse und die gleiche Ganghöhe. Unter diesen Schraubenlinien haben wir bisher bloß diejenige, welche den kleinsten Grundkreis besitzt, nämlich die Kehlschraubenlinie, besonders hervorgehoben.

Setzen wir nun voraus, dass die Leitgerade mit irgend einer Schraubenlinie zwei unendlich nahe Punkte gemein habe, dieselbe also berühre.

Dies zugrunde gelegt, wird auch jede Lage der besagten Geraden die Schraubenlinie berühren und die von der Geraden erzeugte Schraubenregelfläche wird »als Ort aller Tangenten der genannten Schraubenlinie« eine developpable Schraubenfläche darstellen, deren Cuspidalcurve diese Schraubenlinie ist.

Da die Strictionslinie einer aufwickelbaren Regelfläche durch deren Cuspidalcurve dargestellt ist, so folgt aus dem letztangeführten Satze, dass die Rückkehrschraubenlinie der developpablen Schraubenfläche gleichzeitig auch als Kehlschraubenlinie derselben zu betrachten sei.

§. 288.

Nachdem eine aufwickelbare Fläche, wie wir wissen, gegeben ist, wenn ihre Cuspidalcurve als bekannt vorliegt, so wird auch im vorliegenden Falle die developpable Schraubenfläche durch Angabe ihrer Cuspidalschraubenlinie vollständig bestimmt sein, und können somit deren Erzeugenden anstandslos construiert werden.

Sei also (Z, Z') (Taf. XVI, Fig. 88) die horizontal-projicierende Achse einer Schraubenlinie, (K, K') der Grundkreis derselben in der horizontalen Projectionsebene und (a, a') der auf diesem Grundkreise liegende Ursprung der Schraubenlinie. Diese letztere selbst sei auf Grund vorausgeschickter Erörterungen construiert worden.

Nehmen wir diese Schraubenlinie als Cuspidalcurve einer developpablen Schraubenfläche an. Die Erzeugenden dieser Fläche sind die Tangenten der Schraubenlinie. Es wird sich daher bloß um die Construction der genannten Tangenten handeln.

Ein beliebiger Punkt der Schraubenlinie (Σ, Σ') werde durch (p, p') dargestellt. Die horizontale Projection g' der Tangente der Schraubenlinie im Punkte (p, p') ist die Tangente des Grundkreises K' im Punkte p'. Die Tangente (g, g') selbst kann als das abgewickelte Stück der Schraubenlinie angesehen werden, wenn die Abwickelung des Cylinders vom Ursprunge (a, a') bis zu der durch (p, p') gehenden Cylindererzeugenden thatsächlich erfolgt ist. Hierbei beschreibt offenbar der Punkt a' die Evolvente T' des Grundkreises.

Den horizontalen Durchstoßpunkt α' der gesuchten Tangente (g, g') erhält man demnach als Schnittpunkt der Evolvente T' mit der Horizontalprojection g'. Hieraus ergibt sich unmittelbar die Verticalprojection g als Verbindungsgerade der Punkte p und α.

Die Richtigkeit dieser Construction kann auch folgendermaßen nachgewiesen werden. Wir wissen, dass die Tangenten der Schraubenfläche mit der Ebene des Grundkreises den Winkel β einschließen, und dass dieser Winkel die »Neigung« der Schraubenfläche angibt.

Ist nun $p\pi$ die Höhe des Punktes (p, p') über der Ebene des Grundkreises, so ist

$$p\pi = arc\ a'p' \,.\, tg\,\beta = \alpha'.p'\ tang\,\beta.$$

Da aber dem Erzeugungsgesetze der Evolvente T' zufolge,

$$arc\ a'p' = p'\alpha' \text{ ist,}$$

so folgt:

$$tg\,\beta = \frac{p\pi}{p'\alpha'},$$

d. h. die Gerade (g, g') berührt den Cylinder in (p, p') und schließt mit der Ebene des Grundkreises den Winkel β ein, ist daher die Tangente der Schraubenlinie (Σ, Σ') im Punkte (p, p').

Diesem Ergebnisse ist zu entnehmen, dass die Horizontal-Durchstoßpunkte (α, α') sämmtlicher Erzeugenden der developpablen Schraubenfläche, d. i. der Tangenten der Schraubenlinie, in der Evolvente T liegen, dass also die bezeichnete Evolvente den Schnitt der Schraubenfläche mit der horizontalen Projectionsebene (Ebene des Grundkreises) repräsentiere. Mithin gilt der Satz:

217. „*Der Schnitt einer developpablen Schraubenfläche mit einer zur Achse der Rückkehrschraubenlinie senkrechten Ebene ist jene Evol-*

vente des in dieser Ebene liegenden Grundkreises, welche im Schnitte des letzteren mit der Schraubenlinie ihren Ausgangspunkt hat."

§. 289.

Der Richtungskegel der developpablen Schraubenfläche ist, da dieselbe nur einen besonderen Fall der allgemeinen Schraubenregelfläche repräsentiert (mit Zugrundelegung des Satzes 213), ein Rotationskegel, dessen Achse mit der Achse der Cuspidalschraubenlinie parallel ist.

Bringen wir hierbei in Erinnerung, dass die Tangentialebenen einer developpablen Fläche zu den Tangentialebenen des zugehörigen Richtungskegels parallel sind, so werden, da im vorliegenden Falle die Erzeugenden, also auch die Tangentialebenen des Richtungskegels, mit der horizontalen Projectionsebene (Ebene des Grundkreises) den nämlichen Winkel β einschließen, welcher durch die Neigung der Schraubenlinie bestimmt wird, den gleichen Winkel β auch alle Tangentialebenen der Schraubenfläche mit der Grundkreisebene bilden. Es besteht daher der Satz:

218a. „Die sämmtlichen Tangentialebenen einer developpablen Schraubenfläche schließen mit einer Ebene, welche auf der Achse der Cuspidalschraubenlinie senkrecht steht, einen Winkel ein, welcher mit jenem übereinstimmt, der die Neigung der genannten Schraubenlinie darstellt."

Die developpable Schraubenfläche ist demnach eine von jenen Flächen, welche als „Flächen constanter Neigung" oder als „Flächen constanten Falles" bezeichnet werden.

Gemäß der Entstehungsweise einer Schraubenfläche im allgemeinen beschreiben sämmtliche Punkte der Leitgeraden, welche diesfalls eine Tangente der Cuspidal- (Kehl-) Schraubenlinie (Σ, Σ') darstellt, Schraubenlinien, welche die nämliche Achse und die gleiche Ganghöhe wie (Σ, Σ') besitzen.

Die orthogonale Projection Σ' dieser Schraubenlinien auf die Ebene des Grundkreises K' der Cuspidalschraubenlinie sind daher Kreise, welche mit diesem Grundkreise concentrisch sind.

Es kann daher auch umgekehrt jeder mit dem Grundkreise $\Sigma' = K'$ concentrische Kreis als Horizontalprojection einer solchen auf der Fläche liegenden Schraubenlinie betrachtet werden, oder mit anderen Worten:

218b. „Eine developpable Schraubenfläche wird von einem Rotationscylinder, welcher mit dem Cylinder der Cuspidalschraubenlinie coachsial ist, in einer Schraubenlinie geschnitten, welche dieselbe Ganghöhe wie die Cuspidalschraubenlinie besitzt."

Als eine Folge des oben angeführten Satzes ergibt sich unmittelbar der nachstehende:

219. „*Trägt man auf allen Erzeugenden einer developpablen Schraubenfläche, von den Berührungspunkten mit der Cuspidal-Schraubenlinie aus, gleiche Stücke (von beliebiger Länge) auf, so liegen die Endpunkte dieser Strecken auf einer Schraubenlinie, welcher dieselbe Achse und Ganghöhe, wie der Cuspidal-Schraubenlinie zukömmt.*"

§. 290.

Sei wieder (Σ, Σ') (Taf. XVII, Fig. 89) die Cuspidal-Schraubenlinie einer developpablen Schraubenfläche. Führen wir an beliebiger Stelle auf die Achse (Z, Z') der Schraubenlinie (Σ, Σ') eine senkrechte Ebene e, so wird dieselbe den Schraubencylinder in einem Kreise (K, K'), die Schraubenlinie (Σ, Σ') in einem diesem Kreise (K, K') angehörenden Punkte (a, a'), und endlich die Schraubenfläche (nach Satz 217) in zwei von dem Punkte (a, a') ausgehenden gegen den Durchmesser $(Oa, O'a')$ symmetrischen Evolventen (T_1, T_1') und (T_2, T'_2) des Kreises (K, K') schneiden.

Infolge der Symmetrie gegen den Durchmesser $(Oa, O'a')$ schneiden sich diese beiden Evolventen bei fortgesetzter Abwicklung in einer Reihe von Punkten auf diesem Durchmesser. Einer dieser Schnittpunkte und zwar der dem Kreismittelpunkte (O, O') zunächstliegende sei (h, h'). Durch denselben gehen zwei von einander verschiedene Erzeugenden (g_1, g'_1) und (g_2, g'_2) der Schraubenfläche, deren Berührungspunkte mit der Cuspidal-Schraubenlinie zu verschiedenen Seiten der Ebene e liegen.

Der Punkt (h, h') ist demnach ein Punkt, welcher zwei verschiedenen Mänteln der Schraubenfläche angehört, also ein Punkt einer Doppelcurve dieser Fläche.

Denken wir uns die Erzeugenden (g_1, g'_1) und (g_2, g'_2) in starrer Verbindung, und lassen wir eine derselben durch eine Schraubenbewegung, welche vermöge der Cuspidalcurve (Σ, Σ') vollkommen bestimmt ist, die Schraubenfläche erzeugen, so wird auch die zweite Erzeugende (g_2, g'_2) eine mit der ersteren übereinstimmende Schraubenbewegung vollführen, und, da dieselbe in der Lage (g_2, g'_2) der Schraubenfläche angehört, wird sie auch in allen anderen Lagen der nämlichen Schraubenfläche angehören müssen, oder mit anderen Worten: Erzeugt die Gerade (g_1, g'_1) eine developpable Schraubenfläche, so wird auch die mit (g_1, g'_1) starr verbundene Gerade (g_2, g'_2) dieselbe Fläche hervorbringen.

Hierbei wird der Punkt (h, h') eine Schraubenlinie beschreiben, welche, der fundamentalen Erzeugungsweise der Schraubenflächen gemäß, dieselbe Achse und die nämliche Ganghöhe wie die Cuspidalschraubenlinie (Σ, Σ') besitzt.

Die besagte Schraubenlinie ist, als Ort der Schnittpunkte verschiedener Flächenerzeugenden, eine Doppelcurve der Schraubenfläche. Ein Gleiches gilt selbstverständlich auch von jedem weiteren Schnittpunkte (h_1, h'_1), (h_2, h'_2).... der beiden Kreisevolventen. Wir erhalten demzufolge den Satz:

220. „Eine developpable Schraubenfläche besitzt unendlich viele Doppelcurven. Alle diese Doppelcurven sind Schraubenlinien, welche die nämliche Achse und die gleiche Ganghöhe besitzen, wie die Cuspidalschraubenlinie selbst. Eine beliebige, zur Achse senkrechte Ebene schneidet diese Doppelschraubenlinien, die Cuspidalschraubenlinie und die Achse in Punkten, welche sämmtlich auf einer und derselben Geraden liegen."

Diese Doppelcurven pflegt man auch die „Selbstdurchdringungen der developpablen Schraubenfläche" zu nennen.

§. 291.

Unter dem Krümmungskreise einer Raumcurve in einem Punkte derselben versteht man denjenigen Kreis, welcher durch den betreffenden Punkt und die beiden ihm unendlich naheliegenden Punkte geht.

Da drei unmittelbar aufeinander folgende, d. i. in einem Punkte m vereinigte Punkte, stets eine Schmiegungsebene der Raumcurve bestimmen, so liegt in dieser Schmiegungsebene der Krümmungskreis des betreffenden Punktes m. Die sämmtlichen Schmiegungsebenen der Raumcurven umhüllen die developpable Tangentenfläche der letzteren.

Untersuchen wir nun, welche Eigenschaften der Raumcurve nach Abwickelung ihrer developpablen Tangentenfläche zukommen.

Nehmen wir zu diesem Zwecke an, es seien a, b, c, d, e,.... unmittelbar aufeinander folgende Punkte der Raumcurve und ab, bc, cd, de,... die entsprechenden Tangenten der Raumcurve und gleichzeitig Erzeugende der developpablen Fläche. Die durch je drei direct aufeinander folgende Punkte gehenden Ebenen abc, bcd, cde,... sind Schmiegungsebenen der Raumcurve und Tangentialebenen der Developpablen.

Die Tangenten ab und bc bestimmen einen unendlich schmalen Flächenstreifen, welcher die drei Punkte a, b, c enthält, die Tangenten bc und ed einen eben solchen Flächenstreifen, welcher die Punkte b, e, d enthält u. s. w. Denkt man sich jeden dieser Flächenstreifen um jene Tangente, welche derselbe mit dem unmittelbar folgenden Flächenstreifen gemein hat, in die Ebene des letzteren gedreht, so wird, wie bereits bekannt, durch successive Fortsetzung dieser angedeuteten Drehungen die Abwickelung der Developpablen bewerkstelligt.

Da je drei unmittelbar aufeinander folgende Punkte bei der Abwickelung ihre gegenseitige Lage nicht ändern, so ist einleuchtend, dass die abgewickelte Raumcurve in allen Punkten dieselben Krümmungskreise wie die Raumcurve selbst in den entsprechenden Punkten besitzen werde.

§. 292.

Wenden wir die eben gepflogenen Erörterungen und die erzielten Ergebnisse nun insbesondere auf die aufwickelbare Schraubenfläche an, so lässt sich, wie früher nachgewiesen wurde, behaupten, dass die Schraubenlinie eine Raumcurve sei, welche in sich selbst verschiebbar ist und mithin in allen ihren Punkten gleiche Krümmungskreise besitzt.

Wickeln wir dieselbe mit ihrer Tangentenfläche, d. i. mit der entsprechenden developpablen Schraubenfläche, in eine Ebene ab, so wird die abgewickelte Curve, da sie die nämlichen Krümmungskreise besitzt, wie die Raumcurve (Schraubenlinie) selbst, eine ebene Curve darstellen, welcher in allen Punkten gleiche Krümmungskreise entsprechen, oder mit anderen Worten: die abgewickelte Schraubenlinie wird ein Kreis sein. Wir erhalten somit den Satz:

221. „Wird eine developpable Schraubenfläche in eine Ebene abgewickelt, so verwandelt sich bei dieser Abwickelung die Cuspidalschraubenlinie in einen Kreis."

§. 293.

Nachstehende Betrachtungen werden es auf eine höchst einfache Weise ermöglichen, den Radius dieses Kreises zu finden.

Die Cuspidalschraubenlinie einer developpablen Schraubenfläche sei (Σ, Σ') (Taf. XVI, Fig. 90).

Bestimmen wir vorerst die Neigung β der besagten Curve als denjenigen Winkel, welchen eine zur verticalen Projectionsebene parallele Tangente (t, t') dieser Schraubenlinie mit der Ebene des Grundkreises (horizontalen Projectionsebene) einschließt. Bezeichnen wir ferner die Länge eines Schraubenganges mit l und den Radius des Grundkreises Σ' mit r, so ist bekanntlich:

$$2\pi r = l \cos \beta.$$

Wird nun die Schraubenfläche sammt der Schraubenlinie in eine Ebene abgewickelt, so verwandelt sich dabei die Schraubenlinie in einen Kreis Σ_0 von bisher noch unbekanntem Radius ϱ. Auf diesem Kreise entspricht einem Gange der Schraubenlinie ein Bogen von der absoluten Länge:

$$l = \frac{2 r \pi}{\cos \beta}.$$

Im Bogenmaße vom Radius 1 wird daher der Centriwinkel α dieses Bogens ausgedrückt erscheinen durch:

$$\alpha = \frac{2 r \pi}{\varrho \cos \beta}.$$

Dieser Centriwinkel α wird aber auch jener Winkel sein, welchen die den Endpunkten eines Schraubenganges entsprechenden Erzeugenden einschließen, weil dieselben nach der Abwickelung als Tangenten des Kreises ϱ in jenen Punkten des letzteren erscheinen, welche die Abwickelungen der genannten Endpunkte repräsentieren.

Wir wissen ferner, dass der Richtungskegel der developpablen Schraubenfläche ein Rotationskegel ist. Je zwei unmittelbar aufeinander folgende Erzeugenden dieses Kegels schließen sodann offenbar dieselben Winkel ein, wie die ihnen parallelen Erzeugenden der Schraubenfläche.

Sind daher beispielsweise t_1 und t_2 die Tangenten der Schraubenlinie in den Endpunkten eines Ganges, und ist τ die zu diesen beiden Tangenten parallele Erzeugende des Richtungskegels, so wird, wenn man sich von τ angefangen den vollen Richtungskegel abgewickelt denkt, der Winkel α, welchen die Grenzstrahlen τ dieser Abwickelung einschließen, demjenigen Winkel α gleich sein, welchen die Erzeugenden t_1 und t_2 nach Abwickelung der Schraubenfläche miteinander bilden, das ist mit jenem Winkel α übereinstimmen, den wir vorher, im Bogenmaße vom Radius 1 gemessen, als:

$$\alpha = \frac{2\pi r}{\varrho \cos \beta}$$

gefunden haben.

Die Größe dieses Winkels α kann aber auch an dem abgewickelten Richtungskegel gemessen werden.

Nehmen wir zu diesem Behufe als Basis des Richtungskegels den Grundkreis Σ' an, so erhalten wir die zur verticalen Projectionsebene parallele Erzeugende $(S\mu, S'\mu')$ als Parallele zu (t, t'). Besagte Erzeugende schließt mit der Ebene des Grundkreises gleichfalls den Winkel β ein, und die Länge der Kegelerzeugenden $S\mu$ ergibt sich somit als:

$$S\mu = \frac{r}{\cos\beta}.$$

Wickelt man diesen Kegel vollständig auf, so verwandelt sich derselbe in einen Kreissector vom Radius $S\mu = \frac{r}{\cos\beta}$, dessen Bogen in absoluter Länge gleich der Peripherie $2r\pi$ des Grundkreises ist. Reduciert auf den Radius 1 erhält man demnach den Centriwinkel α des Sectors im Bogenmaße ausgedrückt durch:

$$\alpha = 2\pi . \cos\beta.$$

Wir kennen nun zwei Werte für den Winkel α, nämlich:

$$\alpha = \frac{2r\pi}{\varrho\cos\beta} \quad \text{und} \quad \alpha = 2\pi . \cos\beta.$$

Durch Gleichsetzung dieser Werte ergibt sich der Radius ϱ des gesuchten Kreises:

$$\varrho = \frac{r}{\cos\beta^2}.$$

Die Construction von ϱ nach dieser Formel ist einfach folgende. Man errichtet in S auf $S\mu$ die Senkrechte $S\nu$, welche die Grundlinie in ν schneidet. Es ist sodann $\mu\nu = \varrho$; denn es ist:

$$\mu\nu = \frac{S\mu}{\cos\beta} = \frac{r}{\cos\beta^2}.$$

Beschreibt man nun mit dem Radius $\varrho = \mu\nu$ einen Kreis Σ_0, so repräsentiert derselbe die mit der Schraubenfläche abgewickelte Schraubenlinie.

Sind $(ab, a'b')$, $(bc, b'c')$, $(cd, c'd')$... gleiche Stücke von hinreichender Kleinheit auf der Schraubenlinie, so wird man deren Abwickelungen a_0, b_0, c_0,... auf Σ_0 durch fortgesetzte Auftragung der wahren Größe des Stückes $ab = bc = cd = \ldots = \delta b'_0$ erhalten.

Die Kreistangenten in a_0, b_0, c_0,... repräsentieren sodann die abgewickelten, den Punkten (a, a'), (b, b'), (c, c'),.... entsprechenden Erzeugenden der Schraubenfläche.

Nach dieser Vorbereitung wird es keine weiteren Schwierigkeiten bieten, die Abwickelung irgend einer auf der Schraubenfläche liegenden Curve (C, C') zu construieren.

Ist nämlich beispielsweise (x, x') der Punkt, in welchem diese Curve die Erzeugende, welche dem Punkt (a, a') entspricht, schneidet, so wird man, um die Abwickelung x_0 dieses Punktes zu erhalten, nichts anderes zu thun haben, als die wahre Größe der Strecke $(ax, a'x')$ auf der Tangente t^0_a des Kreises Σ_0 von a_0 nach x_0 (in welchem Sinne, ist stets leicht zu ermitteln) aufzutragen.

Auf diese Methode der Abwickelung stützt sich der Beweis eines interessanten Satzes.

Mit Zugrundelegung des Satzes 219) ist bekannt, dass die Endpunkte aller untereinander gleichen Strecken, welche von den Punkten der Schraubenlinie (Σ, Σ') auf den entsprechenden Tangenten (Erzeugenden der Schraubenfläche) aufgetragen werden, wieder eine Schraubenlinie $(\Sigma_1 \Sigma'_1)$ bilden. Diese Schraubenlinie (Σ_1, Σ'_1) wird, dem Vorhergehenden zufolge, abgewickelt, wenn man die gleiche Strecke auf allen Tangenten des Kreises Σ_0, von den Berührungspunkten aus aufträgt. Hieraus entnimmt man aber unmittelbar, dass die abgewickelte Schraubenlinie Σ'_0 ein mit Σ_0 concentrischer Kreis sein müsse. Daher der Satz:

222. „Sämmtliche Schraubenlinien auf einer developpablen Schraubenfläche, mit Einschluss der Cuspidalschraubenlinie, verwandeln sich bei der Abwickelung der Fläche in concentrische Kreise."

XVI. Capitel.

Constructionen und Aufgaben in Bezug auf die develeppable Schraubenfläche.

§. 294.

38. Aufgabe. **Die Horizontalprojection eines Punktes auf der Schraubenfläche ist gegeben; es soll seine Verticalprojection bestimmt werden.**

Bei den folgenden Problemen wollen wir die Achse (Z, Z') (Taf. XVII, Fig. 91) der Cuspidalschraubenlinie, die wir, der Kürze halber, sets mit (Σ, Σ') bezeichnen werden, als horizontal-projicierende Gerade voraussetzen.

Die Schraubenfläche sei durchwegs durch die Schraubenlinie (Σ, Σ') und durch die Trace der Fläche auf der horizontalen Projectionsebene, d. i. durch die Evolvente (T, T') des Grundkreises Σ', von dem horizontalen Durchstoßpunkte (a, a') der Schraubenlinie angefangen, gegeben. Beide Curven (Σ, Σ') und (T, T') mögen gezeichnet vorliegen.

Die Horizontalprojection des zu bestimmenden Punktes (p, p') sei p'. Ziehen wir durch p' die Tangente g' an die Horizontalprojection Σ' der Schraubenlinie, so repräsentiert g' die Horizontalprojecton der durch den zu construierenden Punkt (p, p') gehenden Erzeugenden (g, g') der Schraubenfläche.

Der Berührungspunkt π' mit dem Kreise Σ' ist sodann die Horizontalprojection desjenigen Punktes (π, π') der Schraubenlinie, in welchem dieselbe von (g, g') berührt wird. Die Verticalprojection π lässt sich aus π' direct ableiten. Ferner trifft g' die Evolvente T' in einem Punkte δ', welcher den Horizontal-Durchstoßpunkt der Erzeugenden (g, g') darstellt. Die Verticalprojection δ des letztbezeichneten Punktes (δ, δ') liegt in der Grundlinie. Die Verticalprojection g der Erzeugenden erhält man somit als Verbindungsgerade der beiden Punkte π und δ. Auf der so bestimmten Verticalprojection g kann nun aus p' unmittelbar die Verticalprojection p des gesuchten Punktes (p, p') abgeleitet werden.

Nebenbei sei hier noch bemerkt, dass, da einerseits der Horizontalprojection π' auf der Schraubenlinie unendlich viele Punkte (π, π'), (π_1, π'), (π_2, π')... entsprechen, von welchen je zwei aufeinander folgende um je eine Ganghöhe von einander abstehen, und andererseits auch die Gerade g' die Evolvente T' in unendlich vielen Punkten δ', δ'_1, δ'_2... trifft, es unendlich viele zu einander parallele Erzeugenden der Schraubenfläche gebe, welche die Horizontalprojection g' besitzen, und dass folglich auch unendlich viele Punkte der Schraubenfläche existieren, deren gemeinschaftliche Horizontalprojection p' ist. Je zwei aufeinander folgende Punkte haben einen der Ganghöhe der Schraubenlinie gleichen Höhenunterschied.

§. 295.

39. Aufgabe. **Die Verticalprojection eines Punktes auf einer developpablen Schraubenlinie ist gegeben; die Horizontalprojection derselben ist zu construieren.**

Die gegebene Verticalprojection sei p (Taf. XVII, Fig. 91). Legen wir zunächst durch p (mit möglichster Genauigkeit) eine Tangente g an die Verticalprojection Σ der Schraubenlinie. Diese Tangente repräsentiert die Verticalprojection der durch den Punkt (p, p')

gehenden Erzeugenden der Schraubenfläche und der Punkt π, in welchem g mit Σ eine Berührung eingeht, liefert bereits die Verticalprojection des Berührungspunktes (π, π') der Erzeugenden (g, g') mit der Schraubenlinie (Σ, Σ'). Aus dem so gefundenen Punkte π kann sofort die Horizontalprojection π', welche auf dem Grundkreise Σ' liegt, abgeleitet werden.

Zieht man in π' an den Kreis Σ' die Tangente g', so stellt diese die Horizontalprojection der gesuchten Erzeugenden (g, g') dar.

Gleichzeitig findet man übrigens noch einen zweiten Punkt dieser Erzeugenden (g, g'), welcher zur Controle der Richtigkeit der Construction des Punktes (π, π'), also auch der Geraden g' dienen kann. Die Gerade g trifft nämlich die Grundlinie XX in einem Punkte δ, welcher die Verticalprojection des Horizontal-Durchstoßpunktes (δ, δ') der Erzeugenden (g, g') darstellt. Die Horizontalprojection δ' dieses Punktes muss offenbar sowohl auf der Horizontalprojection g', als auch auf der Evolvente T' liegen. Man kann daher g' auch erhalten, indem man δ' auf T' bestimmt und von δ' die Tangente g' an den Kreis Σ' zieht. Hiedurch ergibt sich, so wie vorher, der Berührungspunkt (π, π') und zwar mit größerer Genauigkeit. Ist hiernach g' festgestellt, so kann anstandslos aus p die gesuchte Horizontalprojection p' abgeleitet werden.

Führt man durch p irgend eine andere Tangente an die Verticalprojection Σ der Schraubenlinie, so wird sich vermittelst der nämlichen Construction, wie die eben durchgeführte, auch ein anderer Punkt (p, p'_1) der Fläche ergeben.

Nachdem die Zahl dieser Tangenten unendlich groß ist, wird selbstverständlich auch das Gleiche in Bezug auf die Zahl der Flächenpunkte gelten, welche als gemeinsame Verticalprojection den Punkt p besitzen.

§. 296.

40. Aufgabe. Die zu einer gegebenen Ebene $E_v E_h$ parallelen Erzeugenden einer developpablen Schraubenfläche sind zu construieren.

Behufs Ermittelung der zu $E_v E_h$ (Taf. XVII, Fig. 91) parallelen Erzeugenden wird man zweckmäßigerweise von dem der Fläche entsprechenden Richtungskegel Gebrauch machen. Dieser letztere kann einfach, wie folgt, construiert werden.

Ermitteln wir vorerst eine Erzeugende (g_x, g'_x) der Schraubenfläche, welche zur verticalen Projectionsebene parallel ist, deren Horizontalprojection g'_x also durch eine zur Grundlinie XX parallele Tangente des Grundkreises Σ' dargestellt erscheint.

Betrachten wir weiters den Grundkreis Σ' als Basis des Richtungskegels, so repräsentiert der Mittelpunkt S' dieses Kreises gleichzeitig die Horizontalprojection des Kegelscheitels und die Parallele $S'\mu'$ zu g'_x die Horizontalprojection der zu (g_x, g'_x) parallelen Kegelerzeugenden. Mittelst des Punktes μ findet man sodann, indem man μS parallel zu g_x führt, die Verticalprojection $S\mu$ dieser Erzeugenden und gleichzeitig auch die Verticalprojection S des Kegelscheitels. Hiemit ist der Richtungskegel vollkommen bestimmt.

In den folgenden Aufgaben werden wir uns den Richtungskegel, falls von demselben Gebrauch gemacht werden wird, immer in der eben angedeuteten Weise construiert denken.

Da sämmtliche Erzeugenden des Richtungskegels zu jenen der Schraubenfläche parallel sind, so werden sich die Richtungen der zu bestimmenden Erzeugenden der Schraubenfläche als jene beiden Geraden $(S\Delta_1, S'\Delta'_1)$ und $(S\Delta_2, S'\Delta_2')$ ergeben, in welchen der Richtungskegel (S, Σ') von der durch dessen Scheitel (S, S') parallel zur Ebene $E_v E_h$ gelegten Ebene $e_v e_h$ geschnitten wird.

Die horizontalen Projectionen g'_1 und g'_2 der verlangten Erzeugenden sind sodann die zu $S'\Delta'_1$ und $S'\Delta'_2$ parallelen Tangenten des Grundkreises Σ', während die Verticalprojectionen g_1 und g_2 durch jene Tangenten an Σ dargestellt werden, welche beziehungsweise parallel zu $S\Delta_1$ und $S\Delta_2$ an Σ geführt werden können.

Da sich parallel zu einer Geraden stets zwei Tangenten an einen Kreis ziehen lassen, so findet man, dass jedem Schraubengange vier Erzeugenden von der geforderten Eigenschaft entsprechen, von welchen je zwei zu $(S\Delta_1, S'\Delta'_1)$ und zwei andere zu $(S\Delta_2, S'\Delta'_2)$ parallel sind.

Es gibt sonach unendlich viele zur Ebene $E_v E_h$ parallele Erzeugenden. Hat man vier von diesen Erzeugenden, die dem nämlichen Schraubengange entsprechen, ermittelt, und sind deren Berührungspunkte mit der Schraubenlinie (Σ, Σ') construiert, so ergeben sich die Berührungspunkte aller übrigen im Schnitte der vier durch die betreffenden Punkte gehenden horizontal-projicierenden Geraden mit der Schraubenlinie (Σ, Σ').

§. 297.

41. Aufgabe. **In einem Punkte einer developpablen Schraubenfläche ist die Berührebene dieser Fläche zu construieren.**

Der auf der Fläche gegebene Punkt, welcher mittelst der durch denselben gehenden Erzeugenden (g, g') (Taf. XVII, Fig. 91) der Fläche, mit Zugrundelegung der diesbezüglich vorausgeschickten Aufgaben construiert worden ist, sei (p, p').

Da die Fläche eine Developpable ist, so wird die verlangte Ebene die genannte Fläche bekanntlich nicht nur in dem Punkte (p, p'), sondern in allen Punkten der durch (p, p') gehenden Erzeugenden (g, g') berühren.

Es wird demnach das gestellte Problem auch folgerichtig gelöst sein, wenn man die Tangentialebene der Schraubenfläche nicht unmittelbar im Punkte (p, p'), sondern in irgend einem anderen beliebigen Punkte der Erzeugenden (g, g') construiert.

Nachdem somit die Wahl des Punktes, wenn man denselben überhaupt nur auf der entsprechenden, durch den Punkt (p, p') gehenden Erzeugenden wählt, frei steht, so wird man denjenigen auf der betreffenden Erzeugenden (g, g') annehmen, mit Zuhilfenahme dessen man am bequemsten zum Ziele gelangt. Hiezu eignet sich am vortheilhaftesten der Punkt (δ, δ'), in welchem die besagte Erzeugende (g, g') die horizontale Projectionsebene, also auch die Kreisevolvente T' trifft.

Führt man nämlich durch δ' die Tangente B_h an die Evolvente T, d. i. die Senkrechte zu g', so muss die Tangentialebene der Fläche in dem Punkte (δ, δ') diese Tangente B_h enthalten, da die Evolvente eine Curve auf der Schraubenfläche vorstellt. Nachdem aber B_h in der horizontalen Projectionsebene liegt, so stellt die genannte Gerade gleichzeitig die Horizontaltrace der Tangentialebene im Punkte (δ, δ') dar.

Die Ebene $B_v B_h$ ist somit, da dieselbe auch die durch den Punkt (δ, δ') gehende Erzeugende (g, g') der Fläche [(g, g') repräsentiert ihre eigene durch (p, p') an die Fläche geführte Tangente] enthält, vollkommen bestimmt. Dieselbe berührt selbstverständlich die Schraubenfläche nicht nur in dem Punkte (δ, δ'), sondern in allen Punkten der Erzeugenden (g, g'), ist somit die gesuchte Berührebene.

Die Ebene $B_v B_h$ ist überdies, als Tangentialebene der developpablen Schraubenfläche längs der Erzeugenden (g, g'), gleichzeitig auch die Schmiegungsebene der Cuspidalcurve — d. i. der Schraubenlinie (Σ, Σ') — in dem Punkte (π, π'), in welchem die letztere von der Erzeugenden (g, g') getroffen wird.

§. 298.

42. Aufgabe. **Es ist der Schnitt einer Ebene $E_v E_h$ mit einer developpablen Schraubenfläche zu bestimmen.**

Der Schnitt der gegebenen Ebene E mit der Schraubenfläche ist der geometrische Ort ihrer Schnittpunkte mit allen Erzeugenden der Fläche.

Ist demnach (g, g') (Taf. XVII, Fig. 92) eine beliebige Erzeugende der Schraubenfläche, so werden wir durch dieselbe eine horizontal-projicierende Ebene $P_h P_v$ legen, die Schnittgerade (s, s') derselben mit der Ebene $E_v E_h$ bestimmen, und erhalten in jenem Punkte (p, p'), in welchem sich (g, g') und (s, s') treffen, den Durchstoßpunkt der Erzeugenden (g, g') mit der Ebene $E_v E_h$, also einen Punkt (p, p') der gesuchten Schnittcurve.

Setzt man das gleiche Verfahren bezüglich anderer Erzeugenden der Schraubenfläche fort, so kann man successive beliebig viele Punkte der Schnittcurve bestimmen. Zu bemerken ist hier noch, dass die eine Hilfsebene $P_v P_h$ bereits eine Reihe solcher Punkte liefert, indem dieselbe nicht nur die Erzeugende (g, g'), sondern unendlich viele Erzeugenden enthält, deren Berührungspunkte mit der Schraubenlinie (Σ, Σ') um je eine Ganghöhe (§. 294) von einander abstehen.

Um die Tangente (t, t') der Schnittcurve in einem ihrer Punkte, beispielsweise in (p, p'), zu construieren, haben wir nur die bekannte Eigenschaft anzuwenden, dass sich dieselbe als Schnittlinie der Ebene $E_v E_h$ mit der Tangentialebene $B_v B_h$ im Punkte (p, p') ergibt, welch letztere, wie dem vorhergehenden Probleme zu entnehmen, leicht construiert werden kann.

Nachdem aber der Punkt (p, p') bereits selbst ein Punkt dieser Tangente ist, so kürzt sich das eben angedeutete Verfahren überdies noch dahin ab, dass bloß noch ein zweiter Punkt zu finden sein wird, welcher der Ebene $E_v E_h$ und der Tangentialebene $B_v B_h$ gemeinsam ist. Als solcher ergibt sich unmittelbar der Schnittpunkt (h, h') der beiden Horizontaltracen E_h und B_h, d. i. der Schnittpunkt von E_h mit der durch den Horizontal-Durchstoßpunkt Δ' von (g, g') senkrecht zu g' gezogenen Geraden B_h. Die Verbindungsgerade der Punkte (p, p') und (h, h') repräsentiert daher die verlangte Tangente (t, t').

Von besonderer Wichtigkeit sind die singulären Punkte der Schnittcurve.

Aus der allgemeinen Theorie der developpablen Flächen ist bekannt, dass jene Punkte, in welchen eine Ebene die Rückkehrcurve trifft, Rückkehrpunkte für die mit dieser Ebene resultierende Schnittcurve der Developpablen sind. Im vorliegenden Falle werden daher die Rückkehrpunkte des ebenen Schnittes die gemeinschaftlichen Punkte der Ebene $E_v E_h$ und der Schraubenlinie (Σ, Σ') sein.

Hat man nach der vorangegebenen Methode mehrere Punkte der Schnittcurve bereits bestimmt, so sind die besagten Rückkehrpunkte leicht zu construieren.

Die Ebene $E_v E_h$ schneidet nämlich den Schraubencylinder in einer Ellipse (σ, σ'), deren Horizontalprojection mit dem Grundkreise Σ' zusammenfällt. Die Verticalprojection σ dieser Ellipse ist die Enveloppe aller vorgenannten Geraden s. Denn die horizontal-projicierende Ebene $P_v P_h$, welche durch die Erzeugende (g, g') der Schraubenfläche geht, ist gleichzeitig eine Tangentialebene des Schraubencylinders; ihr Schnitt (s, s') mit der Ebene $E_v E_h$ wird demnach eine Tangente der vorgenannten Schnittellipse sein müssen.

Sind die Geraden s in hinreichender Anzahl vorhanden oder beziehungsweise ermittelt worden, so kann die Verticalprojection σ der Ellipse direct als deren Enveloppe eingezeichnet werden.

Die Verticalprojectionen Σ und σ schneiden sich nun in einer gewissen, von der Lage der Ebene $E_v E_h$ abhängigen Anzahl von Punkten (r, r'), (r_1, r'_1) . . . , welche offenbar die Verticalprojectionen der der Ellipse (σ, σ') und der Schraubenlinie (Σ, Σ') gemeinschaftlichen Punkte, d. i. die verticalen Projectionen der gesuchten Rückkehrpunkte des Schnittes darstellen werden. Nebenbei sei bemerkt, dass die Anzahl dieser Rückkehrpunkte um so größer sei, je kleiner der Winkel ist, welchen die Ebene $E_v E_h$ mit der Achse (Z, Z') der Schraubenlinie (Σ, Σ') einschließt.

Doppelpunkte der Schnittcurve ergeben sich als die Schnittpunkte der Ebene $E_v E_h$ mit den Doppelschraubenlinien der Schraubenfläche.

Weiters sind noch die asymptotischen Punkte des Schnittes, d. h. die unendlich fernen Punkte des Schnittes und die zugehörigen Asymptoten, hervorzuheben.

Ist nämlich der Neigungswinkel der schneidenden Ebene gegen die Ebene des Grundkreises größer als die Neigung der Schraubenlinie (Σ, Σ'), so schneidet eine durch den Scheitel (S, S') des Richtungskegels parallel zur Ebene $E_v E_h$ gelegte Ebene $e_v e_h$ den Richtungskegel in zwei reellen Erzeugenden (γ_1, γ'_1) und (γ_2, γ'_2).

Auf der Schraubenfläche selbst gibt es aber unendlich viele zur Ebene $E_v E_h$ parallele Erzeugenden. Der unendlich ferne Punkt jeder solchen Erzeugenden ist gleichzeitig auch ein unendlich ferner Punkt des zu construierenden ebenen Schnittes, während sich die zugehörige Asymptote als die Schnittgerade der Ebene $E_v E_h$ mit der Tangentialebene der Schraubenfläche längs der entsprechenden Erzeugenden ergibt.

§. 299.

43. Aufgabe. **Durch einen Punkt (P, P') außerhalb der Schraubenfläche sind an dieselbe die möglichen Tangentialebenen zu legen.**

Zufolge des Satzes 218) schließen die Tangentialebenen der developpablen Schraubenfläche mit der Ebene des Grundkreises einen constanten Winkel ein, welcher jenem gleich ist, der die Neigung der Cuspidalschraubenlinie (Σ, Σ') bestimmt. Den nämlichen Winkel bilden selbstverständlich auch die Erzeugenden und Tangentialebenen des Richtungskegels (S, Σ') mit der Ebene des Grundkreises (der horizontalen Projectionsebene).

Soll die gesuchte Tangentialebene durch den Punkt (P, P') (Taf. XVII, Fig. 93) gehen, so wird dieselbe nothwendig auch eine Tangentialebene jenes Kegels $[(P, P'), (K_1, K'_1)]$ sein, dessen Scheitel der angenommene Punkt (P, P') ist und dessen Erzeugenden zu jenen des Richtungskegels parallel sind.

Die Horizontaltrace der verlangten Ebene wird daher den Kreis K'_1, welcher die Horizontalspur dieses Kegels darstellt, berühren. Ferner wissen wir (§. 297), dass die Horizontaltrace jeder Berührebene an die Schraubenfläche eine Tangente der Evolvente T' ist.

Hieraus folgt unmittelbar, dass die Horizontaltracen B_h der zu bestimmenden Tangentialebenen gemeinschaftliche Tangenten des Kreises K'_1 und der Evolvente T' sein müssen.

Umgekehrt ist aber nicht jede gemeinschaftliche Tangente von K'_1 und T' auch schon die Trace B_h einer solchen Ebene. Hiezu ist nämlich überdies noch die nothwendige Bedingung zu erfüllen, dass einer solchen Trace B_h auch parallele Berührerzeugenden (γ, γ') und (g, g') des Kegels (P, K_1) und der developpablen Schraubenfläche entsprechen, welche Bedingung, wie leicht einzusehen, mit derjenigen gleichwertig ist, dass die beiden Kreise K'_1 und Σ' auf einer und derselben Seite von B_h liegen. Besagte Ebenen sind, da dieselben durch (P, P') gehen sollen, aus den Tracen $B_h, B'_h \ldots$ leicht zu bestimmen.

Eine je größere Zahl gemeinschaftlicher Tangenten an K'_1 und T' gezogen werden, d. i. je weiter der Punkt (P, P') von der Achse (Z, Z') entfernt ist, desto größer wird auch die Anzahl der Tangentialebenen sein, welche durch den betreffenden Punkt an die Schraubenfläche gelegt werden können.

§. 300.

44. Aufgabe. **Parallel zu einer Geraden (g, g') sind an eine developpable Schraubenfläche die möglichen Tangentialebenen zu legen.**

Da sämmtliche Tangentialebenen einer developpablen Schraubenfläche zu den Tangentialebenen des Richtungskegels (S, Σ') (Taf. XVII, Fig. 94) parallel sind, so werden diesfalls, bloß parallel zu der Geraden (g, g'), an den Richtungskegel die möglichen Berührebenen $b^1_v b^1_h$ und $b^2_v b^2_h$ zu legen sein, um in diesen sogleich die Stellung der gesuchten Ebenen zu erhalten.

Legen wir nun an die Evolvente T', parallel zu b^1_h oder b^1_h, eine Tangente B'_h von der Beschaffenheit, dass die durch ihren Berührungspunkt δ' mit T' gehende Erzeugende (λ, λ') parallel zu der Berührungserzeugenden (γ_2, γ'_2) der Ebene $b^1_v b^1_h$ mit dem Richtungskegel ist, und betrachten wir diese Tangente B'_h als Horizontaltrace einer zur Ebene $b^1_v b^1_h$ parallelen Ebene $B'_v B'_h$, so repräsentiert diese eine zu der gegebenen Geraden (g, g') parallele Tangentialebene der Schraubenfläche, während (λ, λ') die zugehörige Berührerzeugende darstellt.

Da es unendlich viele zu b^1_h oder b^2_h parallele Tangenten von T' gibt, so existieren auch unendlich viele Berührebenen der geforderten Art.

XVII. Capitel.

Die windschiefe Schraubenfläche.

§. 301.

Wir haben vordem gezeigt, dass jede Schraubenfläche, welche durch die Schraubenbewegung einer Geraden entsteht, eine windschiefe Fläche sei, und haben dieselbe allgemein als „Schraubenregelfläche" bezeichnet.

Unter einer „windschiefen Schraubenfläche" soll nun insbesondere jene Schraubenregelfläche verstanden werden, welche durch die Schraubenbewegung einer Geraden g um eine dieselbe schneidende Achse Z entsteht.

Alle Punkte dieser Geraden beschreiben Schraubenlinien, welche die Gerade Z zur gemeinschaftlichen Achse haben, und gleiche Ganghöhe besitzen. Der Radius des Grundkreises jeder solchen Schraubenlinie ist sodann dem Abstande des dieselbe erzeugenden Punktes der Geraden g von der Achse Z gleich.

Da die Gerade g, der Voraussetzung nach, die Achse Z in einem Punkte s schneidet, so beschreibt dieser Punkt eine Schraubenlinie vom Grundkreisradius 0 (Null). Diese Schraubenlinie reduciert sich demnach auf die Achse Z selbst.

Hieraus folgt unmittelbar der Satz:

223. „Die windschiefe Schraubenfläche besitzt eine gerade Leitlinie, d. i. die gemeinschaftliche Achse aller auf der Fläche liegenden Schraubenlinien."

§. 302.

Nachdem die windschiefe Schraubenfläche durch die Schraubenbewegung einer Geraden g um eine sie schneidende Achse Z entsteht und bei dieser Schraubenbewegung, welche sich in eine Drehung um Z und in eine Parallelverschiebung zerlegen lässt, der Winkel, den die Gerade g und die Achse Z einschließen, unverändert bleibt, so kann, wenn man die von irgend einem Punkte p der Geraden g beschriebene Schraubenlinie als Leitcurve annimmt, folgendes Erzeugungsgesetz für die windschiefe Schraubenfläche aufgestellt werden:

224. „Bewegt sich eine Gerade so, dass sie in jeder ihrer Lagen einen Punkt mit einer gegebenen Schraubenlinie gemein hat und außerdem die Achse der letzteren unter einem constanten Winkel schneidet, so erzeugt dieselbe eine windschiefe Schraubenfläche, deren Achse mit jener der genannten Schraubenlinie zusammenfällt."

§. 303.

Ist der in dem vorstehenden Satze genannte constante Winkel insbesondere gleich 90°, stehen also die Erzeugenden auf der Achse der Schraubenlinie senkrecht, so sind dieselben gleichzeitig zu irgend einer auf dieser Achse senkrechten Ebene parallel.

Die so entstehende Fläche ist diesfalls insbesondere ein „Conoid", welches auf Grund seiner Erzeugungsweise den Namen „Schraubenconoid" trägt.

Es ist einleuchtend, dass alle von der Größe jenes Winkels, welchen die Erzeugenden einer windschiefen Schraubenfläche mit der Achse einschließen, unabhängigen Eigenschaften der Schraubenfläche auch für das Schraubenconoid ihre volle Geltung beibehalten werden.

§. 304.

Jeder Punkt der Geraden g beschreibt bei der Schraubenbewegung um Z eine Schraubenlinie, deren Achse Z und deren

Grundkreisradius der Abstand dieses Punktes von der genannten Achse ist.

Da die den sämmtlichen Schraubenlinien der Fläche entsprechenden Schraubencylinder die gemeinschaftliche Achse Z besitzen und den ganzen unendlichen Raum erfüllen, so ist klar, dass umgekehrt jeder Rotationscylinder, dessen Achse Z ist, die Schraubenfläche in zwei Schraubenlinien, welche die Schnittpunkte der Geraden g mit dem vorgenannten Cylinder bei der Schraubenbewegung erzeugen, schneiden wird. Es besteht daher der Satz:

225. „Jeder Rotationscylinder, welcher die Achse der windschiefen Schraubenfläche zur Rotationsachse besitzt, schneidet diese Fläche in zwei Schraubenlinien."

§. 305.

Da infolge der constanten Neigung der Erzeugenden einer Schraubenfläche gegen die Achse derselben, der besagte Cylinder auf diesen Erzeugenden Stücke abschneidet, die, von der Achse aus gerechnet, sämmtlich die nämliche Länge

$$\lambda = \frac{r}{sin\,\beta}$$

haben, wobei r den Radius des Kreisquerschnittes des Cylinders und β den constanten Neigungswinkel der Erzeugenden g der Schraubenfläche gegen die Achse Z bedeutet, so folgt, dass man eine beliebige Schraubenlinie auf der Fläche auch durch Auftragen gleicher Stücke auf den Erzeugenden erhalten könne. Hiernach gelangt man zu dem Satze:

226. „Trägt man auf allen Erzeugenden einer windschiefen Schraubenfläche, von deren Schnittpunkten mit der Achse der Fläche ausgehend, gleiche Stücke auf, so ist der geometrische Ort ihrer Endpunkte eine Schraubenlinie."

Die beiden letztangeführten Sätze sind unabhängig von der Größe des Winkels, welchen die Erzeugenden der Schraubenfläche mit der Achse einschließen, gelten daher auch für das Schraubenconoid.

§. 306.

In Früherem haben wir allgemein den Satz bewiesen, dass die Strictionslinie einer Schraubenfläche die Kehlschraubenlinie der Fläche sei.

In dem Falle der windschiefen Schraubenfläche und des Schraubenconoides jedoch reduciert sich die Kehlschraubenlinie auf die Achse Z selbst, da der kürzeste Abstand der Geraden g von der letzteren gleich Null ist. In diesen beiden Fällen repräsentiert demnach die Achse der Fläche gleichzeitig auch deren Strictionslinie. Man erhält folglich den Satz:

227. „Die Strictionslinie einer windschiefen Schraubenfläche oder eines Schraubenconoides fällt mit der Achse dieser Fläche zusammen.“

XVIII. Capitel.

Constructionen und Aufgaben, die windschiefe Schraubenfläche und das Schraubenconoid betreffend.

§. 307.

In allen folgenden Problemen werden wir behufs Darstellung der windschiefen Schraubenfläche und des Schraubenconoides von der im Satz 224) erwähnten Erzeugungsweise Gebrauch machen.

Die Achse (Z, Z') (Taf. XVIII, Fig. 95) der Fläche und der auf der letzteren liegenden Schraubenlinien wollen wir in der Folge durchwegs horizontal-projicierend voraussetzen. Die gegebene Leitschraubenlinie sei (Σ, Σ'), der Anfangspunkt (a, a') derselben liege auf dem zur Grundlinie XX parallelen Durchmesser des Grundkreises $\Sigma' = K'$. Ferner sei $(aS, a'S')$ die durch den Punkt (a, a') gehende Erzeugende der Fläche. Die letztere ist, wie sofort klar gelegt werden soll, durch diese Angaben vollständig bestimmt.

Vor allem ist zu bemerken, dass, wenn wir mit σ den Fußpunkt der Achse Z auf der Grundlinie XX bezeichnen, die wahre Größe des Winkels, welchen die Erzeugenden mit der Achse (Z, Z') einschließen, durch den Winkel $aS\sigma$ gegeben ist.

Ferner besitzen (Satz 226) die sämmtlichen Erzeugenden der Fläche zwischen der Achse (Z, Z') und der Schraubenlinie (Σ, Σ') die gleiche Länge aS.

Da weiters in dem rechtwinkligen Dreiecke $aS\sigma$ die Hypotenuse aS, die Kathete $a\sigma$ und der Winkel $aS\sigma$ constant sind, so ist es auch die Kathete $S\sigma$, d. h. die orthogonale Projection ϱ eines Punktes π, in welchem eine beliebige Erzeugende g der Fläche die Schraubenlinie (Σ, Σ') trifft, auf die Achse (Z, Z'), hat von dem

Schnittpunkte s dieser Erzeugenden g mit der Achse Z stets die nämliche Entfernung $S\sigma$.

Hieraus folgt unmittelbar die folgende einfache Construction einer beliebigen Erzeugenden der Fläche.

Die Horizontalprojection g' der durch den beliebig auf der Schraubenlinie (Σ, Σ') angenommenen Punkt (π, π') gehenden Erzeugenden ist die Verbindungsgerade der Punkte π' und Z'. Zieht man ferner von π aus eine Parallele zur Grundlinie XX, so trifft diese die Verticalprojection Z der Achse in einem Punkte ϱ, welcher die orthogonale Projection des Punktes π auf die Achse Z darstellt. Schneidet man nun auf Z von ϱ aus eine Strecke $\varrho s = \sigma S$ ab, so ist, den vorangestellten Betrachtungen gemäß, s der Schnittpunkt der gesuchten Erzeugenden mit der Achse Z, und daher die Verticalprojection g der verlangten Erzeugenden durch $s\pi$ bestimmt.

In gleicher Weise kann man durch die freie Wahl anderer auf (Σ, Σ') gelegener Punkte (π, π') beliebig viele Erzeugenden construieren.

§. 308.

45. Aufgabe. **Die Horizontalprojection p' eines auf der windschiefen Schraubenfläche liegenden Punktes ist gegeben; es ist die Verticalprojection dieses Punktes zu finden.**

Verbinden wir den gegebenen Punkt p' mit Z' (Taf. XVIII, Fig. 95), so erhalten wir offenbar die Horizontalprojection g' der durch den fraglichen Punkt (p, p') gehenden Erzeugenden (g, g'). Dieselbe trifft den Grundkreis Σ' in einem Punkte π', welcher die horizontale Projection jenes Punktes (π, π') darstellt, in welchem diese Erzeugende (g, g') die Schraubenlinie (Σ, Σ') schneidet.

Leitet man aus π' die Verticalprojection π dieses Punktes auf Σ ab, so kann, wie vorher gezeigt wurde, die Verticalprojection g der eben genannten Erzeugenden leicht gefunden werden. Auf g erhält man unmittelbar aus der horizontalen Projection p' die zugehörige Verticalprojection p des gesuchten Punktes (p, p').

Da dem Punkte π' unendlich viele Punkte (π, π'), (π_1, π')... auf der Schraubenlinie (Σ, Σ') entsprechen, von welchen je zwei aufeinander folgende um eine Ganghöhe von (Σ, Σ') abstehen, so entsprechen auch der gegebenen Horizontalprojection p' unendlich viele Punkte (p, p'), (p_1, p')... der Schraubenfläche, deren je zwei aufeinander folgende gleichfalls einen der Ganghöhe der Schraubenlinie (Σ, Σ') gleichen Abstand voneinander besitzen.

§. 309.

46. Aufgabe. **Die Horizontalprojection eines Punktes auf einem Schraubenconoide ist gegeben; es ist die Verticalprojection dieses Punktes zu construieren.**

Sei (Z, Z') (Taf. XVII, Fig. 96) die Achse des Conoides, (Σ, Σ') die Leitschraubenlinie und p' die gegebene Horizontalprojection.

Nachdem diesfalls die Erzeugenden der besagten Fläche Geraden sind, welche die Achse (Z, Z') sowohl, als auch die Schraubenlinie (Σ, Σ') schneiden und nebstbei senkrecht auf (Z, Z') stehen, also parallel zur horizontalen Projectionsebene sind, so führt folgende einfache Construction zum gewünschten Ziele.

Ziehen wir die Gerade $p'Z'$ oder g', so erhalten wir durch dieselbe sofort die Horizontalprojection der durch den zu suchenden Punkt (p, p') gehenden Erzeugenden (g, g') dargestellt. Besagte Projection g' trifft den Grundkreis Σ' oder K' in dem Punkte π', welcher die Horizontalprojection jenes Punktes (π, π') repräsentiert, den die Schraubenlinie (Σ, Σ') mit der Erzeugenden (g, g') gemein hat. Leitet man aus π' die Verticalprojection π auf Σ ab, und führt man durch π die Parallele $\pi\mu$ zur Grundlinie XX, so stellt diese bereits die Verticalprojection g der durch (p, p') gehenden Erzeugenden (g, g') dar. Auf g findet man nun unmittelbar die Verticalprojection p des gesuchten Punktes (p, p').

Da dem Punkte π' unendlich viele Punkte π entsprechen, welche um je eine Ganghöhe von (Σ, Σ') von einander abstehen, so ist auch p' die Horizontalprojection unendlich vieler Punkte auf dem Conoide, welche um je eine Ganghöhe von einander entfernt sind.

§. 310.

47. Aufgabe. **Die Verticalprojection eines Punktes auf dem Schraubenconoide ist gegeben; es soll dessen Horizontalprojection bestimmt werden.**

Ist p (Taf. XVII, Fig. 96) die gegebene Verticalprojection, so hat man bloß durch p eine Parallele g zur Grundlinie XX zu ziehen, um hiedurch die Verticalprojection der durch den zu bestimmenden Punkt (p, p') gehenden Erzeugenden dargestellt zu erhalten.

Die genannte Gerade g trifft die Verticalprojection Σ der Leitschraubenlinie in einem Punkte π, dessen Horizontalprojection π' sich direct auf dem Grundkreise Σ' oder K' ergibt. Verbindet man π' mit Z', so erhält man die Horizontalprojection g' jener Erzeugenden, und auf derselben sofort auch die gesuchte Horizontalprojection p'.

Da dem Punkte π nur ein Punkt π' entspricht, so gibt es selbstverständlich auch nur einen einzigen Punkt (p, p') auf dem Schraubenconoide, dem die Verticalprojection p zukömmt.

§. 311.

48. Aufgabe. **Es sind die Erzeugenden einer windschiefen Schraubenfläche zu bestimmen, welche zu einer gegebenen Ebene $E_v E_h$ parallel sind.**

Die Erzeugenden einer Schraubenfläche sind, wie bekannt, zu den Erzeugenden ihres Richtungskegels parallel. Der letztere ist ein Rotationskegel, dessen Drehachse zur Achse (Z, Z') (Taf. XVIII, Fig. 95) der Fläche parallel läuft.

Betrachten wir den Grundkreis Σ' der Leitschraubenlinie (Σ, Σ') als Basis des Richtungskegels, so ist einleuchtend, dass (Z, Z') dessen Achse, und die Flächenerzeugende $(\gamma, \gamma') = (Sa, S'a')$ eine Erzeugende desselben sei. Der Punkt (S, S') repräsentiert somit diesfalls gleichzeitig auch den Scheitel des Richtungskegels.

Bestimmen wir nun, durch Zuhilfenahme der durch (S, S') parallel zur Ebene $E_v E_h$ gelegten Ebene $e_v e_h$, die zu $E_v E_h$ parallelen Erzeugenden (γ_1, γ'_1) und (γ_2, γ'_2) des Richtungskegels, so werden die zu suchenden Erzeugenden (g_1, g'_1) und (g_2, g'_2) zu den letzteren parallel sein. Die Horizontalprojectionen g'_1 und γ'_1, beziehungsweise g'_2 und γ'_2 fallen zusammen.

Vermittelst der auf g'_1 und g'_2 liegenden Punkte π'_1 und π'_2 bestimmt man die zu γ_1 und γ_2 parallelen Verticalprojectionen g_1 und g_2 der geforderten zu $E_v E_h$ parallelen Flächenerzeugenden (g_1, g'_1) und (g_2, g'_2).

Da jedem der beiden Punkte π'_1 und π'_2 auf der Schraubenlinie unendlich viele Punkte π_1 und π_2 entsprechen, von welchen je zwei aufeinander folgende Punkte um eine Ganghöhe der (Σ, Σ') von einander abstehen, so gibt es auch eine unendliche Anzahl von Erzeugenden der windschiefen Schraubenfläche, die eine zur gegebenen Ebene $E_v E_h$ parallele Lage haben. Dieselben bilden zwei Scharen von Erzeugenden; alle zu der nämlichen Schar gehörenden Erzeugenden sind untereinander parallel.

§. 312.

49. Aufgabe. **Es sind die Erzeugenden eines Schraubenconoides zu construieren, welche zu einer gegebenen Ebene parallel sind.**

Stellt $E_v E_h$ (Taf. XVII, Fig. 96) die gegebene Ebene vor, so werden die zu suchenden Erzeugenden des Schraubenconoides, da sie zur Ebene des Grundkreises (d. i. zur horizontalen Projectionsebene) parallel sein müssen, insbesondere zu der Horizontaltrace E_h parallel laufen. Die Horizontalprojectionen derselben fallen sämmtlich mit derjenigen Geraden g'_1 zusammen, welche durch Z' parallel zu E_h gezogen werden kann. Besagte Gerade g'_1 bestimmt weiters auf dem Grundkreise Σ' einen Punkt π'_1 (resp. π'_2), durch dessen Verticalprojectionen $\pi_1 \ldots$, beziehungsweise $\pi_2 \ldots$ (auf den bezüglichen Schraubengängen) die Verticalprojectionen $g_1 \ldots$, beziehungsweise $g_2 \ldots$ der gesuchten Erzeugenden, parallel zur Grundlinie zu führen sind.

Hieraus ist gleichzeitig zu ersehen, dass es zwei Scharen unendlich vieler, der gestellten Aufgabe entsprechender Erzeugenden gibt und dass die Erzeugenden einer Schar um je eine Ganghöhe der Leitschraubenlinie voneinander abstehen.

Als eine Verallgemeinerung des eben Besprochenen ist das nachstehende Problem zu betrachten.

§. 313.

50. Aufgabe. **Es sind jene Erzeugenden einer windschiefen Schraubenfläche zu construieren, welche eine gegebene Gerade schneiden.**

Denken wir uns durch Z die Achse der Schraubenfläche, durch Σ die Leitschraubenlinie, durch α den Winkel, welchen die Erzeugenden mit der Achse einschließen, und endlich durch l die gegebene Gerade repräsentiert, so werden die zu bestimmenden Erzeugenden den nachstehenden vier Bedingungen zu genügen haben.

Dieselben werden nämlich: *a*) die Achse Z, *b*) die Schraubenlinie Σ, *c*) die Gerade l schneiden und *d*) mit der Achse Z den Winkel α einschließen müssen.

Besagte Erzeugenden werden mithin auch Erzeugende jener Regelfläche vierten Grades sein, welche die beiden Geraden Z und l zu Leitgeraden, und den Richtungskegel der Schraubenfläche gleichfalls zu ihrem Richtungskegel hat.

Bestimmt man sodann vermittelst einzelner Erzeugenden die Schnittcurve C des Schraubencylinders mit dieser Regelfläche, so wird dieselbe die Schraubenlinie in einer gewissen, von der Lage der Geraden l abhängigen Anzahl von Punkten schneiden, deren jeder ein Schnittpunkt der Schraubenlinie Σ mit der genannten Regelfläche ist.

Die Erzeugenden der letzteren, welche durch diese Punkte gehen, werden bereits (nachdem dieselben die oben angeführten vier Bedingungen erfüilen) die gesuchten Geraden bestimmen.

Ist die gegebene Schraubenfläche insbesondere ein Schraubenconoid, so wird sich die angedeutete Construction wesentlich vereinfachen, da an die Stelle des Richtungskegels die zur Schraubenachse senkrechte Richtebene, und mithin an die Stelle der vorgenannten Regelfläche vierten Grades ein hyperbolisches Paraboloid tritt, dessen Leitgeraden Z und l sind, und dessen Richtebene auf Z senkrecht steht.

§. 314.

51. Aufgabe. **Es ist der Schnitt einer windschiefen Schraubenfläche mit einer gegebenen Ebene $E_v E_h$ zu ermitteln.**

Der zu suchende Schnitt ist der geometrische Ort der Schnittpunkte der Ebene $E_v E_h$ (Taf. XVIII, Fig. 97*a*) mit den Erzeugenden der Schraubenfläche.

Man wird daher, um die Schnittcurve zu bestimmen, bloß eine hinreichende Anzahl von Erzeugenden mit der schneidenden Ebene $E_v E_h$ zum Schnitte bringen. Hierbei wird es vortheilhaft sein, das folgende Constructionsverfahren anzuwenden.

Wir bestimmen zunächst den Schnittpunkt (x, x') der Achse (Z, Z') mit der Ebene $E_v E_h$. Legen wir weiters durch irgend eine beliebige Erzeugende (g_1, g'_1) der Fläche eine horizontal-projicierende Ebene $P_v P_h$, so schneidet diese die Ebene $E_v E_h$ in einer Geraden (s_1, s'_1), welche nothwendig durch den Punkt (x, x') gehen muss.

Ein zweiter Punkt der besagten Schnittgeraden ist der Schnittpunkt (δ_1, δ'_1) der Horizontaltracen E_h und P_h. Die Schnittgerade (s_1, s'_1) trifft sodann die Erzeugende (g_1, g'_1) in dem Punkte (p_1, p'_1), welcher bereits der verlangten Schnittcurve angehört.

In gleicher Weise können nunmehr die Schnittpunkte beliebig vieler Erzeugenden mit der Ebene $E_v E_h$ bestimmt werden, wobei stets von dem Punkte (x, x') Gebrauch gemacht werden kann.

Besondere Aufmerksamkeit verdienen auch die unendlich fernen Punkte der Schnittcurve, d. h. jene Punkte, welche von den zur schneidenden Ebene $E_v E_h$ (Taf. XVIII, Fig. 97*b*) parallelen Erzeugenden herrühren, und die ihnen entsprechenden Asymptoten.

Sei (g_v, g'_v) eine zur Ebene $E_v E_h$ parallele Erzeugende, die (wie in Aufgabe 48 gezeigt wurde) mittelst des Richtungskegels (S, Σ') leicht gefunden werden kann.

Die Ebene, welche die Schraubenfläche in dem unendlich fernen Punkte dieser Erzeugenden berührt, d. i. die asymptotische Ebene $A_v A_h$ dieser Erzeugenden, ist bekanntlich parallel zu der Berührungsebene $A'_v A'_h$ des Richtungskegels (S, Σ') längs der zu (g_v, g'_v) parallelen Erzeugenden (γ_v, γ'_v). Diese Asymptotenebene schneidet die Ebene $E_v E_h$ in einer Geraden (σ_v, σ'_v), welche die Tangente der Schnittcurve in dem unendlich fernen Schnittpunkte (E, g_v) repräsentiert, also eine Asymptote der Schnittcurve darstellt.

Gemäß der Schlussbemerkung in Aufgabe 48) gibt es zwei unendliche Scharen von Asymptoten. Die Asymptoten der einen Schar sowohl, als auch jene der anderen Schar sind selbstverständlich parallel zu der einen oder anderen Erzeugenden (γ_v, γ'_v) des Richtungskegels, in welchen dieser von der durch den Scheitel (S, S') parallel zu $E_v E_h$ gelegten Ebene $e_v e_h$ geschnitten wird.

Ist die gegebene Fläche insbesondere ein Schraubenconoid, so wird man, behufs Bestimmung einzelner Punkte der Schittcurve, entweder in der eben angegebenen Weise vorgehen, oder aber in gleich vortheilhafter Weise Hilfsebenen ε_v durch die Erzeugenden (g, g') (Taf. XIX, Fig. 98) legen, welche zur horizontalen Projectionsebene parallel sind.

Die unendlich vielen, zur schneidenden Ebene $E_v E_h$ parallelen Erzeugenden λ sind zur Horizontaltrace E_h, also auch untereinander parallel, und bestimmen mithin nur einen einzigen unendlich fernen, jedoch unendlich-fachen Punkt der Schnittcurve (C, C'). Die Horizontalprojectionen aller dieser Erzeugenden λ fallen in eine und dieselbe zu E_h parallele Gerade λ' zusammen, während ihre Verticalprojectionen λ_1, λ_2, λ_3 . . . sämmtlich parallel zur Grundlinie sind.

Die Asymptoten (A_1, A'_1), (A_2, A'_2) . . . der Schnittcurve sind die Schnitte von $E_v E_h$ mit den den Erzeugenden (λ_1, λ'), (λ_2, λ') . . . entsprechenden horizontalen asymptotischen Ebenen. Infolge dessen fallen ihre Verticalprojectionen A_1, A_2 . . . unmittelbar mit den Verticalprojectionen λ_1, λ_2. . . der entsprechenden Erzeugenden zusammen.

Zum Schlusse mag noch eine in den Verticalprojectionen auftretende Eigenthümlichkeit Erwähnung finden. Das Schraubenconoid besitzt unendlich viele vertical-projicierende Erzeugenden, deren Verticalprojectionen sich sämmtlich auf jene Punkte reducieren, in welchen die Verticalprojection Σ der Schraubenlinie die Verticalprojection Z der Leitgeraden (Achse) trifft.

Diese Erzeugenden werden von der Ebene E_v E_h in Punkten geschnitten, deren Verticalprojectionen selbstverständlich wieder durch die obgenannten Punkte repräsentiert erscheinen.

Hieraus folgt also, dass die Verticalprojection C eines beliebigen ebenen Schnittes des Schraubenconoides durch alle jene Punkte geht, in welchen sich die Verticalprojection der Leitschraubenlinie und die ihrer Achse treffen.

§. 315.

52. Aufgabe. **Es ist der Schnitt einer windschiefen Schraubenfläche mit einer zur Achse senkrechten Ebene zu bestimmen.**

Diejenige Ebene, die zur Achse Z der Schraubenfläche senkrecht steht und durch den Schnittpunkt (a, a') der Schraubenlinie Σ mit jener Erzeugenden (g_a, g'_a) geht, welche die Achse in dem nämlichen Punkte (S, S'), wie die gegebene schneidende Ebene e_v trifft, betrachten wir in diesem Falle als horizontale Projectionsebene, während wir weiters die zu der Erzeugenden (g_a, g'_a) parallele Ebene als Verticalprojectionsebene annehmen.

Ist demnach (Z, Z') (Taf. XVIII, Fig. 99) die Achse, (Σ, Σ') die Leitschraubenlinie, deren Anfangspunkt (a, a') auf dem zur verticalen Projectionsebene parallelen Durchmesser des Grundkreises Σ' liegt, ist ferner (g_a, g'_a) die durch (a, a') gehende Erzeugende der Schraubenfläche, welche die Achse (Z, Z') im Punkte (S, S') treffen mag, so wird die schneidende Ebene durch diejenige zur horizontalen Projectionsebene parallele Ebene e_v dargestellt, welche durch den Punkt (S, S') geht.

Der Schnitt dieser Ebene mit der Schraubenfläche ist als geometrischer Ort der Schnittpunkte aller Erzeugenden zu construieren.

Sei (g, g') eine beliebige Erzeugende, (s, s') ihr Schnittpunkt mit der Achse (Z, Z'), (π, π') deren Schnittpunkt mit der Schraubenlinie und endlich (p, p') der Schnittpunkt von (g, g') mit der Ebene e_v, d. i. ein Punkt der zu bestimmenden Schnittcurve.

Die Gleichung der letzteren, in Polarcoordinaten ausgedrückt, kann ohne jedwede Schwierigkeit aufgestellt werden. Betrachten wir hierbei den Punkt S' als Coordinatenursprung und $S'\,a'$ als Achse.

Der Radiusvector des Punktes p' ist:

$$\varrho = S'p' = Ss\,.\,tg\,\alpha,$$

wobei α den Neigungswinkel der Erzeugenden der Fläche gegen die Achse (Z, Z') repräsentiert; ferner ist

$$Ss = \pi\pi_1 + \varrho s - h,$$

wenn wir unter h die Entfernung der Ebene e_v von der horizontalen Projectionsebene verstehen. Weiters ist, wenn r der Radius des Grundkreises Σ' und τ die Tangente der Neigung der Schraubenlinie (Σ, Σ') bedeutet:

$$\varrho s = r . cotg\, \alpha \text{ und } \pi \pi_1 = \tau . arc\, a'\pi'.$$

Hiernach ist:

$$Ss = r . ctg\, \alpha - h + \tau . arc\, a'\pi'$$

und

$$\varrho = Ss\, .\, tg\, \alpha = r - h . tg\, \alpha + \tau . tg\, \alpha\, .\, arc\, a'\pi'$$

oder, weil $h = \frac{r}{tg\, \alpha}$

$$\varrho = \tau\, .\, tg\, \alpha\, .\, arc\, a'\pi'.$$

Nachdem aber $a'\pi'$ den Amplitudenwinkel des Punktes p' repräsentiert, welchen wir der Kürze halber mit φ bezeichnen, so erhalten wir als Gleichung der horizontalen Projection der Schnittcurve:

$$\varrho = \tau'\, .\, arc\, \varphi.$$

Die besagte Horizontalprojection ist somit eine „Archimedsche Spirale“.

Im vorliegenden Falle repräsentiert aber die Horizontalprojection gleichzeitig die wahre Gestalt der Curve, nachdem die schneidende Ebene zur horizontalen Projectionsebene parallel ist. Es gilt mithin der Satz:

228. „*Der Schnitt einer windschiefen Schraubenfläche mit einer zu ihrer Achse senkrechten Ebene ist eine Archimede'sche Spirale.*“

Es ist einleuchtend, dass sich diese Spirale im Falle des Schraubenconoides auf eine Gerade, und zwar auf die in der schneidenden Ebene liegende Erzeugende reduciere.

§. 316.

In ähnlicher Weise, wie für die developpable Schraubenfläche, kann nachgewiesen werden, dass auch eine windschiefe Schraubenfläche (mit Ausnahme des Schraubenconoides) eine unendliche Anzahl von Doppelschraubenlinien besitze.

Denken wir uns diesbezüglich die Schraubenfläche durch eine die Achse Z enthaltende Ebene geschnitten, so wird das Resultat des Schnittes zwei Scharen paralleler Erzeugenden sein.

Die Schraubenfläche kann offenbar durch eine und dieselbe Schraubenbewegung von jeder dieser Erzeugenden hervorgebracht werden.

Wäre allenfalls d ein Punkt, in welchem sich zwei Erzeugenden, die jedoch nicht der nämlichen Parallelschar angehören, schneiden, und denken wir uns diese beiden Erzeugenden in starrer Verbindung, so werden dieselben bei der Schraubenbewegung um die Achse Z zwei verschiedene Mäntel der Schraubenfläche erzeugen, während ihr Schnittpunkt d eine Schraubenlinie beschreibt, welche sowohl auf dem einen, als auch auf dem anderen Mantel liegt und mithin eine Doppelschraubenlinie der Fläche vorstellt.

Nachdem aber die Erzeugende der einen Parallelschar von sämmtlichen Erzeugenden der anderen Parallelschar in unendlich vielen Punkten geschnitten wird, so gibt es eine unendliche Anzahl solcher Doppelschraubenlinien. Wir erhalten daher den Satz:

229. „Eine windschiefe Schraubenfläche besitzt unendlich viele Doppelschraubenlinien.“

Da ferner zu jeder Erzeugenden der Schraubenfläche unendlich viele Erzeugende parallel sind, so folgt unmittelbar der Satz:

230. „Der unendlich ferne Kreis einer windschiefen Schraubenfläche (oder ihres Richtungskegels) ist für diese Fläche eine unendlichfache Curve.

Das Schraubenconoid dagegen besitzt keine Doppelschraubenlinien, da es auf demselben keine zwei in endlicher Entfernung sich schneidenden Erzeugenden gibt. Andererseits sind aber zu jeder Erzeugenden dieser Fläche unendlich viele Erzeugenden parallel; man erhält demnach direct den Specialfall des vorhergehenden Satzes:

231. „Die unendlich ferne Gerade eines Schraubenconoides (unendlich ferne Gerade der zur Achse senkrechten Ebenen) ist für die Fläche selbst eine unendlich-fache Linie.“

§. 317.

Der ebene Schnitt einer windschiefen Schraubenfläche besteht hiernach (mit Rücksicht auf den Satz 230) aus unendlich vielen Ästen, welche durch dieselben zwei in unendlicher Entfernung liegenden Punkte (Schnittpunkte der Ebene mit dem unendlich fernen Kreise der Fläche) gehen, und (nach Satz 229) unendlich viele reelle Doppelpunkte im Schnitte mit den Doppelschraubenlinien aufweisen.

Ebenso besteht auch der ebene Schnitt eines Schraubenconoides aus unendlich vielen Ästen, welche durch einen und denselben unendlich fernen Punkt gehen (Satz 231), jedoch keinen in endlicher Entfernung liegenden Doppelpunkt besitzen.

Da weder die windschiefe Schraubenfläche noch das Conoid Rückkehrcurven besitzt, so hat auch der ebene Schnitt bei allgemeiner Lage der schneidenden Ebene keine Rückkehrpunkte (Cuspidalpunkte).

§. 318.

Im Falle einer windschiefen Schraubenfläche können die vorgenannten Äste reell oder imaginär sein.

Schneidet nämlich die durch den Scheitel des Richtungskegels zur schneidenden Ebene parallel gelegte Ebene den letzteren in nicht reellen Erzeugenden, so besteht der ebene Schnitt aus einem einzigen spiralförmigen Aste, welcher sich ins Unendliche erstreckt.

Schneidet hingegen jene Parallelebene den Richtungskegel in zwei reellen Erzeugenden, so gibt es unendlich viele reelle Äste der Schnittcurve.

Berührt endlich die Parallelebene den Richtungskegel, so berührt auch die schneidende Ebene den unendlich fernen Kreis der Schraubenfläche. Die unendlich vielen Äste des ebenen Schnittes berühren sich sodann in unendlicher Entfernung.

Beim Conoide treten diese Unterschiede nicht auf, nachdem die unendlich ferne Linie „als eine Gerade" von jeder Ebene, welche sie nicht ganz enthält, in einem reellen unendlich fernen Punkte geschnitten wird. Der ebene Schnitt hat also diesfalls immer unendlich viele Äste.

§. 319.

53. Aufgabe. **Es ist die Tangentialebene einer windschiefen Schraubenfläche in einem ihrer Punkte zu construieren.**

Ist der gegebene Berührungspunkt ein Punkt der Leitschraubenlinie, welch letztere wir immer als gezeichnet voraussetzen, so ist die Bestimmung der Tangentialebene ohne jedwede Schwierigkeit durchzuführen; denn die besagte Ebene ist sodann diejenige, welche durch die diesem Punkte entsprechende Erzeugende und die Tangente der Leitschraubenlinie in demselben Punkte gelegt werden kann.

Liegt jedoch der gegebene Berührungspunkt nicht auf der Leitschraubenlinie, sondern ist derselbe irgend ein Punkt (p, p') (Taf. XIX, Fig. 100) auf irgend einer willkürlichen Erzeugenden (g, g'), so wird man, um möglichst einfach zum Ziele zu gelangen, von der

Eigenschaft Gebrauch machen, dass die Reihe der Punkte fau einer Erzeugenden einer windschiefen Fläche zu dem Büschel der diesen Punkten entsprechenden Berührebenen projectivisch ist.

Drei Punkte auf der Erzeugenden (g, g'), in welchen sich die Berührebenen mit Leichtigkeit construieren lassen, sind bekannt. Vor allem ist nämlich die Tangentialebene der Schraubenfläche in dem Punkte (s, s'), in welchem die Erzeugende (g, g') die Achse (Z, Z') trifft, durch diese Erzeugende und die Achse schon an und für sich bestimmt. Die Horizontaltrace T_h^s dieser Ebene fällt direct mit der Horizontalprojection g' zusammen.

Die Tangentialebene in dem Punkte (π, π'), in welchem die Erzeugende (g, g') die Leitschraubenlinie (Σ, Σ') schneidet, ist durch diese Erzeugende und durch die Tangente (t, t') der Schraubenlinie (Σ, Σ') im Punkte (π, π') festgestellt. Die Horizontaltrace der besagten Ebene wird durch die Gerade T_h^π dargestellt, welche den Horizontal-Durchstoßpunkt δ' von (g, g') mit dem Horizontal-Durchstoßpunkte δ'_1 von (t, t') verbindet.

Endlich ist auch noch die Tangentialebene in dem unendlich fernen Punkte (u, u') der Erzeugenden (g, g'), d. h. die asymptotische Ebene der Erzeugenden (g, g') bekannt. Dieselbe ist, wie wir wissen, zu der Tangentialebene des Richtungskegels (S, Σ') längs der zu (g, g') parallelen Erzeugenden $(S\vartheta, S'\vartheta')$ parallel. Die Horizontaltrace T_h^u derselben, ist daher die durch δ' zu der Tangente τ_h^ϑ des Grundkreises Σ' im Punkte ϑ' geführte Parallele.

Da, auf Grund der vorher angeführten Eigenschaft, die vier Punkte s', π', u' und p' dasselbe Doppelverhältnis, wie die vier ihnen entsprechenden Tangentialebenen T^s, T^π, T^u und T^p, also auch dasselbe Doppelverhältnis wie die vier Horizontaltracen T_h^s, T_h^π, T_h^u, T_h^p besitzen müssen, so kann man die Trace T_h^p leicht finden. Hiermit ist aber auch die gestellte Aufgabe schon gelöst, da nunmehr die Verticaltrace T_v^p anstandslos festgestellt werden kann.

§. 320.

54. Aufgabe. **Es ist der Berührungspunkt einer durch eine Erzeugende einer windschiefen Schraubenfläche gelegten Ebene zu construieren.**

Ist (g, g') (Taf. XIX, Fig. 100) die Erzeugende, $T_v^p T_h^p$ die durch dieselbe gelegte Ebene, so wird man zunächst wieder die drei Horizontaltracen T_p^s, T_h^π und T_h^u ermitteln, und hierauf den Punkt p' auf

g' so construieren, dass die vier Punkte s', π', u' und p' zu den vier Strahlen T_h^s, T_h^π, T_h^u und T_h^p projectivisch sind.

Der so erhaltene Punkt p' repräsentiert sodann bereits die Horizontalprojection des verlangten, auf der gegebenen Erzeugenden (g, g') liegenden Berührungspunktes (p, p').

§. 321.

55. Aufgabe. **An ein Schraubenconoid ist in einem gegebenen Punkte desselben die Berührebene zu construieren.**

Sei (g, g') (Taf. XIX, Fig. 101) eine beliebige Erzeugende des Schraubenconoides und (p, p') der auf derselben gegebene Berührungspunkt.

Auch hier kann man wieder von der Projectivität der Punkte auf (g, g') und der ihnen entsprechenden Tangentialebenen Gebrauch machen, da auch in diesem Falle, sowie vorher, die Tangentialebenen in den drei Punkten (s, s'), (π, π') und (u_∞, u'_∞) leicht construiert werden können.

Selbstverständlich unterliegt es aber auch keinem Anstande, sich der in §. 8, Aufgabe 1, angegebenen Methode zu bedienen, indem man für die Leitschraubenlinie (Σ, Σ') deren Tangente (t, t') in dem Punkte (π, π') substituiert und sodann an das durch (Z, Z') und (t, t') als Leitlinien und die horizontale Projectionsebene als Richtebene gegebene Schmiegungsparaboloid die Tangentialebene $T_v T_h$ im Punkte (p, p') construiert.

§. 322.

56. Aufgabe. **Durch eine Erzeugende eines Schraubenconoides wird eine beliebige Ebene gelegt; der Berührungspunkt dieser Ebene mit der Fläche ist zu ermitteln.**

Auch dieses Problem lässt eine mehrfache Lösung zu, indem man entweder zu den drei Punkten s', π' und u_∞' den Punkt p' so bestimmt, dass die vier Punkte s', π', u'_∞ und p' mit den vier Ebenen T_s, T_π, T_u und T_p, oder beziehungsweise mit ihren Tracen auf irgend einer Ebene projectivisch sind, wobei sodann p' bereits die Horizontalprojection des gesuchten Berührungspunktes darstellt; oder indem man die Schraubenfläche wie im vorhergehenden Falle durch ihr Schmiegungsparaboloid (Z, t) längs der Erzeugenden (g, g') ersetzt, und dann nach der in §. 8, Aufgabe 1, besprochenen Methode verfährt.

§. 323.

57. Aufgabe. Parallel zu einer gegebenen Ebene $E_v E_h$ sind an eine windschiefe Schraubenfläche (resp. an ein Schraubenconoid) Berührebenen zu legen und deren Berührungspunkte zu construieren.

Da jede Berührebene einer windschiefen Fläche eine Erzeugende der letzteren enthalten muss, so ist klar, dass im vorliegenden Falle die zu suchenden Tangentialebenen nur jene sein können, welche parallel zur Ebene $E_v E_h$ durch die zu $E_v E_h$ parallelen Erzeugenden der Schraubenfläche gelegt werden.

Ermittelt man demnach (mit Zuhilfenahme der in Aufgabe 48 besprochenen Methode, oder im Falle des Schraubenconoides nach Aufgabe 49) eine zu $E_v E_h$ (Taf. XIX, Fig. 102) parallele Erzeugende (g, g') und legt man durch dieselbe eine zu $E_v E_h$ parallele Ebene $T_v T_h$, so repräsentiert diese letztere sofort eine der gesuchten Berührebenen, deren Berührungspunkt (p, p') nach Früherem (Aufgabe 54, oder im Falle des Conoides wie in Aufgabe 56) leicht zu construieren sein wird.

Hieraus ist unschwer zu ersehen, dass es zwei unendliche Scharen von Ebenen gibt, welche den Bedingungen der Aufgabe entsprechen werden.

Die Berührungspunkte einer Schar haben alle die nämliche Horizontalprojection p' und stehen um je eine Ganghöhe von einander ab. Kennt man demnach einen Berührungspunkt der einen Schar, etwa den Punkt (p, p'), so können durch Auftragen eines beliebigen Vielfachen der Ganghöhe auf der durch (p, p') gehenden horizontalprojicierenden Geraden von (p, p') aus beliebig viele Berührungspunkte, sowie auch die denselben entsprechenden Tangentialebenen construiert werden.

§. 324.

58. Aufgabe. **Durch eine gegebene Gerade sind an eine windschiefe Schraubenfläche (resp. an ein Schraubenconoid) Berührebenen zu legen und deren Berührungspunkte zu construieren.**

Jede durch die gegebene Gerade l gehende Berührebene der windschiefen Schraubenfläche muss nothwendig eine Erzeugende der Fläche enthalten.

Es wird daher umgekehrt, da unendlich viele Erzeugenden der Schraubenfläche existieren, welche l schneiden, auch unendlich viele durch l gehende Tangentialebenen geben.

Ermittelt man daher (nach Aufgabe 50) eine oder mehrere Erzeugenden der Schraubenfläche, welche die Gerade l schneiden, so werden die Ebenen, die durch je eine dieser Erzeugenden und durch die Gerade l gehen, der gestellten Aufgabe Genüge leisten.

Die Berührungspunkte derselben in diesen Erzeugenden können nach der in Aufgabe 54) angegebenen Methode (oder, im Falle eines Schraubenconoides, nach Aufgabe 56, zweite Methode) anstandslos construiert werden.

§. 325.

59. Aufgabe. **Es ist die Berührungscurve einer windschiefen Schraubenfläche mit dem von einem Punkte außerhalb derselben umschriebenen Kegel zu construieren.**

Wie bei jeder windschiefen Fläche hat man auch hier bloß durch den gegebenen Kegelscheitel (S, S') und durch jede Erzeugende der Schraubenfläche die Berührungsebene zu legen und deren Berührungspunkt (nach Aufgabe 54, oder, im Falle des Schraubenconoides, nach Aufgabe 56) zu construieren. Der geometrische Ort all dieser Punkte ist sodann die gesuchte Berührungscurve.

Denkt man sich den gegebenen Kegelscheitel als Projectionscentrum oder als leuchtenden Punkt und ermittelt man die Schnittgeraden der durch denselben, resp. der durch die einzelnen Erzeugenden gehenden Tangentialebenen mit einer beliebigen Ebene, so bestimmt die Enveloppe dieser Geraden die central-projectivische Contour oder beziehungsweise den Schlagschatten der Schraubenfläche auf die besagte Ebene.

§. 326.

60. Aufgabe. **Es ist die Berührungscurve der windschiefen Schraubenfläche (resp. des Schraubenconoides) mit einem derselben umschriebenen Cylinder zu construieren.**

Die Lösung des gestellten Problems stimmt im wesentlichen mit der vorher angedeuteten überein. Man legt nämlich, parallel zu der Richtung der Cylindererzeugenden, durch die einzelnen Erzeugenden der Schraubenfläche die möglichen Berührebenen und bestimmt (nach Aufgabe 54, oder, im Falle des Conoides, nach Aufgabe 56) die Berührungspunkte der so geführten Ebenen mit der vorliegenden Fläche.

Der geometrische Ort der Berührungspunkte bestimmt sodann die verlangte Berührungscurve.

Betrachtet man die Richtung der Cylindererzeugenden als „Richtung schief projicierender“ Strahlen oder als die Richtung paralleler Lichtstrahlen und bestimmt man die Schnittgeraden der zu dieser Richtung durch die einzelnen Erzeugenden gelegten parallelen Tangentialebenen mit einer beliebigen Ebene, so repräsentiert die Enveloppe dieser Geraden die parallel-projectivische Contour oder beziehungsweise den Schlagschatten der Schraubenfläche auf dieser Ebene.[7])

Anhang.

Fünfter Abschnitt.

Schattenlehre.

XIX. Capitel.

Construction der Schatten.

§. 327.

Vorbemerkungen.

So wie die „Darstellende Geometrie" zunächst dem Bedürfnisse, gesetzmäßig gestaltete Raumformen auf einer Ebene zu fixieren, ihre Entstehung verdankt, so wurde auch weiters im Bereiche derselben das Streben wach gerufen, Mittel und Wege zu ersinnen, durch welche selbst auch für den ungeübteren Denker die Möglichkeit erwächst, aus dem auf einer Ebene construierten oder entworfenen Bilde nicht nur die räumlichen Dimensionen abnehmen, sondern auch auf das so dargestellte räumliche Object mit Sicherheit schließen und von demselben sich eine klare Vorstellung machen zu können.

Man suchte demgemäß, um kurz zu sprechen, die Bildlichkeit zu erhöhen und diese mit der Anschaulichkeit zu verbinden.

Diesen Bestrebungen ist theilweise auch die Entwickelung und Ausbildung der centralen Projection (Perspective), der klinographischen Projection, der Axonometrie etc. zuzuschreiben.

So geeignet diese Methoden auch sind, um selbst dem Laien eine klare Vorstellung von dem räumlichen Gebilde und einen Einblick in die räumlichen Verhältnisse der bildlich dargestellten Objecte zu gestatten, so entbehrt denn doch das ungeübte Auge nur zu häufig noch den Eindruck der Körperlichkeit, wenn in der Darstellung nicht gleichzeitig auch auf die der Natur abgelauschte Beleuchtung der Körper die entsprechende Rücksicht genommen wird.

Es dürfte diesfalls zweckmäßig sein, einige allgemeine Betrachtungen über die natürliche Beleuchtung der Gegenstände vorauszuschicken, um sodann, auf Grund gewonnener Ergebnisse, eine wissenschaftliche Basis festzustellen, die es ermöglicht, die Beleuchtungs-Constructionen vom rein geometrischen Standpunkte aus zu betrachten und nach geometrischen Grundsätzen durchzuführen.

§. 328.

Von den mannigfaltigen Bedingungen, denen die natürliche Beleuchtung der Körper unterworfen ist, heben wir vorzugsweise hervor:

a) Die Beschaffenheit der Lichtquelle;

b) die Beschaffenheit des Mediums, durch welches ein Fortpflanzen der Lichtstrahlen statt hat;

c) die Entfernung sowie auch die Lage des beleuchteten Objectes und seiner einzelnen Theile in Bezug zur Lichtquelle;

d) die Beschaffenheit der Oberfläche des von den Lichtstrahlen getroffenen räumlichen Gebildes, sowie die in seiner Umgebung befindlichen Oberflächen, welche infolge des von ihnen ausgehenden reflectierten Lichtes die Beleuchtungsverhältnisse des ersteren beeinflussen;

e) die Lage und Entfernung des Auges von dem beleuchteten Gegenstande, und

f) die physiologischen Eigenthümlichkeiten unserer Sehorgane.

§. 329.

Die gewöhnliche Lichtquelle, durch deren Vermittelung das Vorhandensein von Körpern zu unserem Bewusstsein gelangt und das Auge die Eindrücke der räumlichen Gebilde empfängt, ist die Sonne.

Die Sonne ist, wie bekannt, als leuchtende Kugelfläche anzusehen, deren Lichtintensität in allen Punkten ihrer Oberfläche eine gleiche ist.

Dem Auge erscheint dieselbe, abgesehen von den Sonnenflecken, als durchaus gleich helle kreisförmige Lichtscheibe von circa zwei und dreißig Minuten scheinbaren Durchmesser.

Dieses Erscheinen einer Lichtkugel als Lichtscheibe ist übrigens vollkommen begründet, und ist die Rechtfertigung in dem bekannten

Satze, dass „die Lichtintensität einer Fläche auch von der Größe jenes Winkels abhängig sei, welchen die Sehstrahlen mit der entsprechenden Tangentialebene der Fläche einschließen", zu suchen.

Denken wir uns nämlich zwei vollkommen gleich große und gleich stark beleuchtete resp. leuchtende Scheiben AB und AC (Taf. XIX, Fig. 103). Das beobachtende Auge befinde sich in unendlicher Ferne und in solcher Lage, dass die Richtung Ax senkrecht zu AB sei.

Nachdem für ein im Unendlichen angenommenes Auge alle Lichtstrahlen die gleiche Länge und, bei gleicher Lichtstärke der leuchtenden Scheiben, auch die gleiche Leuchtkraft (Amplituden) besitzen, so wird der Eindruck, den das Auge von der einen oder anderen Scheibe empfängt, lediglich nur von der Anzahl der in den bezüglichen cylindrischen Räumen ABx und ACx eingeschlossenen Lichtstrahlen abhängig sein.

Wie leicht einzusehen, steht die Anzahl der besagten Strahlen mit dem Normalquerschnitte des betreffenden Lichtcylinders in geradem Verhältnisse; es verhalten sich demnach die Intensitäten, unter welchen die Scheiben AB und AC dem Auge erscheinen, wie AB zu AF oder wie 1 zu $\cos \omega$.

Nehmen wir an, es sei die Intensität der gegen die Sehrichtung normal gestellten Scheibe AB gleich i, so wird die Intensität der gleich stark leuchtenden Scheibe AC ausgesprochen durch:

$$i \cdot \cos \omega,$$

oder auch durch das Product aus der Intensität i und dem Sinus jenes Winkels α, welchen die Fläche mit der Sehrichtung einschließt. Wir erhalten hiernach den Satz:

232. „Die Intensität, unter welcher ein Punkt einer leuchtenden Fläche erscheint, wird stets durch das Product aus der Normalintensität der Fläche in dem betreffenden Punkte und dem Sinus jenes Winkels ausgedrückt, welchen die ihm entsprechende Tangentialebene mit dem Sehstrahle einschließt."

§. 330.

Wenden wir das vorstehende Resultat auf eine überall gleichmäßig leuchtende Kugelfläche an, welche von einem unendlich fernen Auge betrachtet wird.

Alle von der besagten Kugel in das Auge gelangenden Lichtstrahlen schließen einen Kreiscylinder ein, welcher von einer zur Sehrichtung senkrechten Ebene B_e (Taf. XIX, Fig. 104) in einem Lichtkreise geschnitten wird. Untersuchen wir in letztgenanntem Kreise die Lichtvertheilung.

Ist $ab = \delta F$ irgend ein Flächenelement der Kugel, deren Normalintensität gleich i sei, so erscheint dasselbe (zufolge des Satzes 232) unter der Intensität

$$i_1 = i \cos \omega.$$

Der Fläche δF der Kugel entspricht die Fläche $\alpha\beta = \delta f$ des Lichtkreises $K = mn$. Die Lichtmenge, welche von δf in unser Auge gelangt, erscheint somit ausgedrückt durch das Product aus der Fläche δf in die Intensität J derselben.

Nachdem diesfalls das beobachtende Auge in unendlicher Entfernung angenommen wurde, können die Entfernungen der Flächenelemente ab und $\alpha\beta$ vom Auge als gleich groß angesehen werden; es wird daher trotz des Umstandes, dass die Lichtintensität bei der Fortpflanzung im quadratischen Verhältnisse der Distanz abnimmt, das Licht bei der Zurücklegung der endlichen Strecke $a\alpha$ keinerlei, dem unendlich fernen Auge wahrnehmbare Schwächung erleiden.

Vorbezeichnete Lichtmenge ist daher die nämliche wie jene, welche von der Fläche $\delta F = ab$ in unser Auge gelangt. Letztere ist aber gleich dem Producte aus der Fläche δF und der Intensität $i . \cos \omega$ derselben; es wird folglich die Gleichung:

$$J . \delta f = i \cos \omega . \delta F$$

oder, da $\delta f = \delta F . \cos \omega$ ist,

$$J = i$$

bestehen, welche aussagt, dass die Intensität irgend eines Punktes des Lichtkreises K immer constant und der Normalintensität der Lichtkugel gleich sei.

Dem unendlich fernen Auge wird somit die Lichtkugel als Lichtscheibe von derselben constanten Lichtstärke erscheinen.

§. 331.

Befindet sich dagegen das Auge O (Taf. XIX, Fig. 105) in endlicher Entfernung von der Lichtkugel, so wird der ins Auge gelangende Lichtkegel durch eine zur mittleren Sehrichtung senkrechten Ebene B_e in einem Lichtkreise $K = mn$ geschnitten, dessen Intensität selbstverständlich nicht mehr in allen Punkten die nämliche sein kann.

Es sei $\delta F = ab$ wieder ein unendlich kleines Flächenelement der Lichtkugel und $\delta f = \alpha\beta$ das ihm entsprechende Element des Lichtkreises K.

Suchen wir zunächst die Intensität J_1 auf, welche ein zur Ebene B_e oder K paralleles Flächenelement bc besitzen müsste, um denselben Eindruck, wie das leuchtende Flächenelement ab der Kugel, hervorzubringen.

Die Lichtmenge M, welche von irgend einer Fläche ausgehend in das Auge gelangt, ist der Größe der Fläche und der Lichtintensität proportional.

Denken wir uns diesbezüglich eine solche Einheit zugrunde gelegt, dass die Lichtmenge M unmittelbar durch das Product aus der Flächengröße in die Intensität definiert erscheint, wobei die Intensität selbst wieder, mit Rücksicht auf vorhergegangene Erörterungen, durch das Product aus der Normalintensität in den Sinus jenes Winkels ausgedrückt wird, welchen der betreffende Lichtstrahl mit der Tangentialebene an die Fläche bildet.

Ist nun, wie im Nachstehenden angenommen wird, bloß von Flächenelementen die Rede, so können die von diesen in das Auge gelangenden Lichtstrahlen als parallel (zusammenfallend) angesehen, der obgenannte Winkel also und hiemit auch die Intensität längs eines derartigen Flächenelementes als constant betrachtet werden.

Stellen wir die Gleichheit der Lichtmengen fest, welche von ab und bc in das Auge O gelangen, und berücksichtigen wir hierbei, dass die Strahlen aO und bO, infolge der unendlichen Kleinheit des Elementes ab, als parallel (zusammenfallend) angesehen werden dürfen, so wird, wenn wir unter i die Normalintensität der Lichtkugel verstehen:

$$J_1 \,.\, \delta f \,.\, bc = i \,.\, \delta f \,.\, ab \,.\, \sin bac$$

oder

$$J_1 \,.\, bc = i \,.\, ab \,.\, \sin bac.$$

Nachdem aber aus dem Dreiecke abc nach dem bekannten Sinussatze:

$$ab = bc \frac{\sin acb}{\sin bac} = bc \,.\, \frac{\sin bcO}{\sin bac}$$

und da, wenn die Strahlen $a O$ und $b O$ als zusammenfallend angenommen werden, der $\sin b c O$ dem $\cos \mu$ gleich ist, wird:

$$J_1 \, . \, bc = i \, . \, bc \, . \, \frac{\cos \mu}{\sin b a c} \, . \, \sin b a c$$

oder:

$$J_1 = i \, . \, \cos \mu.$$

Substituieren wir nun für das Flächenelement bc ein leuchtendes Flächenelement $\alpha\beta$, welches im Auge O die nämliche Lichtempfindung wie ersteres hervorbringt, und nennen wir dessen Intensität J, so wird, nachdem $\alpha\beta$ dem Auge O näher als bc liegt, die Intensität J_1 von bc, wenn das Auge den gleichen Eindruck empfangen soll, offenbar im verkehrten quadratischen Verhältnisse der Distanzen βO und $b O$ geringer sein müssen.

Ferner ist zu berücksichtigen, dass die Fläche $\alpha\beta$ kleiner als bc ist, dass also von $\alpha\beta$ gewissermaßen weniger Lichtstrahlen als von der Fläche bc in das Auge gelangen werden. Es wird sich daher bei der Anforderung, dass $\alpha\beta$ und ab, resp. bc, eine gleiche Empfindung auf das Auge hervorbringen sollen, die Intensität von $\alpha\beta$ entsprechend, d. i. in dem Verhältnisse $\overline{bc}^2 : \overline{\alpha\beta}^2$ erhöhen müssen, nachdem die Flächen bc und $\alpha\beta$ durch ähnliche Figuren begrenzt sind und sich demnach wie die Quadrate homologer Seiten verhalten.

Fassen wir diese beiden, die Intensität J des Elementes $\alpha\beta$ bestimmenden Factoren zusammen, so spricht sich besagte Intensität durch die Gleichung:

$$J = k \, . \, J_1 \, . \, \frac{\overline{\beta O}^2}{\overline{b O}^2} \, . \, \frac{\overline{bc}^2}{\overline{\alpha\beta}^2}$$

aus, in welcher jedoch k eine gewisse Constante und J_1 die Intensität des Elementes bc vorstellt. Aus der Ähnlichkeit der beiden Dreiecke $b c O$ und $\alpha \beta O$ folgt, dass $\frac{b O}{\beta O} = \frac{b c}{\alpha\beta}$ und dass somit:

$$J = k . J_1 = k . i . \cos \mu$$

sei, wodurch wir die Erscheinung einer Lichtkugel durch jene eines Lichtkreises K ersetzten. Die Intensität jedes einzelnen Punktes dieses Kreises kann mit Zuhilfenahme der vorstehenden Gleichung anstandslos bestimmt werden.

Aus der Form dieser Gleichung ist sofort zu ersehen, dass der Mittelpunkt des Kreises ($\mu = 0$) am hellsten erscheinen wird, dass die Helligkeit nach der Peripherie desselben stetig bis zu einer gewissen Grenze abnimmt und dass überdies die Punkte gleicher Helligkeit in concentrischen Kreisen liegen werden.

Weiters ist unmittelbar zu entnehmen, dass, je näher sich das Auge der leuchtenden Kugel gegenüber befindet, zwischen desto größeren Grenzen sich auch der Winkel μ bewege, und daher die Intensität der Kugel gegen den Rand derselben desto mehr abnehmen müsse.

Beim Übergange auf ein unendlich fernes Auge ergibt sich der erst betrachtete Fall direct, indem $\mu = 0$, die Intensität J somit für alle Punkte des Lichtkreises constant ist.

§. 332.

Von der Lichtquelle aus pflanzt sich, wie hier als bereits bekannt vorausgesetzt werden kann, das Licht im leeren (Äther-) Raume nach allen Richtungen gleichmäßig und geradlinig fort. Ebenso geläufig ist uns der durch photometrische Versuche empirisch festgestellte Satz, dass die Intensität des Lichtes im quadratischen Verhältnisse mit der Entfernung von der Lichtquelle abnimmt.

Denkt man sich beispielsweise durch eine punktförmige Lichtquelle L (Taf. XIX, Fig. 106) nacheinander zwei Kugelflächen K und K_1 beleuchtet, so werden, wenn die Kugelflächen homogen und mit der Lichtquelle concentrisch vorausgesetzt werden, alle Punkte einer jeden der beiden Kugelflächen genau den gleichen Beleuchtungsverhältnissen unterliegen; es wird sich daher die Beleuchtung auf alle Punkte der Kugelflächen gleichmäßig vertheilen.

Da aber beide Kugelflächen dieselbe Lichtmenge empfangen, die Oberflächen jedoch, über welche sich diese Lichtmenge vertheilt, ungleich sind, gelangt man zu dem Schlusse, dass die Beleuchtungsintensität irgend eines Punktes der größeren der vorliegenden Kugeloberflächen geringer sein muss als für die kleinere und zwar in dem nämlichen Verhältnisse geringer, als die Oberfläche der einen Kugel größer als die der anderen Kugel ist.

Bezeichnen wir demnach die betreffenden Kugelradien beziehungsweise mit R und r, die zugehörigen Intensitäten zweier Punkte der Kugeln K und K_1 mit J und i, so erhalten wir, indem wir das Product aus den jeweiligen Intensitäten und den entsprechenden Oberflächen als die Lichtmengen ansehen, die letzteren ausgedrückt durch:

$$J.4\pi R^2 \quad \text{und} \quad i.4\pi r^2.$$

Hieraus folgt:

$$J:i = \frac{1}{R^2} : \frac{1}{r^2}.$$

Es besteht sonach der vorher aufgestellte und bereits benützte Satz:

233. „Die Intensität des Lichtes nimmt im quadratischen Verhältnisse mit der Entfernung von der Lichtquelle ab.

§. 333.

Das Verhalten der Körper zum Lichte wird durch die drei Haupteigenschaften: *a*) durch das „Hindurchlassen“, *b*) durch die „Reflection“ und *c*) durch die „Absorption“ des Lichtes charakterisiert.

Es gibt jedoch keinen Körper, welchem eine oder die andere dieser Eigenschaften in vollkommener Weise zukömmt. Letzteres würde eine vollständige Unsichtbarkeit des betreffenden Körpers bedingen.

Im allgemeinen treten die genannten Haupteigenschaften immer gleichzeitig und stets nur bis zu einem gewissen Grade größerer oder geringerer Vollkommenheit, wobei überdies die eine oder die andere dominiert, auf.

Sobald das natürliche Licht die Grenzen der Erdatmosphäre überschreitet, kommen sofort auch die vorerwähnten Eigenschaften, das Licht modificierend, zur Geltung.

Ziemlich vollkommen besitzt die erstgenannte Eigenschaft die reine atmosphärische Luft; jedoch auch hier macht man für bedeutendere Schichten die Wahrnehmung, dass die Luft dem „Durchlassen“ des blauen Lichtes günstiger als dem einer anderen Farbe sei und dass infolge dessen uns das reine Firmament blau erscheint. Störend macht sich hierbei das Vorhandensein von Wasserdunst, besonders des in der Form von Wolken verdichteten Wasserdunstes, geltend. Das Licht wird durch denselben nach den verschiedensten Richtungen zerstreut, reflectiert und folglich nicht unbedeutend abgeschwächt, so dass es, beispielsweise bei gleichmäßig dicht bedecktem Himmel, keine besondere Lichtstrahlenrichtung und daher auch keinen Schlagschatten gibt. Das ganze Firmament erscheint uns in diesem Falle als gleichmäßig leuchtende Fläche.

Die Lichtwirkung durch ein Fenster auf die im Inneren eines Zimmers befindlichen Gegenstände ist sodann dieselbe, wie wenn die Fensteröffnung als gleichmäßig leuchtende Fläche von entsprechender Helligkeit betrachtet würde.

Bei den Körpern auf der Erdoberfläche, welchen insbesondere die weiter anzustellenden Betrachtungen gelten, herrschen in der Regel die beiden Eigenschaften der Absorption und Reflection vor.

Das Licht wird von der Oberfläche dieser Körper theilweise absorbiert und zwar gewöhnlich in der Weise, dass gewisse Farben des Spectrums in höherem, andere dagegen in geringerem Grade absorbiert werden.

Die Reflection verhält sich dann selbstverständlich reciprok zur Absorption. Hierbei werden die Strahlen infolge der mehr oder weniger rauhen Oberfläche nach allen Richtungen reflectiert (difuse Reflection), so dass von allen Punkten der Oberfläche Strahlen in das Auge gelangen, die Oberfläche also in ihrer ganzen Ausdehnung unter jenem Eindrucke, den das Gemisch der reflectierten verschiedenfarbigen Strahlen auf unser Sehorgan hervorbringt, sichtbar wird. Hierdurch ist zugleich auch die Farbenerscheinung homogener Oberflächen erklärt.

§. 334.

Die Intensität des reflectierten Lichtes ist der Intensität des einfallenden Lichtes proportional, und lässt sich weiters durch eine ganz einfache Betrachtung nachweisen, dass die besagte Intensität auch von dem Einfallswinkel der Lichtstrahlen abhängig sei.

Sind AB und AC (Taf. XIX, Fig. 103) zwei homogene Oberflächen, welche durch ein Lichtprisma ABx in der Richtung xA beleuchtet werden, so wird sich zunächst die Beleuchtung auf jeder dieser Oberflächen, da sie homogen sind, gleichmäßig vertheilen.

Wenn wir nun, den vorausgeschickten Betrachtungen entsprechend, die Intensität i als den Quotienten aus der Lichtmenge M und der Größe der beleuchteten Oberfläche F ansehen, so erhalten wir für die Intensitäten i und i_1 der bezüglichen Flächen:

$$i = \frac{M}{F} \quad \text{und} \quad i_1 = \frac{M}{F_1}$$

und

$$i_1 = i . \frac{F}{F_1} = i . \cos w = i . \cos \alpha .$$

Nennen wir die Normalintensität des von der Fläche difus reflectierten Lichtes — welche, nebenbei bemerkt, den Maßstab für den Eindruck bildet, den das Auge von der jeweilig stattfindenden Beleuchtung empfängt — die „Beleuchtungsintensität" der Fläche, so kann der nachstehende, für die Beleuchtungstheorie wichtige Satz aufgestellt werden:

234. „Die Beleuchtungsintensität in irgend einem Punkte einer Fläche ist dem Sinus des Neigungswinkels, welchen die Richtung des Lichtstrahles mit der Tangentialebene im betreffenden Punkte der Fläche einschließt, proportional.“

Die Lage der Tangentialebene in jedem Punkte einer Fläche bestimmt sonach für eine gegebene Lichtstrahlenrichtung deren absolute Beleuchtungsintensität.

Liegt eine stetige krumme Fläche vor, so wird diese absolute Beleuchtungsintensität in verschiedenen Punkten, je nach der Lage der zugehörigen Tangentialebene, verschieden sein. Es wird unter anderen auch Punkte geben, in welchen die Tangentialebene zur Lichtstrahlenrichtung parallel ist. Diesen letztbezeichneten Punkten wird (dem Satze 234 zufolge) selbstverständlich die absolute Intensität „Null“ entsprechen. Alle diese Punkte werden, da die Fläche stetig vorausgesetzt wurde, selbst wieder continuierlich aufeinander folgen und eine Curve auf der Fläche bilden, welche wir als die „Selbstschattengrenze“ bezeichnen oder auch die „Trennungslinie zwischen Licht und Schatten“ nennen können, indem dieselbe den dem Lichte direct ausgesetzten Theil der Fläche, d. i. den beleuchteten Theil, von dem, dem Lichte abgewendeten oder im Selbstschatten befindlichen Theile der Fläche scheidet.

§. 335.

Setzen wir zunächst eine punktförmige Lichtquelle voraus, so ist die obgenannte Schattengrenze nichts anderes, als die Berührungscurve des der Fläche von dem leuchtenden Punkte aus umschriebenen Kegels.

Derjenige Theil $ABxy$ (Taf. XIX, Fig. 107) der Kegelfläche, welcher sich hinter der Berührungscurve AB befindet, umschließt den „Schattenraum“ des der Fläche F entsprechenden Beleuchtungskegels. Findet sich hinter F eine weitere, von derselben Lichtquelle beleuchtete Fläche E vor, so wird in allen Punkten derselben, welche innerhalb des vorgenannten Schattenraumes liegen, das directe Licht abgehalten, dorthin zu gelangen.

Die Gesammtheit all der Punkte einer Fläche, welche, obzwar der Richtung des direct einfallenden Lichtes zugekehrt, dennoch von demselben nicht getroffen werden können, da sie sich im Schattenraume einer anderen vorstehenden Fläche befinden, pflegt man den „Schlagschatten“ jener Fläche zu nennen, welche den letzteren,

d. i. den Schlagschatten, durch das Abhalten der directen Lichtstrahlen bewirkt.

Ist also beispielsweise die Fläche F eine Kugel und E (Taf. XIX, Fig. 107) eine Ebene, so wird man $A'B'$ als den Schlagschatten der Kugel F auf die Ebene E bezeichnen.

§. 336.

Wäre die Lichtquelle nicht mehr als punktförmig aufzufassen, ist dieselbe vielmehr als eine Fläche von endlicher Ausdehnung zu betrachten, so wird an die Stelle des im vorhergehenden Falle erwähnten Beleuchtungskegels die der leuchtenden und der beleuchteten Fläche gemeinsam umschriebene Developpable treten.

Die besagte Developpable wird ihrerseits aus mindestens zwei Mänteln bestehen und werden diese letzteren in ihrem Verlaufe hinter der beleuchteten Fläche die Grenzen derjenigen Räume bilden, in welche das Gelangen des directen Lichtes entweder ganz oder theilweise abgehalten wird. Den ersteren dieser Räume pflegt man den „Kernschattenraum", den letzteren dagegen den „Halbschattenraum" zu nennen.

Um das eben Angedeutete einigermaßen zu versinnlichen, denken wir uns allenfalls die leuchtende Fläche sowohl, als auch die beleuchtete als Kugelflächen.

Die beiden Mäntel der gemeinsam umschriebenen Developpablen bilden unter dieser Voraussetzung zwei Kegelflächen ABS und $MN\Sigma$ (Taf. XX, Fig. 108). Die Curven ACB und MPN stellen die Berührungscurven der genannten Kegel mit der beleuchteten Fläche F dar, bestimmen also unter anderem auch die Zone, welche nur von einem gewissen Theile der leuchtenden Kugelfläche directes Licht empfängt. Der Kernschattenraum erscheint somit durch ABS, und der Halbschattenraum durch $MNM'N'$ dargestellt.

Befindet sich hinter der beleuchteten Fläche F eine anderweitige Fläche F_1, so werden alle Punkte derselben, welche im Kernschattenraume liegen, von keinem Lichtstrahle, die Punkte dagegen, welche sich im Halbschattenraume vorfinden, nur von einem Theile der Lichtstrahlen, welche die leuchtende Kugel aussendet, in der Weise getroffen, dass die Anzahl der directen Lichtstrahlen von der Grenze des Kernschattens $A'C'B'D'$ nach der Grenze $M'P'N'R'$ des Halbschattens stetig zunimmt, und demgemäß vom Kernschatten aus bis zum vollständig beleuchteten Theile ein allmählicher Übergang statt hat.

Im übrigen verhalten sich die direct beleuchteten und das Licht difus reflectierenden Körper ganz so wie die Lichtquelle selbst, und gelten sowohl für diese, sowie auch für das von ihnen ausgestrahlte Licht all die bisher über essentielle Lichtquellen angestellten Betrachtungen.

Das von beleuchteten Körpern reflectierte Licht beleuchtet also auch wieder andere in der Umgebung befindliche Körper ganz nach denselben Gesetzen wie die bisher aufgestellten und modificiert hiedurch die durch das direct auffallende Licht bewirkten Beleuchtungsverhältnisse.

Hierbei wäre bloß noch der Umstand in Erwägung zu ziehen, dass das difus reflectierte Licht eine bedeutend geringere Intensität als das direct einfallende Licht aus dem Grunde besitzt, als die Ausstrahlung desselben von irgend einem Punkte nach allen Richtungen erfolgt und jeder unter ganz bestimmtem Winkel einfallende directe Lichtstrahl gewissermaßen in ein Bündel reflectierter Lichtstrahlen zertheilt wird.

§. 337.

Wenn wir vorläufig von der indirecten Beleuchtung durch andere in der Nähe der direct beleuchteten Körper befindliche Körper absehen, so erhellt aus dem bereits Erörterten, dass die beleuchteten Flächen, wie sie sich dem Auge darbieten, nicht in ihrer absoluten Beleuchtungsintensität erscheinen können, dass vielmehr der Eindruck, den wir empfangen, einerseits wieder von der jeweiligen Entfernung des Auges und andererseits von dem Ausstrahlungswinkel der in das Auge gelangenden Lichtstrahlen abhänge, und dass auch diesbezüglich genau dieselben Gesetze, welche wir (die Entfernung der Lichtquelle und den Ausstrahlungswinkel der Lichtstrahlen betreffend) bereits aufstellten, ihre Giltigkeit bewähren.

Wir können die durch diese Umstände herbeigeführte Modification des Lichtes die „scheinbare Beleuchtung“ nennen.

Ist die beleuchtete Fläche in ihrem Verlaufe stetig und in ihrer Oberfläche homogen, so ist an und für sich klar, dass all jene Punkte, welche dieselbe scheinbare Beleuchtung für ein bestimmtes Auge zeigen, auch stetig aufeinander folgen werden. Besagte Punkte werden in ihrer Aufeinanderfolge Linien bilden, welche wir durch den Namen „Isophengen“, das heißt

„Linien gleicher scheinbarer Beleuchtungsintensität“ kennzeichnen wollen.

Die Construction diser Isophengen ist selbst in den einfachsten Fällen verhältnismäßig compliciert und nur durch Verwendung von Curven höherer Ordnung (Potenzcurven) durchführbar.

§. 338.

Wählen wir, um einerseits das Gesagte zu bethätigen und um andererseits das über die Construction von Isophengen Wissenswerte zu erledigen, das nachstehende, höchst einfache Beispiel.

61. Aufgabe. **Eine Ebene E werde von einer unendlich fernen punktförmigen Lichtquelle in allen Punkten gleichmäßig beleuchtet; es seien die Linien gleicher scheinbarer Beleuchtungsintensität für ein bestimmtes Auge A zu construieren.**

Wie a priori einzusehen, werden in dem vorliegenden Falle die Isophengen concentrische Kreise sein, deren Mittelpunkt die orthogonale Projection von A (Taf. XX, Fig. 109) auf die Ebene E, also A' ist.

Es wird sich sonach bloß darum handeln, die Radien dieser Isophenkreise zu finden.

Bezeichnen wir die scheinbare Intensität im Punkte A' mit i_0 und jene in irgend einem anderen Punkte P mit i, so besteht für $AA' = d$ und $PA = r$, auf Grund vorausgeschickter Sätze, die Gleichung:

$$i_0 : i = \frac{1}{d^2} : \frac{\cos\varphi}{r^2}$$

oder:

$$i = i_0 \, . \, \frac{\cos\varphi}{r^2} \, . \, d^2.$$

Durch Substitution der entsprechenden Werte, d. i. $i_0 = 1$ und $d = r \, . \cos\varphi$, erhält man:

$$i = \cos^3\varphi.$$

Setzen wir in die vorstehende Gleichung der Ordnung nach für i die speciellen Werte:

$$i = 1{\cdot}0,\ 0{\cdot}9,\ 0{\cdot}8,\ 0{\cdot}7,\ 0{\cdot}6\ \ldots\ 0{\cdot}1,$$

so lassen sich anstandslos die Winkel φ und hiernach jene Punkte finden, denen der Reihe nach die scheinbare Intensität 0·9...0·1 von der als Einheit angenommenen Intensität im Punkte A' entspricht.

Die Winkel φ oder beziehungsweise deren Cosinuse lassen sich nun leicht mit Zuhilfenahme der Potenzcurve dritter Ordnung:

$$y = x^3$$

zwischen den Grenzen $0 < x < 1$, wobei zweckmäßig die Einheit gleich d angenommen wird, constructiv bestimmen.

Werden die so gefundenen Werte von A aus gegen A' nach $Q_9, Q_8 \ldots Q_1$ aufgetragen, werden ferner in den letztgenannten Punkten Senkrechte zu AA' bis zum Schnitte mit dem aus A über AA' beschriebenen Kreise K geführt, und werden weiters die besagten Schnittpunkte mit A geradlinig verbunden, so bestimmen die Schnitte M_9, $M_8 \ldots M_1$ auf dem Kreise K von A' aus gemessen, die Größe der Winkel

$$\varphi_9, \varphi_8, \varphi_7, \varphi_6 \ldots \varphi_1,$$

während die betreffenden Winkelschenkel

$$AM_9, AM_8, AM_7, AM_6 \ldots AM_1$$

im Schnitte mit der Ebene E die aufeinander folgenden Punkte der Isophengenkreise

$$0{\cdot}9,\ 0{\cdot}8,\ 0{\cdot}7,\ 0{\cdot}6 \ldots 0{\cdot}1$$

liefern, welche nunmehr aus ihrem Mittelpunkte A' anstandlos beschrieben werden können.

§. 339.

Wie der Durchführung dieses höchst einfachen Beispieles zu entnehmen, gestaltet sich die Construction der Isophengen selbst schon in diesem Falle unverhältnismäßig schwerfällig, doch potenzieren sich die Complicationen und vermehren sich die Schwierigkeiten noch in weit höherem Grade, wenn allgemeinere Bedingungen vorliegen, wenn also etwa eine in endlicher Entfernung sich befindliche Lichtquelle gegeben wäre und als beleuchtete Fläche irgend eine krumme Fläche vorausgesetzt würde.

Als unconstruierbar dürften wir die Isophengen in dem Falle bezeichnen, wenn die im Endlichen gelegene Lichtquelle nicht punktförmig wäre, sondern einerseits als leuchtende Fläche von bestimmter Ausdehnung vorausgesetzt würde und andererseits die Wirkungen des indirecten Lichtes, welches in der Nähe befindliche Körper ausstrahlen, zu berücksichtigen wären.

Hervorgehoben muss diesfalls noch werden, dass all die bisher in Betracht gezogenen Umstände, welche die scheinbare natürliche Beleuchtung beeinflussen, in ihrer Gesammtheit noch immer nicht ausschließlich den subjectiven Eindruck bedingen, welchen wir von der

Beleuchtung der Gegenstände erhalten. Es tritt vielmehr in jedem Falle noch ein Factor hinzu, dessen Einfluss auf unsere Wahrnehmung geradezu unberechenbar ist und der daher bei den Beleuchtungsconstructionen gar nicht oder doch nur unvollkommen berücksichtigt werden könnte: es sind dies die physiologischen Eigenthümlichkeiten unseres Sehorganes.

Besagte physiologische Eigenthümlichkeiten des Auges sind der mannigfaltigsten Art, lassen sich aber, insoferne sie den Gegenstand unserer Besprechung beeinflussen, in zwei Gruppen theilen.

a) In jene, welche sich auf die Beleuchtungsstärke und auf die Farbe beziehen, und

b) in solche, welche durch die Entfernung der beleuchteten Objecte von unserem Auge bedingt erscheinen.

In die erste dieser Kategorien gehören beispielsweise die Erscheinungen, welche darin bestehen, dass bei stärkerer Beleuchtung (bis zu einer gewissen Grenze) der Körper die Unterschiede zwischen Licht und Schatten viel markanter hervortreten, dass das Licht viel heller, der Schatten dagegen in demselben Verhältnisse dunkler erscheint, als bei weniger intensiver Beleuchtung des Objectes.

Ferner gehören hierher die Wirkungen der Contraste, welche sich dadurch äußern, dass dort, wo eine helle und eine dunkle Fläche in einer scharfen Kante zusammenstoßen, die helle Fläche in der Nähe der Kante viel heller, die dunkle Fläche dagegen weit dunkler erscheint als in ihren übrigen Punkten.

Hieraus erklärt sich auch theilweise schon, warum der Schlagschatten, welcher auf eine helle Fläche geworfen, bedeutend intensiver hervortritt, als der Selbstschatten, der sich bei einem allmählichen Übergange der Fläche in dem Schattenraume ergibt.

Aber auch die Farbe, also gewissermaßen die Qualität des in das Auge gelangenden Lichtes, hat die Eigenschaft, die Sehnerven in dem einen Falle mehr, in einem anderen Falle weniger zu erregen; dieselbe übt also gleichfalls ihren Einfluss auf die subjective Beleuchtungsempfindung. So erhalten wir beispielsweise von weißen Flächen bei übrigens gleich intensiver Beleuchtung entschieden den Eindruck größerer Helligkeit, als von andersfärbigen Flächen. Ebenso nähern sich, wie wir aus der Erfahrung wissen, alle einfachen Farben bei gesteigerter Intensität der Beleuchtung, dem Eindrucke des Weißen.

Von den Farben des Sonnenspectrums erscheint uns das Gelb als die relativ hellste Farbe. Die Helligkeit der übrigen Farben nimmt zu beiden Seiten des Spectrums stetig ab.

Was die physiologischen Erscheinungen der zweiten Gruppe anbelangt, so lehrt die Erfahrung, dass die Unterschiede in der Beleuchtungsintensität in der Nähe (die Grenze bildet die deutliche Sehweite) deutlicher wahrnehmbar sind, als in größerer Entfernung.

Als allgemeine Regel lässt sich diesfalls aufstellen, dass lichte Stellen in der Entfernung relativ dunkler, dunkle Stellen dagegen relativ heller erscheinen, so dass also gewissermaßen in größerer Entfernung Licht und Schatten ineinander verschwimmen und die kleineren Verschiedenheiten von „Hell“ und „Dunkel“ ähnlich wie die Details in den Contouren der betrachteten Objecte mit der Zunahme der Distanz mehr oder weniger verschwinden.

Der letztangeführte Umstand ist auch bei der Aufnahme von Objecten nach der Natur und namentlich dann zu berücksichtigen, wenn sich größere Unterschiede in den Entfernungen dem Auge darbieten, wie dieses beispielsweise bei Landschaftsbildern vorzukommen pflegt.

Die Erklärung der erwähnten Eigenthümlichkeiten liegt einerseits in dem unvollkommenen Accomodationsvermögen unserer Sehorgane, andererseits aber auch in der Schwächung und der Zerstreuung der Lichtstrahlen durch jene Luftschichten, welche sich zwischen den darzustellenden Objecten und dem Auge befinden.

§. 340.

Durch diese in aller Kürze gepflogenen Erörterungen wurden die wichtigsten Umstände gekennzeichnet, welche auf die natürliche Beleuchtung Einfluss nehmen, und wurde durch die Aufzählung derselben klar gelegt, dass eine vollkommene Berücksichtigung aller einflussübenden Factoren ganz unmöglich sei.

Hieraus geht aber weiter hervor, dass die nothwendige feste Grundlage zu streng theoretischen Constructionen fehle und dass wir uns daher begnügen müssen, die Grenze des Möglichen zu erreichen.

Das künstlerisch gebildete, die Natur belauschende und beobachtende Auge muss diesfalls vermittelnd und ergänzend eintreten.

Wir werden uns daher bei den Beleuchtungsconstructionen zufrieden stellen müssen, dem Auge „durch Zuhilfenahme der Construction“ solche Anhaltspunkte zu geben, die nicht nur geeignet erscheinen, eine Übersicht über die Vertheilung der Helligkeitsunterschiede zu schaffen, sondern auch die „durch Anschauung“ unterstützte praktische Nachbildung der Beleuchtungsmodalitäten wesentlich erleichtern.

Die durch die Construction zu gewinnenden Fingerzeige müssen naturgemäß solcher Art sein, dass sie einerseits für jeden gegebenen Fall der Beleuchtung charakteristische Momente bilden, und andererseits so beschaffen sein, dass ihre Bedeutung und das Wesen ihrer Construction von den verschiedenen oberwähnten Bedingungen, welche die Beleuchtung beeinflussen, möglichst unabhängig sind.

Derartige Momente treten in der That bei der Bestimmung der „Selbstschattengrenze" für das directe Licht, sowie auch bei der Feststellung des „Schlagschattens" auf.

Wir werden diesbezüglich in der weiteren Folge finden, dass sich die Constructionen der vorbezeichneten Schatten ziemlich allgemein und unabhängig von der Specialisierung der vielen, vorhergehend angeführten Bedingungen behandeln lassen.

Häufig lässt man es auch bei der bloßen Construction der Selbst- und Schlagschatten „als genügende Anhaltspunkte behufs weiterer Durchführung der Schattierung" bewenden.

§. 341.

In Bezug auf das technische Zeichnen ist man jedoch einen Schritt weiter gegangen, indem man auf Grund von Voraussetzungen, welche die Construction möglichst einfach gestalten, nicht nur die Selbst- und Schlagschatten bestimmt, sondern auch Punkte der Objecte festzustellen sucht, deren Helligkeiten stufenweise den Übergang vom Lichte zum Schatten vermitteln.

Die Voraussetzungen, unter welchen man diesfalls construiert, lassen sich, wie folgt, kurz zusammenfassen:

a) Die Objecte werden durch eine unendlich ferne punktförmige Lichtquelle, also durch parallele Lichtstrahlen beleuchtet. Diese Annahme entspricht so ziemlich der natürlichen directen Sonnenbeleuchtung.

b) Das beobachtende Auge befindet sich in unendlicher Entfernung.

Wir werden es somit selbstverständlich nur mit „Parallelprojectionen" zu thun haben.

Durch diese Voraussetzungen werden die wesentlichsten Schwierigkeiten behoben, welche, wie wir im Vorausgeschickten andeuteten, mit der Annahme des Auges „im Endlichen" verbunden sind.

Die Modificationen, welche die Beleuchtungserscheinungen durch ein in endlicher Entfernung befindliches Auge erleiden und die wir, vom mathematischen Standpunkte aus, als unconstruierbar bezeichneten, sind hiermit beseitigt.

Für die „centrale Projection“ werden wir uns mit der Construction der Selbst- und Schlagschattengrenzen zufriedenstellen müssen.

Ein näheres constructives Eingehen in die Details der Beleuchtung erscheint diesfalls zwecklos.

c) Man begnügt sich mit der Angabe der absoluten Beleuchtungsintensitäten, lässt also den Ausstrahlungswinkel der in das Auge gelangenden, difus reflectierten Strahlen ganz unberücksichtigt und führt auch schließlich die Schattierung bloß auf Grund dieser Daten aus.

Die Annahme dieser Grundbedingungen für die Beleuchtungsconstructionen erscheint schon an und für sich durch den Hinweis gerechtfertigt, dass die bei der Beleuchtung mitwirkenden Factoren zahllosen Änderungen unterliegen und dass deshalb auch die Beleuchtung selbst einem stetigen Wechsel unterworfen ist, so dass man gezwungen wird, unter den verschiedenen Combinationen, welche diese Factoren untereinander eingehen, resp. zulassen, eine derselben herauszugreifen.

Wir wählen diejenige Combination, welche uns unter den obwaltenden Verhältnissen die zweckentsprechendste dünkt.

Die Berechtigung der hier zu treffenden Wahl liegt auch in dem Umstande, dass man im technischen Zeichnen nicht „Stimmungsbilder“ zu erhalten strebt, sondern vielmehr nur solche Bilder zu erzeugen sucht, welche dem ungeübteren Auge durch die Schattierung den mitunter nothwendigen Behelf zur klaren Vorstellung der räumlichen Gebilde bieten oder diese doch erleichtern helfen, und so den erforderlichen Aufschluss über die Beschaffenheit der jeweilig bildlich darzustellenden Fläche, namentlich über deren Krümmung in den einzelnen Punkten derselben ertheilen.

Das soeben Ausgesprochene wird durch Zugrundelegung der obangeführten Voraussetzungen vollständig erreicht, indem dem Auge durch die nach Maßgabe der absoluten Beleuchtungsintensität vollzogene Schattierung die Lage der Tangentialebene in jedem Punkte der Fläche vergegenwärtigt wird.

§. 342.

Auf Grund der gepflogenen Auseinandersetzungen werden wir demnach Punkte einer vorgegebenen Fläche zu suchen haben, welche stufenweise den Übergang von der größten Helligkeit bis in den Selbstschatten vermitteln.

Im allgemeinen und für gewöhnliche Fälle pflegt man zehn solcher Stufen anzunehmen, und wird es hiernach die Aufgabe des Constructeurs sein, alle jene Punkte einer vorliegenden Fläche zu bestimmen, welchen beziehungsweise die Helligkeiten:

$$1{\cdot}0,\ 0{\cdot}9,\ 0{\cdot}8,\ 0{\cdot}7,\ 0{\cdot}6 \ldots\ldots 0{\cdot}1,\ 0{\cdot}0$$

zukommen. Hierbei wird 1·0 als die Helligkeit jenes Punktes angesehen, dessen Tangentialebene normal zur Richtung des einfallenden Lichtes steht.

Die stetige Aufeinanderfolge aller Punkte gleicher Stufe bestimmen die „Linien gleicher absoluter Beleuchtungsintensität“ oder die „Isophoten“ der Fläche.

Nachdem aber die absoluten Helligkeiten dem Sinus desjenigen Winkels proportional sind, welchen der einfallende Lichtstrahl mit der jeweiligen Tangentialebene einschließt, und nachdem wir die Helligkeit der zur Lichtstrahlenrichtung senkrechten Ebene als „Einheit“ annahmen, die absoluten Helligkeiten also dem Sinus der genannten Winkel direct gleich sind, so wird sich das Problem der „Isophoten-Bestimmung“ dahin interpretieren lassen, solche Linien einer vorgegebenen Fläche zu construieren, längs welchen der Sinus des Winkels der Lichtstrahlenrichtung mit der zugehörigen Tangentialebene der Fläche gleich:

$$1{\cdot}0,\ 0{\cdot}9,\ 0{\cdot}8,\ 0{\cdot}7,\ 0{\cdot}6 \ldots\ldots 0{\cdot}1,\ 0{\cdot}0$$

ist.

Wie leicht zu ersehen, entspricht der Isophote von der Helligkeit „Null“ die Selbstschattengrenze der Fläche, und die Isophote von der Helligkeit „Eins“ allen jenen Punkten, deren Tangentialebenen zur Lichtstrahlenrichtung senkrecht stehen, in welchen also der ein- oder auffallende Lichtstrahl mit der Flächennormale zusammenfällt.

Derartige Punkte treten jedoch nur vereinzelt auf der Fläche auf und wird sich das System der Isophoten:

$$0{\cdot}1,\ 0{\cdot}2,\ 0{\cdot}3,\ 0{\cdot}4 \ldots 0{\cdot}9$$

von der Selbstschattengrenze ausgehend gegen die Punkte 1·0 der Fläche immer mehr und mehr zusammenziehen.

Ist die Fläche stetig gekrümmt, so werden auch die Punkte der Isophoten stetig aufeinander folgen; dieselben werden geschlossene Curven bilden, und werden daher unendlich ferne Äste derselben stets nur paarweise auftreten können und nur paarweise die nämliche Asymptote besitzen.

Im allgemeinen können sich Isophoten verschiedener Stufen nicht schneiden. Tritt letzteres ein, so entspricht dem Schnittpunkte eine Discontinuität der Krümmung, oder was dasselbe ist, ein singulärer Punkt der Fläche.

Denkt man sich längs irgend einer Isophote alle möglichen Tangentialebenen gelegt, so werden diese in ihrer Aufeinanderfolge eine Developpable bestimmen, welche die gegebene Fläche längs der Isophote berührt und einen Rotationskegel zum Richtungskegel hat, dessen Achse die Lichtstrahlenrichtung ist.

Die Developpable wird in allen ihren Punkten dieselbe constante „absolute Beleuchtungsintensität“ zeigen.

Die Enveloppe aller dieser abwickelbaren Flächen längs der „Isophoten“, wobei jedoch nicht bloß die vorerwähnten zehn Stufen derselben, sondern auch alle möglichen Zwischen-Isophoten zu verstehen sind, ist die betrachtete Fläche selbst.

§. 343.

Auf die vorausgeschickten Erörterungen und die hieraus gefolgerten Ergebnisse gründet sich die Schattierung der Flächen.

Mit Zugrundelegung einer zehntheiligen Beleuchtungsscala oder beziehungsweise nach Angabe der zehnstufigen Isophoten, legt man denjenigen Theil der Fläche, welcher zwischen den Isophoten 0·9 und 0·8 liegt, einmal, jenen zwischen 0·8 und 0·7 zweimal etc. etc. und auf die angedeutete Weise fortschreitend, bis zur Schattengrenze zehnmal mit einem und demselben Farbentone an.

Um jedoch eine günstigere Wirkung zu erzielen, belässt man den im Selbstschatten sich befindlichen Theil der Fläche nicht gleichmäßig dunkel, sondern berücksichtigt gleichzeitig auch den Einfluss des Reflexlichtes.

Diesbezüglich pflegt man die der Wirklichkeit ziemlich entsprechende Annahme zu machen, dass die Resultierende aller in den Schattenraum hineingestreuten reflectierten Lichtstrahlen, im Vergleiche zu jenen im directen Lichte, geradezu entgegengesetzt gerichtet sei und dass derselben bloß die halbe Intensität von jener des directen Lichtes entspreche.

Dieser Voraussetzung gemäß findet sich im Selbstschatten die hellste Stelle dort vor, wo die Lichtstrahlenrichtung zur Normale für die Fläche wird, und erhält dieselbe die Intensität 0·5. Es werden hiernach auch Isophoten im Selbstschatten zu unterscheiden sein.

Da die Richtungen des directen und des Reflexlichtes in eine Gerade fallen, so ist nach der geometrischen Interpretation, welche wir von der Isophoten gegeben haben, klar, dass die Linien gleicher Helligkeit im Selbstschatten diejenigen sein werden, welche sich bei der allgemeinen Bestimmung der Isophoten (im Selbstschattentheil der Fläche) von selbst ergeben, nur muss ergänzend hinzugefügt werden, dass sich dieselben in Bezug auf den Farbenton — da die Intensität halb so groß als die des directen Lichtes angenommen wurde — nicht um je eine ganze Stufe wie im beleuchteten Theile, sondern bloß um je eine halbe Stufe von einander unterscheiden.

Die ermittelten Isophoten 0·2, 0·4, 0·6, 0·8, 1·0 werden demgemäß, den besagten Annahmen entsprechend, im Selbstschatten die Intensitäten: 0·1, 0·2, 0·3, 0·4 und 0·5 besitzen.

An diese Voraussetzungen und an die aus denselben gefolgerten Resultate pflegt man sich bei der Schattierung des Selbstschattentheils der Fläche zu halten.

Man wird also, hierauf gestützt, denjenigen Theil der Fläche, welcher zwischen der Selbstschattengrenze und der Isophote 0·2 liegt, im Selbstschatten zehnmal und von da ausgehend bis zur Isophote 0·4 neunmal etc. mit dem erstgewählten Farbentone anzulegen haben.

Um nun auch über die Anzahl der Farbentöne in jeder Zone eine leichte und schnelle Übersicht zu erlangen, ist gleichsam stillschweigend das Übereinkommen getroffen worden, die Isophoten im Lichte sowohl wie auch im Selbstschatten nicht nach Maßgabe ihrer Helligkeit, sondern nach der Anzahl der Farbentöne, welche durch erstere bestimmt werden, zu numerieren, resp. zu cotieren.

Die Bezeichnung wird demgemäß eine inverse werden müssen, und werden wir folglich statt der Isophoten: 1·0, 0·9, 0·8, 0·7, 0·6 .... 0·2, 0·1, 0·0 im beleuchteten Theile bis zur Selbstschattengrenze, zu schreiben haben: 0, 1, 2, 3.... 8, 9, 10;

während statt der Isophoten: 0·2, 0·4, 0·6, 0·8, 1·0 im Selbstschatten, die Bezeichnung: 9, 8, 7, 6, 5 einzuführen sein wird.

Die obere Grenze jeder Zone gibt diesfalls durch die ihr beigefügte Zahl oder Cote, die Anzahl der Farbentöne an, welche dieselbe unter den obwaltenden Verhältnissen zu erhalten hat. In Hinkunft wollen wir diese letzteingeführte Bezeichnung festhalten.

Die nach obigem Schema durchgeführte Schattierung — obwohl dieselbe nach den vorhergegangenen Auseinandersetzungen nur einen annäherungsweisen Anspruch auf Richtigkeit hat — gibt trotz der mannigfachen Vernachlässigungen, überraschend gute Bilder von den Beleuchtungsverhältnissen der dargestellten Objecte.

Eine noch bessere Wirkung kann übrigens dadurch erzielt werden, dass man bei stetig gekrümmten Flächen die mitunter noch etwas schroffen Übergänge von der einen Zone in die andere entweder von vornherein durch Bestimmung eines mehr als zehnstufigen Isophotensystems oder auch durch nachträgliches beiläufiges Ausgleichen der Grenzen mildert.

Auf diese Weise wird, bei entsprechender Ausführung, im allgemeinen ein ebenso wirksamer als günstiger Eindruck matt glänzender Flächen erzielt, welcher dem Materiale, aus dem technische Objecte bestehend gedacht oder wirklich hergestellt werden, möglichst entspricht.

§. 344.

Was den Schlagschatten anbelangt, so wird derselbe wesentlich dunkler als der Selbstschatten gehalten und zwar um so dunkler, auf je hellere Flächen derselbe geworfen wird.

Man pflegt dem Schlagschatten auf diejenigen Theile der Fläche, in welchen die Tangentialebene normal gegen das direct einfallende Licht liegt, die doppelte Anzahl von Farbentönen, als dem dunkelsten Theile des Selbstschattens zu geben.

Für die von uns angenommenen zehn Abstufungen werden wir sonach dem Schlagschatten unter den letztangegebenen Umständen zwanzig Farbentöne zu geben haben. Von da ab lässt man die Dunkelheit des Schlagschattens gegen die Selbstschattengrenze hin in demselben Verhältnisse abnehmen, als die Dunkelheit der Fläche zunimmt, so, dass an der Selbstschattengrenze selbst, Schlag- und Selbstschatten in gleicher Stärke, also in dem Tone gleich „zehn" (zehn Lagen) erscheinen und somit Schlag- und Selbstschatten in einander übergehen.

Bezeichnen wir die jeweilige Isophotenzahl im beleuchteten Theile der Fläche mit s und jene Zahl (entsprechend der Anzahl der

Lagen), welche die Isophote erhält, wenn sie in den Schlagschatten tritt, mit S, so gilt für die Annahme von n (zehn) Abstufungen die Gleichung:

$$S = 2n - s,$$

und somit für die getroffene Wahl von $n = 10$ Stufen:

$$S = 20 - s.$$

Beispielsweise wird also die Isophote „vier", wenn Schlagschatten auf dieselbe geworfen wird, der vorstehenden Gleichung gemäß in eine Isophote:

$$S = 2n - s \;=\; 20 - 4 = 16$$

verwandelt. Hiernach wird jene Zone, welche im beleuchteten Theile der Fläche mit „vier" Lagen versehen wird, im Schlagschatten „sechzehn" Lagen erhalten müssen.

Der Grund der aufgestellten „Regeln" ist jedoch nicht, wie mitunter angegeben wird, in der Erzielung einer „Contrastwirkung" zu suchen. Es ergeben sich, wie aus den im §. 339 (unter der Gruppe a) zusammengefassten physiologischen Eigenthümlichkeiten hervorgeht, die Contraste durch den unvermittelten Unterschied benachbarter heller und dunkler Flächentheile von selbst und bedürfen deshalb keiner weiteren Nachhilfe. Die Rechtfertigung des oben Gesagten liegt vielmehr darin, dass der Schlagschatten thatsächlich specifisch dunkler als der Selbstschatten erscheint, indem durch den „Schlagschatten" werfenden Körper nicht bloß die Wirkung des directen, sondern auch die des indirecten Lichtes entfällt und letzteres überdies in einer den angeführten Regeln entsprechenden Weise geschieht.

An der Selbstschattengrenze streift nur gewissermaßen der Schlagschatten die Fläche und an dieser Stelle ist auch die Wirkung des schattenwerfenden Körpers in Bezug auf das indirecte Licht aufgehoben; es werden sonach an dieser Stelle Schlag- und Selbstschatten in einander übergehen müssen.

§. 345.

Die vorher aufgestellte Gleichung $S + s = 2n$ lässt auf gewisse Analogien zwischen Licht und Schlagschatten schließen.

So erhalten wir beispielsweise für „Schlagschatten" und „directes Licht" dieselben Isophoten (selbstverständlich verschiedener Stärke) und dieselben Abstufungen.

Sowie es ferner für Flächen, welche das Licht total absorbieren oder total reflectieren oder vollständig und ungeschwächt hindurchlassen, keine Beleuchtungserscheinungen und kein Sichtbarwerden gibt, ebensowenig gibt es für solche Flächen einen Schlagschatten.

Diesen Analogien zufolge können wir, ähnlich wie wir in der Mathematik mit positiven und negativen Größen rechnen, den Schlagschatten gewissermaßen als „negatives Licht“ bezeichnen und können somit für diesen Fall behaupten, dass mit dem positiven Lichte auch das negative, d. h. der Schlagschatten vollständig und spurlos absorbiert, reflectiert oder durchgelassen werde.

Je vollkommener spiegelnd eine Fläche ist, desto weniger wird irgend ein Schlagschatten auf derselben wahrzunehmen sein.

In der Natur selbst gibt es bezüglich der „Reflectionsfähigkeit“ der Flächen unendlich viele Abstufungen und ist es Aufgabe des Malers, bei Andeutung der Schlagschatten hierauf Rücksicht zu nehmen.

Zum Schlusse dieser allgemeinen Betrachtungen über die Durchführung der Schattierung sei noch bemerkt, dass man auch mitunter bei Körpern, welche von ebenen Seitenflächen begrenzt werden, die einzelnen Seitenebenen nicht so, wie es den gepflogenen Auseinandersetzungen zufolge sein müsste, durchaus in allen ihren Punkten gleichmäßig behandelt und gleich stark schattiert, sondern vielmehr gewisse Modificationen in der Beleuchtung einer und derselben Ebene eintreten lässt.

So pflegt man beispielsweise die im Selbstschatten liegenden Flächen in der Nähe jener Kante, in welcher besagte Flächen mit einer beleuchteten Fläche zusammenstoßen, wesentlich dunkler zu halten.

Die Rechtfertigung für diese Gepflogenheit ist, nach den früher angeführten Gründen, auch diesfalls nicht etwa in einer anzustrebenden Contrastwirkung, die sich ohnehin von selbst ergibt, zu suchen.

Wenn durch diese nicht ungewöhnliche Behandlungsweise der Schattierung mitunter recht günstige Effecte erzielt werden, so liegt die Ursache darin, dass man durch Einführung der Beleuchtungsmodalitäten die unter der Gruppe *b*), §. 339 und 340 angeführten physiologischen Eigenthümlichkeiten berücksichtigt und eine Unterscheidung nach „Vorder- und Hintergrund“ macht, welche über die praktisch ungereimte Annahme eines unendlich fernen Auges hinwegtäuscht.

Obzwar die besagte Unterscheidung mit der getroffenen Voraussetzung, dass sich das beobachtende Auge in unendlicher Entfernung von dem dargestellten Gebilde befinde, nicht verträglich ist, so wird trotzdem, des Effectes halber, nicht selten nach diesem Auskunftsmittel gegriffen.

Die aus diesem Vorgange resultierende Regel lässt sich allgemein und kurz dahin fassen, dass man helle Flächen im Hintergrunde, dunkle Flächen dagegen im Vordergrunde „dunkler" hält.

Die gemachten Voraussetzungen und Beschränkungen ermöglichen es, die Licht- und Schattenvertheilung auf geometrischen Gebilden thatsächlich graphisch darstellen zu können.

Aus dem Vorhergegangenen ist leicht zu entnehmen, dass man hierbei von einer Lichtwirkung überhaupt ganz und gar abstrahieren könne, und dass sich die zu vollführenden Constructionen rein geometrisch deuten lassen.

So repräsentiert beispielsweise die Trennungslinie zwischen Licht und Schatten auf einer krummen Fläche nichts anderes, als die Berührungscurve dieser Fläche mit dem ihr aus dem „leuchtend" vorausgesetzten Punkte umschriebenen Kegel (resp. Cylinder), und ebenso stellt der Schlagschatten bloß den Schnitt des besagten Kegels oder beziehungsweise Cylinders mit anderen gegebenen (schattenauffangenden) Flächen dar.

In gleicher Weise repräsentieren die Isophoten einer Fläche bei Parallelbeleuchtung bloß die Berührungslinien dieser Fläche mit solchen ihr umschriebenen Developpablen, welche gegen eine bestimmte Strahlenrichtung (Richtung der Lichtstrahlen) eine constante Neigung besitzen.

Hiemit beschließen wir die allgemeinen Vorbemerkungen über die Beleuchtungsconstructionen und wenden uns unmittelbar der praktischen Durchführung der Schatten- und Intensitätsbestimmungen zu.

Zweckmäßig dünkt es uns, die Lehre von der Selbst- und Schlagschattenbestimmung von derjenigen der Intensitätenbestimmung zu trennen.

Die Gründe, welche für diese Trennung sprechen, sind theilweise schon durch unsere bisherigen Besprechungen klar gelegt und bestehen überdies hauptsächlich noch darin, dass die Schlagschattenbestimmungen einer ziemlich allgemeinen Behandlungsweise, welche von den die Beleuchtungserscheinungen beeinflussenden Factoren unabhängig sind, fähig erscheinen, und dass, welche Projectionsart auch immer zur Darstellung der Objecte gewählt werde, die Schlagschattenbestimmung in jeder derselben den gleichen festen Grundsätzen unterworfen bleibt.

Die Intensitätenbestimmung dagegen — wenn sie überhaupt durchführbar sein soll, setzt Specialisierungen voraus, welche, wie wir im Vorhergangenen andeuteten, sogar die allgemeinste Projectionsart — die centrale Projection — theilweise ausschließen.

Ein weiterer Grund, welcher für die obbesagte Trennung spricht, ist das Bestreben, eine mit dem Zusammenfassen der Beleuchtungserscheinungen nicht gut zu umgehende Schwerfälligkeit des Textes und das Hineintragen einer Unzahl von Hilfslinien in die erläuternden Zeichnungen möglichst zu vermeiden.

XX. Capitel.

Schlagschattenbestimmung.

§. 346.

Um den Schlagschatten, den eine gegebene Fläche auf eine zweite wirft, zu ermitteln, wird man den Schnitt jener Fläche, welche den „Schattenraum" der einen Fläche begrenzt, mit der beschatteten Fläche aufzusuchen haben.

Die Begrenzungsfläche des Schattenraumes ist, da sich das Licht geradlinig fortpflanzt, immer eine abwickelbare Fläche. Für den speciellen Fall, als die Lichtquelle punktförmig angenommen wird, ist dieselbe eine Kegelfläche.

Unsere Aufgabe reduciert sich somit bei punktförmiger Lichtquelle auf die Bestimmung des Schnittes von Kegelflächen mit anderen gegebenen Flächen.

Besagtes Problem ist aber seinem Wesen nach — sobald die Kegelfläche durch ihren Scheitel (Lichtquelle) und durch ihre Leitlinie (Selbstschattengrenze) gegeben vorliegt — von jeder metrischen Operation unabängig und deshalb in allen Projectionsarten auf ganz gleiche Weise durchführbar.

In Folgendem wird diese Analogie der Durchführung in den verschiedenen Projectionsmethoden klar zu Tage treten.

§. 347.

62. Aufgabe. Es ist der Schlagschatten eines Punktes auf eine Ebene zu bestimmen.

Der leuchtende Punkt sei durch sein Bild L (Taf. XIX, Fig. 110) und das Bild L' einer beliebigen (diesfalls schiefen) Projection auf eine angenommene Ebene, die Grundebene G_e, gegeben. Der schattenwerfende Punkt — wie überhaupt alle Punkte eines etwa darzustellenden Objectes — sei gleichfalls durch sein Bild P und durch das Bild P' seiner auf dieselbe Weise wie L' gebildeten Projection auf G_e fixiert. Der Lichtstrahl, welcher von L ausgehend durch P führt, ist sodann durch sein Bild LP und das seiner Grundflächprojection $L'P'$ dargestellt.

Der Schattenraum des Punktes P wird durch den hinter P liegenden Theil des Lichtstrahles gebildet. Dort, wo der letztere irgend eine hinter P liegende beleuchtete Fläche trifft, ergibt sich der Schlagschatten des Punktes P auf die besagte Fläche. Verlängern wir demnach den Lichtstrahl so lange, bis er beispielsweise die Grundebene G_e in P_s schneidet, so bestimmt bereits dieser Punkt P_s den Schlagschatten des Punktes P auf die genannte Ebene.

Ist der leuchtende Punkt im Unendlichen gelegen, sind also alle Lichtstrahlen untereinander parallel, so wird die Richtung der letzteren durch eine Gerade angegeben, welche durch ihr Bild L (Taf. XIX, Fig. 111) und das Bild L' ihrer (auf eine bestimmte Weise gebildeten) Projection auf die Grundebene fixiert ist.

Wäre, so wie vorher, der Schlagschatten eines Punktes (P, P'), welcher [auf dieselbe Weise wie (L, L') bestimmt] als gegeben vorliegt, zu ermitteln, so wird man wieder durch P und P' die Parallelen λ und λ' zur Lichtstrahlenrichtung führen und den Schnitt P_s mit G_e aufsuchen, um in dem letztbesagten Punkte den Schlagschatten P_s des Punktes P auf der Grundebene G_e zu erhalten.

Anmerkung. In der centralen und schiefen Projection wird bekanntlich, wenn man von der Grundebene Gebrauch macht, diese stets senkrecht zur Bildebene angenommen. Die Grundflächprojection wird aus den Punkten im Raume orthogonal gebildet und aus diesen die centrale und beziehungsweise die schiefe Projection des Grundrisses abgeleitet. Es sind daher die sämmtlichen Projectionsgeraden zur Bildebene parallel und erscheinen zum Schnitte von Bild- und Grundebene, d. i. zur Grundlinie, senkrecht.

Wird nun diesfalls durch (L, L') (Taf. XX, Fig. 112) der leuchtende und durch (P, P') der schattenwerfende Punkt dargestellt, so wird man den Schlagschatten P_s des letzteren auf die Grundebene erhalten, wenn man auf Grundlage der obigen allgemeinen Lösungsweise den durch L und P gelegten Lichtstrahl mit der Grundebene zum Schnitte bringt. Vorstehende Fig. 112, Taf. XX gilt aber selbstverständlich nicht nur für die centrale und schiefe Projection, sondern auch für die Parallelperspective und die Axonometrie, wenn im ersteren Falle gg wieder den Schnitt der Grundebene mit der Bildebene, im letzteren Falle aber den Schnitt einer der Hauptebenen mit der Bildebene darstellt.

Fällt das Bild des leuchtenden Punktes in unendliche Entfernung, ist also die Lichtstrahlenrichtung durch (L, L') (Taf. XX, Fig. 113) bestimmt, so entspricht diesem Falle für Parallelprojection eine unendlich ferne, für centrale Projection dagegen eine in der vorderen Spurebene liegende punktförmige Lichtquelle.

In centraler Projection wird die Lösung der Aufgabe der Schlagschattenbestimmung für parallele Lichtstrahlen ganz nach der Darstellungsweise in Fig. 112, Taf. XX zu vollziehen sein. L bedeutet diesfalls den Fluchtpunkt der parallelen Lichtstrahlen, während L' den Fluchtpunkt der Grundflächprojection darstellt. Selbstverständlich muss dann L' in der Fluchttrace der Grundebene, d. i. in der Horizontslinie liegen.

Sollte der Schlagschatten eines Punktes auf der Bildebene aufgesucht werden, so wird man den Schnitt des durch P (Taf. XX, Fig. 114) geführten Lichtstrahles mit der Bildebene, durch Zuhilfenahme von grundfläch-projicierenden Ebenen, welche durch den Lichtstrahl gelegt werden, aufsuchen. Der Schatten P_s des Punktes liegt sodann im Schnitte des Lichtstrahles L mit der Bildflächtrace L_b der grundfläch-projicierenden Ebene $L_b L'_g$. Auch diese Fig. 114 kann sowohl für die centrale, als auch für die schiefe Projection als giltig angenommen werden.

In der Parallelperspective und Axonometrie spielt, insoferne es sich um Schattenbestimmungen handelt, die Bildebene eine mehr oder weniger ideelle Rolle, indem nicht sie, sondern im ersteren Falle die gedrehte Verticalebene, im letzteren Falle dagegen gewöhnlich die xz-Ebene als schattenaufnehmende Hintergrundebene betrachtet wird. In diesem Sinne kann in der That Fig. 114, als Lösung der betreffenden Aufgabe in Parallelperspective betrachtet werden, indem P_s sodann den Schatten des Punktes P auf die gedrehte Verticalebene darstellt.

Die Durchführung der angeregten Aufgabe in der Axonometrie ist durch Fig. 115, Taf. XX versinnlicht. Wenn $Oxyz$ das Achsenkreuz, L das Bild und L' das Bild der Grundflächprojection des durch P gelegten Lichtstrahles bedeutet, so wird der Schatten des besagten Punktes P gefunden, indem man mit Zuhilfenahme einer grundfläch-projicierenden Ebene den Schnitt der Geraden L mit der xz-Ebene aufsucht.

Bei den hier erörterten Analogien der Schlagschatten-Constructionen wurde bisher die Orthogonalprojection ganz außeracht gelassen.

Es ist übrigens von vornherein klar, dass sich in der orthogonalen Projectionsmethode, in ihrer gewöhnlichen Monge'schen Form, die Aufgaben, welche von metrischen Operationen unabhängig sind, d. h. die „Probleme der Geometrie der Lage“ nicht mit genau denselben Liniencombinationen, wie in den anderen Projectionsarten lösen lassen. Es macht nämlich die Monge'sche Darstellungsmethode schon als solche eine metrische Operation — die Drehung der Horizontalebene um 90° — nothwendig. Die Folge hiervon ist, dass — da die Orthogonalprojection nicht unmittelbar aus der Centralprojection hervorgeht, indem nicht mehr das Bild und das Bild der Grundflächprojection aus dem nämlichen Centrum, sondern aus verschiedenen Centren y_∞ und y'_∞ (Taf. XX, Fig. 116) projiciert erscheinen — einige, wenn auch nur geringfügige Modificationen der Monge'schen Projection nothwendig werden, um dieselbe bei Lösung von der „Geometrie der Lage“ angehörigen Aufgaben in die Reihe der übrigen, hier angeführten Projectionsarten stellen zu können.

Es wird nämlich die metrische Operation der Drehung der Horizontalebene um 90° vollständig paralysiert, wenn wir statt der Horizontalebene die Halbierungsebene H_x (Taf. XX, Fig. 116) als Grundebene einführen.

Wie aus der besagten Zeichnung hervorgeht, stellt sodann die nach der Monge'schen Methode gebildete Horizontalprojection P' das Bild der neuen Grundflächprojection π von P auf die neu gewählte Grundebene H_x dar.

Unter der Annahme der Halbierungsebene H_x als Grundebene haben somit die nach Monge'scher Art entwickelten Vertical- und Horizontalprojectionen den Charakter von „Bild" und „Bild der Grundebenprojection" und zwar ganz in demselben Sinne, wie bei den anderweitigen Projectionsmethoden, indem beide aus einem und demselben Centrum y_∞ gebildet wurden.

Unter diesen Voraussetzungen können all die früheren Figuren auch für die gewöhnliche Orthogonalprojection als giltig angesehen werden; selbstverständlich ist jedoch der in Fig. 112 und Fig. 113 construierte Punkt P_s nicht der Schatten auf die horizontale Projectionsebene, sondern der Schatten auf die neu eingeführte Grundebene (Halbierungsebene) H_x.

Offenbar haben die hier gepflogenen Betrachtungen nur ein rein theoretisches Interesse, indem vom praktischen Standpunkte aus immer, sobald die orthogonale Projection zur Darstellung räumlicher Gebilde gewählt wird, die horizontale Projectionsebene als Grundebene angesehen, und bei Bestimmung der Schlagschatten auf die horizontale oder verticale Projectionsebene stets die hiefür von Monge gegebene Construction „Bestimmung des verticalen oder horizontalen Durchstoßpunktes einer Geraden", deren Princip in Fig. 114 vergegenwärtigt ist, angewendet werden wird.

§. 348.

63. Aufgabe. **Der Schatten eines Punktes ist auf irgend eine beliebige Ebene zu bestimmen.**

Die Ebene E sei durch eine Gerade E_g (Taf. XX, Fig. 117) (Grundflächtrace) und durch einen ihr angehörigen Punkt, welcher seinerseits durch sein Bild M und das seiner Grundflächprojection M' bestimmt ist, gegeben. Der schattenwerfende Punkt sei durch (P, P'), der durchgelegte Lichtstrahl durch (λ, λ') fixiert.

Der Schlagschatten des Punktes (P, P') wird im Durchschnitte von (λ, λ') mit der gegebenen Ebene E zu suchen sein.

Wir legen zum Behufe der Bestimmung des besagten Schnittes durch (M, M') eine zur projicierenden Ebene (λ, λ') parallele Hilfsebene. Die Grundflächtrace $M'm$ dieser Ebene schneidet die Grundflächtrace E_g der Ebene E in einem Punkte m. Der Schnitt der obbezeichneten Hilfsebene mit der gegebenen Ebene ist somit durch mM dargestellt. Zu dieser Schnittlinie muss die Schnittgerade σ der Ebene $\lambda\lambda'$ mit E parallel sein und nachdem letztere gleichzeitig durch μ gehen muss, kann dieselbe ohne weiters gezeichnet werden. Dort wo der Lichtstrahl λ die Schnittgerade σ trifft, ergibt sich unmittelbar der gesuchte Schlagschatten P_s von P auf die Ebene E.

In den speciellen Projectionsarten ist die Ebene E gewöhnlich durch ihre Bild- und Grundflächentrace $E_b E_g$ (Taf. XX, Fig. 118) gegeben.

Soll also beispielsweise der Schlagschatten P_s eines Punktes (P, P') (in schiefer Projection) auf die besagte Ebene E ermittelt werden, so hat man bloß den Schnitt des durch (P, P') geführten Lichtstrahles (λ, λ') mit der letzteren aufzusuchen. Zu diesem Ende legen wir durch (λ, λ') eine beliebige Ebene (hier die grundfläch-projicierende Ebene $G_b G_g$) und ermitteln deren Schnittlinie (σ, σ') mit $E_b E_g$. Im Durchschnitte von σ mit dem Lichtstrahle (λ, λ') erhält man bereits den Schlagschatten (P_h, P'_h) von (P, P') auf der Ebene $E_b E_g$ durch seine Projectionen dargestellt.

Vorstehende Figur gilt übrigens für alle Projectionsarten, die orthogonale Projectionsmethode mit inbegriffen, wenn man in letzterem Falle E_g als das Bild der Trace der Ebene E auf die Halbierungsebene H_x (§. 347) betrachtet und man sich zum Zwecke der Darstellung in jedem Falle zweier Projectionsebenen bedient.

§. 349.

64. Aufgabe. Der Schlagschatten einer Geraden auf die Grund- und Bildebene, sowie auch auf irgend eine beliebige Ebene ist zu bestimmen.

Der Schlagschatten einer Geraden auf eine Ebene ist offenbar nichts anderes als der Schnitt jener Ebene, welche durch die gegebene Gerade und den leuchtenden Punkt gelegt werden kann, mit der gegebenen Ebene.

Selbstverständlich lässt sich die vorstehende Aufgabe auch auf die frühere zurückführen, indem man zwei willkürliche Punkte in der Geraden wählt, ihre Schlagschatten auf die betreffende Ebene ermittelt und diese geradlinig verbindet.

Als einen dieser Punkte kann man zweckmäßig den Schnitt der Geraden mit der gegebenen Ebene — welcher sein eigener Schatten ist — annehmen.

Ist die Gerade begrenzt, so bestimmt man die Schatten der beiden Endpunkte derselben.

Stellt E (Taf. XX, Fig. 119) in allgemeiner Projection, die gegebene Ebene, (L, L') das Bild des leuchtenden Punktes und das seiner (auf irgend eine Weise gebildeten) Projection auf E; (G, G') das Bild der Geraden und ihrer in gleicher Weise ermittelten Projection dar, so wird, wie oben besprochen, der Schatten G_s von G erhalten, indem man den zweier Punkte δ und P bestimmt.

Der Schatten irgend eines beliebigen dritten Punktes x der Geraden kann sodann einfach dadurch festgestellt werden, dass man durch x den Lichtstrahl so weit führt, bis dieser den Schlagschatten G_s der Geraden in x_s trifft.

Umgekehrt wird man mit derselben Leichtigkeit jeden Punkt y der Geraden angeben können, welchem ein bestimmter Schlagschatten y_s in G_s entspricht, indem man durch y_s den Lichtstrahl zurückführt, bis er die Gerade G schneidet.

Ist die Gerade in irgend einer speciellen Projectionsart durch ihre Grund- und Bildflächprojection bestimmt und soll deren Schlagschatten, allenfalls für eine punktförmige Lichtquelle, auf die Bild- und Grundebene bestimmt werden, so wird man unter Berücksichtigung des vorher angeführten principiellen Vorganges, den Schlagschatten zweier Punkte auf den betreffenden Projectionsebenen aufzusuchen haben. Zweckmäßig wird es sich auch hier erweisen, von den Schnittpunkten d und δ (Taf. XX, Fig. 120) der Geraden mit der Bild- und Grundebene direct Gebrauch zu machen, indem diese Punkte mit ihren Schlagschatten auf den besagten Ebenen zusammenfallen.

Bestimmt man allenfalls zunächst den Schatten der Geraden auf die Grundebene, indem man δ mit dem Schatten d_s von d geradlinig verbindet, so wird man, je nachdem die Grundlinie gg von $d_s\delta$ geschnitten wird oder nicht, finden, dass der Schatten bloß theilweise oder in seiner Gänze auf die Grundebene geworfen wird.

Im vorliegenden Beispiele tritt der erstere Fall ein und gelangen wir sonach zu der Überzeugung, dass der Schatten der Geraden vom Schnitte x_s mit gg auf die Bildebene übergehe, von dieser also theilweise aufgefangen wird, bevor er in seiner vollen Ausdehnung die Grundebene erreicht.

Die gerade Verbindungslinie von x_s mit d bestimmt denjenigen Theil des Schattens der Geraden, welcher auf die Bildebene fällt.

Wollte man weiters den Punkt x der Geraden bestimmen, welcher seinen Schatten in die Grundlinie gg wirft, so hat man einfach den Lichtstrahl x_sL von x_s zurückzuführen und den Schnitt x desselben mit der Geraden festzustellen.

Ist der Schlagschatten einer Geraden nicht nur auf die Bild- und Grundebene, sondern auch auf irgend eine beliebig gegebene Ebene E_bE_g (Taf. XX, Fig. 121) zu bestimmen, so bleibt der Vorgang bei der Durchführung der Schattenconstruction genau derselbe, wie er soeben besprochen wurde.

Wie aus Fig. 120 und Fig. 121, Taf. XX deutlich zu ersehen, besteht das Princip der vorliegenden Construction in dem Aufsuchen der

Schnittlinien (Tracen) mit der Bild- und Grundebene, beziehungsweise in der Bestimmung des Schnittes der Bild- und Grundebene und der gegebenen Ebene $E_b E_g$ mit der durch die Gerade δd geführten Lichtebene.

Selbstverständlich könnte man auch den Schlagschatten zweier beliebig gewählten Punkte der Geraden auf die Ebene $E_b E_g$ ermitteln (einen derselben wird man zweckmäßig mit dem Durchstoßpunkte der Geraden zusammenfallend annehmen) und diese, insoweit sie der Ebene $E_b E_g$ angehören, geradlinig verbinden, um den Schatten auf die Ebene $E_b E_g$ dargestellt zu erhalten.

§. 350.

65. Aufgabe. **Es ist der Schlagschatten einer Geraden auf eine zweite Gerade zu bestimmen.**

Denken wir uns durch die eine der Geraden alle möglichen Lichtstrahlen gelegt, so entsteht, wie bereits oben angedeutet, eine Ebene, welche wir die Lichtebene der Geraden zu nennen pflegen.

Derjenige Theil dieser Lichtebene, welcher (von der Lichtquelle aus) hinter der gegebenen schattenwerfenden Geraden liegt, repräsentiert den Schattenraum derselben. Der Schnitt dieses letzteren mit irgend einer Fläche — im vorliegenden Falle mit der zweiten Geraden — bestimmt den Schlagschatten einer vorstehenden Geraden auf eine unterhalb liegende Gerade, oder mit anderen Worten, einer ersten Geraden auf eine zweite.

Denken wir uns, sowie durch die erste Gerade (welche allenfalls die Kante eines von Ebenen begrenzten Körpers oder die Erzeugende irgend einer Regelfläche darstelle), nun auch durch die zweite Gerade die Lichtebene gelegt, so werden sich diese beiden Ebenen in einer Geraden (einem Lichtstrahle) schneiden, welcher den schattenwerfenden Punkt der einen Geraden mit seinem Schlagschatten auf der zweiten Geraden verbindet.

Gewöhnlich liegen die Schnittlinien der vorgenannten Lichtebenen mit irgend einer dritten Ebene (Bild- oder Grundebene), also, mit anderen Worten, die Schatten der beiden gegebenen Geraden, bezogen auf eine und dieselbe Ebene, bereits vor, oder es sind diese zu vorstehendem Zwecke eigens construiert worden. In diesem Falle wird man zum Behufe der Schlagschattenbestimmung bloß von dem dem Schlagschatten beider Geraden gemeinsamen Punkte den Lichtstrahl zurückführen, um im Schnitte desselben mit den gegebenen Geraden einerseits denjenigen Punkt zu erhalten, in welchem der Schatten einer vorstehenden Geraden auf eine zweite geworfen wird und andererseits jenen Punkt der einen Geraden zu finden, welcher seinen Schatten in die zweite, unterstehende Gerade wirft.

Vergegenwärtigen wir uns das Gesagte in einer sogenannten „allgemeinen Projection", so stellen $(ab, a'b')$, $(cd, c'd')$ (Taf. XX, Fig. 122) die beiden Geraden, (λ, λ') die Richtung des einfallenden Lichtstrahles, Σ_s den Schnitt der Schlagschatten der vorbezeichneten Geraden auf der nämlichen Ebene G_e, l den zurückgeführten Lichtstrahl, Σ den gesuchten Schlagschatten auf $(cd, c'd')$ und Σ_0 den schattenwerfenden Punkt der Geraden $(ab, a'b')$ dar.

Von dem Principe des „Zurückführens der Lichtstrahlen" werden wir auch in der Folge bei Schlagschatten-Constructionen häufig Veranlassung finden, Gebrauch zu machen.

Hierbei gilt folgende, allgemein giltige Regel, welche sich übrigens aus den vorstehenden Betrachtungen von selbst ergibt.

Fallen die Schlagschatten zweier Punkte A und B des Raumes auf eine Fläche F in einen und denselben Punkt, so ist, wenn B auf A im Sinne des Lichtstrahles folgt, der Schatten von A auf F bloß ideell und wird sein eigentlicher Schlagschatten vom Punkte B aufgefangen.

§. 351.

66. Aufgabe. **Es ist der Schlagschatten einer ebenen Figur *a)* auf die Bild- und Grundebene, *b)* auf eine beliebige Ebene zu bestimmen.**

Nachdem das Constructionsverfahren von der Gestalt der ebenen Figur unabhängig ist, wollen wir, der Einfachheit wegen, ein Dreieck wählen. Dasselbe sei durch seine Bild- und Grundflächprojection $(ABC, A'B'C')$ (Taf. XX, Fig. 123), die Richtung des Lichtstrahles sei durch (λ, λ') gegeben. Die punktförmige Lichtquelle wurde in unendlicher Ferne, beziehungsweise (bei centraler Projection) in der vorderen Spurebene angenommen.

Der Schattenraum des Dreieckes ist diesfalls durch denjenigen Theil einer Pyramide (Prisma) repräsentiert, welcher durch das Dreieck als Leitlinie und der punktförmigen Lichtquelle als Spitze gebildet wird und sich hinter die als undurchsichtig vorausgesetzte Dreiecksfläche erstreckt. Der Schnitt dieser Lichtpyramide (Lichtprisma) mit der Bild- und Grundebene und beziehungsweise mit der gegebenen Ebene, wird den diesfallsigen Schlagschatten darstellen.

Im vorliegenden Beispiele wurden zunächst die Schatten $A'_s B'_s C'_s$ resp. die Schlagschatten der geradlinigen Begrenzungsseiten der vorgegebenen Fläche auf die Grund- und Bildebene festgestellt. In der Grundlinie gg, d. i. in α und β, wird der Schatten $A'_s B'_s C'_s$, welcher auf die Grundebene fiele, wenn weder die Bildebene noch die Ebene E vorhanden wäre, gebrochen, und wird daher von den letztgenannten Punkten aus auf die Bildebene übergehen, wenn ihn nicht auch die weiters noch vorhandene Ebene E hinderte, dahin zu gelangen, d. h. wenn der Schatten der Dreiecksfläche nicht schon theilweise von dieser aufgefangen würde, bevor er überhaupt die obbezeichneten Ebenen erreichen kann.

Die Schatten, resp. die Tracen der Lichtebenen auf der Grund- und Bildebene treffen jedoch die Tracen E_b und E_s der gegebenen Ebene E beziehungsweise in den Punkten μ, ν und γ, δ, woraus hervorgeht, dass in den genannten Schnittpunkten der Schatten der gegebenen Dreiecksfläche die Bild-, resp. die Grundebene verlässt und auf die Ebene E übertritt. Auch der Schlagschatten B_s des Punktes (B, B') fällt auf die Ebene E. Derselbe kann nach der im §. 348, Fig. 118, Taf. XIX, angegebenen Weise bestimmt werden.

Verbindet man B_s mit δ und ν, so bestimmen $B_s\delta$ und $B\nu$ jene Theile des Schlagschattens, welchen die Geraden BA und BC auf die Ebene E werfen, oder mit anderen Worten: dieselben bestimmen die Tracen der durch BA und BC geführten Lichtebenen auf der besagten Ebene $E_b E_g$. Ähnliches gilt von der Verbindungsgeraden $\gamma\mu$ als Schatten von AC auf die Ebene E.

Würde man die Geraden $\gamma\mu$, $B_s\nu$ und $B_s\delta$ verlängern, bis sie sich gegenseitig schneiden, also ein Dreieck bilden, so müssten die Eckpunkte desselben mit dem Schlagschatten der Punkte A, B und C auf die Ebene E identisch sein und deshalb auch auf den durch A, B und C geführten Lichtstrahlen liegen.

Diese Bemerkung kann als Controle für die Richtigkeit der durchgeführten Constructionen dienen.

Analog würde man vorzugehen haben, wenn der Schatten statt auf bloß eine Ebene E, auf mehrere Ebenen gleichzeitig geworfen würde und auf denselben zu ermitteln wäre.

Der Schatten eines Gebildes auf eine dieser Ebenen wird im allgemeinen nicht in seiner ganzen Ausdehnung auf dieser einen Ebene erscheinen, er wird vielmehr längs des Schnittes der besagten Ebene mit einer oder mit mehreren der anderweitig noch vorhandenen schattenfangenden Ebenen abbrechen und eventuell auf dieselben übergehen.

Welches diese Ebenen sind, hat man in jedem einzelnen Falle in der Weise zu untersuchen, dass man feststellt, welche der Ebenen von dem durch irgend einen Punkt des schattenwerfenden Gebildes gehenden Lichtstrahle zunächst getroffen wird. Die letztbezeichnete Ebene wird dann selbstverständlich für den betreffenden Punkt die schattenaufnehmende Ebene sein.

§. 352.

In dem eben besprochenen höchst einfachen Probleme wurde das schattenwerfende Dreieck als ein durch drei Gerade begrenztes undurchsichtiges Ebenenstück aufgefasst.

Offenbar wird nun eine oder die andere Seite des besagten Ebenenstückes sich dem direct einfallenden Lichte gegenüber befinden und beleuchtet erscheinen, während eine andere von diesem abgewendet, also im Selbstschatten liegen wird.

Es wird hiernach in vielen Fällen von Wichtigkeit sein, zu untersuchen und festzustellen, ob ein vorgegebenes ebenes Gebilde dem Beschauer die beleuchtete oder die im Selbstschatten befindliche Seite zukehrt.

Liegt die Bild- und Grundflächprojection des ebenen Gebildes, sowie auch die Lichtstrahlenrichtung als bekannt vor, so wird man behufs Erreichung obigen Zweckes zunächst den Schnitt einer den Lichtstrahl auf die Bildebene projicierenden Ebene mit dem gegebenen Gebilde aufsuchen. Die besagte Ebene schneidet das Gebilde (ABC, $A'B'C'$) (Taf. XX, Fig. 124) in der Geraden ($\alpha\beta$, $\alpha'\beta'$).

Die Grundflächprojection der Sehstrahlenrichtung ist für jede Projectionsart durch den in der vorstehenden Figur normal zur Grundlinie angedeuteten Pfeil s', die Grundflächprojection der Lichtstrahlenrichtung dagegen durch den Pfeil λ' fixiert. Beide Pfeile können als in der vorbezeichneten projicierenden Ebene liegend angesehen werden.

Treffen beide der besagten Pfeile die Grundflächprojection $\alpha'\beta'$ der Schnittlinie auf der nämlichen Seite, so werden auch Licht- und Sehstrahlenrichtung dieselbe Seite der Figur treffen; es wird demnach dem Auge des Beschauers (aus dem Projectionscentrum) die beleuchtete Seite sichtbar.

Trennt dagegen die Schnittgerade $\alpha'\beta'$ die beiden Richtungen s' und λ', so liegt das Projectionscentrum im Schattenraume des Gebildes.

In dem gewählten Beispiele (Taf. XX, Fig. 124) tritt der erstere Fall ein. Die bezeichnete Figur hat für alle Projectionsarten und zwar für Parallelbeleuchtung (unendlich ferne Lichtquelle) sowohl, als auch für ein im Endlichen liegendes Beleuchtungscentrum ihre volle Giltigkeit.

Bei Lösung der bisherigen Aufgaben setzten wir die Ebenen, auf welche geworfene Schatten zu bestimmen waren, als durch ihre Tracen gegeben voraus.

Selbstverständlich ist diese Bestimmungsweise der Ebene nicht eine zwingende Nothwendigkeit. Es können vielmehr beliebige Bestimmungsstücke der Ebene, etwa zwei sich schneidende Geraden etc. vorliegen, ohne hiedurch irgend eine Änderung in dem vorher skizzierten Vorgange eintreten lassen oder die Tracen der Ebenen suchen zu müssen.

Sei also beispielsweise (P, P') (Taf. XX, Fig. 125) ein durch seine Bild- und Grundflächprojection gegebener, schattenwerfender Punkt und (λ, λ') der durch denselben geführte Lichtstrahl. Die Ebene, auf welche der Schatten des Punktes (P, P') bestimmt werden soll, sei durch zwei sich schneidende Geraden (g_1, g'_1) und (g_2, g'_2) gegeben.

Behufs der Schnittbestimmung des Lichtstrahles mit der Ebene (g_1, g_2) hat man bekanntlich bloß durch (λ, λ') eine (je nach der gewählten Projectionsart, eine central-, schief- oder orthogonal-) projicierende Ebene zu legen und den Schnittpunkt des Lichtstrahles mit der Schnittlinie dieser projicierenden Ebene und der Ebene der beiden Geraden aufzusuchen, um sogleich in (P_s, P'_s) den Schatten von (P, P') auf die letztbezeichnete Ebene dargestellt zu erhalten.

Die oberwähnte Schnittlinie ist offenbar schon durch $(\alpha\beta, \alpha'\beta')$ dargestellt und jener Punkt P'_s, in welchem $\alpha'\beta'$ von λ' getroffen wird, repräsentiert das Bild des Grundrisses des verlangten Schnittpunktes, während dessen Bild P_s durch Zurückprojicieren in das Bild $\alpha\beta$ der Schnittgeraden erhalten wird.

Es wird nunmehr auch keinem Anstande unterliegen, den Schatten von Geraden und ebenen Gebilden auf Ebenen zu bestimmen, die nicht unmittelbar durch ihre Tracen gegeben vorliegen. Dass hierbei von denselben Vereinfachungen und Controlen, sowie auch von dem Zurückführen des Lichtstrahles ebenso Gebrauch gemacht werden könne, wie in den bereits durchgeführten principiellen Aufgaben, braucht wohl kaum erwähnt zu werden.

§. 353.

67. Aufgabe. **Zwei ebene Gebilde sind gegeben; es ist der Schatten des einen Gebildes auf das andere, sowie der Schatten auf die Grundebene zu bestimmen.**

Nehmen wir die besagten ebenen Gebilde durch die beiden Dreiecke ABC und MNP (Taf. XX, Fig. 126) vertreten an, von welchen wir überdies voraussetzen wollen, dass sie mit je einer Kante, allenfalls mit AB und MN auf der Grundebene aufruhen und sich gegenseitig, etwa in der Geraden rs schneiden mögen. Die Lichtstrahlenrichtung ist durch (λ, λ') bestimmt.

Ermitteln wir zunächst den Schatten ABC_s und MNP'_s der gegebenen Dreiecke auf die Grundebene.

Wie zu ersehen, fällt diesfalls der Schlagschatten P'_s von P innerhalb des Schattens der Dreiecksfläche ABC, welcher Umstand zu dem Schlusse berechtigt, dass der Schatten von P bereits von der Ebene ABC aufgefangen werde, bevor er die Grundebene erreicht.

Die Schattenbestimmung P_s auf ABC kann nun anstandslos in der Weise vollzogen werden, wie in vorhergegangenen Paragraphen besprochen und durch Fig. 125, Taf. XX, versinnlicht wurde. Hiernach ist der Schlagschatten von rsP auf das Dreieck ABC durch rsP_s bestimmt.

Weiters schneidet die Trace BC_s der durch BC geführten Lichtebene, d. i. der Schatten der Kante BC auf der Grundebene, die Dreieckskante MN (Grundflächtrace von MNP) in μ; es wird sich somit der Schatten der besagten Kante BC im Punkte μ brechen und auf die Ebene MNP übergehen.

Nachdem ferner der Schnitt der obbezeichneten Lichtebene mit MNP nur eine Gerade sein kann, wird es sich bloß noch um einen zweiten Punkt derselben handeln.

Im vorliegenden Beispiele wurde der Schlagschatten der Kante BC auf die Kante NP nach der in §. 350 besprochenen und in Fig. 122, Taf. XX, durchgeführten Methode, mittelst Zurückführung des Lichtstrahles aus dem Schnittpunkte Σ_s der betreffenden auf eine und dieselbe Ebene (hier Grundebene) bezogenen Schatten BC_s und NP'_s festgestellt. Der so erhaltene Punkt Σ gibt mit μ verbunden den Schlagschatten von BC auf das Dreieck MNP.

Es ist hiernach endgiltig durch rsP_s der Schatten des Dreieckes MNP auf die Ebene ABC, durch $M\mu\Sigma rs$ jener von ABC auf MNP und durch $B\mu N\Sigma_s C_s A$ der Schlagschatten der beiden vorgegebenen ebenen Gebilde auf die Grundebene dargestellt.

§. 354.

Schlagschattenbestimmung von Polyedern.

Verbindet man das Beleuchtungscentrum mit allen Kantenpunkten des Polyeders, so erhält man eine Strahlenfläche, deren äußerste

Begrenzung — insoferne dieselbe vom leuchtenden Punkte aus hinter dem Polyeder liegt — gleichzeitig auch die Begrenzung des Schattenraumes des Polyeders bilden wird.

Der Schnitt des letzteren mit irgend welchen schattenaufnehmenden Flächen wird in seiner Form den Schlagschatten des Polyeders darstellen.

Die Begrenzung der Strahlenfläche wird durch die äußersten Ebenen gebildet, welche durch das Beleuchtungscentrum und die Polyederkanten geführt werden können. Wir wollen besagte Grenzebenen die „Streifebenen“ nennen.

Die in den Streifebenen liegenden Polyederkanten bilden jederzeit eine geschlossene unverzweigte Kette, welche den beleuchteten Theil des Polyeders von dem unbeleuchteten Theile desselben trennt und deren Schatten gleichzeitig den Schattenumriss des Polyeders bestimmt.

Diese Kantenkette kann versuchsweise ermittelt werden, indem man vom leuchtenden Punkte, als Centrum (in endlicher oder unendlicher Entfernung) die Central- (Parallel-) Projection des Polyeders auf eine passend gewählte Ebene (Bild- oder Grundebene) bestimmt. Der Umriss der so erhaltenen Projection repräsentiert offenbar nichts anderes als den Schlagschatten des Polyeders resp. der Polyederkanten auf die gewählte Ebene und entspricht derselbe als solcher der oberwähnten Kantenkette.

In der Regel lässt sich jedoch durch einfachere Hilfsmittel, häufig schon durch bloße Anschauung entscheiden, welche Kanten die Selbstschattengrenze des Polyeders bilden, wie dies aus in der Folge durchzuführenden Beispielen deutlich hervorgehen dürfte.

Sollte ein- oder das anderemal doch noch irgend ein Zweifel obwalten, so kann man sich durch einen ähnlichen Vorgang, wie er in §. 352 Erwähnung fand, leicht darüber hinweg helfen.

Nehmen wir diesbezüglich beispielsweise an, es sei eine Pyramide durch ihre Bild- und Grundflächprojection, sowie das Beleuchtungscentrum L gegeben und es wäre zu entscheiden, welche ihrer Seitenflächen beleuchtet sind und welche derselben im Selbstschatten liegen.

Wir legen zu diesem Ende durch (L, L') (Taf. XX, Fig. 127) irgend eine projicierende Ebene π womöglich so, dass dieselbe alle Seitenflächen innerhalb ihrer Begrenzungen schneidet.

Die Schnittfigur fällt diesfalls im Bilde mit der Trace $\pi_b = \lambda$ der besagten Ebene π zusammen, während sich deren Grundflächprojection in I′ II′ III′ IV′ ergibt.

Die äußersten Lichtstrahlen, welche aus dem Beleuchtungscentrum nach den Eckpunkten der Schnittfigur gezogen werden können, sind, wie aus der Grundflächprojection ersichtlich, *L'II'* und *L'III'* und es werden dem entsprechend die Seiten *I'II'* und *I'III'* und mit diesen gleichzeitig die Seitenflächen *ACD* und *ABD* dem einfallenden Lichte gegenüber liegen, also beleuchtet erscheinen, während sich die Seiten *II IV* und *III IV* der Schnittfigur und mit derselben auch die Polyederflächen *ABC* und *BCD* im Selbstschatten befinden werden.

Die Punkte *II* und *III* scheiden die beleuchteten Seiten der Schnittfigur von den unbeleuchteten Seiten derselben; es werden mithin auch die Kanten *AC* und *BD*, in welchen sie liegen, Grenzkanten sein.

Die Kantenkette lässt sich nun unter Berücksichtigung der gefundenen Resultate leicht vervollständigen, und ist diese im Bilde durch die kräftiger gehaltenen Linien (*ABDCA*) vergegenwärtigt.

§. 355.

Kennt man bei einem Polyeder die Kantenkette, welche den beleuchteten vom unbeleuchteten oder dunklen Theile trennt, so wird sich die Schlagschattenbestimmung einfach darauf reducieren, den Schnitt der durch diese und das Beleuchtungscentrum bestimmten Lichtpyramide mit den betreffenden in den Schattenraum hineinragenden Flächen resp. Ebenen zu bestimmen.

Unter Umständen kann selbstverständlich die vorerwähnte Pyramide auch mit dem gegebenen Polyeder selbst zum Schnitte kommen.

Es kann dies beispielsweise dann geschehen, wenn das Polyeder einspringende Winkel aufweist oder nicht vollständig durch Seitenflächen begrenzt ist. Im letzteren Falle wird man von einem „Schatten des Polyeders ins Innere“ sprechen müssen.

Mit Zugrundelegung dieser allgemeinen Bemerkungen wird es gewiss auch keinerlei weitere Schwierigkeiten bieten, in allen vorkommenden Fällen für „von ebenen Seitenflächen begrenzte Körper“ die möglicherweise vorkommenden Schatten zu bestimmen, welche Lage auch immer das Beleuchtungscentrum einnehmen mag.

Wir wollen versuchen, das Gesagte durch eine Reihe von Beispielen klar zu legen und auch diesbezüglich von dem Einfachsten auf das Compliciertere übergehen.

§. 356.

68. Aufgabe. Es ist der Schatten einer Pyramide auf ihre Basisebene zu bestimmen.

Die Pyramide sei durch ihr Bild und das der Projection ihrer Spitze auf die Ebene der Basis gegeben. Der leuchtende Punkt (L, L') (Taf. XX, Fig. 128) sei durch seine Bild- und Grundflächprojection festgestellt.

Der Schlagschatteu der Basis $ABCDEF$ der Pyramide kommt hier, da diese in der schattenaufnehmenden Ebene selbst liegt, weiter nicht in Betracht. Es wird sich somit bloß um den Schatten des Scheitels (S, S') der Pyramide handeln.

Führen wir durch (L, L') und (S, S') einen Lichtstrahl, so kann diese Gerade gleichsam als der Schnitt der möglichen Streifebenen, welche durch (L, L') und (S, S') an die Pyramide geführt werden können, betrachtet werden, und suchen wir den Durchstoßpunkt S_σ des besagten Lichtstrahles (λ, λ') mit der Basisebene B_e, so bestimmt dieser bereits den Schlagschatten S_σ der Pyramidenspitze (S, S') auf die bezeichnete Ebene.

Der Schlagschatten der Pyramide ist sodann durch die äußersten Geraden (Tracen der Streifebenen auf der Basisebene) begrenzt, welche vom Punkte S_σ an die Pyramidenbasis $ABCDEF$ geführt werden können. Im vorliegenden Falle sind diese Tracen durch CS_σ und ES_σ dargestellt.

Die Verbindungsgeraden der übrigen Eckpunkte $A, B \ldots$ mit S_σ würden den Schlagschatten der einzelnen Pyramidenkanten (für sich betrachtet) direct bestimmen.

Die hier in Betracht kommenden Streifebenen der Pyramide sind sonach durch $CS_\sigma S$ und $ES_\sigma S$ und die schattenwerfenden oder Selbstschattenkanten CS und ES dargestellt. Diese letzteren begrenzen die beschatteten oder im Selbstschatten sich befindlichen Seitenflächen CSD und DSE der Pyramide.

Die Kette der Selbstschattenkanten ließe sich hier leicht vervollständigen; es würden sich an die eben genannten noch die Kanten EF, FA, AB und BC anreihen, so dass sich also auch die Basis der Pyramiae nach unten zu im Selbstschatten befinden würde.

Fiele S_σ innerhalb des Basispolygons, (L, L') oberhalb B_e vorausgesetzt, so wären allen Seitenflächen der Pyramide beleuchtet. Die beschatteten Flächen, sowie auch der Schlagschatten selbst, würden sich auf die Basis, und die Selbstschattengrenze auf den Umfang der letzteren beschränken.

§. 357.

69. Aufgabe. Der Schlagschatten eines Pyramidenstutzes auf die Basisebene desselben ist zu ermitteln

Man kann sich diesfalls, um an die vorhergegangene Aufgabe direct anzuknüpfen, den Pyramidenstutz zur vollen Pyramide ergänzt denken, und zunächst den Schlagschatten dieser bestimmen.

Nachdem der letztere nicht mit dem Schlagschatten des (nicht vorhandenen) Pyramidenscheitels enden, sondern nur mit dem Schatten der oberen Begrenzung des Stutzes abschließen kann, wird man, um schnell zum Ziele zu gelangen, den Schlagschatten der einzelnen Pyramidenkanten aufsuchen, indem man die Basiseckpunkte $A, \ldots C, D, E$ (Taf. XX, Fig. 129) mit S_σ verbindet und sodann durch die entsprechenden Eckpunkte des oberen Begrenzungspolygons die Lichtstrahlen bis zum Schnitte mit dem Schlagschatten der jeweilig zugehörigen Kanten führen, um sogleich den Schatten der oberen Basiseckpunkte F, G, H zu erhalten.

Wie schon aus der Anordnung zu ersehen, werden die äußersten Punkte des zu bestimmenden Schlagschattens diejenigen sein, welche den Basiseckpunkten F, G und H entsprechen. Man erhält hiernach den Schlagschatten des Pyramidenstutzes auf der Basisebene B_c durch $C F_s G_s H_s E$ dargestellt.

§. 358

70. Aufgabe. Der Schlagschatten eines Prisma ist zu bestimmen.

Das Prisma sei durch sein Bild und das Bild der Grundflächprojection einer seiner Kanten Cc gegeben; der leuchtende Punkt sei (L, L'). Der Schlagschatten des Prisma ist auf der Basisebene B_e des letzteren festzustellen.

Wir werden zunächst diejenigen Streifebenen ermitteln, welche durch die Seitenkanten des Prisma gehen.

Legen wir durch den leuchtenden Punkt (L, L') (Taf. XX, Fig. 130) und die Prismenkanten alle möglichen Ebenen, so müssen diese letzteren eine Gerade (K, K') enthalten, welche durch (L, L') geht und zu den Prismenkanten parallel läuft. Durch den Durchstoßpunkt $(\varDelta, \varDelta')$ der Geraden (K, K') mit der Basisebene B_c werden offenbar die Grundflächtracen aller durch die Seitenkanten gehenden Lichtebenen zu führen sein und wir werden dieselben erhalten, indem wir $(\varDelta, \varDelta')$ mit den Eckpunkten A, B, $C \ldots$ der Basis verbinden.

Diese Grundflächtracen repräsentieren diesfalls gleichzeitig auch die Schlagschatten der einzelnen Seitenkanten. Die diesbezüglichen Begrenzungen ergeben sich, indem man durch (L, L') und die oberen Basiseckpunkte $b, c, d \ldots$ Lichtstrahlen führt und diese mit dem entsprechenden Schatten der Prismakanten zum Schnitte bringt. Auf diese Weise erhalten wir den Umriss des Schlagschattens durch $B b_\sigma c_\sigma d_\sigma e_\sigma E$ dargestellt. Die dem so construierten Schlagschatten zugewendeten Seitenflächen Bc, Cd und De des Prisma liegen im Selbstschatten.

§. 359.

71. Aufgabe. **Der Schlagschatten eines Prisma ist unter der Voraussetzung von Parallelbeleuchtung zu ermitteln.**

Das gegebene Prisma ruhe mit der Basis $ABCDE$ (Taf. XX, Fig. 131) auf der Grundebene auf, die Lage des Prisma ist durch Angabe der Bild- und Grundflächprojection der Kanten $(Bb, Bb') \ldots$, die Lichtstrahlenrichtung durch die Gerade (λ, λ') bestimmt.

Nachdem die behufs der Schlagschattenbestimmung zu führenden Lichtebenen einerseits parallel zu (λ, λ') sein, andererseits aber das Prisma längs der schattenwerfenden Kanten streifen müssen, werden die erstgenannten Ebenen dadurch unzweideutig festgestellt, dass sie sowohl eine Gerade, die zu (λ, λ'), als auch eine Gerade, die zu (Bb, Bb') parallel läuft, enthalten.

Um daher die Lichtebene ihrer Stellung nach zu bestimmen, haben wir bloß durch irgend einen Punkt (x, x') Geraden parallel zu dem obbezeichneten zu führen und durch diese zwei in (x, x') sich schneidenden Geraden die Ebene zu legen. Verschiebt man die so gefundene Ebene parallel zu sich selbst so weit, bis deren Tracen auf der Basisebene die äußersten Eckpunkte des Basispolygons streifen, das Prisma also längs Kanten berühren, so bestimmen diese letzteren die schattenwerfenden Prismakanten, die Tracen der Lichtebenen die Schlagschatten derselben auf der Basisebene und der von den besagten Lichtebenen eingeschlossene Raum den Schattenraum.

Um den Schlagschatten, da das Prisma sich nicht ins Unendliche erstreckt, zu begrenzen, wird man, auf Grundlage der vorher gelösten Aufgabe, den Schlagschatten der oberen Basis des Prisma zu bestimmen haben.

Im vorliegenden Beispiele kann auch der folgende Weg eingeschlagen werden.

Wir bestimmen direct den Schlagschatten der Seitenkanten des Prisma auf der Basisebene, ermitteln also zu diesem Zwecke den

Schlagschatten b_s des Punktes (b, b'), welcher mit B verbunden bereits den Schatten der begrenzten Kante Bb auf der Ebene B_e liefert.

Die Schlagschatten aller übrigen zu (Bb, Bb') parallelen Kanten müssen selbstverständlich, da parallelen Geraden bei paralleler Beleuchtung, auf die nämliche Ebene bezogen, parallele Schatten entsprechen, zu der Schlagschattenrichtung Bb_s parallel sein und gleichfalls durch die Fußpunkte der zugehörigen Kanten gehen.

Begrenzt man diese Schatten mittelst der durch die entsprechenden oberen Eckpunkte b, c und d geführten Lichtstrahlen, so ergibt sich in $Bb_sc_sd_sD$ der Umriss des verlangten Schlagschattens.

Die Schlagschatten aller übrigen Prismenpunkte fallen innerhalb dieses Umrisses. Da dieselben, der gestellten Forderung gemäß, im vorliegenden Falle von keiner weiteren Bedeutung sind, erscheint deren Aufsuchen überflüssig. Die bloße Anschauung genügt in den meisten Fällen zu deren Unterscheidung.

Selbstverständlich könnte man diesfalls, ebenso wie auch in dem in §. 357 gewählten Beispiele, direct die Schlagschatten der beiden die Flächen begrenzenden Basispolygone auf die betreffende schattenauffangende Ebene bestimmen und die gleichnamigen, d. i. in der nämlichen Kante liegenden Grenzpunkte geradlinig verbinden, um die Tracen der zugehörigen Lichtebenen, resp. den Schlagschatten der schattenwerfenden Kanten, auf der schattenfangenden Ebene zu erhalten.

§. 360.

72. Aufgabe. Der Schlagschatten einer Kegelfläche ist zu bestimmen.

Die Principien der Schlagschatten-Constructionen für Kegel- und Cylinderflächen sind genau dieselben, wie sie bereits für Pyramiden und Prismen zur Geltung gebracht wurden.

Der Übergang von Pyramiden auf Kegel und umgekehrt ergibt sich sofort, wenn wir die Leitlinie der letzteren als Polygon von unendlich vielen Seiten auffassen. Die vorher erwähnten „Streifebenen“ werden diesfalls in „Tangential- oder Berührungsebenen“ übergehen.

Ist also beispielsweise eine Kegelfläche durch ihr Bild und das Bild S' (Taf. XX, Fig. 132) der Projection ihres Scheitel- oder Mittelpunktes S auf die Basisebene B_e gegeben, so wird man zunächst den Schlagschatten des Scheitels (S, S') auf der letztgenannten Ebene aufsuchen. Wir finden denselben bekanntlich im Schnitte S_σ des durch (S, S') gelegten Lichtstrahles (λ, λ') mit der Ebene B_e der Leitlinie.

Verbinden wir S_σ mit irgend einem Punkte der Leitlinie des Kegels, so stellt diese Verbindungsgerade bereits den Schlagschatten derjenigen Kegelerzeugenden dar, welche durch den besagten Punkt der Leitlinie führt.

Legen wir weiters von S_σ aus an die besagte Leitlinie der Kegelfläche die möglichen Tangenten, so repräsentieren diese die Grenzen der Schlagschatten aller Kegelerzeugenden, also die Begrenzung des Schlagschattens selbst.

Die so geführten Tangenten sind offenbar nichts anderes als die Basistracen derjenigen Tangentialebenen, welche durch die Lichtquelle, resp. parallel zur Lichtstrahlenrichtung an die Kegelfläche geführt werden können. Die hiedurch bestimmten Berührungserzeugenden repräsentieren die schattenwerfenden Erzeugenden und fixieren somit die Selbstschattengrenze der Kegelfläche.

Im vorliegenden Beispiele können von S_σ aus an die gegebenen Leitlinien drei Tangenten $S_\sigma I$, $S_\sigma II$ und $S_\sigma III$ gezogen werden. Dieselben begrenzen den auf die Basisebene B_e geworfenen Schlagschatten.

Die eine dieser Tangenten (Trace der Lichtebene auf der Ebene der Leitlinie) IS_σ schneidet überdies die Leitlinie der Kegelfläche in einem Punkte M. Es ist hiedurch das Merkmal geliefert, dass von M aus der Schatten gebrochen und somit ein Theil des Schattens auf den Kegel selbst übergehen werde.

Nachdem die durch (S, S') und (λ, λ') an die Kegelfläche geführte Tangentialebene (berührende Lichtebene) ISS_σ die genannte Fläche nur nach einer Erzeugenden berühren, resp. schneiden kann, wird die Schattengrenze des auf die Kegelfläche übergehenden Schlagschattens durch die geradlinige Erzeugende MS gebildet.

Die Berührungserzeugenden IS, IIS, $IIIS$ der obbezeichneten Tangentialebenen liefern die Selbstschattengrenzen der Kegelfläche. Welche zwischen diesen Erzeugenden liegenden Theile des Kegels sich im Selbstschatten befinden, ist im allgemeinen schon an und für sich dadurch leicht zu entscheiden, dass man erwägt, welche Partien der Fläche dem Schlagschatten zugekehrt sind. In der beigegebenen Fig. 132, Taf. XX, wurde der nach den vorausgeschickten Andeutungen construierte Schlagschatten kräftiger, der Selbstschatten dagegen schwächer schraffiert.

So wie sich die Schlagschattenbestimmung eines Kegels aus der einer Pyramide entwickelt, kann unmittelbar auch die einer Cylinderfläche aus der eines Prisma abgeleitet werden. An dieser Stelle wollen wir uns mit der eben gemachten Bemerkung zufriedenstellen, erwähnen jedoch, dass wir in der Folge Veranlassung finden werden, hierauf zurückzukommen.

§. 361.

Schlagschatten von Polyedern auf Polyeder.

73. Aufgabe. **Eine Gerade und eine Pyramide sind gegeben; der Schlagschatten der Geraden auf die Pyramide, sowie der Schlagschatten dieser letzteren auf die Ebene der Basis sind zu bestimmen.**

Bei den bisher durchgeführten Beispielen haben wir uns fast ausschließlich der sogenannten „allgemeinen Projectionsart" hauptsächlich auch deswegen bedient, um die Analogie der Lösungen in den verschiedenen Projectionsmethoden möglichst klar hervortreten zu lassen. In Hinkunft werden wir uns mehr den speciellen Projectionsarten zuwenden, um uns auch mit den specifischen Eigenthümlichkeiten derselben in Bezug auf die Construction der Schlagschatten nach Möglichkeit vertraut zu machen.

Wählen wir also im vorliegenden Falle die centrale Projection.

Die Lichtstrahlenrichtung sei durch den Fluchtpunkt V (Taf. XXI, Fig. 133) allen parallelen Lichtstrahlen gegeben. Die Fixierung der Richtung durch den Fluchtpunkt allein genügt jedoch noch nicht, da auch festgestellt sein muss, in welchem Sinne die Ausstrahlung des Lichtes erfolgt.

Wir wollen diesbezüglich annehmen, dass die vordere Seite der Bildebene dem einfallenden Lichte ausgesetzt sei. Es wird hiernach die Richtung und der Sinn der Lichtstrahlen durch die Verbindungsgerade des Projectionscentrums mit V bestimmt. In der centralen Projection (freie Perspective) werden daher alle Lichtstrahlen ihre Pfeilspitzen dem Fluchtpunkte zukehren müssen.

Die Basisebene der Pyramide $SABCDEF$ sei durch ihre Bildfläch- und Fluchttrace (L_b, L_v) bestimmt.

Um den Schlagschatten der Pyramide auf die Basisebene $L_b L_v$ zu bestimmen, suchen wir wieder zunächst den Schlagschatten ihres Scheitels S auf. Zu diesem Behufe legen wir durch S den Lichtstrahl SV und ermitteln dessen Durchschnitt S_σ mit der Ebene $L_b L_v$. Die Spitze der Pyramide ist durch den Träger $\delta\varphi$ gegeben. Man findet daher die Spur (den Durchstoßpunkt) des obenerwähnten Lichtstrahles λ in seinem Schnitte mit σ, d. i. in der Schnittlinie der Ebene $L_b L_v$ mit einer durch λ gelegten Hilfsebene $h_b h_v$.

Verbindet man S_σ mit den äußersten Basispunkten, so erhält man durch diese Geraden (Tracen der Lichtebenen auf $L_b L_v$) die Schlagschattengrenzen (CS_σ, FS_σ) der Pyramide auf der Basisebene $L_b L_v$.

Der Schatten der Geraden g, welcher durch dv gegeben vorliegt, wird selbstverständlich durch den Schnitt der durch g geführten Lichtebene mit der Pyramide und der Basisebene $L_b L_v$ bestimmt erscheinen.

Die Fluchttrace S_v der erwähnten Licht- oder Schattenebene ergibt sich in der Verbindungsgeraden vV, die Bildflächtrace S_b derselben ist durch jene Gerade dargestellt, welche durch d parallel zu S_v geführt werden kann.

Die Schnittlinie $\Delta\Psi$ dieser Ebene $S_b S_v$ mit der Basisebene $L_b L_v$ repräsentiert bereits den Schatten der Geraden g auf die letztgenannte Ebene.

Nachdem der besagte Schatten jenen der Pyramide auf die nämliche Ebene $L_b L_v$ bezogen schneidet, resp. theilweise in denselben hineinfällt, gelangen wir zu dem Schlusse, dass eben dieser Theil des Schattens der Geraden g schon von der Pyramide aufgefangen wird, bevor er auf die Ebene $L_b L_v$ gelangen kann, dass also der vorbezeichnete Theil $I_s IV_s$ des Schattens auf die Pyramide selbst geworfen werde.

Um den Schatten der Geraden auf die Pyramide, beziehungsweise Punkte des Schattens der Geraden zu bestimmen, welcher in die Pyramidenkanten geworfen wird, kann man einfach von dem Zurückführen des Lichtstrahles Gebrauch machen. Der Vorgang ist aus der Zeichnung deutlich ersichtlich. Die sämmtlichen Punkte I, II, III und IV, welche aus den Schnittpunkten I_s, $II_s \ldots IV_s$ des Schattens der Geraden mit den Schatten CS_σ, $BS_\sigma \ldots FS_\sigma$ der Kanten der Pyramide abgeleitet wurden, haben sich auf gleiche Weise durch Zurückführung der Lichtstrahlen VI_sI, $VII_sII \ldots VIV_sIV$ ergeben.

Zu gleichem Resultate gelangt man selbstverständlich auch dann, wenn man den Schlagschatten der Geraden g auf die Pyramide als den Schnitt der Lichtebene $S_b S_v$ mit dem genannten Polyeder betrachtet.

Von diesem Gesichtspunkte ausgehend, wird einerseits ein Mittel geboten, die nach der vorher besprochenen Bestimmungsweise erzielten Resultate zu controlieren, andererseits aber auch die Möglichkeit geschaffen, weitere Punkte des Schlagschattens aufzusuchen.

Bezugnehmend auf das eben angedeutete Princip ist zu beachten, dass der Schlagschatten und das Basispolygon für das Colineationscentrum S und die Colineationsachse g_σ centrisch colineare Figuren seien.

Nachdem bei der Durchführung des vorstehenden Problemes die Angabe des Auges als entbehrlich erschien, ist hiedurch auch indirect nachgewiesen, dass dieselben Constructionen für jedes beliebige Projectionscentrum ihre Giltigkeit beibehalten. Dies bildet gleichzeitig ein charakteristisches Merkmal aller Schlagschatten-Aufgaben.

§. 362.

74. Aufgabe. **Eine auf der Grundebene aufruhende Pyramide und ein Prisma, dessen eine Seitenebene in der nämlichen Ebene liegt, seien gegeben; der Schlagschatten der beiden Körper aufeinander, sowie jener auf die Grundebene sind zu bestimmen.**

Das gestellte Problem wollen wir in der Perspective mit Zuhilfenahme der Grundebene lösen und durchführen. Hierbei wird sich ein vollständiger Anschluss an das „allgemeine" Verfahren documentieren.

Die Richtung der Lichtstrahlen sei durch deren Fluchtpunkt (v, v') (Taf. XXI, Fig. 134) fixiert. Entsprechend dem im vorhergehenden Beispiele Gesagten, ist noch festzusetzen, in welchem Sinne die Lichtstrahlen einfallen. Dieser „Sinn" ergibt sich von selbst, sobald man als Lichtquelle die Sonnenbeleuchtung ansieht.

Gemäß der hier bezüglich (v, v') getroffenen Wahl befindet sich der Fluchtpunkt aller Lichtstrahlen unter der Horizontlinie H; da aber die Sonne als über dem Horizonte stehend betrachtet werden muss, folgt, dass sie hinter dem Beschauer der vorgegebenen Gebilde befindlich, die vordere Seite der Bildebene direct beleuchte. Die Perspectiven aller Lichtstrahlen kehren deshalb ihre Pfeilspitzen dem Punkte (v, v') zu.

Die Leitlinie $ABCDEF$ des Prisma liegt in einer grundfläch-projicierenden Ebene $L_b L_v$, daher die Grundrisse der einzelnen Punkte leicht bestimmbar sind. Die Grundflächprojection der Pyramidenspitze sei durch S' dargestellt.

Sowie im vorherigen Beispiele, bestimmen wir auch hier zunächst den Schlagschatten der einzelnen Körper auf die Grundebene.

Die Schlagschatten der Basispunkte des Prisma, beispielsweise des Punktes F, ergeben sich, wie bekannt, wenn man deren

Bilder F... mit v, und deren Grundflächprojectionen F'... mit v' verbindet, d. i. wenn man die den einzelnen Punkten F... entsprechenden Lichtstrahlen Fv... und die diesen zugehörigen Grundflächprojectionen $F'v'$... zieht und deren Schnitte, beispielsweise also Fv mit $F'v'$ in F_s bestimmt. Auf dieselbe Weise wie F_s kann der Schlagschatten aller übrigen Basispunkte aufgesucht werden.

Die Schlagschatten der Prismakanten werden, da sie sämmtlich zur Grundebene parallel sind, gegen den Fluchtpunkt f derselben convergieren. Aus dem Umrisse des Prismaschattens ist gleichzeitig zu ersehen, dass einerseits die Seitenkanten A und D und andererseits die Basiskanten AF, FE und ED die Selbstschattengrenzen bilden.

Der Schlagschatten der Pyramide auf die Grundebene (Basisebene $L_b L_v$) ergibt sich auf die bereits mehrfach besprochene Weise in NS_σ, PS_σ.

Es ist sofort zu ersehen, dass sich derselbe in den Punkten I und VII der auf der Grundebene aufruhenden Seitenkante A bricht und von hier aus auf das Prisma übergeht.

Die Schlagschatten der Pyramide auf die Seitenkanten des Prisma können, um möglichst einfach zum Ziele zu gelangen, durch „Zurückführen des Lichtstrahles" ermittelt werden. Mit Zuhilfenahme dieser Methode wurden denn auch die Punkte II, IV und VI, wie der Constructionszeichnung (Taf. XXI, Fig. 134) deutlich zu entnehmen ist, auf die bereits bekannte Weise festgestellt.

Würde dieses Verfahren ungenaue Schnitte ergeben oder sich anderweitig unzureichend erweisen, so stehen uns eine Reihe anderer Hilfsmittel zur Verfügung.

So könnte man beispielsweise die Durchdringung (gegenseitiger Schnitt) der Lichtpyramide (des Schattenraumes), resp. den Schnitt der beiden Streifebenen NS_σ und PS_σ mit dem Prisma aufsuchen; oder man kann (nach §. 352, Fig. 125) den Schlagschatten Δ der Pyramidenspitze S auf die einzelnen Seitenebenen des Prisma, wie etwa auf die Ebene ED desselben bestimmen, indem man die Projection δ der Spitze S auf die genannte Ebene aufsucht, in gleicher Weise ferner die Projection $\delta v'$ des Lichtstrahles auf die nämliche Ebene feststellt und sodann den verlangten Schatten Δ von S auf die besagte Ebene ED im Schnitte Δ von $\delta v'$ mit Sv oder λ erhält. Dieser Punkt Δ mit den allenfalls schon anderweitig gefundenen Punkten III und VI verbunden, wird in $III\,IV$ und $VI\,V$ denjenigen Theil des Schattens begrenzen, welcher seitens der Pyramide auf die obere Seitenfläche EDD_1E_1 des Prisma fällt.

Weiters könnte, behufs der Vervollständigung des Schlagschattens, auch der Umstand Berücksichtigung finden, dass sich die Schlagschattengrenzen auf den nämlichen Seitenebenen des Prisma immer auch in einem und demselben Punkte σ des Lichtstrahles λ schneiden müssen. Hiervon wurde behufs Ergänzung des Schlagschattens auf der Seitenebene EF, mit Zuhilfenahme des bereits bestimmten Punktes *VI*, Gebrauch gemacht, und die Controle bezüglich des Schnittes *II III* der durch NS geführten Streifebene mit der Seitenebene FE_1E des Prisma ausgeübt.

§. 363.

75. Aufgabe. **Ein auf der horizontalen Projectionsebene senkrecht aufstehendes Prisma, welches von einer prismatischen Platte überdeckt wird, ist gegeben; es sind die Schlagschatten beider Prismen aufeinander, sowie auch auf die horizontale und verticale Projectionsebene (in orthogonaler Projection) zu bestimmen.**

Da es sich hier um die Construction der Schlagschatten in der Monge'schen Darstellungsmethode handelt, wird das allgemeine Verfahren, entsprechend den Andeutungen, die wir in der Anmerkung zu §. 347, Fig. 116, Taf. XX, zum Ausdrucke brachten, modificiert werden müssen.

Die Schlagschatten der einzelnen schattenwerfenden Punkte auf die Horizontalebene, als Grundebene, werden daher nicht mehr direct im Schnitte der entsprechenden Bild- und Grundflächprojection des zugehörigen Lichtstrahles, sondern selbstverständlich in dem nach der Monge'schen Methode bestimmten horizontalen Durchstoßpunkte zu suchen und zu finden sein.

Da die Seitenkanten der beiden Prismen ($abcdef$, $a'b'c'd'e'f'$) und ($ABCDEEGH$, $A'B'C'D'E'F'G'H'$) (Taf. XXI, Fig. 135) horizontal-projicierend sind, wird das Auffinden jener Kanten, die schattenwerfend sind, also der Selbstschattengrenze angehören, gegenüber anderweitigen Annahmen noch wesentlich erleichtert, indem diesfalls die zu dem Lichtstrahle (l, l') parallel geführten Lichtebenen, aus obigem Grunde, selbst horizontal-projicierend sind, ihre Horizontaltracen demnach mit der Richtung der Horizontalprojection der Lichtstrahlen übereinstimmen.

Die der Selbstschattengrenze angehörenden Kanten (ee_1, e'), (ff_1, f') und (DD_1, D'), (HH_1, H') sind nämlich unmittelbar diejenigen, welche den äußersten, an die horizontalen Projectionen der Begrenzungspolygone geführten Lichtstrahlen entsprechen.

Bezeichnete Lichtstrahlen (Tracen der Streif- oder Lichtebenen) bilden gleichzeitig einen Theil des Schattenumrisses auf der horizontalen Projectionsebene.

Die Kantenkette der Selbstschattengrenze, welche sich an die genannten Seitenkanten anschließt und in den unteren Begrenzungspolygonen beider Prismen in der vorliegenden Zeichnung nach links, in den oberen dagegen nach rechts verläuft, ist somit leicht festzustellen. Ist diese aber bestimmt, so unterliegt es auch keinen weiteren Schwierigkeiten, den Schattenumriss (selbstverständlich durch Vermeidung aller überflüssigen Hilfslinien) zu ergänzen, resp. durch seine Projection auf die Horizontal- und Verticalebene festzustellen, da es sich im Grunde genommen doch nur um das Aufsuchen der Durchstoßpunkte einzelner Geraden (Lichtstrahlen) mit den genannten Ebenen handelt.

Schon aus dem Umrisse des Schattens ist zu entnehmen, dass ein Theil desselben von der oberen Deckplatte auf das darunter stehende Prisma geworfen wird.

Behufs der Construction des besagten Schattens könnte man auch hier anstandslos von der „Zurückführung des Lichtstrahles" Gebrauch machen. In vorliegendem Falle jedoch dürfte sich (sobald man von dem Gesichtspunkte ausgeht, dass der fragliche Schatten auf das untere Prisma der Schnitt des letzteren mit einem zweiten Prisma ist, dessen Leitlinie die Schattengrenze der oberen Deckplatte vorstellt und dessen Seitenkanten zur Lichtstrahlenrichtung parallel laufen) die directe Bestimmung noch besser eignen.

Zu diesem Zwecke wenden wir Hilfsebenen an, welche einerseits zu den Erzeugenden beider Prismen parallel, also horizontal-projicierend sind, andererseits aber auch eine zur Lichtstrahlenrichtung parallele Lage haben.

Besagte Hilfsebenen schneiden beide Prismen nach Erzeugenden. In den gemeinsamen Punkten der letzteren, welche in je einer dieser Hilfsebenen liegen, ergeben sich unmittelbar Punkte des gesuchten Schlagschattens.

Diese Hilfsebenen können immer durch die aufeinander folgenden Seitenkanten des einen oder des anderen Prisma gelegt werden und erhält man so, in successiver Aufeinanderfolge, Punkte, welche geradlinig miteinander verbunden die verlangte Durchdringung unmittelbar bestimmen.

Auf den vorliegenden Fall angewendet, kommen bloß die Hilfsebenen, deren Horizontaltracen $a'\alpha'$, $B'B'_\sigma$, $b'\beta'$ und $c'\gamma'$ sind, in

Betracht. Die hieraus resultierenden Durchdringungspunkte erscheinen durch α_σ, B_σ, β_σ und γ_σ dargestellt.

§. 364.

76. Aufgabe. **In schiefer Projection ist eine Verbindung von Prismen gegeben; es sind für eine durch (l, l') bestimmte Strahlenrichtung die vorkommenden Schlagschatten zu construieren.**

Das gewählte Object wurde nach vorliegenden Dimensionen auf Grund des auf (Taf. XXI, Fig. 136) seitlich abgeleiteten Achsenkreuzes, der Längen- und Breitenverkürzung, sowie des für den gewählten schief-projicierenden Strahl entwickelten Theilstrahles klinographisch dargestellt.

Hierbei wurde die Z-Achse als vertical, die x- und y-Achse als in der Grundebene liegend (in orthogonaler Darstellung) und diese als mit der horizontalen Projectionsebene identisch vorausgesetzt. Das Projectionsdreieck ist $O\,O_1\,O'_s$.

Die schiefen Projectionen der x- und y-Achse sind somit beziehungsweise durch $O_s m$ und $O_s n$ dargestellt, und folglich ist auch die Projection des Achsenkreuzes vollständig bestimmt. Was die Maßstäbe anbelangt, so projiciert sich die Z-Einheit in wahrer (natürlicher) Größe, während die x- und y-Einheit beziehungsweise in dem Verhältnisse $\frac{m\,O_\sigma}{m\,O_1}$ und $\frac{n\,O_\sigma}{n\,O_1}$ verändert erscheint.

Die Schlagschatten-Construction der einzelnen prismatischen Balkenstücke auf die Grundebene bietet durchaus nichts neues, kann daher in analoger Weise, wie dies in früher durchgeführten Beispielen bereits geschehen und der Zeichnung (Fig. 136, Taf. XXI), zu entnehmen ist, bestimmt werden.

Bemerkt sei diesfalls nur, dass die Schlagschatten der zur Grundebene senkrechten Prismenkanten in die Grundflächprojection des entsprechenden Lichtstrahles fallen und dass die Schlagschatten aller zur Grundebene parallelen Kanten auf dieser selbst, zu den in schiefer Projection dargestellten Kanten parallel sind.

In Bezug auf den gegenseitigen Schatten sei kurz hervorgehoben, dass, auf den vorliegenden Fall angewendet, der Schlagschatten der Kante fg nicht in seiner ganzen Ausdehnung auf die Grundebene fällt, sondern infolge des vorstehenden prismatischen Balkens $\beta' e$ in I gebrochen wird und von da aus auf denselben übergeht. Der Schatten auf $\beta' e$ wird, wie bekannt, erhalten, indem man I mit dem Punkte g der Kante fg verbindet, von dieser Verbindungsgeraden aber selbstverständlich nur jene Strecke $I\,II$ benützt, welche innerhalb der Grenzen der Seitenebene $\beta' e$ liegt. Von *II* übergeht der Schatten auf die obere, zur Grundebene parallele Begrenzungsebene $\beta' e$ des Prisma und erscheint daselbst offenbar zu dem Schatten $f_\sigma g_\sigma$, der von fg auf die Grundebene geworfen wird, parallel, ergibt sich also in *II III*.

Ebenso wirft die Kante hk (in der Zeichnung gedeckt) ihren Schlagschatten $h\,IV$ parallel zu $f_\sigma g_\sigma$ auf die obere Begrenzung rt des Prisma urt, um sich von *IV* aus, auf die Seitenfläche $\alpha\beta$ übergehend, nach k fortzusetzen.

In δV erhält man den Schatten des verticalen Prisma $\beta a c$ auf das horizontale Prisma urt des Balkenkreuzes. Der letztbezeichnete Schatten geht theilweise auf das schräg sich anschließende Prisma mpo (Stützbalken) über. Man erhält denselben diesfalls, wenn man den Punkt 4 mit n, d. i. dem Schnittpunkte der Kanten ns und $d\delta$ verbindet. Der weitere Schatten des genannten Prisma mpo wurde zunächst auf der Grundebene ermittelt und sodann durch „Zurückführung des Lichtstrahles“ auf das horizontale Balkenkreuz bezogen.

§. 365.

77. Aufgabe. Es sind die an einem in axonometrischer Projection dargestellten Gesimse vorkommenden Schatten zu construieren.

Zunächst leiten wir für die gewählte axonometrische Darstellung das Achsenkreuz $Oxyz$ (Taf. XXI, Fig. 137) ab. Als Profilebene des Gesimses wählen wir die xz-Ebene.

Der Lichtstrahl liege in axonometrischer Projection, durch sein Bild PO und das seiner Projection $P'O$ gegeben, vor. Selbstverständlich lässt sich aus diesen beiden Stücken das Bild seiner anderweitigen Projectionen auf die Achsenebenen anstandslos construieren. In dem vorliegenden Falle dürfte sich die Benützung des Bildes PO des Lichtstrahles und das seiner Projection $P''O$ auf die Profilebene am besten eignen.

Um nun etwa den Schlagschatten der Längskante $a\alpha$ auf die Ebene $bc\beta$ zu erhalten, wird man durch a eine Parallele aa_σ zur Profilprojection $P''O$ des Lichtstrahles zu führen und den Schnitt a_σ derselben mit der Profilspur der Ebene $bc\beta$ zu bestimmen haben.

Die durch a_σ zu der Kante $a\alpha$ parallel geführte Gerade begrenzt bereits den Schlagschatten $a_\sigma \alpha_\sigma$ der genannten Gesimskante auf die Ebene $bc\beta$. Der Grenzpunkt α_σ dieses Schattens ergibt sich im Schnitte der Geraden $a_\sigma \alpha_\sigma$ mit dem durch α parallel zu PO gezogenen Lichtstrahle λ.

Hiemit ist schon der ganze Vorgang der Schlagschattenbestimmung in Bezug auf das vorliegende Beispiel klar gelegt und ist alles weitere, wie der beigegebenen Zeichnung zu entnehmen, nur eine bloße Wiederholung der hier in aller Kürze angegebenen Construction.

Als Controle kann auch hier die Methode des Zurückführens der Lichtstrahlen angewendet werden. So muss beispielsweise die Verbindungsgerade $1_\sigma 1'_\sigma$ parallel zu dem Bilde PO des Lichtstrahles sein.

Ebenso wäre zu berücksichtigen, dass die Schlagschatten, wie etwa nm_σ, von auf der Ebene MN senkrechten Kanten mn, zu dem Bilde $P'''O$ der yz-Projection des Lichtstrahles parallel sein müssen.

§. 366.

78. Aufgabe. Eine Strahlenfläche ist in „allgemeiner Projection" gegeben. Die Leitlinie derselben sei der ebene Linienzug $ABC\ldots M$; deren Scheitel werde durch S und durch dessen Projection S' auf die Leitlinienebene dargestellt. Die Fläche werde von einem leuchtenden Punkte, dessen Bild L und das Bild seiner Projection auf die Ebene der Leitlinie L' sei, beleuchtet; es sind die Schatten der oben offen gedachten Fläche ins „Innere" zu bestimmen.

Im §. 355 wurde erwähnt, dass der Fall eintreten könne, in welchem der den Schattenraum einer Fläche begrenzende Kegel mit der besagten Fläche selbst zum Durchschnitte gelangt. In diese Kategorie gehört offenbar auch der Fall, in welchem von einem Schlagschatten in das Innere einer Fläche gesprochen wird.

Um die Kantenkette, welche die Selbstschattengrenze bildet, zu ermitteln, werden wir zunächst die Seitenkanten der Fläche aufsuchen, welche der ersteren angehören. Hierbei werden wir dem bei „Pyramiden" bereits in Anwendung gebrachten Principe folgen.

Wir verbinden also (S, S') mit (L, L') (Taf. XXI, Fig. 138) und erhalten hiedurch eine Gerade $(SL, S'L')$, durch welche die betreffenden, die äußersten Seitenkanten enthaltenden Streifebenen gehen müssen.

Der Schnitt der besagten Geraden mit der Ebene der Basis ist $\varDelta$. Der bezeichnete Punkt $\varDelta$ entspricht, wie wir wissen, dem Schlagschatten der Spitze auf die Ebene der Leitlinie (Basisebene), ist aber in unserem Falle als „Schatten" ideell.

Werden von $\varDelta$ an die äußersten Eckpunkte der Leitlinie Geraden geführt, so repräsentieren diese die Tracen der Streifebenen auf der Ebene der Leitlinie. In den entsprechenden Eckpunkten ergeben sich jene Punkte C, E und M der Seitenkanten, welche der Selbstschattengrenze angehören.

Durch diese Vorbereitungen sind wir gleichzeitig in den Stand gesetzt, zu entscheiden, welche Seitenflächen dem Lichte ausgesetzt sind, welche sich im Selbstschatten befinden und welcher Theil des Linienpolygons seinen Schlagschatten ins Innere werfen wird.

Im vorliegenden Falle ist jener Theil des Linienpolygons, welcher seinen Schlagschatten ins Innere wirft, $ABCDE$. Der zugehörige Schatten in das Innere der Fläche ergibt sich als die Durchdringung der Strahlenfläche $L(ABCDE)$ mit der erstgenannten und kann auf bekannte Weise construiert werden.

Die hiebei in Verwendung kommenden Hilfsebenen enthalten sämmtlich die Gerade $(LS, L'S')$; die Tracen derselben auf der Ebene der Leitlinie gehen daher alle durch deren Schnittpunkt $\varDelta$ mit der besagten Ebene.

Jede dieser Hilfsebenen schneidet selbstverständlich die beiden hier genannten Strahlenflächen nach Erzeugenden, deren gemeinsame Punkte der Durchdringungsfigur angehören. Selbst durch bloße Anschauung ist leicht zu entscheiden, welche dieser Punkte für das Resultat von Bedeutung sind.

§. 367.

79. Aufgabe. Eine Kegelfläche ist in „allgemeiner Projection“ gegeben. Dieselbe ruht längs einer Erzeugenden BS auf der Grundebene G_e auf; die Leitlinie ist in der zur Grundebene senkrechten Ebene L_g durch $1\ 2\ 3\ \ldots\ 8$ bestimmt. Die Lichtstrahlenrichtung ist durch ihr Bild λ und das Bild λ' ihrer Grundflächprojection dargestellt; die vorkommenden Selbst- und Schlagschatten sind zu construieren.

Das vorher besprochene Verfahren gilt auch für allgemeine Kegelflächen und bedarf es, um den Übergang herzustellen, bloß der Auffassung der Leitlinie als Polygon von unendlich vielen Seiten.

Um demnach wieder zunächst die Grenzerzeugenden zu finden, werden wir die zum Lichtstrahle parallelen Tangentialebenen an die Kegelfläche legen.

Wir führen demgemäß durch S (Taf. XXI, Fig. 139) eine zum Lichtstrahle (λ, λ') parallele Gerade und suchen deren Schnitt $(\varDelta, \varDelta')$ mit der Ebene L_g der Leitlinie. Ziehen wir von diesem Schnittpunkte $(\varDelta, \varDelta')$ aus an die Leitlinie $1\ 2\ 3 \ldots 8$ die möglichen Tangenten $\varDelta\alpha$,

$\Delta\beta$ und $\Delta\gamma$, so stellen diese bereits die Tracen der Berührungsebenen auf der Ebene der Leitlinie dar.

Durch Feststellung der Berührungserzeugenden $S\alpha$, $S\beta$ und $S\gamma$ sind auch schon jene Theile der Mantelfläche abgegrenzt, welche sich im Selbstschatten befinden.

Um den Schlagschatten des Kegels auf die Grundebene G_e festzustellen, werden bloß einzelne Punkte der Leitlinie anzunehmen, durch dieselben Parallele zum Lichtstrahle (λ, λ') zu führen und deren Spuren auf der Grundebene zu bestimmen sein. Besagte Spur $\alpha_\sigma 3_\sigma 4_\sigma \ldots$ gehört dem Schattenumrisse an.

In jedem der so gefundenen Punkte, wie etwa in 4_σ, wird es auch leicht möglich sein, die Tangente an die Schattencurve festzustellen. Diese Tangente ist bekanntlich die Schnittlinie der entsprechenden Tangentialebene des Lichtcylinders mit der Grundebene.

Um also beispielsweise in 4_σ die Tangente zu finden, wird es bloß erforderlich sein, noch einen zweiten Punkt, welcher der vorerwähnten Schnittlinie angehört, zu suchen. Einen solchen Punkt erhalten wir unmittelbar, wenn wir an den Punkt 4 der Leitlinie die Tangente ziehen und diese mit der Grundebene in $4'_1$ zum Schnitte bringen. Der besagte Schnittpunkt $4'_1$ ist, als der betreffenden Tangentialebene des Lichtcylinders und der Grundebene gleichzeitig angehörend, der verlangte zweite Punkt der Tangente τ an die Schattencurve. Für den Punkt 3_σ ist, diesem Verfahren entsprechend, die Grundflächprojection des Lichtstrahles $3'\, 3_\sigma$ gleichzeitig die geforderte Tangente.

Der Schlagschatten der Erzeugenden $S\alpha$ wird selbstvertändlich durch $S\alpha_\sigma$ dargestellt und muss, auf Grund der eben angeführten Tangentenconstruction, die Gerade $S\alpha_\sigma$ die Schattencurve in α_σ tangieren.

Im allgemeinen werden die Leitlinie und deren Schlagschatten affine Figuren in Bezug auf die Trace L_g als Affinitätsachse und λ als Affinitätsstrahlenrichtung sein.

Mit Berücksichtigung dieser Bemerkung lässt sich, mit Vermeidung aller überflüssigen Hilfslinien, ebenso leicht als genau construieren.

Die Construction der Schlagschatten ins Innere der Fläche kann nach denselben Principien, wie im vorhergelösten Beispiele angedeutet, als Durchdringung des Lichtcylinders (L, L') mit der gegebenen Kegelfläche durchgeführt werden.

Die hierbei in Verwendung kommenden Hilfsebenen schneiden die Ebene der Leitlinie in Geraden, welche sämmtlich durch $(\varDelta, \varDelta')$ gehen.

Um beispielsweise den Schatten zu finden, den der Punkt 5 der Leitlinie in das Innere der Fläche wirft, legen wir durch 5 die Trace $\varDelta 5$ der zugehörigen Hilfsebene. Letztere schneidet die Kegelfläche in der Erzeugenden $5_1 S$. Im Schnitte V der letzteren mit der entsprechenden Erzeugenden $5V$ des Lichtcylinders ergibt sich bereits der gesuchte Schatten.

Handelt es sich um die Tangente im Punkte V der Schattencurve, so wird man an beide zur Durchdringung gelangenden Flächen in dem besagten Punkte die Berührungsebenen legen und ihren Schnitt bestimmen. Die Tracen derselben auf der Ebene der Leitlinie sind beziehungsweise $5t$ und $5_1 t$. Der den Tracen der Berührungsebenen gemeinsame Punkt t liefert bereits den zweiten zur Bestimmung der Tangente nothwendigen Punkt.

Dort wo die Schlagschattencurve die Selbstschattengrenze schneidet, wie dieser Fall beispielsweise im Punkte II eintritt, muss die obbezeichnete Tangente stets parallel zur Lichtstrahlenrichtung sein. Eine Ausnahme hievon bilden nur die Ausgangspunkte, wie γ, der Schlagschattencurve.

Die Erklärung für die Richtigkeit des Gesagten ergibt sich übrigens auch an und für sich aus der Construction der Tangente.

Diese Bemerkung gilt allgemein für jede beliebige Flächengattung und findet in dem Umstande ihre Begründung, dass in derartigen Punkten, wie die obgenannten, die Tangentialebenen an den Lichtcylinder sowohl, als auch an die beschattete Fläche zur Lichtstrahlenrichtung parallel sind oder beziehungsweise durch das Beleuchtungscentrum gehen.

§. 368.

80. Aufgabe. **Ein elliptischer hohler Kegel ist gegeben; der Schatten in das Innere desselben ist für Parallelbeleuchtung zu bestimmen und sind die conjugierten Durchmesser der diesbezüglichen Schattencurve festzustellen.**

Kann auch unter Hinblick auf die vorausgeschickten Erörterungen der Schlagschatten einer allgemeinen Kegelfläche ins Innere anstandlos construiert werden, so dürfte es doch nicht überflüssig erscheinen, hier noch einige die Genauigkeit der Construction fördernde Anhaltspunkte für den Fall folgen zu lassen, wenn die in Rede stehende Fläche eine durch einen ebenen Schnitt begrenzte Kegelfläche zweiter Ordnung ist.

Der Schatten ins Innere, d. i. die Durchdringung des Lichtcylinders mit der Kegelfläche wird unter der gemachten Voraussetzung wieder eine Curve zweiter Ordnung sein müssen, da, wie wir (Satz 448, Band II) wissen, der Rest der Durchdringung zweier Flächen zweiter Ordnung, welche einen Kegelschnitt gemein haben, wieder eine Curve zweiter Ordnung ist.

Abgesehen davon, dass diese Curve zweiter Ordnung für den Fall, welchen wir im Auge haben, schon vollkommen bestimmt ist, wenn wir die Selbstschattengrenze des Kegels — die bekanntlich durch die Endpunkte der Selbstschattenerzeugenden, durch die Contourkanten des Kegels und des Lichtcylinders (als Tangenten) festgestellt erscheint — kennen, so wird es doch nur von Vortheil sein, auch conjugierte Durchmesser, im Sinne des gestellten Problemes, aufzufinden.

Der obbezeichnete elliptische Kegel liege in „allgemeiner Projection" (Taf. XXI, Fig. 140) als gegeben vor.

Der durch den Kegelscheitel S geführte Lichtstrahl treffe die Ebene der Leitlinie im Punkte $\varDelta$. Die der Selbstschattengrenze angehörenden Kegelerzeugenden sind somit MS und NS. Die Verbindungsgerade MN ist zugleich die Polare des Punktes $\varDelta$ in Bezug auf den Leitkegelschnitt.

Legt man, wie aus vorausgegangenen Erörterungen bekannt, behufs Auffindung der Durchdringung irgend eine Hilfsebene, etwa $\varDelta 1$, so liefert diese zwei Punkte I und II der Durchdringungscurve, von welchen jedoch bloß dem Punkte I für das Resultat der zu lösenden Aufgabe eine Bedeutung beizulegen ist.

Der Punkt t der Tangenten für die Punkte I und II der Schattencurve (nach der vorher besprochenen Weise construiert) muss immer in der Polare MN liegen. Fällt der Schnittpunkt t in unendlicher Entfernung, so werden die beiden Tangenten zu einander parallel und die Sehne $I\,II$ übergeht in einen Durchmesser der Durchdringungscurve.

Der besagte Durchmesser AB wird erhalten, indem man die Trace der Hilfsebene in den zur Sehne MN conjugierten Durchmesser der Leitlinie übergehen lässt. Halbiert man hierauf AB in O und legt man durch den Halbierungspunkt die Parallele zu MN, sucht man ferner die Schnitte C und D dieser Geraden mit der Kegelfläche auf, so ergibt sich unmittelbar in CD der zu AB conjugierte Durchmesser der Schattencurve.

Wie leicht einzusehen, liegen Leitlinie und Schlagschattencurve centrisch collinear für den Scheitel S als Collineationscentrum und MN oder $\xi\xi$ als Collineationsachse.

Da durch zwei auf einer Kegelfläche liegende Curven zweiter Ordnung sich stets (Satz 451, Band II) noch ein zweiter Kegel legen lässt, so wird diese zweite Kegelfläche, welcher beide Curven gleichzeitig angehören, nichts anderes als der durch L bestimmte Lichtcylinder sein.

Es sind demnach beide Curven außerdem auch affin für MN als Affinitätsachse und λ als Affinitätsstrahlenrichtung.

Unter Berücksichtigung dieses Umstandes können die conjugierten Durchmesser der Schattencurve auch noch in der Weise gefunden werden, wie es constructiv in Fig. 141, Taf. XXI durchgeführt wurde.

Die Contourerzeugenden des Lichtcylinders sind zwei parallele Tangenten an die Schlagschattencurve. Die Berührungspunkte derselben begrenzen somit einen Durchmesser. Die letzteren, d. s. die Berührpunkte A und B, entsprechen den Punkten a und b der Leitlinie und können mit Zuhilfenahme des Affinitätsdreieckes $1\,It$ leicht gefunden werden.

Der zu AB conjugierte Durchmesser der Schattencurve geht selbstverständlich durch den Halbierungspunkt O, ist seiner Richtung nach parallel zu $\tau\tau_1$ und entspricht der Geraden cd der Leitellipse. Die Endpunkte desselben sind gleichfalls aus den obwaltenden affinen Beziehungen leicht zu construieren.

In den eben erläuterten Beispielen wurden die Lichtstrahlen als parallel vorausgesetzt und dem entsprechend auch von einem „Lichtcylinder“ gesprochen.

Nachdem für die Annahme eines Beleuchtungscentrums, dessen Bild im Endlichen gelegen ist, die Durchführung ähnlicher Probleme nur unwesentlichen Modificationen unterliegt, wollen wir von weiteren diesbezüglichen Erörterungen Umgang nehmen.

§. 369.

81. Aufgabe. **Ein hohler, halber, kreisförmiger Cylinder von bestimmter Schalendicke, der von einer halbkreisförmigen Platte überdeckt wird, ist in centraler Projection gegeben; es sind die Schlagschatten-Constructionen durchzuführen.**

Der Fluchtpunkt der parallelen Lichtstrahlen sei v (Taf. XXII, Fig. 142), die Grundflächprojection derselben sei v'.

Die Perspective des genannten Objectes wollen wir uns, als aus seiner ursprünglich gegebenen orthogonalen Projection abgeleitet denken.

Die Bestimmung der Selbstschattenerzeugenden des Cylinders werden wir diesfalls mit Zuhilfenahme des in die Bildebene umgelegten Grundkreises vollführen.

Die Grundflächprojection der Lichtstrahlenrichtung ist durch Angabe des Parallelstrahles Ov' dargestellt. Die hiezu parallele Tangente l'_0 an den Grundkreis liefert in ihrem Berührungspunkte γ_0 bereits einen Punkt der schattenwerfenden oder Selbstschatten-Erzeugenden. Der letztgenannte Punkt, in die Perspective zurückgeführt, ergibt sich in γ.

Hierauf gestützt wird es nun leicht sein, den Schlagschatten des vorstehenden Objectes auf die Grundebene zu bestimmen. Derselbe wird theilweise durch die Schatten der Geraden $\gamma\gamma_1$ und ff_1 begrenzt, welche selbstverständlich gegen den Punkt v' convergieren. Abgeschlossen wird der verlangte Schatten durch den Schlagschatten $a_\sigma r_\sigma b_\sigma \ldots$ der halbkreisförmigen Deckplatte, welcher, wie bekannt, aus den Punkten a, a_1, r, b, $b_1 \ldots$ abgeleitet, resp. construiert werden kann. Die jeweiligen Tangenten in den betreffenden Punkten sind stets zu entsprechenden Tangenten im Halbkreise parallel, verschwinden also in den nämlichen Punkten der Horizontlinie.

Der Schlagschatten ins Innere der Fläche wird durch den Schatten der Kanten ab und $e_1 e'$ gebildet. Der Schlagschatten der Cylindererzeugenden $e_1 e'$ trifft zunächst den Grundkreis in e'_σ (derselbe wurde, wie aus der Zeichnung Fig. 142, Taf. XXII, ersichtlich, mittelst der Umlegung des Kreises construiert) und setzt sich von hier aus geradlinig im Innern des Cylinders bis nach e_σ fort. In dem letztgenannten Punkte schließt sich unmittelbar der Schlagschatten der Kante ab an. Der letztere ergibt sich als der Schnitt des Cylinders mit der durch ab gelegten Lichtebene.

Besagte Schnittcurve wird im vorliegenden Falle eine Ellipse sein, zu deren Bestimmung bereits die Punkte e_1, d_1 und e_σ vorhanden sind. Weitere zwei Punkte wurden in s_σ und p_σ gefunden. In dem erstgenannten Punkte s_σ trifft die Schattencurve die Selbstschattenerzeugende; es ist daher die Tangente t_1 in diesem Punkte s_σ parallel zur Lichtstrahlenrichtung, während die Tangente t im Punkte p_σ horizontal wird.

§. 370.

82. Aufgabe. **Ein hohler, durch einen ebenen Schnitt begrenzter Kegel zweiter Ordnung, sowie ein beliebiger zweiter Kegelschnitt,**

der auf derselben Kegelfläche liegt, sind gegeben; es ist ein leuchtender Punkt so zu bestimmen, dass der letztbezeichnete Kegelschnitt den Schlagschatten des ersteren ins Innere der Kegelfläche darstelle.

Wie in vorhergegangenen Beispielen dargethan wurde, ist die Schlagschattencurve eines durch einen ebenen Schnitt begrenzten Kegels zweiter Ordnung ins Innere der Kegelfläche wieder ein Kegelschnitt; es ist daher die vorstehende Aufgabe nur die Umkehrung des in §. 368 gelösten Problems.

Behufs Lösung des gestellten Problems wird es sich bloß darum handeln, den Scheitel des zweiten durch die beiden vorliegenden Kegelschnitte bestimmten Kegel aufzusuchen.

Wir wollen zu diesem Zwecke die berührte Aufgabe genauer präcisieren und sie daher in folgender Form aufstellen:

„Ein hohler, elliptischer Kegel, dessen Hauptachsen zu den Projectionsebenen parallel seien und durch einen Normalschnitt zur Achse begrenzt wird, ist gegeben; es ist die Lichtstrahlenrichtung für Parallelbeleuchtung so auszumitteln, dass der Schlagschatten ins Innere der Kegelfläche ein Kreis werde.“

Suchen wir zu diesem Behufe, wie aus Früherem bekannt, die Kreisschnittsebenen des Kegels mit Zuhilfenahme der berührenden Kugel K (Taf. XXII, Fig. 143).

Für den vorliegenden Fall sind die besagten Ebenen verticalprojicierend und durch die Tracenrichtungen $\alpha\beta$ und $\gamma\delta$ bestimmt.

Behufs Durchführung des vorliegenden Problems wollen wir hier bloß von der einen der Kreisschnittsebenen, etwa von $\alpha\beta$, Gebrauch machen.

Alle zu $\alpha\beta$ parallelen Ebenen K_1, $K_2 \ldots$ schneiden die Kegelfläche nach Kreisen. Das jedem dieser Kreise ($\alpha\beta$) entsprechende Beleuchtungscentrum wird, wie bekannt, erhalten, wenn wir beziehungsweise b mit α und a mit β verbinden und den Schnitt p dieser Verbindungsgeraden feststellen. Das dem Kreise $\alpha\beta$ entsprechende Beleuchtungscentrum ist hiernach durch p fixiert.

Der Ort aller Centren ist demnach das Erzeugnis jener zwei projectivischen Strahlenbüschel mit den Scheiteln a und b, welche die durch das Parallelstrahlenbüschel K, K_1, $K_2 \ldots$ bestimmten ähnlichen Punktreihen α, α_1, $\alpha_2 \ldots$ und β, β_1, $\beta_2 \ldots$ projicieren, wird das besagte Erzeugnis ein Kegelschnitt sein.

In a und b ergeben sich zwei Punkte desselben, und in den durch a und b gelegten Tracen der Kreisschnittsebenen K zugleich auch die entsprechenden Tangenten; es wird somit ab einen Durchmesser des erwähnten Erzeugnisses darstellen.

Offenbar gehört auch der Punkt S dem erwähnten Kegelschnitte an, dessen jeder Punkt, als Beleuchtungscentrum aufgefasst, einen kreisförmigen Schatten ins Innere der Fläche bedingt.

Der gestellten Aufgabe gemäß soll aber das Beleuchtungscentrum — da wir Parallelbeleuchtung voraussetzten — in unendlicher Ferne liegen; es werden demnach unendlich ferne Punkte des oberwähnten Ortes aufzusuchen sein.

Letztere gehören den entsprechenden parallelen Strahlen beider Büschel an. Diese werden gefunden, wenn man die Doppelstrahlen der Büschel, nachdem man sie durch Parallelverschiebung auf den gemeinsamen Scheitel o gebracht hat, bestimmt.

Es sind dies die Strahlen $\Delta_1 O$ und $\Delta_2 O$ — gleichzeitig die Asymptoten des Scheitelortes — welche diesfalls die Verticalprojectionen der Lichtstrahlenrichtungen L_1 und L_2 angeben. Die Horizontalprojectionen L'_2 derselben fallen mit $a'b'$ zusammen.

Die Verticalprojection des für L_1 ins Innere der Kegelfläche geworfenen kreisförmigen Schattens ist sonach durch mn dargestellt. Für L_2 würde sich der kreisförmige Schatten auf die untere Hälfte des Doppelkegels erstrecken.

Auf gleiche Weise würde auch die zweite der Kreisschnittsebenen $\gamma\delta$ zwei Lichtstrahlenrichtungen liefern, so dass, wie leicht erklärlich, die vorstehende Aufgabe im ganzen vier Lösungen gestattet.

In Bezug auf die oben angedeutete Strahlenermittelung sei noch ergänzend hervorgehoben, dass wir die Steiner'sche Construction der Doppelstrahlen concentrischer Büschel benützten.

Auch sei an dieser Stelle noch erwähnt, dass die Lösung des vorstehenden Problems selbst dann keinerlei Schwierigkeit biete, wenn man sich statt des Normalschnittes $abcd$, die Kegelfläche von einem beliebigen ebenen Schnitte begrenzt denkt.

Man wird auch in diesem Falle wieder bloß die Kreisschnittsebenen aufzusuchen und hierauf die Projectionen, durch Einführung neuer Projectionsebenen, so zu transformieren haben, dass der Schnitt einer der Kreisebenen mit der Ebene der Leitlinie verticalprojicierend wird.

Auf Grund dieser Vorbereitung kann sodann die weitere Construction genau so, wie in Fig. 143, Taf. XXII, durchgeführt, erfolgen. Selbstverständlich sind schließlich die so gefundenen Lichtstrahlen zurückzutransformieren.

§. 371.

83. Aufgabe. Ein Prisma durchdringt einen Cylinder; es sind die Schlagschatten, welche von der einen Fläche auf die andere, unter Voraussetzung parallel einfallender Lichtstrahlen, geworfen werden, constructiv festzustellen.

Wir wollen annehmen, dass die genannten Flächen in „Parallelprojection" dargestellt seien, dass die Leitlinien in zwei aufeinander senkrechten Ebenen (etwa Horizontal- und Verticalebene) liegen, die sich in einer Geraden $\xi\xi$ (Taf. XXII, Fig. 144) schneiden. Die Erzeugenden dieser Flächen selbst seien in Bezug auf die betreffenden Ebenen der Leitlinien projicierend, resp. jeweilig parallel zur Ebene der zweiten Leitlinie. Die Richtung der Lichtstrahlen für die angenommene Parallelbeleuchtung sei durch das Bild l des Lichtstrahles und das seiner Projection l' auf eine Horizontalebene gegeben.

Die Construction der Schlagschatten von Körpern, welche sich aus Ebenen oder aus Kegelflächen (im allgemeinen Sinne) zusammensetzen (Durchdringungen derselben), bieten gegenüber unseren bisherigen Besprechungen keine neuen Seiten dar. Es wiederholen sich diesfalls bloß die in früheren Beispielen zur Geltung gekommenen Vorgänge, indem sich im großen und ganzen die Durchführung der Constructionen nur darauf reducieren, die Selbstschattengrenzen zu ermitteln und den Schnitt des durch diese und den leuchtenden Punkt bestimmten Kegels (Cylinders) mit den in den Schattenraum des letzteren eintretenden Flächen aufzusuchen. Es wird hiernach auch die gestellte Aufgabe nichts neues darbieten.

Aus den oben angegebenen Daten kann nun, nachdem man die Bilder der projicierenden Geraden auf die eine und die andere Leitlinie kennt, weiters noch das Bild l'' der Verticalprojection des Lichtstrahles gesucht und auf bekannte Weise gefunden werden.

Diese Gerade l'' bestimmt zugleich die Richtung des Schlagschattens, welcher seitens der Prismakanten auf die Verticalebene geworfen wird. Mit Zuhilfenahme derselben ist man unter anderem auch in den Stand gesetzt, sofort zu entscheiden, dass die Prismakanten ee_1 und cc_1 der Schattengrenze angehören.

Mit Rücksicht auf die bereits früher festgestellten Principien wird es nun leicht sein, den Schlagschatten ins Innere des als hohl vorausgesetzten Prisma zu bestimmen.

Von besagtem Schlagschatten kommt jedoch nur der Theil $c\omega$, welcher von der Kante cb herrührt, zur Geltung. Von dem letztgenannten

Punkte ω übergeht der Schlagschatten sogleich auf die Cylinderfläche.

Um irgend einen Punkt des letzteren, beispielsweise jenen festzustellen, welcher dem Eckpunkte b entspricht, legen wir durch b die horizontal-projicierende Lichtebene $b\beta\beta_1$. Dieselbe schneidet den Cylinder nach der Erzeugenden $\beta_1\beta_\sigma$, in welcher offenbar der verlangte Schlagschatten liegt. Man erhält denselben im Durchschnitte β_σ von $\beta_1\beta_\sigma$ mit dem durch b geführten Lichtstrahle $b\beta_\sigma$.

Ganz in der gleichen Weise wurden die Schlagschatten der Punkte a, c, d... construiert und so durch entsprechende Verbindung der einzelnen Schattenpunkte der Schlagschatten selbst dargestellt.

Zu bemerken wäre noch, dass jener Schlagschatten auf der Cylinderfläche, welcher einer Kante des gegebenen Fünfeckes entspricht, irgend ein Theil derjenigen Ellipse ist, die den Schnitt des Cylinders mit der durch die betreffende Kante gelegten Lichtebene repräsentiert; es werden demnach die besagten Schlagschatten, entsprechend erweitert, die Contourerzeugenden der Cylinderfläche berühren müssen.

Diese Eigenschaft kann zweckmäßig sowohl zur Erhöhung der Genauigkeit als auch zur Controle benützt werden.

Die Tangente an irgend einen Punkt des Schlagschattens resp. der Schattencurve unmittelbar anzugeben, wird auch hier keinerlei Schwierigkeit bieten.

Bezeichnete Tangente werden wir wieder als den Schnitt der Tangentialebene der Fläche mit der entsprechenden Lichtebene construieren. So wird beispielsweise für die Tangente im Punkte β_σ des Schlagschattens der Kante bc ein zweiter Punkt erhalten, wenn die Verticaltrace der betreffenden Tangentialebene des Cylinders (die sich unmittelbar ergibt, wenn man die Tangente in β_1 bis ζ verlängert und von dem erfolgten Schnitte eine Verticale zieht) mit der Geraden bc (Trace der entsprechenden Lichtebene) zum Schnitte gebracht wird.

Die Selbstschattengrenzen des Cylinders gehen durch die Berührungspunkte der Leitellipse MN mit den an die letztere parallel zu l' geführten Tangenten.

Der Schlagschatten ins Innere der Cylinderfläche wird nach der in §. 368) besprochenen Weise bestimmt. Selbstverständlich wird der besagte Schatten diesfalls (in Bezug auf den Cylinder) bloß bis zum Punkte μ zu führen sein, da er von diesem Punkte aus auf die den Cylinder durchdringende Seitenfläche aba_1 des Prisma übergeht.

Um den Schlagschatten m_σ irgend eines Punktes, etwa den von m' zu erhalten, welcher der Ellipse als Begrenzungscurve des

Schattens auf die obgenannte Seitenebene $a b a_1$ entspricht, führt man die Lichtebene, welche das Prisma nach Erzeugenden schneidet, durch den besagten Punkt. Die Tracen dieser Lichtebene sind durch $m'\mu$, $m\mu$ dargestellt. Im gemeinsamen Punkte der betreffenden Erzeugenden $m m_\sigma$ und des aus m' geführten Lichtstrahles ergibt sich bereits der verlangte Schatten m_σ.

Selbstverständlich wird der von der schattenwerfenden Ellipse MN herrührende Schlagschatten auf die Seitenebene $a b a_1$ des Prisma eine mit der erstgenannten Ellipse (Leitlinie) in Bezug auf die Lichtstrahlenrichtung affine Ellipse sein. Die Affinitätsachse ergibt sich in dem Schnitte der Ebene $a b a_1$ mit der Leitlinienebene der Cylinderfläche.

Wie bereits früher (§. 368) erwähnt, besitzt der Schlagschatten in jenen Punkten, in welchen derselbe in den Selbstschatten einer stetig krummen Fläche übergeht, Tangenten, welche durch das Beleuchtungscentrum gehen.

Um vorliegendenfalls zu den besagten Punkten zu gelangen, bestimmen wir den Schnitt der zur Lichtstrahlenrichtung parallelen Berührungsebene ($N n_1 n$) des Cylinders mit der Kantenkette des Prisma, welche die Selbstschattengrenze des letzteren darstellt.

Einen der verlangten Punkte erhalten wir diesfalls in n. Der Schlagschatten desselben wird sich demgemäß in n_σ, und die zugehörige Tangente $n n_\sigma$ in dem durch n geführten Lichtstrahle ergeben.

§. 372.

84. Aufgabe. Die Durchdringung eines Rotationskegels und eines Cylinders, welche zwei Berührungsebenen gemein haben und deren Achsen sich unter rechtem Winkel schneiden, ist, in schiefer Projection dargestellt, gegeben. Die Schatten der beiden Flächen aufeinander sind unter Voraussetzung von Parallelbeleuchtung zu construieren.

Dass Fig. 146, Taf. XXII, den obgestellten Bedingungen thatsächlich entspricht, erscheint durch den Pohlke'schen Lehrsatz[1]) gerechtfertigt.

Als Coordinatenachsen des rechtwinkligen Systems gelten hier die Richtungen $AB(x)$, $CD(y)$ und $ab(z)$. Weiters ist $AB = 1_x$, $CD = 1_y$, während die Größe der z-Einheit zur Größe ab in demselben Verhältnisse steht, wie der zu ab conjugierte Durchmesser $\gamma\delta$ zu CD.

---

[1]) Peschka, Sitzungsberichte der kais. Akad. d. Wissenschaften. Wien 1878.

Dieser Annahme gemäß, wurde die Richtung des schief-projicierenden Strahles, welche übrigens für den weiteren Verlauf der gestellten Aufgabe, resp. für die durchzuführenden Constructionen einflusslos ist, bestimmt.

Die Durchdringung beider Flächen wird bekanntlich in zwei Kegelschnitte zerfallen, welche durch die Berührungspunkte M, M_1 gehen.

Die Lichtstrahlenrichtung sei durch das Bild l und durch die Bilder l' und l'' der Projectionen des Lichtstrahles auf die Ebenen der beiden Leitlinien festgestellt. Von diesen drei Bildern ist offenbar durch die Angabe zweier das dritte schon an und für sich bestimmt und kann daher, sowie im vorhergehenden Beispiele, das dritte stets aus zwei gegebenen abgeleitet oder construiert werden. Der Schnitt der beiden Ebenen der Leitlinien sei $\mathfrak{x}\mathfrak{x}$.

Die schattenwerfenden Cylindererzeugenden ergeben sich sofort, wenn man an die Leitlinie $abcd$ (Taf. XXII, Fig. 146) der Cylinderfläche die zu l'' parallelen Tangenten QH führt. Die sich hierbei ergebenden Berührungspunkte H gehören bereits den vorerwähnten Selbstschattenerzeugenden HH_1 des Cylinders an.

Um die Trennungslinie zwischen Licht und Schatten bei dem vorliegenden Kegel, oder was dasselbe ist, die schattenwerfenden Kegelerzeugenden oder auch die Selbstschattenerzeugenden des Kegels zu finden, wird man wieder, sowie in früheren Fällen, zweckmäßig den Schnitt $\varDelta$ des durch die Kegelspitze S parallel zu (l, l') geführten Lichtstrahles (λ, λ') mit der Ebene der Leitlinie aufsuchen.

Die durch $\varDelta$ an die Leitlinie $ABCD$ gelegten Tangenten $\varDelta E$ bestimmen durch ihre Berührungspunkte E die Selbstschattengrenzen oder die schattenwerfenden Kegelerzeugenden EE_1.

Durch die so gefundenen Selbstschattenerzeugenden beider Flächen in Verbindung mit jenen Theilen der Leitlinien, welche die Selbstschattengrenzen vervollständigen, sind auch schon die Leitlinien jener Strahlenflächen bestimmt, deren Durchdringung mit den gegebenen Flächen in ihren entsprechenden Theilen den Schlagschatten darstellen wird.

So wird beispielsweise der Schlagschatten des Kegels auf dem Cylinder, in den Punkten μ und η beginnend, ein Theil jener Ellipse sein, welche den Schnitt der Kegeltangentialebene $Ee'eE$ mit der Cylinderfläche vorstellt. Zur Bestimmung derselben liegen außer den Punkten μ und η noch die Contourerzeugenden des Cylinders als Tangenten vor.

Ein beliebiger Punkt dieser Ellipse, etwa jener, welcher dem Punkte E entspricht, kann gefunden werden, indem man durch E jene Lichtebene führt, welche den Cylinder nach Erzeugenden schneidet. Die Tracen besagter Ebene sind diesfalls Ed' und $d'\alpha$, wobei $d'\alpha$ parallel zu l'' ist. Im Schnitte e_σ des durch E geführten Lichtstrahles Ee_σ mit der entsprechenden Cylindererzeugenden $\alpha\alpha_1$ erhält man den verlangten Punkt e_σ.

Die Tangentenconstruction in irgend welchen Punkten der Schattencurve neuerdings zu erörtern, erscheint, mit Rücksicht auf die bereits in früheren Fällen erfolgte Besprechung, überflüssig.

Von dem Punkte E der Leitellipse $EFB\ldots$ ausgehend, gelangt der Schatten derselben auf der Cylinderfläche zur Geltung. Der Schatten f_σ irgend eines Punktes F der genannten Ellipse wird ganz auf dieselbe Weise bestimmt, wie dies in Bezug auf den Punkt E derselben vollführt wurde.

Sowie zur Schattenbestimmung des Kegels auf den Cylinder unmittelbar zwei Punkte und zwei Tangenten vorlagen, ebenso werden sich zum Zwecke der Construction des Cylinderschattens auf den Kegel, insoferne man denselben wieder als Schnitt der Berührungsebene längs HH_1 mit der Kegelfläche betrachtet, zwei Punkte h und v, sowie die Contourerzeugenden des Kegels als Tangenten ergeben. Auch noch einen dritten Punkt dieses Schlagschattens finden wir direct in ϱ; es ist dies jener Punkt, in welchem die Berührungsebene $QHNR$ die untere Leitlinie des Kegels schneidet. Es unterliegt sonach die Verzeichnung des Schlagschattens keinerlei weiteren Schwierigkeiten.

Ebenso einfach wird die Construction der Schlagschatten dann durchzuführen sein, wenn wir die oben gestellte Aufgabe dahin erweitern, dass wir unter denselben Bedingungen, die dort gegeben waren und für die nämliche Lichtstrahlenrichtung, also auch für dieselbe Durchdringung den Schlagschatten in den halben hohlen Theil der letzteren bestimmen.

Der Berührungspunkt G (Taf. XXII, Fig. 145) der Tangente aus Δ kennzeichnet die Selbstschattenerzeugende des Kegels. Der Berührungspunkt K der zu l'' parallelen Tangente an die Cylinderleitlinie hingegen liefert denjenigen Punkt derselben, durch welchen die schattenwerfende Erzeugende der Cylinderfläche geht.

Der Schlagschatten, welchen der Theil der Kegelleitlinie GA in das Innere des hohlen Raumes wirft, kann, auf Grund vorausgeschickter Principien, nach bereits bekannter Methode anstandslos bestimmt werden. Derselbe erstreckt sich bis ϱ und übergeht von da aus, d. i. von der Durchdringungscurve der beiden Flächen, auf den hohlen cylindrischen Raum.

Um irgend einen Punkt dieses Schattens, der in den hohlen Cylinder fällt, beispielsweise also den zu bestimmen, welcher dem Punkte A entspricht, legen wir durch A diejenige Lichtebene, welche den Cylinder nach Erzeugenden schneidet. Die Tracen derselben sind bekanntlich AA', $A'\alpha$, wobei $A'\alpha$ parallel zu l'' sein muss. Im Schnitte der betreffenden Cylindererzeugenden αA_σ mit dem Lichtstrahle aus A erhalten wir sofort den gesuchten Schlagschatten A_σ.

Die Kante AC des Kegels, deren Schatten auf die Cylinderfläche mit A_σ beginnt, schließt mit dem Schatten C_σ von C ab, welcher Punkt C_σ sowie jeder zwischenliegende Punkt genau in derselben Weise wie A_σ bestimmt werden kann.

Der Theil $A_\sigma C_\sigma$ des Schattens, als Schnitt der durch AC parallel zum Lichtstrahle geführten Lichtebene mit der Cylinderfläche, gehört offenbar wieder einer Ellipse an, zu deren Bestimmung die Punkte A_σ, C_σ, F und die Contourkanten des Cylinders als Tangenten vorliegen.

Der Schatten der Cylinderkante CD auf die Cylinderfläche selbst fällt in die Erzeugende γ nach $C_\sigma D_\sigma$. In μ und ν bricht sich der Schatten und übergeht auf den Kegel.

Da behufs der diesbezüglichen Construction die Punkte μ, ν, C, H und die Contourerzeugenden des Kegels als Tangenten vorliegen, bietet diese nichts neues und kann nach Früherem, ohne irgend eine Schwierigkeit zu bieten, vollführt werden.

Weiters sind noch jene Schlagschatten zu construieren, welche die Grenzcurven DKP und HK_1F des hohlen Cylinders in das Innere desselben werfen. Hierbei ist zunächst zu bemerken, dass KK_1 eine Selbstschattenerzeugende der Cylinderfläche darstelle. Auch die constructive Durchführung dieser Schatten kann, unter Berufung auf das in den §§. 368 bis inclusive 371 Gesagte, anstandslos geschehen.

Es erübrigt somit nur noch die Bestimmung jener Schlagschatten, welche die Curve HEF in das Innere des Hohlkegels wirft.

Der Ausgangspunkt des besagten Schattens ist offenbar in dem Punkte E der Selbstschattenerzeugenden des Kegels zu suchen. Um den Schlagschatten irgend eines anderweitigen Punktes, etwa denjenigen zu finden, der vom Punkte F herrührt, kann man durch F jene Lichtebene legen, welche gleichzeitig durch den Kegelscheitel geht. Die Trace derselben ist durch $\varDelta A$, welche die Leitlinie des Kegels in einem weiteren Punkte a schneidet, bestimmt. Durch a ist diejenige Erzeugende bereits fixiert, in welche der Schatten F_σ von F fällt.

Im Übrigen können auch hier jene Hilfsmittel, welche sich behufs der Construction von Schatten einer ebenen Curve auf einen Kegel und zwar ins Innere desselben darbieten, sowie in den früher besprochenen Beispielen, mit Vortheil benützt werden.

§. 373.

85. Aufgabe. **Ein Object, welches durch derartige Flächen begrenzt wird, die bisher, bezüglich der Construction der Schlagschatten, den Gegenstand unserer Erörterungen bildeten, liege, perspectivisch dargestellt, vor; es sind die Schlagschatten unter der Voraussetzung zu bestimmen, dass gleichzeitig das Spiegelbild desselben mit in Betracht gezogen werde.**

Wir wollen diesfalls eine Combination eines Durchlasses mit seitlich angebrachten Stufen annehmen; die Grundebene (Wasserfläche) diene als spiegelnde Fläche.

Das Spiegelbild wird unter der gemachten Voraussetzung am einfachsten construiert werden können, wenn wir an dem Grundsatze festhalten, dass das Spiegelbild eines Punktes in der Senkrechten zur spiegelnden Fläche und zwar in der nämlichen Entfernung hinter dieser liege als der gegebene (leuchtende) Punkt vor derselben sich befindet, dass ferner zur Spiegelebene parallele Gerade mit ihren Reflexen gemeinschaftliche Fluchtpunkte besitzen und dass endlich die Bilder von zur Spiegelebene senkrechten Geraden mit diesen letzteren selbst zusammenfallen.

Die Richtung der Lichtstrahlen sei durch deren Fluchtpunkt (v_s, v'_s) (Taf. XXII, Fig. 147) bestimmt.

Die Schlagschatten des Objectes selbst können, auf Grund der in §. 369 erörterten Principien, anstandslos construiert werden. Bemerkt mag hier nur werden, dass die sämmtlichen Schlagschatten der horizontalen Stufenkanten auf die als Bildebene dienende verticale Stirnfläche des gewählten, resp. dargestellten Durchlasses zur Verbindungsgeraden Av_s parallel seien und dass sich die besagten Schatten immer bis zum Schnitte mit der nächst unteren Stufenkante fortsetzen, um sodann unmittelbar ihre Ergänzung, resp. Fortsetzung auf der jeweilig entsprechenden Horizontalebene der betreffenden Stufe zu finden. Selbstverständlich werden diese geradlinigen horizontalen Abgrenzungen im Hauptpunkte A verschwinden.

Der Schatten der Kante pr auf die einzelnen Stufen wird bestimmt, indem man zunächst ihren Schlagschatten auf die Horizontalebene der untersten Stufe construiert. Derselbe fällt nach $p_\sigma r_\sigma$ und entspricht demselben, als einer horizontalen Geraden, der in der Horizontlinie HH liegende Fluchtpunkt φ.

Mit Benützung des Fluchtpunktes φ und je eines weiteren Punktes, welcher sich mittelst der Methode des „Zurückführens der Lichtstrahlen" auf der horizontalen Kante der nächst höheren Stufe ergibt, wurde der fragliche Schatten von pr auf die übrigen Stufen gefunden.

Auf die Bestimmung des Schattens im Spiegelbilde übergehend, sei vor allem bemerkt, dass dieser sich auf zweifache Weise feststellen lasse.

Entweder kann nämlich das Spiegelbild der bereits gefundenen Schlagschatten construiert werden oder man kann unabhängig von diesen das verlangte Resultat dadurch erreichen, dass man das Spiegelbild der Lichtstrahlen aufsucht und für diese, indem man das Spiegelbild als selbständiges Object auffasst, die Schlagschatten im Spiegelbilde direct bestimmt.

Das Spiegelbild v_s^σ des Fluchtpunktes (v_s, v'_s) der Lichtstrahlen wird, wie aus der Construction des Reflexes eines beliebigen Punktes hervorgeht, für den vorliegenden Fall in der Verticalen (v_s, v'_s) zu suchen und in einem Abstande $v'_s v_s^\sigma = v_s v'_s$ zu finden sein. Selbstverständlich bleibt v'_s seiner Eigenschaft nach unverändert.

Was die Schatten auf die spiegelnde Ebene selbst anbelangt, so gilt hiefür das in den „Vorbemerkungen" Gesagte. Derselbe ist nämlich umso weniger sichtbar, je vollkommener die totale Reflexion des Lichtes ist. Die Sichtbarkeit des Spiegelbildes überhaupt und die Sichtbarkeit der Schlagschatten auf die spiegelnde Fläche stehen also im reciproken Verhältnisse. Bei der Ausführung der Schattierung wird hierauf nothwendig Rücksicht zu nehmen sein.

§. 374.

Construction der Schatten von Developpablen.

In der Entwicklung des Vorausgeschickten fortschreitend, gelangen wir von der Schattenbestimmung specieller abwickelbarer Flächen (Kegel- und Cylinderflächen) zu jenen von Developpablen allgemeinen Charakters.

Allgemeine Developpable können bekanntlich immer als Ort der Tangenten einer Raumcurve (Rückkehrcurve) aufgefasst werden. In vielen Fällen jedoch können dieselben, wie wir aus Früherem wissen, auch als Umhüllungsflächen von Ebenen, welche zwei gesetzmäßig gestalteten Flächen (Leitflächen oder Leitcurven) umschrieben sind, definiert werden.

Diese letztere Auffassungsart erweist sich namentlich für den Fall, als die eine Leitfläche resp. Leitcurve unendlich ferne und durch einen Richtungskegel vertreten ist, für die Construction der Selbstschattengrenzen von Developpablen wesentlich förderlich.

Eine punktförmige Lichtquelle vorausgesetzt, werden die Selbstschattengrenzen der zu betrachtenden Flächen, infolge der Entstehungsweise, resp. der Natur dieser Flächen entsprechend, immer Gerade sein müssen. Es sind dies bekanntlich Berührungserzeugenden jener Tangentialebenen, welche gleichzeitig auch den leuchtenden Punkt enthalten.

Liegt eine abwickelbare Fläche als umhüllende zweier gesetzmäßig gestalteter Flächen vor, so wird es im allgemeinen keinerlei Schwierigkeit bieten, die besagten Tangentialebenen aufzufinden. Es sind dies, wie bekannt, jene an beide Flächen möglichen gemeinsamen Berührungsebenen, die gleichzeitig durch den leuchtenden Punkt gehen.

Die Verbindungsgeraden zweier entsprechenden Berührungspunkte bestimmen bereits diejenigen Erzeugenden der Developpablen, welche für das gewählte Beleuchtungscentrum als Selbstschattengrenzen auftreten.

Eine der bekanntesten Developpablen ist die abwickelbare Schraubenfläche und wollen wir daher diese als geeignetes Beispiel wählen.

§. 375.

86. Aufgabe. **Eine aufwickelbare Schraubenfläche liegt als gegeben vor; es sind die Schlagschatten-Constructionen für Parallelbeleuchtung durchzuführen.**

Die genannte Fläche kann selbstverständlich auch in dem eben angedeuteten Sinne aufgefasst werden.

Als Leitflächen treten hier das senkrechte Schraubenconoid und ein unendlich ferner Kreis auf, welcher durch einen gewissen mit dem Conoide coaxialen senkrechten Kreiskegel, als Richtungskegel, repräsentiert wird. Dass zu den Erzeugenden dieses Kegels die der Developpablen parallel sind, braucht wohl an dieser Stelle nicht mehr besonders erwähnt zu werden.

Hier sowie in allen jenen Fällen, in welchen der Richtungskegel der abwickelbaren Fläche bekannt ist — Parallelbeleuchtung vorausgesetzt — wird es sich als zweckmäßig erweisen, bei der Construction der Selbstschattengrenzen von diesem auszugehen.

Suchen wir die zur Lichtstrahlenrichtung parallelen Tangentialebenen an besagtem Kegel, so sind in dessen Berührungserzeugenden auch schon die Richtungsgeraden der Selbstschattengrenzen für die gegebene Developpable gefunden. Die endgiltige Feststellung derselben kann sodann unschwer vollzogen werden.

Zur Erläuterung des obangeführten Problems sei bloß Nachstehendes ergänzend hinzugefügt.

Die Schraubenfläche wird durch einen mit dem Grundcylinder coaxialen Cylinder begrenzt gedacht, welcher, wie bekannt, die genannte Fläche in einer Schraubenlinie von gegebener constanter Ganghöhe (Ganghöhe des Conoides) schneidet. Die Spur der Fläche auf der horizontalen Projectionsebene, insoweit sie für den vorliegenden Fall in Betracht kommt, erscheint durch das Stück der Kreisevolvente $A'B'2$ (Taf. XXII, Fig. 148) dargestellt.

Die Selbstschattengrenze des Richtungskegels für die angenommene Lichtstrahlenrichtung (l, l') wird durch $O\mu$ und $O\nu$ (als schattenwerfende Erzeugende) repräsentiert. Die entsprechenden, hiezu selbstverständlich parallelen Selbstschattengrenzen der Developpablen gehen durch die Punkte (M, M') und (N, N').

Die Selbstschattengrenzen des Grundcylinders sind die Erzeugenden (C, C') und (Γ, Γ'); der Schlagschatten $(CPR, C'P'R')$, den der Cylinder auf die developpable Schraubenfläche wirft, ist sonach der Schnitt der durch die genannten Erzeugenden gleichzeitig mitbestimmten Tangentialebenen (Lichtebenen) mit der Schraubenfläche. Die Tangente im Punkte R der Schattencurve CPR ist parallel zur Lichtstrahlenrichtung (l, l').

Um den Schlagschatten zu finden, den die äußere Begrenzung der Schraubenfläche auf den Grundcylinder wirft, wenden wir diesfalls Ebenen an, welche einerseits zur Lichtstrahlenrichtung parallel sind, andererseits aber den Grundcylinder nach Erzeugenden schneiden. Eine dieser horizontal-projicierenden Ebenen ist hier durch $A'a'$ (Horizontaltrace) dargestellt. Mittelst derselben findet man den Punkt a der äußeren Schraubenlinie, welcher seinen Schatten in die verticale Contourkante des Grundcylinders nach a_s wirft. Auf ähnliche Weise wird der Punkt c_σ, in welchem der Schlagschatten in den Selbstschatten übergeht, gefunden.

Weiters erübrigt noch die Schlagschattenbestimmung der Schraubenfläche in das Innere derselben.

Der besagte Schatten ergibt sich als Schnitt des durch die äußere Schraubenlinie bestimmten Lichtcylinders mit der Schraubenfläche.

Um beispielsweise den Punkt d_σ zu finden, mit welchem gleichzeitig auch die Tangente (Lichtstrahlenrichtung) an die betreffende Schattencurve in dem genannten Punkte bestimmt erscheint, legen wir durch die entsprechende Grenzerzeugende Md_σ die Lichtebene, suchen deren Schnitt mit der äußeren Schraubenlinie und erhalten in demselben jenen Punkt, dessen Schatten in die bezeichnete Erzeugende fällt.

Es bedarf wohl keiner speciellen Erwähnung, dass sich für die angenommene Parallelbeleuchtung, wenn wir die Schraubenfläche fortgesetzt denken, die construierten Schatten in Perioden, welche je einer Ganghöhe entsprechen, congruent bleiben.

Parallelbeleuchtung vorausgesetzt, wird man, ähnlich wie hier, in all jenen Fällen verfahren, in welchen sich bei allgemeinen Developpablen ein Richtungskegel angeben lässt.

Für die Durchführung derartiger Aufgaben in centraler Projection sei bemerkt, dass man als Scheitel des Richtungskegels zweckmäßig das Projectionscentrum annehmen wird. Die Bildspur des Kegels ist sodann gleichzeitig die Fluchtspur der Fläche, d. h. das Bild jener Curve, in welcher die Fläche von der unendlich fernen Ebene des Raumes geschnitten wird.

In den Tangenten, welche man vom Fluchtpunkte sämmtlicher Lichtstrahlen an die Fluchtspur der Fläche führen kann, erhält man diesfalls die Fluchttracen der zu den Lichtstrahlen parallelen Tangentialebenen der Developpablen und in den Berührungspunkten derselben bereits die Fluchtpunkte der Selbstschattenerzeugenden.

Wären in den betrachteten Fällen die Selbstschattengrenzen für centrale Beleuchtung (Beleuchtungscentrum in endlicher Entfernung) zu finden — wobei die Developpable ganz allgemein durch zwei Leitflächen bestimmt gedacht werden mag — so würde man den leuchtenden Punkt als Scheitel des Richtungskegels annehmen und an diesen sowie an eine der Leitflächen die gemeinsamen Tangentialebenen legen.

Durch den jeweiligen Berührungspunkt einer derselben mit der Leitfläche, resp. der Berührungserzeugenden mit der Developpablen ist bereits eine Selbstschattenerzeugende bestimmt.

Wird in irgend welchen Fällen die abwickelbare Fläche durch eine genügende Anzahl aufeinanderfolgender Erzeugenden gegeben, so kann die Selbstschattengrenze gefunden werden, indem man durch das Beleuchtungscentrum eine beliebige Ebene von der Art legt, dass sich deren Schnitt mit der gegebenen Fläche möglichst genau bestimmen lässt.

Führt man sodann aus dem leuchtenden Punkte die möglichen Tangenten an die Schnittcurve, so sind durch die Berührungspunkte derselben auch jene Erzeugenden charakterisiert, welche der Selbstschattengrenze angehören.

Für den allgemeinsten Fall endlich, in welchem die Developpable bloß durch ihre Rückkehrcurve gegeben ist, kann man zum Ziele gelangen, indem man letztere aus dem Beleuchtungscentrum auf irgend eine Ebene projiciert.

Die hiebei zutage tretenden Inflexionspunkte der Projection entsprechen denjenigen Punkten der Rückkehrcurve, deren Tangenten die Selbstschattengrenzen darstellen.

Die Erklärung hiefür ergibt sich aus dem Umstande, dass jede Berührungsebene einer Developpablen zugleich Osculationsebene der Rückkehrcurve ist.

Wenn man daher die letztere aus irgend einem Punkte einer Berührungsebene projiciert, so wird in der Projection dem Osculationspunkte ein Inflexionspunkt entsprechen müssen, nachdem sich die drei aufeinanderfolgenden Punkte der Osculation als drei aufeinanderfolgende Punkte in der Trace der Berührungsebene projicieren.

§. 376.

Construction der Schatten an krumme Flächen im allgemeinen.

Wie bei den vorausgegangenen Erörterungen zerfällt auch hier die Schattenconstruction in zwei Theile und zwar:

a) In die Bestimmung des Selbstschattens, resp. der Selbstschattengrenze, und

b) in die Bestimmung des Schlagschattens, resp. des Schnittes der durch die gefundenen Selbstschattengrenzen und das Beleuchtungscentrum bestimmten Strahlenfläche mit anderen gegebenen Flächen.

Der erste Theil — eine punktförmige Lichtquelle vorausgesetzt — ist identisch mit der Aufgabe: **„Die Berührungscurve des der Fläche aus einem gegebenen Punkte, welcher außerhalb der Fläche liegt, umschriebenen Kegels aufzusuchen."**

Wir werden demnach diesbezüglich all jene Hilfsmittel verwenden und verwerten können, welche uns aus Früherem bekannt sind und welche die darstellende Geometrie für die Lösung des obangeführten Problems bietet.

Eine der allgemeinsten Verfahrungsarten ist die nachstehende. Man legt durch den leuchtenden Punkt L (Taf. XXII, Fig. 149) beliebige Ebenen, sucht deren Schnitte C_1, C_2... mit der gegebenen krummen Fläche auf und führt an die so erhaltenen Schnittcurven aus L die entsprechenden Tangenten t_1, t_2, t_3, t_4...; die betreffenden Berührungspunkte 1, 2, 3, 4... bilden in ihrer stetigen Aufeinanderfolge die Selbstschattengrenze.

Es ist von selbst einleuchtend, dass die letztbezeichnete Curve auch die Contour der Fläche berühren muss. Man erhält diese „Contourpunkte" in allen Fällen und für jede Projectionsart direct in den Berührungspunkten der aus der Projection des Beleuchtungscentrums L an die Contour geführten Tangenten LT, LT_1...

Dieses im allgemeinen ziemlich langwierige Verfahren wird seltener und in der Regel nur für Flächen angewendet, denen kein bestimmtes Gesetz zugrunde liegt, wie es beispielsweise bei Terrainflächen der Fall ist.

Liegt die krumme Fläche durch eine Schar Erzeugender — von möglichst einfacher Natur — als gegeben vor, so kann man die Selbstschattengrenze auch dadurch bestimmen, dass man aus dem Beleuchtungscentrum die Projectionen der Erzeugenden auf eine zweckmäßig gewählte Ebene bildet, und die Enveloppe aller dieser Projectionen verzeichnet.

Die jeweiligen Berührungspunkte der Projectionen dieser Erzeugenden mit der Enveloppe in die entsprechenden Erzeugenden zurückprojiciert, geben bereits Punkte der Selbstschattengrenze.

Durch die besagte Enveloppe ist zugleich auch schon der Schlagschatten der Fläche auf die betreffende Ebene gewonnen, und es erklärt sich hiernach das in Fig. 150, Taf. XXII, durch bildliche Darstellung angedeutete Verfahren als eine bloße Anwendung der Methode des „Zurückführens der Lichtstrahlen".

Der vorbezeichnete Weg kann mit Vortheil dann eingeschlagen werden, wenn die Projectionen der Erzeugenden aus dem Centrum auf eine entsprechend gewählte Ebene einfach und sofort construierbar sind, also beispielsweise aus geraden Linien oder aus Kreisen bestehen. Es ist unschwer zu erkennen, dass das Gesagte bei Kegelflächen sowohl, als auch bei Rotationsflächen eintreten könne.

Vollständige Genauigkeit bietet das angeregte Verfahren namentlich dann, wenn von vornherein ein Urtheil über die Art des Schlagschattens möglich ist und man hieraus unmittelbar eine Methode zur Bestimmung der Berührungspunkte der Enveloppe mit den Eingehüllten folgern kann, wie dies beispielsweise bei Flächen zweiten Grades vorkömmt.

Es werden sich übrigens, wie wir in der Folge sehen werden, für die genannten Flächengattungen auch andere besondere Verfahrungsarten finden lassen, auf welche gestützt die Constructionen mit solcher Genauigkeit vollführt werden können, als es überhaupt, mit Rücksicht auf die Art der für die Fläche gegebenen Daten, nur irgend möglich ist.

§. 377.

Im Hinblick darauf, dass sich das Problem der Selbst- und Schlagschatten-Constructionen im allgemeinen immer darauf reduciert, den irgend einer Fläche aus dem Beleuchtungscentrum umschriebenen Kegel (Cylinder) zu finden, und den Schnitt desselben mit einer Fläche oder Ebene aufzusuchen, steht die besagte Schattenbestimmung im reciproken Verhältnisse zu jener Aufgabe, welche die Forderung, „den Schnitt einer Fläche mit einer Ebene zu construieren“ in sich schließt.

Sind die Methoden zur Lösung des letztgenannten Problems bekannt, so werden sich auf dem Wege reciproker Transformation leicht auch Methoden zur Lösung des letzteren ermitteln lassen.

Bekanntlich fasst man behufs der „Schnittbestimmung“ die Fläche als „Linienschar“ auf. Die Gesammtheit der Schnitte dieser einzelnen Linienerzeugenden mit der Ebene liefert das verlangte Resultat.

Die dieser Auffassungsweise gegenüberstehende, durch welche nämlich die Fläche als Einhüllende einer Schar von Developpablen betrachtet wird, gewährt ähnliche Vortheile wie die oben angedeuteten, für die Construction des berührenden Kegels.

Hier wie dort werden Scharen von Erzeugenden, die möglichst einfacher Natur sind, verwendet. Der einfachsten Linienerzeugenden, d. i. der Geraden, entspricht das Ebenenbüschel als die einfachste Developpable.

In vielen Fällen wird man übrigens für jedes der beiden Probleme, um mitunter bestimmtere Resultate zu erhalten, je nach Bedarf von der einen Auffassungsweise auf die andere übergehen.

Um etwa beispielsweise die Tangente für irgend einen Punkt eines ebenen Schnittes zu erhalten, wird die Tangentialebene in dem betreffenden Punkte mit der schneidenden Ebene combiniert. Um andererseits eine Erzeugende des umschriebenen Kegels aufzufinden, wird der Berührungspunkt der betreffenden Tangentialebene mit dem Kegelscheitel verbunden.

Die Tangentialebene im ersten Falle gehört der Developpablen an, welche der Fläche längs der durch den betreffenden Punkt geführten Linienerzeugenden umschrieben ist.

Der Berührungspunkt im zweiten Falle dagegen gehört der Berührungscurve an, in welcher die die entsprechende Tangentialebene enthaltende Erzeugende der Developpablen die Fläche berührt.

Die Reciprocität der Coustructionen in den genannten Fällen ist dann eine vollständige, wenn der betrachteten Fläche die gleiche Ordnungs- und Classenzahl zukommt, oder auch dann wenn die Fläche in gleichmäßiger Weise aus Linienerzeugenden und gleichwertigen Developpablen, welche einander entsprechend zugeordnet sind, erzeugt gedacht werden kann.

In die erstere Gruppe gehören alle Regelflächen, in die letztere dagegen die Umhüllungsflächen, zu welchen auch die Rotationsflächen zählen.

Bei den Regelflächen sind Ordnungs- und Classenzahl einander gleich. Die Umhüllungsflächen entstehen in gleichmäßiger Weise aus Linienerzeugenden und aus Developpablen.

Den Schnitt zweier aufeinanderfolgenden eingehüllten Flächen wollen wir kurz: die Linien-Charakteristik, und die gemeinsame Developpable zweier aufeinander folgender Eingehüllten die Developpablen-Charakteristik nennen. Jeder Linien-Charakteristik entspricht eine bestimmte Developpable und umgekehrt.

Die Rotationsflächen können in doppelter Weise als Umhüllungsflächen von Scharen einfacherer Natur gedacht werden und zwar:

a) Entweder als Enveloppe einer Kugelschar mit Parallelkreisen als Linien-Charakteristiken und senkrechten Kreiskegeln als Developpablen-Charakteristiken; oder aber

b) als Enveloppe einer Schar von Cylindern, welche in diesem Falle gleichzeitig die Serie der Developpablen-Charakteristiken repräsentieren. Die zugehörigen Linien-Charakteristiken sind durch die Meridiane vertreten.

Sowohl für die Construction des ebenen Schnittes, als auch für die des umschriebenen Kegels wird bei den letztgenannten Flächen von den beiden obangeführten Auffassungsarten Gebrauch gemacht.

Den beiden der vorbezeichneten Flächengruppen gleichzeitig, gehört weiters eine Flächenfamilie an, bei welcher das eine der besagten Probleme direct auf das andere führt und das eine Problem unmittelbar durch das andere gelöst wird, wo also die Reciprocität der Constructionen eine polare ist. Es sind dies die Flächen zweiten Grades, deren Polarenfläche eine Ebene ist.

§. 378.

Alle gesetzmäßigen Flächen, deren Behandlung vom Standpunkte der darstellenden Geometrie gerechtfertigt erscheint, werden von den beiden vorerwähnten Gruppen selbst dann umfasst, wenn man in die erstere Gruppe bloß die Regelflächen, in die letztere dagegen nur jene Umhüllungsflächen einbezieht, deren Eingehüllte den Grad „zwei" nicht übersteigt.

Alle höheren Flächen legen der graphischen Darstellung meist derartige Schwierigkeiten in den Weg, dass selbst schon die in den Angaben gelegenen Fehler die darauf gestützten Constructionen ungenau und damit zwecklos machen.

Hiedurch erscheinen uns auch schon die Grenzen des hier zu behandelnden Stoffes gezogen, und wollen wir daher nur bezüglich der Art der Durchführung noch bemerken, dass wir die näheren Details der Reciprocität der Constructionen für ebene Schnitte einerseits und für umschriebene Kegel andererseits an der Hand entsprechend gewählter oder gegebener Beispiele erörtern und hieraus gleichzeitig die nothwendigen Hilfsmittel für die uns vorliegende specielle Aufgabe schöpfen wollen.

Das erste, dem Reciprocitätsverhältnisse entspringende Hilfsmittel ist, wie im Vorhergegangenen bereits darauf hingewiesen wurde, das Auffassen der Fläche als Enveloppe einer Developpablenschar.

Diese Auffassung wird den Grundzug aller folgenden Constructionen bilden. Selbstverständlich wird es sich meist als zweckmäßig erweisen, Developpable einfacher Natur, womöglich also Ebenenbüschel oder Kegelflächen zu wählen.

Da die Classe der Fläche und ihrer Developpablenschar durch collineare Transformation ungeändert bleibt, so werden die nachstehend durchzuführenden Constructionen auch naturgemäß als allgemeine, d. i. als für alle Projectionsarten giltige, angesehen werden können.

Wir werden demnach, dem in der Schattenlehre angenommenen Principe entsprechend, alle hierher gehörenden Probleme, sowie die einschlagenden Constructionen, von den verschiedenen Projectionsmethoden unabhängig behandeln und sie so in ganz allgemeiner Form ihrer Lösung zuführen.

Ausnahmen von diesem Principe werden wir nur dann eintreten lassen, wenn bereits durch die Natur der gegebenen graphischen Darstellung einer Fläche eine bestimmte specielle Projectionsart ausgesprochen sein sollte oder die Verwendung einer solchen direct gefordert würde. Aber selbst auch die für diese Fälle geltenden speciellen Constructionen lassen sich als für alle Projectionsmethoden giltig betrachten, wenn nur der Begriff der zur Darstellung gelangenden Fläche in solcher Weise modificiert oder erweitert werden kann, dass von einer im vorhinein bedingten speciellen Projectionsart abgesehen werden darf.

Die Grundlage für die Besprechung und graphische Behandlung höherer Flächengattungen bilden, wie schon im Früheren gesagt, die Flächen zweiten Grades, daher wir uns auch bei der Construction der Schatten zunächst mit diesen beschäftigen wollen.

Vorerst sei auch diesfalls eine punktförmige Lichtquelle vorausgesetzt und für diese Annahme die Selbstschattengrenze, d. i. die Berührungscurve des von dem gegebenen Punkte als Scheitel der Fläche umschriebenen Kegels, bestimmt.

In den meisten Fällen werden die centrischen Flächen zweiten Grades durch drei conjugierte Durchmesser als gegeben vorausgesetzt oder es können diese doch aus der Art der Bestimmung der Fläche leicht gefunden werden.

§. 379.

87. Aufgabe. **Eine Fläche zweiten Grades ist durch drei conjugierte Durchmesser AA_1, BB_1 und CC_1 gegeben; es ist für eine bestimmte Lichtquelle die Selbstschattengrenze der vorliegenden Fläche zu bestimmen.**

Das Bild der Lichtquelle, d. i. des leuchtenden Punktes, sei L (Taf. XXII, Fig. 151), das Bild seiner nach der Richtung CC_1 auf die Ebene AB bezogenen Projection sei L'. Diesen Angaben entsprechend, wollen wir zunächst „Parallelprojection" voraussetzen.

Die drei conjugierten Durchmesser zu je zweien combiniert, geben bekanntlich die conjugierten Durchmesser je eines Diametralschnittes; der dritte Durchmesser kennzeichnet sodann die Richtung der Erzeugenden des Berührungscylinders, welcher der Fläche längs dieses Diametralschnittes umschrieben ist.

Es sind hiernach drei unmittelbar der Fläche umschriebene Cylinder bekannt. Die Contourerzeugenden derselben werden die Contour der Fläche berühren.

Auf Grund dieser Bemerkung ergeben sich aus den drei Durchmessern sofort sechs Tangenten sammt den zugehörigen Berührungspunkten für die Contour der Fläche. Nachdem übrigens die letztere eine Curve zweiter Ordnung ist, so erscheint dieselbe schon durch drei dieser Tangenten mit den ihnen entsprechenden Berührungspunkten vollständig bestimmt.

Sowie nun bezüglich des ebenen Schnittes — um sofort zu conjugierten Durchmessern zu gelangen — die Fläche zweckmäßig als eine Schar von Curven zweiter Ordnung, welche auf den Ebenen eines Parallelbüschels liegen, aufgefasst wurde, so werden wir uns für das vorstehende Problem die Fläche als Enveloppe einer Schar von Kegeln zweiter Ordnung denken können, deren Scheitel sämmtlich auf einem Durchmesser der Fläche gelegen sind.

Die unendlich ferne Achse des Ebenenbüschels im erstangeführten Falle entspricht reciprok der durch den Mittelpunkt gehenden Geraden der Kegelscheitel im letzteren.

Ist der Ort dieser Kegelscheitel der Durchmesser CC_1, so werden die sämmtlichen Berührungscurven der umschriebenen Kegel in Ebenen liegen, welche zu der dem Durchmesser CC_1 conjugierten Diametralebene parallel sind.

Das Gesagte allgemein gestaltet, können wir behaupten:

„Die Berührungscurven aller einer Fläche zweiten Grades umschriebenen Kegel, deren Scheitel sich auf einer festen Geraden vorfinden, liegen in den Ebenen eines Parallel-Ebenenbüschels, dessen unendlich ferne Achse die Polare zu der Geraden der Kegelscheitel, in Bezug auf die Fläche ist.“

Sowie man weiters bei der „Schnittbestimmung“ den Schnitt der Ebene mit den einzelnen Kegelschnittslinien aufsucht, wird man hier die Tangentialebenen bestimmen, welche vom Beleuchtungscentrum an die einzelnen Kegel geführt werden können. Jedem erzeugenden Elemente entsprechen hier wie dort zwei Elemente des Resultates.

Wählen wir zunächst für das uns vorliegende Problem den Scheitel des berührenden Kegels als den unendlich fernen Punkt des Durchmessers CC_1, so wird der umschriebene Kegel in einen Cylinder übergehen, dessen Berührungscurve der Diametralschnitt AB ist.

Führen wir an den besagten Cylinder die durch den Punkt L gehenden Tangentialebenen, indem wir durch L eine Gerade LL' parallel zu den Cylindererzeugenden legen und weiters aus dem Schnitte L' dieser Geraden LL' mit der Ebene der Leitlinie die Tangenten $L'P = \tau$ und $L'Q = \tau_1$ ziehen. Durch $LL'P$ einerseits und durch $LL'Q$ andererseits sind sodann die beiden den Cylinder berührenden Ebenen bestimmt.

In den Punkten P und Q, welche in der Berührungscurve des Cylinders liegen, tangieren diese gleichzeitig auch die gegebene Fläche.

Hiernach ergeben sich bereits in P und Q zwei Punkte der Berührungscurve des umschriebenen Kegels.

Nebenbei sei hier nur bemerkt, dass, wie bekannt, dem diesfallsigen Auffinden der Berührungspunkte bei der Bestimmung des ebenen Schnittes das Ermitteln von Tangentialebenen in Punkten der Schnittcurve reciprok entspricht.

Nehmen wir nun den Scheitel des berührenden Kegels in irgend einem anderen Punkte von CC_1, etwa in s an, so entspricht diesem Kegel eine Berührungscurve aa_1, welche parallel und deshalb auch ähnlich dem Diametralschnitte AB ist. Der Mittelpunkt o der besagten Curve ergibt sich höchst einfach als der vierte harmonische Punkt zu den Punkten C, C_1 und s.

Um die berührenden Ebenen an diesem Kegel zu finden, suchen wir den Schnitt Δ der Geraden sL mit der Ebene der Leitlinie aa_1. Selbstverständlich liegt der zu suchende Punkt Δ in der Schnittlinie der durch CC_1 und L gelegten Diametralebene mit der Ebene aa_1, d. i. in jener Geraden $o\Delta$, welche durch o parallel zu OL' geführt werden kann.

Die durch Δ gelegten Tangenten $\Delta\mu$ und $\Delta\nu$ liefern in ihren Berührungspunkten μ und ν, aus ähnlichen Gründen wie vorhergehend, Punkte der verlangten Berührungscurve. Die Berührungssehne $\mu\nu$ ist dem Durchmesser Δo conjugiert.

Aus dem Umstande nun, dass die Berührungscurven aller umschriebenen Kegel parallel und ähnlich sind und die Richtung Δo der Durchmesser unverändert dieselbe bleibt, geht hervor, dass diese Berührungssehnen PQ, $\mu\nu, \ldots$ sämmtlich zueinander parallel sein werden, dass alle ihre Mittelpunkte ω, $\omega_1 \ldots$ in der Diametralebene CC_1L liegen, und dass somit auch die Grenzlagen dieser Sehnen, d. s. jene, wo Punkte wie μ und ν in einem einzigen Punkt zusammenfallen, die vorbezeichneten Sehnen demnach in Tangenten an die Selbstschattengrenze übergehen, durch jene Diametralebene charakterisiert werden. Diese werden erhalten, indem man aus L die Tangenten an den vorerwähnten Diametralschnitt führt und deren Berührungspunkte bestimmt.

Um den Diametralschnitt — zwei seiner conjugierten Halbmesser sind CO und WO — nicht erst zeichnen zu müssen, denken wir uns denselben sammt dem Punkte L in die Ebene COA in der Weise schief projiciert, dass W mit A zusammenfällt.

Der Diametralschnitt WOC wird sodann durch den bereits gezeichneten COA dargestellt erscheinen.

An diesen Schnitt AOC können wir nun aus dem in gleicher Weise schief projicierten Punkt L_σ (wobei $L'L'_\sigma$ parallel zu LL_σ und parallel zu WA ist) die Tangenten $L_\sigma M_\sigma$ und $L_\sigma N_\sigma$ ziehen und die Berührungspunkte M_σ und N_σ in entsprechender Weise nach M und N in den obgenannten Diametralschnitt zurückführen. Hierbei können die zu WOA parallelen und ähnlichen Dreiecke $No_1 N_\sigma$ und $Mo_2 M_\sigma$ als Affinitätsdreiecke benützt werden. Die so erhaltenen Punkte M und N bestimmen gleichzeitig die Grenzpunkte der Berührungscurve, in welchen, wie vorher bereits besprochen, die zu PO parallelen Sehnen in die Tangenten t und t_1 übergehen.

Die Contourpunkte der Selbstschattengrenze erhalten wir (nach der in §. 376 angedeuteten Weise), indem wir aus L die Tangenten LT und LT_1 an den Umriss führen.

Weitere Punkte der Selbstschattencurve, welche in den Diametralschnitten CAO und CBO gelegen sind, ergeben sich analog wie jene in AOB liegenden Punkte P und Q. Man wird diesfalls L in der Richtung des zu der betreffenden Diametralebene conjugierten Durchmessers auf diese selbst projicieren und aus dem so erhaltenen Punkte die zugehörigen Tangenten führen. So finden wir beispielsweise als Berührungspunkte der aus L'' an ACA_1C gelegten Tangenten die Punkte π und ϱ.

Die Berührungscurve einer Fläche zweiten Grades mit einem ihr umschriebenen Kegel ist, wie wir wissen, eine durch die Natur der obgenannten Fläche bedingte ebene Curve und zwar eine Kegelschnittslinie.

Auf Grund des von uns gewählten Vorganges erhielten wir in dem vorliegenden Falle durch PQ, $\mu\nu\ldots$ ein System paraller Sehnen dieses Kegelschnittes und in M und N die Endpunkte des den besagten Sehnen conjugierten Durchmessers. Der zugehörige zweite Durchmesser kann nun anstandslos gefunden werden.

Abgesehen davon, dass zur Bestimmung des Berührungskegelschnittes fünf Elemente hinreichen, von welchen bereits die beiden

Tangenten LT und LT_1 mit den Contourpunkten T und T_1 als vie derselben angenommen werden können, stellt sich auch die directe Bestimmung der vorerwähnten conjugierten Durchmesser des obgenannten Kegelschnittes als ziemlich einfach dar, wenn wir die Construction der übrigen Punkte, welche wir hier bloß der systematischen Entwickelung halber vollzogen haben, ganz bei Seite lassen.

Die Ebene der Berührungscurve ist bekanntlich die Polarebene des zugehörigen Kegelscheitels (Pol). Dieselbe kann aus den harmonischen Eigenschaften von Pol und Polarebene leicht construiert werden.

In Bezug auf das vorliegende Beispiel erhalten wir die Trace E_h der obbezeichneten Ebene auf OAB durch die zwei in dieser Ebene OAB liegenden Punkte P und Q bestimmt. Die Tracen auf den übrigen Diametralebenen gehen gleichfalls durch die diesbezüglichen Punkte der Berührungscurve.

Die Polarebene schneidet' die Diametralebene CC_1L in der Verbindungsgeraden MN der Halbierungspunkte ω, ω_1... der parallelen Sehnen PQ, $\mu\nu$... und somit auch den Diameter CC_1 in einem Punkte R. Die geradlinige Verbindung von R mit dem Schnittpunkte x von E_h und BB_1 gibt bereits die Trace E_v der Polarebene auf der Ebene BOC.

Der Schnitt dieser Polarebene, welch letztere, wie oben bemerkt, auch unabhängig von der Berührungsaufgabe aus den harmonischen Eigenschaften von Pol und Polare gefunden werden kann, mit der gegebenen Fläche liefert unmittelbar die Berührungscurve des umschriebenen Kegels mit derselben.

Es erscheint somit bei der vorgegebenen Flächengattung die Construction des der Fläche umschriebenen Kegels auf die einfache Construction eines ebenen Schnittes zurückgeführt und umgekehrt.

Die Tangente in irgend einem Punkte der Berührungscurve ergibt sich als Schnitt ihrer Ebene mit der diesem Punkte entsprechenden Tangentialebene der Fläche. Dieselbe bestimmt mit der gleichfalls in der letztgenannten Ebene liegenden Erzeugenden des umschriebenen Kegels ein Paar conjugierter Tangenten der Fläche.

Alle Paare conjugierter Tangenten in einem Punkte einer Fläche zweiten Grades geben bekanntlich ein involutorisches Strahlenbüschel, dessen Doppelstrahlen die durch den bezeichneten Punkt gehenden geradlinigen Erzeugenden (reell - imaginär) der Fläche sind.

Diese Bemerkung ist namentlich für die Construction der Tangenten an die Selbstschattengrenze von Flächen höheren Grades von Wesenheit.

Was unsere Darstellung (Fig. 151, Taf. XXII) anbelangt, sei noch erwähnt, dass insoferne, als wir annehmen, AA_1, BB_1 und CC_1 seien drei conjugierte Durchmesser der Fläche (dieselben erscheinen auch in der Projection durch den ihnen gemeinsamen Punkt O, als Mittelpunkt der Fläche, halbiert), wir selbstverständlich nur eine „Parallelprojection" (klynographische oder orthogonale) voraussetzen konnten.

Besagte Darstellung gilt indes auch für die centrale Projection — also allgemein — sobald wir AA_1, BB_1, CC_1 als die Bilder von drei conjugierten Sehnen der Fläche betrachten, deren gemeinsamer Punkt O der Pol der vorderen Spurebene in Bezug auf die Fläche ist.

Mit der Verallgemeinerung der Projectionsart steht gleichzeitig auch die Verallgemeinerung des Begriffes bezüglich der dargestellten, resp. darzustellenden Fläche im Zusammenhange.

Sowie die hier gewählte Fläche für „Parallelprojection" immer wieder nur als Ellipsoid erscheinen wird, kann dieselbe für die centrale Projection jede elliptische Fläche (Nichtregelfläche) zweiter Ordnung, d. i. das Ellipsoid, das elliptische Paraboloid und das zweiachsige Hyperboloid repräsentieren. Die Art der Fläche ist sodann bloß von der Wahl des Centrums abhängig. Nur die Bedingung bleibt hierbei aufrecht, dass die vordere Spurebene keinen reellen Schnitt mit der Fläche liefere.

§. 380.

88. Aufgabe. **Der Schatten von der Hälfte eines durch drei conjugierte Halbmesser AO, BO und CO in Parallelprojection dargestellten Ellipsoides ist, unter Voraussetzung einer unendlich fernen Lichtquelle, zu bestimmen.**

Die Lichtstrahlenrichtung sei durch das Bild l und das Bild der nach CO auf die Ebene AOB bezogenen Projection l' des durch O geführten Lichtstrahles (l, l') (Taf. XXIII, Fig. 152) festgestellt.

Der Vorgang bleibt im allgemeinen derselbe wie der in der vorherbesprochenen Aufgabe befolgte.

Die in der Ellipse AOB liegenden Punkte der Selbstschattengrenze erhält man in den Berührungspunkten QR der zu l' parallelen Tangenten. Die Verbindungsgerade QR erscheint hiernach als der zu l' conjugierte Durchmesser der Ellipse AA_1BB_1.

Ein beliebiger zweiter zu AOB parallel geführter Schnitt der Fläche mit dem Scheitel des umschriebenen Kegels in s, liefert die Punkte μ und ν als Berührungspunkte der durch s_σ an die entsprechende Ellipse aob geführten Tangenten. Hierbei repräsentiert s_σ den Schnitt der durch s parallel zu l gelegten Geraden mit der Ebene aob.

Auf diesem Wege weiter vorgehend, findet man ein System paralleler Sehnen QR, $\mu\nu\ldots$, deren Mittelpunkte $\omega\ldots$ in der zur Lichtstrahlenrichtung parallelen und durch CO gehenden Diametralebene COW liegen.

Auch die Grenzlagen der bezeichneten Sehnen werden durch die Ebene COW charakterisiert. Man erhält dieselben, indem man an die Ellipse COW die zu l parallelen Tangenten führt.

Um das Zeichnen der Ellipse zu umgehen, projicieren wir dieselbe, sowie im vorhergegangenen Falle, sammt dem durch O gehenden Lichtstrahle, schief in die Ebene COB in der Art, dass die schiefe Projection derselben mit der bereits verzeichneten Ellipse BCO zusammenfällt. Die Richtung des in gleicher Weise schief projicierten Lichtstrahles ist durch l_σ dargestellt.

Der Berührungspunkt M_σ der parallel zu l_σ an BCB_1 geführten Tangente gibt, entsprechend nach M zurückgeführt, den der vorliegenden Hälfte des Ellipsoides zukommenden Grenzpunkt.

Die Ebene der Berührungscurve wird in dem gegebenen Falle, da das Beleuchtungscentrum im Unendlichen gedacht wurde, selbstverständlich durch den Mittelpunkt O gehen. Wir erhalten demnach unmittelbar in OQ und OM zwei conjugierte Halbmesser der Selbstschattengrenze.

Der Contourpunkt der vorbezeichneten Curve, welche den beleuchteten Theil der Fläche von dem im Schatten befindlichen Theile trennt, also die Trennungslinie zwischen Licht und Schatten bildet, wird durch den Berührungspunkt T der zu l parallelen Tangente an die Contourellipse bestimmt.

Der Schlagschatten der Fläche wurde diesfalls auf der Ebene AOB gesucht und festgestellt. Derselbe ist offenbar nichts anderes, als die nach der Lichtstrahlenrichtung auf AOB gebildete Projection der obbezeichneten Selbstschattengrenze.

Den conjugierten Halbmessern OR und OM werden sonach wieder conjugierte Halbmesser des Schlagschattens entsprechen und wir erhalten folglich den letzteren, nachdem QR in der schattenaufnehmenden Ebene selbst liegt, unmittelbar bestimmt, wenn wir den Schatten M_s von M in Bezug auf die vorgenannte Ebene festzustellen in der Lage sein werden.

Besagter Schatten ergibt sich direct im Schnitte von l', d. i. der Trace der zur Lichtstrahlenrichtung parallelen, den Punkt M enthaltenden Diametralebenen, mit dem durch M geführten Lichtstrahle.

Zu bemerken ist hierbei noch, dass die Tangente des Contourpunktes der Selbstschattengrenze, nachdem diese die Contourerzeugende des Lichtcylinders darstellt, die Schlagschattencurve berühren muss.

Obwohl wir bei Besprechung des vorstehenden Problemes „Parallelprojection" voraussetzten, so hat dennoch die Lösung und Durchführung allgemeine Giltigkeit, wenn nur der Begriff der Darstellung entsprechend modificiert wird.

So müsste beispielsweise für die Centralprojection, wenn wir dieselbe Fig. 152, Taf. XXIII, beibehalten, angenommen werden, dass die Beleuchtung selbst eine centrale sei, dass das Beleuchtungscentrum in der vorderen Spurebene liege und dass AA_1, BB_1 und CC_1 drei conjugierte Sehnen seien, deren gemeinsamer Punkt der Pol der vorderen Spurebene ist.

§. 381.

89. Aufgabe. **Die Schatten eines elliptischen Paraboloides, welches durch einen ebenen Schnitt $AQBR$ und den Scheitel s des die genannte Fläche in diesem Schnitte berührenden Kegels gegeben ist, sind unter Voraussetzung von Parallelbeleuchtung zu construieren.**

Das Paraboloid liege in „Parallelprojection" dargestellt vor. Wäre statt des Scheitels des obbezeichneten Kegels der zum Schnitte $AQBR$ (Taf. XXIII, Fig. 153) conjugierte Durchmesser der Fläche gegeben, so könnte der erstere, wie bekannt, sofort ermittelt werden, indem man die Strecke von O bis zum Durchmesserendpunkte von diesem Punkte aus noch einmal auf der Richtung desselben aufträgt.

Wir wollen diesfalls die Ebene des Schnittes $AQBR$ gleichzeitig als Grundebene annehmen.

Die Contour des Paraboloides wird eine Parabel sein, deren Achsenrichtung die Projection der Achse des Paraboloides ist.

Zwei Tangenten an die besagte Contour mit den Berührungspunkten in A und B erhalten wir direct in den aus s an $AQBR$ berührend gezogenen Geraden sA und sB. Der Sehne AB entspricht als conjugierter Durchmesser für die Contourparabel die Gerade os, welche durch den Halbierungspunkt C der Strecke os begrenzt wird. Aus diesen Bestimmungsstücken kann ohneweiters auch die Contour der Fläche verzeichnet werden.

Die Lichtstrahlenrichtung ist durch das Bild l des Lichtstrahles und durch jenes l' der nach der Richtung der Flächenachse gebildeten Grundflächprojection desselben bestimmt.

Infolge dieser Angabe finden wir sofort zwei Punkte der Selbstschattengrenze, wenn wir aus dem Punkte s_σ der Grundflächspur des durch den Kegelscheitel gelegten Lichtstrahles die Tangenten $s_\sigma Q$ und $s_\sigma R$ an die Schnittellipse $AQBR$ führen. Die Berührungspunkte Q und R bestimmen bereits zwei Punkte des verlangten Resultates.

Über die Natur der Selbstschattengrenze lässt sich übrigens in dem vorliegenden Falle schon von vorherein entscheiden. Wir wissen nämlich, dass die Berührungscurve eines einem Paraboloide umschriebenen Cylinders eine Parabel sei, deren Achsenrichtung mit jener der Fläche übereinstimmt.

Die Ebene derjenigen Parabel, als welche sich diesfalls die Selbstschattengrenze darstellen wird, ist demnach durch ihre Grundflächtrace RQ und die Richtung der Flächenachse, also durch die Geraden RQ und ωP, oder was dasselbe ist, durch das Dreieck PQR bestimmt.

Die Tangentialebenen der Fläche in Q und R werden von der Ebene der Selbstschattengrenze in den Tangenten QP und RP geschnitten. Hiernach ergibt sich unmittelbar der Endpunkt des zu QR conjugierten Durchmessers ωP in dem Halbierungspunkte M der letztgenannten Strecke ωP.

Die Ebene der Contourparabel schneidet die der Selbstschattenparabel in einer zur Achse der Fläche parallelen Geraden TT', und dem Schnitte dieser Geraden mit der Contour der Fläche entspricht der Contourpunkt T, dessen Tangente (bei richtiger Zeichnung) zur Lichtstrahlenrichtung parallel sein muss.

Der Schlagschatten des Paraboloides auf die Grundebene, welcher auf bekannte Weise aufgesucht und bestimmt wird, muss offenbar wieder eine Parabel sein, welche durch die Sehne RQ mit den Tangenten Rs_σ und Qs_σ unmittelbar gegeben erscheint. Der zu RQ conjugierte Durchmesser ist ωs_σ mit dem Endpunkte M_σ, d. i. dem Halbierungspunkte der Strecke ωs_σ. Bei richtiger Zeichnung muss M_σ offenbar auch in dem durch M geführten Lichtstrahle liegen.

Der Schlagschatten T_σ des Contourpunktes kann ebenfalls unmittelbar bestimmt werden, indem, wie bekannt, dessen Tangente mit dem betreffenden Lichtstrahle zusammenfällt.

Selbstverständlich gilt die Darstellung in Fig. 153, Taf. XXIII, auch wieder ganz allgemein. Für die centrale Projection und für Centralbeleuchtung aus einem Punkte der vorderen Spurebene hat die vorstehende Figur für jede der elliptischen Flächen (Nichtregelflächen) zweiten Grades, welche die vordere Spurebene in irgend einem Punkte berührt, ihre Giltigkeit.

Dass die Constructionen in dem behandelten Beispiele eine so wesentliche Vereinfachung darboten, ist in dem Umstande zu suchen, dass man in dem gegebenen Falle schon einen Punkt der Selbstschattengrenze unmittelbar kennt.

Für Parallelbeleuchtung und Parallelprojection ist dies nämlich der unendlich ferne Punkt der Fläche, welcher als der Tangierungspunkt der unendlich fernen Ebene, die man aus dem Beleuchtungscentrum berührend an die Fläche legen kann, aufgefasst werden darf. Für Centralprojection und Centralbeleuchtung ist es aus ähnlichen Gründen der Berührungspunkt der Fläche mit der vorderen Spurebene.

Die hier angedeutete Vereinfachung wird übrigens auch, unter Annahme von Parallelprojection und Parallelbeleuchtung, beim hyperbolischen Paraboloide und überhaupt bei allen Flächen hervortreten, wenn der Umriss der Fläche für eine gegebene Projectionsart parabolisch und das Bild des Beleuchtungscentrums in unendlicher Ferne erscheint.

Auch in allgemeiner central-projectivischer Darstellung des parallel beleuchteten Paraboloides (des elliptischen sowohl wie des hyperbolischen), dessen sichtbarer Umriss dann offenbar nicht mehr als Parabel erscheint, stellt sich eine Vereinfachung heraus, wenn man das Bild des unendlich fernen Punktes der Fläche unmittelbar als einen Punkt der Selbstschattengrenze benützt.

Für das hyperbolische Paraboloid bildet die Tangente in dem bezeichneten Punkte die Selbstschattengrenze der Verbindungslinie des letzteren mit dem Beleuchtungscentrum und den beiden unendlich fernen Erzeugenden der Fläche (Fluchttracen der beiden Richtebenen) ein harmonisches Strahlenbüschel.

In den vorausgeschickten Beispielen wurden behufs Fixierung und Darstellung jener krummen Flächen, deren Selbst- oder Schlagschatten zu bestimmen waren, entweder direct drei conjugierte Durchmesser (in der Parallelprojection) oder doch (in der centralen Projection) drei derartig conjugierte Sehnen vorausgesetzt, die sich im Bilde als conjugierte Durchmesser der durch sie bestimmten Flächenschnitte darstellen.

Die Folge dieser etwas speciellen Annahme war, dass sich hieraus eine, wenn auch nur sehr allgemeine Bedingung für die Art der dargestellten Fläche ergab, welche namentlich bei der Verallgemeinerung der jeweiligen Figur klar vor Augen trat.

Nun wollen wir die für die Fläche gegebenen Daten so wählen, dass diese von der Projectionsart vollkommen unabhängig sind; beispielsweise also drei beliebige in einem Punkte sich schneidende conjugierte Sehnen, welche sich im allgemeinen wieder nur als conjugierte Sehnen der durch sie bestimmten Flächenschnitte projicieren werden.

§. 382.

90. Aufgabe. **Eine Fläche zweiten Grades ist durch drei conjugierte Sehnen AA_1, BB_1 und CC_1, die sich in O schneiden, gegeben; es ist für centrale Beleuchtung die Trennungslinie zwischen Licht und Schatten zu bestimmen.**

Zunächst suchen wir auf einer der Sehnen, etwa auf AA_1 (Taf. XXIII, Fig. 154), den vierten zu O in Bezug auf AA_1 harmonisch conjugierten Punkt v_a, so ist, wie bekannt, dieser der Scheitel jenes Kegels, welcher der Fläche längs des durch die beiden anderen Sehnen bestimmten Schnittes umschrieben ist.

Schlagen wir denselben Weg bezüglich der Sehnen BB_1 und CC_1 ein, so bilden die so gefundenen drei Punkte v_a, v_b und v_c, welche dem Punkte O in Bezug auf die Endpunkte der betreffenden Sehnen harmonisch conjugiert sind, im Vereine mit dem gemeinsamen Punkte O die Eckpunkte eines der Fläche entsprechenden Polartetraeders, welches, wie wir aus Früherem wissen, die Eigenschaft besitzt, dass jeder Eckpunkt desselben der Pol der gegenüberliegenden Ebene, und jede Kante die Polare der gegenüberliegenden Kante ist.

Jede der Seitenflächen liefert einen Schnitt der Fläche, für welchen die Eckpunkte ein Tripel conjugierter Punkte bilden.

Die drei obbezeichneten Sehnen, zu je zweien combiniert, bestimmen einen ebenen Schnitt der Fläche, welcher durch die Endpunkte der Sehnen sammt den zugehörigen Tangenten unzweideutig gegeben erscheint. Die Tangenten in den Eckpunkten einer Sehne schneiden sich bekanntlich in dem zu O conjugierten Punkte auf der anderen Sehne.

Hiernach kennen wir unmittelbar drei ebene Flächenschnitte sammt den Scheiteln der zugehörigen umschriebenen Kegel.

Besagte Kegel werden zum Behufe der Lösung, resp. zur Durchführung des vorliegenden Problemes vollkommen ausreichen. Die Contourerzeugenden derselben liefern Tangenten der Fläche, während ihre Berührungspunkte mit den entsprechenden Leitlinien Punkte für die Contour der Fläche bestimmen.

In Anbetracht dessen, dass der Umriss eine Curve zweiter Ordnung ist, werden drei dieser Tangenten mit zwei derselben entsprechenden Berührungspunkten zur Bestimmung des besagten Umrisses vollkommen genügen.

Fassen wir demnach vorerst den der Fläche umschriebenen Kegel ins Auge, dessen Berührungscurve durch die Sehnen AA_1 und CC_1 bestimmt wird.

Der Scheitel dieses Kegels ist v_b, die Leitlinie AA_1CC_1. Die Tangenten an die letztere in A und A_1 schneiden sich im Pole der Berührungssehne, welcher auf CC_1 im Punkte v_c liegt. Ebenso gehen andererseits auch die Tangenten in den Punkten C und C_1 durch v_a. Die Leitlinie des obbezeichneten Kegels erscheint somit dem von den Strahlen v_cA, v_cA_1, v_aC und v_aC_1 gebildeten Vierseit eingeschrieben.

Die Tangenten an die Leitlinie aus dem zugehörigen Scheitel v_b geben die Contourerzeugenden des umschriebenen Kegels.

Um diese letzteren leicht und sicher zu bestimmen, denken wir uns den Kegelschnitt AA_1CC_1 collinear in einen Kreis transformiert, dessen Durchmesser CC_1 ist. Der zu CC_1 conjugierten Sehne AA_1 entspricht sodann die zum Durchmesser CC_1 senkrechte (conjugierte) Kreissehne aa_1. Die Sehne CC_1 erscheint somit als Collineationsachse, während sich A, a und A_1, a_1 als zwei Paare entsprechender Punkte darstellen, deren Verbindungsgeraden Aa und A_1a_1 sich im Collineationscentrum Ω_a schneiden. Als Gegenachse im Kreissysteme ergibt sich diesfalls die Gerade g_a.

Nachdem nunmehr das Centrum Ω_a und die Achse CC_1 der Collineation bekannt sind, wird auch der zu v_b entsprechende Punkt φ_β des Kreissystems leicht zu finden sein.

Die Berührungspunkte der aus φ_β an den Kreis gezogenen Tangenten geben, entsprechend zurückgeführt, die Berührungspunkte der Contourerzeugenden des umschriebenen Kegels mit der Fläche. Hiernach finden wir in I und II zwei Punkte mit den zugehörigen Tangenten Iv_b und IIv_b.

Auf gleiche Weise suchen und finden wir die Contourerzeugenden des umschriebenen Kegels, dessen Berührungscurve durch die conjugierten Sehnen BB_1 und CC_1, respective durch das Vierseit v_cB,

$v_c B_1$, $v_b C$ und $v_b C_1$ mit den Berührungspunkten in B, B_1, C und C_1 bestimmt ist.

Auch diesfalls transformieren wir die besagte Berührungscurve wieder collinear in einen Kreis, wobei wir jedoch unmittelbar den bereits gezeichneten, durch CC_1 geführten Kreis K benützen können.

Die Collineationsachse ergibt sich demnach in CC_1, während das Collineationscentrum in Ω_b liegt. Auf diese Weise erhalten wir gleichfalls zwei Tangenten (eine derselben ist durch $v_a III$ dargestellt) der Contourcurve mit den zugehörigen Berührungspunkten.

Eigentlich benöthigen wir, da zwei Punkte I und II mit den entsprechenden Tangenten bereits als gefunden vorliegen, nur noch ein Element zur Contourbestimmung, weshalb die ohne Mühe und Zeitaufwand sich ergebenden überflüssigen Bestimmungsstücke nur zur Controle für die Richtigkeit der Construction dienen.

Zum Zwecke der Bestimmung der Selbstschattengrenze kann man die gefundene Contour sowohl, als auch die drei unmittelbar festgestellten, der Fläche umschriebenen Kegel vortheilhaft verwenden.

Ist L (Taf. XXIII, Fig. 154) das gegebene Beleuchtungscentrum, so finden wir in den durch L an die Contour geführten Tangenten LT_1 und LT_2 mit den Berührungspunkten T_1 und T_2 direct zwei Punkte der Selbstschattengrenze mit den zugehörigen Tangenten.

Weitere Punkte ergeben sich, auf Grund vorausgegangener Erörterungen, mit Benützung der oberwähnten Kegel.

Wir verbinden beispielsweise L mit dem Kegelscheitel v_b und ermitteln den Schnitt dieser Geraden mit der entsprechenden Ebene der Leitlinie AA_1CC_1. Besagter Schnittpunkt sei L_y. (L_y ist in dem vorliegenden Probleme, als zweites nothwendiges Bestimmungsstück für die räumliche Lage der Lichtquelle auf der Geraden Lv_b angenommen worden und fällt nur zufällig mit der Trennungslinie zwischen Licht und Schatten zusammen.)

Die Berührungspunkte der aus L_y an den Kegelschnitt AA_1CC_1 geführten Tangenten sind wieder zwei Punkte der Selbstschattengrenze. Dieselben wurden in dem gegebenen Falle gleichfalls durch Vermittelung des bereits gezeichneten zu AA_1CC_1 collinearen Kreises K gefunden.

Der dem Punkte L_y im Kreissysteme entsprechende Punkt L_η ist der gemeinsame Punkt der entsprechenden Kreistangenten, deren

Berührungspunkte m und n nach M und N zurückgeführt die betreffenden Punkte der obbezeichneten Trennungslinie (Selbstschattengrenze) liefern.

Die besagte Trennungslinie ist als Curve zweiter Ordnung nunmehr durch die Punkte T_1 und T_2 sammt den entsprechenden Tangenten und durch die Punkte M und N um ein Element überbestimmt, welches wieder als Controle benützt und somit die verlangte Curve ohne weiteres aus den gefundenen Bestimmungsstücken construiert werden kann.

§. 383.

Wie bereits vorher bemerkt, repräsentiert die in Fig. 154, Taf. XXIII, vollführte Construction den allgemeinen Fall der Lösung des gestellten Problems für Flächen zweiten Grades, welche durch drei conjugierte Sehnen gegeben sind.

Speciell kann die besagte Darstellung als Lösung der betreffenden Aufgabe für den Fall aufgefasst werden, wenn die Fläche, wie es häufiger vorkommt, durch drei conjugierte Durchmesser in „centraler Projection“ gegeben ist.

Für diese Annahme stellen sodann v_a, v_b und v_c die Fluchtpunkte jener Cylindererzeugenden vor, welche in den entsprechenden Diametralschnitten der Fläche selbst umschrieben gedacht werden. Dieser Umstand rechtfertigt gleichzeitig die hier gewählte Bezeichnung.

In unserem Beispiele haben wir ferner die Endpunkte aller drei Sehnen reell gewählt. Es können selbstverständlich auch die Endpunkte auf einer oder auch auf zweien der Sehnen imaginär sein und in diesem Falle als die (imaginären) Doppelelemente einer Punktinvolution gegeben vorliegen.

Die Lösungsart der Aufgabe wird hiedurch nicht wesentlich beeinträchtigt. Lassen wir überdies noch die Beschränkung, dass die Endpunktepaare aller drei Sehnen reell sein sollen, fallen, so gelangen wir zu jenem Probleme, in welchem nicht nur die Lösungen für alle Projectionsarten, sondern auch für alle Flächen zweiten Grades, der elliptischen sowohl, wie auch der hyperbolischen und der abwickelbaren, zusammengefasst erscheinen.

Es liegt jedoch stets in der Natur der gegebenen Daten ein Kriterium, welches sofort erkennen lässt, mit welchen der Flächen von den Gruppen der elliptischen, hyperbolischen und abwickelbaren wir es in einem gegebenen Falle zu thun haben. Es sind nämlich:

a) Bei den elliptischen Flächen (Nichtregelflächen) entweder die Endpunkte aller drei Sehnen reell oder die Endpunkte zweier imaginär und der dritte reell;

b) bei den hyperbolischen Flächen (Regelflächen) dagegen sind immer die Endpunkte einer der Sehnen imaginär, die der beiden anderen aber reell; und

c) bei den parabolischen (abwickelbaren) Flächen fallen immer auf einer der Sehnen die reellen Endpunkte in einen einzigen Punkt zusammen.

Diese letztgenannten Flächen bilden den Übergang von den hyperbolischen zu den elliptischen.

Besagter Übergang wird dadurch hergestellt, dass entweder die imaginären Endpunkte der einen Sehne durch die zusammenfallenden reellen in zwei getrennte reelle übergehen (aus zwei reellen und einem imaginären erhalten wir diesfalls drei reelle Sehnen-Endpunktpaare), oder aber, dass sich die reellen Endpunkte einer der Sehnen nach Vermittlung durch zusammenfallende Punkte in imaginäre verwandeln. (Zwei reelle und ein imaginäres Sehnenpunktepaar der hyperbolischen Fläche entwickelt sich sodann zu einem reellen und zwei imaginären der elliptischen Fläche.)

Deutlicher tritt dieser Übergang durch eine um einen Kegel, als gemeinsamer Asymptotenkegel, gruppierte Schar von hyperbolischen und elliptischen Hyperboloiden hervor, wenn wir für sämmtliche Flächen eine bestimmte Ebene, eine in ihr liegende Gerade und einen auf der Geraden liegenden Punkt als fixe Elemente eines für jede einzelne Fläche zu construierenden Polartetraeders annehmen, dessen gegenüberliegender Eckpunkt den Schnitt der drei conjugierten Sehnen vorstellt.

§. 384.

Die allgemeinere Art der Bestimmung von Flächen, wie diese in den letztbesprochenen Fällen zur Geltung gelangte, lässt sich übrigens unter allen Umständen auch auf die speciellere Form, wie diese im §. 379 zum Ausdrucke kam, transformieren, oder mit anderen Worten, das durch drei conjugierte Sehnen mit ihren Endpunkten gegebene Polartetraeder lässt sich auf ein solches reducieren, dessen eine Seitenfläche mit der vorderen Spurebene zusammenfällt.

Sind also beispielsweise drei sich in einem Punkte schneidende conjugierte Sehnen der Fläche mit ihren Endpunkten durch AA_1,

BB_1, CC_1 (Taf. XXIII, Fig. 155) dargestellt, und seien die zu ihrem gemeinschaftlichen Schnittpunkte Ω harmonisch conjugierten Punkte v_a, v_b und v_c bereits gefunden.

Um bei Erläuterung der diesfallsigen Construction bestimmter sprechen zu können, wollen wir „Parallelprojection" voraussetzen.

Bekanntlich gibt der Mittelpunkt der Sehne eines Kegelschnittes mit ihrem Pole verbunden einen Durchmesser der Curve, während die Verbindungsgerade des Mittelpunktes eines ebenen Schnittes einer Fläche zweiten Grades mit dem Scheitel des zugehörigen umschriebenen Kegels (Pol), einen Durchmesser der Fläche liefert. Zwei Durchmesser derselben schneiden sich bekanntlich im Mittelpunkte der Fläche.

Diese Bemerkungen zugrunde gelegt, werden wir die Transformation durchführen.

Suchen wir zunächst den Mittelpunkt des Schnittes AA_1BB_1 der Fläche, so erhalten wir denselben im Schnitte ω_c der Verbindungslinien von v_b und v_a mit den Halbierungspunkten o_1 und o_2 der Sehnen AA_1 und BB_1.

Verbinden wir weiters ω_c und v_c (Scheitel des der Fläche längs AA_1BB_1 umschriebenen Kegels), so finden wir bereits einen Durchmesser der Fläche, auf welchem selbstverständlich auch der Mittelpunkt derselben liegen muss. Um letzteren festzustellen, suchen wir in analoger Weise noch einen zweiten Flächendurchmesser, indem wir den Mittelpunkt ω_b der Curve AA_1CC_1 mit dem zugehörigen Pole v_b verbinden.

Das Bild des Mittelpunktes der Fläche ergibt sich sonach in O.

Unter Beibehaltung des Durchmessers Ov_c wollen wir nun dessen Endpunkte bestimmen. Besagte Endpunkte sind, wie bekannt, die Doppelpunkte einer Involution von conjugierten Polen auf die Gerade Ov_c. Zwei Paare von Punkten dieser Involution kennen wir, indem dem Punkte ω_c der Punkt v_c und dem Punkte O (Mittelpunkt) der unendlich ferne Punkt auf Ov_c entspricht.

Die Involution ist hiernach vollständig bestimmt und können die Doppelpunkte Z und Z_1 mit Zuhilfenahme des Steiner'schen Kreises K, auf welchen die Involution (Involutionsachse $\mathfrak{x}\mathfrak{x}$) übertragen wurde, leicht gefunden werden.

Diesem somit auch in seinen Endpunkten bestimmten Durchmesser ist der durch O parallel zu AA_1BB_1 gelegte Diametralschnitt conjugiert. Ferner sind zu je zwei conjugierten Durchmessern des Schnittes AA_1BB_1 auch zwei conjugierte Durchmesser des Diametralschnittes parallel.

Bestimmen wir demnach zunächst zwei conjugierte Durchmesser der Curve AA_1BB_1 indem wir ihren Mittelpunkt ω_c mit dem zu Ω conjugierten Punkte v_b der einen Sehne BB_1 verbinden und hierauf durch ω_c die Parallele $\omega_c x$ zur andern Sehne AA_1 führen.

Die Endpunkte dieser Durchmesser xx_1 und yy_1 können leicht mittelst eines collinearen Kreises gefunden werden, welchem die Sehne AA_1 als Durchmesser entspricht.

Zu xx_1 und yy_1 sind nun beziehungsweise die conjugierten Durchmesser XX_1 und YY_1 der Fläche parallel. Die Endpunkte derselben werden gleichfalls mit Hilfe eines durch ZZ_1 gelegten collinearen Kreises aus dem Durchmesser ZZ_1 und den hiezu conjugierten Sehnen xx_1 einerseits und yy_1 andererseits bestimmt. Die so gefundenen drei Durchmesser XX_1, YY_1 und ZZ_1 stellen drei conjugierte Durchmesser der Fläche dar.

Hätten wir es statt mit der vorausgesetzten Parallelprojection mit centraler Projection zu thun, so wäre der Gang der durchzuführenden Constructionen mit den hier gewählten ganz identisch, nur würden wir statt vom Mittelpunkte und dem Durchmesser der Fläche, vom Pole der vorderen Spurebene und den durch den besagten Pol gehenden Sehnen sprechen müssen.

Die weitere Durchführung der Aufgabe in Bezug auf die Construction der Schatten ist nunmehr mit den vorher gelösten Problemen in voller Übereinstimmung.

Die hyperbolischen Flächen zweiter Ordnung sind in den meisten Fällen durch drei ihrer Erzeugenden bestimmt.

Obwohl aus diesen drei Erzeugenden jederzeit leicht drei conjugierte Durchmesser, resp. Sehnen der Fläche abgeleitet und hiernach die Probleme der Schattenconstruction auf Grund der bereits gelösten Beispiele anstandslos durchgeführt werden könnten, so gestatten doch auch andererseits die oberwähnten Flächen eine eigenartige, in der Regel weit einfachere Behandlungsweise, weshalb diese hier einer speciellen Erörterung unterzogen werden sollen.

Die Vereinfachung stützt sich auf den Umstand, dass bei hyperbolischen Flächen zweiten Grades, als Flächen mit reellen geradlinigen Erzeugenden, die Benützung des Ebenenbüschels als einfachste umschriebene Developpable ermöglicht ist.

Jede durch eine Erzeugende gelegte Ebene ist eine Tangentialebene, deren Berührungspunkt sich einfach im Schnitte der in der Ebene liegenden zweiten Erzeugenden mit der gegebenen ergibt.

§. 385.

91. Aufgabe. **Eine Fläche zweiter Ordnung ist durch drei Erzeugende dv, $d_1 v_1$ und $d_2 v_2$ (in centraler Projection) des einen Systems gegeben; es sind, unter Voraussetzung von Parallelbeleuchtung, der Selbstschatten und der Schatten ins Innere der Fläche zu bestimmen.**

Die Erzeugenden dv, $d_1 v_1$ und $d_2 v_2$ (Taf. XXIII, Fig. 156) der einen Schar sind ihrerseits durch die Durchstoßpunkte d, d_1, d_2 und die Fluchtpunkte v, v_1 und v_2 festgestellt. Alle Erzeugenden der zweiten Schar können, auf bekannte Weise, als Gerade, welche die drei gegebenen kreuzenden Geraden schneiden, leicht dargestellt werden.

Speciell ergeben sich die zu den Geraden dv und $d_1 v_1$ parallelen Erzeugenden der zweiten Schar in δv und $\delta_1 v_1$.

Hiernach liegen fünf Erzeugende der Fläche als bekannt vor. Die Durchstoßpunkte d, d_1, d_2, δ und δ_1 bestimmen, als fünf Elemente eines Kegelschnittes, die Bildflächspur (diesfalls eine Ellipse) der Fläche. Die Fluchtspur derselben ist durch die drei Punkte v, v_1 und v_2 mit den zu $d\delta$ und $d_1 \delta_1$ parallelen Tangenten in v und v_1 gegeben.

Wie wir bereits wissen, wird die Bildfläch- und Fluchtspur (Bild aller unendlich fernen Punkte der Fläche) durch zwei ähnliche und ähnlich gelegene Kegelschnitte dargestellt.

Auch der Umriss der Fläche ist durch die obbezeichneten fünf Erzeugenden vollkommen bestimmt; derselbe ist ein Kegelschnitt, für welchen die Bilder der Erzeugenden Tangenten sind.

Halbieren wir die Strecken $d\delta$ und $d_1 \delta_1$ beziehungsweise in o und o_1 und verbinden wir diese Halbierungspunkte mit v und v_1, so liefern die sich so ergebenden Geraden zwei Erzeugende des Asymptotenkegels. Im Schnitte Ω derselben erhalten wir den Scheitel des letzteren, oder mit anderen Worten, das Bild Ω des Mittelpunktes der Fläche.

Die Berührungspunkte der aus Ω an die Fluchttrace geführten Tangenten geben zugleich die Berührungspunkte der Contour mit der Fluchttrace.

Nach den somit getroffenen Vorbereitungen wollen wir auf unsere eigentliche Aufgabe übergehen.

Der Fluchtpunkt der parallel einfallenden Lichtstrahlen sei v_s (Taf. XXIII, Fig. 156); das Beleuchtungscentrum, dessen Bild v_s ist, liegt in der unendlich fernen Ebene, deren Schnitt mit der Fläche sich als deren Fluchttrace abbildet.

Wir erhalten demnach unmittelbar zwei Punkte der Selbstschattengrenze (§. 376, Fig. 149) in den Berührungspunkten T und T_1 der durch v_s an die besagte Fluchttrace geführten Tangenten. Die Verbindungsgerade TT_1 gibt die Fluchttrace E_v der Ebene der Selbstschattengrenze.

Nachdem wir Parallelbeleuchtung voraussetzen, so enthält die Ebene E den Mittelpunkt Ω der Fläche und es ergibt sich sonach auch anstandslos die Bildflächtrace E_b derselben. Die Trace E_b schneidet die Bildflächspur der Fläche gleichfalls in zwei Punkten A und B, welche offenbar wieder der Selbstschattengrenze angehören.

Die Verbindungslinien des Mittelpunktes Ω mit den unendlich fernen Punkten T und T_1 sind Tangenten für die Selbstschattengrenze und erscheint somit die letztere vollständig bestimmt. Nichtsdestoweniger können noch weitere Punkte derselben mit größter Leichtigkeit gefunden werden.

Legen wir beispielsweise durch die Erzeugenden $\delta_1 v_1$ die Lichtebene, so ist deren Fluchttrace $v_1 v_s$ oder σ_v, während deren Bildflächtrace durch die zu σ_v Parallele, d. i. durch σ_b bestimmt erscheint. Die erstgenannte Trace trifft die Fluchtcurve in einem Punkte φ_1, die letztere dagegen die Bildflächspur im Punkte δ_2, welche Punkte der in der obgenannten Lichtebene liegenden zweiten Erzeugenden der Fläche angehören. Im Schnitte der beiden Erzeugenden $\delta_1 v_1$ und $\delta_2 \varphi_1$ ergibt sich der Berührungspunkt I der Lichtebene mit der Fläche und somit ein Punkt der Selbstschattengrenze.

Auch die zugehörige Tangente in dem besagten Punkte I lässt sich direct bestimmen. Dieselbe ist offenbar die Schnittlinie der Tangentialebene in I mit der Ebene $E_b E_v$. Die Tangente in I geht daher durch den Schnitt 1 der beiden Bildflächtracen der eben genannten Ebenen. Auf gleiche Weise können nunmehr noch anderweitige Punkte II... der Selbstschattengrenze mit den zugehörigen Tangenten ermittelt werden.

Was nun den Schlagschatten betrifft, welcher von der Bildflächspur aus ins Innere der Fläche geworfen wird, so wird dieser, wie bekannt, durch den Schnitt des Lichtcylinders, dessen Leitlinie die Bildflächspur ist, mit der Fläche dargestellt.

Alle Erzeugenden des besagten Cylinders verschwinden in v_s; die Contourerzeugenden desselben sind die von v_s an die Bildflächspur geführten Tangenten t und t_1.

Nachdem die Fläche und der Lichtcylinder die Bildflächspur als Curve zweiter Ordnung gemein haben, muss der Rest des Schnittes, d. i. die Schlagschattencurve wieder aus einer Curve zweiter Ordnung bestehen, welche die Contouren der Fläche sowohl, als auch die des Cylinders $t t_1$ berühren muss. Besagte Curve geht aber außerdem auch durch die Berührungspunkte der beiden zum Schnitte kommenden Flächen. Die bezeichneten Punkte ergeben sich in A und B, und erscheinen durch die Schnitte der Selbstschattengrenze mit der Bildflächspur dargestellt.

Um irgend einen anderweitigen Punkt des verlangten Schlagschattens, beispielsweise etwa jenen Punkt zu finden, welcher dem Punkte d der Bildflächspur entspricht, legen wir durch die diesen Punkt enthaltende Erzeugende dv, die entsprechende Lichtebene $v v_s \varphi_3$ oder σ'_v, $d\delta'_2$ oder σ'_b. Die letztere schneidet die Fläche in einer Erzeugenden $\delta'_2 \varphi_3$. Nach Früherem würde der Schnitt dieser Erzeugenden mit dv auch einen Punkt der Selbstschattengrenze geben.

Führen wir nun in der vorbezeichneten Lichtebene durch d den Lichtstrahl dv_s, so trifft dieser die Fläche zum zweitenmale in der Erzeugenden $\delta'_2 \varphi_3$ und zwar in jenem Punkte d_s, welcher dem Schlagschatten des Punktes d ins Innere der Fläche entspricht. Aus dem Vorgange ist gleichzeitig zu entnehmen, dass wir auf diese Weise nicht nur Punkte des Schlagschattens ins Innere, sondern auch Punkte der Selbstschattengrenze festzustellen vermögen.

Die Bildflächtracen aller durch die Erzeugenden der Fläche gelegten Lichtebenen repräsentieren gleichzeitig auch die Schlagschatten derselben auf die Bildebene.

Die Enveloppe all dieser Tracen gibt den Schlagschatten der Fläche auf die Bildebene. Derselbe erscheint bereits, als Curve zweiter Ordnung, durch fünf seiner Tangenten vollständig bestimmt.

Für den vorliegenden Fall wurde die besagte Schlagschattenbestimmung unterlassen, da die Bildebene, der hier gewählten Darstellung zufolge, nicht als schattenaufnehmende Ebene angesehen werden kann.

Die vorstehende Figur 156, Taf. XXIII gilt ganz allgemein auch für centrale Beleuchtung und für Parallelprojection, wenn die Bildflächspur irgend einen ebenen Schnitt der Fläche, die Fluchtspur aber den zu diesem Schnitte durch das Beleuchtungscentrum parallel geführten Schnitt vorstellt.

Insbesondere führt unsere Darstellung ihrer ganzen Anlage zufolge, auch die gewöhnlichste Lösungsart der gestellten Aufgabe in „freier schiefer Projection“ für den Fall vor, dass die Distanzebene, als eine durch das Beleuchtungscentrum gehende Ebene, gewählt wurde.

Der Asymptotenkegel entspricht diesfalls dem der Fläche längs des Distanzschnittes umschriebenen Kegel.

§. 386.

Das hyperbolische Paraboloid ist, wie wir wissen, als ein Specialfall des windschiefen Hyperboloides aufzufassen; es werden somit auch die Lösungen der betreffenden Aufgaben in Bezug auf die erstgenannte Fläche nur einen Specialfall der letzteren bilden.

Zu bemerken wäre hier nur, dass bezüglich des hyperbolischen Paraboloides die Fluchtspur in zwei Geraden (Fluchttracen der beiden Richtebenen) übergeht.

Die Bildflächspur dagegen wird eine Hyperbel sein, deren Asymptoten zu den vorgenannten Geraden parallel sein werden.

Ein Punkt der Selbstschattengrenze ergibt sich hier unmittelbar im Schnitte der Fluchttracen, während sich die zugehörige Tangente in der zur Verbindungsgeraden dieses Punktes mit v_s harmonisch conjugierten Geraden in Bezug auf die Fluchttracen der Richtebenen ergeben wird.

§. 387.

Wiederholt wurde bereits darauf hingewiesen, dass der Schlagschatten einer durch einen ebenen Schnitt begrenzten Fläche zweiter Ordnung auf die Fläche selbst, nur wieder ein Theil einer Curve zweiter Ordnung sein könne. Die Übergangspunkte des Schattens sind die in dem betreffenden Flächenschnitte liegenden Punkte der Selbstschattengrenze.

Umgekehrt können wir jede auf einer Fläche zweiten Grades liegende ebene Curve als den Schlagschatten auffassen, welcher einem zweiten ebenen Schnitte der Fläche entspricht.

Die zugehörigen Beleuchtungscentren bilden den Scheitel jener Kegelflächen, welche durch die beiden ebenen Curven bestimmt werden.

Wird einer der Curven die Rolle der Flächenöffnung, der anderen dagegen die des Schlagschattens zugewiesen, so ist hiedurch auch der Sinn der Lichtstrahlen (entweder vom Beleuchtungscentrum ausgehend oder gegen dieses convergierend) entschieden.

Um allgemein die *Kegelscheitel* im Raume zu finden, werden wir die Schnittlinie der beiden Curvenebenen aufsuchen und von irgend einem Punkte P derselben die möglichen Tangenten an die beiden Kegelschnittslinien ziehen.

Den beiden Tangentenpaaren entsprechen *vier Berührungspunkte*, welche in einer Ebene, der *Polarebene* des Punktes P in Bezug auf die Fläche, gelegen sind. Die *drei Diagonalpunkte* des auf diese Weise bestimmten Viereckes geben die *Kegelscheitel*.

Einer dieser Kegelscheitel wird in der *Schnittlinie der Curvenebenen* liegen und entspricht demnach dem *degenerierten Kegel*, welcher durch die beiden Curvenebenen selbst repräsentiert wird. Besagter Kegelscheitel kommt jedoch im vorliegenden Falle nicht in Betracht, da für unsere dermalig zu lösenden Probleme degenerierte Kegel ohne jeder Bedeutung sind.

Aus diesen einfachen Erörterungen ist zu ersehen, dass für *zwei ebene Curven einer Fläche zweiter Ordnung*, von welchen die eine die Flächenöffnung, die andere aber den durch die letztere bedingten Schlagschatten darstellen soll, im allgemeinen *zwei* dieser Bedingung Genüge leistende *Beleuchtungscentra* gefunden werden können.

Für die *Construction in der Ebene* entspringen die Bestimmungsweisen dieser Kegelscheitel am einfachsten aus der Bemerkung, dass dieselben als *Collineationscentra für beide Curven* aufgefasst werden können.

Nachdem diese Collineation für *jede Projectionsart* aufrecht erhalten bleibt, so werden die *Bilder der Kegelscheitel* in den Collineationscentren der *projicierten* Curven zu suchen sein. Es wird demnach nur noch erübrigen, aus diesen die der jeweiligen Aufgabe resp. der räumlichen Lage entsprechenden zwei Lösungen auszuscheiden.

Lassen sich an die Projectionen der Curven vier gemeinsame (reelle) Tangenten führen, so ergeben sich unter allen Umständen die Bilder der beiden Kegelscheitel in den Schnittpunkten der gegenüberliegenden Tangentenpaare.

Auf Grund der hier gepflogenen Erörterungen, wird es nunmehr auch keine Schwierigkeit bieten, eine Reihe einschlagender Probleme zu lösen und durchzuführen.

Ist die *Fläche* und der sie *begrenzende ebene Schnitt im Bilde gegeben*, so kann zu jedem anderen, der Fläche angehörigen Kegelschnitte, ein Beleuchtungscentrum so gefunden werden, dass die beiden Curven in das Verhältnis von Einfallsöffnung des Lichtes und Schlagschatten treten.

Die bezüglich der beiden letztgenannten Curven zu erfüllende Bedingung lässt sich kurz dahin aussprechen, dass sie die Contour der Fläche reell oder imaginär in zwei Punkten berühren müssen.

Selbstverständlich können an die in irgend einem vorgegebenen Falle zu erhaltende Schlagschattencurve noch anderweitige Bedingungen geknüpft erscheinen. So kann beispielsweise die Forderung gestellt werden, dass dieselbe durch drei gegebene Punkte gehe, oder dass dieselbe drei gegebene Gerade berühre, oder in ihrem Bilde als Kreis von bestimmtem Radius (innerhalb gewisser Grenzen, welche durch die Contour der Fläche bedingt sind) erscheine etc.

Dass die Lösung der hier angeführten oder anderweitig gestellten Probleme nicht an die Voraussetzung einer speciellen Projectionsart gebunden ist, braucht wohl kaum besonders erwähnt zu werden.

Man construiert, mit Zugrundelegung der gestellten Bedingungen, die Schlagschattencurve ganz allgemein als eine die Flächencontour in zwei Punkten berührende Curve und sucht, gestützt auf die vorausgeschickten Principien, in Bezug auf die Einfallcurve, die jeweilig brauchbaren Collineationscentra. Die so erzielten Darstellungen gelten sodann gleichfalls ganz allgemein.

Die Wahl einer bestimmten Projectionsart bleibt dagegen unerlässlich, wenn nicht das auf allgemeinem Wege hergestellte Bild der Schlagschattencurve, sondern die Schattencurve selbst bestimmte Eigenschaften aufweisen soll.

§. 388.

92. Aufgabe. **Ein dreiachsiges, durch einen ebenen Schnitt begrenztes Ellipsoid ist gegeben; es ist ein Beleuchtungscentrum in solcher Weise zu bestimmen, dass der der Einfallscurve (Schnitt) des Lichtes entsprechende Schlagschatten ins Innere ein Kreis von gegebenem Radius werde.**

Wir wollen diesfalls zum Zwecke der Durchführung des gestellten Problemes die orthogonale Projectionsmethode wählen.

Das Ellipsoid sei durch die zu den Projectionsebenen parallelen Hauptachsen OA, OB, OC (Taf. XXIII, Fig. 157) gegeben. Die Fläche werde durch den in der Ebene $E_v E_h$ liegenden Schnitt begrenzt.

Um zunächst den ebenen Schnitt zu construieren, suchen wir die Schnitte (σ, σ') und (ϱ, ϱ') der Ebene $E_v E_h$ mit den Hauptebenen (OAB, $O'A'B'$) und (OAC, $O'A'C'$) deren gemeinsame Punkte mit der Contour der Fläche die Contourpunkte (M, M'), (N, N') und (R, R'), (Q, Q') der Einfallscurve geben. Die letztere erscheint somit unmittelbar durch vier Punkte und durch die Tangenten in je zweien derselben (in verticaler und horizontaler Projection) bestimmt.

Behufs Lösung der vorstehenden Aufgabe haben wir weiters jene auf der Fläche liegenden Kreise zu suchen, deren jeweilige Radien dem gegebenen Radius gleich sind, und ferner die Scheitel der Kegel zu bestimmen, welche dem zu suchenden Kreise und der Einfallscurve gemeinsam umschrieben sind.

Unter der Voraussetzung, dass $OA > OB > OC$ sei, erhalten wir bekanntlich die Richtungen der Kreisschnittsebenen durch die Ebenen der beiden größten Kreise bestimmt, in welchen die mit dem Radius OB beschriebene Kugel das Ellipsoid schneidet. Besagte Kreisschnittsebenen sind für den vorliegenden Fall vertical-projicierend und durch die Richtungen der Verticaltracen fg und $\gamma\varphi$ fixiert.

Um die Kreise der Fläche, denen der gegebene Radius r entspricht, zu finden, tragen wir diesen von dem Mittelpunkte O aus zu beiden Seiten der Verticaltrace einer der Hauptkreise (etwa auf fg) auf, führen aus den sich so ergebenden Endpunkten die zur bezeichneten Trace conjugierten Sehnen fF und gG, und erhalten durch deren Schnitt mit der Verticalcontour der Fläche den verlangten Kreis (FG, $F'G'$) vom Radius r festgestellt.

Hieraus ist unmittelbar zu ersehen, dass, wenn die gegebenen Daten widerspruchsfrei sein sollen, der Bedingung $OB \gtreqless r > 0$ Genüge geleistet werden müsse.

Im allgemeinen erhalten wir vier Flächenkreise, deren jedem ein Radius von der Größe r zukömmt. In Fig. 157, Taf. XXIII wurde die Construction der Kegelscheitel bloß für einen der Kreise, d. i. für FG, durchgeführt. Die horizontale Projection $F'G'$ dieses Kreises, obwohl für die weitere Construction entbehrlich, wurde bloß mit Rücksicht auf ein besseres Verständnis unserer Auseinandersetzungen eingezeichnet.

Auf Grund vorausgeschickter Erörterungen ergibt sich die Verticalprojection eines Beleuchtungscentrums unmittelbar in dem Schnitte L der beiden gemeinsamen, gegenüberliegenden Tangenten t_1 und t_2.

Die zugehörige Horizontalprojection L' wird eines jener Collineationscentra sein, welche den Horizontalprojectionen $M'N'R'Q'$ und $F'G'\mu'\nu'$ der beiden Curven $(MNRQ, M'N'R'Q')$ und $(FG\mu\nu, F'G'\mu'\nu')$ entsprechen.

Die für den vorliegenden Fall in Betracht kommende Collineationsachse ist die Schnittlinie der beiden Curvenebenen, welche sich in $\alpha'\beta'\Delta'$ horizontal projiciert. Die dieser Collineationsachse entsprechenden Collineationscentra erhält man, wenn aus irgend einem Punkte der letzteren die Tangenten an die horizontalen Projectionen der vorbezeichneten Curven geführt und die Verbindungsgeraden ihrer Berührungspunkte zum Schnitte gebracht werden.

Es ergeben sich hiernach nebst einem in der Collineationsachse selbst liegenden Centrum noch zwei verschiedene Centra, jenachdem die zu gleichen oder zu verschiedenen Seiten der Collineationsachse liegenden Berührungspunkte einander als entsprechend zugewiesen wurden.

Abgesehen von dem ersten dieser drei Fälle, welcher dem im §. 378 erwähnten degenerierten Kegel entsprechen würde, stellt sich in dem gegebenen Beispiele heraus, dass das aus dem zweiten Falle resultierende Collineationscentrum dasjenige sei, welches der bereits gefundenen verticalen Projection L entspricht.

Um das Ziehen der Tangenten an beide Curven zu umgehen, werden wir von dem Schnittpunkte (Δ, Δ') der Geraden $(\alpha\beta, \alpha'\beta')$ mit der Ebene $(AOB, A'O'B')$ ausgehen. Die Berührungspunkte aller aus dem genannten Punkte an die beiden vorbezeichneten Curven geführten Tangenten fallen in eine Gerade, welche mit der Berührungssehne $T'T'_1$ der aus Δ' an die Horizontalcontour der Fläche gezogenen Tangenten identisch ist.

Die Erklärung hiefür liegt in dem Umstande, dass im Punkte Δ' gleichzeitig die Berührungssehnen $(RQ, R'Q')$ und $(\mu\nu, \mu'\nu')$ zusammentreffen müssen. Sucht man, unter Hinweis auf die harmonischen Eigenschaften von Pol und Polare, die Polare des genannten Punktes in Bezug auf eine der Curven $M'N'R'Q'$ oder $F'G'\mu'\nu'$, so ist sofort zu ersehen, dass diese mit der Polare $T'T'_1$ in Bezug auf den horizontalen Flächenumriss zusammenfällt.

Alle in Betracht kommenden Collineationscentra liegen sonach in der besagten Geraden $T'T'_1$, und wir erhalten demgemäß das der gefundenen verticalen Projection L entsprechende in dem Schnitte von $T'T'_1$ mit dem Projectionsstrahle aus L in L' dargestellt.

Bezüglich der Mittel zum Zwecke der Durchführung des gestellten Problemes wäre allenfalls noch zu erwähnen, dass das Verzeichnen der der horizontalen Projection der gegebenen Fläche eingeschriebenen Curven vollkommen entbehrlich ist, und dass für die verticale Projection der Schnittcurve die Angabe der Punkte M und N mit den zugehörigen Tangenten und die eines dritten Punktes, etwa R oder Q, genügt hätte.

Die aus F und G an die Schnittcurve möglichen Tangenten ergeben sich als Doppelstrahlen conjectivischer Strahlenbüschel, deren Bestimmung, wie bekannt, anstandslos mit Zirkel und Lineal vollzogen werden kann.

Die Zuhilfenahme der Transformation der Projectionen, vermittelst welcher beide der betrachteten Curvenebenen in projicierende Ebenen verwandelt worden wären, würde diesfalls, obwohl sich dann die beiden Curven als Gerade dargestellt hätten, keine Vereinfachung der Durchführung zur Folge gehabt haben. Würde von der Transformation Gebrauch gemacht, so müssten die Schnitte der vorerwähnten Geraden mit der neuen Flächencontour bestimmt und hiezu dieselben Hilfsmittel in Anwendung gebracht werden, deren wir uns bei der obbesprochenen Lösung bedienten.

Principiell entsprechen der gestellten Aufgabe acht Lösungen, von welchen jedoch diejenigen auszuscheiden sind, bei welchen das Beleuchtungscentrum zwischen die beiden oben näher bezeichneten Curven zu liegen kömmt.

§. 389.

93. Aufgabe. Ein hyperbolisches Paraboloid ist durch ein windschiefes Viereck AA_1BB_1 (Taf. XXIII, Fig. 158) in Parallelprojection gegeben. Drei Ecken A, B, A_1 des letzteren mögen in der Grundebene selbst liegen, die Grundflächprojection der vierten Ecke B_1 sei B'_1. Es sind für eine bestimmte Lichtstrahlenrichtung, welche durch das Bild l und das Bild l' ihrer Grundflächprojection dargestellt erscheint, alle vorkommenden Schatten zu construieren.

Bei dem hyperbolischen Paraboloide werden bekanntlich alle Erzeugenden des einen Systems durch sämmtliche Erzeugende des anderen Systems in ähnlichen Punktreihen geschnitten.

Die Ähnlichkeit dieser Punktreihen bleibt durch Parallelprojection aufrecht erhalten. Wir werden demgemäß einzelne Lagen der Erzeugenden erhalten, wenn wir zwei gegenüberliegende Seiten des Viereckes, welche zwei Erzeugende desselben Systems der Fläche repräsentieren, in eine beliebige Zahl aliquoter Theile theilen und die entsprechenden Theilpunkte miteinander geradlinig verbinden. Hiebei sind die Endpunkte jeder der beiden anderen Vierecksseiten als entsprechend anzusehen.

Die Bilder aller Erzeugenden der Fläche berühren die Contour. Besagte Contour kann demnach als das Erzeugnis zweier ähnlicher Punktreihen aufgefasst werden, welche durch die Bilder zweier Vierecksseiten mit ihren Endpunkten bestimmt erscheinen.

Nehmen wir beispielsweise als Träger dieser Punktreihen die einander gegenüber liegenden Seiten AB und $A_1 B_1$ an, so ergibt sich der Berührungspunkt der Contour mit einer dieser Geraden, indem wir jenen Punkt bestimmen, welcher dem gemeinsamen Punkte c — als Punkt der anderen Reihe aufgefasst — entspricht. Es muss nämlich

$$\frac{AC}{CB} = \frac{A_1 c}{c B_1} \quad \text{und} \quad \frac{A_1 C_1}{C_1 B_1} = \frac{Ac}{cB}$$

sein.

Hiernach wird C am einfachsten construiert, wenn man A_1 mit B verbindet, aus c die Parallele $c\gamma_1$ zu BB_1 zieht und von ihrem Schnitte γ_1 mit $A_1 B$ die Parallele $\gamma_1 C$ zu AA_1 führt. Die Gerade $\gamma_1 C$ theilt AB in dem verlangten Verhältnisse. Auf ganz analoge Weise ergibt sich C_1, indem man aus c zu AA_1 die Parallele $c\gamma$ und aus γ die Parallele zu BB_1 zeichnet, im Schnitte der letzteren γC_1 mit $A_1 B_1$.

Der Halbierungspunkt ω der Berührungssehne CC_1 mit c verbunden, bestimmt bereits einen Durchmesser der Contourparabel; der Halbierungspunkt M der Strecke $c\omega$ den zugehörigen Scheitel. Es somit ist die Contourparabel hinlänglich bestimmt.

Die Selbstschattengrenze des Paraboloides wird, mit Zugrundelegung der früher gepflogenen Erörterungen, da wir Parallelbeleuchtung voraussetzen, wieder eine Parabel sein. Ebenso wird der Schlagschatten der Fläche auf die Grundebene zum Theile aus einer Parabel bestehen. Die Achsenrichtung der ersteren stimmt mit der Flächenachse, die Achsenrichtung der letzteren dagegen mit dem Schlagschatten derselben überein.

Die Schlagschattenparabel kann in gleicher Weise wie die Contour der Fläche als das Erzeugnis ähnlicher Punktreihen construiert werden, deren Elemente durch den Schlagschatten des Begrenzungsviereckes auf die Grundebene hinreichend bestimmt sind.

Der Schlagschatten der Geraden BB_1 auf die Grundebene fällt nach BB'_σ, bricht sich jedoch im Punkte e, um von da ab auf die Fläche selbst zu übergehen.

Dieser letztbezeichnete Theil des Schattens fällt mit einer Erzeugenden der Fläche zusammen, da derselbe nichts anderes als den Schnitt der durch die Erzeugende BB_1 gelegten Lichtebene mit dem Paraboloide vorstellt. Ein Punkt der besagten Erzeugenden ist e. Einen zweiten Punkt derselben finden wir im Punkte E, welcher die Strecke BB_1 in dem nämlichen Verhältnisse theilt, in welchem die Strecke AA_1 durch den Punkt e getheilt wurde. Zu diesem Behufe ziehen wir $e\varepsilon$ parallel zu AB und εE parallel zu A_1B_1.

Durch E wird gleichzeitig auch der Berührungspunkt der durch BB_1 gelegten Lichtebene mit der Fläche dargestellt. Besagter Punkt gehört somit auch der Selbstschattengrenze an. Der Schlagschatten desselben auf die Grundebene fällt nach E_σ in den Berührungspunkt der Schlagschattenparabel mit der Geraden BB'_σ.

Die Schlagschattenparabel kann nunmehr leicht als das Erzeugnis der zwei ähnlichen Punktreihen, welche durch die Strecken AA_1 und BB'_σ (Schlagschatten der entsprechenden Vierecksseiten) gegeben sind, bestimmt werden.

Der Berührungspunkt E_1 dieser Parabel mit AA_1 theilt die genannte Strecke AA_1 wieder in dem nämlichen Verhältnisse wie der Punkt e die Strecke BB'_σ. Ziehen wir daher $e\varepsilon_1$ parallel zu $A_1B'_\sigma$ und ε_1E_1 parallel zu AB, so erhalten wir im Schnitte von ε_1E_1 mit AA_1 den verlangten Punkt E_1. So wie vorher liegt auch hier die Erklärung für die Richtigkeit dieser Construction in der Ähnlichkeit zweier Paare von Dreiecken.

Die Verbindungsgerade des Punktes e mit dem Halbierungspunkte ω_1 der Berührungssehne E_1E_σ gibt einen Durchmesser der Schlagschattenparabel, während der Halbierungspunkt μ der Strecke $e\omega_1$ den zugehörigen Scheitel und die in μ zur Sehne E_1E_σ parallele Gerade die Scheiteltangente bestimmt.

Der bis nun construierte Schlagschatten auf die Grundebene erhält seinen Abschluss durch die Gerade $A_1B'_\sigma$, welche als Schlagschatten der Vierecksseite A_1B_1 entspricht.

Behufs Vervollständigung des Schattens durch den Selbstschatten der Fläche haben wir zu beachten, dass in E bereits ein Punkt derselben gefunden wurde. Die Tangente dieses Punktes würde mit dem zum Lichtstrahle harmonisch conjugierten Strahle in Bezug auf EB und Ee identisch sein. Ein weiterer Punkt der Selbstschattengrenze wurde in E_1 festgestellt.

Obwohl sich nun schon die Selbstschattencurve auf Grund von früher hervorgehobenen Eigenschaften, basiert auf die Principien der „neueren" oder richtiger der „höheren" Geometrie, anstandslos construieren ließe, wollen wir doch noch, als wesentliches Bestimmungsstück zum Zwecke der Verzeichnung derselben, ihren Berührungspunkt mit der Contourparabel, d. i. ihren Contourpunkt angeben. Wie bekannt, findet man denselben in dem Berührungspunkte der zum Lichtstrahlenbilde parallelen Tangente mit der Contourparabel.

Um besagten Punkt genau bestimmen zu können, betrachten wir die Contour als einen Kegelschnitt, welcher dem Dreiecke, das durch die Geraden AB, $A_1 B_1$ und die unendlich ferne Gerade gebildet wird, eingeschrieben ist. Die Berührungspunkte der Dreiecksseiten sind C, C_1 und σ_∞.

Ist demnach durch Fig. 159, Taf. XXIII ein einem Kegelschnitte umschriebenes Dreieck mit den Berührungspunkten C, C_1 und σ_∞ der Seiten desselben dargestellt, so findet man, nach dem Brianchonschen Satze, wie bekannt, die Tangente, welche aus irgend einem Punkte L_∞ einer der Seiten an die Curve gezogen werden kann — wenn man L_∞ mit c und A_∞ mit μ verbindet — in der Verbindungslinie L_∞ mit R. Der Berührungspunkt P derselben befindet sich in dem durch C und μ bestimmten Strahle.

Wenden wir diese Construction auf das oben näher bezeichnete Dreieck (Fig. 156, Taf. XXIII) an, so ist c mit L_∞ zu verbinden, d. h. durch c die Parallele zum Lichtstrahle zu führen und aus dem Schnitte μ der letzteren mit σ_1 eine Parallele μR zu BA zu ziehen. Die letztgenannte Gerade μR gibt im Schnitte R mit $A_1 B_1$ einen Punkt der gesuchten Tangente, welche somit, da zwei Punkte derselben als gegeben vorliegen, anstandslos gezogen werden kann. Ihr Berührungspunkt P ist im Strahle $C\mu$ gelegen.

§. 390.

94. Aufgabe. **Ein windschiefes Hyperboloid ist durch seinen Mittelpunkt O, durch zwei äquidistante Schnitte $AMNB$ und $A'N_1 M_1 B'$ und ein Erzeugendenpaar MM_1, NN_1 mit dem gemeinsamen Punkte P im Halbierungspunkte derselben, in Parallelprojection gegeben; es sind unter der Voraussetzung, dass die Fläche längs des oberen Schnittes $AMNB$ und der beiden Erzeugenden MM_1 und NN_1 offen gedacht wird, und dass das Bild der Lichtquelle im Unendlichen liege, die vorkommenden Selbst- und Schlagschatten zu bestimmen.**

Die Ebene des unteren Flächenschnittes $A'N_1 M_1 B'$ (Taf. XXIII, Fig. 160) wollen wir als Grundebene und die Richtung der Erzeugenden des Cylinders, welcher durch die beiden Grenzschnitte (Ellipsen) bestimmt wird, als grundfläch-projicierend voraussetzen. Ist weiters noch durch λ und λ' das Bild, resp. das Bild der Grundflächprojection der Lichtstrahlen gegeben, so ist auch schon die Form der Auflösung des gestellten Problemes gegeben.

Bezeichnen wir den durch P geführten zur Grundebene parallelen Diametralschnitt der Fläche als „Kehlellipse", so ist, wenn man erwägt, dass diese eine mit $A' M_1 N_1 B'$ concentrische und ähnliche Ellipse sein müsse, deren Grundflächprojection durch die Tangente $M_1 N_1$ und den Berührungspunkt P' vollkommen festgestellt. Es können hiernach die den Punkten A' und B' entsprechenden Punkte a' und b' leicht gefunden und somit auch jene a und b der Kehlellipse bestimmt werden.

Die sechs Punkte A, B, a, b, A' und B' liefern eine Meridianhyperbel, deren Tangenten in den Punkten a und b grundflächprojicierend sind. Mit Zugrundelegung dieser beiden Tangenten, ihrer Berührungspunkte und einem der übrigen Punkte, können nunmehr, nach dem Pascal'schen Satze, die Tangenten in A und B, in A' und B' leicht gefunden werden.

Die genannten Tangentenpaare schneiden sich in zwei gegen O symmetrisch liegenden Punkten S und S_1 der Geraden $O_1 O'_1$, welche gleichzeitig die Scheitel der dem Hyperboloide längs den beiden äquidistanten Ellipsen umschriebenen Kegel sind.

Die diesen Kegeln entsprechenden Punkte α und β, γ und δ der Selbstschattengrenze können auf bereits bekannte Weise unmittelbar bestimmt werden.

Hiernach ergeben sich für die Selbstschattengrenze, deren Mittelpunkt für Parallelbeleuchtung mit dem Flächenmittelpunkte zusammenfällt, direct zwei parallele Sehnen $\alpha\beta$ und $\gamma\delta$. Die Verbindungslinie ihrer Halbierungspunkte ω und ω_1 liefert den denselben conjugierten Durchmesser $\omega\omega_1$.

Den zweiten, zu den Sehnen parallelen Durchmesser construieren wir, indem wir durch O die Parallele zu den Sehnen führen und ihre Schnittpunkte mit der Fläche aufsuchen. Besagte Schnitte liegen, nachdem die Sehnen zur Grundebene parallel sind, in der Kehlellipse und können daher anstandslos aus der verzeichneten Grundflächprojection $a' P' b' \ldots$ derselben ermittelt werden. Es sind dies die Punkte (I, I') und (II, II'). Die Tangenten an die Selbstschattengrenze in I und II sind parallel zu $\omega\omega_1$. Die Abgrenzung des Selbstschattens unterliegt somit keiner weiteren Schwierigkeit.

Der Schlagschatten der Erzeugenden MM_1 und NN_1 auf die Grundebene fällt nach $M_1 M'_\sigma$ und $N_1 N'_\sigma$, bricht sich aber in den Punkten μ und ν, und geht von da ab auf die Fläche über. Die Fortsetzung des besagten Schattens auf dem Hyperboloide selbst ergibt sich als der Schnitt der durch die betreffenden Erzeugenden gelegten Lichtebene mit der Fläche, besteht also wieder aus Erzeugenden des Hyperboloides.

So schneidet beispielsweise die durch MM_1 geführte Lichtebene die obere Begrenzung der Fläche in einem Punkte μ_1, welcher sich in dem Schnitte der Ellipse $AMNB$ mit der aus M parallel zu $M_1 M'_\sigma$ geführten Geraden ergibt. Die Verbindungslinie $\mu\mu_1$ stellt die in der Lichtebene MM_1 liegende zweite Erzeugende der Fläche, d. i. den Schlagschatten der Geraden MM_1 ins Innere der dargestellten Fläche vor, welcher durch den Punkt M_σ, der in dem Lichtstrahle von M liegt, seine Begrenzung findet.

Die vorgenannte Erzeugende könnte man selbstverständlich auch aus ihrer Grundflächprojection erhalten, welche sich unmittelbar in der aus μ an $a'b'P'$ geführten Tangente $\mu\mu'$ ergibt.

Ein Gleiches gilt von dem Schlagschatten der Erzeugenden NN' ins Innere der Fläche. Die durch die genannte Erzeugende geführte Lichtebene schneidet das Hyperboloid in der Erzeugenden $\nu\nu_1$, deren Grundflächprojection durch die Tangente $\nu\nu'_1$ repräsentiert erscheint. In der Grundflächprojection erhalten wir auch unmittelbar den Schnittpunkt R' der beiden in der besagten Lichtebene liegenden Erzeugenden. Wird R' in die Gerade NN_1 nach R zurückgeführt, so bestimmt R den Berührungspunkt der Lichtebene mit der Fläche, also gleichzeitig auch einen Punkt der Selbstschattengrenze.

Der gesammte sichtbare Schatten ins Innere des Hyperboloides wird durch den Schlagschatten vervollständigt, welcher dem Curvenstücke αM entspricht. Bezüglich der Bestimmung dieses Schattens können wir auf die in §. 385) besprochene und in Fig. 156, Taf. XXIII durchgeführte Construction verweisen.

Hervorheben wollen wir nur noch, dass, da sich der diesbezügliche Schatten als Curve zweiter Ordnung darstellt, behufs Bestimmung desselben die Punkte α, M, β und die zur Lichtstrahlenrichtung parallelen Tangenten an die Ellipse $AMNB$, als hiezu vollkommen hinreichend, gegeben sind.

Die Ellipse $AMNB$ ist bekanntlich für $\alpha\beta$ als Affinitätsachse und die Lichtstrahlenrichtung als Affinitätsstrahl, mit ihrem Schlagschatten in das Innere der Fläche affin. Hiernach lässt sich die

Tangente für irgend einen Punkt des Schlagschattens, etwa für M_σ, aus der Tangente des entsprechenden Curvenpunktes M ableiten, indem man den Schnittpunkt ϱ der Tangente mit der Affinitätsachse, mit dem betreffenden Punkte des Schlagschattens verbindet.

An dem Gesammtschlagschatten auf die Grundebene participiert ferner, außer dem bereits verzeichneten Schlagschatten der Erzeugenden MM_1 und NN_1, auch der Schlagschatten der oberen Begrenzungslinie, welcher aus einer mit derselben congruenten und ähnlich gelegenen Ellipse mit dem Mittelpunkte O_σ besteht.

Zum Abschlusse gelangt der auf die Grundebene fallende Schatten durch den Schlagschatten der Selbstschattengrenze, für welchen wir die Punkte γ, δ, α_σ und β_σ sammt deren Tangenten (identisch mit den betreffenden Ellipsentangenten) und den Punkt R'_σ mit der Tangente $N_1 N_\sigma$ kennen. Der Schlagschatten I_σ und II_σ der Punkte I und II bestimmt den zu den Sehnen $\alpha_\sigma \beta_\sigma$ und $\gamma \delta$ parallelen, zu $O'_1 O_\sigma$ conjugierten Durchmesser.

§. 391.

95. Aufgabe. **Die Durchdringung eines Kegels mit einem (durch ein windschiefes Viereck) gegebenen hyperbolischen Paraboloide liegt vor; es sind die für eine bestimmte Lichtstrahlenrichtung sich ergebenden Selbst- und Schlagschatten zu construieren.**

Nach der Richtung des einfallenden Lichtstrahles und des daraus resultierenden Schlagschattens des Begrenzungsviereckes $CDBA$ (Taf. XXIII, Fig. 161) auf die Grundebene, gelangen wir zu dem Schlusse, dass die dem Beschauer zugekehrte Fläche des Paraboloides in allen Punkten direct beleuchtet wird. Auf Grund dieser Wahl des Lichtstrahles, resp. dieses Ergebnisses, entfällt die Bestimmung der Selbstschattengrenze des Paraboloides.

Der Schlagschatten des Kegelscheitels S fällt — auf die Grundebene bezogen — nach S'_σ; die Selbstschattengrenze des Kegels K ist durch die Erzeugenden MS und NS fixiert.

Für den Schlagschatten, welcher durch die Vierecksseite DB auf den Kegel geworfen wird, liegen die Punkte P, Q und ν vor. Einen weiteren Punkt dieses Schattens finden wir unmittelbar durch Zurückführung des Lichtstrahles aus R' in R.

Die Tangente in diesem Punkte R der Schattencurve ist offenbar parallel zur Lichtstrahlenrichtung.

Setzen wir voraus, dass der Kegel K vom zweiten Grade sei, so ist durch Feststellung der genannten Elemente und allenfalls noch mit Hinzufügung der Bemerkung, dass der Schatten die Contour des Kegels berühren müsse, der obverlangte Schatten vollständig bestimmt und kann somit unabhängig von der diesfalls gestellten Aufgabe anstandslos construiert werden.

Der Schatten des Kegels auf das Paraboloid ist mit dem Schnitte der letzteren mit den beiden Tangentialebenen SMS'_σ und SNS'_σ an die Kegelfläche identisch.

Einzelne Punkte desselben können auch hier zweckmäßig durch Zurückführung des Lichtstrahles ermittelt werden, indem wir den Schnitt der Schlagschatten einzelner Flächenerzeugenden mit dem Schatten MS'_σ der schattenwerfenden Kegelkante MS — alle auf die nämliche Fläche (Grundebene) bezogen — in die betreffenden Erzeugenden des Paraboloides zurückführen.

Auf diese Weise wurden die Punkte VI, VII, VIII.... durch Zurückführung der Lichtstrahlen aus den Punkten VI', VII', $VIII'$, d. i. den Schnitten der Schlagschatten $6_1 6_\sigma$, $7_1 7_\sigma$, $8_1 8_\sigma$... der Flächenerzeugenden mit der Trace MS'_σ der Lichtebene auf der Grundebene erhalten.

Der Schlagschatten der Kegelspitze auf der Fläche $CDBA$ liegt einerseits in der Curve $\alpha\beta\gamma$..., welche sich auf bekannte Weise als Schnitt der grundfläch-projicierenden Ebene $S'S'_\sigma$ mit dem Paraboloide ergibt und andererseits in dem durch S gezogenen Lichtstrahle, also in S_σ.

§. 392.

96. Aufgabe. **Eine auf der Grundebene aufruhende elliptische Schale, gebildet aus den Hälften zweier coaxialen, ähnlichen Ellipsoide, ist gegeben; es sind für eine bestimmte Lichtstrahlenrichtung (λ, λ') die sich ergebenden Schatten zu construieren.**

Das äußere Ellipsoid ist durch die drei conjugierten Halbmesser OA, OB und OC (Taf. XXIII, Fig. 162), von welchen der Endpunkt C des letztgenannten Halbmessers OC mit dem Berührungspunkte der Schale mit der Grundebene zusammenfällt, gegeben. Für die Bestimmung des inneren Ellipsoides genügt die Angabe der Länge Oa einer der drei Halbachsen.

Der Umriss des Ellipsoides wird auf Grund bereits bekannter Principien dargestellt. Hier wurde derselbe gefunden, indem man an den durch je zwei conjugierte Halbmesser bestimmten Diametralschnitt die Tangenten parallel zum dritten Halbmesser führte. Auf diese Weise ergeben sich für den Umriss sechs Punkte sammt den zugehörigen Tangenten, von denen in unserer Zeichnung bloß die Punkte γ und γ_1 (deren Tangenten zu OC parallel sind) und der Punkt (α, α'), dessen Tangente parallel zu AA_1 ist, angedeutet wurden.

Die bildliche Darstellung der Schale, welche aus dem besprochenen Umrisse und den beiden Ellipsen $AA_1 BB_1$ und $aa_1 \ldots$ zusammengesetzt erscheint, unterliegt sonach keiner weiteren Schwierigkeit.

Ist nun das Bild der Lichtstrahlenrichtung durch λ und das Bild ihrer Projection auf die zur Grundebene parallele Ebene AOB durch λ' dargestellt, so finden wir für die Selbstschattengrenze der äußeren Begrenzung sofort zwei Punkte M und N in den Endpunkten des zu λ' conjugierten Durchmessers.

Ein weiterer Punkt der besagten Schattengrenze sammt der zugehörigen Tangente ergibt sich in dem Berührungspunkte R der zum Lichtstrahlenbilde λ parallelen Tangente mit der Contour der Fläche. Mit Rücksicht auf die bereits durchgeführten Beispiele kann von einer Besprechung behufs Auffindung anderweitiger Punkte der Selbstschattengrenze Umgang genommen werden.

Der Schlagschatten der Schale auf die Grundebene wird durch den Schatten der Ellipse $AA_1 BB_1$ gebildet. Besagter Schatten wird einerseits eine zu der Ellipse $AA_1 BB_1$ congruente und ähnlich gelegene Ellipse mit dem Mittelpunkte O_σ sein, und andererseits aus dem Schlagschatten der Selbstschattengrenze, für dessen Bestimmung wir die Punkte M_σ und N_σ nebst den entsprechenden, zu λ' parallelen Tangenten, sowie die Tangente des Contourpunktes R kennen, bestehen. Hiernach ist der bezeichnete Schatten, da er sich als Curve zweiter Ordnung darstellt, vollständig bestimmt.

Den Berührungspunkt der letztgenannten Tangente erhalten wir übrigens auch unmittelbar, sobald die Grundflächprojection R' von R bekannt ist. Zu diesem Behufe suchen wir die Grundflächspur der Contourebene, in welcher R liegt, mit Zuhilfenahme der gleichfalls in der letzteren liegenden Geraden $\gamma\gamma_1$ und $O\alpha$. Die Grundflächprojection von $O\alpha$ ist die zu OB parallele Gerade $O'\alpha'\nu$. Es ist somit ν ein Punkt der Grundflächspur und die durch ν zu $\gamma\gamma_1$ parallel gezogene Gerade E'_g die Grundflächspur der Contourebene selbst. Die Grundflächspur der Geraden OR ist μ und folglich $O'\mu$ die Grundflächprojection von $O\mu$. In $O'\mu$ findet sich bekanntlich R' in der aus R gezogenen grundfläch-projicierenden Geraden RR'. Die aus R' zu λ' geführte Parallele schneidet die Tangente von R im Berührungspunkte R_σ des Schlagschattens.

Der Schlagschatten in das Innere der Schale hat seine Ausgangspunkte in m und n.

Um irgend einen weiteren Punkt dieses Schattens, etwa denjenigen zu erhalten, welcher dem Punkte p entspricht, legen wir durch p die zur Lichtstrahlenrichtung parallele grundfläch-projicierende Ebene und suchen deren Schnitt mit der Fläche des inneren Ellipsoides. Dort, wo der aus p geführte Lichtstrahl die Schnittcurve trifft, ergibt sich der verlangte Punkt.

Der Schnitt jener durch p geführten grundfläch-projicierenden Ebene, deren Horizontalspur pq zu λ' parallel sein muss, mit der besagten Fläche ist eine Ellipse, welche der Ellipse POC ähnlich ist. Der zu pq conjugierte Durchmesser derselben ergibt sich demnach, indem man aus dem Mittelpunkte o die Parallele zu OC führt und diese durch die zu PC parallel gezogene Gerade pc in c durchschneidet.

Die somit durch die Halbmesser po und oc bestimmte Ellipse, können wir zweckmäßig, in Bezug auf oc als Affinitätsachse, affin in einen Kreis transformieren.

Dem Ellipsenpunkte p entspricht der Curvenpunkt (Kreispunkt) π, dem Lichtstrahle $p\omega$ entspricht im Kreissysteme der Strahl $\pi\omega$. Der letztere schneidet den Kreis in π_σ, welcher, entsprechend zurückgeführt, den Schnitt des Lichtstrahles mit der Ellipse, also einen Punkt p_σ des Schlagschattens ins Innere der Fläche liefert.

Aus früher erörterten Gründen (Satz 448, Band II) ist auch diesfalls der Schlagschatten in das Innere des Ellipsoides wieder ein Kegelschnitt, welcher mit der Ellipse ama_1np affin ist. Die Affinitätsachse wird durch mn, die Affinitätsstrahlen durch die Bilder der Lichtstrahlen repräsentiert.

Es wird nunmehr auch unschwer möglich sein, direct die Tangente eines Punktes des Schlagschattens aus der Tangente des ihm entsprechenden Curvenpunktes abzuleiten.

So entspricht beispielsweise der Tangente $p\varrho$ des schattenwerfenden Randes der vorliegenden Fläche die Tangente $p_\sigma\varrho$ des Schlagschattens ins Innere derselben. Dem Punkte t der Geraden $p\varrho$ entspricht τ in der Geraden $p_\sigma\varrho$. Ist demnach nt eine Tangente der schattenwerfenden Ellipse im Punkte n, so wird $n\tau$ die Tangente im Ausgangspunkte des Schlagschattens sein.

Durch die so gefundenen Elemente ist somit auch der Schlagschatten ins Innere der Fläche mehr als hinreichend bestimmt. Derselbe wird sich selbstverständlich in dem vorstehenden Falle wieder als eine Ellipse darstellen, welche die Contour des inneren Ellipsoides berührt.

§. 393.

97. Aufgabe. **Ein hohles Ellipsoid liegt als gegeben vor; es ist die Lichtstrahlenrichtung so auszumitteln, dass der Schatten ins Innere der Fläche „in der Projection" als ein Kreis erscheine.**

Zur Lösung des gestellten Problems, die wir nur in aller Kürze anführen wollen, sei gleichzeitig auch die vorhergehende Fig. 162, Taf. XXIII) benützt.

Wir erhalten den verlangten Kreis eindeutig in jenem aus O beschriebenen Kreise bestimmt, welcher die innere Flächencontour in den Endpunkten ihrer kleinen Achse berührt.

Die an den besagten Kreis und die Ellipse $a m a_1 n$ möglichen gemeinsamen Tangenten geben die Bilder der Lichtstrahlenrichtungen; die zu den beiden Durchmessern, in welchen sich Kreis und Ellipse schneiden, conjugierten Geraden dagegen bestimmen die Grundflächprojectionen derselben.

Nachdem jeder der obbezeichneten Lichtstrahlenrichtungen jede der beiden conjugierten Richtungen als zugehörige Grundflächprojection zugewiesen werden kann, so resultieren diesfalls vier Lösungen der gestellten Aufgabe.

Die Erweiterung der Giltigkeit der vorangeführten Probleme, welche in den Fig. 157 bis incl. 162 zur Darstellung gelangten, für allgemeine centrale Projection ergibt sich auf dem nämlichen Wege, den wir diesbezüglich in früher gelösten Beispielen vorgezeichnet haben.

Nebenbei sei noch erwähnt, dass alle bisher durchgeführten Constructionen mit Umgehung von Curvenzeichnen, also bloß mit Zuhilfenahme von Zirkel und Lineal vollzogen wurden und dass dies, wie aus unseren Erörterungen durchwegs hervorgieng, so leicht möglich war, findet auch darin seine Begründung, dass der ganze bisherige, in Bezug auf die Schattenconstructionen bewältigte Stoff aus constructiven Lösungen von Problemen aufgebaut wurde, welche den zweiten Grad nicht überschreiten.

Wir haben somit in einer Reihe von Beispielen allgemein den Weg gebahnt und gezeigt, wie allfällig gestellte, in dieses Gebiet einschlagende Probleme zweckmäßig gelöst werden können; auch haben wir gleichzeitig bei verschiedenen Veranlassungen Gelegenheit gefunden, darauf hinzuweisen, wie die Aufgaben in entsprechender Weise für ihre Lösung und Durchführung vorbereitet und wie die den einzelnen Flächen eigenthümlichen Eigenschaften für die Vereinfachung der jeweiligen Constructionen verwertet werden können.

Obwohl sich in den betrachteten Fällen die Resultate bloß aus Curven zweiter Ordnung zusammensetzten, so wird es doch, auf Grund der besprochenen Vorgänge und angegebenen Verfahrungsarten keinerlei Schwierigkeit bieten, zusammengesetzte Probleme, d. i. solche zu lösen und durchzuführen, wo die Schattenconstructionen für irgend eine Gruppierung von Flächen zweiten Grades vollzogen werden sollen.

In derartigen Fällen werden selbstverständlich im Resultate auch Curven vierter Ordnung als Schlagschatten auftreten können. Dieselben ergeben sich bekanntlich durch den Schnitt des der einen Fläche umschriebenen Lichtkegels mit einer zweiten Fläche.

Als Selbstschattengrenzen dagegen, sowie als Schlagschatten auf irgend eine Ebene, treten unter obiger Voraussetzung immer nur Curven zweiter Ordnung (oder Theile derselben) auf.

§. 394.

Bezugnehmend auf die letzte Bemerkung „Schlagschatten von Flächen zweiter Ordnung auf Ebenen" sei hier noch einiger theoretisch interessanter Aufgaben gedacht, deren erste Gruppe durch das nachstehende allgemeine Problem zum Ausdrucke gelangen kann.

Eine Fläche zweiter Ordnung, welche durch eine punktförmige Lichtquelle beleuchtet wird, sei gegeben; es ist die Lage einer Ebene derart zu ermitteln, dass der Schlagschatten der Fläche auf die besagte Ebene einer bestimmten Curve zweiter Ordnung ähnlich werde.

Wie zu ersehen, reduciert sich die Lösung der vorstehenden Aufgabe darauf, den aus dem Beleuchtungscentrum der gegebenen Fläche umschriebenen Kegel zweiten Grades nach einer bestimmten Curve zu schneiden.

Die zweite Gruppe betrifft die Umkehrung des obigen Problemes.

Eine Fläche zweiter Ordnung und eine Ebene sind gegeben; es ist ein Beleuchtungscentrum so zu bestimmen, dass der demselben entsprechende Schlagschatten der gegebenen Fläche zweiten Grades auf die gleichfalls gegebene Ebene einer bestimmten Curve ähnlich werde.

Vorstehende Aufgabe ist in der gegebenen Fassung im allgemeinen noch unbestimmt und wird erst durch Hinzufügung einer weiteren einfachen Bedingung determiniert. Wir können dieselbe demnach beispielsweise in folgende Form bringen.

98. Aufgabe. **Eine Fläche zweiter Ordnung und eine Ebene sind gegeben; es ist die Lichtstrahlenrichtung derart zu bestimmen, dass der Schlagschatten der Fläche auf die Ebene ein Kreis werde.**

Behufs unzweideutiger Feststellung sei etwa noch ergänzend gefordert, dass sich das Beleuchtungscentrum in unendlicher Entfernung befinde.

Zum Zwecke der Lösung des Problemes führen wir durch den Mittelpunkt der Fläche eine zu der gegebenen Ebene parallele Ebene und bestimmen deren Schnitt mit der Fläche, sowie den der letztgenannten Ebene conjugierten Durchmesser.

Umschreiben wir dem gefundenen Diametralschnitte einen Kreis, welcher diesen in den beiden Endpunkten einer seiner Achsen berührt, so besteht die der Fläche und dem Kreise gemeinsam umschriebene Developpable aus zwei Cylinderflächen.

Jeder dieser Cylinder, als Lichtcylinder aufgefasst, wird auch die gegebene, zur Diametralebene parallele Ebene nach einem Kreise schneiden, welcher den Schlagschatten der Fläche darstellen wird.

Die Erklärung hiefür ergibt sich aus dem dem Satze 449, Band II) reciprok entsprechenden Satze, dass die gemeinsame Developpable zweier Flächen zweiter Ordnung, welche sich in den Endpunkten eines Durchmessers berühren, in zwei Cylinderflächen zerfällt.

Der sich ergebende Kreis, welcher mit dem Diametralschnitte auch die Fläche in zwei Punkten berührt, kann nämlich als Fläche zweiter Ordnung von der Eigenschaft aufgefasst werden, dass eine ihrer Achsen gleich Null ist.

Behufs Durchführung des Problems denken wir uns die Projectionen so transformiert, dass der Diametralschnitt in eine der Projectionsebenen fällt.

Ist demnach der Diametralschnitt durch $ABCD$ (Taf. XXIII, Fig. 163), der demselben conjugierte Flächendurchmesser durch seine Projection FG und die Entfernung der Punkte F und G von der Bildebene durch $\pm h$ gegeben, so kann die weitere Durchführung in nachstehender Weise geschehen.

Der der Ellipse umschriebene Kreis K bildet die Leitlinie des zu suchenden, der Fläche umschriebenen Lichtcylinders.

Nachdem der Cylinder die Fläche in den Punkten A und B berührt, so muss die Tangentialebene der Fläche in A, beziehungsweise B eine Erzeugende desselben enthalten. Zu dieser Tangentialebene ist aber die Diametralebene COF parallel, schneidet also den Cylinder gleichfalls nach Erzeugenden.

Die in dieser Ebene liegenden Cylindererzeugenden gehen somit durch den Schnitt der Ebene COF mit dem Leitlinienkreise K und berühren die Fläche in Punkten des Kegelschnittes, welcher durch die conjugierten Durchmesser CD und FG gegeben ist.

Das es sich bloß um die Feststellung der Richtung der Cylindererzeugenden handelt, so genügt das Aufsuchen einer derselben. Wir erhalten diese Erzeugende, wenn wir beispielsweise durch den Punkt M die Tangente an die Curve $CDFG$ führen. Nachdem zwei solcher Tangenten möglich sind, resultieren auch zwei Lösungen der Aufgabe.

Die besagten Tangenten mit den Berührungspunkten in R und T wurden diesfalls mittelst affiner Transformation der Ellipse $CDFG$ in den Kreis FGD_0 gefunden, und erscheinen dieselben in ihren Projectionen durch L'_1 und L'_2 dargestellt.

Die Höhen h_t und h_r der Berührungspunkte T und R (die letzteren liegen in der Ebene COF) findet man (wie der Zeichnung zu entnehmen) unmittelbar in $\alpha\beta$ und $\gamma\delta$. Bei richtiger Construction müssen diese entgegengesetzt gleich sein.

Dieselben Schlüsse, durch welche wir unsere vorliegende Aufgabe mit Zuhilfenahme des der Ellipse umschriebenen Kreises ihrer Lösung zuführten, würden offenbar auch für einen der Ellipse eingeschriebenen Kreis k gelten, nur stellen sich hierbei die beiden resultierenden Lichtstrahlenrichtungen imaginär heraus.

Dem Principe nach existieren also vier Lichtstrahlenrichtungen, für welche der Schlagschatten der gegebenen Fläche zweiten Grades auf eine gegebene Ebene kreisförmig wird. Zwei hiervon sind imaginär, die beiden übrigen aber reell und durch die Projectionen L'_1 und L'_2, sowie durch die Entfernung h_r und h_t ihrer Punkte T und R von der Bildfläche dargestellt.

§. 395.

Schlagschatten von Rotationsflächen.

Von den Flächen zweiten Grades auf die Rotationsflächen übergehend, wollen wir zunächst einen allgemeinen Flächentypus betrachten, aus dem sowohl die erst- als auch die letztgenannten Flächen hervorgehen.

Die bisher gewonnenen Ergebnisse werden uns die entsprechenden Anknüpfungspunkte für die graphische Behandlungsweise der Rotationsflächen in allgemeinster (central-projectivischer) Darstellung erschließen.

Denken wir uns zur Erreichung des angestrebten Zweckes, der Einfachheit halber, zunächst eine ebene Curve $P_1P_0\Gamma M$ (Taf. XXIV, Fig. 164) und in ihrer Ebene eine Gerade $\pi\pi$ gegeben.

Der vorerwähnte Flächentypus werde durch einen veränderlichen Kegelschnitt erzeugt, dessen Tangenten in zwei gegebenen festen Punkten A und B sich in einem Punkte der Geraden $\pi\pi$ schneiden, und welcher stets einen Punkt der gegebenen Curve enthält.

Es ist leicht einzusehen, dass wir irgend einen dieser Kegelschnitte erhalten, indem wir durch AB eine beliebige Ebene legen, ihren Schnitt P_0 mit der gegebenen Curve und mit der Geraden $\pi\pi$ in O_0 aufsuchen und den letztgenannten Punkt mit A und B verbinden. Besagter Kegelschnitt erscheint sodann durch die beiden Tangenten O_0A und O_0B mit ihren Berührungspunkten A und B, und durch den Schnittpunkt P_0 der gewählten Ebene mit der gegebenen Curve vollständig bestimmt.

Die gegebene Curve $P_1P_0\Gamma M$ wollen wir, wie üblich, mit Bezugnahme auf Rotationsflächen, der Kürze halber, „Meridian" und die Gerade AB die „fixe Sehne" nennen.

Der Ort der Pole der fixen Sehne in Bezug auf jeden der erzeugenden Kegelschnitte ist die Gerade $\pi\pi$, welche wir deshalb auch als „Polachse" oder kurzwegs als „Achse" bezeichnen.

Es ist unmittelbar zu ersehen, dass sich durch je zwei beliebige der erzeugenden Kegelschnitte ein Kegel legen lässt. Die Tangentialebenen desselben in A und B, welche durch die Kegelschnittstangenten in diesen Punkten bestimmt sind, schneiden sich in der Polachse; es muss diese somit auch den Scheitel des Kegels enthalten.

Die Polachse ist daher der Ort der Scheitel aller Kegel, welche sich durch je zwei der erzeugenden Kegelschnitte legen lassen, oder mit anderen Worten: je zwei der erzeugenden Kegelschnitte sind mit einander in centrischer Collineation.

Hierbei ist die fixe Sehne die Collineationsachse, während das Collineationscentrum auf der Polachse und zwar im Schnitte derselben mit jener Meridiansehne liegt, welche den beiden erzeugenden Kegelschnitten entspricht.

So sind beispielsweise in Fig: 164, Taf. XXIV die erzeugenden Kegelschnitte ABP_0 und ABP_1, in Bezug auf AB als Achse, in centrischer Collineation. Das zugehörige Centrum C_1 liegt im Schnitte der Meridiansehne $P_0 P_1$ mit der Polachse $\pi\pi$.

Betrachten wir in diesem Sinne zwei unmittelbar aufeinanderfolgende Kegelschnitte, so geht der durch sie bestimmte Kegel in einen der Fläche umschriebenen Kegel über.

Aus diesem Umstande geht weiter hervor, dass wir die Fläche als die Einhüllende einer Schar von Kegeln zweiter Ordnung betrachten können, welche sich sämmtlich in den Punkten A und B berühren. Die Tangentialebenen in diesen Punkten sind durch die Ebenen $A\pi$ und $B\pi$ repräsentiert.

Hieraus folgt wieder umgekehrt, dass die Scheitel der erzeugenden Kegel sämmtlich in der Polachse $\pi\pi$ liegen müssen. Präcisiert wird die Schar der erzeugenden Kegel durch den Meridian. Jede Meridiantangente gehört einem der Kegel als Erzeugende an.

Die Fläche selbst lässt indes noch zwei andere, der eben angedeuteten Erzeugungsweise analoge Erzeugungsweisen zu.

Denken wir uns nämlich die Fläche durch ein Ebenenbüschel, dessen Achse $\pi\pi$ ist, geschnitten und nennen wir die sich so ergebenden Schnittcurven, conform der bereits gebrauchten Bezeichnungsweise „Meridiane", so wird sich zwischen diesen ein ähnliches Verhältnis, wie bei den erzeugenden Kegelschnitten herausstellen.

Je zwei dieser Meridiane sind nämlich in centrischer Collineation für $\pi\pi$ als Collineationsachse; das Collineationscentrum liegt in der fixen Sehne und zwar im Schnitte derselben mit derjenigen Sehne irgend eines der erzeugenden Kegelschnitte, welche den beiden gewählten Meridianen entspricht.

Um das Gesagte nachzuweisen, nehmen wir außer dem gezeichneten Meridiane $P_1 P_0 \Gamma M$ noch einen zweiten Meridian an, welcher durch irgend einen Punkt Q_0 des Kegelschnittes ABP_0 gehe.

Der Punkt Q_1, in welchem der zu suchende Meridian den Kegelschnitt ABP_1 schneidet, wird in der Collineation der beiden Kegelschnitte ABP_0 und ABP_1 der dem Punkte Q_0 entsprechende Punkt sein müssen, nachdem die betreffende Meridianebene durch $\pi\pi$, also auch durch den Scheitel des Collineationskegels geht. Der Punkt Q_1 würde also einfach im Schnitte der Geraden $C_1 Q_0$ mit dem Kegelschnitte ABP_1 erhalten. Es entspricht somit auch in der Collineation der beiden Kegelschnitte ABP_0 und ABP_1, der Sehne $P_0 Q_0$ die

Sehne $P_1 Q_1$, d. h. die beiden Seiten müssen sich in einem Punkte x der Collineationsachse $\xi\xi$ treffen.

Was aber von dem erzeugenden Kegelschnitte ABP_1 gilt, hat offenbar auch für jeden anderen seine Geltung; es gehen daher alle Sehnen PQ durch den Punkt x der fixen Sehne.

Je zwei Meridiane liegen also auf einem Kegel, dessen Scheitel in der fixen Sehne gelegen ist, dieselben sind sonach für den bezeichneten Punkt als Collineationscentrum und für $\pi\pi$ als Collineationsachse in Collineation.

Für die Meridiane und ihre Collineationen vertauschen die beiden Geraden π und ξ ihre Rollen.

Die Collineation wird speciell zu einer Involution für zwei Meridiane, welche in einer und derselben Ebene liegen. Selbstverständlich ist diese Involution eine ebene.

Der Collineationskegel für zwei unendlich nahe liegende Meridiane geht in einen Kegel über, welcher der Fläche längs des Meridianes umschrieben ist. Der Scheitel dieses Kegels befindet sich im Schnitte der entsprechenden Tangente eines der erzeugenden Kegelschnitte mit AB.

Jedem Meridiane entspricht sonach ein der Fläche umschriebener Kegel, weshalb die Fläche auch als Enveloppe einer Schar von Kegeln aufgefasst werden kann, deren Charakteristiken die aufeinander folgenden Meridiane bilden und deren Scheitel sämmtlich auf der fixen Sehne liegen.

Aus den erörterten Erzeugungsweisen, von welchen sich immer je zwei einander reciprok entsprechen, werden sowohl die Constructionsmethoden für die Bestimmung des ebenen Schnittes, als auch jene für den umschriebenen Kegel gefolgert werden können.

Hierbei werden sich überdies gewisse allgemeine Symmetrieverhältnisse zwischen den Punkten der sich ergebenden Resultate geltend machen, welche mit Vortheil sowohl für die Controle, als auch für die Vereinfachung der Construction benützbar sind.

§. 396.

Für die uns hier vorliegende Aufgabe der „Schattenconstruction“ ist in erster Linie die Bestimmung des umschriebenen Kegels von Wichtigkeit.

Wir wollen uns daher zunächst mit diesem Probleme nochmals, so weit es für den vorliegenden Zweck wünschenswert erscheint, beschäftigen und hierbei gleichzeitig die Construction des sichtbaren Umrisses der Fläche, welche auf gleicher Grundlage beruht, mit einbeziehen.

Wie bereits aus Früherem bekannt, wird für die Construction des sichtbaren Umrisses sowohl, als auch für die Ermittelung der Selbstschattengrenze, die Fläche als Enveloppe einer Developpablenschar aufgefasst. Als solche bieten sich sehr einfach die beiden Scharen der längs der erzeugenden Kegelschnitte und der Meridiane umschriebenen Kegel dar. Die Tangenten für die Contour der Fläche ergeben sich direct in den Contourerzeugenden der umschriebenen Kegel. Die Berührungspunkte derselben mit der betreffenden Kegelleitlinie bestimmen zugleich die Berührpunkte für die Flächencontour.

So kann beispielsweise der Fläche längs des erzeugenden Kegelschnittes ABP_0 (Taf. XXIV, Fig. 164) ein Kegel umschrieben werden, dessen Scheitel in $\pi\pi$ und zwar im Schnitte dieser Geraden mit der Meridiantangente im Punkte P_0 liegt. Zieht man von diesem Scheitel die äußersten Tangenten an die Curve ABP_0, so erhält man in derselben die Contourerzeugenden des Kegels und somit gleichzeitig auch die Tangenten für die Flächencontour. In den betreffenden Berührungspunkten derselben mit der Curve ABP_0 ergeben sich folglich die zugehörigen Contourpunkte.

Für den vorliegenden Fall ist die Meridiantangente in P_0 parallel zu $\pi\pi$, der umschriebene Kegel projiciert sich demgemäß als Cylinder; es sind dementsprechend die zu $\pi\pi$ parallelen Tangenten an ABP_1 Tangenten an die Contour und folglich a und b Punkte derselben.

Der der Fläche längs des Kegelschnittes ABP_1 umschriebene Kegel hat seinen Scheitel in S_1 (Schnitt der entsprechenden Meridiantangente von P_1 mit $\pi\pi$). Die Contourerzeugenden S_1T, S_1T' geben wieder Tangenten, und die Berührpunkte T, T' die zugehörigen Contourpunkte.

Die Contourerzeugenden S_1T, S_1T' können aber auch bestimmt werden, ohne den Kegelschnitt ABP_1 benützen zu müssen, wenn man berücksichtigt, dass ABP_0 und ABP_1 in Collineation stehen. Das Collineationscentrum liegt, wie aus dem früher Gesagten hervorgeht, im Schnitte von $\pi\pi$ mit P_0P_1, d. i. in C_1; die Collineationsachse ist ζ.

Im Systeme des Kegelschnittes ABP_0 entspricht der Geraden P_1S_1, welche die Collineationsachse in α schneidet, die Gerade $P_0\alpha$ und somit dem Punkte S_1 jener σ_1. Die Tangenten σ_1T_0 und $\sigma_1T'_0$ aus dem letztgenannten Punkte an die Curve ABP_0 geben, entsprechend in das zweite System zurückgeführt, die gesuchten Contourtangenten mit den zugehörigen Berührungspunkten.

Selbstverständlich können bei dieser Zurückführung zweckmäßig die Schnitte η, η_1 der Tangenten mit der Collineationsachse benützt werden.

Ist einer der erzeugenden Kegelschnitte gefunden resp. gezeichnet, so lässt sich in der angegebenen Weise die Construction für jeden anderen Kegelschnitt auf den ersteren mittelst Collineation übertragen und sodann wieder auf den entsprechenden zurückführen.

Man kann demnach für jeden der Kegelschnitte ABP mit Zuhilfenahme des gezeichneten Grundkegelschnittes ABP_0 ein Tangentenpaar sammt den zugehörigen Berührungspunkten für die Flächencontour erhalten.

Die Verbindungslinie jedes Paares dieser Contourpunkte geht durch einen festen Punkt μ der fixen Sehne, welcher der zum Schnittpunkte (π, ζ) von π und ζ harmonisch conjugierte Punkte in Bezug auf die beiden Fixpunkte A und B ist.

Um letzteres nachzuweisen, betrachten wir die Verbindungsgerade TT' irgend eines Paares der Contourpunkte, welches dem Kegelschnitte ABP_1 entspricht. Besagte Gerade ist nichts anderes als die Polare des Punktes S_1 in Bezug auf den genannten Kegelschnitt ABP_1; ebenso stellt AB die Polare des Punktes O_1 dar, in welchem sich die Kegelschnittstangenten von A und B schneiden.

Der Schnitt μ der beiden Geraden TT' und AB ist somit der Pol der Geraden $\pi\pi$, woraus folgt, dass die vier Punkte $A_1 B_1 (\pi, \zeta)$ und λ eine harmonische Reihe bilden. Nachdem aber die drei Punkte A, B und $(\pi\zeta)$ für alle erzeugenden Kegelschnitte dieselben sind, also ungeändert bleiben, so kann auch der vierte harmonische Punkt λ seine Lage nicht ändern.

Aus dem Gesagten geht weiters hervor, dass alle erzeugenden Kegelschnitte den Punkt λ als Pol und $\pi\pi$ als zugehörige Polare gemein haben müssen.

Es wird daher irgend ein Punktepaar TT' der Contourcurve durch die beiden Punkte λ und $(TT', \pi\pi)$ harmonisch getrennt, oder mit anderen Worten, die Flächencontour bildet ein involutorisches System für λ als Involutionscentrum und $\pi\pi$ als Involutionsachse. Entsprechende Punkte sind die Punkte eines Paares.

In dieser Involution tritt jene Symmetrie klar zutage, welche sich in den Contouren von Rotationsflächen und Flächen zweiter Ordnung in parallel-perspectivischer Darstellung jederzeit geltend macht.

Sowie zur Construction der Contour von Flächen Kegel verwendet wurden, welche der Fläche aus Punkten der Geraden $\pi\pi$ umschrieben werden, ebenso können wir auch solche Kegel benützen, deren Scheitel in der „fixen Sehne" AB liegen, und, wie gezeigt, die Fläche nach Meridianen berühren.

So erhalten wir beispielsweise den Scheitel ε des Kegels, welcher dem gezeichneten Meridiane $P_1 P_0 \Gamma M$ entspricht, im Schnitte der zugehörigen Tangente $P_0 \varepsilon$ eines der erzeugenden Kegelschnitte (ABP_0) mit der fixen Sehne AB.

Die aus ε an den Meridian möglichen Tangenten ($\varepsilon \Gamma$) liefern die Contourerzeugenden des umschriebenen Kegels als Tangenten für die Flächencontour gleichzeitig mit den zugehörigen Berührungspunkten (Γ).

Mit Hilfe des gefundenen Punktes Γ könnte ein weiterer Punkt Γ' in folgender Weise gefunden werden.

Es bildet nämlich die Tangente $\varepsilon \Gamma$ gleichzeitig eine Contourerzeugende des Kegels, welcher der Fläche längs des Kegelschnittes $AB\Gamma$ umschrieben wurde. Der Scheitel dieses umschriebenen Kegels fällt nach S_γ. Würden wir also aus S_γ die zweitmögliche Tangente an $AB\Gamma$ führen, so erhielten wir in derselben auch eine weitere Tangente für die Flächencontour mit dem zugehörigen Berührungspunkte.

Zu diesem Behufe überführen wir wieder den Kegelschnitt $AB\Gamma$ collinear in den Grundkegelschnitt ABP_0. Das Collineationscentrum ist hiebei C_γ.

Der Tangente in Γ entspricht die Tangente in P_0, daher dem Scheitel S_γ der Punkt σ_γ. Die zweite Tangente aus σ_γ, welche die Collineationsachse in ϱ schneidet, gibt, entsprechend zurückgeführt, in $S_\gamma \varrho$ eine Tangente für die Contour und in Γ' den zugehörigen Berührungspunkt.

Einfacher würden wir übrigens Γ' auf Grund der oberwähnten Involution der Contourcurve erhalten haben, wenn wir Γ mit μ verbunden und den vierten harmonischen Punkt zu den drei Punkten ($\Gamma\lambda$, $\pi\pi$), λ und Γ bestimmt hätten.

Weiters seien noch die Contourpunkte aufgesucht, welche demjenigen Meridiane angehören, dessen Ebene durch das Projectionscentrum geht, der sich also in der Geraden $\pi\pi$ abbildet.

Der genannte Meridian ist mit dem urprünglich gezeichneten in Collineation und zwar sind, wie bereits vorher angedeutet wurde, je zwei Punkte, welche auf dem nämlichen Kegelschnitte liegen, entsprechende Punkte.

Die auf dem Kegelschnitte ABP_0 liegenden Punkte beider Meridiane sind P_0 und σ_m; wir erhalten demnach das Collineationscentrum in dem Schnitte ν der Geraden $P_0\sigma_m$ mit AB.

Die äußerste Secante, welche aus ν gegen den Meridian $P_1 P_0 \Gamma M$ gezogen werden kann, oder mit anderen Worten: die Tangente aus dem besagten Punkte ν ist aber mit der äußersten Secante an den Meridian, welcher in $\pi\pi$ abgebildet erscheint, identisch. Wir erhalten somit unmittelbar im Schnitte S_m der Tangente νM mit $\pi\pi$ den äußersten Punkt des Meridians $\pi\pi$ und damit gleichzeitig den gesuchten Punkt des Flächenumrisses. Die Tangente in diesem Punkte S_m führt durch μ, was schon aus dem Umstande hervorgeht, dass S_m ein in der Involutionsachse $\pi\pi$ gelegener Punkt der Flächencontour ist.

Ähnlich wie die Bestimmung der Flächencontour gestaltet sich die Feststellung der Selbstschattengrenze für irgend ein Beleuchtungscentrum.

Ist L das Beleuchtungscentrum, so erhalten wir bekanntlich die Contourpunkte R und W der Selbstschattengrenze in den Berührungspunkten der aus L an die Contour geführten Tangenten.

Um weitere Punkte der schattenwerfenden Curve zu bestimmen, muss offenbar das Beleuchtungscentrum noch durch irgend ein anderes Bestimmungsstück festgestellt sein.

Setzen wir beispielsweise voraus, es wäre die Projection L' desselben auf die Ebene ABP_0, welche nach der Richtung der Erzeugenden des der Fläche längs ABP_0 umschriebenen Cylinders gebildet wurde, bestimmt, so ergeben sich sofort zwei anderweitige Punkte der Selbstschattengrenze in den Berührungspunkten I und II der aus L' an den Kegelschnitt ABP_0 geführten Tangenten.

Andere Punkte dieser Trennungslinie zwischen Licht und Schatten erhalten wir in ähnlicher Weise, indem wir jene in der Berührungscurve liegenden Punkte der Selbstschattenerzeugenden suchen, welche dem der Fläche umschriebenen Kegel entsprechen.

Wir führen zu diesem Behufe durch das Beleuchtungscentrum und den Kegelscheitel eine Gerade, suchen ihren Schnitt mit der Ebene der Berührungscurve, führen aus dem besagten Schnittpunkte an die eben genannte Curve die möglichen Tangenten und bestimmen deren Berührungspunkte. Die letzteren gehören selbstverständlich der zu bestimmenden Selbstschattengrenze an.

So schneidet beispielsweise die Gerade LS_1 die Leitlinienebene ABP_1 des entsprechenden Kegels in Δ. Die Berührungspunkte III

und IV der aus $\varDelta$ an ABP_1 geführten Tangenten liefern bereits Punkte der Selbstschattencurve.

Der Punkt $\varDelta$ muss offenbar in der Schnittlinie der Ebene πL mit der Ebene ABP_1 liegen. Die Ebene ABP_0 wird von der Ebene πL in der Geraden LO_0, die fixe Sehne AB also in dem Punkte β getroffen. Durch diesen Punkt β und den Schnitt O_1 der Geraden $\pi\pi$ mit ABP_1 ist sodann die obverlangte Schnittgerade bestimmt, in welcher der Punkt $\varDelta$ liegt.

Wie leicht einzusehen, können die vorbezeichneten Berührungspunkte auch durch collineare Übertragung der Construction auf den Kegelschnitt ABP_0 gefunden werden, ohne erst veranlasst zu sein, den Kegelschnitt ABP_1 zeichnen zu müssen.

Aus ähnlichen Gründen, wie wir diese gelentlich der Construction der Contourcurve näher erörterten, lässt sich auch hier der Nachweis erbringen, dass jede Verbindungslinie eines in der besprochenen Weise erhaltenen Punktepaares der Selbstschattengrenze durch einen festen Punkt λ der „fixen Sehne" gehen müsse. Der genannte Punkt λ ist der zu den drei Punkten A, B, β — welche für jeden der erzeugenden Kegelschnitte unverändert bleiben — gehörige vierte harmonische Punkt. Derselbe muss somit auch constant bleiben.

Die Raumcurve, welche durch die entwickelte Selbstschattengrenze gebildet wird, liegt, in Bezug auf λ als Involutionscentrum und die Ebene $(L\pi)$ als Involutionsebene, involutorisch.

Auch diese allgemeine Eigenschaft werden wir in der parallelprojectivischen Darstellung der eigentlichen Rotationsflächen für Parallelbeleucheung, als orthogonale Symmetrie specialisiert finden.

§. 397.

Die Entwickelung der beiden speciellen Familien der Flächen zweiter Ordnung und der eigentlichen Rotationsflächen aus dem eben behandelten Flächentypus unterliegt somit, auf Grund der gepflogenen Erörterungen, keinem Anstande. Insbesondere erhalten wir eine Fläche zweiter Ordnung, wenn der Meridian ein Kegelschnitt von solcher Beschaffenheit ist, dass für denselben der in seiner Ebene liegende Punkt Ω (Taf. XXIV, Fig. 164) der fixen Sehne AB, der Pol der Geraden $\pi\pi$ wird.

In den hervorgehobenen Eigenschaften der eben entwickelten Fläche, namentlich in den bis zu einem gewissen Grade reciproken Beziehungen der beiden Geraden $\pi\pi$ und $\zeta\zeta$, treten neuerlich die

Urbilder der Polareigenschaften der Flächen zweiter Ordnung klar hervor und waren es gerade diese Eigenschaften, welche bei den Flächen zweiten Grades, namentlich bei den elliptischen, in einer ähnlichen Form wie hier als Grundlage der dort durchgeführten Constructionen dienten.

Die Rotationsflächen im engeren Sinne entstehen aus der oben besprochenen Fläche, wenn die fixe Sehne unendlich ferne liegt, die gemeinsamen Punkte A und B in die imaginären Kreispunkte derselben übergehen, und die Gerade $\pi\pi$ senkrecht zu der durch die unendlich ferne fixe Sehne repräsentierte Ebenenstellung angenommen wird.

Das Büschel der erzeugenden Kegelschnitte übergeht diesfalls in ein System von parallelen Kreisen (Parallelkreise), deren Mittelpunkte in jener Geraden $\pi\pi$ liegen, welche senkrecht zu den Kreisebenen steht.

Die Collineationskegel zwischen je zwei Parallelkreisen, sowie sämmtliche, längs der Parallelkreise, der Fläche umschriebenen Kegel sind hier senkrechte Kreiskegel, während die Collineations- und Berührungskegel der Meridiane, welche ihre Scheitel auf der unendlich fernen fixen Sehne haben, in Collineations- und Berührungscylinder übergehen. Die Collineation zweier beliebiger Meridiane wird hier zur Congruenz; die Involution der in einer Ebene liegenden Meridiane zur orthogonalen Symmetrie.

In central-projectivischer Darstellung nehmen diese speciellen Eigenschaften der Rotationsflächen wieder ihre allgemeine Gestalt an und schließt sich deshalb die allgemeine Darstellungsweise der eigentlichen Rotationsflächen dem eben besprochenen Fall vollkommen an. Der einzige Unterschied bleibt nur der, dass hier die gemeinsamen Punkte A und B der fixen Sehne AB unter allen Umständen imaginär werden und als solche durch die Involution conjugierter Pole auf der fixen Sehne gegeben sein müssen.

§. 398.

99. Aufgabe. **Eine Rotationsfläche ist durch die Fluchttrace der Parallelkreisebene E_v (fixe Sehne), durch die Bilder AA_1 und BB_1 zweier conjugierter Durchmesser eines der Parallelkreise, ferner durch das Bild $\pi\pi$ der Achse und das Bild eines Meridians $A\Gamma M$, welcher in der Ebene $AA_1\pi\pi$ liegt, gegeben; es ist für eine vorliegende Lichtquelle L die Trennungslinie zwischen Licht und Schatten zu bestimmen.**

Das Bild des Parallelkreises AA_1BB_1 (Taf. XXIV, Fig. 165) für welches sich die bezeichneten Durchmesser AA_1 und BB_1 als conjugierte Sehnen darstellen werden, kann unmittelbar nach den gegebenen Bestimmungsstücken gezeichnet werden, indem wir außer den vier Punkten A, A_1, B und B_1 noch die zugehörigen Tangenten ermitteln, welche in den Fluchtpunkten v_1 und v_2 der entsprechenden Durchmesser verschwinden.

Die Diagonalen dieses Tangentenvierseits liefern die Richtungen von zwei weiteren conjugierten Sehnen, welche in ihrem Schnitte mit E_v und im Vereine mit den Punkten v_1 und v_2 die imaginären Endpunkte der fixen Sehne als Doppelpunkte der hiedurch gegebenen Involution bestimmen.

Der der Fläche längs des Parallelkreises ABA_1B_1 umschriebene Kegel hat seinen Scheitel in S_1. Mit Zuhilfenahme desselben finden wir die Contourpunkte a und a_1 sammt den zugehörigen Tangenten. Anderweitige Contourpunkte wurden analog der Bestimmungsweise festgestellt, wie sie im vorhergehenden Falle besprochen wurde. Durch dieselben Betrachtungen wie dort, findet man auch, dass die Contour für $\pi\pi$ als Achse und μ als Involutionscentrum ein ebenes involutorisches System bildet.

Ist L das Bild der Lichtquelle, so ergeben sich direct in den Berührungspunkten (N) der aus L gezogenen Tangenten die Contourpunkte der Selbstschattengrenze.

Um weitere Punkte der schattenwerfenden Curve zu erhalten, nehmen wir behufs näherer Bestimmung des Beleuchtungscentrums an, dass beispielsweise der Schnitt jener Geraden, welche den Scheitel S_1 mit L verbindet, mit der Ebene des gezeichneten Parallelkreises in Δ_α erfolge. Dies vorausgesetzt, ergeben sich sofort Punkte der Selbstschattengrenze in den Berührungspunkten P und Q der Tangenten aus Δ_α an den Parallelkreis AA_1BB_1.

Die im Parallelkreise Γ liegenden Punkte werden erhalten, wenn L mit dem Scheitel S_c des zugehörigen Kegels verbunden wird und aus dem Schnitte Δ_c dieser Verbindungsgeraden mit der Ebene des genannten Parallelkreises die Tangenten an diesen geführt werden Der Schnittpunkt Δ_c liegt in der Schnittlinie der Lichtebene $(L, \pi\pi)$ mit der Parallelkreisebene. Für die besagte Schnittlinie ergibt sich unmittelbar ein Punkt ω, in welchem $\pi\pi$ die Parallelkreisebene schneidet. Derselbe ist in der Verbindungsgeraden Γv_1 gelegen. Ein fernerer Punkt ist β, d. i. der Verschwindungspunkt der Schnittlinie $\Delta_\alpha O$ der nämlichen Lichtebene mit dem Parallelkreise AA_1BB_1.

Das Führen der Tangenten aus Δ_c an den Parallelkreis Γ wurde collinear auf den gezeichnet vorliegenden Parallelkreis übertragen. Hierbei gelangt Δ_c nach Δ^0_2. Die Berührungspunkte r und w der Tangenten aus dem genannten Punkte entsprechend zurückgeführt, geben in R und W die verlangten Punkte der Selbstschattengrenze.

Auch hier stellt sich selbstverständlich wieder heraus, dass die Verbindungslinien eines Paares dieser Punkte der Selbstschattengrenze durch einen festen Punkt λ der fixen Sehne E_v gehen und dass die Punkte eines Paares im Raume einander involutorisch zugeordnet sind.

Nachdem aber λ das Bild eines unendlich fernen Punktes darstellt, geht diese räumliche Involution in eine „Symmetrie" über, welcher Umstand nichts anderes aussagt, als dass die Selbstschattengrenze der Rotationsflächen im Raume, in Bezug auf die durch die Rotationsachse geführte Lichtebene, symmetrisch sei.

Die Modificationen, welche die Construction für „parallelprojectivische Darstellung" erfährt, ist unschwer festzustellen.

Das Bild der „fixen Sehne" rückt diesfalls in unendliche Ferne, woraus folgt, dass die Bilder der Parallelkreise, nachdem alle dieselben beiden unendlich fernen Punkte enthalten, untereinander ähnlich sein werden.

Die Collineation der Meridiane wird in dieser Darstellung zur Affinität; die Involution zweier in der nämlichen Ebene liegender Meridiane wird zur Symmetrie, welch letztere im allgemeinen eine schiefe sein wird.

Hiedurch wird selbstverständlich eine nicht unwesentliche Vereinfachung der in den vorhergehenden Beispielen vollführten Constructionen eintreten, wie durch die Lösung des folgenden Problems gezeigt werden soll.

§. 399.

100. Aufgabe. **Eine Rotationsfläche ist durch die Bilder zweier conjugierten Durchmesser AA_1 und BB_1 eines Parallelkreises, durch jenes $O\Sigma$ der Rotationsachse und durch das $GFACR$ eines Meridians, welcher in der Ebene $AO\Sigma$ liegt, gegeben; es ist für Parallelbeleuchtung unter der Voraussetzung, dass l das Bild der Lichtstrahlenrichtung und l' das Bild der Projection auf eine der Parallelkreisebenen vorstellt, die Trennungslinie zwischen Licht und Schatten (Selbstschattengrenze) zu bestimmen.**

Der der Fläche längs des gezeichneten Parallelkreises $A B A_1 B_1$ (Taf. XXIV, Fig. 166) umschriebene Rotationskegel hat seinen Scheitel in dem Schnitte der Meridiantangente im Punkte A mit der Rotationsachse, diesfalls (d. i. in unserer Constructionszeichnung) also im Unendlichen. Die zugehörigen Contourerzeugenden liefern zwei Tangenten, während deren Berührungspunkte a und a_1 entsprechende Punkte der Contour bestimmen.

In gleicher Weise wird der der Fläche, längs eines Parallelkreises in F umschriebene Kegel, dessen Scheitel S_f sei, zwei Punkte f und f_1, sammt den zugehörigen Tangenten für die Contour bestimmen. Bemerkt sei diesbezüglich nur, dass diese Punkte, analog der in den vorhergegangenen Beispielen gewählten Bestimmungsweise, durch Transformation des Parallelkreises F auf den gezeichnet vorliegenden Parallelkreis $A B A_1 B_1$ gefunden wurden. Als Ähnlichkeitspunkt zwischen beiden Parallelkreisen wurde der Punkt Σ benützt.

Der in der Achse gelegene Contourpunkt M ergibt sich auf Grund vorausgeschickter Erörterungen im Schnitte von ΣO mit derjenigen Tangente τ, welche an den gezeichnet vorliegenden Meridian $GFACR$ parallel zu $A\sigma_m$ geführt wurde.

Die Involution der Contourcurve wird hier, für $M\Sigma$ als Symmetrieachse und für aa_1 als Richtung der Symmetriestrahlen, zur „Symmetrie". Zu den besagten Strahlen ist auch die Tangente t des Contourpunktes M parallel.

Für die vorausgesetzte Parallelbeleuchtung werden die der Fläche längs der Parallelkreise in A und G umschriebenen Kegel in Cylinder übergehen. Wir erhalten sonach für die besagten Parallelkreise unmittelbar je zwei Punkte der Selbstschattengrenze in den Berührungspunkten P, P_1 und p, p_1 der zu l' parallelen Tangenten an den betreffenden Parallelkreis.

Um für irgend einen Parallelkreis F die Punkte der Selbstschattengrenze zu ermitteln, legen wir durch den Scheitel S_f des entsprechenden umschriebenen Kegels den Lichtstrahl λ, suchen dessen Schnitt δ mit der genannten Parallelkreisebene und führen aus dem so gefundenen Punkte δ die Tangenten an den Parallelkreis.

Die hier angedeutete Construction wurde, sowie die Bestimmung der betreffenden Contourpunkte, durch Transformation des Kegels (F, S_f) auf den Kegel $A B A_1 B_1 S$ vollzogen und wurden sodann die hiedurch erhaltenen Punkte x und y entsprechend nach X und Y zurückgeführt.

Die Verbindungsgeraden der so ermittelten Punktepaare sind untereinander parallel und ist ihre Richtung jener von l' conjugiert. Jede dieser parallelen Sehnen, welche durch die genannten Punktepaare bestimmt sind, wird durch die zur Lichtstrahlenrichtung parallele Meridianebene halbiert. Hieraus folgt unmittelbar wieder die in den früheren Beispielen mehrfach erwähnte Symmetrie der Selbstschattengrenze.

Mit Zugrundelegung dieser Symmetrie können auch leicht der höchste und tiefste Punkt dieser Trennungslinie, oder was dasselbe ist, der schattenwerfenden Curve gefunden werden.

Besagte Punkte liegen in dem zur Lichtstrahlenrichtung parallelen Meridiane, die vorerwähnten parallelen Sehnen übergehen in parallele Tangenten und die Berührungspunkte dieser Tangenten, welche zur orthogonalen Projection des Lichtstrahles auf die Ebene des genannten Meridians parallel sind, bestimmen die verlangten Punkte. Bezüglich der näheren Ausführung der hierher gehörigen Constructionen kann auf die in §. 380 gegebenen Andeutungen verwiesen werden.

Die Contourpunkte der Selbstschattengrenze erhält man, wie in allen anderen Fällen, in den Berührungspunkten N der zur Lichtstrahlenrichtung parallelen Tangenten an die Contour der Fläche.

§. 400.

Aus den durchgeführten Problemen ist zu ersehen, wie irgend welche Punkte der Selbstschattengrenze für allgemeine und specielle Rotationsflächen erhalten werden können.

Sollen Tangenten an die schattenwerfende Curve direct construiert werden, so müssen — abgesehen von den vereinzelten Tangenten, welche sich, aus den Symmetrieverhältnissen der Curve entspringend, in den höchsten und tiefsten Punkten ergeben — die Flächen zweiter Ordnung, als Vermittler, zu Hilfe genommen werden.

Wir gehen hierbei von dem durch eine Grenz-Betrachtung sich unmittelbar ergebenden Satze aus, dass die Tangente irgend eines Punktes der Selbstschattengrenze für eine beliebige Fläche mit der Tangente an die Selbstschattengrenze derjenigen Fläche zweiter Ordnung identisch sei, welche die Fläche in dem gegebenen Punkte osculiert.

Die Tangente der Selbstschattengrenze einer Fläche zweiter Ordnung — eine punktförmige Lichtquelle vorausgesetzt — kann aber höchst einfach construiert werden. Dieselbe ist nämlich, nachdem die Berührungscurve des Lichtkegels eine ebene Curve ist, der Schnitt ihrer Ebene mit der Tangentialebene in dem betreffenden Punkte.

Ist demnach die Tangente irgend eines Punktes der Selbstschattengrenze zu construieren, so werden wir zunächst die osculierende Fläche zweiter Ordnung in diesem Punkte zu bestimmen haben.

Die Fläche zweiter Ordnung ist jedoch durch die bloße Voraussetzung der Osculation in dem betreffenden Punkte noch nicht hinlänglich bestimmt. Für den vorliegenden Fall dürfte es zweckmäßig sein, diese dadurch festzustellen, dass vorausgesetzt wird, die Osculation solle in allen Punkten des entsprechenden erzeugenden Kegelschnittes (Parallelkreises) stattfinden.

Eine derartige Fläche zweiter Ordnung wird erhalten, wenn statt des Meridianes ein Kegelschnitt substituiert wird, welcher den Meridian in dem entsprechenden Punkte osculiert und gleichzeitig die Eigenschaft besitzt, dass er nach der zugrunde gelegten Erzeugungsweise thatsächlich eine Fläche zweiter Ordnung liefere. Letzteres ist, wie wir bereits wissen, dann der Fall, wenn der Schnittpunkt der fixen Sehne mit der Meridianebene und die Polachse, beziehungsweise Pol und Polare in Bezug auf den substituierten Kegelschnitt sind.

Da die Osculation mit dem Meridiane, mit der Angabe dreier Punkte gleichwertig ist, so erhellt unmittelbar, dass dieser Kegelschnitt hiedurch, sowie durch das Vorhandensein eines Punktes als Pol und einer Geraden als zugehörige Polare vollkommen bestimmt sei.

Wollten wir also beispielsweise zu der in Fig. 164, Taf. XXIV, dargestellten Fläche die dieselbe längs des Kegelschnittes ABP_0 osculierende Fläche zweiter Ordnung construieren, so hätten wir statt des Meridianes $P_1 P_0 \Gamma$ einen Kegelschnitt zu setzen, welcher den Meridian in P_0 osculiert, und für welchen Ω und $\pi\pi$ beziehungsweise Pol und Polare sind.

Construieren wir den Krümmungskreis für das Meridianbild im Punkte P_0, so ist dieser zugleich auch Krümmungskreis für das Bild des osculierenden Kegelschnittes.

Mit Hilfe der harmonischen Eigenschaften von Pol (Ω) und Polare ($\pi\pi$) können wir außerdem auch den dem Punkte P_0 involutorisch entsprechenden Punkt sammt der zugehörigen Tangente leicht bestimmen.

Für das Bild des zu suchenden Kegelschnittes kennen wir somit den Krümmungskreis im Punkte P_0, ferner einen anderweitigen Punkt sammt Tangente; es kann dieses Bild daher anstandslos als die zum gezeichneten Kreise collineare Figur vervollständigt werden. Hierbei stellt P_0 das Collineationscentrum und gleichzeitig einen Punkt der Collineationsachse dar.

Ist dieser Kegelschnitt und durch denselben auch die längs ABP_0 osculierende Fläche zweiter Ordnung bestimmt, so wird man die Ebene der Berührungscurve des ihr aus dem Punkte L umschriebenen Kegels, oder was dasselbe ist, die Polarebene des Punktes L ermitteln und deren Schnitte mit den Tangentialebenen der Fläche in I und II construieren, um hiedurch die entsprechenden Tangenten der Selbstschattengrenze dargestellt zu erhalten.

Wäre der Punkt P_0 gleichzeitig ein Inflexionspunkt des Meridians, so würde der den Meridian osculierende Kegelschnitt mit der Inflexionstangente, und die osculierende Fläche zweiter Ordnung mit dem der Fläche längs des betreffenden Parallelkreises umschriebenen Kegelfläche identisch sein. In diesem Falle gehen daher die Tangenten der Selbstschattengrenze durch den Scheitel des umschriebenen Kegels.

Ein Beispiel dieser Art veranschaulicht Fig. 166, Taf. XXIV. Die längs des Parallelkreises F' osculierende Fläche zweiter Ordnung ist durch den Kegel (F, S_f) repräsentiert. Es werden hier somit die Tangenten der entsprechenden Punkte x und y der Selbstschattengrenze direct in den Verbindungsgeraden mit dem Kegelscheitel S_f erhalten.

Der hier angeführten Constructionsmethode der Tangenten entnimmt man unmittelbar, dass einer Disconuität in der Krümmung des Meridians auch eine Disconuität der Tangenten der Selbstschattengrenze entsprechen werde.

Wäre beispielsweise der Meridian aus einzelnen endlich großen Kreisbögen verschiedener Krümmung zusammengesetzt, welche sich in den Endpunkten berührend aneinander schließen, so wird jeder Berührungsstelle ein vorspringender Punkt der Trennungslinie zwischen Licht und Schatten entsprechen.

Die sämmtlichen Tangenten eines Punktes einer beliebigen Fläche bilden, wie aus früher erzielten Resultaten zu ersehen, ein involutorisches Strahlenbüschel, indem diese mit jenem Büschel identisch sind, welches der die gegebene Fläche im betreffenden Punkte osculierenden Fläche zweiter Ordnung entspricht.

Die Strahlen eines Paares sind in der Weise einander vertauschbar zugeordnet, dass immer einer dieser Strahlen die Erzeugende irgend einer der Fläche umschriebenen Developpablen, der andere Strahl aber die Tangente der zugehörigen Berührungscurve ist.

Die Doppelstrahlen des besagten Büschels sind in Bezug auf die osculierende Fläche zweiter Ordnung mit den durch den angenommenen Punkt gehenden geradlinigen Erzeugenden, bezüglich der gegebenen Fläche dagegen mit den Inflexionstangenten identisch.

Kennt man also die Inflexionstangenten eines Punktes der Fläche, so kann man die Tangente der Selbstschattengrenze für irgend einen die Fläche im genannten Punkte streifenden oder berührenden Lichtstrahl aus der Eigenschaft construieren, dass die Doppelstrahlen eines Büschels die Strahlen jedes einzelnen Paares harmonisch trennen.

Die Construction etwa vorkommender Schlagschatten auf irgend eine Ebene oder auf eine beliebige Fläche, welche, wie bereits bekannt, mit der Bestimmung des Schnittes von Kegel- oder Cylinderflächen, durch welche der Schattenraum abgegrenzt wird, identisch ist, reduciert sich im allgemeinen wieder auf die Aufsuchung des Schnittes einzelner Geraden mit der vorgenannten Ebene oder Fläche.

Es kann somit bezüglich der principiellen Lösung auf das Aufsuchen der Schnitte von Kegel- und Cylinderflächen mit irgend welchen beliebigen Flächen ohneweiters verwiesen werden.

Von den allgemeineren Darstellungsarten auf specielle übergehend, wollen wir das Gesagte durch ein Beispiel zu erläutern suchen.

§. 401.

101. Aufgabe. **In centraler Projection ist die Hälfte irgend einer Rotationsfläche, welche durch einen zur Bildebene parallelen Meridian abgegrenzt wird, gegeben; es sind, unter Voraussetzung von Parallelbeleuchtung, die vorkommenden Schatten ins Innere der Fläche sowohl, als auch auf die Grundebene zu bestimmen.**

Der Fluchtpunkt der parallelen Lichtstrahlen sei v (Taf. XXIV, Fig. 167). Ist $S_1 \sigma_\pi$ die Rotationsachse (vertical), $admCM$ der zur Bildebene parallele, die Flächenhälfte begrenzende Meridian, und ist gg der Schnitt der Meridianebene mit der Grundebene, so können wir, unbeschadet der richtigen Lösung des gestellten Problems, den gezeichneten Meridian als direct in der Bildebene liegend ansehen; der Schnitt gg seiner Ebene mit der Grundebene wird sodann dieser Annahme entsprechend mit der Grundlinie zusammenfallen.

Da der Haupt- oder Augpunkt A, den gemachten Voraussetzungen gemäß, innerhalb des nunmehr in der Bildebene liegenden Meridians fällt, wird die Contour des darzustellenden Flächentheiles durch die vereinigten Meridiane $admC$ und $Mnfb$ und durch das Bild des halben Parallelkreises acb, welcher auf bereits bekannte Weise verzeichnet wird, gebildet.

Um zunächst die Selbstschattengrenze zu bestimmen, machen wir von Kegeln Gebrauch, welche der Fläche längs der Parallelkreise umschrieben sind. Die Schnitte der Selbstschattenerzeugenden dieser Kegel mit ihrer Leitlinie gehören der Selbstschattengrenze an.

Der der Fläche längs des Parallelkreises acb umschriebene Kegel hat seinen Scheitel in S; die in die Bildebene umgelegte Leitlinie ist der über ab beschriebene Halbkreis.

Die orthogonale Bildflächprojection des durch S parallel zu Av geführten Lichtstrahles ist $S\delta'$; die in die Bildebene umgelegte Projection auf die Parallelkreisebene ab erscheint durch $o\delta_0$, d. i. durch die Parallele zur Verbindungsgeraden des um die Horizontslinie umgelegten Projectionscentrums O mit der Grundflächprojection v' des Fluchtpunktes v der Lichtstrahlen, dargestellt. Der in die Bildebene umgelegte Schnitt des Lichtstrahles mit der Parallelkreisebene ist somit δ_0. Der Berührungspunkt γ_0 der von δ_0 an den oberwähnten Halbkreis geführten Tangente $\delta_0\gamma_0$ gibt, in die centrale Projection übertragen, in γ den verlangten Punkt der Selbstschattengrenze.

Derselbe Gedankengang kann auch bezüglich der Construction des in dem Halbkreise df liegenden Punktes der zu bestimmenden „Trennungscurve" eingehalten werden. Der der Fläche längs des genannten Parallelkreises umschriebene Kegel hat seinen Scheitel in S_1; die Projection des durch S_1 gelegten Lichtstrahles ist durch S_1v festgestellt. Die Projection des Schnittes dieses Lichtstrahles mit der Parallelkreisebene (hier Horizontsebene) ist $\varDelta$.

Wird der Parallelkreis sammt der zugehörigen Lichtstrahlenprojection in die Bildebene umgelegt, so ist ersterer der über df beschriebene Kreis, letztere die zu Ov' parallele Gerade $O_1\varDelta_0$. In dieser umgelegten Projection des Lichtstrahles ergibt sich direct die Umlegung des Schnittes $\varDelta_0$ mit der Parallelkreisebene und zwar im Schnitte mit dem Strahle $O\varDelta$.

Der Berührungspunkt β_0 der aus Δ_0 an den Halbkreis df möglichen Tangente gibt, nach β zurückgeführt, wieder einen Punkt der Selbstschattengrenze. In ähnlicher Weise wurde auch der Punkt μ der verlangten schattenwerfenden Curve bestimmt. Derselbe entspricht dem der Fläche längs des größten Parallelkreises mn umschriebenen Cylinders.

Die Contourpunkte, diesfalls den Punkt C, erhalten wir in den Berührpunkten der zu Av parallelen Tangenten an den Meridian.

Nach den hiermit getroffenen Vorbereitungen wird es ein Leichtes sein, den Schlagschatten der Fläche auf die Grundebene zu bestimmen.

Schlagschattenwerfende Punkte sind selbstverständlich die Punkte der oben festgestellten Selbstschattengrenze, ferner die Punkte der Meridiancurve $CMnfbc\gamma$.

Nachdem die Fläche auf der Grundebene in M aufruhend gedacht wurde, wird der für das vorliegende Auge (Projectionscentrum) O sichtbare Schlagschatten auf die Grundebene in M beginnen und gg berühren.

Einzelne Punkte des Schlagschattens der Meridiancurve werden, sowie beispielsweise der Schatten b_σ des Punktes b, im Schnitte b_σ... der durch die betreffenden Punkte geführten Lichtstrahlen bv... mit der entsprechenden Grundflächprojection $b'v'$... derselben erhalten. In gleicher Weise werden die im Bereiche der Sichtbarkeit liegenden Punkte des Schlagschattens, welcher einerseits dem Parallelkreisbogen $b\gamma$ und der Selbstschattengrenze andererseits entspricht, gefunden.

Der Schlagschatten in das Innere der Fläche wird durch den Schnitt der Fläche mit dem Lichtcylinder, dessen Leitlinie $\gamma apdmC$ ist, dargestellt.

Betrachten wir zunächst den Schlagschatten, welcher dem Theile γb des die Fläche nach oben begrenzenden Parallelkreises entspricht. Behufs Bestimmung desselben suchen wir zunächst den Schnitt des zugehörigen Lichtcylinders, welcher, wie leicht zu ersehen, ein Theil eines schiefen Kreiscylinders ist, durch Zuhilfenahme von Parallelkreisebenen als Hilfsebenen.

Um das Gesagte zu veranschaulichen, nehmen wir beispielsweise an, es wären die in der Parallelkreisebene pq liegenden Punkte des Schlagschattens zu bestimmen. Die Ebene pq schneidet den genannten Lichtcylinder in einem Kreise von dem Radius oa; der Mittelpunkt desselben ist der Schnitt der Cylinderachse mit der Parallelkreisebene. Die Cylinderachse ist durch die Bildflächprojection $o\omega'_1$ (parallel zu

Av); die Umlegung ihrer Projection auf die Parallelkreisebene ist durch $o_2 \omega'_0$ (parallel zu Ov') dargestellt. In ω'_0 ergibt sich somit der Mittelpunkt des umgelegten Schnittkreises k_0, welcher nunmehr direct verzeichnet werden kann. Die Schnitte desselben mit dem gleichfalls umgelegten Parallelkreise, von welchen Schnittpunkten nur der eine ε_0 innerhalb des hier gezeichneten Flächentheils fällt, geben, entsprechend in die centrale Projection zurückgeführt, Punkte (diesfalls ε) des Schlagschattens. Analog wurde der im Parallelkreise df liegende Punkt λ des Schlagschattens festgestellt.

Behufs Bestimmung des den Meridianpunkten a, d, m... entsprechenden Schlagschattens wurde nachstehender Vorgang gewählt.

Wir legen, um möglichst einfach zum Ziele zu gelangen, durch die aus den betreffenden Punkten geführten Lichtstrahlen bildfläch-projicierende Ebenen, suchen deren Schnitte mit der Rotationsfläche und bestimmen weiters den Schnitt der so erhaltenen Curve mit den Lichtstrahlen.

Im vorliegenden Beispiele wurde dieses Verfahren bezüglich des Punktes d durchgeführt. Die Fluchttrace der durch d gelegten bildfläch-projicierenden Lichtebene ist durch Av, die Bildflächtrace durch B_b repräsentiert. Der Schnitt der besagten Ebene mit der Rotationsfläche (in der Umlegung durch die Punkte v_0, o^0_4, ϱ_0 und R angegeben) hat mit dem umgelegten Lichtstrahle den Punkt d^0_σ gemein, welcher, entsprechend zurückgeführt, in d_σ den gesuchten Punkt des Schlagschattens liefert.

Ebenso leicht kann auch die Tangente des Schlagschattens in dem besagten Punkte construiert werden. Diese Tangente ist die Schnittlinie der Tangentialebenen der beiden in dem bezeichneten Punkte zur Durchdringung gelangenden Flächen.

Die Bildflächtrace der Tangentialebene an den Lichtcylinder ist die Tangente t an den Meridian im Punkte d; die der Rotationsfläche führt durch den Punkt σ_π und steht auf der Projection der Normalen $N = d'_\sigma \pi$ in dem Punkte σ_π senkrecht, erscheint also durch die Gerade t_1 dargestellt. Der Schnitt der gefundenen Geraden t und t_1 gibt einen Punkt der Tangente t_2 an die Schattencurve in d_σ.

§. 402.

Am einfachsten gestaltet sich, wie bereits an früherer Stelle hervorgehoben, die Behandlung der Rotationsflächen an und für sich, und die Construction ihrer Schatten insbesondere in der orthogonalen Projectionsmethode und dies wieder namentlich dann, wenn die Achse derselben auf die eine oder die andere Projectionsebene senkrecht gewählt wird.

Die Parallelkreise stellen sich diesfalls, wie bekannt, in der einen Projection als Gerade, in der zweiten als concentrische Kreise in ihrer wahren Größe dar, während der Flächenumriss in der einen Projection mit dem zur Projectionsebene parallelen Meridian, in der anderen aber mit dem größten der Parallelkreise zusammenfällt.

Ebenso einfach gestalten sich, wie an einigen Beispielen gezeigt werden wird, unter so obwaltenden Verhältnissen die Schattenconstructionen durch Zuhilfenahme umschriebener Kegel und Cylinder.

Gleichzeitig sei hier auch wiederholungsweise nochmals erwähnt, dass es für die Lösung und Durchführung mannigfacher Aufgaben von Vortheil sei, die Rotationsflächen als Enveloppe einer Schar von Kugeln aufzufassen. Hierher gehören namentlich die Probleme über Isophotenbestimmungen.

Obwohl für die Kugel all das gilt, was bezüglich der Flächen zweiter Ordnung gesagt wurde, so wollen wir diesfalls doch noch die Selbst- und Schlagschattenbestimmungen in einer für die orthogonale Projection besonders brauchbare Form zur Durchführung bringen, zumal wir von den erzielten Resultaten Gebrauch zu machen Veranlassung finden werden.

§. 403.

102. Aufgabe. **Eine Kugel und ein leuchtender Punkt sind in orthogonaler Projection gegeben; es ist die schattenwerfende Curve, oder was dasselbe ist, die Selbstschattengrenze zu bestimmen.**

Die Selbstschattengrenze der Kugel wird ein Kreis sein, welcher mit dem Schnitte der Polarebene des leuchtenden Punktes L in Bezug auf die Kugel identisch ist. Besagte Polarebene steht bei der Kugel auf der Verbindungslinie des leuchtendes Punktes (L, L') mit dem Kugelmittelpunkte (O, O') senkrecht.

Denken wir uns diese Verbindungsgerade $(O L, O' L')$ (Taf. XXIV, Fig. 168) sammt der Kugel um die Gerade $g g_1$ so lange gedreht, bis sie zur verticalen Projectionsebene parallel wird, so wird die zugehörige Polarebene in eine vertical-projicierende Ebene übergehen.

Im vorliegenden Falle ist $(O L_0, O' L'_0)$ der gedrehte Lichtstrahl und $T_0 H_0$ die Verticaltrace der Polarebene; es ist somit durch den Kugelkreis, dessen Verticalprojection mit der Geraden $H_0 T_0$ zusammenfällt, die Selbstschattengrenze dargestellt.

Der besagte Kugelkreis kann durch zwei seiner Durchmesser, von welchen der eine $H_0 T_0$ ist, der andere aber durch den Halbierungspunkt o geht und auf der verticalen Projectionsebene senkrecht steht, bestimmt werden. Die Endpunkte des letzteren werden durch den Parallelkreis ab unmittelbar festgestellt.

Wird das ganze System sammt der nunmehr bestimmten Selbstschattengrenze in die ursprüngliche Lage zurückgedreht, so findet man in $(HT, H'T')$, $(AB, A'B')$ conjugierte Durchmesser für die beiden Projectionen der Selbstschattengrenze.

In der horizontalen Projection werden, infolge der orthogonalen Symmetrie der Selbstschattengrenze gegen die Verticalebene $O'L'$ oder e_h, die gefundenen conjugierten Durchmesser direct zu Achsen des Kegelschnittes. Ebenso leicht ist einzusehen, dass in der verticalen Projection die Verbindungsgerade OL mit einer Achse des Verticalbildes der Selbstschattengrenze zusammenfallen müsse.

Mit Rücksicht auf die Anwendung der Kugel für Rotationsflächen, ist es wichtig, direct jene Punkte der Selbstschattengrenze anzugeben, welche in einem bestimmten Parallelkreise $\mu\nu$ liegen.

Unter Hinblick auf die Rotationsflächen, welche wir in der orthogonalen Projection gewöhnlich so darzustellen pflegen, dass deren Achse vertical wird, bezeichnen wir auch hier die zur horizontalen Projectionsebene parallelen Kugelkreise als „Parallelkreise“.

Zur Erreichung des vorangegebenen Zweckes machen wir wieder von der Drehung des ganzen Systems um den Kugeldurchmesser gg_1 Gebrauch. Der gedrehte Parallelkreis fällt während und nach der Drehung mit sich selbst zusammen. Die Ebene der Selbstschattengrenze übergeht, wie früher gezeigt wurde, in die vertical-projicierende Ebene $H_0 T_0$.

Die Punkte der Selbstschattengrenze, welche sich in dem angegebenen Parallelkreise befinden, sind die Endpunkte jener Kugelsehne, welche wir als Schnitt der Parallelkreisebene mit der Ebene der Selbstschattengrenze erhalten.

Für das gedrehte System ist die besagte Kugelsehne verticalprojicierend und in der verticalen Projection durch $\varDelta_0$ bestimmt, in der horizontalen Ebene aber durch $M_0 N_0$ dargestellt.

Drehen wir das System sammt den gefundenen Punkten M_0 und N_0 in die ursprüngliche Lage zurück, so finden wir bereits in $(MN, M'N')$ das verlangte Resultat.

Der Schlagschatten, welchen die Kugel auf die Projectionsebene wirft, ist der Schnitt des zugehörigen Lichtkegels mit den genannten Ebenen.

Mit Berufung auf den Dandelin'schen Satz wird es auch keinen Schwierigkeiten unterliegen, direct die Brennpunkte der sich ergebenden Kegelschnitte festzustellen. Es werden diese die Schlagschatten der Endpunkte jenes Kugeldurchmessers sein, welcher auf der betreffenden Projectionsebene senkrecht steht. Hiernach werden die Schlagschatten der Punkte f und f_1 auf die verticale Projectionsebene die Brennpunkte für die verticale Schlagschattencurve bestimmen.

Auch der Mittelpunkt der Schlagschattencurve auf einer der Projectionsebenen kann unmittelbar angegeben werden. Derselbe ist der Schlagschatten jenes Punktes, welcher sich als Pol der durch das Beleuchtungscentrum parallel zur betreffenden Projectionsebene gelegten Ebene ergibt. So ist beispielsweise P' der Pol der verticalen Ebene $L'\pi$, und sonach der Schlagschatten P_s dieses Punktes P' auf die verticale Projectionsebene der Mittelpunkt des verticalen Schlagschattenumrisses.

§. 404.

103. Aufgabe. **Eine hohle Halbkugel, welche durch einen zur verticalen Projectionsebene parallelen größten Kreis begrenzt wird, ist gegeben; es sind für eine bestimmte Lichtstrahlenrichtung (l, l') die vorkommenden Selbst- und Schlagschatten mittelst der Transformation der Projectionen, resp. der Transformation des Lichtstrahles zu construieren.**

Durch Zuhilfenahme, beziehungsweise Einschaltung einer neuen auf der verticalen Projectionsebene senkrechten Ebene, deren Achse x_h mit der Verticalprojection des durch den Kugelmittelpunkt gelegten Lichtstrahles zusammenfällt, ergeben sich die transformierten Projectionen der Halbkugel in dem Halbkreise $P_0 A_0 Q_0 O_0$ (Taf. XXIV, Fig. 169) und jene des Lichtstrahles in l_0.

Nachdem der durch den Kugelmittelpunkt gelegte Lichtstrahl l_0 unmittelbar in dieser neu eingeführten Projectionsebene liegt, wird die Selbstschattengrenze durch jenen größten Kreis, welcher sich in der zu l_0 senkrechten Geraden $A_0 B_0$ projiciert, dargestellt. Zurückgeführt, ergeben sich für die Verticalprojection der Selbstschattengrenze direct die Achsen AB und MN.

Für den Schlagschatten auf der verticalen Projectionsebene findet man O_σ als Mittelpunkt, ferner A_σ, B_σ, M_σ und N_σ als

Achsenendpunkte und F_σ als Brennpunkt. Von $M_\sigma N_\sigma$ aus kommt der Schlagschatten des Begrenzungskreises der Halbkugel zur Geltung, welcher sich, insofern er auf die verticale Projectionsebene selbst geworfen wird, aus bekannten Gründen, wieder kreisförmig darstellt.

Der Schlagschatten in das Innere der Halbkugel wird sich als Schnitt derselben mit jenem Lichtcylinder ergeben, dessen Leitlinie der Begrenzungskreis der Halbkugel ist.

Besagter Schnitt muss, wie bereits mehrfach erörtert wurde, eine ebene Curve, diesfalls also nothwendig ein Kreis sein.

Für die neu eingeführte Projection stellt sich der besagte Kreis als die Gerade s_0 (Verbindungslinie von O_0 mit $P^\sigma{}_0$) dar. Führen wir diesen Schlagschatten in die verticale Projection, wo derselbe sichtbar hervortritt, zurück, so finden wir in P_σ den Endpunkt der kleinen Achse, in MN aber die große Achse der Schattencurve.

§. 405.

104. Aufgabe. **Eine beliebige Rotationsfläche ist durch ihre Achse (vertical) und durch den Hauptmeridian in orthogonaler Projection gegeben; es sind für eine bestimmte Lichtstrahlenrichtung (Parallelbeleuchtung) die Selbstschattengrenze und die auf der Fläche selbst sich ergebenden Schlagschatten zu bestimmen.**

Dem Principe nach bewahrheiten sich auch hier die bisher gepflogenen Erörterungen und aufgestellten Grundsätze, welche einerseits für die Schattenconstructionen als allgemein giltig hingestellt wurden, und andererseits auf der zweckmäßigen Verwertung umschriebener Kegel- und Cylinderflächen oder auf der Verwendung von Kugelflächen beruhen.

Für specielle Flächengattungen und specielle Projectionsarten ergeben sich selbstverständlich mitunter nicht unwesentliche Vereinfachungen in den Constructionen, die jederzeit zu beachten und einzuhalten sind. Im vorliegenden Falle haben wir die bisher aufgestellten Principien in ihrer Anwendung auf die Monge'sche Projection zur Geltung zu bringen.

Indem wir zunächst von umschriebenen Kegeln Gebrauch machen wollen, seien beispielsweise die Punkte der Selbstschattengrenze zu bestimmen, welche im Parallelkreise AB (Taf. XXV, Fig. 170) liegen.

Ziehen wir an den Meridian $PMAE\ldots$ in den Punkten A und B die Tangenten, so müssen sich dieselben in einem Punkte S der

Rotationsachse schneiden. Besagte Tangenten stellen offenbar den Verticalumriss des umschriebenen Kegels dar.

Der durch den Scheitel (S, S') desselben gelegte Lichtstrahl (λ, λ') schneidet die Ebene der Leitlinie (des Berührungsparallelkreises) in ($\varDelta$, $\varDelta'$). Die aus $\varDelta'$ an die Horizontalprojection des besagten Kreises gezogenen Tangenten geben, wie bekannt, in den Berührungspunkten I' und II' die Horizontalprojection, und nach AB projiciert in I und II die Verticalprojection der verlangten Punkte.

Um diese Berührungspunkte genau zu erhalten und das jedesmalige Ziehen der Tangenten zu umgehen, beschreiben wir über $O'\varDelta'$ als Durchmesser einen Hilfskreis k; im Schnitte I' und II' dieses Kreises mit dem Berührungsparallelkreise ergeben sich aus bekannten Gründen die jeweiligen Berührungspunkte, resp. Punkte der schattenwerfenden Curve.

Wären anderweitige Punkte der genannten Curve, oder was dasselbe ist, der Selbstschattengrenze durch die nämlichen Hilfsmittel, jedoch in einem anderen Parallelkreise, etwa in MN, zu finden, so könnte man selbstverständlich auch in analoger Weise vorgehen.

Um jedoch Constructionslinien zu ersparen und unabhängig von dem Scheitel des jeweilig umschriebenen Rotationskegels operieren zu können, denkt man sich den die Fläche längs MN berührenden Kegel in der Richtung der Rotationsachse, parallel zu sich selbst, so weit verschoben, bis sein Scheitel allenfalls mit S zusammenfällt. Die Verticalcontour gelangt sodann nach $S\delta_1$ ($S\delta_1$ parallel zu S_1N) und der durch den Scheitel gelegte Lichtstrahl fällt demgemäß mit (λ, λ') in die nämliche Gerade. Der verschobene Kegel wird durch die Ebene AB in jenem Kreise geschnitten, dessen horizontale Projection der aus O' mit dem Radius $O'\delta'_1$ beschriebene Kreis ist. Die Berührpunkte der aus $\varDelta'$ an diesen Kreis geführten Tangenten, welche sich unmittelbar im Schnitte $3'$ und $3'_1$ des genannten Kreises mit dem Kreise k ergeben, bestimmen Punkte für die Selbstschattenerzeugenden des betrachteten Kegels, deren Horizontalprojectionen durch $O'3'$ und $O'3'_1$ angedeutet sind.

Denken wir uns den obbezeichneten Kegel in seine ursprüngliche Lage zurückversetzt, so bleibt offenbar die Horizontalprojection der Selbstschattenerzeugenden ungeändert; es ergeben sich demnach im Schnitte der Strahlen $O'3'$ und $O'3'_1$ mit dem Berührungsparallelkreise $M'N'$ die gesuchten Punkte III' und III'_1 der Selbstschattengrenze in der horizontalen, und in III und III_1 in der verticalen Projection.

Punkte der Selbstschattengrenze, welche in bestimmten Meridianen liegen, werden durch Zuhilfenahme von umschriebenen Cylindern bestimmt.

Dieses Verfahren sei beispielsweise an dem Meridiane, dessen Horizontalprojection $O'3'$ ist, zur Veranschaulichung gebracht. Um die zur Lichtstrahlenrichtung parallelen Tangentialebenen an den Cylinder, resp. deren Berührungspunkte mit jenem Meridiane, längs welchem der Cylinder der Fläche umschrieben gedacht wird, zu erhalten, projicieren wir den Lichtstrahl in der Richtung der Cylindererzeugenden auf die Meridianebene und führen die zu dieser Projection parallele Tangente an den Meridian.

Wählen wir zu dem vorliegenden Zwecke den bereits gezeichneten Lichtstrahl (λ, λ') (Taf. XXV, Fig. 170). Der Schnitt desselben mit der besagten Meridianebene ist (S, S'). Führen wir weiters durch irgend einen Punkt (Δ, Δ') des Lichtstrahles die Parallele zu den Cylindererzeugenden und suchen wir deren Schnitt mit der Meridianebene auf, so wird sich in der Verbindungslinie des letzteren mit dem Punkte (S, S') die Projection des Lichtstrahles ergeben. Nachdem die oberwähnten Cylindererzeugenden auf der Ebene des Berührungsmeridianes senkrecht stehen, so trifft die durch (Δ, Δ') hiezu parallel geführte Gerade $\Delta' 3'$ die Meridianebene im Punkte $3'$. Die Verticalprojection wird in AB zu suchen sein.

Würde der Meridian $(O'\ 3')$ auch in verticaler Projection gezeichnet vorliegen, so könnte man direct an diesen die zu $S\,3$ parallelen Tangenten führen, um sofort in den Berührungspunkten die verlangten Punkte zu erhalten.

Um jedoch die Zeichnung des besagten Meridians überflüssig zu machen, denken wir uns denselben sammt der in ihm liegenden Projection des Lichtstrahles um die Rotationsachse so lange gedreht, bis derselbe mit dem Hauptmeridiane zusammenfällt. Hierbei gelangt der Punkt $(3, 3')$ nach (δ_1, δ'_1) und erscheint somit, nach vollbrachter Drehung, die Projection des Lichtstrahles auf die Meridianebene in der verticalen Projection durch $S\,\delta_1$ dargestellt. Die Berührungspunkte der hiezu parallelen Tangenten an den Hauptmeridian, von denen einer durch (N, N') angedeutet wurde, geben, in die ursprüngliche Lage zurückgedreht, die gesuchten Punkte (III, III').

Der Constructionszeichnung ist gleichzeitig zu entnehmen, dass alle für die hier besprochene zweite Methode erforderlichen Constructionslinien bereits in der für die erste Methode durchgeführten Darstellung vorhanden waren, dass demgemäß die eine Lösung der anderen zur Controle diente, und dass weiters die in der Zeichnung übereinstimmenden Constructionen zwei verschiedene Interpretationen zulassen.

Contourpunkte der Selbstschattengrenze für beide Projectionen sind bekanntlich die Berührungspunkte der zur betreffenden Projection des Lichtstrahles parallelen Tangenten an den entsprechenden Flächenumriss.

Auf die mehrfach erwähnte Symmetrie der Selbstschattengrenze in Bezug auf die zur Lichtstrahlenrichtung parallele Meridianebene, lässt unmittelbar auch die Gruppierung der Punktepaare, welche wir nach der ersten Methode (mittelst umschriebener Kegel) erhielten, schließen. Da die Symmetrieebene horizontalprojicierend ist, wird sich diese Symmetrie in der horizontalen Projection auch dem Auge unmittelbar als solche darstellen.

Die sich auf Grund der Symmetrie in der Symmetrieebene ergebenden Grenzpunkte (höchste und tiefste Punkte, Schließungspunkte) werden am einfachsten bestimmt, wenn man den zur Lichtstrahlenrichtung parallelen Meridian, sammt dem in demselben liegenden Lichtstrahle (λ, λ') um die Rotationsachse in den Hauptmeridian dreht.

Selbstverständlich würde statt dieser Drehung auch eine schiefe Projection des bezeichneten Meridianes und der Lichtstrahlenrichtung in den Hauptmeridian, wie dies in früheren Beispielen „bei allgemeiner Darstellung“ wiederholt zum Ausdrucke gebracht wurde, zu gleichen Resultaten führen.

Bei der oberwähnten Drehung gelangt der Lichtstrahl in die Stellung $S\varDelta_0$. Die Berührpunkte H_0 und T_0 der an den Hauptmeridian zu $S\varDelta_0$ parallel geführten Tangenten liefern, entsprechend zurückgeführt, in (H, H') und (T, T') die betreffenden Grenzpunkte.

Aus der Benützung des Kreises k für die (nach den beiden soeben besprochenen Methoden) gewonnenen Punkte geht weiters auch hervor, dass jedem Punkte dieses Kreises, je nach der Classe der Meridiancurve ein oder mehrere Paare reeller oder imaginärer Punkte der Selbstschattengrenze entsprechen.

Auch die besonderen Punkte der besagten Trennungslinie, d. i. die Contour- und Grenzpunkte, werden bestimmten Punkten des Kreises k zugewiesen erscheinen. Wie leicht einzusehen, werden die horizontalen Contourpunkte dem Punkte O', die verticalen dagegen dem Punkte Σ' und die Grenzpunkte dem Punkte $\varDelta'$ des Hilfskreises k entsprechen.

Im vorstehenden Beispiele wurde ferner noch für einen Parallelkreis RQ die dritte Methode „vermittelst eingeschriebener Kugeln“ zur Anwendung gebracht.

Der hierbei bezüglich der Construction gewählte Vorgang stützt sich auf die beiden vorausgeschickten Aufgaben und können wir somit auf die dort besprochene Lösung und Durchführung verweisen.

Der auf der Fläche selbst sich ergebende Schlagschatten wird theilweise durch den Schlagschatten des Randparallelkreises $P\omega$, theilweise durch den Schlagschatten der Selbstschattengrenze gebildet. In beiden Fällen wird derselbe als Schnitt der entsprechenden Lichtcylinder mit der Fläche construiert.

Einzelne Punkte für den ersten Theil werden erhalten, indem wir die Fläche und den Lichtcylinder durch horizontale Hilfsebenen schneiden.

Die Schnitte mit den beiden genannten Flächen bestehen aus je zwei Kreisen, deren gemeinsame Punkte dem Schlagschatten angehören.

Die diesbezügliche Construction wurde für die Ebene $\mu\nu$ zur Anschauung gebracht. Der Schnitt in der Ebene mit dem Lichtcylinder ist ein Kreis, dessen Mittelpunkt der Schlagschatten ω_σ des Leitlinienmittelpunktes ω auf die genannte Ebene ist und dessen Radius der Größe nach mit $P\omega$ übereinstimmt.

In horizontaler Projection stellt sich der genannte Kreis in wahrer Gestalt dar. Die diesem Kreise und dem Parallelkreise $\mu\nu$ gemeinsamen Punkte (m, m') liefern Punkte des Schlagschattens.

Für den zweitbezeichneten Theil des Schlagschattens wurden die Schnitte einzelner Cylindererzeugenden mit der gegebenen Fläche aufgesucht.

Würde der Schlagschatten der Fläche auch auf die Projectionsebenen oder auf irgend eine andere Ebene bestimmt worden sein, so hätte sich ein einfaches Mittel zur Schlagschattenbestimmung auf die Fläche selbst in der „Zurückführung des Lichtstrahles“ dargeboten. Die zurückzuführenden Punkte ergeben sich, wie bekannt, im Schnitte der Schlagschattenumrisse, bezogen auf die nämliche Fläche oder Ebene, und da man diesfalls zweckmäßig die Schatten auf die horizontale Ebene wählen würde, im Schnitte des horizontalen Schattenumrisses mit dem kreisförmigen Schatten einzelner Parallelkreise.

Wie leicht einzusehen, wird auch der Schlagschattenumriss auf die gegebene Fläche in Bezug auf die zur Lichtstrahlenrichtung parallele Meridianebene symmetrisch sein.

Diesem Umstande zufolge können auch in einfacher Weise die Grenzpunkte (höchste und tiefste Punkte) für den Schlagschatten construiert werden. Dieselben entsprechen denjenigen Punkten P und T der schlagschattenwerfenden Curve, welche in dem Symmetriemeridiane liegen, und werden einfach durch Überführung dieses Meridianes in den Hauptmeridian mit gleichzeitiger Transformation des Lichtstrahles (für den vorliegenden Fall in π_0, τ_0) und entsprechender Zurückführung (nach P_σ und T_σ) gefunden. Die Tangenten in diesen Punkten der Schlagschattengrenze sind selbstverständlich horizontal.

§. 406.

Selbst- und Schlagschattenbestimmung für Umhüllungsflächen.

Schon an früherer Stelle wurden die Umhüllungsflächen als solche Flächen charakterisiert, welche in gleichmäßiger Weise durch Linien oder durch Developpable, die einander ein-deutig zugeordnet sind, erzeugt gedacht werden können.

Die Linienerzeugenden werden durch die Schnitte je zweier benachbarter Eingehüllter; die Developpabelerzeugenden dagegen werden durch die Schnitte von je zwei benachbarten Eingehüllten gemeinsam umschriebenen Developpablen gebildet.

Hieraus folgt unmittelbar das Verhältnis der ein-deutig reciproken Zuordnung, indem jede Liniencharakteristik gleichzeitig die Berührungscurve der zugehörigen Developpabelncharakteristik darstellt.

Der Verfolg der Reciprocität der Constructionen bei dem Probleme über die Schnittbestimmung der Umhüllungsflächen mit beliebigen Flächen einerseits und der Probleme über die Bestimmung der Developpablen, welche der Umhüllungsfläche und einer beliebigen Fläche gemeinsam umschrieben werden kann, andererseits, wird keinerlei Schwierigkeiten bieten.

Mit Zugrundelegung eines punktförmigen Beleuchtungscentrums steht der Bestimmung des die Fläche streifenden Lichtkegels, resp. der Bestimmung der Selbstschattengrenze, die Bestimmung des ebenen Schnittes, resp. die Bestimmung der Developpablen, welche der Umhüllungsfläche längs der Schnittcurve umschrieben wird, reciprok gegenüber.

So wie man die letztangezogene Aufgabe der Lösung zuführen kann, indem man die Schnitte einzelner Liniencharakteristiken mit der gegebenen Fläche aufsucht und in den gefundenen Punkten die Berührungsebenen der Fläche bestimmt, so wird man für die erstangeführte Aufgabe durch das Beleuchtungscentrum an einzelne Developpabelcharakteristiken die Berührungsebenen legen und die Berührungpunkte der gefundenen Ebenen bestimmen. Die letzteren ergeben sich im Schnitte der zugehörigen Liniencharakteristik mit der Berührungserzeugenden.

Dieses Verfahren erweist sich dann als vortheihaft, wenn die Developpablen einfacher Natur und als solche auch leicht darstellbar sind. In diesem Falle ersetzen sie die ursprünglich zugrunde gelegte Schar der eingehüllten Flächen in einer für die Construction zweckmäßigen Weise.

Mit Rücksicht auf vorausgeschickte Betrachtungen, nach welchen wir uns, den gebotenen Hilfsmitteln entsprechend, nur mit Umhüllungsflächen beschäftigen können, für welche der Grad der Eingehüllten die Zahl „zwei“ nicht übersteigt, empfiehlt es sich jedoch in den meisten Fällen, bei der Construction der Selbstschattengrenze direct von der Schar der angenommenen Eingehüllten Gebrauch zu machen, da diese in der Regel eine einfachere Behandlungsweise zulässt, als die aus ihnen erst abzuleitenden Developpablencharakteristiken es gestatten.

Wir werden zu diesem Behufe die Selbstschattengrenzen einzelner Eingehüllter suchen und deren Schnitte mit der jeweiligen Charakteristik bestimmen.

Besagten Schnittpunkten kommt sodann die Eigenschaft zu, dass sie, als Punkte der Charakteristik, auch der Umhüllungsfläche angehören, und dass die zugehörigen Tangentialebenen an letztere, welche mit den Tangentialebenen der betreffenden Eingehüllten identisch sind, durch das Beleuchtungscentrum gehen. Dieselben gehören also bereits der Selbstschattengrenze der Umhüllungsfläche an.

Wie aus dem Gesagten hervorgeht, ist die Bestimmung der Selbstschattengrenze bei Rotationsflächen mit Zuhilfenahme von umhüllten Kugeln nichts anderes als eine einfache Anwendung des eben angedeuteten Verfahrens. Um dasselbe in bezeichnender Form zur Anschauung zu bringen, möge noch nachstehendes Problem zur Durchführung gelangen.

§. 407.

105. Aufgabe. **Der vierte Theil einer hohlen Ringfläche sei in parallel-projectivischer (orthogonaler) Darstellung gegeben; es sind für eine bestimmte durch die Bild- und Grundflächeprojection (l, l') fixierte Lichtstrahlenrichtung die Selbst- und Schlagschatten zu construieren.**

Die Ring- oder Wulstfläche ist, wie bereits bekannt, die Umhüllungsfläche einer Schar gleich großer Kugeln, deren Mittelpunkte sämmtlich auf einem Kreise (Mittelpunktscurve) liegen.

Der besagte Kreis projiciert sich diesfalls in einer Ellipse $o_1 o\, o_2$ (Taf. XXV, Fig. 171) durch deren Achsenverhältnis die Lage der Kreisebene (hier gleichzeitig Grundebene) bestimmt ist.

Behufs bequemerer Darstellung und nachheriger Durchführung der gestellten Aufgabe führen wir zwei neue Projectionsebenen ein. Eine dieser Ebenen, welche senkrecht auf der Kreisebene steht, sei bildfläch-projicierend (erste Projectionsebene, Profilachse ΩZ); die zweite sei die Grundebene (Profiltrace X_2).

Die Bildcontour wird durch die Halbellipsen ABA', CDC', AC und $A'C'$ (als welche die vier begrenzenden Halbkreise erscheinen), sowie theilweise durch den Flächenumriss gebildet. Der letztere ist die zu der Ellipse $o_2 o\, o_1$ äquidistante Curve (Distanz gleich dem Kugelradius).

Ist nämlich η der Mittelpunkt einer der eingehüllten Kugeln, so ist die Berührungscurve des die Kugel auf die Bildebene projicierenden Cylinders der zur Bildebene parallele größte Kreis. Die Charakteristik der Kugel ist jener größte Kreis, welcher auf der Tangente t der Mittelpunktscurve senkrecht steht. Da wir es mit einer orthogonalen Projection zu thun haben, so ist die Trace der Charakteristikenebene auf der zur Bildebene parallelen Ebene des Contourkreises die zu t senkrechte Gerade $\eta y = r$. Der Schnitt des Contourenkreises mit der Charakteristik ist somit der Punkt y, welcher auf Grund der oben entwickelten Principien, dem Umrisse angehört.

Behufs Bestimmung der Selbstschattengrenze der vorliegenden Fläche, benützen wir mit Vortheil die neu eingeführten Projectionsebenen. Die auf dieselben bezogenen Projectionen des Lichtstrahles sind beziehungsweise l' (erste) und l'' (zweite), wobei selbstverständlich $\beta L'' = \alpha L$ ist.

Die Selbstschattengrenze jeder Kugel ist, wie wir wissen, ein größter Kreis, welcher auf der Lichtstrahlenrichtung senkrecht steht. Suchen wir den Schnitt seiner Ebene mit der Charakteristik, so ergeben sich Punkte der Selbstschattengrenze der Umhüllungsfläche.

Für die Kugel mit dem Mittelpunkte o' fällt die Charakteristik in der ersten Projection mit dem daselbst gezeichneten Kreise $I'II_0\ldots$ zusammen. Die Ebene der Selbstschattengrenze, deren erste Trace durch die auf l' senkrechte Gerade $o'I'$ dargestellt wird, schneidet die Charakteristik im Punkte I', welcher in die Bildebene nach I überführt, einen Punkt der Selbstschattengrenze für die Ringfläche liefert.

Für eine beliebige Kugel mit dem Mittelpunkte o''_3 in zweiter Projection ist die Ebene der Charakteristik durch $o''_3 O \xi'$ und die Ebene der Selbstschattengrenze durch S^h_3 (senkrecht zu l'') und S^v_3 (senkrecht zu l') dargestellt. Die letztere schneidet die Achse der Ringfläche im Punkte 3.

Denken wir uns diese Kugel sammt den beiden genannten Ebenen um die Achse so gedreht, dass deren Mittelpunkt nach o' gelangt, so fällt die Charakteristik mit dem daselbst über o' beschriebenen Kreise zusammen, während die Schnittlinie der Charakteristikebene mit der Ebene der Schattengrenze in dieser Lage durch $o'3$ dargestellt erscheint. Im Schnitte dieser mit dem obbezeichneten Kreise erhalten wir unmittelbar die der Selbstschattengrenze entsprechenden Punkte, von welchen jedoch nur der eine III^0 zur Verwendung gelangt.

Entsprechend zurückgeführt, erscheint III^0 in zweiter Projection durch III'', in erster Projection durch III' und endlich im Bilde durch III vergegenwärtigt. Hierbei ist selbstverständlich die Entfernung $III\beta$ gleich $III''\alpha$. In analoger Weise werden die Punkte $II, R \ldots$ festgestellt.

Contourpunkte der Selbstschattengrenze erhalten wir in den Berührungspunkten der an den Flächenumriss parallel zum Lichtstrahle geführten Tangenten.

Da die jeweilige Umrisstangente mit der zugehörigen Tangente an die Mittelpunktscurve parallel ist, kann der besagte Berührungspunkt Γ in höchst einfacher Weise gefunden werden. Die Selbstschattengrenze der Ringfläche erscheint somit durch die Curve $II\,III\,I\,\Gamma\,R$ dargestellt.

Der Schlagschatten auf die Grundebene wird durch die Schlagschatten der Halbkreise ABA', $A \ldots C$, CDC' und den Schlagschatten der Selbstschattengrenze $II\,III\,I\,\Gamma\,R$ gebildet.

Von den Schlagschatten der genannten Halbkreise, deren Bestimmungsweise hinlänglich bekannt ist, kommen die Stücke PA_σ, $A_\sigma Q$ und $C'R_\sigma$ zur Geltung; in R_σ schließt sich sodann jener der Selbstschattengrenze an. Letzterer wurde punktweise aus der Grund- und Bildflächprojection der letztbezeichneten Trennungslinie abgeleitet. In Fig. 171, Taf. XXV, wurde die diesbezüglich durchgeführte Construction bloß für den Contourpunkt Γ der schattenwerfenden Curve ersichtlich gemacht.

Der Schlagschatten in das Innere der Fläche wird theils durch die Halbkreise ABA' und CDC', theils durch den Halbkreis AC hervorgerufen. Besagter Schatten beginnt im Punkte P und endet im Anfangspunkte II der Selbstschattengrenze.

Um den Schlagschatten irgend eines Punktes, beispielsweise jenen zu bestimmen, welcher dem Punkte B entspricht, wird man durch den durch B geführten Lichtstrahl eine Ebene legen und den Schnitt derselben mit der Fläche aufsuchen. Der dem Lichtstrahle und der besagten Schnittlinie gemeinsame Punkt liefert das geforderte Resultat.

Die durch den Lichtstrahl zu legende Ebene wird zweckmäßig projicierend auf die eine oder die andere der neueingeführten Projectionsebenen anzunehmen sein. In Bezug auf den vorliegenden Fall erscheint der durch B gelegte Lichtstrahl in den transformierten Projectionen durch (σ', σ'') dargestellt. Die projicierende Ebene σ' schneidet die Fläche in einer Curve $B'' \varphi'' \psi''$, deren Punkt B''_σ nach B_σ zurückgeführt, den gesuchten Punkt des Schlagschattens von B ins Innere der Fläche gibt.

Zur Kenntnis des Schattenpunktes B_σ hätte man leicht auch durch die folgende Betrachtung gelangen können. Denken wir uns nämlich den durch B geführten Lichtstrahl um die Achse der Fläche gedreht, so beschreibt derselbe ein windschiefes Rotationshyperboloid, welches die vorgegebene Fläche nach Parallelkreisen schneiden wird. In einem dieser Kreise wird offenbar der Punkt B_σ zu suchen sein. Bezeichnete Parallelkreise gehen für die erste Projection durch die Schnittpunkte der Meridianhyperbel mit dem Kreise $I' II_0 III_0 \ldots$

Die Construction der Tangente an die Schlagschattengrenze im Punkte B_σ kann, auf Grund vorausgeschickter Erörterungen, anstandslos vollführt werden.

Der Schlagschatten, welcher durch den Halbkreis $A \ldots C$ ins Innere geworfen wird, ergibt sich als Schnitt des durch $A \ldots C$ gelegten Lichtcylinders mit der gegebenen Fläche. Derselbe nimmt in Q seinen Anfang und findet im Punkte C_σ, der in mit B_σ übereinstimmender Weise gefunden wurde, seinen Abschluss.

Einzelne, zwischen Q und C_σ liegende Punkte, resp. Paare von Punkten, welche diesem Schatten angehören, ergeben sich, indem man die Ring- und Cylinderfläche durch Hilfsebenen schneidet, welche zu der eingeführten zweiten Projectionsebene parallel sind.

Nehmen wir beispielsweise als eine dieser Ebenen die oben genannte Projectionsebene selbst an, so ist deren Schnitt mit der

Ringfläche der Kreis $B''\ldots D''$; der Lichtcylinder hingegen wird in dem Kreise K_σ (vom Radius des Kreises $A\ldots C = K$) geschnitten, dessen Mittelpunkt (ω', ω'') der Schlagschatten des Mittelpunktes des Kreises K auf die gewählte Ebene ist. Die Schnitte M'' und N'' geben im Bilde M und N zwei Punkte des Schlagschattens.

Bemerkt sei weiters noch, dass sich in den Punkten P und Q die Schlagschatten auf die Grundebene und ins Innere der Fläche berührend aneinander anschließen müssen, da die gegebene Ringfläche die Grundebene längs des Kreises $A'\ldots C'$ berührt.

§. 408.

Construction der Selbst- und Schlagschatten für Regelflächen.

Die charakteristische Eigenschaft der Regelflächen, zufolge welcher dieselben gleichzeitig mit der Schar von Linienerzeugenden einfachster Natur (geradlinige Erzeugende) auch eine Schar von umschriebenen Developpablen einfachster Art (Ebenenbüschel) zulassen, bedingt selbst dann eine verhältnismäßig einfache Construction der Selbstschattengrenze, wenn die Beleuchtung nicht mehr als von einem bloßen Punkte, sondern als von einer Fläche ausgehend, angenommen wird.

Jede durch eine geradlinige Erzeugende der Fläche gelegte Ebene ist bekanntlich zugleich eine Berührebene der Fläche, und alle durch eine geradlinige Erzeugende geführten Ebenen bilden ein Büschel von Berührungsebenen, welches zur Reihe der Berührungspunkte projectivisch ist.

Legt man demnach durch irgend eine Erzeugende die an die leuchtende Fläche möglichen Berührebenen und sucht man auf Grund der erwähnten Projectivität deren Berührungspunkte mit der Regelfläche, so werden die letzteren bereits den Trennungslinien zwischen dem beleuchteten Theile, dem Halb- und Kernschatten angehören.

Für die Projectivität zwischen den Berührungspunkten und Berührungsebenen längs einer geradlinigen Erzeugenden erhalten wir beiderseits die hiezu nöthigen drei Elemente gleichzeitig mit der Bestimmung der Fläche.

Wäre beispielsweise die Fläche für den allgemeinsten Fall durch drei Leitflächen gegeben, so erhalten wir drei Punktelemente in den Berührpunkten der Erzeugenden mit den drei Leitflächen; die zugehörigen Ebenenelemente aber in den entsprechenden Berührungsebenen der Leitflächen.

Nachdem die Projectivität zweier Gebilde durch beliebige Schnittbildung oder Projection nicht gestört wird, folgt, dass sich die aus ihr abzuleitenden Methoden für die Bestimmung der Selbstschattengrenze von Regelflächen, als für alle Projectionsarten giltig, darstellen lassen.

§. 409.

106. Aufgabe. **Die Wölbfläche des schiefen Durchganges sei in Parallelprojection durch die Bilder der beiden parallelen Kegelschnitte (Halbkreise) und eine Gerade als Leitlinie gegeben; es sind für eine bestimmte Lichtstrahlenrichtung die vorkommenden Selbst- und Schlagschatten zu construieren.**

Die Leitlinien seien beziehungsweise die beiden Halbkreise $A_1 D_1 B_1$; $A_2 D_2 B_2$ (welche in der Projection selbstverständlich als Halbellipsen erscheinen) und die Gerade g (Taf. XXV, Fig. 172); die Lichtstrahlenrichtung sei durch das Bild l des Lichtstrahles und das Bild l' ihrer nach der Richtung der Kegelschnittstangenten in A_1 und B_1 auf die Ebene $A_1 B_1 B_2$ (Grundebene) gebildeten Projection gegeben.

Ist eine Erzeugende der Fläche durch $M_1 M_2$ dargestellt, so lassen sich unmittelbar auf Grund der Bestimmung der Fläche für die drei Punkte M_1, M_2 und M_3 derselben die Berührungsebenen angeben; dieselben sind durch die Tangenten t_1 und t_2 und die Gerade g bestimmt. Die Grundflächtracen dieser Tangentialebenen sind demnach $M_3 m_1$, $M_3 m_2$ und $(M_3 m_3)$ oder g; das hiedurch gebildete Strahlenbüschel, sowie die Punktreihe m_1, m_2, m_3 sind mit der Punktreihe M_1, M_2 und M_3 projectivisch.

Die Lichtebene, welche durch die besagte Erzeugende gelegt wurde, hat ihre Grundflächtrace in $M_3 M^{\sigma}{}_1$, welche die Reihe $m_1 m_2 m_3$ im Punkte x schneidet. Der dem Punkte x in der Reihe $M_1 M_2 M_3$ entsprechende Punkt X ist bereits der Berührungspunkt der besagten Lichtebene und gehört demnach der Selbstschattengrenze an.

Besagter Punkt X wurde mit Zuhilfenahme der Perspectivitätsachse π der beiden Reihen M und m auf bekannte Weise construiert.

Der Schlagschatten X_{σ} des Punktes X gehört dem Schlagschatten der Fläche auf die Grundebene an. In analoger Weise und übereinstimmender Schlussfolgerung können nun für beliebige Erzeugende die zugehörigen Punkte der Selbstschattengrenze, sammt den entsprechenden Schlagschatten auf die Grundebene ermittelt und festgestellt werden.

Als weiterer Anhaltspunkt für die Verzeichnung der Trennungslinie zwischen Licht und Schatten mag noch erwähnt sein, dass dieselbe, da die vorstehende Fläche vom vierten Grade ist, eine Curve vierter Classe sein müsse, welche zum Theile auch auf der unteren Hälfte der Fläche auftreten wird. Die zweite Hälfte der besagten Fläche erhält man selbstverständlich, wenn man sich die Leitlinienhälften ergänzt denkt. Die Selbstschattengrenze wird sodann in ihrer Vollständigkeit centrisch-symmetrisch in Bezug auf den Mittelpunkt der Strecke $\omega_1 \omega_2$ sein.

Auch die unendlich fernen Punkte, resp. die Asymptoten der genannten Grenzcurve zwischen Licht und Schatten, werden sich, da der Richtungskegel leicht bestimmbar ist, anstandslos ergeben.

Fasst man ω_1 als Scheitel dieses Kegels auf, so ist seine Spur auf der Ebene des Kegelschnittes k_2 ein demselben ähnlicher und coaxialer Kegelschnitt, welcher durch den Punkt ω_2 geht. Die zu den Selbstschattengrenzen dieses Richtungskegels parallelen Erzeugenden der Fläche stellen die Asymptoten für die Selbstschattengrenze dar.

Der Schlagschatten der Fläche auf die Grundebene besteht einerseits aus dem Schlagschatten k^{σ}_1 und k^{σ}_2 der beiden Leitlinien k_1 und k_2 und andererseits aus dem Schlagschatten der schattenwerfenden Curve oder was dasselbe ist, dem Schatten der Selbstschattengrenze.

Der letztere erscheint als Enveloppe der Schlagschatten aller geradlinigen Erzeugenden und kann dieselbe als solche aus einer hinreichenden Anzahl von „Erzeugendenschatten" verzeichnet werden.

Der Schlagschatten ins Innere der Fläche, dessen Grenzlinien für den vorliegenden Fall unsichtbar sind, ergibt sich am einfachsten durch Zurückführung der Lichtstrahlen, indem man die Schnitte des Schlagschattens der schattenwerfenden Curven mit dem Schlagschatten entsprechender geradliniger Erzeugenden von der Grundebene aus zurückführt.

§. 410.

107. Aufgabe. **Die Selbst- und Schlagschatten einer windschiefen Schraubenfläche, die in orthogonaler Projection gegeben vorliegt, sind, unter Voraussetzung von Parallelbeleuchtung, zu construieren.**

Obgleich sich auch in dem vorstehenden Falle, wenn es sich um die bloße Angabe des Selbstschattens handelt, der in den bisher besprochenen Beispielen gewählte Vorgang empfiehlt, wurde doch ein anderer Weg eingeschlagen, um auf die Vielseitigkeit der dem Constructeur gebotenen Hilfsmittel hinzuweisen.

Die in folgendem gewählte Durchführung gestaltet sich namentlich auch dann sehr einfach und übersichtlich, wenn es sich überdies noch um die Construction der Isophoten handeln sollte.

Wir denken uns nämlich die gegebenen Flächen durch coaxiale Kreiscylinder geschnitten. Die Schnittlinien werden, wie leicht einzusehen, Schraubenlinien von constanter Ganghöhe sein.

Die Tangentialebenen in allen Punkten einer derartigen Schraubenlinie schließen mit der Achse der Fläche den nämlichen Winkel ein, bilden also in ihrer Aufeinanderfolge eine der Fläche umschriebene abwickelbare Schraubenfläche, für welche, behufs weiterer Durchführung des Problemes, bloß die Angabe des Richtungskegels von Belang ist.

Nehmen wir beispielsweise als einen der vorerwähnten Cylinder unmittelbar denjenigen an, durch welchen die Fläche (der erfolgten Darstellung gemäß) abgegrenzt ist. Der Schnitt desselben mit der Fläche ist sodann die Schraubenlinie 1 2 3.... 12, 1′ 2′ 3′.... 12′ (Taf. XXV, Fig. 173).

Die Tangentialebene in irgend einem Punkte dieser Schraubenlinie, etwa im Punkte (3, 3′), wird durch die betreffende Erzeugende und durch die Tangente $3t_1$ der Schraubenlinie im Punkte (3, 3′) bestimmt. Die besagte Tangente, resp. der Punkt t_1 derselben, kann mit möglichster Genauigkeit auf Grund der bekannten Thatsache construiert werden, dass die Entfernung $t_1 O$ der Länge des Kreisbogens a' 1′ 2′ 3′ gleich sei.

Denken wir uns die Erzeugende, welche durch den Punkt (3, 3′) führt, sammt der zugehörigen Tangente $3t_1$ parallel zu sich selbst verschoben, bis ihr Schnittpunkt nach S (Taf. XXV, Fig. 174) der verticalen Projectionsebene gelangt, so wird in dieser Darstellung die verschobene Berührebene durch die Verticaltrace St_1 (parallel zu $3t_1$) und die Horizontaltrace $t_1 \varDelta'$ (wobei $\varDelta'$ die Horizontalspur der verschobenen Erzeugenden darstellt) bestimmt.

Wählen wir S als den Scheitel des Richtungskegels sämmtlicher Tangentialebenen längs der gezeichneten Schraubenlinie, so ist dessen

Horizontalspur ein Kreis, für welchen die Horizontaltrace $t_1 \Delta'$ eine Tangente und (O, O') der Mittelpunkt ist.

Die Selbstschattengrenze des besagten Kegels für die gegebene Beleuchtungsrichtung lässt sich leicht finden. Man erhält Punkte (1 und 2) derselben, indem man aus dem Schlagschatten S'_σ des Kegelscheitels (S, S') die Tangenten an die Leitlinie führt. Die so erhaltenen Berührpunkte ergeben sich mit Genauigkeit im Schnitte des Leitlinienkreises mit dem über OS'_σ als Durchmesser beschriebenen Kreise K.

Die Berührungsebenen des Richtungskegels in 1 und 2 sind zu jenen Tangentialebenen der windschiefen Fläche parallel, deren Berührungspunkte (in der gezeichneten Schraubenlinie gelegen) gleichzeitig Punkte der Selbstschattengrenze sein werden. Um die letztgenannten Berührungspunkte genau zu bestimmen, sind bloß jene Erzeugenden der Schraubenfläche anzugeben, durch welche die erwähnten Tangentialebenen gehen.

Wie leicht einzusehen, haben diejenigen Geraden in den Berührungsebenen des Richtungskegels, welche den Erzeugenden der windschiefen Fläche entsprechen, dieselbe relative Lage in Bezug auf die Berührungserzeugenden $S1$ und $S2$, wie die Gerade $(S\Delta, S'\Delta')$ in Bezug auf die Berührungserzeugende SP_1. In horizontaler Projection erhalten wir demnach die zu suchenden Geraden als Hypothenusen von rechtwinkligen Dreiecken, welche über $S'1$ und $S'2$ congruent zu $S'P_1\Delta'$ beschrieben sind. Die Punkte I und II ergeben sich hierbei einfach als Schnitte des über Δ' beschriebenen Kreises η mit den Tangenten $1S'_\sigma$ und $2S'_\sigma$.

In anderer Weise interpretiert, kann in der eben besprochenen Construction der Kreis η die Horizontalspur des Richtungskegels der Flächenerzeugenden darstellen, dessen Scheitel der Punkt (S, S') ist. Die Geraden SI und SII erscheinen sodann als die Schnitte der vorherbetrachteten Berührebenen mit dem Richtungskegel der Schraubenfläche und geben demgemäß durch ihre Richtung jene Erzeugenden der windschiefen Fläche an, durch welche die Berührungsebenen, parallel zu den in Fig. 174, Taf. XXV, gefundenen, an die Schraubenfläche zu führen sind.

Die Schnittpunkte dieser Erzeugenden mit der verzeichneten Schraubenlinie liefern die zugehörigen Berührungspunkte und somit Punkte der Selbstschattengrenze.

Die letzteren erhalten wir in ihren horizontalen Projectionen durch I' und II' (Taf. XXV, Fig. 173) dargestellt, indem wir die

Parallelen $O'I'$ und $O'II'$ zu der Geraden OI, OII (Fig. 174) führen. Die Verticalprojectionen ergeben sich direct durch entsprechendes Heraufprojicieren.

Ein zweiter Cylinder, dessen horizontale Leitlinie ein Kreis K_2 (Fig. 173) ist, schneidet die windschiefe Fläche gleichfalls in einer Schraubenlinie, längs welcher die umschriebene Developpable eine abwickelbare Schraubenfläche ist.

Eine Berührebene für dieselbe, und zwar wieder die durch die Erzeugende (3, 3'), erhalten wir durch zwei Geraden, wovon die eine die genannte Erzeugende und die andere die entsprechende Tangente der oberwähnten Schraubenlinie ist, bestimmt.

Nach Fig. 174 übertragen, fällt die Schraubenerzeugende wieder nach ($S\Delta$, $S'\Delta'$), während die Tangente die Achse in einem Punkte t_2 schneidet, dessen Entfernung von O sich zu $t_1 O$ so verhält, wie der Radius des Kreises K_2 (Fig. 173) zum Radius des Kreises K_1.

Die verschobene Berührungsebene ist somit durch $St_2\Delta'$, und der Richtungskegel der Developpablen für den Scheitel (S, S') durch seine Horizontalspur K'_2 repräsentiert.

Besagter Kegel wurde, sowie früher, zur Construction zweier Punkte der Selbstschattengrenze für die windschiefe Fläche benützt. Dieselben erscheinen in ihrer horizontalen Projection durch III' und IV', in der verticalen Projection durch III und IV dargestellt.

Die Tangentialebenen der Schraubenfläche, deren Berührungspunkte sich in der Schraubenachse befinden, sind sämmtlich horizontal - projicierend. Die in der Schraubenachse liegenden Punkte der Selbstschattengrenze ergeben sich somit in den Schnittpunkten der Schraubenachse mit jenen Erzeugenden, deren Horizontalprojectionen mit $O'l'$ zusammenfallen. Hieraus resultieren als Punkte der Selbstschattengrenze die Punkte M, N... in verticaler Projection, deren gemeinsame Horizontalprojection mit O' zusammenfällt.

Da in den Punkten M, N... der Fläche die Inflexionstangenten durch die Flächenachse und die betreffende Erzeugende repräsentiert sind, so werden sich auch die Tangenten der Selbstschattengrenze auf Grund des Umstandes, dass diese die zur Lichtstrahlenrichtung harmonisch conjugierten Strahlen in Bezug auf die Inflexionstangenten sind, leicht construieren lassen. In der Horizontalprojection stimmt die besagte Tangente mit l' überein.

Die Asymptoten für die Selbstschattengrenze erhält man in jenen Flächenerzeugenden, welche zur Selbstschattengrenze des Richtungskegels parallel sind.

Zum Zwecke der Bestimmung des Schlagschattens, der auf die Fläche selbst fällt, kann man auch hier, sowie im vorhergehenden Falle, zweckmäßig von der „Zurückführung des Lichtstrahles" Gebrauch machen, indem man zuvor den Schlagschatten der Fläche auf eine der Projectionsebenen construiert. In Erwägung mag hierbei gezogen werden, dass die durch die Achse der Fläche gelegte Lichtebene die Begrenzungsschraubenlinie in Punkten (α, α') schneidet, deren Schlagschatten α_σ in die Flächenachse fallen.

In verticaler Projection sind für Parallelbeleuchtung die Selbst- und Schlagschattengrenzen, ebenso wie der Umriss der Fläche periodisch.

Sechster Abschnitt.

Beleuchtungs-Intensitäten.

XXI. Capitel.

§. 411.

Die Grundzüge, nach welchen die geometrische Ausmittelung der speciellen Beleuchtungsverhältnisse gesetzmäßig geformter Oberflächen erfolgt, wurden bereits in den Vorbemerkungen zur Schattenlehre überhaupt erörtert und festgestellt.

Wie dortselbst näher ausgeführt wurde, sind wir bisher angewiesen, einerseits „Parallelbeleuchtung“ und andererseits „Parallelprojectionen“ vorauszusetzen und weiters, aus begründeten Ursachen gezwungen, uns bloß auf die Angabe der „absoluten Beleuchtungsintensitäten“ zu beschränken, also auch von den Modificationen der Beleuchtung abzusehen, welche sich durch die Verschiedenheit des Ausstrahlungswinkels der von der beleuchteten Fläche in das Auge (Projectionscentrum) gelangenden reflectierten Lichtstrahlen ergeben.

Unter diesen Gesichtspunkten zeigt es sich, dass die Intensität irgend eines Punktes der Oberfläche dem Sinus desjenigen Winkels, welchen der einfallende Lichtstrahl mit der betreffenden Tangentialebene bildet, direct proportional sei.

Setzen wir die Beleuchtungsintensität der zur Lichtstrahlenrichtung senkrechten Ebene gleich 1, so wird die Intensität irgend eines beliebigen Punktes dem Sinus des obbezeichneten Winkels direct gleich sein.

Für alle in der Folge zu lösenden Probleme werden wir durchwegs eine zehnstufige Beleuchtungsscala zugrunde legen, deren Schema in Fig. 175, Taf. XXVI, entworfen, resp. dargestellt wurde.

Denken wir uns das rechteckige Ebenenstück ($A\,O$, $A'\,O'$) (Taf. XXVI, Fig. 175) durch darauf senkrecht auffallende Lichtstrahlen l beleuchtet und dasselbe nach und nach in die bildfläch-projicierenden Lagen OE_1, OE_2.....OE_{10} gebracht, so ist sofort ersichtlich, dass sich die absolute Beleuchtungsintensität dieser Ebenen, sowie die Querschnitte der ihnen entsprechenden Lichtprismen, also so wie die Strecken $O0$, $O1$, $O2$, $O3$,....$O10$ verhalten werden.

Besagte Strecken sind für $OA = 1$ offenbar nichts anderes, als die Sinuse jener Winkel, welche die Lichtstrahlenrichtung mit der jeweiligen Ebene bildet. Werden diese (sowie in Fig. 175, Taf. XXVI) der Ordnung nach gleich:

$$1\cdot0,\ 0\cdot9,\ 0\cdot8\ldots.0\cdot1,\ 0\cdot0$$

angenommen, so vergegenwärtigen uns die zugehörigen Ebenen jene Lagen gegen den Lichtstrahl, denen der Reihe nach auch die Intensitäten:

$$1\cdot0,\ 0\cdot9,\ 0\cdot8,\ 0\cdot7,\ 0\cdot6,\ 0\cdot5,\ 0\cdot4,\ 0\cdot3,\ 0\cdot2,\ 0\cdot1,\ 0\cdot0$$

zukommen.

Bei der Durchführung in Farben pflegt man, wie bereits bei früherer Gelegenheit gesagt wurde, in der Regel jene Stelle der beleuchteten Fläche, deren Intensität zwischen 1·0 und 0·9 liegt, weiß zu belassen, während man die Stellen der Fläche von den Intensitäten 0·9 bis 0·8 mit einem einfachen Farbentone, jene von den Intensitäten 0·8 bis 0·7 mit dem nämlichen Farbentone, jedoch zweifach, ferner jene von den Intensitäten 0·7 bis 0·6 mit dem gleichen Farbentone dreifach u. s. w. belegt, so dass man für all jene Stellen, denen die Intensität 0·0 entspricht, welche also im Selbstschatten liegen, den zehnfachen Farbenton aufzutragen haben wird.

Die Grenzen der auf diese Weise erhaltenen Zonen bilden die Isophoten:

$$0\cdot9,\ 0\cdot8,\ 0\cdot7,\ 0\cdot6\ldots..0\cdot1,\ 0\cdot0,$$

welche man deshalb auch, der besseren Übersicht wegen, bei der vorzunehmenden Schattierung nach der Anzahl der Farbentöne, welche die durch die besagten Isophoten begrenzten Zonen zu erhalten haben, zu bezeichnen pflegt. Die Bezeichnung wird sonach, wie selbstverständlich, eine in Bezug auf die erstere inverse sein müssen, so zwar, dass der Isophote 0·9 die Zahl 1, der Isophote 0·8 die Cote 2 etc. etc. und folglich der Isophote 0·0 (Selbstschattengrenze) die Cote 10 entspricht.

Für die Lichtunterschiede im Selbstschatten macht man, wie schon bei früherer Gelgenheit gesagt, die Annahme, dass die im Selbstschatten liegenden Theile einer Fläche durch „reflectiertes Licht“, welches die halbe Intensität und die entgegengesetzte Richtung des direct auffallenden Lichtes besitze, beleuchtet werden.

Mit Zugrundelegung dieser Voraussetzung ergibt sich unmittelbar, dass die für die beleuchtete Seite eines Flächenstückes gefundenen Isophoten ihre Bedeutung auch für die im Selbstschatten liegenden Theile der Fläche mit dem Unterschiede beibehalten werden, dass sich, von der Selbstschattengrenze aus gerechnet, die Tonstärken nur um je einen halben Grad abstufen, während diese Abstufung in dem beleuchteten Theile der Fläche in dem nämlichen Intervalle um einen ganzen Grad erfolgt, da, der getroffenen Annahme zufolge, die Intensität des den Selbstschatten erhellenden Lichtes nur halb so groß als die des directen Lichtes ist.

Diesem Umstande gemäß wird der Unterschied in den Tonlagen zwischen der hellsten und dunkelsten Stelle im Selbstschatten auch nur halb so groß als der Unterschied für die directe Beleuchtung gewählt.

Hiernach ergibt sich, wie schon in früherem darauf hingewiesen wurde, einfach die Relation:

$$s = \tfrac{1}{2}(x + n)$$

zwischen den Isophoten-Zahlen der dem directen Lichte zugekehrten und jener vom Lichte abgewendeten Seite einer vorgegebenen Fläche, wenn s die der Isophote im Selbstschatten entsprechende Cote, x die betreffende Zahl für directe Beleuchtung und n die Anzahl der Scalenstufen bedeutet.

Für die gewählte zehnstufige Scala finden wir also:

$$s = \tfrac{1}{2}(x + 10),$$

aus welcher Gleichung wir unmittelbar, in allen Fällen, aus dem Isophotenwerte (Tonstärke) x für die directe Beleuchtung den Isophotenwert, resp. die Isophotencote im Selbstschatten bestimmen können.

In Fig. 175, Taf. XXVI, sind die Intervalle, welchen im Selbstschatten eine Abstufung der Tonstärke um je einen ganzen Grad entspricht, durch:

$$E_{10}, E'_9, E'_8, E'_7, E'_6 \text{ und } E'_5$$

charakterisiert; in der zugehörigen Horizontalprojection sind durch die Coten:

$$10, 9, 8, 7, 6$$

die „Anzahl der Tonlagen“ verzeichnet, welche irgend eine Ebene, innerhalb des entsprechenden Intervalles im Selbstschatten — auf Grund der getroffenen Annahmen — zu erhalten hat.

Im Schlagschatten behalten die Isophoten ihre Bedeutung als Grenzen von Zonen, welche mit einer bestimmten Anzahl Tonlagen versehen werden, unverändert bei. Bezüglich der denselben beizufügenden „Cote“ verweisen wir auf die in den „Vorbemerkungen zur Schattenbestimmung“ gegebenen Erklärungen, sowie an die dort aufgestellte Relation:

$$S = 2n - x.$$

In dieser Gleichung bedeutet S die Cote der im Schlagschatten liegenden Isophote, x die Cote der Isophote für directes Licht und n die gewählte Anzahl der Scalenstufen. Für die Annahme $n = 10$ ist sonach:

$$S = 20 - x.$$

§. 412.

108. Aufgabe. **Eine in orthogonaler Projection durch ihre Tracen $E_v E_h$ dargestellte Ebene, sowie die Richtung des einfallenden Lichtstrahles (l, l') sind gegeben; es sind die Intensitäten für die horizontale und verticale Projectionsebene, sowie für die gegebene Ebene E zu bestimmen.**

Zunächst sei nochmals bemerkt, dass wir hier, sowie auch in den folgenden Beispielen die jeweilige Intensität immer nach Maßgabe der Tonlagen — eine zehnstufige Scala vorausgesetzt — bezeichnen werden.

Da auf Grund der gemachten Voraussetzungen die Intensität der Beleuchtung bloß von dem Einfallswinkel der Lichtstrahlen abhängig gemacht wurde, so wird es sich auch namentlich nur um die Bestimmung des eben bezeichneten Winkels handeln.

Suchen wir den besagten Winkel vorerst für die verticale Projectionsebene. Derselbe ergibt sich durch Umlegung des Lichtstrahles um seine verticale Projection. Der verlangte Neigungswinkel ist somit $n_v = POP_0$ (Taf. XXVI, Fig. 176), und der Sinus dieses Winkels, wenn wir die Länge $OP_0 = 1$ setzen, ist demnach durch $PP_0 = \alpha P'$ dargestellt.

Theilen wir die Strecke $OA = OP_0$ in zehn gleiche Theile und bezeichnen wir diese, von A aus gezählt, mit den Coten 1 2, 3...10, so erhalten wir, mit Zugrundelegung der vorausgeschickten Betrachtungen, die Anzahl der Tonlagen, oder mit anderen Worten, die Isophotencote für die verticale Projectionsebene, indem wir die Strecke PP_0 von O aus auf der so erhaltenen Scala auftragen. Wir finden hiefür 5·9.

In analoger Weise ergibt sich die Zahl 3·4 für die horizontale Projectionsebene, indem man den

$$sin\, n_h = P'P^0_1 = \alpha P$$

von O aus auf der in Fig. 176, Taf. XXVI, verzeichneten Scala abschneidet.

Behufs Bestimmung der Intensität der Ebene $E_v E_h$ ist der Sinus des Neigungswinkels des gegebenen Lichtstrahles mit dieser Ebene aufzusuchen.

Hierbei kann berücksichtigt werden, dass derjenige Winkel, welchen eine Gerade mit einer Ebene bildet, das Complement jenes Winkels sei, welchen die Gerade mit der Senkrechten zur Ebene einschließt und dass daher der Sinus des ersteren Winkels dem Cosinus des letzteren gleichkommt.

Führen wir also durch (P, P') das Perpendikel (π, π') zur Ebene $E_v E_h$ und suchen wir die wahre Größe des von π und l eingeschlossenen Winkels. Zu besagtem Zwecke legen wir den genannten Winkel um eine der Tracen seiner Ebene, etwa um die horizontale Trace ξ, in die Horizontalebene nach $OP^0_2\, h' = n_e$ um.

Den Cosinus des besagten Winkels n_e erhält man, indem man von O auf den Schenkel $P^0_2\, h'$ die Senkrechte Op fällt, durch die Strecke $P^0_2 p$ dargestellt. Diese Strecke, welche gleichzeitig den Sinus des Einfallswinkels n_e der Lichtstrahlen gegen die Ebene $E_v E_h$ repräsentiert, liefert, von O aus auf der daselbst verzeichneten Scala abgegriffen, die Intensität 0·5 der gegebenen Ebene.

Einfacher noch gestaltet sich die Construction, wenn die Ebene $E_v E_h$ eine projicierende ist.

§. 413.

109. Aufgabe. **Eine horizontal-projicierende Ebene $E_h E_v$ und die Richtung des einfallenden Lichtstrahles (l, l') sind gegeben; es ist die Intensität der Beleuchtung für die gegebene Ebene zu ermitteln.**

Wir schneiden auf dem durch einen Punkt O der Achse XX (Taf. XXVI, Fig. 177) geführten Lichtstrahle — um zunächst die Scala zu erhalten — von O aus eine beliebige als Einheit angenommene Strecke (OP, OP') (in der Umlegung OP_0) ab, und theilen OP_0, als die wahre Größe von (OP, OP'), in zehn gleiche Theile, welche wir wieder von P_0 aus fortlaufend mit 1, 2...10 bezeichnen.

Fällen wir, so wie im vorhergehenden Falle, gleichfalls aus (P, P') die Senkrechte (π, π') auf die Ebene $E_v E_h$ und legen wir den von π und l gebildeten Winkel um die Horizontaltrace ξ seiner Ebene in die horizontale Projectionsebene um, so erhalten wir, wenn von O aus die senkrechte Op auf π_0 geführt wurde, in $P^0_2\,p$ den Cosinus des Complementwinkels, welcher, nach Früherem, von C aus auf der Scala abzuschneiden ist.

Wie aber leicht ersichtlich, ist die Strecke $P_2{}^0 p = \mu O$, und erhalten wir somit direct ohne Zuhilfenahme der Umgebung den fraglichen Cosinus, resp. Sinus, wenn wir von O aus unmittelbar die Senkrechte $\xi\xi$ zur Horizontaltrace führen und zu dieser die Gerade $P'\mu$ normal ziehen.

Hierbei ergibt sich der Punkt μ einfach im Schnitte der zur Horizontaltrace E_h Parallelen $P'\mu$ mit dem über $P'O$ als Durchmesser beschriebenen Kreise. Die Strecke $O\mu$ auf die Scala P^0O übertragen, bestimmt sofort den gesuchten Isophotenwert, diesfalls 2·0, für die gegebene Ebene.

Umgekehrt lassen sich ebenso leicht die Spurenrichtungen jener projicierenden Ebenen feststellen, welchen beziehungsweise die Intensitäten 2, 3, 4.... entsprechen.

Letzteres wird einfach dadurch bewirkt, dass wir von O aus die einzelnen Scalentheile in den Zirkel nehmen und den Kreis k mit den zugehörigen Kreisbögen zum Schnitte bringen.

Die Verbindungsgeraden des Punktes P' mit den Schnittpunkten II und II_1, III und III_1, IV und IV_1... geben sofort die Spurrichtungen jener Ebenen, welche auf der horizontalen Projectionsebene senkrecht stehen und denen der Reihe nach die Intensitäten 2, 3, 4,...9, 10 zukommen.

Die hellste, d. i. die am intensivsten beleuchtete horizontal-projicierende Ebene wird selbstverständlich diejenige sein, deren Spurenrichtung als Tangente in P' an den Kreis k erscheint.

Für die vorgegebene Lichtstrahlenrichtung ist demnach die Intensität einer derartigen Ebene 1·4.

Wie leicht einzusehen, kann dieses Ergebnis zur Construction der Intensitäten für horizontal-projicierende Cylinder von beliebiger Leitlinie vortheilhaft verwertet werden.

Für vertical-projicierende Ebenen stellt sich selbstverständlich bezüglich der Bestimmung der Beleuchtungsintensitäten ein ganz analoger Vorgang und ein ebenso übereinstimmendes Verhalten heraus.

Die Ermittelung der Intensitäten an der Oberfläche beliebiger Polyeder setzt sich aus den entsprechenden Constructionen für die einzelnen ebenen Seitenflächen zusammen.

Obwohl die letzteren in der Regel nicht direct durch ihre Tracen, sondern durch ihre Begrenzungspolygone gegeben sind, so wird es doch in jedem Falle leicht sein, die Richtungen ihrer Tracen, deren Kenntnis für die Intensitätsbestimmung vollkommen genügt, auszumitteln. Zur Erläuterung mögen nachstehende Beispiele dienen.

§. 414.

110. Aufgabe. **Ein Tetraeder ist durch seine orthogonalen Projectionen** $(ABCD, A'B'C'D')$ **gegeben; es ist für eine bestimmte Lichtstrahlenrichung** (l, l') **die Intensität einer der Seitenflächen, etwa jener von** $(ABC, A'B'C')$ **für eine zehnstufige Beleuchtungsscala festzustellen.**

Suchen wir zuvörderst die Richtungen der Tracen der bezeichneten Ebene $(ABC, A'B'C')$ (Taf. XXVI, Fig. 178), indem wir das genannte Dreieck einerseits durch eine zur verticalen Ebene parallele Ebene $(C' \alpha')$ schneiden und hiedurch $C\alpha$ oder σ als die Richtungsgerade für die Verticaltrace finden, und andererseits mit einer horizontalen Ebene $(C\beta)$ zum Schnitte bringen, deren Schnittlinie $C'\beta'$ oder ϱ' mit der Dreiecksfläche die Richtung der Horizontalspur der Ebene $(ABC, A'B'C')$ liefert.

Durch diese beiden Spurrichtungen σ und ϱ' ist auch die Normale (π, π') auf die genannte Ebene bestimmt, und kann somit die weitere Construction in der vorherbesprochenen Weise anstandslos durchgeführt werden.

Im vorliegenden Falle wurde demnach der Winkel (π, l) um die Verticaltrace ξ seiner Ebene nach $v P^0_2 O = n_e$ umgelegt, der Cosinus $p P^0_2$ dieses Winkels von O aus auf die gleichzeitig in Fig. 178, Taf. XXVI, verzeichnete Scala übertragen und dortselbst in der Cote 0·5 der verlangte Isophotenwert, resp. die Intensität der obbezeichneten Dreiecksebene gefunden.

Die Intensitäten der horizontalen und verticalen Projectionsebene, die wie früher gesucht und bestimmt wurden, ergeben sich beziehungsweise zu 3·9 und 5·4.

Erscheint das Polyeder in schiefer Projection oder in der Parallelperspective gegeben, so ist es in der Regel zweckmäßig, auf die orthogonale Projection zu übergehen.

§. 415.

111. Aufgabe. Eine auf der Grundebene aufruhende Pyramide $ABCDES$ und die Richtung des Lichtstrahles (l, l') sind in Parallelperspective gegeben; es sind die Intensitäten der Bild- und Grundebene und die Intensität einer der Seitenebenen (ABC) der Pyramide auszumitteln.

Behufs Durchführung des gestellten Problems behalten wir die Bildflächprojection als erste Projection bei, führen aber als zweite Projectionsebene die Profilebene (Achse Z) ein.

Die Profilprojection der Pyramide erscheint hiernach durch $A''B''C''D''E''S''$ (Taf. XXVI, Fig. 179) und jene des Lichtstrahles durch l'' dargestellt.

Bringen wir diese letztgefundene Projection mit der unverändert gebliebenen Bildflächprojection in Verbindung, so ist unsere Aufgabe auf die in Monge'scher Projection zurückgeführt und kann daher bezüglich ihrer Lösung und Durchführung ganz nach den in früheren Beispielen erörterten Grundsätzen vorgegangen werden.

So ergibt sich beispielsweise die Intensität 4·1 der Bildebene durch das Auftragen der Strecke $PP_0 = \varepsilon P''$ von O aus auf der Scala Z. Die Grundebene erscheint als profil-projicierende Ebene (G_e) und kann deren Intensität (mit Zugrundelegung des in §. 413 Gesagten) leicht ermittelt werden, indem man aus P'' die zu G_e Parallele $P''\mu$ führt, diese mit der Senkrechten η aus O in μ zum Schnitte bringt und die Länge $O\mu$ von O auf die Scala Z überträgt. Hiernach erscheint die Intensität der Grundebene durch den Isophotenwert 3·2 bestimmt.

Die Intensität der Seitenfläche ABC erhält man, indem man zunächst die Richtungen der Bildfläch- und Grundflächtrace (σ und ϱ'') nach der im vorhergehenden Beispiele gegebenen Weisung aufsucht, sodann die zugehörige Normale (π, π'') der Seitenebene bestimmt, und hierauf die wahre Größe des von dieser letzteren (π, π'') und dem Lichtstrahle (l, l'') gebildeten Winkels n_e ermittelt.

Im vorliegenden Falle geschah dies durch Umlegung seiner Ebene um die Profiltrace $O\zeta$ nach P^0_2. Der Cosinus $P^0_2 p^0$ des besagten Winkels n_e gibt, nach Maßgabe der construierten Scala, den Isophotenwert 0·5.

Dem Schlagschatten $ES_\sigma D$ der Pyramide auf die Grundebene, welch letzterer die Intensität 3·2 zukömmt, entspricht nach der eingangs aufgestellten Formel $S = 2n - x$ der Intensitätswert 16·8.

§. 416.

Ein anderweitiges Verfahren für die Bestimmung der Intensitäten von durch Ebenen begrenzten Gebilden ergibt sich durch die folgende Betrachtung.

Bezeichnen μ_1 und μ_2 die Winkel, welche der Lichtstrahl beziehungsweise mit den zwei Ebenen F_1 und F_2 einschließt, so gilt, wenn i_1 und i_2 die bezüglichen absoluten Intensitäten von F_1 und F_2 bedeuten, die Gleichung:

$$i_1 : i_2 = \sin \mu_1 : \sin \mu_2.$$

Führen wir statt der Winkel μ_1 und μ_2 die Winkel ν_1 und ν_2 ein, welche F_1 und F_2 mit der zur Lichtstrahlenrichtung senkrechten Ebene einschließen, so hat man, da die letzteren die Complemente der ersteren sind, die Proportion:

$$i_1 : i_2 = \cos \nu_1 : \cos \nu_2.$$

Bezeichnen wir weiters mit F_1' und F'_2 die Projectionen der gegebenen ebenen Figur auf die zur Lichtstrahlenrichtung senkrechte Ebene, so gelten bekanntlich in Bezug auf die Flächenstücke die Gleichungen:

$$F'_1 = F_1 . \cos \nu_1 \quad \text{und} \quad F'_2 = F_2 . \cos \nu_2$$

oder:

$$\cos \nu_1 = \frac{F'_1}{F_1} \quad \text{und} \quad \cos \nu_2 = \frac{F'_2}{F_2} .$$

Diese Werte in obige Proportion eingeführt, findet man:

$$i_1 : i_2 = \frac{F'_1}{F_1} : \frac{F'_2}{F_2} .$$

Liegen die beiden ebenen Figuren F_1 und F_2 (Taf. XXVI, Fig. 180) in dem nämlichen Lichtprisma, was beispielsweise dann eintritt, wenn etwa F_1 der Schlagschatten von F_2 wäre, so sind die Projectionen $F'_1 = F'_2$ gleich F und es kann somit die vorstehende Proportion in die folgende Form gebracht werden:

$$i_1 : i_2 = F_2 : F_1 .$$

Kennt man demnach die wahre Größe einer ebenen Figur, die Größe ihres Schlagschattens auf eine beliebige Ebene und die Intensität dieser Ebene, so kann auf Grund der Gleichung

$$\frac{i_1}{i_2} = \frac{F_2}{F_1}$$

sofort die Intensität der ebenen Figur bestimmt werden.

Das einfach erzielte Resultat und das damit im Zusammenhange stehende Verfahren der Intensitätsbestimmung für ebene Flächen wird insbesondere dann anwendbar, wenn die den Schlagschatten aufnehmende Ebene zugleich „Bildebene“ ist, nachdem in diesem Falle der Schlagschatten unmittelbar in seiner wahren Größe und Gestalt erscheint.

Selbstverständlich wird man, der Einfachheit halber, immer bloß ein Dreieck der ebenen Figur und den demselben entsprechenden Schlagschatten betrachten. Zweckmäßig wird es überdies sein, eine Seite dieses Dreieckes parallel zur Bildebene zu wählen, da hiedurch erreicht wird, dass die beiden zu betrachtenden Dreiecke gleiche Grundlinien haben und dass sich infolge dessen ihre Fläche so, wie die zugehörigen Höhen verhalten und folglich die Proportion besteht:

$$i_1 : i_2 = h_2 : h_1.$$

Den Gebrauch dieser Methode wollen wir durch nachstehendes Beispiel erläutern.

§. 417.

112. Aufgabe. **Eine in der cotierten Projectionsmethode gegebene auf der Grundebene aufruhende Pyramide liegt vor; der Lichtstrahl ist durch die graduierte Gerade l bestimmt. Die Beleuchtungsintensitäten der Seitenebenen der Pyramide, sowie jene der Grundebene sind zu ermitteln.**

Um zunächst die Intensität der Grundebene, welche bei der Bestimmung der Intensitäten der Seitenflächen mit in Verwendung gebracht werden kann, festzustellen, legen wir den Lichtstrahl um seine Projection l in die Grundebene nach l_0 (Taf. XXVI, Fig. 181) um (wobei mm^5_0 fünf Einheiten des gewählten Coten-Maßstabes M gleichkömmt) und finden hiedurch gleichzeitig dessen Neigungswinkel v gegen die besagte Ebene.

Nehmen wir weiters irgend eine beliebige Strecke Oo als Einheit der zu construierenden zehnstufigen Beleuchtungsscala an, theilen diese in zehn gleiche Theile und tragen, um die Intensität der Grundebene durch die Anzahl der Tonlagen ausgedrückt zu erhalten, den Sinus des Winkels v, nach Maßgabe der Einheit Oo, von O aus auf der Scala auf.

Zu letzterem Zwecke beschreiben wir mit Oo als Radius und O als Mittelpunkt einen Kreis k, tragen bei O den Winkel $(90 - v)$ auf, bringen den Winkelschenkel OM mit dem Kreise zum Schnitte und fällen aus M die Senkrechte MM' auf Oo. Die Strecke MM' bestimmt den Sinus des Winkels v und stellt somit, auf Grund der construierten Scala, die Intensität der Grundebene durch 3·7 Tonlagen fest.

Der Schlagschatten des Pyramidenscheitels S auf die Grundebene ergibt sich in S_σ. Das Flächenverhältnis der Begrenzungsdreiecke und des zugehörigen Schlagschattens ist dem Verhältnisse der Senkrechten aus S und S_σ auf die jeweilige gemeinsame Seite gleich.

Die Höhen der Seitendreiecke sind für den vorliegenden Fall, da eine regelmäßige Pyramide angenommen wurde, untereinander gleich. Die wahre Größe $\omega S_0 = h$ derselben wird durch Umlegung irgend einer dieser Höhen $S\omega$ in die Grundebene erhalten.

Nach diesen Vorbereitungen kann die Bestimmung aller übrigen Intensitäten durch Zuhilfenahme der vorher aufgestellten Proportion mit Leichtigkeit vollzogen werden.

Ist beispielsweise i_{AB} die Intensität der Seitenfläche ABS und i_g die der Grundebene, h die wahre Größe der Senkrechten aus S und $S_\sigma p_1$ die aus S_σ zu AB geführte Normale, so besteht die Proportion:

$$i_{AB} : i_g = S_\sigma p_1 : h.$$

Ziehen wir durch O eine beliebige Gerade OZ und tragen wir auf derselben $Oh = \omega S_0 = h$ und $Op_1 = S_\sigma p_1$ auf, verbinden wir weiters den Punkt h mit M' und führen wir aus p_1 die zu hM' Parallele $p_1 I$, so wird durch die beiden ähnlichen Dreiecke OhM' und $Op_1 I$ die oben aufgestellte Proportion erfüllt; es stellt nämlich OI unmittelbar die Intensität der Ebene ABS dar, wenn OM' jene der Grundebene repräsentiert.

Hiernach ergeben sich für die Seitenfläche ABS, direct auf der Scala abgelesen, $oI = 0·3$ Tonlagen. Ein gleicher Vorgang ist bezüglich aller übrigen Seitenflächen einzuhalten.

Zu berücksichtigen ist hierbei nur noch, dass für die im Selbstschatten liegenden Seitenflächen CDS und DES insoferne eine Ausnahme eintritt, als die nach obigem Verfahren, mit Zugrundelegung der Basis, auf welche wir unsere Schlüsse bauten, gefundenen Werte nur für die direct beleuchteten Theile des gegebenen Körpers gelten.

Es unterliegt jedoch keinerlei Schwierigkeit, aus den für die beleuchteten Theile ermittelten Werten sogleich die Anzahl der Tonlagen für die im Selbstschatten befindlichen Theile durch Zuhilfenahme der Gleichung

$$s = \tfrac{1}{2}(n + x)$$

zu finden.

So ergibt sich beispielsweise für die direct beleuchtete Seitenfläche CDS die Anzahl der Tonlagen in $oIII = 6 \cdot 5$ und daher für die nämliche Fläche, als im Selbstschatten liegend: $s = \frac{1}{2}(n + x) = \frac{1}{2}(10 + 6 \cdot 5) = 8 \cdot 25$; ebenso ergäbe sich für die direct beleuchtete Seitenfläche DES die Anzahl der Tonlagen in $oIV = 8 \cdot 6$ und ergibt sich demnach für den Selbstschatten $s = 9 \cdot 3$.

Die Intensität des Schlagschattens der Pyramide auf die Grundebene ist nach der Formel $s = 2n - x$ durch $16 \cdot 3$ Tonlagen festgestellt.

§. 418.

Eine dritte Methode für die Bestimmung der Beleuchtungsintensitäten an von ebenen Flächen begrenzten Körpern, die ich einer mir vorgelegten Arbeit meines Schülers und nunmehrigen Assistenten E. Neugebauer entlehne, gründet sich auf einen Satz über Polyeder, der im Nachstehenden entwickelt werden soll.

Derselbe bildet ein Analogon zu dem bekannten Satze, dass „die Summe der Projectionen der Elemente eines geschlossenen Linienzuges auf eine beliebige Gerade gleich Null ist“.

Denkt man sich nämlich irgend ein, durch ebene Seitenflächen vollständig begrenztes Polyeder $ABCD$ (Taf. XXVI, Fig. 182) auf eine beliebige Ebene E projiciert, so findet man, dass die besagte Projection des Polyeders von den Projectionen der einzelnen Seitenflächen zweimal, d. i. einerseits von $A'B'D'$ und $D'C'A'$, andererseits von $A'B'C'$ und $C'B'D'$ ausgefüllt werde.

Ertheilt man den beiden Flächensummen entgegengesetzte Vorzeichen, so werden sich dieselben gegenseitig aufheben und wir gelangen demnach zu dem Satze:

„Die Summe der Projectionen der Seitenflächen eines vollständig geschlossenen Polyeders auf eine beliebige Ebene ist gleich Null.“

Um die allgemeine Giltigkeit des angeführten Satzes für wie immer geformte Polyeder (also auch für solche mit einspringenden Flächenwinkeln) einzusehen, denkt man sich das Polyeder durch Ebenen, welche durch die Kanten desselben parallel zur Richtung des projicierenden Strahles gelegt werden, in eine Summe von Prismen getheilt.

Bei Betrachtung irgend eines dieser Prismen (Taf. XXVI, Fig. 183) findet man, dass die Gesammtprojection desselben bloß von den Projectionen der Grundflächen gebildet wird, dass dieses zweimal und für Polyeder mit einspringenden Kanten $2n$-mal statthabe, da für vollständig geschlossene Polyeder die Grundflächen $ABC, DEF, \ldots$ immer in gerader Anzahl vorhanden sein müssen.

Der positive oder negative Sinn dieser Projectionen kann, dem vorangeführten Satze entsprechend, leicht unterschieden werden, wenn Nachstehendes berücksichtigt wird.

Die Größe der Projection einer ebenen Fläche ist bekanntlich durch das Product aus der genannten Fläche in dem Cosinus ihres Neigungswinkels mit der Projectionsebene darstellbar. Statt des besagten Winkels kann offenbar auch der Winkel der Normalen auf die beiden Ebenen gesetzt werden.

Diesen Normalen legt man einen bestimmten Sinn dadurch bei, dass man die positive Richtung des projicierenden Strahles l von vornherein feststellt, und als die positive Richtung der Normalen auf die betreffende Seitenfläche jene wählt, welche nach dem Inneren des Polyeders gerichtet ist. Hiernach erscheint jeder der betreffenden Winkel innerhalb der Grenzen von Null und π, womit auch das Zeichen des Cosinus und daher der Sinn der Flächenprojection unzweideutig bestimmt ist. Durch eine Gleichung ausgedrückt, lässt sich folglich der vorerwähnte Satz in die Gestalt

$$\Sigma F . cos\,(p, l) = 0$$

bringen. Die Verwertung dieses Satzes für „Intensitätsbestimmungen“ erhellt sofort, wenn man die Projectionsrichtung l mit der Lichtstrahlenrichtung identificiert. Der $Cos\,(p, l)$ stellt sodann die absolute Beleuchtungsintensität i der betreffenden Fläche dar, so dass obige Gleichung die Form:

$$\Sigma F . i = 0$$

annimmt.

Ein negatives i entspricht hierbei dem Selbstschatten einer Seitenfläche von solcher Lage, dass deren direct beleuchteter Seite die Intensität $+i$ zukommen würde.

Kennt man also die Größe sämmtlicher n Seitenflächen eines Polyeders und die absolute Intensität von $(n - 1)$ Seitenflächen, so kann, der vorstehenden Gleichung zufolge, die Intensität der letzten Seitenfläche berechnet werden.

§. 419.

Das eben entwickelte Verfahren ist besonders für axonometrische Darstellungen, wenn die Seitenflächen des Polyeders durch ihre Achsenschnitte gegeben sind, beispielsweise also bei Krystallgestalten, mit Vortheil anzuwenden.

Als erläuterndes Beispiel sei ein, nach dem Mohs'schen Systeme axonometrisch dargestelltes Deltoidikositetraeder ($2O2$) gewählt.

Ist l (Taf. XXVII, Fig. 184) die Lichtstrahlenrichtung, so wird die Intensität der drei Achsenebenen durch die Gleichungen:

$$i_1 = sin\,(l, yz), \quad i_2 = sin\,(l, xz) \quad \text{und} \quad i_3 = sin\,(l, xy)$$

bestimmt.

Statt der Neigungswinkel des Lichtstrahles gegen die Achsenebenen führen wir diejenigen gegen die Achse selbst ein, welch letztere für ein rechtwinkliges System bekanntlich die Complementwinkel der ersteren sind. Wir erhalten somit:

$$i_1 = cos\,(l, x), \quad i_2 = cos\,(l, y) \quad \text{und} \quad i_3 = cos\,(l, z).$$

Nach einer bekannten Grundformel der analytischen Geometrie des Raumes ist aber:

$$cos^2\,(l, x) + cos^2\,(l, y) + cos^2\,(l, z) = 1$$

und daher ist auch:

$$i^2_1 + i^2_2 + i^2_3 = 1,$$

welcher Bedingung die Intensitäten der Achsenebeneu genügeleisten müssen.

Statt der Lichtstrahlenrichtung können wir aber auch zwei dieser Intensitäten unmittelbar als gegeben voraussetzen und die dritte als das Ergebnis der letztaufgestellten Gleichung betrachten.

Nehmen wir beispielsweise für den vorliegenden Fall: $i_1 = \frac{2}{7}$ und $i_2 = \frac{6}{7}$ an, so erhalten wir unter der Voraussetzung, dass das Innere der von den positiven Halbachsen gebildeten Ecke direct beleuchtet sei, für i_3 den Wert $+ \frac{3}{7}$, womit alle drei Intensitäten durch rationelle Werte ausgedrückt erscheinen.

Hierauf gestützt, kann ohneweiters auf die Bestimmung der Intensitäten der übrigen Seitenflächen übergangen werden.

Irgend eine Seitenebene im Octanten $+xyz$ schneidet die eine der Achsen im Abstande 1, die beiden anderen aber im Abstande 2 von O und bildet mit den Achsenebenen eine Pyramide, auf welche sich der obenentwickelte Satz sofort anwenden lässt.

Nennen wir die Intensität der Seitenfläche, welche die Achse z im Abstande 1 von O schneidet, J_3, so finden wir:

$$area.MNC.J_3 - area.MOC.i_1 - area.NOC.i_2 - area.MNO.i_3 = 0.$$

Die Intensitäten i_1, i_2, i_3 sind hier deshalb negativ zu nehmen, da der getroffenen Annahme zufolge, die nach außen gerichteten Seiten der Pyramide, welche durch die Achsenebenen gebildet werden, für den ersten Oktanten sammt und sonders im Selbstschatten liegen.

Setzen wir für die Flächen die Werte ein, so erhalten wir:

$$J_3 . \sqrt{6} = 1.i_1 + 1.i_2 + 2.i_3 \quad \text{oder} \quad J_3 = \frac{1}{\sqrt{6}}(i_1 + i_2 + 2i_3).$$

Durch cyklische Permutation der Indeces erhalten wir die Intensitäten der übrigen im ersten Oktanten liegenden Seitenflächen:

$$J_1 = \frac{1}{\sqrt{6}}(i_2 + i_3 + 2i_1) \quad \text{und} \quad J_2 = \frac{1}{\sqrt{6}}(i_3 + i_1 + 2i_2).$$

Hieraus ergeben sich sofort die Intensitäten der Seitenflächen im Oktanten $y, z, -x$, wenn i_1, da die aus der Achsenebene yz gebildete Pyramidenfläche nach außen hin direct beleuchtet ist, mit negativem Vorzeichen eingeführt wird. Wir finden demnach für $(y, z, -x)$:

$$J_1 = \frac{1}{\sqrt{6}}(i_2 + i_3 - 2i_1); \quad J_2 = \frac{1}{\sqrt{6}}(i_3 - i_1 + 2i_2)$$

$$\text{und} \quad J_3 = \frac{1}{\sqrt{6}}(-i_1 + i_2 + 2i_3)$$

und für den Oktanten $(x, y, -z)$, für welchen i_3 negativ zu nehmen ist:

$$J_1 = \frac{1}{\sqrt{6}}(i_2 - i_3 + 2i_1), \quad J_2 = \frac{1}{\sqrt{6}}(-i_3 + i_1 + 2i_2)$$

$$\text{und} \quad J_3 = \frac{1}{\sqrt{6}}(i_1 + i_2 - 2i_3);$$

so wie endlich für den Oktanten: $(y, -x, -z)$, wobei i_1 und i_3 mit negativen Vorzeichen zu versehen sind:

$$J_1 = \frac{1}{\sqrt{6}}(i_2 - i_3 - 2i_1), \quad J_2 = \frac{1}{\sqrt{6}}(-i_3 - i_1 + 2i_2)$$

$$\text{und} \quad J_3 = \frac{1}{\sqrt{6}}(-i_1 + i_2 - 2i_3).$$

Nachdem das Bildungsgesetz dieser, sowie aller übrigen Formeln unzweideutig vorliegt, kann jede weitere Erläuterung als überflüssig umgangen werden.

Die praktische Rechnung lässt zwar volle Genauigkeit zu, doch wird es bei einer zehntheiligen Scala genügen, die Resultate auf zwei Decimalen genau zu bestimmen.

Es ergibt sich beispielsweise für den ersten Oktanten:

$$J_1 = \frac{1}{7\sqrt{6}}(6 + 3 + 2 . 2) = \frac{\sqrt{6}}{42} . 13 = 0 \cdot 76;$$

$$J_2 = \frac{\sqrt{6}}{42} . 17 = 0 \cdot 99 \text{ und } J_3 = \frac{\sqrt{6}}{42} . 14 = 0 \cdot 81.$$

Der Factor $\frac{\sqrt{6}}{42} = 0 \cdot 058$, welcher in allen Gleichungen auftritt, wird ein für allemal mit der entsprechenden Genauigkeit gerechnet.

Die Intensitäten J erscheinen hier in ihrem absoluten Werte nach Maßgabe der Summe der Einfallswinkel des Lichtstrahles. Wollen wir jedoch dieselben durch die zugehörigen Anzahlen von Tonlagen ausdrücken, so wird es, unter Hinweis auf die in Fig. 175, Taf. XXVI, entwickelte Scala, bloß nothwendig werden, die gefundenen absoluten Werte von der Einheit (1) zu subtrahieren und die jeweilige Differenz mit der Zahl 10 zu multiplicieren.

Bezeichnen wir mit T_1, T_2, T_3 die Zahl der Tonlagen, so erhält man für den ersten Oktanten:

$$T_1 = (1 - J_1) . 10 = 2 \cdot 4; \quad T_2 = (1 - J_2) . 10 = 0 \cdot 1 \quad \text{und}$$

$$T_1 = (1 - J_3) . 10 = 1 \cdot 9.$$

Für die sichtbaren Seitenflächen in den übrigen Oktanten erhält man der Reihe nach:

$$\left.\begin{array}{ll} J_1 = 0 \cdot 29; & T_1 = 7 \cdot 1 \\ J_2 = 0 \cdot 76; & T_2 = 2 \cdot 4 \\ J_3 = 0 \cdot 58; & T_3 = 4 \cdot 2 \end{array}\right\} \ldots (-x, y, z);$$

$$\left.\begin{array}{ll} J_1 = 0 \cdot 41; & T_1 = 5 \cdot 9 \\ J_2 = 0 \cdot 64; & T_2 = 3 \cdot 6 \\ J_3 = 0 \cdot 12; & T_3 = 8 \cdot 8 \end{array}\right\} \ldots (x, y, -z),$$

und

$$\left.\begin{array}{ll} J_1 = -0 \cdot 06; & T_1 = 9 \cdot 7 \\ J_2 = +0 \cdot 41; & T_2 = 5 \cdot 9 \\ J_3 = -0 \cdot 12; & T_3 = 9 \cdot 4 \end{array}\right\} \ldots (-x, y, -z).$$

Die mit negativem Vorzeichen sich ergebenden Intensitäten J deuten selbstverständlich bloß darauf hin, dass die betreffende Seitenfläche im Selbstschatten liege.

Die Tonstärken erhält man für diesen Fall nach der bekannten Gleichung:

$$s = \tfrac{1}{2}(10 + x),$$

wobei x die Tonstärke für den direct beleuchteten Flächentheil darstellt. Nachdem letztgenannte Tonstärke durch $(1 - J).10$ ausgedrückt wird, ist:

$$s = \tfrac{1}{2}(10 + 10 - 10J) = 10\left(1 - \frac{J}{2}\right).$$

In vorstehender Formel ist J seinem absoluten Betrage nach, ohne Rücksicht auf das jeweilige Vorzeichen zu nehmen.

Für T_1 im Oktanten $(-x, y, -z)$, welches T_1 einem negativen J entspricht, erhält man demnach beispielsweise:

$$T_1 = 10\left(1 - \frac{J}{2}\right) = 10\,(1 - 0{\cdot}03) = 9{\cdot}7.$$

Ein Ähnliches gilt für die Berechnung von T_3 im letzten Oktanten. In Fig. 184, Taf. XXVII, wurden die jeweiligen Tonstärken, wie sie sich auf Grund des Vorausgeschickten ergaben, unmittelbar in die einzelnen Seitenflächen eingetragen.

In jenen Fällen, in welchen die betrachteten Hilfspyramiden, welche aus einer derartigen Seitenfläche und den Achsenebenen gebildet werden, in Prismen übergehen, treten statt der Flächeninhalte bloß die Breiten der Seitenflächen in die Rechnungen ein, wie es sich sofort ergibt, wenn man die Prismen durch zwei zur Lichtstrahlenrichtung parallele Schnitte begrenzt.

§. 420.

Wie bereits vorher erwähnt, pflegt man bei der Bestimmung der Beleuchtungsintensitäten, wenn die klynographische Parallelprojection zur Darstellung irgend eines räumlichen Gebildes gewählt wird, auf die orthogonale Projection zu übergehen.

Dass dieses Überführen aus der einen der genannten Projectionsarten in die andere mit keinerlei Schwierigkeiten verbunden ist, sobald die Richtung des schief projicierenden Strahles, resp. das Projectionsdreieck als gegeben vorliegt, ist aus der „Methodik“ (Band I) hinlänglich bekannt.

Im Nachstehenden wollen wir von der in Rede stehenden Transformation unter der Voraussetzung Gebrauch machen, dass die besagte Projection des Gebildes nicht direct durch die Lage des Projectionsstrahles, sondern durch das Bild eines rechtwinkligen Achsenkreuzes, auf dessen einzelne Achsen vom Ursprunge aus die der Einheit entsprechenden Strecken abgeschnitten, resp. aufgetragen werden, und auf welches sodann das Gebilde selbst bezogen wurde, fixiert erscheint. Bekanntlich bezeichnet man diese Darstellungsweise als „klynographische Axonometrie“.

Das Bild eines derartigen Achsenkreuzes, für welches die Strecken OA, OB und OC die vom Ursprunge O desselben auf den Achsen aufgetragene Einheit repräsentieren, sei durch $Oxyz$ (Taf. XXVII, Fig. 185) dargestellt. Selbstverständlich kann, da die Projection eine ganz bestimmte ist, nunmehr aus dem vorliegenden Achsenkreuze auch anstandslos die Lage der Achsen und die des Projectionsstrahles gegen die Bildebene gefunden werden.

Ist l das Bild des durch O gelegten Lichtstrahles und l' das Bild seiner Projection auf die xy-Ebene, ist ferner (P, P') ein Punkt von (l, l'), dessen $x = 1$ sei, so ergibt sich das zugehörige y in Ob und z in der Strecke PP'.

Denken wir uns das y und z auf der x-Achse von O aus aufgetragen, so werden im Bilde diese Strecken durch Ob_0 und Oh_0 begrenzt erscheinen, wobei, nur nebenbei bemerkt, b_0 im Schnitte von x mit der aus b zu BA geführten Parallelen, und h_0 im Schnittpunkte derselben Achse mit der Parallelen aus P zu Ac ($P'c = OC$) erhalten wird.

Nachdem durch Parallelprojection das Verhältnis zweier Strecken, welche auf einer Geraden abgeschnitten sind, nicht geändert wird, so bestimmt das Verhältnis $OA : Ob_0 : Oh_0$ zugleich auch das Verhältnis der wahren Größen der Coordinaten x, y und z des Punktes P. Dass dieses Verhältnis zur Fixierung einer durch den Ursprung des Achsensystems geführten Geraden genügt, ist bekannt.

Wird demgemäß xy (Taf. XXVII, Fig. 186) als verticale, xy als horizontale und yz als Kreuzriss- oder Profilebene für die gewöhnliche orthogonale oder Monge'sche Projection angenommen, so wird in Bezug auf diese Lage des Achsensystems der Lichtstrahl durch Übertragung der Coordinaten $OA = O\alpha, PB_0 = P'\alpha$ und $Oh_0 = O\gamma = P\alpha$ in verticaler Projection durch l, in horizontaler Projection durch l' dargestellt erscheinen.

Offenbar ist der Punkt P des Lichtstrahles für die neue Lage der Achse ebensowenig identisch mit dem Punkte P in Fig. 185, als die Strecke $O\alpha = OA$ der wahren Größe der Einheit gleich ist. Dieser Umstand hat jedoch auf die Richtigkeit der Lösung, welche sich bloß auf „Verhältnisse" stützt, keinen Einfluss.

Nach Vollzug der obangedeuteten Transformation können die Intensitäten der drei Coordinatenebenen auf Grundlage der allgemein aufgestellten Principien gesucht und mit Leichtigkeit bestimmt werden.

Die wahre Größe der Strecke OP wurde durch Drehung des Lichtstrahles um die z-Achse in die verticale Projectionsebene nach

l_0 festgestellt. Beschreiben wir weiters den Kreis K und benützen SO in bekannter Weise als Beleuchtungsscala, so ergeben sich, indem die Strecken $P\alpha$, $P'\alpha$ und $O\alpha$ von O aus auf derselben aufgetragen werden, der Reihe nach die Intensitäten (Tonstärken) 4·0, 5·7 und 3·5 der Achsenebenen xy, xz und yz.

Wäre beispielsweise eine Ebene E (Taf. XXVII, Fig. 185) durch ihre Achsenschnitte (m, n, o) gegeben, so werden zwei dieser Achsenschnitte, etwa n und o, auf analogem Wege, wie vorher gezeigt, auf die dritte Achse nach n_0 und o_0 übertragen, und durch das Verhältnis der Strecken $Om : On_0 : Oo_0$, welches dem Verhältnisse der wahren Größen der Achsenschnitte gleichkommt, die Lage der Ebene E bestimmt.

Durch entsprechende Übertragung der erhaltenen Resultate in die Fig. 186, Taf. XXVII, ergibt sich in $E_v E_h$ eine mit der gegebenen Ebene der Stellung gegen die Achsen nach übereinstimmende Ebene, deren Intensität nunmehr anstandslos gefunden und mit Zugrundelegung der verzeichneten Scala durch 0·3 bestimmt wurde.

XXII. Capitel.

Construction der Isophoten für krumme Flächen.

§. 421.

Linien gleicher absoluter Beleuchtungsintensität an krummen Flächen sind die Berührungscurven jener Developpablen, welche zur Leitfläche die gegebene Fläche und zu Richtungskegeln jene Rotationskegel haben, deren Achse die Lichtstrahlenrichtung ist.

Nach dieser im Sinne der „darstellenden Geometrie“ gestalteten Definition können die allgemeinsten Formen der Bestimmung der Isophoten sowohl durch Punkte, als auch durch die zugehörigen Tangenten entwickelt werden.

Was speciell die Construction der letzteren betrifft, so ist bloß in Erinnerung zu bringen, dass die Tangente einer Flächencurve mit der zugehörigen Erzeugenden der längs dieser Curve umschriebenen Developpablen, ein conjugiertes Paar von Flächentangenten bildet.

Die Tangente für irgend einen Punkt einer Isophote wird daher in der zur betreffenden Developpabel-Erzeugenden —

welche ihrerseits parallel zur entsprechenden Erzeugenden des Richtungskegels ist — conjugierten Flächentangente dargestellt erscheinen.

Der Developpabel-Erzeugenden, von welcher hier die Rede ist, entspricht eine ihr parallele Erzeugende des Richtungskegels der Developpablen. Besagter Richtungskegel ist, wie eingangs erwähnt, ein senkrechter Kreiskegel, dessen Achse die Lichtstrahlenrichtung darstellt.

Mit Zuhilfenahme dieses Richtungskegels, dessen Oberfläche eine constante Intensität zeigt und welcher für jeden willkürlichen Isophotenwert leicht construierbar ist, können mit Zugrundelegung obiger Bemerkungen beliebige Erzeugende der zugehörigen Developpablen gefunden werden.

Wünscht man beispielsweise behufs Tangenten-Construction die Developpabel-Erzeugende für einen bestimmten Punkt der Berührungscurve (Isophote) zu kennen, so wird man einfach an den vorher bestimmten Richtungskegel der Developpablen jene Tangentialebene legen, welche zu der der krummen Fläche im genannten Punkte parallel ist. Die Berührungserzeugende des Kegels liefert sodann die Richtung der gesuchten Developpabel-Erzeugenden, welche nun unmittelbar durch den erwähnten Punkt geführt werden kann.

Gewöhnlich begnügt man sich jedoch mit der punktweisen Auffindung der Isophoten.

Zur Erreichung dieses Zweckes bedient man sich sodann, ähnlich wie bei der Bestimmung der Selbstschattengrenze, einer Reihe von Hilfsflächen, welche die gegebene Fläche berühren, und durch deren Benützung sich die in Rede stehenden Constructionen ebenso einfach als übersichtlich gestalten.

Eine hervorragende Rolle unter diesen Hilfsflächen spielt, wie leicht zu erwarten, die Kugel, als die regelmäßigste und am einfachsten zu construierende krumme Fläche.

In der That lassen sich — eine allgemeine Lichtstrahlenrichtung vorausgesetzt — die Isophoten der Kugel infolge ihrer einfachen Anordnung und Form höchst bequem bestimmen.

Besagte Isophoten sind nämlich Kreise, deren Ebenen auf der Lichtstrahlenrichtung senkrecht stehen und deren Entfernung vom Kugelmittelpunkte — falls man den Kugelradius als Einheit annimmt und die absolute Intensität als den Sinus des Neigungswinkels des Lichtstrahles gegen die betreffende Tangentialebene definiert — der zugehörigen absoluten Beleuchtungsintensität gleich ist.

Um das Gesagte ersichtlich zu machen, denke man sich zunächst einen Kreis K (Taf. XXVII, Fig. 187) vom Radius 1, welcher durch den in seiner Ebene liegenden Lichtstrahl l beleuchtet wird.

Die Intensität irgend eines Punktes P seiner Peripherie ist, der gemachten Voraussetzung gemäß, dem Sinus desjenigen Winkels gleich, welchen die Kreistangente Pt mit dem Lichtstrahle l in P bildet. Besagter Winkel ist aber das Complement des Winkels POA und somit die gesuchte Intensität dem Cosinus des letztgenannten Winkels gleich. Dieselbe erscheint demnach durch die Strecke OP' ausgedrückt.

Theilen wir also den durch O gelegten Lichtstrahl bis zu seinem Schnittpunkte A mit dem Kreise in n gleiche Theile und errichten in den so erhaltenen Theilpuukten Senkrechte auf l, so schneiden diese den Kreis in Punkten, deren Intensitäten um je $\frac{1}{n}$ abgestuft erscheinen.

Für $n = 10$ erhalten wir in 0, I, II, III....X (Taf. XXVII, Fig. 187) Punkte der Intensität: 1·0, 0·9, 0·8...0·0 resp. Punkte von der Schattenstufe: 0·0, 1·0, 2·0, 3·0....10·0.

Vollführen wir die nämliche Construction auch von O aus gezählt, auf der entgegengesetzten Seite des Lichtstrahles, so werden sich gleichfalls Punkte des Kreises von entsprechender Intensität ergeben. Zu berücksichtigen wird hierbei nur sein, dass auf Grund unserer Annahme für den im Selbstschatten gedachten Theil des Kreises die Abstufungen nur um je einen halben Grad erfolgen.

§. 422.

113. Aufgabe. **Die Isophoten einer Kugel für eine gegebene Lichtstrahlenrichtung sind zu construieren.**

Der Übergang von den Intensitäten des Kreises auf jene der Kugel ergibt sich sofort, wenn man den Kreis K um l gedreht denkt.

Der Kreis K beschreibt hierbei eine Kugel und die früher gefundenen Punkte I, II, III... desselben, welche ihre Bedeutung als Grenzen der Beleuchtungsstufen beibehalten, beschreiben die Intensitätslinien der Kugel. Die letzteren sind also Kreise, welche sich orthogonal in $I\ I$, $II\ II$, $III\ III$.... (Taf. XXVII, Fig. 187) projicieren und das eben ausgesprochene Gesetz veranschaulichen.

In orthogonaler Darstellung bilden sich die Isophoten der Kugel für eine allgemeine Lichtstrahlenrichtung als Ellipsen ab, deren Achsen durch Transformation der Projectionsebenen leicht direct aufgefunden werden können.

Sind (l, l') (Taf. XXVII, Fig. 188) die Projectionen des durch den Mittelpunkt (O, O') der Kugel (K, K'_1) geführten Lichtstrahles, so findet man für eine der Projectionsebenen, beispielsweise für die horizontale, die Isophoten durch Einführung einer neuen Verticalebene, deren Achse x_v mit der horizontalen Projection l' des Lichtstrahles parallel ist oder mit dieser zusammenfällt.

Der Mittelpunkt (O, O') der Kugel gelangt für diese Transformation nach O_0 und der Lichtstrahl, welcher nunmehr in der neuen Projectionsebene liegt, erscheint durch l'_0 dargestellt.

Die Intensitätskreise projicieren sich hiernach als die zu l'_0 senkrechten Kreissehnen, welche, ähnlich wie in Fig. 178, Taf. XXVII, in den entsprechenden Theilpunkten 1, 2, 3... des Kreisdurchmessers l'_0 errichtet werden.

Die Zurückführung der auf diese Weise bestimmten Intensitätskreise in die horizontale Projection geschieht nach früher besprochenen Grundsätzen und wurde diese Operation hier durch die Darstellung der Isophote i_8 ersichtlich gemacht. Der Durchmesser $a_0 b_0$ liefert die kleine Achse $a'b'$, und der darauf senkrechte Durchmesser die große Achse der Horizontalprojection i'_8 der besagten Isophote.

Die Contourpunkte der Intensitätslinie lassen sich ebenso einfach ermitteln. Man erhält dieselben im Schnitte der entsprechenden Intensitätsebene mit dem den horizontalen Umriss bestimmenden Kugelkreis. Der letztere erscheint in der transformierten Projection durch die Gerade $\mu_0 \nu_0$ abgebildet. Der Schnitt γ_0 derselben mit dem Intensitätskreise $a_0 b_0$ in die horizontale Projection überführt, gibt die gesuchten Contourpunkte γ', γ'_1 der Horizontalprojection. Der hellste Punkt (Eintrittspunkt des Lichtstrahles) findet sich in H_0, resp. in (H, H').

Für den Selbstschattentheil der Kugel wurden, da der getroffenen Annahme gemäß, hier die Abstufung für dieselben Intervalle nur um einen halben Ton erfolgt, die doppelten Intervalle als Abstände der einzelnen Isophotenebenen von dem Kugelmittelpunkte genommen, so, dass sich hiefür mit Einschluss des hellsten Punktes fünf Isophoten im Selbstschatten ergeben.

Selbstverständlich könnten aus der gefundenen Horizontalprojection sofort die zugehörigen Verticalprojectionen der Intensitätslinien — durch zwei conjugierte Durchmesser bestimmt — abgeleitet werden; es empfiehlt sich jedoch, dieselben unabhängig von der horizontalen Projection durch eine der eben besprochenen Transformation ähnliche zu bestimmen und die Isophoten direct durch ihre Achsen festzustellen.

Um diesbezüglich die nochmalige Zeichnung des Kreises zu umgehen, kann man zunächst die Verticalebene parallel zu sich selbst so weit verschoben denken, bis dieselbe (V_h) durch den Kugelmittelpunkt geht. Die transformierte Projection der Kugel fällt sodann mit dem Verticalumriss zusammen, während sich der transformierte Lichtstrahl in l_0, ($PP_0 = P'\alpha$) ergibt.

Der weitere Vorgang ist ein dem bereits besprochenen analoger und erhält man sonach mn und py als Achsen und $\varepsilon, \varepsilon_1$ als Contourpunkte der Isophote i_8 in der Verticalprojection.

§. 423.

Die Verwendung der Kugel als Hilfsfläche bei der Construction der Isophoten aller Flächen, welche als Umhüllungsflächen von Kugeln betrachtet werden können, reduciert sich einfach darauf, den Schnitt der Intensitätskreise, resp. deren Ebenen mit der jeweiligen Berührungscurve (Charakteristik) aufzufinden.

Da die gegebene Fläche und die umhüllte Kugel für alle Punkte der Berührungscurve gemeinsame Tangentialebenen, also gleiche Intensitäten besitzen, so bestimmen die letztgenannten Punkte die Grenzen für die Beleuchtungsstufen längs der Berührungscurve, sind demnach Punkte der nach Maßgabe der zugrundegelegten Scala zu zeichnenden Isophoten der Fläche.

Bei abwickelbaren Flächen sind die Isophoten stets Erzeugende derselben; es wird sonach zu deren Bestimmung die eines Punktes genügen. Bei Developpablen, deren eine Leitfläche eine Kugel ist, wird man mit Benützung der letzteren, als „Hilfsfläche“, die Grenzpunkte für die Beleuchtungsstufen der Berührungscurve suchen, um in den durch diese Punkte bestimmten Erzeugenden sogleich das vollständige System der Intensitätslinien zu erhalten.

§. 424.

114. Aufgabe. **Ein auf der Horizontalebene senkrecht stehender Cylinder, sowie die Lichtstrahlenrichtung sind gegeben; es sind die Intensitätslinien zu construieren.**

Die zunächst liegende Verwendung der Kugel als Hilfsfläche, zeigt die Construction der Isophoten für einen Rotationscylinder, daher wir diese Fläche als Eingang zu weiteren diesbezüglichen Beispielen wählen wollen. Die Lichtstrahlenrichtung sei durch (l, l') bestimmt.

Der Berührungskreis und zugleich Horizontalumriss der dem Cylinder eingeschriebenen Kugel von dem Mittelpunkte (O, O') (Fig. 189, Taf. XXVII) fällt in der horizontalen Projection mit der Leitlinie des Cylinders zusammen.

Von den Isophotenebenen der Kugel kann im vorliegenden Falle eine unmittelbare angegeben werden; es ist dies die der Schattenstufe 10 (Selbstschattengrenze), welche bekanntlich durch den Kugelmittelpunkt geht und auf der Lichtstrahlenrichtung senkrecht steht, in der horizontalen Projection somit durch $e^h{}_{10}$ dargestellt erscheint.

Nachdem die übrigen Isophotenebenen in gleichen Abständen $(\delta = \frac{1}{10} . r)$ zu einander parallel sind, so werden auch deren Horizontaltracen in constanten Intervallen zu einander und folglich auch zu $e^h{}_{10}$ parallel laufen. Hiernach wird zum Behufe ihrer Bestimmung die Auffindung einer einzigen Trace, resp. Ebene, vollkommen genügen.

Vortheilhafterweise wollen wir zu besagtem Zwecke die Intensitätsebene von der Schattenstufe Null, d. i. die Tangentialebene der Kugel im hellsten Punkte derselben wählen.

Führen wir zu diesem Behufe eine Transformation der Projectionen durch Einschaltung der den Lichtstrahl horizontalprojicierenden Ebene, als neue Verticalebene, durch. Hierbei gelangt die neue Projection des Lichtstrahles nach l_0, während der Kugelumriss mit dem ursprünglichen, also, so wie vorher, mit dem Horizontalumriss des Cylinders zusammenfällt.

In der neuen Projection ist A_0 der hellste Punkt der Kugel und $A_0 A$ die Trace der zugehörigen Tangentialebene e_0. Die Horizontaltrace $e^h{}_0$ der letzteren geht somit durch A und steht senkrecht zu l'.

Theilt man die Distanz $e^h{}_0 e^h{}_{10} = A O$ in zehn gleiche Theile, so führen durch die so erhaltenen Theilpunkte die Horizontaltracen aller übrigen Intensitätsebenen, welche in ihrem Schnitte mit der Cylinderleitlinie bereits die Punkte der entsprechenden Intensitäten liefern.

Für den Selbstschattentheil des Cylinders werden auf Grundlage früher erörterter Gründe die doppelten Intervalle genommen.

Die Verticalprojectionen ergeben sich in den durch die (in horizontaler Projection) bezeichneten Punkte bestimmten Erzeugenden.

Die hellste Stelle (Glanzerzeugende) des Cylinders ist durch die Erzeugende (M, M') fixiert. Die Helligkeit derselben wird direct durch die Scala $A\,O'$ gemessen.

Wie aus den angestellten Betrachtungen hervorgeht, besteht das Wesentliche bei der Bestimmung der Isophoten am senkrechten Kreiscylinder, eigentlich nur in der Ausmittelung der Scalenlänge $A\,O'$, d. i. in der Feststellung des Abstandes (Distanz) der Horizontaltracen der beiden Grenzisophotenebenen.

Aus Fig. 189, Taf. XXVII, geht aber hervor, dass $O'A = O'M_0$, d. i. der wahren Länge des durch die Punkte O' und M' begrenzten Lichtstrahles gleich ist, woraus folgt:

„Die Scalenlänge oder die Distanz der Tracen der beiden Grenzebenen e_0 und e_{10} für eine Hilfskugel ist der wahren Länge jenes Lichtstrahles gleich, welcher in der betreffenden Projection einerseits durch den Mittelpunkt und andererseits durch den Umriss der Kugel begrenzt wird."

Mit Rücksicht auf dieses Resultat, kann somit die Scalenlänge rascher und bequemer durch die bloße Bestimmung der wahren Länge von ($O\,M$, $O'\,M'$) des Lichtstrahles, als auf dem oben eingeschlagenen Wege gefunden werden.

Hat die Achse des Rotationscylinders in Bezug auf die Projectionsebenen irgend eine allgemeine Lage, so kann dieser Fall durch eine einfache oder höchstens doppelte Transformation jederzeit auf das eben angeführte Beispiel eines zur Grundebene senkrechten Rotationscylinders reduciert werden.

§. 425.

Der Rotationscylinder seinerseits kann wieder als Hilfsfläche für die Bestimmung der Isophoten für zur Grundebene senkrechte Cylinderflächen von beliebiger Leitlinie dienen.

Zur Erreichung vorstehenden Zweckes wird man an die betreffende Leitlinie die Tangenten führen, welche zu den Tangenten in den Isophotenpunkten des Kreises, der als Leitlinie des Hilfscylinders gewählt wurde, parallel sind, und hiedurch in deren Berührungspunkten sofort Punkte der Isophotenerzeugenden von entsprechender Intensität erhalten.

Auch für zur Grundebene senkrechte Prismen ergeben sich auf dem nämlichen Wege die Intensitäten der einzelnen Seitenflächen, indem man an die Basis des Hilfscylinders die zu den Seiten des Leitpolygons parallelen Tangenten führt und die jeweiligen Berührungspunkte auf die Scala projiciert.

So wurden beispielsweise die Intensitäten des Prisma (Taf. XXVII, Fig. 190) in der eben angedeuteten Weise mit Zuhilfenahme des Cylinders (Fig. 189) bestimmt und in die zugehörigen Seitenflächen eingetragen. Hierbei sei noch bemerkt, dass die vom Schlagschatten getroffenen Flächentheile statt mit der sich so ergebenden Zahl des Isophotenwertes, nach der für die „Tonstufen" des Schlagschattens geltenden Formel $S=2n-x$ bewertet wurden.

Der Rotationscylinder mit den für denselben bestimmten Isophoten kann ferner auch dazu dienen, eine einfache Methode für die Bestimmung jener Ebenen eines Ebenenbüschels festzustellen, welche für eine bestimmte Lichtstrahlenrichtung die einzelnen Intensitätsstufen zeigen.

Setzen wir zu diesem Behufe voraus, es stelle die Cylinderachse in Fig. 189, Taf. XXVII, gleichzeitig die Achse eines Ebenenbüschels vor, so werden wir die einzelnen Ebenen von den besagten Beleuchtungsstufen durch ihre Horizontaltrace repräsentiert erhalten indem wir durch O' die Parallelen zu den Tangenten an die Leitlinie in den Punkten 2, 3, 4...10 ziehen.

Die Tracen dieser Ebenen theilen den Grundkreis in solcher Art, dass die Theilung derselben jener durch die Punkte 2, 3, 4...10 congruent ist, die entsprechenden Theilpunkte aber auf der Kreisperipherie um je 90° verschoben erscheinen.

Die Schnitte der Horizontaltracen mit dem Grundkreise würde man demnach auch direct erhalten, wenn man die Scala von O' aus auf der zu l' normalen Geraden e^h_{10} auftragen, und die Scalentheile ähnlich so wie früher auf den Kreis projicieren würde.

Diese Art der Construction wurde in Fig. 191, Taf. XXVII, zum Ausdrucke gebracht. Der Schnitt der als vertical angenommenen Achse des Ebenenbüschels mit der horizontalen Projectionsebene ist daselbst durch O, und der durch O gelegte Lichtstrahl durch (l, l') dargestellt,

Denken wir uns das Ebenenbüschel durch einen concentrischen Kreiscylinder geschnitten, bestimmen wir ferner hiefür die Scalenlänge, welche der wahren Länge des durch O und M' begrenzten Lichtstrahles gleich ist, und tragen wir endlich diese in zehn gleiche Theile getheilte Strecke auf der zu l' geführten Normalen n auf, so erhalten wir in den Schnittpunkten der zu n in den Theilpunkten errichteten Senkrechten mit dem angenommenen Grundkreise Punkte für die Tracen der Ebenen des Büschels, denen die einzelnen Beleuchtungsstufen zukommen.

Eine andere Constructionsart der fraglichen Ebenen eines projicierenden Büschels wurde bereits in §. 417 (Taf. XXVI, Fig. 177) näher besprochen.

In der Regel erscheint es, behufs Construction der Isophoten beliebiger, zur Grundebene senkrechter Cylinderflächen oder Prismen, zweckmäßig, statt des Rotationscylinders das Ebenenbüschel zu verwenden, dessen Stufenebenen nach der eben erörterten Art gefunden wurden, indem man hierbei die Richtung der Tangenten an die Leitlinie, durch deren Berührungspunkte die Isophoten gehen, direct in den Tracen der obbezeichneten Ebenen angegeben erhält.

Für einen geraden Cylinder mit der beliebigen Leitlinie $(AB, A'B')$ ist die Verwendung des oben erwähnten Ebenenbüschels, welches auf Grund der in §. 417, Fig. 177, gepflogenen Entwickelung construiert wurde, in Fig. 192, Taf. XXVII, gezeigt. Nachdem diesbezüglich nichts Neues anzureihen kömmt, wurden unmittelbar die festgestellten Isophotenwerte den betreffenden Intensitätserzeugenden beigesetzt, wobei gleichzeitig die in den Schlagschatten eintretenden Erzeugenden die zu $2n = 20$ ergänzten Werte erhielten.

Häufig tritt übrigens auch der Fall ein, in welchem es sich darum handelt, die Stufenebene eines Büschels zu bestimmen, dessen Achse eine allgemeine Lage hat. Durch Transformation lässt sich der eben angedeutete Fall auf den eben besprochenen zurückführen.

§. 426.

115. Aufgabe. **Die Achse (g, g') eines Büschels, welche durch den Punkt O der Projectionsachse XX geht, sowie die Lichtstrahlenrichtung (l, l') sind gegeben; es sind die Tracen der Ebenen des Büschels, welche den einzelnen Beleuchtungsintervallen entsprechen, zu bestimmen.**

Behufs Lösung des gestellten Problems schneiden wir die Achse (g, g') (Taf. XXVII, Fig. 193) durch eine zu derselben senkrechte Ebene $S_v S_h$ und denken uns durch den Schnittpunkt (Δ, Δ') den Lichtstrahl (l, l') geführt.

In Bezug auf die letztgenannte Ebene als Projectionsebene stellt sich das Büschel projicierend dar; es können folglich, nachdem diese durch eine doppelte Transformation oder durch Umlegung des ganzen Systems in eine der Projectionsebenen überführt wurde, die Tracen der Ebenen des Büschels auf der Ebene S leicht gefunden werden.

In vorstehender Darstellung wurde das ganze System um die Horizontaltrace S_h bis zur Umlegung der Ebene S in die horizontale Projectionsebene gedreht. Der Punkt $\varDelta$ gelangt hierbei nach $\varDelta_0$; irgend ein beliebiger Punkt (P, P') des Lichtstrahles (l, l') beschreibt den nämlichen Drehungswinkel α und erscheint nach der Drehung durch seine Projection π und durch seinen Abstand h von derselben, bestimmt.

Hierdurch ist offenbar auch der Lichtstrahl, dessen nunmehrige Projection durch λ dargestellt erscheint, fixiert.

Beschreiben wir aus $\varDelta_0$ mit dem Radius $\varDelta_0 \pi$ einen Kreis k, so erhalten wir (mit Zugrundelegung des §. 425, Fig. 191) die den Ebenen des Büschels entsprechende Kreistheilung, indem wir in $\varDelta_0$ auf λ die Normale n führen, auf der letzteren sodann die zugehörige Scalenlänge $\varDelta_0 A$, in zehn gleiche Theile getheilt, auftragen und den besagten Kreis k durch die in diesen Theilpunkten auf n errichteten Senkrechten durchschneiden.

Die Scalenlänge ist bekanntlich der wahren Länge des durch π und $\varDelta_0$ begrenzten Lichtstrahles (als der Hypothenuse eines rechtwinkeligen Dreickes, dessen Katheten $\varDelta_0 \pi$ und h sind) gleich.

Die aus $\varDelta_0$ nach den Kreistheilpunkten geführten Strahlen treffen die Drehungsachse in den Punkten $I, II, III \ldots X$, welche, da sie bei Zurückführung des Systems in die ursprüngliche Lage unverändert bleiben, bereits Punkte der Horizontaltracen der gesuchten Ebenen des Büschels sind. Dieselben werden somit erhalten, wenn man die letztbezeichneten Punkte $I, II, III \ldots X$ mit dem Schnitte O der Büschelachse geradlinig verbindet.

Für die Anwendung genügt in der Regel die Kenntnis des Systems der Tracen auf einer der Projectionsebenen, da die Tracen auf der zweiten Projectionsebene schon an und für sich hiedurch und durch die Achse des Büschels vollkommen bestimmt sind.

§. 427.

116. Aufgabe. **Ein schiefer, auf der horizontalen Projectionsebene aufruhender Cylinder, dessen Achse eine bestimmte Neigung gegen die Projectionsebenen besitze, sowie die Lichtstrahlenrichtung sind gegeben; es sind die Beleuchtungsintensitäten zu bestimmen.**

Schiefe Cylinderflächen können durch Construction ihres Normalschnittes und die Annahme des letzteren als Leitlinie, jederzeit in gerade Cylinder verwandelt und sodann betreffs der Isophotenbestimmung auf die vorher besprochene Weise behandelt werden.

Dieses Verfahren wird sich jedoch im allgemeinen nicht als empfehlenswert erweisen, da es einerseits nicht das einfachste ist, andererseits aber auch durch Construction und Einführung einer neuen Curve als Leitlinie leicht Ungenauigkeiten im Gefolge haben kann, die der darstellende Geometer stets vermeiden muss.

Praktischer und zweckmäßiger erscheint es daher, ein Ebenenbüschel in Verwendung zu bringen, dessen Achse mit der Erzeugendenrichtung übereinstimmt, und dessen Stufenebenen constructiv festgestellt werden.

Zur Erreichung des besagten Zweckes schneidet man das Ebenenbüschel durch eine zur Leitlinienebene des Cylinders parallele Ebene, wodurch man in die Lage gesetzt wird, direct an die Leitlinie des Cylinders die zu den sich ergebenden Schnittlinien parallelen Tangenten zu führen. Letztere bestimmen durch ihre Berührungspunkte sofort die verlangten Intensitätserzeugenden.

Das Gesagte auf das gestellte Problem angewendet, wollen wir, um allfällige Wiederholungen zu vermeiden, voraussetzen, dass sich die Cylinderachse zu der Achse des in Fig. 193 construierten Ebenenbüschels parallel ergeben hätte, und dass die Lichtstrahlenrichtung mit der dort angenommenen übereinstimme.

Hiernach gehen die Isophotenerzeugenden unmittelbar durch die Berührungspunkte 1, 2, 3... (Taf. XXVII, Fig. 194) jener Tangenten an die Leitlinie, welche zu den Horizontaltracen OI, OII, $OIII$... (Fig. 193) des Büschels parallel sind.

Die Begrenzung des Cylinderschlagschattens auf die horizontale Projectionsebene, insoweit derselbe nicht durch den Schlagschatten der oberen Leitcurve abgeschlossen ist, wird durch die zu OX parallelen Tangenten an die Leitlinie gebildet. Die Berührungspunkte der letztgenannten Tangenten sind Punkte der Selbstschattengrenze.

Der Schlagschatten ins Innere der Fläche, falls sie als hohl vorausgesetzt wird, ergibt sich auf bekannte Weise.

§. 428.

117. Aufgabe. **Die Durchdringung der Hälften zweier Cylinderflächen, deren Achsen sich unter rechtem Winkel schneiden, ist in schiefer Projection gegeben und die Lichtstrahlenrichtung liege als bekannt vor; es sind die Beleuchtungsintensitäten festzustellen.**

Inwieweit die Zurückführung der klinographischen Darstellungsweise von Cylinderflächen für die Zwecke der Isophotenbestimmung auf die orthogonale Projectionsmethode mitunter nothwendig werden kann, sei durch das vorstehend gewählte Beispiel angedeutet.

Die Beleuchtungsstufen wollen wir hier unter der Annahme ermitteln, dass die Lichtstrahlenrichtung mit den beiden Hauptebenen den Winkel von 45° einschließe. Das gegebene Projectionsdreieck sei $OR_1 R_s$ (Taf. XXVIII, Fig. 195). Es ist demnach die schiefe Projection der Lichtstrahlenrichtung durch $(P_s O, P'_s O)$ fixiert.

Wie unserer Darstellung zu entnehmen, wurden die beiden Cylinder einerseits als Rotationscylinder und andererseits als von gleichem Durchmesser vorausgesetzt. Ferner wurde die Leitlinie des einen Cylinders parallel, die des anderen aber senkrecht zur Bildebene angenommen.

Es können hiernach die beiden Cylinder einer gemeinsamen Hilfskugel umschrieben gedacht werden, deren Berührungskreise zu den Cylinderleitlinien parallel sind.

In der seitwärts (Taf. XXVIII, Fig. 195) angeordneten Figur wurde O als Mittelpunkt der oberwähnten, in orthogonaler Projection dargestellten Hilfskugel gewählt. Der Umriss K derselben erscheint sonach als Kreis vom Radius des Leitkreises der Cylinderflächen. Letzterer kann daher gleichzeitig auch als der in der verticalen Projectionsebene liegende, seitlich verschobene Berührungskreis der Kugel mit dem zur Bildebene senkrechten Cylinder aufgefasst werden, während der Berührungskreis des zweiten Cylinders in die durch O gelegte Profil- oder Kreuzrissebene fällt.

In den beiden Berührungskreisen werden nun, wie bereits bekannt, die Isophotenpunkte bestimmt und geben, entsprechend in die Leitlinien der Cylinderflächen überführt, die verlangten Punkte für die zu construierenden Intensitätserzeugenden.

Speciell für den in der verticalen Projectionsebene liegenden Berührungskreis ergeben sich (mit Rücksicht auf Fig. 189, Taf. XXVII) die Isophotenpunkte, indem wir auf (l, l') die wahre Länge OP^0 (Fig. 195) des durch (O, O') und (P, P') begrenzten Lichtstrahles, als Scaleneinheit (OA), auftragen, diese Strecke in zehn gleiche Theile theilen und den Kreis mit den Normalen aus den besagten Theilpunkten durchschneiden.

Die letztangedeutete Construction wurde direct an der Leitlinie L des betreffenden Cylinders nach Übertragung der Scala vollzogen.

In ähnlicher Weise ergeben sich die Intervalle für den in der Kreuzrissebene liegenden Berührungskreis. Die Scalenlänge ist wieder die wahre Länge des durch den Mittelpunkt und den

Kreuzrissumriss der Kugel begrenzten Lichtstrahls OP''; für den vorliegenden Fall somit der vorhergehenden Scalenlänge gleich.

Die Übertragung der gefundenen Kreistheilpunkte in die schiefe Projection geschieht durch Vermittlung des Ähnlichkeitsdreieckes $O R_s R_0$.

So liegt beispielsweise der Punkt 9·0 in einer zur Kreuzrissachse senkrechten Geraden, welche diese im Punkte ω_9 schneidet; es wird sich sonach im Schnitte der (aus ω_9) zur $O R_s$ parallelen schiefen Projection der besagten Senkrechten mit dem zugehörigen Theilstrahle, (aus 9·0), welcher selbstverständlich zu $R_\sigma R_0$ parallel ist, die schiefe Projection $9{\cdot}0_\sigma$ des Isophotenpunktes 9·0 ergeben. Dieser Punkt, sowie die übrigen, auf analoge Weise gefundenen Punkte, entsprechend in die Leitlinie L_1 übertragen, liefern daselbst die Endpunkte der Intensitätserzeugenden.

Nachdem beide Cylinderflächen in Bezug auf die Lichtstrahlenrichtung symmetrisch liegen, werden sich die gleichnamigen Isophoten in Punkten der Durchdringungscurve treffen.

Die den beiden Cylindern entsprechenden Schlagschatten können nach den uns bekannten Verfahrungsarten direct in schiefer Projection construiert werden.

§. 429.

118. Aufgabe. **Ein auf einer Projectionsebene aufruhender Rotationskegel, sowie die Lichtstrahlenrichtung** (l, l') **sind gegeben; die Beleuchtungsintensitäten sind zu ermitteln.**

Die Construction der Isophoten für Rotationskegel soll gleichfalls als ein Beispiel dienen, welches die Verwendung der Kugel als Hilfsfläche zu erläutern hat.

Behufs Bestimmung der Beleuchtungsstufen denken wir uns dem Kegel eine Kugel eingeschrieben, als deren Berührungskreis unmittelbar die in der horizontalen Projectionsebene liegende Leitlinie des Kegels dienen möge. Der Mittelpunkt der Kugel projiciert sich demnach in (O, O') (Taf. XXVIII, Fig. 196).

Die Isophotenebenen der Kugel schneiden die Leitlinie des Kegels in Punkten, welche den Intensitätslinien des Kegels angehören.

Zu den Tracen der besagten Ebenen auf der Ebene des Berührungskreises gelangen wir in ähnlicher Weise wie in früheren Fällen durch Transformation der Projectionen, vermittelst Einführung einer neuen Verticalebene, deren Achse X_v mit der horizontalen Projection l' des Lichtstrahles (l, l') zusammenfällt.

In dieser neuen Projection, für welche K_0 den Kugelumriss und l_0 den durch den Kugelmittelpunkt gelegten Lichtstrahl darstellt, verwandeln sich die Isophotenebenen in projicierende Ebenen und sind speciell die Tracen der beiden Grenzebenen e_{10} und e_0 (beide senkrecht zu l_0) durch $O_0 M'$ und $H_0 A$ dargestellt.

Die Horizontaltracen ergeben sich sonach in den Senkrechten e^h_{10} und e^h_0 zu l' in den bezüglichen Punkten M' und A.

Die Horizontaltracen der zwischenliegenden Isophotenebenen laufen in gleichen Abständen zu den gefundenen parallel, erscheinen durch die in den Theilpunkten der Strecke AM' errichteten Normalen dargestellt und schneiden die Leitlinie des Kegels in den mit 1, 2, 3....10 bezeichneten Punkten der Intensitätserzeugenden.

Für den Selbstschattentheil des Kegels sind, sowie in den früheren Fällen und auf gleichen Ursachen beruhend, auch hier die Scalenintervalle doppelt so groß zu nehmen.

Die Tracen der Grenzisophotenebenen e_0 und e_{10} der Hilfskugel auf der Ebene des Berührungskreises können übrigens auch ohne Transformation gefunden werden, wie es durch Fig. 197, Taf. XXVIII, veranschaulicht wird.

Die dem daselbst dargestellten, oben offenen, hohlen Kegel entsprechende Hilfskugel hat ihren Mittelpunkt in (O, O'); der durch den letztbesagten Punkt gelegte Lichtstrahl projiciert sich in (l, l').

Die Isophotenebene e_{10} geht durch den Kugelmittelpunkt und steht auf dem Lichtstrahle senkrecht. Eine in dieser Ebene liegende Gerade (parallel zur Verticaltrace) ist daher durch $(O\Delta, O'\Delta')$ bestimmt. Durch den Schnittpunkt (Δ, Δ') der besagten Geraden mit der Ebene des Berührungskreises ist die eine der gesuchten Tracen e_{10} senkrecht zu l' zu führen.

Um weiters noch die Trace e_0 zu erhalten, hätte man bloß von M' aus auf l' die der horizontalen Projection entsprechende Scalenlänge für die angenommene Hilfskugel aufzutragen und in dem so erhaltenen Punkte A die Parallele e_0 zu e_{10} zu führen. Bezeichnete Scalenlänge ist der wahren Länge des durch den Kugelmittelpunkt und den Kugelumriss begrenzten Lichtstrahles gleich.

Im vorliegenden Falle wurde jedoch ein anderer Weg eingeschlagen. Es wurde nämlich die Kugel und der Lichtstrahl um die Verticalachse (O, O') soweit gedreht gedacht, bis (l, l') in eine zur verticalen Projectionsebene parallele Lage, d. i. nach (l_0, l'_0) gelangte.

Hiernach ist H der Durchschnittspunkt des durch den Mittelpunkt gehenden Lichtstrahles mit der Hilfskugel und die Tangente t in H eine der Ebene e_0 angehörende Gerade. Der Schnitt (A_0, A'_0) der letzteren mit der Ebene des Berührungskreises gibt, nach A zurückgeführt, bereits einen Punkt der gesuchten Trace der Ebene e_0, und gleichzeitig auch den Anfangspunkt der verlangten Scala.

Nachdem, wie vorher bemerkt, der Kegel oben offen gedacht wurde, ist in der horizontalen Projection das Innere desselben sichtbar. Es zeigen somit die verticale und horizontale Projection, beziehungsweise die äußere und innere Seite des Kegelmantels.

Jene Theile der Kegelfläche, welche für die horizontale Projection direct beleuchtet erscheinen, werden sich demnach in der verticalen Projection als im Selbstschatten liegend darstellen, und umgekehrt. Diesem Umstande ist die Verschiedenheit der Bezeichnung resp. die Unterscheidung der den einzelnen Isophoten beigefügten Zahlen zuzuschreiben.

Die in den (in der horizontalen Projection sichtbaren) Schlagschatten eintretenden Isophoten nehmen Werte an, welche durch Zahlen, die die Ergänzungen zu $2.n = 20$ bilden, ausgedrückt werden. Die letzteren, ebenso wie auch die Selbstschatten-Isophoten, wurden in der beigegebenen Darstellung durch kräftigeres Ausziehen hervorgehoben.

Sobald die Achse des Rotationskegels eine allgemeine Lage gegen die Projectionsebenen annimmt, kann mittelst einer oder doch höchstens durch eine zweifache Transformation die Überführung in den eben besprochenen Fall ermöglicht werden.

Selbstverständlich müssen sich aber auch die Isophoten mit Umgehung dieser Transformation finden lassen, wie durch nachstehendes Beispiel gezeigt werden soll.

§. 430.

119. Aufgabe. **Ein Rotationskegel, dessen Achse** $(So, S'o')$ **gegen alle drei Projectionsebenen geneigt ist und dessen Leitlinie in der Ebene** $L_v L_h$ **liegt, ist gegeben; es sind für eine bestimmte Lichtstrahlenrichtung** (l, l') **dessen Isophoten zu bestimmen.**

Die der Kegelfläche längs der Leitlinie eingeschriebene Kugel sei durch (K, K') (Taf. XXVIII, Fig. 198), der Mittelpunkt derselben durch (O, O') dargestellt.

Zunächst suchen wir wieder die Grenzisophotenebenen der Kugel und deren Tracen auf der Ebene des Berührungskreises.

Ersteres wurde durch Transformation vermittelst Einführung einer durch den Kugelmittelpunkt gehenden lichtstrahl-projicierenden Ebene, als neuer Projectionsebene, bewirkt, für welche Ebene sich die Kugel in K_0 und der Lichtstrahl (l, l') in l_0 projiciert.

Die Tracen der nach erfolgter Transformation sich ergebenden projicierenden Grenzebenen sind H_0M und O_0N. Hieraus ergeben sich sofort die Verticaltracen e^v_0 und e^v_{10} in den durch M und N zu l' senkrecht geführten Geraden.

Die Richtung der Schnittlinien dieser beiden Ebenen [hierbei ist $\varepsilon_v \varepsilon_h$ senkrecht zu (l, l')] mit der Ebene der Leitlinie $L_v L_h$, resp. $\lambda_v \lambda_h$, wurde seitwärts in der Geraden (σ, σ') gefunden.

Die Schnittlinien selbst, welche beziehungsweise durch m und n gehen, sind durch (σ_0, σ'_0) und $(\sigma_{10}, \sigma'_{10})$ dargestellt.

Die zwischenliegenden Isophotenebenen haben ihre Tracen in gleichen Abständen von einander und ergeben sich daher die ihnen entsprechenden Schnittlinien mit $L_v L_h$ in den aus den Theilpunkten der in zehn gleiche Theile getheilten Strecken mn und $m'n'$ zu (σ, σ') geführten Parallelen. Diese letzteren schneiden bekanntlich die Leitlinie des Kegels bereits in jenen Punkten, welche den Isophotenerzeugenden angehören.

In vorstehender Zeichnung wurde die Theilung über den Punkt n hinaus fortgesetzt, um auch die dem übrigen Theile der Kegelmantelfläche entsprechenden Isophoten zu erhalten. Bezüglich der Bezifferung, resp. der Cotierung derselben, sei bemerkt, dass soweit sie dem Selbst- und Schlagschatten zukommen, selbstverständlich die üblichen Rectificationen resp. Umrechnungen vorzunehmen sind.

Behufs Erläuterung des beobachteten Vorganges sei noch erwähnt, dass die Kegelschnittslinie, resp. die Leitlinie des Kegels (um deren Schnittpunkte mit der Geraden σ möglichst genau zu erhalten), um die Verticalspur L_v in die Verticalebene nach L_0 umgelegt wurde. Die umgelegten Schnittlinien σ_0 schneiden den Kreis L_0 in den Punkten $3_0, 4_0, 5_0 \ldots$, welche, entsprechend zurückgeführt, nicht nur die Isophotenpunkte liefern, sondern auch als Controle für die Richtigkeit der durchgeführten Constructionen dienen können. Die Art des Zurückführens wurde durch die des Isophotenpunktes 10_0 (Selbstschattengrenze) in der Zeichnung vergegenwärtigt.

§. 431.

120. Aufgabe. Für einen elliptischen oder beziehungsweise für einen schiefen Kreiskegel sind die Intensitätslinien zu construieren.

Bei Durchführung des vorstehenden Problems kann die Kugel nicht mehr direct als „Hilfsfläche“ ihre Verwendung finden.

Man wird in diesem Falle auf die ursprüngliche Fassung, resp. Lösung der Aufgabe, zurückgreifend, die Berührungserzeugenden jener Tangentialebenen des Kegels aufsuchen, welche mit der Lichtstrahlenrichtung gewisse Winkel einschließen, die durch den ihnen zukommenden Sinus die Intensitätsstufen bestimmen.

Zur Erreichung dieses Zweckes wird man die Kegelspitze gleichzeitig als den Scheitel eines Systems von Rotationskegeln betrachten, deren gemeinsame Achse die Lichtstrahlenrichtung ist und deren Oberflächen somit constante, nach der angenommenen Scala sich abstufende Beleuchtungstärken besitzen.

Die dem gegebenen Kegel entsprechenden Berührungserzeugenden jener Tangentialebenen, welche an diesen und die einzelnen Kegel des Hilfssystems gelegt werden können, sind bereits die verlangten Isophoten.

Behufs directer Bestimmung der besagten Berührungserzeugenden schneidet man zweckmäßig die zu betrachtenden Kegel durch eine Ebene $E_v E_h$, welche zur Lichtstrahlenrichtung (l, l') (Taf. XXVIII, Fig. 199) senkrecht steht.

Die letztbezeichnete Ebene schneidet den gegebenen Kegel in einer gewissen Curve Σ, den Hilfskegel aber in concentrischen Kreisen, deren Mittelpunkt der Schnitt des durch den Scheitel S gelegten Lichtstrahles (l, l') ist und deren Radien, auf Grund der bezüglich der Hilfskegel gemachten Voraussetzungen, leicht gefunden werden können.

Die diesen Kreisen und dem Kegelschnitte Σ gemeinsamen Tangenten bestimmen durch die Berührungspunkte mit der letzteren Curve die gesuchten Berührungserzeugenden von dem entsprechenden Isophotenwerte, resp. deren Cote.

Wir wollen die Durchführung der somit angedeuteten Construction an einem schiefen Kreiskegel zeigen.

Der durch den Kegelscheitel (S, S') (Taf. XXVIII, Fig. 199) gehende Lichtstrahl (l, l') schneidet die zu (l, l') senkrechte Hilfsebene $E_v E_h$ in (Δ, Δ').

Beziehen wir nun das ganze System auf die Ebene $E_v E_h$, als neu eingeführte Projectionsebene, und legen wir diese um E_h in die horizontale Projectionsebene um, so wird der Punkt Δ nach Δ^0 gelangen und gleichzeitig die neue Horizontalprojection des Kegelscheitels darstellen. Besagter Kegelscheitel wird sich in einer der wahren Länge des Lichtstrahles $S\Delta$ gleichen Höhe über der genannten Horizontalprojection Δ^0 vorfinden und um die neue Achse $\Delta^0\Delta'$ umgelegt, nach S_0 zu liegen kommen.

Die gleichfalls um E_h umgelegte Spur Σ_0 des auf der Ebene E angenommenen Kegels kann direct construiert werden, indem man berücksichtigt, dass die Curve Σ bei ihrer Drehung um E_h mit der horizontalen Leitlinie des Kegels stets in centrischer Collineation verbleibt.

Das Collineationscentrum S bewegt sich hiebei bekanntlich in einem Kreise, dessen Ebene zur Collineationsachse senkrecht steht. Der Mittelpunkt des besagten Kreises befindet sich in der Gegenachse des ruhenden Systems.

Das den Curven L und Σ_0 zugehörige Collineationscentrum ergibt sich daher in der Umlegung des Punktes S um die Horizontaltrace der durch S parallel zu E gelegten Ebene.

Mit Hilfe des nunmehr bekannten Collineationscentrums, sowie der Collineations- und Gegenachse, kann Σ_0 leicht und genau aus der Leitlinie L des gegebenen Kegels entwickelt werden.

Die Leitlinien des Systems der Hilfskegel in Bezug auf die umgelegte Ebene E erhält man, indem man durch S_0 eine Parallele zu $\Delta^0\Delta'$ führt, über S_0 als Mittelpunkt einen beliebigen Kreis K beschreibt, den Radius O_0m desselben in zehn gleiche Theile theilt und diese Theile in die Kreisperipherie projiciert.

Die aus O_0 nach den Kreispunkten 1, 2, 3... geführten Strahlen geben in ihren Schnitten mit $\Delta^0\Delta'$ Punkte für die kreisförmigen Leitlinien k_1, k_2, k_3..., welche nunmehr aus ihrem gemeinschaftlichen Mittelpunkte Δ^0 unmittelbar beschrieben werden können.

Die an die letztgenannten Kreise und Σ_0 geführten gemeinsamen Tangenten schneiden die Drehachse E_h in den Punkten 1_1, 2_1, 3_1...10_1 und bestimmen hiermit Punkte der Horizontaltracen der gemeinsamen Tangentialebenen. Die Berührungspunkte der von den letzteren an die Horizontalbasis L des gegebenen Kegels gelegten Tangenten liefern in 1, 2, 3, 4...10 die Horizontalspuren der Kegelisophoten.

Jene Stellen des Kegels, in welchen die Beleuchtungsstärke ein Maximum, resp. ein Minimum wird, entsprechen den Berührungspunkten H_0 und h_0 derjenigen Kreise, welche aus dem Mittelpunkte Δ^0 tangierend an die Curve Σ_0 beschrieben werden können;

die Selbstschattengrenze dagegen den aus Δ^0 an Σ_0 geführten Tangenten, deren Horizontalspuren die Punkte 10_1 und 10_1 sind.

Der hiermit erläuterte Vorgang bleibt ungeändert, welche Gestalt auch immer die horizontale Leitlinie L des Kegels besitzen mag.

§. 432.

121. Aufgabe. **Eine abwickelbare Schraubenfläche und die Lichtstrahlenrichtung sind gegeben; die Intensitätslinien der Fläche sind zu bestimmen.**

Nachdem die Construction der Isophoten für beliebige Kegel erörtert ist, kann auch die Art und Weise der Bestimmung der Isophoten für beliebige abwickelbare Flächen als erledigt angesehen werden.

Man hat nämlich bloß die Intensitätslinien des jeweiligen Richtungskegels der Fläche auszumitteln, um sofort auch in den hiezu parallelen Erzeugenden der Fläche die Isophoten der letzteren zu erhalten.

Auf das vorstehende Problem übergehend, ist der Richtungskegel der gegebenen Schraubenfläche ein Rotationskegel; die Rückkehrcurve der Fläche ist die auf dem Grundcylinder verzeichnete Schraubenlinie. Die Lichtstrahlenrichtung sei durch (l, l') festgestellt.

Nachdem wir zunächst die vorkommenden Schlagschatten auf die übliche Weise bestimmten, zeichnen wir seitwärts eine Hilfskugel, deren Mittelpunkt O in der Projectionsachse liegt und deren Radius der Einfachheit halber mit jenem des Grundcylinders übereinstimme.

Der durch den Mittelpunkt (O, O') (Taf. XXVIII, Fig. 200) geführte Lichtstrahl $(P\,O, P'\,O')$, welcher in der horizontalen Projection durch den Kugelumriss begrenzt ist, liefert in seiner wahren Länge OP_0 die Scalenlänge für die Isophoten des Grundcylinders, welche, unmittelbar nach OA übertragen, in bekannter Weise zu benützen ist.

Der der angenommenen Hilfskugel umschriebene Rotationskegel, welcher gleichzeitig Richtungskegel für die Schraubenfläche ist, hat seinen Scheitel in S und berührt die Kugel in einem horizontalen Kreise, dessen Ebene ε ist. Die letztere wird von den Grenzisophotenebenen e_0 und e_{10} der Kugel in den Geraden σ_0 und σ_{10} geschnitten, zu welchen, wie bekannt, die Schnittlinien der übrigen Isophotenebenen äquidistant liegen und deren gemeinsame Punkte mit dem Berührungskreise die Kegelerzeugenden entsprechender Intensität bestimmen.

Wie der Fig. 200, Taf. XXVIII), leicht zu entnehmen, wird der gesammte Kegelmantel direct beleuchtet.

Die Intensitätslinien der Fläche erhält man in der horizontalen Projection sofort in den Tangenten an die Leitlinie des Grundcylinders, indem man dieselben zu den gefundenen Isophoten des Richtungskegels parallel zieht; in der verticalen Projection wurden diese einfach durch entsprechende Übertragung der Projection festgestellt.

§. 433.

Isophotenbestimmung für Rotationsflächen.

Die bisher gewonnenen Resultate reichen auch für die Isophotenbestimmung von Rotationsflächen aus, zumal diese als Umhüllungsflächen von Kugeln, von Rotationskegeln und Cylinderflächen betrachtet werden können. Namentlich sind es die beiden erstgenannten Flächengattungen, durch deren Vermittelung es ermöglicht wird, ebenso einfache als übersichtliche Lösungsarten zu erzielen.

Was die Darstellungsart betrifft, sei erwähnt, dass gemäß der Natur dieser Flächengattung sich hiefür die Monge'sche Orthogonalprojection besonders dann am besten eigne, wenn die eine Projectionsebene senkrecht zur Rotationsachse, die zweite somit parallel zu dieser angenommen wird.

Sind die besagten Flächen in anderer Weise gegeben, so wird es sich jederzeit empfehlen, durch entsprechende Transformation die erwähnte Form der Darstellung zu erreichen.

Ist demnach irgend eine beliebige Rotationsfläche (Taf. XXIX, Fig. 201) gegeben und diese auf die vorerwähnte Weise dargestellt, liegt ferner die Lichtstrahlenrichtung (l, l') als gegeben vor und ist die Forderung gestellt, irgend eine Isophote i zu bestimmen, so kann der nachstehende Weg eingeschlagen werden.

Die punktweise Bestimmung der Isophoten wird im allgemeinen am einfachsten erreicht, wenn auf der Fläche eine genügende Anzahl von Parallelkreisen angenommen wird und man sich in diesen der Fläche Rotationskegel umschrieben denkt, sodann die Erzeugenden des Kegels von der verlangten Intensität aufsucht und schließlich die gemeinsamen Punkte derselben mit den Berührungsparallelkreisen ermittelt. Besagte Punkte gehören der entsprechenden Intensitätslinie i der Fläche an.

Nachdem wir aber die Intensitäten von Rotationskegeln wieder mit Zuhilfenahme von Kugeln zu bestimmen pflegen, so denken wir uns seitwärts, an irgend einer Stelle der Zeichnungsfläche, eine Hilfskugel K (Taf. XXIX, Fig. 202) mit dem Mittelpunkte O in der Projectionsachse angenommen, und die Isophoten derselben, resp. deren Ebenen in der früher besprochenen Weise construiert.

Die Scalenlänge, d. i. der Abstand der Horizontaltracen der Grenzisophotenebenen ist, wie aus dem Vorausgeschickten bekannt, der wahren Länge $OP'_0 = OL'$ des durch O und P begrenzten Lichtstrahles gleich.

Ist demnach $J_v J_h$ die Ebene der gewissen Isophote i, welche für die Rotationsfläche im vorstehenden Falle bestimmt werden soll, so wird deren Wert, wie bekannt, nach Maßgabe der Scala $L'O$ mit dem Nullpunkte in L' durch jene Zahl ausgedrückt, die jenem Punkte entspricht, in welchem diese von der Horizontaltrace J_h geschnitten wird.

Die Verticaltrace J_v der besagten Ebene schneidet den verticalen Kugelumriss in den Punkten W und V, welche die verticalen Contourpunkte der entsprechenden Intensitätslinie der Kugel bestimmen.

Führen wir in den letztbezeichneten Punkten die Tangenten an den Kugelumriss, so geben diese die Richtungen der Verticaltracen jener vertical-projicierenden Ebenen an, welche die verlangte Intensität besitzen. Die an den Verticalumriss der Rotationsfläche hiezu parallel geführten Tangenten liefern sodann in ihren Berührungspunkten die Contourpunkte U und W (Fig. 201) der Intensitätslinie i der gegebenen Rotationsfläche.

Die Horizontaltrace J_h der Isophotenebene schneidet den Horizontalumriss der Hilfskugel (Taf. XXIX, Fig. 202) in den Punkten γ und γ_1, deren Tangenten die Tracenrichtungen horizontal-projicierender Ebenen von der Intensität i bezeichnen, welche wieder in entsprechender Weise auf die Horizontalcontour der Rotationsfläche übertragen, die Contourpunkte γ', γ'_1, c' und c'_1 der letzteren liefern. Die Verticalprojectionen dieser Punkte liegen bekanntlich in den zur Projectionsachse XX parallelen Geraden, welche beziehungsweise den größten und kleinsten Parallelkreis der vorgegebenen Fläche repräsentieren.

Um die Intensitätspunkte zu erhalten, welche in irgend einem beliebigen Parallelkreise, beispielsweise in AB (Taf. XXIX, Fig. 201) liegen, denkt man sich der Fläche längs dieses Parallelkreises einen Kegel umschrieben.

Die Contouren des letztbezeichneten Kegels ergeben sich in den Meridiantangenten As und Bs.

Denkt man sich weiters der Hilfskugel (Fig. 202) parallel zu dem besagten Kegel einen congruenten Kegel umschrieben, welcher einfach dadurch erhalten wird, dass man an den verticalen Kugelumriss die zu As und Bs parallelen Tangenten führt, so wird der Berührungskreis (k, k') von der Isophotenebene in den Punkten $(1, 1')$ und $(2, 2')$ geschnitten, welche bereits Punkte der Intensitätsstufe i in dem obbezeichneten Parallelkreise darstellen.

Die entsprechenden Punkte im Parallelkreise AB (Fig. 201) können in der Weise ermittelt werden, dass man entweder zu $S1$ und $S2$ die parallelen Kegelerzeugenden sI und sII zieht, oder aber dadurch, dass man die Strecke AB in dem nämlichen Verhältnisse theilt, in welchem die Strecke ab durch die Punkte 1 und 2 getheilt wurde.

Das erstere Verfahren, für die Horizontalprojection angewendet, liefert am einfachsten die verlangten Punkte. Man hat nämlich bloß die Strahlen $O'I'$ und $O'II'$ zu führen, welche zu $O1'$ und $O2'$ (Fig. 202) parallel sind, um sogleich im Schnitte derselben mit der Horizontalprojection des Parallelkreises die Punkte I' und II' der verlangten Intensität zu erhalten, welche, in die verticale Projection übertragen, durch I und II dargestellt erscheinen.

Durch analogen Vorgang können nunmehr weitere Punkte für beliebig viele Parallelkreise bestimmt werden. Wie ersichtlich, ergeben sich besagte Punkte immer paarweise und, der Construction zufolge, in der horizontalen Projection in Bezug auf l' symmetrisch liegend.

Hieraus folgt, dass für die Intensitätslinien auf Rotationsflächen die zur Lichtstrahlenrichtung parallele Meridianebene gleichzeitig eine Symmetrieebene sei.

Als weitere Folgerung ergibt sich, dass Punkten der Isophoten, welche in der vorgenannten Meridianebene liegen, horizontale Tangenten entsprechen, demgemäß also Grenzpunkte (höchste und tiefste Punkte) sind. Die directe Bestimmung dieser charakteristischen Punkte ist somit für die richtige Verzeichnung der Isophoten empfehlenswert.

Zu diesem Zwecke denkt man sich der Fläche längs des in der Symmetrieebene liegenden Meridians einen Cylinder umschrieben und dessen Isophotenerzeugenden ermittelt. Es werden sodann den Schnitten derselben mit der Berührungscurve (Meridian) Punkte der Flächenisophoten entsprechen, welche, indem sie in der Symmetrieebene liegen, bereits die verlangten Grenzpunkte darstellen.

Betreffs Bestimmung der Intensitätsstufen des vorgenannten Cylinders kann sofort wieder die Kugel (Taf. XXIX, Fig. 202) als Hilfsfläche benützt werden.

Man umschreibt diesfalls der besagten Kugel einen Cylinder, dessen Erzeugenden mit den Erzeugenden des ersteren parallel sind. Die Ebene des Berührungskreises desselben ist mit der Symmetriemeridianebene parallel und fällt die Horizontalprojection des besagten Kreises mit l' zusammen.

Sucht man weiters die Schnitte der Isophotenebenen der Kugel mit diesem Berührungskreise auf und legt man in den so erhaltenen Schnittpunkten die Tangenten an letzteren, so bestimmen diese durch ihre Richtungen diejenigen Tangenten des Symmetriemeridians, deren Berührungspunkte bereits die oberwähnten Grenzpunkte sind.

Behufs zweckmäßigerer Durchführung denkt man sich den Symmetriemeridian sowohl, als auch den zu ihm parallelen Berührungskreis der Kugel um die bezüglichen Verticalachsen so lange gedreht, bis der erstere mit dem Hauptmeridiane, der letztere aber mit dem Verticalumriss der Kugel zusammenfällt. Sucht man hierauf die Berührpunkte der entsprechenden Tangenten und führt diese wieder mittelst Drehung in die ursprüngliche Lage zurück, so geben die besagten Berührpunkte die gesuchten Grenzpunkte der Isophotencurve.

Für den vorliegenden Fall, wo die Grenzpunkte von bloß einer Isophote zu bestimmen sind, ist $m_0 \omega$ die gedrehte Schnittlinie der Isophotenebene mit dem Berührungskreise l' der Kugel. Besagte Schnittgerade $m_0 \omega$ trifft den Kugelumriss in x_0 und y_0. Die zu den Tangenten in x_0 und y_0 an den Hauptmeridian parallel geführten Tangenten geben in $M_0 M'_0$ und $N_0 N'_0$ (Taf. XXIX, Fig. 201) die gedrehten Grenzpunkte, welche, in den Symmetriemeridian zurückgeführt, nach (M, M') und (N, N') gelangen.

In dem vorstehenden Beispiele wurde auch, mit Zugrundelegung der in §. 421 entwickelten Principien, die Bestimmung der Tangente für einen Punkt der Isophote und zwar diesfalls für den Punkt II vollzogen.

Es handelt sich hierbei bloß um die Fixierung jener Tangente, welche zur entsprechenden Erzeugenden, der längs der Isophote i der Fläche umschriebenen Developpablen, conjugiert ist.

Die Erzeugende selbst ergibt sich aus dem Richtungskegel, als welchen wir den der Hilfskugel längs der Isophote J umschriebenen

Kegel betrachten können. Der Scheitel Σ desselben findet sich im Schnitte der in den Punkten V und W geführten Tangenten mit dem Lichtstrahle. Die Richtung der betreffenden Erzeugenden ergibt sich sonach in der Verbindungslinie von Σ mit dem Punkte 2 (Fig. 202). Wird diese nach II (Fig. 201) übertragen, so erhält man daselbst die Erzeugende der Developpablen durch t_1 dargestellt.

Um die zu dieser Tangente conjugierte Tangente zu ermitteln, denken wir uns der Rotationsfläche im Punkte II eine osculierende Fläche zweiter Ordnung eingeschrieben, deren Scheitel mit dem Punkt II zusammenfallen möge. Die Hauptschnitte der Fläche osculieren sodann die Krümmungslinien der Rotationsfläche, d. i. den Meridian und den Parallelkreis im Punkte II.

Bezeichnen wir die dem Scheitel II gegenüberliegenden Halbachsen der osculierenden Fläche mit a und b, und die durch denselben gehende Halbachse mit c, so bestehen bekanntlich zwischen diesen und den Krümmungsradien ϱ_1 und ϱ_2 der Hauptschnitte im Scheitel II folgende Relationen:

$$\varrho_1 = \frac{a^2}{c} \quad \text{und} \quad \varrho_2 = \frac{b^2}{c}\,.$$

Nachdem aber ϱ_1 und ϱ_2 mit den bezüglichen Krümmungsradien des Meridians und Parallelkreises der Rotationsfläche identisch sind, so lassen sich aus diesen Relationen, wenn ϱ_1 und ϱ_2 bekannt sind, die Achsenverhältnisse des dem Punkte II gegenüberliegenden Hauptschnittes der osculierenden Fläche finden, indem

$$a = \sqrt{\varrho_1 . c} \quad \text{und} \quad b = \sqrt{\varrho_2 . c}$$

ist.

Trägt man demnach auf einer Geraden vom Punkte o (Taf. XXIX, Fig. 203) aus die Krümmungsradien des Parallelkreises und des Meridians für den Osculationspunkt nach $o\varrho_1$ und $o\varrho_2$ auf, beschreibt man ferner über diesen Strecken Halbkreise und durchschneidet dieselben durch eine in einem beliebigen Punkte n geführte Senkrechte, so geben die Strecken $o\alpha$ und $o\beta$ das Verhältnis der Achsen des genannten Hauptschnittes oder sind, sofern man die Strecke on als dritte Achse c (deren Wahl beliebig ist) ansieht, diesen Achsen geradezu gleich.

Hiermit ist die osculierende Fläche zweiter Ordnung vollständig bestimmt und hätte man nunmehr zur Tangente t_1 in deren Scheitel die conjugierte Tangente zu finden. Letztere wird offenbar mit der zu suchenden Isophotentangente identisch sein.

Zu diesem Behufe tragen wir die Halbachsen $a = o\alpha$ und $b = o\beta$ (Fig. 203) von II (Fig. 201) aus, zu beiden Seiten der Parallelkreis- und Meridiantangente nach $II\alpha$, $II\alpha_1$ und $II\beta$, $II\beta_1$ auf und erhalten hiedurch die Achsen (in der Projection conjugierte Durchmesser) eines Kegelschnittes, welcher den längs der Achse c bis in den Scheitel II verschobenen Hauptschnitt darstellen mag.

Der zum Durchmesser t_1 conjugierte Durchmesser dieses Kegelschnittes ist die gesuchte Tangente.

Letztere kann somit, nachdem der Kegelschnitt in der Projection durch die conjugierten Durchmesser $\alpha\alpha_1$ und $\beta\beta_1$ bestimmt ist, auf bekannte Weise, etwa mit Hilfe affiner Kreisverwandtschaften anstandslos gefunden werden.

Die Verticalprojection der besagten Tangente ergibt sich in t_2, während deren Horizontalprojection t'_2, unter Anwendung des horizontalen Durchstoßpunktes d', welcher in der Horizontalspur der Tangentialebene des Punktes II liegt, ermittelt wurde.

Wie unschwer zu erkennen, kann der in dem Punkte II als Mittelpunkt durch seine Achsen bestimmte Kegelschnitt als entsprechend vergrößerte Indicatrix des genannten Punktes aufgefasst werden.

Auf höchste und tiefste Punkte angewandt, wird dieses Verfahren durch die bereits früher durchgeführte Construction verificiert. Die betrachteten conjugierten Tangenten werden in diesem Falle mit der Meridian- und Parallelkreistangente zusammenfallen.

Aus diesen Erörterungen geht hervor, dass die Isophotentangenten in den Punkten eines Inflexions-Parallelkreises sämmtlich durch einen und denselben Punkt der Rotationsachse, d. i. den Scheitel des der Fläche in dem bezeichneten Kreise umschriebenen Kegels, gehen; dass ferner einer Discontinuität der Krümmung des Meridians in dem zugehörigen Parallelkreise auch Discontinuitäten der Isophotentangenten entsprechen.

Einfacher als auf die eben besprochene Weise gestaltet sich die Bestimmung der Tangente einer Intensitätscurve dann, wenn die Inflexionstangenten für den entsprechenden Flächenpunkt bekannt sind, nachdem diese, wie wir wissen, als Doppelstrahlen des Involutions-Tangentenbüschels, irgend ein Paar conjugierter Tangenten harmonisch trennen. Auf Grund dieser Strahlenharmonie ergibt sich die gesuchte Tangente als vierter harmonischer Strahl zu den Inflexionstangenten und der Developpablen-Erzeugenden. (Wie einleuchtend, werden sich die diesbezüglichen Constructionen für windschiefe Flächen zweiten Grades höchst einfach gestalten.)

In dem Systeme der Isophoten der Fläche sind bekanntlich die Grenzisophoten charakteristisch.

Die eine derselben ist, wie wir wissen, die Selbstschattengrenze, die andere, welche in der Regel auf vereinzelte Punkte zusammenschrumpft, bezeichnet die hellsten Stellen der Fläche und zwar im allgemeinen solche, in welchen der einfallende Lichtstrahl gegen die Fläche normal gerichtet ist. Es erscheint somit die Bezeichnung dieser Isophoten als „hellste Punkte" gerechtfertigt.

Um im vorliegenden Beispiele die hellsten Punkte zu ermitteln, wird man die Berührungspunkte derjenigen Tangentialebenen aufzusuchen haben, welche zur Lichtstrahlenrichtung normal stehen.

Die Bestimmung besagter Berührebenen geschieht in der üblichen Weise. Die Berührungspunkte derselben müssen sich in dem Symmetriemeridiane befinden. Im vorstehenden Falle wurde in Fig. 202, Taf. XXIX der Schnitt der zur Lichtstrahlenrichtung senkrechten Ebene $E^0_v E^0_h$ mit der zum Symmetriemeridiane parallelen Ebene l' aufgesucht und um die Verticalachse nach $L_0 R$ in die Bildebene hineingedreht. Die zu dieser Geraden an den Hauptmeridian der vorgegebenen Fläche (Taf. XXIX, Fig. 201) parallel geführten Tangenten liefern in ihren Berührpunkten h_0 und H_0 Punkte, welche in den Symmetriemeridian zurückgedreht, in (h, h') und (H, H') dargestellt erscheinen und die hellsten Stellen der Fläche bezeichnen.

Sollen nach Maßgabe einer n-stufigen Scala alle Isophoten einer Rotationsfläche construiert und eingezeichnet werden, so ist — wenn nicht eine gesetzförmig geformte Fläche vorliegt, welche auf Grund ihrer Eigenschaften Vereinfachungen in der Bestimmung derselben gestattet — der erörterte Vorgang für jede der zu construierenden Isophoten zu befolgen, welcher hier für eine dieser Isophoten beobachtet wurde.

§. 434.

122. Aufgabe. **Ein Rotationsparaboloid ist durch seine Projectionen in orthogonaler Darstellung, sowie auch die Lichtstrahlenrichtung gegeben; es sind für eine zehnstufige Scala die Isophoten zu construieren.**

Im allgemeinen kann hier, sowie bei allen Rotationsflächen, die Bestimmung der Intensitätscurven nach Parallelkreisen mit Hilfe der der Fläche längs diesen Kreisen eingeschriebenen Kugeln erfolgen.

Zunächst zeichnen wir auch diesfalls seitwärts eine Hilfskugel (Taf. XXIX, Fig. 204) von beliebigem Radius, deren Mittelpunkt, der Einfachheit wegen, in der Projectionsachse XX liege und construieren unter Voraussetzung der Lichtstrahlenrichtung (l, l') deren Stufenebenen $e^0_h e^0_v$ bis $e_h^{10} e_v^{10}$.

Denkt man sich hierauf der Fläche längs irgend eines Parallelkreises $(AB, A'B')$ (Taf. XXIX, Fig. 205) eine Kugel eingeschrieben, so wird es sich darum handeln, die Schnitte der derselben zukommenden Isophotenebenen mit dem Berührungs-Parallelkreise zu finden.

Der Schnitt der Isophotenebene e_{10} mit dem letztgenannten Kreise kann leicht gefunden werden, indem man durch den Kugelmittelpunkt eine zur Verticaltrace der genannten Ebene parallele Gerade führt und deren Durchstoßpunkt (δ, δ') mit der Parallelkreisebene aufsucht. Durch den besagten Punkt geht in horizontaler Projection senkrecht zu l' die obbezeichnete Schnittlinie, welche den genannten Parallelkreis $(AB, A'B')$ in den Punkten $(10, 10')$ schneidet.

Wie leicht ersichtlich, ist die Bestimmungsart der Punkte 10 mit der früher entwickelten Construction der Selbstschattengrenze von Rotationsflächen durch Zuhilfenahme eingeschriebener oder umhüllter Kugeln identisch.

Die Schnittlinien der übrigen Isophotenebenen sind mit der gefundenen (zu beiden Seiten derselben in constanten Intervallen) parallel. Diese Intervalle bilden nichts anderes, als die der Parallelkreisebene entsprechende, in zehn gleiche Theile getheilte Scalenlänge der eingeschriebenen Kugel.

Die Scalenlänge der besagten Kugel kann aus der Scalenlänge MO (Taf. XXIX, Fig. 204) der angenommenen Hilfskugel K durch Zuhilfenahme eines Proportionswinkels (Taf. XXIX, Fig. 206) leicht abgeleitet werden, indem sich die entsprechenden Scalenlängen der Kugeln, sowie ihre Radien verhalten.

Behufs Construction des Proportionalwinkels beschreiben wir mit dem Radius der Hilfskugel K (Taf. XXIX, Fig. 204) über einer beliebig gewählten Geraden einen Kreis K (Fig. 206) und durchschneiden diesen von k aus mit der Scalenlänge $MO = km$. Der Mittelpunkt o von K mit m verbunden, liefert sofort den zweiten Schenkel om des Proportionalwinkels mok. In analoger Form können Proportionalwinkel für die einzelnen Scalentheile 1 bis 10 gefunden werden.

Auf dem so gezeichneten Proportionalwinkel (Fig. 206) wird nun von o aus mit dem Radius $o\alpha = A\omega$ der eingeschriebenen Kugel ein Kreis beschrieben und die zwischen den Winkelschenkeln erhaltene Sehnenlänge $\alpha\mu$ desselben in zehn gleiche Theile getheilt, unmittelbar als Intervall für die Schnittlinien verwendet.

In Fig. 205, Taf. XXIX wurde die entsprechende Scalenlänge von μ aus zu beiden Seiten auf einer zu l' parallelen Geraden g aufgetragen und die Theilpunkte in den betreffenden Parallelkreis nach den Punkten 1', 2', 3'... projiciert.

Die letztbezeichneten Punkte stellen selbstverständlich die Schnitte des Isophotensystems der Fläche mit dem angenommenen Parallelkreise dar. In analoger Weise wurde der Parallelkreis CD u. s. w. für die Bestimmung von Punkten des Isophotensystemes benützt.

Die Contourpunkte der Intensitätscurven ergeben sich genau so wie im vorhergehenden Beispiele. Ein Gleiches gilt bezüglich der Grenzpunkte der Isophoten, indem wir auch hier den Symmetriekreis der Hilfskugel um die Verticalachse in die Verticalebene drehen und sodann an die verticale Contour der Rotationsfläche Tangenten ziehen, welche zu jenen in den gedrehten Grenzpunkten der Kugel parallel sind.

Die Berührungspunkte der besagten Tangenten geben, in den Symmetriemeridian entsprechend zurückgeführt, die höchsten, resp. tiefsten Punkte der Isophoten.

Auch die Bestimmung des hellsten Punktes (H, H') wurde in einer mit dem vorher besprochenen Probleme übereinstimmenden Weise durch Zuhilfenahme der Kugel K (Fig. 204, Taf. XXIX) durchgeführt.

In Anbetracht dessen, dass in dem gewählten Beispiele die Fläche als Rotationsparaboloid vorausgesetzt wurde, ergeben sich jedoch betreffs der Construction und Discussion der Isophoten Vereinfachungen und Eigenthümlichkeiten, welche mit der Natur der Fläche, resp. des Meridians derselben im engsten Zusammenhange stehen und auch nur darin ihre Begründung finden.

Zunächst können, was die Construction anbelangt, zweckmäßig die bekannten Sätze der Parabel über die Beziehungen zwischen Tangenten, Brennpunkt und Scheiteltangente, über Subtangente und Subnormale benützt werden. Insbesondere wird, da die Subnormale constant und gleich $\frac{p}{2}$ ist, die Horizontalprojection für alle Schnittpunkte δ dieselbe sein, woraus folgt, dass sich die Horizontalprojection der Isophote 10 (Selbstschattengrenze) als eine zu l' senkrechte Gerade darstellt.

Die übrigen Isophoten sind hier, wie überhaupt bei allen Flächen zweiten Grades, Curven vierter Ordnung, welche centrisch-symmetrisch in Bezug auf den Flächenmittelpunkt sind.

Es erhellt dies sofort, wenn man berücksichtigt, dass die Intensitätslinien die Berührungscurven von Developpablen sind, welche der Fläche und einem unendlich fernen Kreise, der durch einen mit der Fläche concentrischen Rotationskegel, als Richtungskegel, repräsentiert wird, umschrieben sind.

Eine Folge dieser Symmetrie ist, dass die Isophoten auf Cylinderflächen zweiter Ordnung liegen, deren Scheitel mit dem unendlich fernen Mittelpunkte der Fläche zusammenfallen.

Hieraus ergibt sich weiter, dass die horizontalen Projectionen der Intensitätslinien für den vorliegenden Fall Curven zweiter Ordnung sein müssen. Auch auf dem Symmetriemeridian projicieren sich die Isophoten bei Rotationsflächen zweiter Ordnung als Kegelschnittslinien.

Bemerkung. Nur nebenbei sei erwähnt, dass man zu diesen Ergebnissen, resp. Resultanten ebenso leicht auch auf analytischem Wege gelangen könne.

Ist also beispielsweise die Gleichung einer Fläche durch

$$F(x, y, z) = 0$$

für Parallelcoordination ausgedrückt, so ist bekanntlich die Gleichung der Tangentialebene in irgend einem Punkte (x, y, z) der Fläche:

$$(\xi - x)\frac{dF}{dx} + (\eta - y)\frac{dF}{dy} + (\zeta - z)\frac{dF}{dz} = 0.$$

Bezeichnet man ferner mit α, β, γ die Richtungscosinuse einer bestimmten Geraden (Lichtstrahl), so ist der Winkel ω, welchen die Gerade mit der Tangentialebene der Fläche bildet, ausgesprochen durch:

$$\sin\omega = \frac{\alpha\frac{dF}{dx} + \beta\frac{dF}{dy} + \gamma\frac{dF}{dz}}{\sqrt{\left(\frac{dF}{dx}\right)^2 + \left(\frac{dF}{dy}\right)^2 + \left(\frac{dF}{dz}\right)^2}}.$$

Setzen wir hierin den Sinus einer bestimmten Constanten k gleich, so wird diese Relation durch alle Punkte der Fläche erfüllt, deren Tangentialebenen mit der angenommenen Richtung einen constanten Winkel (der Sinus desselben gleich k) einschließt. Es ist hiernach analytisch durch die Gleichung

$$\frac{\alpha\frac{dF}{dx} + \beta\frac{dF}{dy} + \gamma\frac{dF}{dz}}{\sqrt{\left(\frac{dF}{dx}\right)^2 + \left(\frac{dF}{dy}\right)^2 + \left(\frac{dF}{dz}\right)^2}} = k = 0,\ 0\cdot1,\ 0\cdot2 \ldots\ldots 1\cdot0$$

im Vereine mit der Flächengleichung $F(x, y, z) = 0$ das Isophotensystem charakterisiert.

Die Gleichung des Rotationsparaboloides, um ein bestimmtes Beispiel vorzuführen, ist:

$$a^2 (x^2 + y^2) + 2cz = d;$$

es ist sonach:

$$\frac{dF}{dx} = 2a^2x; \quad \frac{dF}{dy} = 2a^2y \quad \text{und} \quad \frac{dF}{dz} = 2c$$

und folglich besteht für das diesbezügliche Isophotensystem die Gleichung:

$$\frac{a^2(\alpha x + \beta y) + c\gamma}{\sqrt{a^4(x^2 + y^2) + e^2}} = k$$

oder:

$$[a^2(\alpha x + \beta y) + c\gamma]^5 = k^2 [a^4 (x^2 + y^2) + c^2].$$

Diese Relation zwischen x und y, welcher die Isophoten genügen müssen, bestimmt bereits deren Horizontalprojectionen, die, wie leicht zu erkennen, Curven zweiter Ordnung sind.

Speciell für $k = 0$ (Selbstschattengrenze) erhält man:

$$a^2(\alpha x + \beta y) + c\gamma = 0,$$

d. i. die Gleichung einer Geraden, ein Resultat, welches gleichfalls mit dem der Construction im Einklange steht. Aus der Richtungsconstanten derselben entnehmen wir, dass sie senkrecht zur horizontalen Projection des Lichtstrahles stehe.

Die weitere analytische Discussion der vorstehenden Gleichungen führt zu den übrigen, synthetisch bereits sichergestellten Sätzen und durchgeführten Problemen.

§. 435.

Isophotenbestimmung allgemeiner (dreiachsiger) Flächen zweiten Grades.

Das angeführte Problem der Isophotenbestimmung kann einfach und übersichtlich durch Zuhilfenahme des Isophotensystems der Rotationsflächen zweiten Grades gelöst werden.

123. Aufgabe. **Ein dreiachsiges Ellipsoid, dessen Hauptachsen AB, CD und FG beziehungsweise parallel und senkrecht zu den Projectionsebenen sind, sowie die Lichtstrahlenrichtung (l, l') sind gegeben; es ist die Isophote 8·0 für eine zehnstufige Beleuchtungsscala zu bestimmen.**

Wir construieren zu diesem Behufe die Rotationsfläche zweiter Ordnung, deren Meridian mit einem der Hauptschnitte, beispielsweise mit dem zu beiden Projectionsebenen senkrechten Hauptschnitte AB, CD (Taf. XXIX, Fig. 207) des dreiachsigen Ellipsoides congruent und parallel ist. Für diese Fläche bestimmen wir, selbstverständlich unter Beibehaltung der nämlichen Lichtstrahlenrichtung, auf Grund des Vorausgeschickten, das System der Isophoten oder speciell für den vorstehenden Fall die verlangte Isophote 8·0.

Wird die Rotationsfläche durch eine Ebene parallel zu $ABCD$ geschnitten, so resultiert als Schnitt ein zu $ABCD$ ähnlicher Kegelschnitt. Der Scheitel des der Fläche längs dieses Kegelschnittes umschriebenen Kegels liegt in der Achse FG.

Analoges lässt sich in Bezug auf das dreiachsige Ellipsoid behaupten.

Denkt man sich das Rotationsellipsoid durch eine Ebene $\alpha\beta\gamma\delta$ parallel zu $ABCD$ geschnitten und der Fläche längs der so erhaltenen Schnittcurve einen Kegel umschrieben, dessen Scheitel in σ liegt, so erhält man die Intensitätserzeugenden dieses Kegels, indem man die Schnitte der Isophoten mit dem Berührungskegelschnitte $\alpha\beta$ mit dem Scheitel σ verbindet.

Führen wir nun an den Verticalumriss des dreiachsigen Ellipsoides die zu $\sigma\alpha$ und $\sigma\beta$ parallelen Tangenten σa und σb, so können diese gleichfalls als Verticalumriss eines dieser Fläche umschriebenen Kegels betrachtet werden, dessen Berührungscurve durch $abcd$ dargestellt erscheint.

Nachdem die besagte Berührungscurve, sowie jene $\alpha\beta\gamma\delta$ des erstbetrachteten Kegels nach früheren Auseinandersetzungen ähnlich und parallel sind, nachdem weiters die Contouren der beiden Kegel der Lage und Richtung nach miteinander übereinstimmen, so gelangen wir zu dem Schlusse, dass die beiden Kegelflächen selbst parallel und congruent seien, dass also die Isophotenerzeugenden der letzteren zu jenen der erstgenannten Fläche parallel sein müssen.

Im Schnitte der besagten Isophoten des der dreiachsigen Fläche entsprechend umschriebenen Kegels mit dem Berührungskegelschnitte $abcd$ erhält man sodann die gleichwertigen, resp. gleichnamigen Punkte des Isophotensystems der dreiachsigen Fläche.

Wie unschwer einzusehen, erhält man diese Isophotenpunkte der Berührungscurve direct in verticaler Projection, wenn man die Strecke ab in dem nämlichen Verhältnisse theilt, in welchem $\alpha\beta$ durch das Isophotensystem der Rotationsfläche getheilt wird.

Ein Gleiches gilt auch für die Horizontalprojection. Führt man daselbst die Construction in analoger Weise wie in der verticalen Projectionsebene durch, so gelangt man auch hier zu denselben Resultaten und können diese somit gleichzeitig als Controle für die Richtigkeit der Lösung und Durchführung dienen.

Die construierte Isophote 8·0 liefert in $\alpha\beta$ zwei Schnittpunkte 1 und 2, welchen auf der dreiachsigen Fläche in *ab* die Punkte *I* und *II* entsprechen.

Umgekehrt kann man auch statt vorerst jenen Berührungskegelschnitt, in welchem die Isophotenpunkte der Rotationsfläche liegen, zu suchen, zunächst die letzteren annehmen, durch diese den Berührungskegelschnitt bestimmen und dann erst die entsprechenden Punkte für die dreiachsige Fläche ermitteln.

Auf diese Art ergeben sich auch die Grenzpunkte 7 und 8, welchen in der allgemeinen Fläche die Punkte *VII* und *VIII* entsprechen. So wie die genannten Punkte werden auch die übrigen Grenzpunkte, deren Tangenten zu den Hauptebenen der Fläche parallel sind, erhalten, wenn die Hilfsfläche über einem der anderen Hauptschnitte als Meridian construiert würde.

Es ist an und für sich klar, dass, wenn einmal das vollständige System der Isophoten auf der Hilfsfläche verzeichnet ist, die Bestimmung aller Isophoten auf der dreiachsigen Fläche nicht viel mehr Mühe als die Construction einer einzigen derselben verursacht.

Mit Zugrundelegung derselben Principien wurde auch derjenige hellste Punkt (*H, H'*) des dreiachsigen Ellipsoides ausgemittelt, welcher für die Hilfsfläche in dem Schnitte $\alpha\beta\gamma\delta$, für die dreiachsige Fläche demnach in *abcd* liegt.

Besagter Punkt (*H, H'*) könnte übrigens auch auf anderem Wege und zwar dadurch festgestellt werden, dass man den Berührungspunkt der zur Lichtstrahlenrichtung senkrechten Tangentialebene mit der Fläche aufsucht.

Zu diesem Zwecke denkt man sich bekanntlich der Fläche einen Cylinder umschrieben, dessen Erzeugenden zur Lichtstrahlenrichtung senkrecht stehen und an diesen die zum Lichtstrahle senkrechten Tangentialebenen gelegt. Die Berührungserzeugenden geben im Schnitte mit der Berührungscurve die verlangten hellsten Punkte der Fläche.

Dieses Verfahren kann einerseits als Controle, andererseits aber auch zur Verificierung des von uns hier befolgten Vorganges benützt werden. Bei richtiger Schlussfolge und ebensolcher Durchführung müssen die Umrisstangenten in den Endpunkten des Durchmessers, welcher durch eine der Projectionen *H, H'* bestimmt ist, senkrecht zur entsprechenden (gleichnamigen) Projection des Lichtstrahles sein. Der Durchmesser stellt die Projection der Berührungscurve und die Tangenten in den Endpunkten desselben die Contourerzeugenden desjenigen Cylinders vor, welcher zur Lichtstrahlenrichtung senkrecht und zur betreffenden Projectionsebene parallel der Fläche umschrieben ist.

Wie aus den gepflogenen Erörterungen zu entnehmen, ist das soeben entwickelte Verfahren zur Bestimmung des Isophotensystemes für allgemeine Flächen zweiten Grades im Grunde genommen eigentlich nur eine zweimalige Anwendung eines und desselben, auch schon für den gleichen Zweck bei Rotationsflächen benützten Principes, welches sich in den Übergängen zunächst von der Kugel auf die Rotationsflächen zweiter Ordnung und von diesen sodann auf die allgemeinen Flächen zweiten Grades documentiert.

Abgesehen von Kegel- und Cylinderflächen ist das vorher besprochene Verfahren auf alle Flächen zweiten Grades mit Ausnahme des hyperbolischen Paraboloides anwendbar.

Für die letztgenannte Fläche, sowie auch für das windschiefe Hyperboloid werden sich indes andere, leicht anwendbare Methoden für die Bestimmung der Intensitätslinien aufstellen lassen, deren Entwickelung in Nachstehendem Platz finden soll.

Zunächst ist das für alle Regelflächen anwendbare Verfahren zu erwähnen, auf Grund dessen die einzelnen geradlinigen Erzeugenden besagter Flächen, als Achsen von Ebenenbüscheln betrachtet werden, deren Stufenebenen (nach §. 426) construiert, in ihren Berührungspunkten mit der Fläche die entsprechenden Isophotenpunkte liefern.

Vereinfachungen, zweckmäßigere und die Construction erleichternde Modificationen ergeben sich je nach der Natur der Fläche, je nach deren Bestimmungsstücken u. s. w. von Fall zu Fall.

§. 436.

124. Aufgabe. **Ein windschiefes Hyperboloid, dessen Hauptebenen in eine zu den Projectionsebenen parallele Lage gebracht wurden, sowie eine bestimmte Lichtstrahlenrichtung (l, l') (Taf. XXIX, Fig. 208) sind gegeben; die Isophote 5·0 ist zu construieren.**

Ist bloß eine Isophote zu ermitteln, so kann zweckmäßig das nachstehend angedeutete Verfahren in Verwendung treten.

Entwerfen wir uns zunächst irgendwo seitwärts den Richtungskegel der Fläche, und betrachten wir den Scheitel S (Fig. 209, Taf. XXIX) desselben als Spitze eines Rotationskegels, dessen Oberfläche in allen Punkten die constante Intensität 5·0 der zehnstufigen Scala besitze.

Irgend eine Berührungsebene an diesen Kegel wird den Richtungskegel nach zwei Erzeugenden schneiden, von welchen jeder derselben in der gegebenen Fläche wieder je zwei, im ganzen also vier Erzeugende entsprechen.

Diese vier Erzeugenden, welche paarweise verschiedenen Systemen angehören, geben, abgesehen von den unendlich fernen Punkten, je zwei Schnittpunkte, welche als Berührungspunkte jener Tangentialebenen betrachtet werden können, die zu der entsprechenden Berührebene an den Hilfskegel parallel sind, welche also unmittelbar zwei Punkte von der verlangten Intensität bestimmen.

Um die Tangentialebene an den Hilfskegel (Fig. 209, Taf. XXIX) möglichst einfach und ohne Curvenzeichnung festzustellen, denke man sich den besagten Kegel durch eine zur Achse (l, l') desselben senkrechte Ebene $S_v S_h$ geschnitten und die Schnittlinie um die Horizontaltrace in die Horizontalebene nach k_0 umgelegt. Die Bestimmungsweise von k_0 stimmt mit jener von $(k_1, k_2, k_3 \ldots)$ in Fig. 199, Taf. XXVIII, überein.

Denkt man sich weiters die Horizontalspur des Hilfskegels verzeichnet, so ist klar, dass sich diese mit der Basis k in $S_v S_h$ in centrischer Collineation befinde. Diese Collineation bleibt bekanntlich auch nach der Umlegung des Kreises k nach k_0 aufrecht erhalten. Hierbei ist S_h die Collineationsachse, g (Horizontalspur der durch S parallel zu $S_v S_h$ gelegten Ebene) die Gegenachse des ruhenden Systems und Σ als Collineationscentrum, d. i. der um die Gegenachse nach Σ umgelegte Punkt S.

In dieser Collineation entspricht irgend einer Tangente an k_0 eine Tangente an die Horizontalspur des Hilfskegels. Die letztere kann bereits als die Horizontaltrace einer den Hilfskegel berührenden Ebene betrachtet werden, welche somit schon die in ihr liegenden Erzeugenden des Richtungskegels bestimmt.

Mit Hilfe der Collineation aus den Tangenten an k_0 können wir also direct die horizontalen Tracen der entsprechenden Berührungsebenen bestimmen. So entspricht beispielsweise der Tangente t_0 an k_0 die Horizontaltrace t, welche die Basis des Richtungskegels in 1 und 2 schneidet und hierdurch diejenigen Richtungen ($1S'$ und $2S'$) der Flächenerzeugenden kennzeichnet, welche eine Berührebene von der verlangten Intensität 5·0 bestimmen.

Die zugehörigen Flächenerzeugenden sind die Paare $(1 1_1, 1' 1'_1)$ und $(2 2_1, 2' 2'_1)$ (Taf. XXIX, Fig. 208), deren gemeinsamen

Punkte (I, I') und (II, II') zwei Punkte der gesuchten Isophoten 5·0 ergeben.

An die Bestimmung der Isophotenpunkte kann weiters auch die Bedingung geknüpft werden, dass diese in einem bestimmten Meridiane zu liegen haben. (Unter „Meridian“ seien hier die durch die imaginäre Achse der Fläche gelegten Schnitte verstanden.)

Wären beispielsweise die Isophotenpunkte des Meridians M_x zu finden, so wird zu berücksichtigen sein, dass die Horizontaltracen aller Tangentialebenen, deren Berührungspunkte sich in diesem Meridiane befinden, dem Durchmesser M_x der Horizontalcontour conjugiert, also untereinander parallel sein müssen.

Hiernach hat man an den Hilfskegel (Taf. XXIX, Fig. 209) eine solche Berührungsebene zu legen, deren Horizontaltrace die Richtung jener Tangenten hat, welche an die Kehlellipse in den Endpunkten des Durchmessers geführt werden können.

Die Tangenten an k_0, welchen Horizontaltracen von der genannten Richtung entsprechen, müssen sich in einem Punkte n der Gegenachse g_0 schneiden, welcher in dem zur verlangten Richtung parallelen Collineationsstrahle liegt. Eine dieser Tangenten ist durch h_0 repräsentiert, welcher die Horizontaltrace $h = 56$ entspricht. Die Richtungen der zugehörigen Erzeugenden $5S'$ und $6S'$, entsprechend in die Fig. 208 übertragen, liefern jene Flächenerzeugenden, deren gemeinsame Punkte die Isophotenpunkte des Meridians M_x bestimmen. Einer dieser Punkte wurde in VII' angedeudet.

Analog wurden auch die Isophotenpunkte $(V, V'$ und $VI, VI')$ (verticale Contourpunkte) für den Meridian $(CD, C'D')$ etc., sowie auch jene (m, m') und (m_1, m'_1) für den Meridian M_h construiert. Der letztgenannte Meridian wurde speciell so gewählt, dass die Horizontaltracen der zugehörigen Berührebenen zur Lichtstrahlenrichtung senkrecht stehen. Besagter Richtung entspricht in der Collineation die Kreistangente ϱ_0 (Taf. XXIX, Fig. 209) und dieser wieder die Spurtangente ϱ mit den Erzeugendenrichtungen $S'3$ und $S'4$, welchen (nach Fig. 208) entsprechend übertragen die vorerwähnten Punkte (m, m') und (m_1, m'_1) zukommen.

Die horizontalen Contourpunkte (III, III') und (IV, IV') der Isophote i_8 wurden durch Zuhilfenahme des horizontalprojicierenden Ebenenbüschels, dessen Stufenebene in P'_v (Taf. XXIX, Fig. 210) gefunden wurde, construiert.

Die Asymptoten des Isophotensystemes ergeben sich in der zu den Isophoten des Richtungskegels parallelen Flächenerzeugenden.

In ganz ähnlicher Weise gestaltet sich die Durchführung des Problems dann, wenn an die Stelle des windschiefen Hyperboloides das hyperbolische Paraboloid tritt. Es treten in dem letzteren Falle an die Stelle des erwähnten Richtungskegels die Richtebenen, in deren Schnittlinie der Scheitel des Hilfskegels anzunehmen sein wird.

§. 437.

Eine andere Methode zur Bestimmung der Intensitätslinien von Flächen zweiten Grades wäre noch die mit Zuhilfenahme umschriebener Rotationskegel, welche wir in aller Kürze andeuten wollen.

Wie aus Früherem bekannt, lassen sich den Flächen zweiter Ordnung im allgemeinen zwei Systeme von Rotationskegeln umschreiben.

Die Scheitel der Kegelflächen liegen auf der Focallinie der Fläche. Diese Focallinien sind, wie wir wissen, Kegelschnitte, welche in den Hauptschnittsebenen liegen. Zu deren vollständigen Bestimmung sind die Eigenschaften, dass sie mit dem Hauptschnitte, in dessen Ebene sie sich vorfinden, confocal seien, und dass deren Scheitel (reell oder imaginär) mit den Brennpunkten (reell oder imaginär) der beiden übrigen Hauptschnitte zusammenfallen, vollkommen ausreichend.

Aus diesen Bedingungen folgt, dass immer bloß zwei derselben reell sind, welche indes auch unter Umständen (bei Rotationsflächen mit Ausnahme des einmanteligen Hyperboloides) in eine Gerade und einen in ihr liegenden Punkt (Rotationsachse und Mittelpunkt) degenerieren können.

Behufs Bestimmung der Intensitätslinien werden diesfalls zunächst die Isophoten einzelner Rotationskegel aufgesucht und deren Schnitte mit den Berührungskegelschnitten festgestellt. Nachdem die Ebenen dieser letzteren immer zu der entsprechenden Focalebene senkrecht stehen, oder, wenn die Hauptebenen der Fläche zu den Projectionsebenen parallel angenommen wurden, projicierende Ebenen sind, so können die Schnitte der Kegelisophoten mit den entsprechenden Berührungscurven jederzeit leicht und genau bestimmt werden. Der weitere Vorgang ist bereits hinreichend bekannt.

Die Bestimmung der Isophoten für Regelflächen gründet sich, wie auch aus den bisherigen Erörterungen hervorgeht, im allgemeinen auf die in den §§. 435 und 436 entwickelten Principien. Man betrachtet nämlich eine hinreichende Anzahl von geradlinigen Erzeugenden derselben als Achsen von Berührungsebenenbüscheln, sucht deren Stufenebenen und bestimmt die Berührungspunkte der letzteren mit Zugrundelegung des Satzes, dass jedes einzelne Büschel mit der Reihe der zugehörigen Berührungspunkte projectivisch verwandt ist.

Diese Constructionsart ist die allgemeinste und für alle Regelflächen anwendbar.

In besonderen Fällen treten selbstverständlich Vereinfachungen in der Durchführung ein, die meist auf die Natur der Fläche, resp. auf die Eigenthümlichkeiten und die Eigenschaften derselben gegründet sind. So wird beispielsweise, wenn bloß eine der Isophoten zu bestimmen ist, das in den Fig. 208 und 209, Taf. XXIX, dargestellte Verfahren als Richtschnur für andere Fälle dienen können.

§. 438.

125. Aufgabe. **Ein Kugelconoid, dessen Richtebene als horizontale Projectionsebene gewählt wurde, sowie die Lichtstrahlenrichtung sind gegeben; es ist die Isophote i_5 zu construieren.**

Wir verzeichnen zunächst auch in diesem Falle an irgend einer passenden Stelle der Zeichnungsfläche einen Rotationskegel dessen Scheitel (s, s') (Taf. XXX, Fig. 212), dessen Achse (l, l') parallel zur Richtung des einfallenden Lichtstrahles ist und dessen Oberfläche die constante Intensität i_5 der zehnstufigen Scala besitzt.

Die Basisebene des besagten Kegels in $E_v E_h$ angenommen, bestimmt man (so wie in Fig. 208, Taf. XXIX) die Basis desselben, deren Umlegung um die Horizontaltrace E_h nach k_0 fällt. Der letztgenannte Kreis k_0 steht wieder mit der Horizontalspur des Hilfskegels, in Bezug auf E_h als Collineationsachse, C als Colineationscentrum und g, g_0 als Gegenachsen, in centrischer Collineation.

Mit Zugrundelegung dieser Hilfsfigur 212) werden wir die Berührungsebenen von der verlangten Intensität 5·0 bestimmen und wählen beispielsweise die durch die Erzeugende $(ab, a'b')$ (Taf. XXX, Fig. 211) des Conoides gehenden Tangentialebenen.

Für alle Ebenen durch $(ab, a'b')$ sind die Horizontaltracen zu $a'b'$ parallel; wir haben demnach (in Fig. 212, Taf. XXX) jene Tangenten an k_0 zu suchen, denen im zweiten Systeme (Horizontalspur) Gerade von der Richtung $a'b'$ entsprechen. Diese Tangenten an k_0 gehen bekanntlich von einem Punkte ξ der Gegenachse g_0 aus, welcher in dem zu $a'b'$ parallelen Collineationsstrahle liegt. Besagte Tangenten selbst sind durch t^0 und t^0_1 dargestellt.

Im zweiten Systeme entspricht der Tangente t^0 die Gerade e_h und der Tangente t^0_1 die Gerade e'_h. Beide der genannten Geraden e_h und e'_h sind zu $a'b'$ parallel und stellen bereits die Horizontaltracen der entsprechenden Berührungsebenen an den Hilfskegel dar. Die Verticaltracen gehen durch S, erscheinen somit durch e_v und e'_v bestimmt.

Denken wir uns nun das Büschel der Berührungsebenen mit der Achse ab (Fig. 211, Taf. XXX) durch eine zur Verticalebene parallele Ebene ε_h geschnitten, so ist der Schnitt ein Strahlenbüschel mit dem Scheitel in (δ, δ'), welches Büschel zur Reihe der Berührungspunkte gleichfalls projectivisch sein muss.

Der Berührungsebene der Fläche im Punkte (a, a') entspricht der Strahl $(\delta\Delta, \delta'\Delta')$; der Berührebene im Punkte (b, b') dagegen der Strahl $(\delta\beta, \delta'\beta')$ [senkrecht zum Kugelradius $(Ob, O'b')$] und dem unendlich fernen Berührungspunkte entspricht der Strahl $(\delta a, \delta' a')$ (parallel zur Richtebene H).

Den Berührungsebenen von der Intensität 5·0 werden Strahlen entsprechen, welche zu den Verticaltracen der vorher gefundenen Ebenen $e_v e_h$ und $e'_v e'_h$ in Fig. 212, Taf. XXX parallel sind. In Fig. 211 ist bloß einer dieser Strahlen $\delta\xi$ (parallel zu e_v) dargestellt, da nur diesem Strahle ein Berührungspunkt entspricht, welcher noch innerhalb des verzeichneten Flächentheiles zu liegen kömmt.

Wird das Strahlenbüschel (δ) durch eine Gerade ϱ parallel zu ab geschnitten, so ist die auf ϱ entstehende Punktreihe $\alpha, \beta, u_\infty, \xi$ ähnlich und perspectivisch mit der Reihe a, b, U, x. Das Ähnlichkeitscentrum ist σ. Letzteres mit ξ verbunden, bestimmt in ab den gesuchten Berührungspunkt (x, x'), welcher dem Strahle $\delta\xi$ entspricht und einen Punkt der Isophote i_5 darstellt.

In analoger Weise können nunmehr beliebig viele Punkte der bezeichneten Isophote gesucht und festgestellt werden. Bestimmt man die Isophote i_5 für die Leitkugel, so erhält man im Schnitte (m, m') und (n, n') derselben mit der Berührungscurve gleichfalls Punkte für die Isophote der vorgegebenen Fläche.

Bemerkenswert ist hier noch, dass die Punkte (S, S') und (S_1, S'_1) allen Isophoten der Fläche angehören und zwar entweder im Zusammenhange mit den übrigen Punkten, in welchem Falle sie zu Rückkehrpunkten derselben werden, oder aber als vereinzelte Punkte, da jede durch S, S_1 gehende Ebene als Berührungsebene der Fläche angesehen werden kann.

Die Punkte S und S_1 (Torsalspitzen) zeigen bezüglich ihrer Berührungsebenen und in Bezug auf die Isophoten der Fläche das gleiche Verhalten wie der Scheitel eines Kegels.

§. 439.

126. Aufgabe. **Ein senkrechtes Schraubenconoid, dessen Achse horizontal-projicierend ist, und die Lichtstrahlenrichtung (l, l') sind gegeben; es sind die Intensitätslinien der Fläche unter Voraussetzung einer zehntheiligen Beleuchtungsscala zu construieren.**

Für Schraubenflächen, einerlei ob senkrecht oder schief, kann, statt der allgemein für Regelflächen behufs der Isophotenbestimmung aufgestellten Methode, ein einfacheres, schneller zum Ziele führendes Verfahren eingeschlagen werden, welches darauf beruht, dass man die Fläche als Enveloppe einer Schar von Developpablen betrachtet, welche dieselbe in Schraubenlinien, also in Curven berühren, die als Schnitte mit einer Schar coaxialer Kreiscylinder aufgefasst werden können.

Diese Developpablen sind sämmtlich abwickelbare Schraubenflächen, deren Isophoten leicht bestimmbar sind und die in ihren Berührungsstellen mit der Fläche sofort Punkte für das System der Flächenisophoten liefern.

Betrachten wir zunächst die dem Conoide längs der Begrenzungsschraubenlinie umschriebene Developpable, so erhellt, dass diese eine abwickelbare Schraubenfläche ist, deren Rückkehrcurve mit der genannten Schraubenlinie selbst zusammenfällt.

Eine Erzeugende der letztgenannten Fläche, beispielsweise für den Punkt (p, p') (Taf. XXX, Fig. 213) ergibt sich in der Tangente ($p\alpha$, $p'\alpha'$) an die Schraubenlinie. Genau wird diese durch ihren horizontalen Durchstoßpunkt (α, α') bestimmt, welcher sich im Schnitte der Kreistangente $p'\alpha'$ mit der über dem Anfangspunkte A verzeichneten Kreisevolvente ($p'\alpha' = arc\ p'A'$) ergibt.

Durch diese Erzeugende ist bereits der Richtungskegel der Developpablen bestimmt. Die Isophoten desselben sind nun einfach (auf Grund des im §. 432 Besprochenen) zu construieren.

Wir nehmen eine Hilfskugel K (Taf. XXX, Fig. 214) an, denken dieser Kugel den Richtungskegel $(S, b\,c)$ umschrieben, und suchen den Schnitt der Kugelisophotenebenen mit dem Berührungskreise $b\,c$.

Führt man zu den hiedurch bestimmten Isophoten des Richtungskegels parallele Tangenten an den Grundkreis $A'\,B'$, so bestimmen diese die Developpablen-Erzeugenden, welche in ihren Berührungspunkten mit der Begrenzungsschraubenlinie (Taf. XXX, Fig. 213) Punkte der Flächenisophoten liefern.

Die durch die besagten Punkte $2', 3', 4' \ldots 7'$ auf dem Kreise $A' \ldots B'$ erzeugte Theilung erscheint in Bezug auf die Theilung des Kreises $b' \ldots c'$ (Taf. XXX, Fig. 214) um 90^0 verwendet. Wir würden hiernach die Isophotenpunkte auf dem Grundkreise $A' \ldots B'$ auch direct erhalten haben, wenn wir auf der zu l' (Fig. 213) Senkrechten $O'n'$ die Scala $p\pi$ (aus Fig. 214) im entsprechenden Maßstabe von O' aus zu beiden Seiten aufgetragen und die Theilpunkte in den Grundkreis projiciert hätten.

Um ein weiteres Punktsystem der Schraubenisophoten zu erhalten, denkt man sich die Fläche durch einen zweiten Kreiscylinder k geschnitten, dessen Radius etwa halb so groß als der Radius des Begrenzungscylinders sein mag. Dieser schneidet die vorgegebene Fläche selbstverständlich wieder in einer Schraubenlinie, deren Verticalprojection in Fig. 213, Taf. XXX angedeutet erscheint.

Eine zur Verticalebene parallele Tangente der besagten Schraubenlinie ist $(p\beta, p'\beta')$, wobei diesfalls, infolge der getroffenen Annahme, $O\beta = \frac{1}{2}\, O\alpha$ ist.

Durch diese Tangente ist auch der Richtungskegel der Developpablen bestimmt, welcher der Kugel K (Fig. 214) umschrieben, diese in dem Kreise $a\,d$ berührt. Hierbei ist $s\,a$ offenbar parallel zu $p\beta$.

Die dem genannten Berührungskreise $a \ldots d$ entsprechende Scalenlänge ist $m\omega$, welche, den vorausgeschickten Bemerkungen zufolge, in entsprechendem Verhältnisse auf eine zu l' (Fig. 213) Senkrechte $m\omega$ übertragen und in zehn gleiche Theile getheilt, auf den obbezeichneten Kreis k projiciert wurde.

Selbstverständlich ist darauf zu achten, dass die aus den Punkten ω und m (Fig. 213) gezogenen Strahlen in Bezug auf die Kreisperipherie k ähnlich gelegen sind, wie die Geraden σ_1 (Fig. 214) und die hiezu Parallele aus m in Bezug auf die Peripherie des Kreises $a' \ldots d'$, oder mit anderen Worten, es werden bei dieser Übertragung die Punkte m und ω so angeordnet sein müssen, dass die aus ihnen gezogenen Projectionsstrahlen den Kreis k in ähnliche Segmente derart theilen, wie die in Fig. 214 aus m und ω senkrecht zu l' geführten Geraden den Kreis $a' \ldots d'$.

Die auf diese Weise erhaltenen Kreistheilpunkte geben ein weiteres Punktsystem der Isophoten, dessen Verticalprojection (Taf. XXX, Fig. 213) in die entsprechende, daselbst verzeichnete Schraubenlinie fällt.

Durch analogen Vorgang können beliebig viele Punktsysteme für die Isophoten construiert werden.

Wird der Radius des Hilfscylinders gleich Null, so ergibt sich die der Fläche längs ihrer Achse umschriebene Developpable, welche in ein Büschel horizontal-projicierender Ebenen übergeht. Die Horizontaltracen der diesbezüglichen Stufenebenen liefern in horizontaler Projection die Isophotentangenten in O'.

Auch in verticaler Projection ergeben sich mit derselben Leichtigkeit die zugehörigen Isophotentangenten, wenn berücksichtigt wird, dass die Achse und die durch den betreffenden Isophotenpunkt gehende Erzeugende Inflexionstangenten der Fläche sind.

Die hellsten Punkte der Fläche sind die Berührungspunkte der zur Lichtstrahlenrichtung senkrechten Tangentialebenen.

Derlei Ebenen gehen durch die zur Lichtstrahlenrichtung senkrechten Erzeugenden n' (Fig. 213). Der zugehörige Berührpunkt liegt in einem Kreise K, dessen Radius zum Radius des Kreises $A \ldots B$ in dem nämlichen Verhältnisse steht wie die Tangenten der Neigungswinkel der Schraubenachse mit der auf die Lichtstrahlenrichtung senkrechten Ebene zur Tangente des Neigungswinkels der Schraubenachse gegen die Berührungsebene in AA', resp. BB'.

Aus der Construction geht hervor, dass die Isophoten in horizontaler Projection in Bezug auf die zu l' senkrechte Gerade n' symmetrisch liegen.

Bemerkung. Auch die analytische Untersuchung ertheilt den diesfalls erforderlichen Aufschluss. Die Gleichung der vorliegenden Fläche ist:

$$z = c \operatorname{arctang} \frac{x}{y}.$$

Ferner ist die Isophotengleichung (§. 435) für eine durch die Richtungscosinusse α, β und γ repräsentierte Lichtstrahlenrichtung:

$$\frac{\alpha \cdot \frac{dF}{dx} + \beta \cdot \frac{dF}{dy} + \gamma \cdot \frac{dF}{dz}}{\sqrt{\left(\frac{dF}{dx}\right)^2 + \left(\frac{dF}{dy}\right)^2 + \left(\frac{dF}{dz}\right)^2}} = k$$

oder, da:

$$\frac{dF}{dx} = \frac{y}{x^2 + y^2}\,; \quad \frac{dF}{dy} = \frac{x}{x^2 + y^2} \quad \text{und} \quad \frac{dF}{dz} = -1$$

ist, wird:

$$\frac{c(\alpha y + \beta x) - \gamma(x^2 + y^2)}{\sqrt{(x^2 + y^2)(c^2 + x^2 + y^2)}} = k,$$

welcher Ausdruck bereits die Gleichung der Horizontalprojectionen der Intensitätslinien repräsentiert. Der vorstehenden Gleichung ist sofort zu entnehmen, dass die besagten Intensitätslinien Curven vierter Ordnung seien, dass sie im allgemeinen den Punkt O' enthalten und dass sie in Bezug auf eine durch diesen Punkt gehende Gerade von der Richtungsconstante $-\frac{\alpha}{\beta}$ symmetrisch sind. Bezeichnete Gerade ist zur Horizontalprojection der Lichtstrahlenrichtung senkrecht.

Für $k = 0$ ergibt sich die Gleichung:

$$\gamma(x^2 + y^2) - c(\alpha y + \beta x) = 0$$

der Selbstschattengrenze.

Selbstverständlich ist die letzterhaltene Gleichung die eines durch den Ursprung des Coordinatensystemes gehenden Kreises.

Bezugnehmend auf die Construction der Intensitätslinien für die scharfe Schraube sei bloß erwähnt, dass für diese mit einigen unwesentlichen Änderungen, betreffs derer wir jedoch auf früher gepflogene Erörterungen, sowie auf die vorhergegangene Construction der Selbstschattengrenze dieser Fläche verweisen können, die soeben entwickelten Methoden als leitend angenommen werden können.

Die angeführten Methoden haben, abgesehen von ihrer Einfachheit, auch noch den für beide Flächengattungen giltigen Vorzug, dass sie infolge der aus ihnen resultierenden übersichtlichen Anordnung der Punktsysteme (Kreise, deren Radien beliebig gewählt werden können) innerhalb gegebener Grenzen eine genaue Zeichnung der Isophoten ermöglichen.

§. 440.

127. Aufgabe. **Eine Umhüllungsfläche und die Richtung des einfallenden Lichtstrahles sind gegeben; es sind die Intensitätslinien unter Voraussetzung einer zehnstufigen Beleuchtungsscala zu construieren.**

Die Isophotenbestimmuug für Umhüllungsflächen hat, mit Zugrundelegung des Vorhergegangenen, unmittelbar die Erzeugungsweise der letzteren zum Ausgangspunkte.

In der That haben wir auch bei den meisten der hier durchgeführten Beispiele die behandelten, resp. die der Betrachtung unterzogenen Flächen als Umhüllungsflächen einer zweckmäßig gewählten Schar von Eingehüllten angesehen.

Diese letzteren wurden stets so gewählt, dass sich deren Intensitätslinien auf die möglichst einfache Weise ergaben und dass die Schnitte dieser mit der entsprechenden Berührungscurve (Charakteristik) sicher gekennzeichnet, ein Punktesystem der Flächenisophoten lieferten.

Bei Umhüllungsflächen, welche direct als solche bezeichnet sind, werden wir den nämlichen Weg einschlagen.

Die einfachsten der eingehüllten Flächen, welche die zweckmäßigste und bequemste Benützung gestatten, sind in der Regel jene, welche, gestützt auf die Definition, der Fläche behufs ihrer Erzeugung selbst zugrunde gelegt wurden.

In dem vorstehenden Probleme, resp. Beispiele, wurde die Umhüllungsfläche als die Einhüllende einer Schar von Kugeln aufgefasst, welchen die Eigenschaft zukömmt, dass deren Mittelpunkte in einer horizontalen Ebene h_v (Taf. XXX, Fig. 215) liegen und zwei in derselben Ebene sich vorfindende Leitkreise k und k_1 von den Radien r und r_1 berühren.

Ist K eine dieser Kugeln und bezeichnet man die Verbindungslinien ihres Mittelpunktes o_1 mit den Mittelpunkten der Leitkreise k und k_1 mit ϱ und ϱ_1, so ergibt sich sofort die Relation:

$$\varrho = o_1 F' = F' b' - o_1 b' = r - o_1 b' \text{ und}$$
$$\varrho_1 = o_1 F'_1 = F'_1 a' + a' o_1 = r_1 + a' o.$$

Nachdem aber $o_1 b' = o_1 a'$, so erhält man durch Addition der beiden vorstehenden Gleichungen:

$$\varrho + \varrho_1 = r + r_1 = const.$$

Der Ort der Mittelpunkte der eingehüllten Kugeln ist also eine Ellipse, deren Brennpunkte die Mittelpunkte der Leitkreise und deren große Achse die Summe ihrer Radien ist.

Da a' und b' die Berührstellen der Kugel mit den Leitkreisen sind, so ist die Verbindungsgerade $a'b'$ die Horizontalprojection der Charakteristik. Verlängern wir $a'b'$ bis zum Schnitte Ω mit der Verbindungslinie ξ der Mittelpunkte F' und F'_1, und fällen wir hierauf aus $F' F'_1$ die Senkrechten $F'_1 m$ und $F' n$, so findet man aus der Ähnlichkeit der so erhaltenen Dreiecke $F' n b'$ und $F'_1 m a'$, dass:

$$\frac{F' n}{F' b'} = \frac{F'_1 m}{F'_1 a'}$$

und ferner aus der Ähnlichkeit der Dreiecke $F'n\Omega$ und $F'_1 m\Omega$, dass:

$$\frac{F'\Omega}{F'n} = \frac{F'_1\Omega}{F'_1 m},$$

und daher durch Multiplication dieser Gleichungen:

$$\frac{F'\Omega}{F'b'} = \frac{F'_1\Omega}{F'_1 a'}$$

oder:

$$\frac{F'\Omega}{F'_1\Omega} = \frac{r}{r_1} = Const.$$

Hiernach gehen die Horizontaltracen aller Charakteristiken durch den festen Punkt Ω.

Die eben angestellte Untersuchung und die erzielten Resultate gestatten eine höchst einfache Construction eingehüllter Kugeln und ihrer Charakteristiken.

Der Flächenumriss fällt in der Horizontalprojection mit den beiden Leitkreisen k und k_1 zusammen; der Verticalumriss aber ist die Enveloppe aller Kreise, welche die Verticalcontouren der eingehüllten Kugeln darstellen.

Für jeden dieser Kreise kann man die Berührungspunkte der Enveloppe direct bestimmen; es sind dies nämlich jene Punkte, in welchen die Charakteristik den zur Verticalebene parallelen größten Kreis schneidet.

So entspricht beispielsweise der Kugel K im Schnitte δ der Charakteristik mit dem zur Verticalebene parallelen größten Kreise die Verticalprojection α und β zweier Umrisspunkte. In analoger Weise können beliebig viele Punkte des Umrisses gefunden und daher die Verticalcontour mit möglichster Genauigkeit bestimmt werden.

In der vorliegenden Darstellung (Taf. XXX, Fig. 215) treten in der verticalen Projection zwei Rückkehrpunkte R und R_1 auf.

Betreffs der Isophotenbestimmung wird man im vorstehenden Falle eine hinreichende Anzahl eingehüllter Kugeln annehmen, die Schnitte ihrer Intensitätskreise mit den entsprechenden Charakteristiken bestimmen, und sonach in dem sich ergebenden Punktsysteme die Flächenintensitäten dargestellt erhalten.

Für den vorliegenden Fall wurde behufs Erreichung des angestrebten Zweckes die eingehüllte Kugel K_1 (Taf. XXX, Fig. 216) heraus gezeichnet und die Isophotenebenen derselben für die entsprechende Lichtstrahlenrichtung construiert. Weiters wurden die Schnitte der besagten Ebenen mit der Kugelcharakteristik, deren Horizontalprojection k_h und deren Umlegung in die Horizontalebene k_0 ist, aufgesucht.

Zu letzterem Zwecke ist die Schnittlinienrichtung der untereinander parallelen Isophotenebenen mit der Charakteristik (in Fig. 216*a*), in der Projection sowohl als auch in der Umlegung bestimmt worden.

Führt man durch die Schnittpunkte der Isophotenspuren $e^0{}_h$ und $e^{10}{}_h$ (Taf. XXX, Fig. 216) mit der Trace k_h die Parallelen zu der eben gefundenen Geraden σ_0, so geben diese in k_0 die umgelegten Isophotenpunkte 1_0, 2_0, 3_0 . . . , welche nach k_h projiciert in 1′, 2′, 3′ . . . 10′ die verlangten Punkte in der Horizontalprojection bestimmen, und nunmehr direct in die Fig. 115) übertragen werden können.

Die zugehörigen Verticalprojectionen erscheinen durch die Entfernungen der Punkte 1_0, 2_0, 3_0 . . . von k_h festgestellt.

Die Contourpunkte der Isophoten für die Vertical- und Horizontalprojection ergeben sich mit Zugrundelegung der allgemein für alle Flächen geltenden Constructionen, indem man die Stufenebenen des entsprechenden projicierenden Ebenenbüschels ermittelt, an die betreffende Contour die Tangenten parallel zu den Tracen derselben führt und deren Berührungspunkte bestimmt.

Quellen- und Literatur-Verzeichnis.

ad 1) Bezüglich der allgemeinen projectivischen Theorie der windschiefen Flächen vergleiche man die Abhandlung: Salmon's in Cambridge and Dublin Mathematical Journal, vol. 8, pag. 45; Salmon-Fiedler, Analytische Geometrie des Raumes, II. Band, 2. Auflage, pag. 259; Sturm: Über Fußpunktscurven, Flächen, Normalen und Normalebenen, Mathem. Annalen, Band VI, pag. 241 und Cayley: On Scrolls otherwise skew surfaces, in Philosoph. Transactions, 1863, pag. 453; ferner: O. Rupp: Über die Abhängigkeit der Charaktere einer durch Leitcurven erzeugten Regelfläche von den Charakteren dieser Leitcurven, Mathem. Annalen, Band 18, pag. 366.

ad 2) Emil Weyr, Geometrie der räumlichen Erzeugnisse ein-zweideutiger Gebilde, insbesondere der Regelflächen dritter Ordnung. Leipzig 1870.

ad 3), 4), 5) und 6) vergleiche man hauptsächlich die sorgfältige Behandlung der betreffenden windschiefen Flächen in De La Gournérie's Traité de géométrie descriptive.

Bezüglich der Normalenflächen der Flächen zweiten Grades sind zu erwähnen: E. Koutny, Sitzungsberichte der Wiener k. Akademie d. Wissensch., LXXV. Band, II. Abth.; Šolin, böhm. Gesellschaft der Wissenschaften, S. VI, Band II; Peschka, Normalenflächen, Sitzungsberichte der kaiserl. Akad. d. Wissenschaften in Wien.

ad 7) Bezüglich der Schraubenlinien und der Schraubenflächen siehe: Fiedler, Darstellende Geometrie und De La Gournérie, Traité de géométrie descriptive.

ad 8) Siehe: Burmester, Theorie und Darstellung der Beleuchtung gesetzmäßig gestalteter Flächen; Rieß, Schattierungskunde; Tilscher, Beleuchtungsconstructionen; Helmholtz, Physiologische Optik.